"十四五"国家重点出版物出版规划重大工程

磁流变智能材料
中篇 磁流变弹性体

龚兴龙 邓华夏 王 宇 著

中国科学技术大学出版社

目　录

第7章　磁流变弹性体智能材料的制备……………………………………（297）
  7.1　天然橡胶基磁流变弹性体的研制…………………………………（297）
  7.2　硅橡胶基磁流变弹性体的研制……………………………………（315）

第8章　磁流变弹性体动态力学测试方法……………………………………（343）
  8.1　磁流变弹性体动态力学测试方法概述……………………………（343）
  8.2　磁流变弹性体在高应变率下的压缩性能…………………………（375）

第9章　磁流变弹性体的阻尼和疲劳特性……………………………………（388）
  9.1　磁流变弹性体的阻尼特性…………………………………………（388）
  9.2　磁流变弹性体疲劳性能研究………………………………………（440）

第10章　磁流变弹性体智能材料多场耦合性能……………………………（452）
  10.1　硬磁性磁流变弹性体的力磁耦合特性…………………………（452）
  10.2　亚麻编织增强型磁流变弹性体智能材料的力-电-磁耦合特性…（465）

第11章　磁流变弹性体智能材料的机制及理论模型………………………（477）
  11.1　磁流变弹性体聚合物基体的流变学模型………………………（477）
  11.2　考虑界面相作用的磁流变弹性体模型…………………………（488）
  11.3　基于连续介质力学的磁流变弹性体模型………………………（501）

第12章　磁流变弹性体智能吸振技术 ……(520)
12.1　磁流变弹性体智能动力吸振器 ……(520)
12.2　磁流变弹性体智能吸振器原理样机的设计 ……(523)
12.3　磁流变弹性体智能吸振器的动态性能评估 ……(536)

第13章　磁流变弹性体智能膜的研制及应用研究 ……(546)
13.1　磁流变弹性体膜的研制及应用研究 ……(546)
13.2　磁流变弹性体智能膜结构的吸声性能 ……(562)
13.3　磁流变弹性体智能膜致动器的研制及性能 ……(577)

第14章　导电磁流变弹性体智能材料的应用 ……(595)
14.1　导电磁弹海绵的设计与制备 ……(595)
14.2　一维结构的导电磁弹复合纤维 ……(612)
14.3　二维自组装导电智能磁弹纤维互锁阵列 ……(628)
14.4　三维结构的平面外力和非接触智能磁场传感器 ……(645)
14.5　磁电双模传感式智能棋盘的研制 ……(663)

参考文献 ……(670)

第 7 章

磁流变弹性体智能材料的制备

7.1 天然橡胶基磁流变弹性体的研制

通过对磁流变弹性体 (Magnetorheological Elastomers, MRE) 研制现状的分析可知,制备 (相对) 磁流变效应强、损耗因子低以及力学性能优的实用型磁流变弹性体是目前材料研制的主要发展方向. 为此,需选择合理的原材料、配方和工艺. 磁流变弹性体主要由高分子聚合物基体材料和磁性颗粒组成. 在一般高分子聚合物中,天然橡胶具有良好的综合性能,是制备高性能磁流变弹性体的一种较为理想的材料.[1] 此外,基于天然橡胶的磁流变弹性体的制备方案具有普遍性,能够同时适用于其他相似类型的基体材料. 本节首先对基体和颗粒等主要原材料做性能分析,然后根据天然橡胶的特性,建立相应的力磁耦合制备系统,并详细讨论制备流程与工艺.

7.1.1 天然橡胶及其配合剂介绍

1. 天然橡胶性能概述

现代科学研究结果已经证明,普通的天然橡胶至少有 97% 以上是异戊二烯的顺式 1,4 加成结构(含少量的异戊二烯的 3,4 加成结构)[2],天然橡胶和其他高分子化合物一样,分子链长度存在差异,相对分子质量大小不一. 其平均相对分子量为 70 万左右,平均聚合度在 1 万左右.[3-4] 相对分子质量分布范围是较宽的,大多数在 3 万~1 000 万范围,其分布曲线如图 7.1 所示.

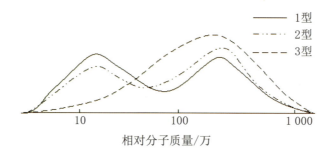

图 7.1 天然橡胶相对分子质量分布曲线

天然橡胶是从天然产胶植物三叶橡胶树的乳胶中制取而来的. 它是一种以聚异戊烯为主要成分的天然高分子化合物,分子式是$(C_5H_8)_n$,其成分中 91%~94% 是橡胶烃(聚异戊二烯),其余为蛋白质、脂肪酸、灰分和糖类等非橡胶物质.

天然橡胶的基本物理化学性能及主要用途概述如下:

热性能:生胶的玻璃化转变温度 (T_g) 为 $-72\,^\circ\mathrm{C}$,硫化温度为 $130\,^\circ\mathrm{C}$,开始分解温度为 $200\,^\circ\mathrm{C}$,激烈分解温度为 $270\,^\circ\mathrm{C}$. 天然橡胶硫化后,其 T_g 上升,不会发生黏流.

电性能:天然橡胶为非极性物质,是一种较好的绝缘材料. 天然橡胶硫化后,因引入极性因素,如硫黄和促进剂等,绝缘性能下降.

耐介质性能:它能溶于非极性溶剂和非极性油(如环己烷、汽油和苯等介质). 未硫化生胶能在这些介质中溶解,而硫化橡胶则溶胀. 天然橡胶不溶于极性的丙酮、乙醇,更不溶于水,耐 10% 的氢氟酸、20% 的盐酸、30% 的硫酸和 50% 的氢氧化钠等.

弹性:天然橡胶生胶及交联密度不太高的硫化胶的弹性很高. 在 0~100 ℃ 范围内,其弹性模量仅为钢的 1/3 000,但伸长率可达 1 000%. 拉伸到 350% 后,缩回永久变形约为 15%. 在通用橡胶中, 天然橡胶的弹性仅次于顺丁橡胶.

强度: 天然橡胶的生胶、混炼胶和硫化胶的强度都比较高. 未硫化橡胶的拉伸强度称为 Green 强度, 天然橡胶的 Green 强度可达 1.4~2.5 MPa, 适当的 Green 强度对于橡胶加工成型是必要的. 天然橡胶的撕裂强度也较高, 可达 98 kN/m. 天然橡胶机械强度高的原因在于它是自补强橡胶, 当拉伸时大分子链沿应力方向取向而形成结晶.

主要用途: 天然橡胶广泛地运用于轮胎、运输带和密封圈等行业中, 世界上部分或完全用天然橡胶制成的物品有 7 万多种, 是应用最广的通用橡胶.

2. 天然橡胶中常用的配合剂

虽然天然橡胶具有极其宝贵的高弹性和其他一系列优良性能, 但为了满足不同方面的应用需求, 仍需要添加包括硫化剂、促进剂、增塑剂、补强剂和防老剂等多种配合剂来提高其相应方面的性能. 在研制磁流变弹性体时, 有些添加剂 (如增塑剂和补强剂) 不仅可改善橡胶基体性能, 而且对提高磁流变效应有着特殊的意义. 下面先对这几种配合剂的性质做简单介绍, 对磁流变弹性体性能的具体影响将在后面章节中展开讨论.

凡是能与橡胶发生交联的物质统称为硫化剂, 又称为交联剂. 硫化剂种类很多, 而且还在不断增加. 已经使用的硫化剂有硫黄、硒、碲、含硫化合物、金属氧化物、过氧化物、树脂和胺类等. 自从发明橡胶的硫化方法以来, 硫黄一直是天然橡胶的主要硫化剂, 虽然后来许多新型硫化剂的出现对提高橡胶制品的性能起到显著的作用, 但价格一般都较昂贵, 故仍以硫黄为主.

凡在胶料中能加快硫化反应速率、缩短硫化时间、降低硫化温度、减少硫化剂用量, 并能提高或改善硫化胶物理机械性能的物质统称为促进剂. 促进剂可以提高硫化生产效率和硫化胶质量, 使厚制品硫化程度均匀. 橡胶工业中所应用的促进剂种类繁多, 按其化学组成和性质可分为两大类: 无机促进剂和有机促进剂. 目前普遍采用的都是有机促进剂. 根据促进剂分子的化学结构, 通常将其分为噻唑类、次磺酰胺类、秋兰姆类、胍类、二硫代氨基甲酸盐类、黄原酸盐类、醛胺类和硫脲类等八大类. 在制备磁流变弹性体时, 综合考虑多方面性能, 常使用混合促进剂. 同时, 为提高促进剂的活性、硫化速度和硫化效率, 即增加交联剂的数量、降低交联键中的平均硫原子数, 还需要添加适量的活化剂氧化锌. 增塑剂有时也称软化剂, 是能降低胶料的黏度、提高其塑性流动性和黏着性、加快配合剂在胶料中的混合分散速度、减少生热和收缩变形, 从而改善胶料的工艺加工性能的操作助剂; 还可降低硫化胶的硬度, 提高其弹性和耐寒性. 增塑剂的种类繁多, 按作用原理分为物理软化剂、物理增塑剂和化学增塑剂. 化学增塑剂在生胶机械塑炼时参与大分子的化学反应,促进降解而增塑,故又叫化学塑解剂,如苯硫酚和五氢硫酚及其锌盐类等. 物理软化剂如操作油、石蜡等主要通过其分子对橡胶的溶胀和渗透作用,增加大分子间的距离,减小相互作用力,提高分子链的活动性和塑性,增塑剂用量越多,这种稀释作用即增塑效果也越大. 每一种增塑剂在橡胶基体中都有一个相容限度,使用过量会在硫化后喷出样品表面. 而制备磁流变弹性体时添加的增塑剂的量比传统橡胶工业要多,因此混合使用多种增塑剂.

有些配合剂在胶料中能显著提高硫化胶的物理与力学性能,如拉伸强度、抗撕裂强度和抗磨耗强度等,其起到的是补强作用,因而叫补强剂. 此外,填料还能改善胶料的某些工艺加工性能. 具体依种类而定,橡胶用填料种类较多,依其化学组成和形状可分为三大类:粉粒状填料、树脂类填料和纤维类填料. 其中以粉粒状填料应用最广泛、品种最多,如炭黑、白炭黑和其他矿物类等. 树脂类填料主要有改性酚醛树脂、高苯乙烯树脂和木质素等,属于新型补强性填料. 纤维类填料主要有石棉、玻璃纤维和有机纤维类的各种短纤维. 在制备天然橡胶基磁流变弹性体时加入的补强剂主要是炭黑.

橡胶及其制品在储存和使用过程中,因受各种外界因素的作用,如热、氧、臭氧、变价金属离子、机械力、光、高能射线、化学物质等,其物理、力学性能和使用寿命会逐渐下降,这种现象称为老化. 为延长制品的使用寿命,必须在橡胶中加入某些物质来抑制或延缓橡胶的老化过程,这些物质统称为防老剂. 由于磁流变弹性体中含有大量的金属颗粒,因此在制备过程中选择适合的防老剂对提高材料的抗老化性能显得十分重要.

本节中使用的天然橡胶和相应的配合剂购自合肥万友橡胶有限公司.

磁流变弹性体中所用的颗粒一般是直径为微米尺寸的铁磁性颗粒. 颗粒的大小对磁流变材料的影响非常显著. 当颗粒直径为纳米尺寸时,该类材料被定义为磁流体,此时在磁场作用下很难观察到相变. 即使在微米量级,颗粒的大小及形状也能影响其磁流变性质. 另外,为了得到强磁流变效应,要求颗粒的磁导率大,饱和磁化强度高. 同时,为了实现可逆控制,即在撤去磁场后,磁流变弹性体的力学性能可迅速恢复到初始状态,还要求颗粒的剩磁小,即属于软磁性材料,这也是保证磁流变弹性体的沉降稳定性及分散性的重要条件,否则颗粒会因互相吸引而聚在一起.

在磁流变材料中羰基铁粉及球形铁粉颗粒被广泛使用. 尽管 Fe-Co 合金颗粒的饱和磁极化强度 (约 2.4 T) 高于纯铁颗粒 (约 2.1 T),但其高昂的价格限制其在实际中的进一步应用. 而铁氧体颗粒 (Fe_3O_4) 的饱和磁极化强度更低 (约 0.6 T),一般不用于制备磁流变弹性体.

由于羰基铁粉磁化过程的非线性,在应用中要给出磁化强度 M 与磁场强度 H 的曲

线. 在理论分析中, 为了方便, 一般应用 Frolich-Kennelly 经验公式:

$$M = \chi_0 H/(1 + \chi_0 H/M_s) \tag{7.1}$$

式中 χ_0 是颗粒的初始磁化率, M_s 是颗粒的饱和磁化强度. 在低磁场 ($\chi_0 H \ll M_s$) 下, 式 (7.1) 退化为 $M = \chi_0 H$, 即线性磁化; 在强磁场 ($\chi_0 H \gg M_s$) 下, 式 (7.1) 退化为 $M = M_s$, 即达到磁饱和. 因而式 (7.1) 可以近似描述羰基铁粉的磁化过程. Bossis 对于巴斯夫公司生产的直径为 1 μm 左右的羰基铁粉颗粒, 设定 $\chi_0 = 69$, $M_s = 1360\,\mathrm{kA/m}$, 由式 (7.1) 可得到实验用羰基铁粉颗粒的 B-H 曲线.

尽管天然橡胶具有一系列优良的特性, 但仍不能满足不同应用条件下的性能需求, 或仍需要优化提高. 而且单纯的天然橡胶如不用适当的添加剂来配合, 也无法加工成符合要求的磁流变弹性体.[5] 对于任何一种橡胶类的制品, 都需要经过一定的配方设计, 才能将主体橡胶高分子材料与各种添加剂乃至掺杂的颗粒配合在一起, 从而组成一个体系.

硫化体系, 比如硫化剂、交联剂、助交联剂等, 可以使得线型橡胶大分子通过化学交联反应, 构建起立体空间网络结构, 从而使其性能得到大大改善, 即使硫化前是塑性的黏弹性胶体, 也能转变为高弹性的硫化胶. 1839 年, Goodyear 发现橡胶和硫黄混合加热后, 混合物会变得更加结实且富有弹性.[6] 1843 年, Hancock 将橡胶和硫黄放置在蒸汽釜中加热, 也得到了同样的结论. 后人将这一现象称为橡胶的硫化, 而硫黄也成为了最早、最典型的硫化剂. 因为硫黄价格低廉并且硫化效果很好, 本节中天然橡胶的硫化剂也选用了硫黄. 如果磁流变弹性体的基体换成饱和程度较大的合成橡胶而不是天然橡胶, 那么适合选用非硫黄类的硫化剂. 当硫黄用作硫化剂时, 由于硫化过程十分缓慢, 需要在橡胶配方中加入一些无机促进剂以提升硫化速度和硫化质量, 使硫化均匀, 比如碱式碳酸铅、碱金属氧化物 (比如氧化铅、氧化钙、氧化镁等等). 后来, 有机促进剂的发现显著提高了硫化效率, 改善了硫化后的性能, 而氧化锌对于大多数有机促进剂可起到活化的作用. 但是, 在不含脂肪酸的天然橡胶中, 如果不添加硬脂酸, 就不能体现金属氧化物对硫化促进剂的活化性能. 因此, 对于天然橡胶的硫化, 硬脂酸是不可或缺的添加剂.

如前所述, 增塑剂可提高橡胶的可塑性、柔韧性、拉伸性和流动性. 尤其是类似磁流变弹性体这样的材料, 当大量的颗粒等填充剂加入橡胶时, 常常遇到混合困难和分散不均匀的问题. 这时候就需要加入一些油类物质作为增塑剂, 一方面促使填充颗粒充分分散, 另一方面减少其硬化效应, 在降低磁流变弹性体的弹性模量的同时而不改变基体的基本化学特性. 最常见的增塑剂是邻苯二甲酸二 (2-乙基己基) 酯, 它是一种无色无味的液体, 也是本节天然橡胶基磁流变弹性体中用到的增塑剂. 除了这类邻苯二甲酸酯类化合物,增塑剂还有多元醇酯类、氯化烃类、聚酯类等. 增塑剂能改变高聚物的性能,主要是因为: ① 增塑剂的存在增大了聚合物大分子间的距离,削弱了聚合物分子间的吸引力,即 van der Waals 力,同时减小了不同分子链之间的摩擦;② 非极性的增塑剂加入非极性的聚合物,隔断了聚合物分子间的极性部分,使之不发生极性连接,破坏了聚合物分子间的偶极–偶极相互作用;③ 增塑剂用偶极力与基体进行结合,而不是用化学力 (共价键) 结合. 增塑的办法除了添加增塑剂,还有一些制备工艺如混炼等,将在下文介绍.

补强剂有助于橡胶达到所要求的力学性能,在改善性能的同时可降低成本. 当橡胶材料韧性很强而加工非常困难,或者拉伸强度、耐磨特性等性能不足以达到应用使用要求时,一般可加入补强剂. 炭黑是最常见也是最重要的一种补强剂,其余新型补强剂还包括硅酸盐、白炭黑等粒子材料,经过改性的酚醛树脂、木质素等树脂材料,以及玻璃纤维、石棉等纤维类材料.

另外,根据一些添加剂的特殊功能,还区分有耐寒剂、防老剂、增容剂、抗静电剂、硬化剂等等. 比如,己二酸酯等耐低温性能好,称之为耐寒剂;磷酸酯类大都有阻燃功能,称之为阻燃剂;苯醌能够捕获自由基,因此是一种防老剂;马来酸酐有较大的极性,容易和高分子形成接枝共聚物,是一种良好的增容剂. 在操作过程中,根据磁流变弹性体的实际使用条件和应用需求以及长期的经验积累,可以选用适当的添加剂.

7.1.2 黏塑态磁性混合物的研制

天然橡胶基磁流变弹性体研制的第一步是制备出天然橡胶和磁性颗粒的均匀混合物. 而天然橡胶生胶在常温下是一种高弹性材料,为了能够将铁磁性颗粒良好地置入其中,需要预先把天然橡胶转变成黏塑性状态. 这一过程可分别通过溶剂法和混炼法进行.

溶剂法的工艺是先通过有机溶剂将天然橡胶生胶溶解成胶乳,再与铁粉进行混合. 实验过程中,将切碎的天然橡胶生胶放入容器,再加入适量甲苯进行溶解. 作为溶剂的甲苯在此过程中不参与化学反应,不改变橡胶本身的化学性质. 此时,将容器固定在恒温搅拌装置 (图 7.2(a)) 中,控制环境温度为 70~80 °C,且使用搅拌机自动搅拌,一方面可以加快橡胶的溶解,另一方面可以加快甲苯溶剂的挥发 (该过程在图 7.2(b) 所示的通风装置中进行). 待天然橡胶呈胶乳状且甲苯基本挥发后,加入铁粉及相关的添加剂,充分混合后制成黏流态磁性混合物.

(a) 恒温搅拌装置　　　　　　　　(b) 通风装置

图 7.2　溶剂法制备系统

混炼法的操作与制备普通橡胶类似. 在开放式炼胶机 (图 7.3) 的两个差速圆柱形滚筒转动下, 胶料自身具备黏性而包住其中一个滚筒. 由于两个滚筒间的距离很小 (小于 3 mm, 而一般胶料厚度为几厘米), 且相对转速不同而形成剪切状态, 所以胶料反复受到有力的挤压和剪切作用, 内部较长的分子链被迅速打断, 从而使得胶料的分子量降低, 分子间作用力减小, 橡胶的可塑性和流动性增大. 然后加入硫化剂、促进剂、铁粉和增塑剂等, 再反复混炼达到均匀状态并呈黏塑态.

图 7.3　XK-160 型开放式炼胶机

溶剂法操作方便, 需要的设备简单. 若无恒温装置和搅拌机, 人工搅拌一定的时间也可达到同样的效果. 在初期研究中不失为一种好方法. 但存在的问题是, 一方面很难使甲苯溶剂完全挥发, 可能会有少量甲苯残留于混合物中, 之后其自然慢性挥发会在磁流变弹性体中留下缺陷, 从而影响材料的磁致性能和机械性能; 另一方面实验中使用的有机溶剂甲苯是一种剧毒物质,且最终需要以挥发的方式除去. 尽管整个装置在通风柜中进行,但长期难免会对操作人员和周围环境造成不良影响.

混炼法制备的胶料均匀致密,制备出的材料性能良好,而且速度快,产量大,比较适合工业化大规模生产. 但其缺点是工艺复杂,需要多次练习才能够熟练操作. 相对于传统橡胶制备工艺,在制备磁流变弹性体时需要加入铁粉和较多量的增塑剂. 单独加入铁粉后,胶料硬度增大,密度变大,黏度急剧下降,从而胶料难以包住滚筒,使得炼胶效率下降. 而单独加入增塑剂后效果恰好相反,胶料黏度急剧上升,胶料在滚筒间自由滑动,同样形成不了挤压剪切的塑炼状态. 因此,在此过程中,需将铁粉和胶料交替添加,可以避免上述两种情况发生. 其次,在混炼法制备过程中,为了能够顺利进行塑炼,胶料有一定的最低使用量 (一般为 50 g),且如铁粉等其他材料的用量也相应地增多. 而在性能测试时往往不需要这么多的样品,这在一定程度上造成了浪费 (而溶剂法几乎没有用量限制). 除此之外,炼胶时需特别注意安全,不能戴手套,以免发生意外.

根据上述分析,从实验效果上考虑,本节中的实验结果都是采用混炼法获得的 (为了统一实验条件,初期不少使用溶剂法的实验后来都以混炼法重新进行).

7.1.3 热磁耦合预结构化和固化系统

在 7.1.2 小节中制备的黏塑态磁性混合物不具备弹性,也没有固定形态,且其中磁性颗粒无序地分布在橡胶基体中. 此时的磁性混合物有点类似于不加磁场时的磁流变液. 而磁流变弹性体的不同之处在于其内部磁性颗粒呈有序结构且根植于基体当中.

本小节为此建立了一套热磁耦合系统. 将黏塑态磁性混合物挤压入铝制的模具 (图 7.4),放入热磁耦合装置 (图 7.5). 该装置由带电磁线圈的强磁场发生器、加热板、温控设备组成. 通常是将样品模具放于加热板上,并施加一定的压力,使两者紧密接触以具有良好的传热效果. 加热板温度由温控仪控制,温度范围为 50~200 ℃. 样品模具置于电磁线圈之间,通电后可以在样品中产生 1 T 以上的磁感应强度. 样品放入磁热耦合硫化装置后相继经历两种状态,分别为预结构和固化 (硫化).

在进入预结构状态前,需设定合理的加热板温度 (最佳温度为 80 ℃,该温度使橡胶基体受热软化,且不至于达到硫化阶段) 和适当的磁场强度. 进入预结构过程后,该温度和磁场强度保持 15 min.

图 7.4 样品模具

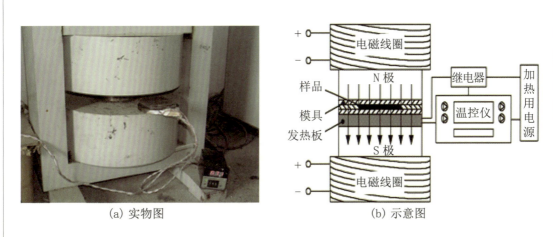

(a) 实物图   (b) 示意图

图 7.5 热磁耦合装置

在此过程中,磁性颗粒在外磁场中被磁化,形成相应的偶极子. 假设任意两个偶极子的偶极矩分别为 $\boldsymbol{m}_1$ 和 $\boldsymbol{m}_2$,其在均匀磁场中的相互作用能可以表示为

$$E_{12} = \frac{1}{4\pi\mu_1\mu_0}\left(\frac{\boldsymbol{m}_1\cdot\boldsymbol{m}_2 - 3(\boldsymbol{m}_1\cdot\boldsymbol{e}_r)(\boldsymbol{m}_2\cdot\boldsymbol{e}_r)}{|\boldsymbol{r}|^3}\right) \tag{7.2}$$

式中 μ_0 是真空磁导率,μ_1 是基体的相对磁导率,$\boldsymbol{e}_r$ 为两个球形颗粒形成的点偶极子中心连线的单位矢量. 当两个颗粒的磁偶极矩的大小和方向都相同时,方程 (7.2) 可以简化为

$$E_{12} = \frac{|\boldsymbol{m}|^2\left(1 - 3\cos^2\theta\right)}{4\pi\mu_1\mu_0|\boldsymbol{r}|^3} = \frac{|\boldsymbol{m}|^2\left(1 - 3\dfrac{r_0^2}{r_0^2 + x^2}\right)}{4\pi\mu_1\mu_0\left(r_0^2 + x^2\right)^{3/2}} \tag{7.3}$$

其中 r_0 和 x 分别为两个偶极子在平行和垂直于偶极矩方向的距离. 将上式分别对 r_0 和 x 求导, 得到颗粒在相应方向上的分力, 然后求其合力, 于是颗粒间的磁相互作用力为

$$F_\mathrm{m} = \frac{3|\boldsymbol{m}|^2 (x^4 + 4r_0^4)^{1/2}}{4\pi\mu_1\mu_0 (r_0^2 + x^2)^3} = \frac{3|\boldsymbol{m}|^2 (1 - 2\cos^2\theta + 5\cos^4\theta)}{4\pi\mu_1\mu_0 d^4} \tag{7.4}$$

式中 d 为颗粒的间距. 而在远场情况下, 铁磁性颗粒的磁偶极矩可以使用均匀磁场作用下的值 $|\boldsymbol{m}| = \frac{\mu_\mathrm{p} - \mu_1}{\mu_\mathrm{p} + 2\mu_1} 4\pi_0 \mu_1 a_0^3 H$. 这里 H 表示外加的磁场强度, μ_p 为颗粒的相对磁导率, a_0 为颗粒的半径. 颗粒间的磁力 F_m 的作用是使颗粒在沿偶极矩方向上有相互吸引形成头尾相连的链状或柱状的有序结构的趋势.

除此之外, 颗粒在液态高聚物中还会受到液体的黏性作用力和热运动的作用力, 流体的黏性作用力一般用 Stokes 公式来近似描述:

$$F = 6\pi\eta a v \tag{7.5}$$

式中 η 为流体的黏性系数, a 为颗粒的半径, v 为颗粒相对于流体的速度. 磁场作用力与热运动的作用力之比通常用无量纲参数 λ 来衡量:

$$\lambda = \frac{\pi\mu_\mathrm{f}\mu_0 a^3 \chi_\mathrm{eff}^2 H^2}{9kT} \tag{7.6}$$

式中 $\chi_\mathrm{eff} = 3(\mu_\mathrm{p} - \mu_\mathrm{f})/(\mu_\mathrm{p} + 2\mu_\mathrm{f})$, μ_p 和 μ_f 分别为颗粒和液体的相对磁导率, k 为 Boltzmann 常量, T 为热力学温度, 室温下对于磁感应强度 100 mT, $\lambda = 6 \times 10^6 \gg 1$. 因而在一般磁场的作用下, 颗粒的 Brown 热运动可以忽略.

用磁荷的观点可以对磁流变弹性体的预结构过程进行更形象的描述. 颗粒在磁场作用下被磁化, 形成与磁场方向相同的磁偶极子. 因而沿着磁场方向, 颗粒的两端分别带有等量、相反的磁荷, 与电荷相同, 磁荷也遵循同性相斥、异性相吸的原则. 当两个颗粒沿着磁场方向排列时, 由于两个颗粒相互靠近的部分磁荷相反, 所以颗粒相互吸引, 在磁场方向形成聚集结构. 当两个颗粒在垂直于磁场的平面内分布时, 由于两个颗粒相互靠近的部分磁荷相同而相互排斥, 因而垂直于磁场的平面内颗粒之间的距离远大于磁场方向上颗粒的间距. 当颗粒的位置介于两者之间时, 颗粒在磁场作用下会发生旋转, 并沿着磁场方向排列.

由上面的分析可以看出, 磁场作用可以使磁性颗粒形成聚集结构, 但前提是磁场作用必须大到足以克服流体的阻力. 要实现这一点, 有两条途径, 即增加磁场作用和减小流体阻力. 前者可以通过增加外磁场大小, 选择导磁性更强的颗粒, 而这些往往受到客观条件的限制. 后者可以减小未固化的液态基体的黏性系数. 下一节将详细研究不同制备因素对磁流变弹性体性能的影响.

在预结构过程中,一般有三个工艺条件可以调节:一是使用的预结构磁场强度,二是使用的预结构时间,三是预结构温度. 下面将分别对这三个工艺条件对材料磁流变效应的影响进行研究. 本节使用的材料使用高温硫化硅橡胶为基体,配方都相同:100 份橡胶、167 份铁粉、11 份增塑剂和 2 份硫化剂. 使用动态热机械分析 (Dynamic Mechanical Analysis, DMA) 测试磁场作用下材料的力学性能,并利用扫描电镜观察材料的微观结构.

为了研究预结构磁场强度对材料性能的影响,制备五组磁流变弹性体样品,它们的预结构条件如下:温度 120 ℃,时间 10 min,磁场分别为 0,25,50,100,150 mT.

图 7.6 是不同预结构磁场作用下样品的储能模量和损耗因子随测试磁场的变化曲线. 从图 7.6(a) 可以看出不同样品的零场模量都不同,预结构磁场越高的材料零场模量也越大. 材料的零场模量是指测试磁场为零时材料的模量,这时材料的模量可以从颗粒增强复合材料的角度考虑. 将磁流变弹性体等效成一种橡胶基铁颗粒增强的复合材料,根据已有的研究,颗粒增强材料的模量可以用公式 $G' = G'_{\text{pure}}(1 + 2.5\phi + 14.1\phi^2)$ 来计算. 式中 G' 表示掺杂材料的储能模量,G'_{pure} 表示纯橡胶基体的储能模量,ϕ 表示掺杂的体积分数. 这个公式是一个近似公式,没有考虑颗粒掺杂在基体中的分布对材料的影响. 在考虑了掺杂的形状影响后,对上面的公式进行拓展,认为用有效体积 ϕ_{eff} 来代替原来掺杂的体积分数 ϕ 会更切合实际. 掺杂在基体中往往会形成聚集结构,而这种聚集结构会将一部分橡胶包围起来以同其他的橡胶有所区别,如图 7.7 所示,具体表现在当材料受到外力作用时,在克服了掺杂颗粒之间相互作用以后才能使颗粒包围橡胶,因为这部分橡胶的力学行为处于被束缚状态,因此称之为束缚橡胶. 束缚橡胶的模量比普通橡胶大. 当颗粒含量相同时,对于不同的聚集形态,即材料内部束缚橡胶的含量不同,材料的储能模量不同. 图 7.8 是不同预结构磁场下样品的微观结构照片 (使用扫描电镜拍摄). 从图 7.8 可以看到,预结构磁场越高,材料内部的束缚橡胶越多,原因是预结构磁场越高,颗粒在预结构过程中受到的磁场力越大,不论是颗粒间相互吸引还是沿磁场方向运动都越剧烈,颗粒运动越剧烈,被颗粒包围的束缚橡胶就越多,材料的零场模量会越大.

从图 7.6(b) 可以看到,预结构磁场越强的材料,其损耗因子越大,原因是预结构磁场越大,颗粒在预结构过程中运动越剧烈,颗粒和基体之间的缺陷越多,该现象也可以从图 7.8 看出. 缺陷越多,颗粒和基体的结合就越不完美,在动态力作用下颗粒和基体之间的相对滑动就越多,材料的损耗因子就越大.

图 7.9 是不同预结构磁场作用下样品的磁致模量和磁流变效应随测试磁场的变化曲线. 比较不同样品的磁流变效应可以看出,当使用的预结构磁场小于 100 mT 时,预结构磁场越高,材料的磁流变效应越好. 预结构磁场达到 100 mT 以后,磁流变效应随

预结构磁场变化很小,预结构磁场 100 和 150 mT 下两种样品的磁流变效应相差较小. 当预结构磁场小于 100 mT 时,材料的磁流变效应随着预结构磁场增大而增加,这种现象很容易理解,因为预结构磁场越大,颗粒运动的驱动力越大,颗粒最终形成的结构越有序,而材料的磁流变效应和颗粒有序程度有很大关系,颗粒排列越有序,材料的磁流变效应也越大,所以预结构磁场越强,材料磁流变效应越大. 而预结构磁场达到 100 mT 以后,材料的磁流变效应变化不大,说明 100 mT 是这种预结构条件 (即温度 120 ℃,时间 10 min) 下的临界磁场. 此时颗粒排列处于最有序的状态,是颗粒运动的最终状态,在这种排布下颗粒达到了能量最低状态. 当预结构磁场小于 100 mT 时,10 min 内颗粒的运动不能完成,颗粒还没有排列成最有序结构. 当使用的预结构磁场大于 100 mT 时,10 min 内颗粒足以完成运动,达到能量最低的排布,形成最有序结构,从而使材料的磁流变效应达到最高水平.

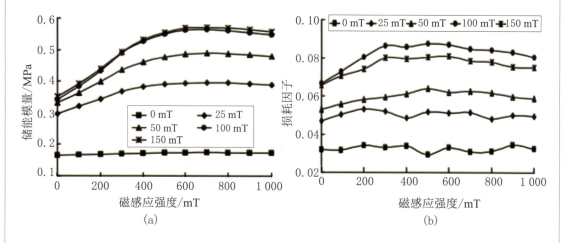

图 7.6 不同预结构磁场作用下样品的储能模量和损耗因子随测试磁场的变化曲线

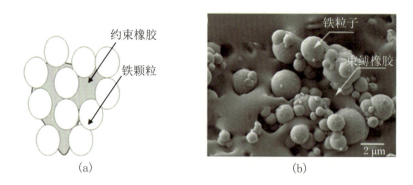

图 7.7 复合材料中的束缚橡胶

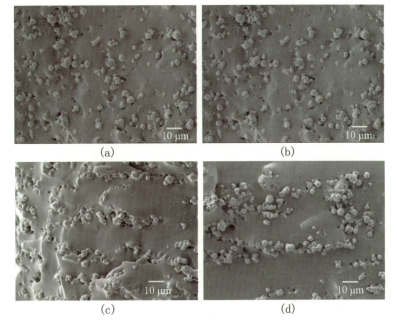

图 7.8　不同预结构磁场作用下样品的微观结构照片

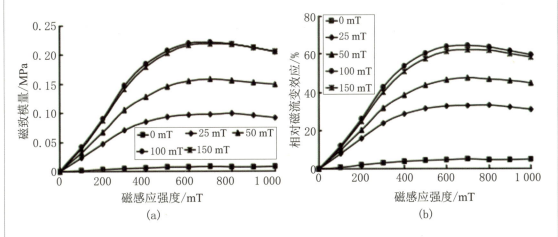

图 7.9　不同预结构磁场作用下样品的磁致模量和磁流变效应随测试磁场的变化曲线

临界磁场的出现是由于在预结构过程中颗粒运动存在一个终点，在预结构磁场下，颗粒被磁场力驱动运动的最终目标是使整个材料的磁能最小，使所有颗粒的能量最低的颗粒排列是颗粒运动的最终状态．一般而言，能量最低状态时颗粒沿磁场方向形成柱状结构，柱状结构内部颗粒排列成 BCT 结构．预结构磁场为颗粒的运动提供驱动力，驱动力和颗粒运动受到的阻力一起决定颗粒的运动速度，阻力一定，驱动力越大，颗粒运动越快，达到最终状态时间越短．当颗粒运动时间给定时，在给定时间内运动完成所需要的驱动力就是临界的驱动力,即临界预结构磁场,当预结构磁场大于此临界值时,颗粒可以在给定时间内运动到能量最低位置.

为了研究预结构时间对材料性能的影响,制备六组磁流变弹性体样品,它们的预结构条件为:温度 120 ℃,磁场强度 150 mT;时间分别为 0,1,2,3,10 和 30 min.

图 7.10 是不同预结构时间下样品的储能模量和损耗因子随测试磁场的变化曲线.从图 7.10(a) 可以看出不同样品的零场模量不同,预结构时间越长,材料的零场模量也越大,而图 7.10(b) 中的损耗因子也表现出相同的趋势,预结构时间越长,材料的损耗因子越大. 这是因为预结构时间越长,颗粒在材料内部的运动会越多. 颗粒运动增加,一方面会使颗粒之间的束缚橡胶数量增加,从而导致材料的零场模量增大;另一方面,颗粒运动的加剧会导致颗粒和橡胶基体之间产生更多的缺陷,因此材料的损耗因子增大.

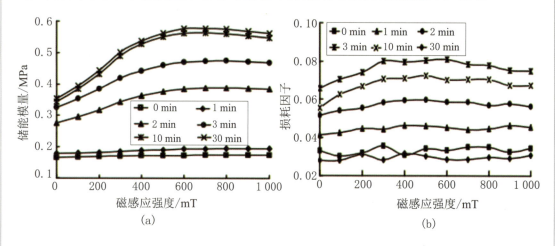

图 7.10 不同预结构时间下样品的储能模量和损耗因子随测试磁场的变化曲线

图 7.11 是不同预结构时间下样品的磁致模量和磁流变效应随测试磁场的变化曲线.比较不同样品的磁流变效应可以看出,当预结构时间小于 10 min 时,预结构时间越长,材料的磁流变效应越大,预结构时间达到 10 min 以后,磁流变效应随预结构磁场的变化很小,预结构时间为 10 和 30 min 时两种样品的磁流变效应就相差不多. 测试结果说明,在此种预结构条件 (即磁场 100 mT,温度 120 ℃) 下,10 min 为临界时间,当预结构时间小于 10 min 时,颗粒还没有运动到能量最低状态,颗粒的排列没达到最优,因此预结构时间越长,颗粒的排布越均匀,材料的磁流变效应也越大. 预结构时间大于 10 min 以后,颗粒排布已经完成,材料的磁流变效应变化不大.

和预结构磁场一样,预结构时间也存在一个临界值,这个临界值的出现也是因为颗粒的运动存在最终的状态. 当颗粒运动速度确定时,颗粒达到最终状态所需要的时间就是此种预结构条件下的临界时间. 临界时间不是固定值,它会随着预结构条件变化,主要与颗粒运动速度有关,颗粒速度越大,临界时间越短,因此影响颗粒运动速度的因素都可以影响临界时间.

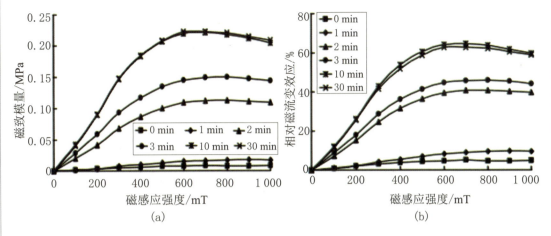

图 7.11　不同预结构时间下样品的磁致模量和磁流变效应随测试磁场的变化曲线

为了研究预结构温度对材料性能的影响,制备四种磁流变弹性体样品,它们的预结构条件为:磁场强度 300 mT,时间 10 min;温度分别为 30,60,90,120 ℃.

图 7.12 是不同预结构温度下样品的储能模量和损耗因子随测试磁场的变化曲线.从图 7.12(a) 可以看出不同样品的零场模量都不同,预结构温度越高的材料零场模量也越高,而图 7.10(b) 中的损耗因子也表现出相同的趋势,预结构温度越高,材料的损耗因子越大.原因是预结构温度越高,未固化的基体黏度越低,颗粒运动时的阻力越小,在预结构磁场相同的情况下,阻力越小,颗粒运动的速度越大,在相同时间内,预结构温度高的材料内部颗粒运动越多,颗粒之间的束缚橡胶越多,材料的零场模量越大,同时颗粒运动越多,还导致颗粒和橡胶基体之间的缺陷越多,材料的损耗因子越大.

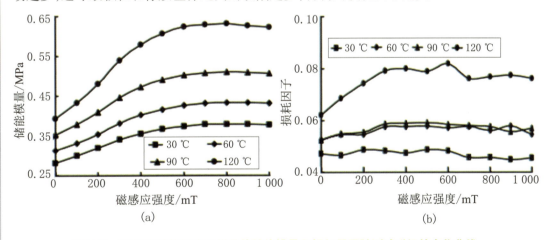

图 7.12　不同预结构温度下样品的储能模量和损耗因子随测试磁场的变化曲线

图 7.13 是不同预结构温度下样品的磁致模量和磁流变效应随测试磁场的变化曲线. 比较不同样品的磁流变效应可以看出, 使用的预结构温度越高, 材料的磁流变效应越大. 原因是温度越高, 颗粒运动时阻力越小, 颗粒运动的速度越快, 因此颗粒最终形成的结构越好.

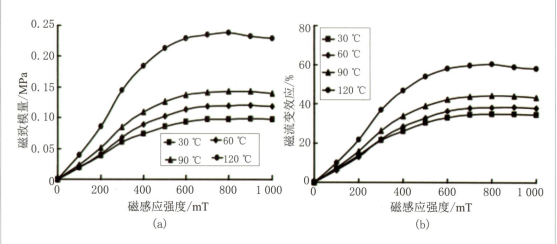

图 7.13 不同预结构温度下样品的磁致模量和磁流变效应随测试磁场的变化曲线

为了进一步研究预结构温度的影响, 特别制备四组不同磁流变弹性体样品, 它们的配方相同, 只是预结构条件不同. 使用 DMA 分别测试它们的动态力学性能, 图 7.14 给出了不同预结构温度下样品的储能模量随测试磁场的变化曲线, 其中图 7.14(a) 为第一组样品, 预结构温度为 30 ℃; 图 7.14(b) 为第二组样品, 预结构温度为 60 ℃; 图 7.14(c) 为第三组样品, 预结构温度为 90 ℃; 图 7.14(d) 为第四组样品, 预结构温度为 120 ℃. 从图 7.14(a) 可以看到对于预结构温度为 30 ℃ 的样品, 600 mT 磁场为临界磁场, 此时材料的磁流变效应最高达到 35%. 从图 7.14(b) 可以看出预结构温度为 60 ℃ 时, 材料的磁流变效应最高为 38%. 而当预结构温度为 90 ℃ 时, 材料的磁流变效应最高为 43%. 预结构温度为 120 ℃ 时, 材料的磁流变效应最高为 62%.

在不同的预结构温度下, 材料的最大磁流变效应会发生变化, 这一现象是因为温度不同时, 颗粒表面包裹的橡胶层厚度不同. 在磁流变弹性的体制备过程中, 由于颗粒在基体中混合, 颗粒表面会或多或少地缠绕一层橡胶分子, 这层橡胶称为结合橡胶. 图 7.15 是不同预结构温度下样品的微观结构示意图. 图中颗粒为实体, 颗粒周围的阴影部分为结合橡胶, 颗粒与颗粒间隙为束缚橡胶, 结合橡胶也属于束缚橡胶, 但是它们比普通束缚橡胶的模量更大, 因为它们与颗粒更靠近. 从图中可以看到结合橡胶的厚度就代表了颗粒的间距, 而结合橡胶的厚度和预结构温度有关. 预结构温度越低, 橡胶分子活性越弱, 缠绕在橡胶表面的结合橡胶层会越厚, 颗粒间距越大, 此时即使颗粒排列整齐有序, 材料的最大磁流变效应受到颗粒间距的影响也并不高. 这就是材料的最大磁流变效应受预结构温度影响的原因, 温度越高材料的最大磁流变效应越大, 为了获得较大的磁流变效应, 应该使用高的预结构温度, 但是预结构温度也不能过高, 过高时橡胶基体会硫化, 颗粒不容易运动, 对于高温硫化硅橡胶基体, 120 ℃ 是最适合的预结构温度.

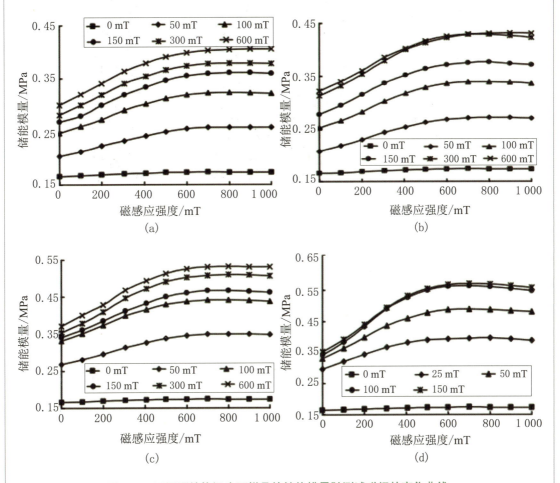

图 7.14　不同预结构温度下样品的储能模量随测试磁场的变化曲线

预结构过程结束后, 调节加热板温度至 153 ℃, 进入固化 (硫化) 阶段. 经过 10 min 的固化, 可完成磁流变弹性体的制备.

天然橡胶生胶极富弹性和韧性, 为了向其中添加磁性颗粒和配合剂, 需将天然橡胶中的长分子链打断, 降低分子间的作用力, 形成可流动的胶体. 一方面, 这种胶体的力学性能极弱, 几乎无实际使用价值; 另一方面, 处于流动态的胶体无法将预结构过程中形成的有序颗粒结构固定. 因此, 需通过一定的物理化学手段将天然橡胶中的分子链重新结合, 使其恢复弹性. 参照橡胶工业中的方法, 向生胶中添加硫黄等硫化剂, 并加热到反应温度,使橡胶分子中的线性结构交联成三维网络结构,该交联反应过程也叫作硫化. 生胶硫化后,其力学性能和化学稳定性发生重大变化,使得磁流变弹性体具有了广泛的应用领域.

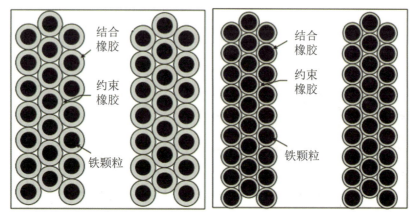

(a) 预结构温度较低　　　　(b) 预结构温度较高

图 7.15　不同预结构温度下样品的微观结构示意图

当然,也并非交联程度越高,材料的性能越好. 对于天然橡胶基体,随着交联密度的增大,橡胶的模量和硬度越来越高,损耗因子、永久变形等越来越小,而强度、疲劳寿命这些参数则是先增大后减小,可见过度交联对橡胶的机械性能是不利的. 硫化效果同时受时间和温度的控制,且两者相互制约. 当硫化温度改变时,硫化时间必须做出相应的调整. 通常可用 van't Hoff 方程计算出不同温度下的等效硫化时间. 所谓等效硫化时间,是指在不同的硫化温度下,经硫化获得相同的硫化程度所需要的时间. 该关系可表示为

$$\frac{\tau_1}{\tau_2} = K^{\frac{t_2-t_1}{10}} \tag{7.7}$$

式中 τ_1 和 τ_2 分别表示温度设定在 t_1 和 t_2 时的硫化时间 (单位: min), K 为硫化系数,通常取 $K = 2$. 若以 153 ℃ 下需硫化 10 min 为标准硫化方案,式 (7.7) 可表示成如下的硫化时-温关系:

$$\tau = 10 \times 2^{\frac{153-t}{10}} \tag{7.8}$$

图 7.16 给出了天然橡胶硫化时间和温度间的关系. 可以看出,硫化温度对硫化时间的影响很大. 在 80 ℃ 下需要硫化 1 600 min, 而在 200 ℃ 下仅需要硫化 0.4 min. 在实际操作中,一般不会在低温下硫化,因为时间过长,效率太低;也不会在高温下硫化,因为时间太短,过程不易控制. 本节的实验取中间温度 153 ℃.

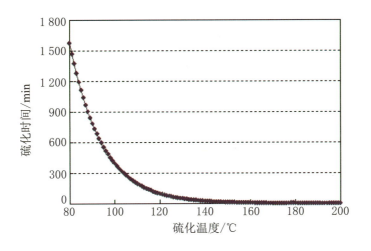

图 7.16 天然橡胶的硫化时–温曲线

7.2 硅橡胶基磁流变弹性体的研制

7.2.1 室温硫化硅橡胶基磁流变弹性体的研制

磁流变弹性体兼具磁流变液和弹性体的优点，并且克服了磁流变液的沉降问题. 但是它的不足之处在于它的磁流变效应没有磁流变液强，因此如何提高磁流变弹性体的磁流变效应是个很重要的问题. 室温硫化硅橡胶 (RTV) 作为一种优良的橡胶基体，具有加工方便、固化前流动性能好、基础模量较低等优点，使用它作为基体易于制备出具有强磁流变效应的弹性体. 已经有学者使用室温硫化硅橡胶制备磁流变弹性体，但对室温硫化硅橡胶基磁流变弹性体的制备因素的研究并不全面. [7-8] 本节将全面研究室温硫化硅橡胶基弹性体的制备，尝试从以下三个方面来制备强磁流变效应的材料：① 掺杂颗粒的优化，包括不同粒径铁颗粒的选择和铁颗粒用量的优化；② 增塑剂的优化，包括不同黏度硅油的选择和硅油用量的优化；③ 制备磁场的优化，研究制备磁场强度对材料性能的影响.

硅橡胶高聚物分子是由 Si—O 键连成的链状结构，其主要组成是摩尔质量大的线性聚硅氧烷. [9] 硅橡胶按其硫化温度，可分为高温硫化型 (HTV) 及室温硫化型 (RTV) 两大类. 室温硫化硅橡胶是 20 世纪 60 年代问世的一种新型有机硅弹性体，这种橡胶的最显著特点是,在室温下无须加热、加压即可固化,使用极其方便. 因此,问世之后其很快成为整个有机硅产品的一个重要组成部分,现在室温硫化硅橡胶已广泛用于黏合剂、密封剂、防护涂料、灌封和制模材料等领域. 室温硫化硅橡胶由于分子量较小,因此素有液体硅橡胶之称,其物理形态通常为可流动的流体或黏稠的膏状物,黏度在 100~1 000 000 cp 范围. 室温硫化硅橡胶按成分、硫化机制和使用工艺不同可分为三大类型,即单组分室温硫化硅橡胶、双组分缩合型室温硫化硅橡胶和双组分加成型室温硫化硅橡胶,本节使用的室温硫化硅橡胶为 704 硅橡胶,属于单组分室温硫化硅橡胶. 单组分室温硫化硅橡胶的硫化反应是靠空气中的水分来引发的. 在日常状态下,将含有硅醇端基的有机硅生胶与填料、催化剂、交链剂等各种配合剂装入密封的软管,使用时从容器中挤出,借助于空气中的水分硫化成弹性体,同时释放出低分子物. 单组分室温硫化硅橡胶的硫化时间取决于硫化体系、温度、湿度和硅橡胶层的厚度,提高环境的温度和湿度,都能使硫化过程加快. 单组分室温硫化硅橡胶具有优良的电绝缘性和化学惰性,以及耐热、耐自然老化、耐火焰、耐湿、透气等性能. 它们在 −60 ~ 200 ℃ 范围内能长期保持弹性. 它固化时不吸热、不放热,固化后收缩率小,对材料的黏结性好. 704 硅橡胶是一种常见的密封胶,制备方便,因此被选作基体,制备高性能磁流变弹性体.

本节使用的 704 硅橡胶购自无锡市锡达胶黏剂厂(现无锡市柯斯达密封材料厂). 使用的铁粉是羰基铁粉,购自德国巴斯夫公司,型号有两种:一种是 SL,平均粒径为 9 μm;另一种是 SM,平均粒径为 3.5 μm. 使用的增塑剂为甲基硅油,购自杭州师范学院附属工厂(现杭州师范大学附属工厂),黏度有两种:一种黏度为 500 cp,另一种为 1 000 cp.

材料制备过程如下:首先按照设计好的比例混合硅橡胶和硅油,再将称好的铁粉与这种流体态物质混合,充分搅拌后放入模具,再将模具放入真空室,去除混合物内部的气泡,之后将模具放入制备磁场预结构 30 min,取出之后再放置室内固化 24 h 以上,即可制备成样品.

磁流变弹性体的力学性能测试包括无磁场时的力学性能测试和磁场作用下动态力学性能的测试. 由于室温硫化硅橡胶基磁流变弹性体的机械性能相对较差,且本节的目的是探索制备强磁流变效应的材料,因此本节对材料的测试主要是磁场作用下的动态力学性能的测试,使用 DMA 对材料进行测试,使用测试参数如下:测试频率为 10 Hz,测试应变幅值为 0.67%,测试温度为 20 ℃,测试磁场为 0~1 000 mT.

磁流变弹性体内部颗粒的分布状态对材料的性能影响很大,颗粒排列成柱状结构时材料的磁流变效应最强. 磁流变弹性体可以根据颗粒分布状况简单分为两类:一是各向同性材料,二是各向异性材料. 在各向同性材料中,铁颗粒分布没有规律,在各个方向上都相同,而各向异性材料中颗粒形成柱状结构,材料的磁流变效应在垂直于颗粒柱方向上突出. 颗粒的柱状结构是在材料的预结构过程中形成的. 在制备过程中, 未固化的磁流变弹性体放置于制备磁场中, 在磁场作用下铁颗粒被磁化, 彼此相互吸引而形成柱状结构, 这一过程即预结构过程. 随后材料固化, 颗粒的柱状结构得以固定, 而各向同性材料未经历预结构过程. 由于颗粒的排布对材料的性能有很大的影响, 因此需要对材料内部的结构进行观察, 常用的观察材料内部微观结构的仪器有光学显微镜和电子扫描显微镜等. 光学显微镜的放大倍数没有电子显微镜高, 但因为铁颗粒的粒径是微米量级, 所以使用光学显微镜也可以观察到颗粒的成链情况. 如果需要更清楚地观察材料的内部结构就需要使用电子显微镜. 本节中观察材料微观结构使用的光学显微镜是购自 Keyence 公司的 VHX-100 数码显微镜, 它的放大倍数为 20~5 000. 使用的电子显微镜是中国科学技术大学理化科学实验中心的场发射扫描电子显微镜 (型号: Sirion200), 在观察样品前一般需要通过真空溅射对材料进行镀金, 观察过程中使用的电压为 5 kV.

在制备磁流变弹性体时, 一般选择磁导率大、饱和磁化强度高和剩磁较小的铁磁性颗粒作为掺杂. 在几种备选颗粒中, Fe-Co 合金颗粒的饱和磁极化强度 (2.4 T) 最高, 但价格过于昂贵; 铁氧体颗粒 (Fe_3O_4) 的饱和磁极化强度太低 (0.6 T), 限制了材料磁流变性能的提高; 羰基铁粉作为纯铁, 它的饱和磁化强度很高 (2.1 T), 同时可以工业化大规模生产, 价格也可以接受, 所以一般选择羰基铁粉作为掺杂.

磁流变材料中所用的颗粒直径一般为微米尺寸. 颗粒的大小对磁流变材料的影响非常显著. 当颗粒直径为纳米尺寸时, 磁场作用下颗粒之间的磁力很弱, 以至于难以形成稳定的有序结构, 纳米量级铁颗粒分散在液体中形成磁流体, 磁流体在磁场作用下很难观察到相变. 即使在微米量级, 颗粒的大小及形状也能影响其磁流变性能. 本节将研究铁颗粒粒径对磁流变弹性体性能的影响.

为了研究颗粒粒径对磁流变弹性体的影响, 使用不同粒径的羰基铁粉制备了两种磁流变弹性体样品. 采用 7.2.1 小节中所描述的方法, 预结构所用磁场为 1500 mT, 样品 1 和样品 2 的配方相同: 羰基铁粉 80%, 甲基硅油 (500 cp)10%, 704 硅橡胶 10% (配方中所用百分比都是质量比).

材料的动态力学性能测试使用 DMA, 图 7.17 是不同粒径样品的储能模量和损耗因子随测试磁场的变化曲线. 从图 7.17(a) 可以看到两种样品的零场模量相差不大, 但在施加磁场以后使用大粒径铁颗粒的样品储能模量要大于使用小粒径铁颗粒的样品. 从图 7.17(b) 可以看到损耗因子也呈现出相同规律, 在零场时, 两种样品的损耗因子相差不大, 但是施加磁场以后, 使用大粒径颗粒样品的损耗因子要远大于使用小颗粒粒径的样品. 而两种样品的磁流变效应也呈现出这个规律, 可以在图 7.18 中看出. 图 7.18 是不同粒径样品的磁致模量和磁流变效应的测试曲线, 可以看出, 使用小粒径铁粉所制备样品的磁流变效应没有使用大粒径铁粉制备的样品的大,使用小粒径铁粉制备的样品的最大磁致模量为 2.22 MPa,磁流变效应为 571%;而使用大粒径铁粉制备的样品的最大磁致模量为 2.99 MPa,磁流变效应为 878%.

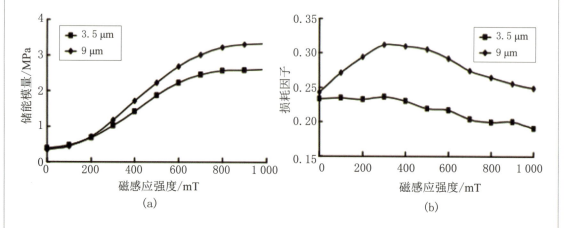

图 7.17　不同粒径样品的储能模量和损耗因子随测试磁场的变化曲线

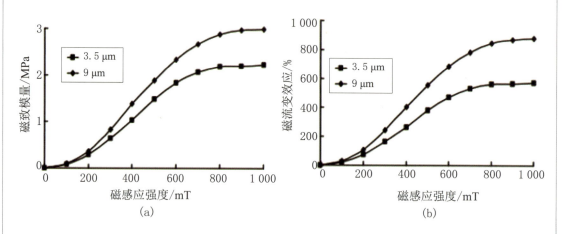

图 7.18　不同粒径样品的磁致模量和磁流变效应随测试磁场的变化曲线

　　在探究磁流变弹性体样品的磁流效应时,发现使用大粒径颗粒的磁流变弹性体样品的磁流变效应较大,这主要归因于以下两个关键因素:一是大粒径颗粒在预结构过程中受到的磁场力比小粒径颗粒大,所以颗粒在磁场中运动的驱动力较大,容易形成规整的柱状结构;二是小粒径铁颗粒由于粒径较小,比表面积较大,相互之间容易团聚,造成在实际材料内部的颗粒粒径比原本大粒径的还大,影响了材料内部铁颗粒的排布.因此实际制备中在使用小粒径铁粉时,应首先充分研磨,消除团聚的影响.而大颗粒材料的阻尼也比小颗粒材料的大,原因是大颗粒的比表面积较大,颗粒和橡胶基体的结合性能不够好,产生的相对滑动较多,所以使用大颗粒的材料阻尼也较大.通过测试使用不同粒径颗粒的磁流变弹性体,发现使用粒径较大的铁颗粒有利于提高材料的磁流变效应,原因是在预结构过程中大粒径颗粒容易在磁场作用下运动,因此材料内部颗粒的排列更好.

颗粒含量对磁流变弹性体性能的影响很大,因此对铁颗粒含量的优化是提高磁流变弹性体磁流变效应的一条重要途径. 目前,磁流变弹性体的力学模型大多是从磁流变液的理论中继承过来的,认为磁流变弹性体的磁流变效应只与材料内部的铁粉有关,铁粉之间的作用按照偶极子考虑,大多没有考虑基体的影响. 并且在理论分析中,认为颗粒与基体完美结合,颗粒没有团聚现象,颗粒排列成完美的串状结构,然而在实际制备中,由于材料基体与铁颗粒的相容性不佳,它们的结合并不完美,另外颗粒之间也会存在团聚,从而影响颗粒的结构.

为了研究颗粒含量对磁流变弹性体磁流变效应的影响,制备了四种磁流变弹性体样品,分别使用不同含量的羰基铁粉:50%,60%,70% 和 80%. 使用的铁粉都是巴斯夫公司的 SL 型铁粉,平均粒径为 9μm. 预结构所用磁场为 1500 mT,在实验中之所以没有制备铁粉含量更高的样品,是因为这时橡胶铁颗粒相对太少,基体很难固化.

材料的动态力学性能测试使用 DMA,图 7.19 是不同颗粒含量样品的储能模量和损耗因子随测试磁场的变化曲线. 从图 7.19(a) 可以看到,铁粉含量越高,样品的储能模量越高,不论是零场还是施加测试磁场后的结果. 颗粒增强复合材料的模量可以用简单的混合率公式进行计算:

$$G'_c = \frac{G'_f \cdot G'_m}{G'_f V_f + G'_m V_m} \tag{7.9}$$

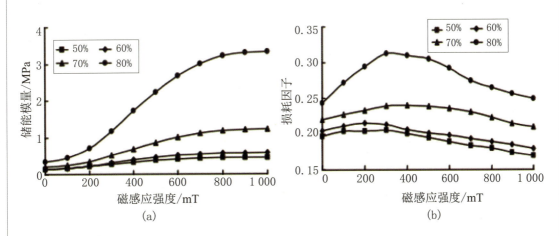

图 7.19 不同颗粒含量样品的储能模量和损耗因子随测试磁场的变化曲线

式中 G'_c 表示复合材料的储能模量,G'_f 为掺杂物的储能模量,G'_m 为基体的储能模量,V_f 为掺杂物的体积分数,V_m 为基体的体积分数. 从式 (7.9) 可以看出,当掺杂颗粒的模量大于基体的模量时,掺杂越多材料的模量越大. 从图 7.19(b) 可以发现损耗因子也遵循此规律,颗粒含量越多,材料的损耗因子越大,这是因为磁流变弹性体的损耗因子主要来源于颗粒与基体的相对滑动,颗粒含量越多,颗粒与基体的相对滑动越多,损耗因子越大.

图 7.20 是不同颗粒含量样品的磁致模量和磁流变效应的测试曲线.从测试结果可以看出,不同的铁粉含量对材料的磁流变效应的影响很大,铁粉的含量越大,材料的磁致模量越大,磁流变效应也越高.铁粉含量 50% 的样品在 1 000 mT 时的磁致模量为 0.32 MPa, 相对变化为 241%;而质量分数为 80% 的样品在 1 000 mT 时的磁致模量达到 2.99 MPa, 相对变化为 878%. 原因是,颗粒含量越多,在测试时施加磁场引起材料内部的磁能越大,而且颗粒含量越多,颗粒间距也会越小,所以磁致模量和磁流变效应都会提高.在目前的制备条件下,使用 704 硅橡胶作为橡胶基体时,铁颗粒的最优含量是 80%, 在测试频率为 10 Hz, 应变幅值为 0.67% 时,样品的磁致模量可以达到 2.99 MPa, 磁流变效应为 878%, 如果用在移频式吸振器上,吸振器的移频可以达到中心频率的 51%.

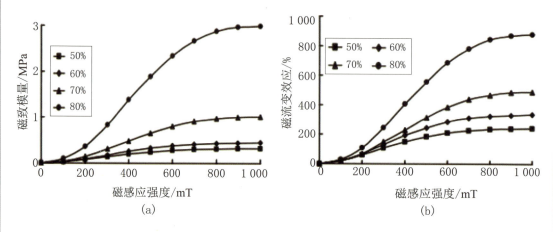

图 7.20 不同颗粒含量样品的磁致模量和磁流变效应随测试频率的变化曲线

在制备室温硫化硅橡胶基磁流变弹性体的时候,一般使用甲基硅油作为增塑剂.增塑剂是一类与橡胶基体具有良好相容性的小分子物质,多呈液态,可以使橡胶基体的大分子链段间作用力减弱,进而降低基体的模量,提升材料的加工性能.在磁流变弹性体中使用增塑剂除了有降低材料零场模量、提高材料磁流变效应的作用外,还可以对铁颗粒表面进行处理,提高颗粒和基体的相容性.甲基硅油的分子式主链是硅氧链,由甲基封端,它和室温硫化硅橡胶分子的主链相同,只是室温硫化硅橡胶分子链更大,因此它们的相容性很好,所以甲基硅油一般被用作室温硫化硅橡胶的增塑剂.甲基硅油根据黏度不同可以有很多种类,不同的黏度代表不同的分子量,分子量越大,硅油的黏度越大.使用不同黏度的硅油对材料的性能也有一定的影响,为了优化制备,本节研究硅油黏度对材料性能的影响.

本小节制备了两种磁流变弹性体样品,分别使用不同黏度(500 和 1 000 cp)的甲基硅油作为增塑剂.预结构磁场为 1 500 mT,样品的配方都相同,具体的配方如下:羰基铁粉(SL) 80%,甲基硅油 10%, 704 硅橡胶 10%(配方中所用百分比都是质量比).

材料的动态力学性能测试使用 DMA,图 7.21 是不同硅油黏度样品的储能模量和损耗因子随测试磁场的变化曲线.从图 7.21(a) 可以看到,使用硅油黏度较大样品的零场模量略高于使用小黏度硅油的样品,在施加测试磁场以后,使用小黏度硅油的样品反而大于大黏度硅油的样品.在图 7.21(b) 中可以看到,使用大黏度硅油样品的损耗因子在不同磁场作用下始终大于小黏度硅油.图 7.22 是不同样品的磁致模量和磁流变效应的测试曲线.从图中可以清楚地看到,使用小黏度硅油的样品的磁致模量和磁流变效应都要大于使用大黏度硅油的样品.原因是使用的硅油黏度小,使得颗粒在预结构阶段运动时,遇到的阻力较小,颗粒容易形成有序的结构,因此磁致模量和磁流变效应比较大.

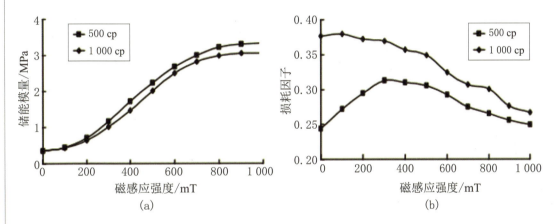

图 7.21 不同硅油黏度样品的储能模量和损耗因子随测试磁场的变化曲线

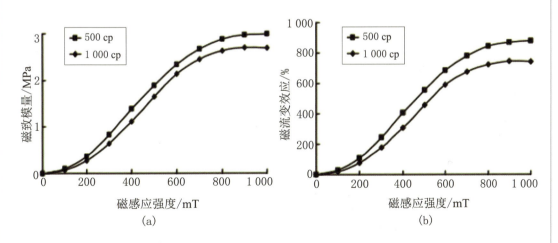

图 7.22 不同硅油黏度样品的磁致模量和磁流变效应随测试磁场的变化曲线

由于实验条件限制,本节只比较了两种黏度硅油样品的性能,从测试结果可以看到,使用小黏度硅油有利于提高材料的磁流变效应.

为了进一步优化制备,本小节研究了增塑剂甲基硅油的含量对磁流变效应的影响,共制备了三种样品,使用黏度 500 cp 的硅油.预结构磁场为 1500 mT.样品的测试使用 DMA.图 7.23 是不同硅油含量样品的储能模量和损耗因子随测试磁场的变化曲线.

从图 7.23(a) 可以看到,硅油含量不同对材料性能的影响明显,比较三种样品,不论是零场模量还是磁场作用下测试结果都是使用 15% 硅油样品的储能模量最高,10% 样品次之,5% 样品最低.而从图 7.23(b) 也可以看到相同趋势,使用 15% 硅油样品的损耗因子最高,10% 样品次之,5% 样品最低.原因是硅油使用越多,橡胶基体被软化的程度越高,材料的模量下降就越多.如果样品内部增塑剂过多,铁颗粒在动态力作用下的运动可能在增塑剂的包围中进行,阻力增大,材料的损耗因子也会上升.

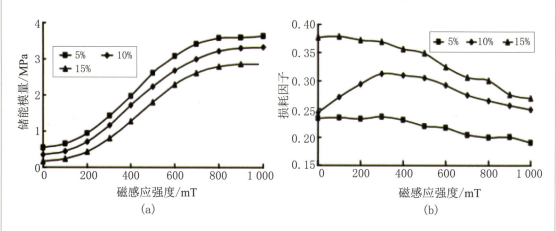

图 7.23　不同硅油含量样品的储能模量和损耗因子随测试磁场的变化曲线

图 7.24 是不同硅油含量样品的磁致模量和磁流变效应的测试曲线.从图 7.24(a) 可以看到,不同材料的磁致模量都不同,使用 5% 硅油样品的磁致模量最高,10% 样品次之,15% 样品最低,而从图 7.24(b) 看到的磁流变效应却正好相反,使用 15% 增塑剂样品的磁流变效应最高,10% 样品次之,5% 样品最低.出现这种现象的原因在于,增塑剂添加过多的样品,内部橡胶含量较少,颗粒团聚现象较为严重,这对材料的磁致模量产生了负面影响.但由于此类样品的零场模量较低,即使其磁致模量低于增塑剂添加量少的样品,其磁流变效应也会显著增强.

本小节研究了增塑剂含量对材料性能的影响,测试结果表明,使用增塑剂越多,材料的磁流变效应越强,使用 15% 增塑剂样品的磁流变效应达到 1668%,但是由于使用过多的增塑剂,材料的力学强度变得极低,基本无法使用,所以综合考虑还是 10% 的含量为最优.

在磁流变弹性体的制备过程中,一般需要将未固化的材料放在磁场作用下进行预结构. 在这个过程中,由于颗粒受到磁场力的作用,且基体尚未固化,颗粒可以移动,所以铁颗粒会在磁场力的作用下沿磁场方向排列成有序的结构,在固化以后颗粒结构就被保留下来. 具有有序结构的材料被认为有较强的磁流变效应.[46] 而在制备过程中使用的制备磁场强度对材料性能有很大的影响. 为了优化制备磁场强度,本节还制备了五种样品,分别使用不同的制备磁场:0,500,1000,1500 和 2000 mT. 制备方法是用前文中所述方法,制备样品的配方都相同,具体如下:羰基铁粉 (SL)80%,甲基硅油 (500 cp) 10%, 704 硅橡胶 10% (配方中所用百分比都是质量比). 样品的测试使用 DMA,图 7.25 是不同磁场作用下样品的储能模量和损耗因子随测试磁场的变化曲线.

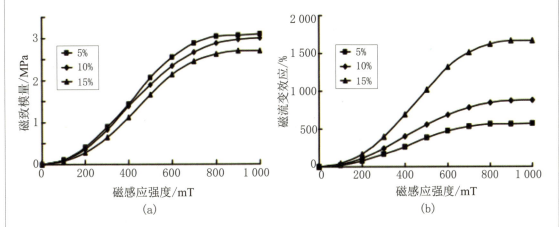

图 7.24 不同硅油含量样品的磁致模量和磁流变效应随测试磁场的变化曲线

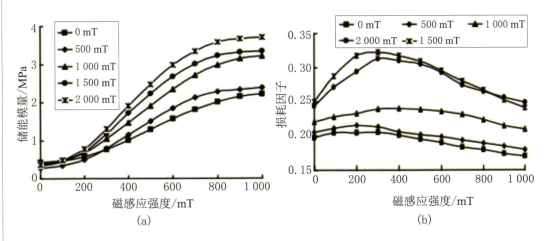

图 7.25 不同磁场作用下样品的储能模量和损耗因子随测试磁场的变化曲线

从图 7.25(a) 可以看到,不同磁场强度下样品的储能模量有很大不同,对于零场模量来说,不同样品的储能模量相差不大,而施加磁场以后,制备时磁场越强,样品的储能模量越大. 从图 7.25(b) 可以看到,相同的规律在损耗因子方面也存在,制备时磁场强度越大,材料的损耗因子越大,原因是制备时磁场强度越大,在预结构过程中颗粒的运动越剧烈,这样颗粒和橡胶的结合会在颗粒运动时被破坏,所以颗粒和橡胶基体的结合不好,颗粒和橡胶基体的相对运动较多. 图 7.26 是不同磁场作用下样品的磁致模量和磁流变效应随测试磁场的变化曲线. 从图 7.26(a) 可知,制备磁场强度越大,材料的磁致模量就越大. 这是因为制备磁场越强,颗粒形成的结构就越有序. 从图 7.26(b) 可以看到,磁流变弹性体的磁流变效应随磁场强度的变化规律是,制备磁场越强,磁流变效应越强. 但是磁场强度分别为 1500 和 2000 mT 时,两种样品的磁流变效应差异并不明显. 从材料制备的角度考虑,最优的制备磁场不是 2000 mT 而是 1500 mT,原因是产生 2000 mT 的磁场需要很大的电流,从而耗能更多,且会产生更多的热量,对制备磁场本身有害.

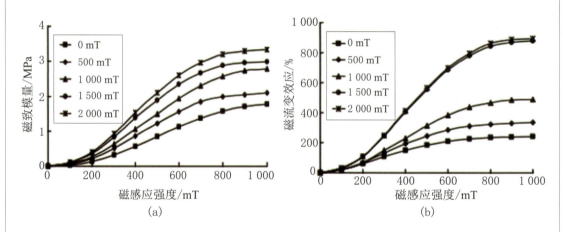

图 7.26　不同磁场作用下样品的磁致模量和磁流变效应随测试磁场的变化曲线

7.2.2　高温硫化硅橡胶基磁流变弹性体的研制

硅橡胶是一种直链状的聚硅氧烷,结构形式与硅油类似. 按照硫化方法不同,硅橡胶可分为高温硫化硅橡胶 (HTV) 和室温硫化硅橡胶 (RTV) 两大类. 高温硫化硅橡胶是高分子量的聚硅氧烷 (分子量一般为 40 万~80 万),室温下硫化硅橡胶分子量一般较低 (3 万~6 万). 为了制备出高性能的磁流变弹性体,以强磁流变效应、高力学性能和低阻尼为优化目标,本小节将对高温硫化硅橡胶基磁流变弹性体的硫化工艺和磁硫隔离工艺,以及增塑剂和白炭黑的掺杂进行详细介绍.

高温硫化硅橡胶是高分子量的线性有机硅聚合物,主链由硅、氧原子交替组成,侧链引入了有机基,构成硅橡胶主链的硅氧键的性质决定了硅橡胶具有天然橡胶及其他橡胶所不具备的优点,它具有最广的工作温度范围 (−100~350 ℃),耐高温、低温性能优异,此外,还具有优良的热稳定性、电绝缘性、耐候性、耐臭氧性、透气性、很高的透明度和撕裂强度、优良的散热性以及优异的黏结性、流动性和脱模性,一些特殊的硅橡胶还具有优异的耐油、耐溶剂、耐辐射等特性.[10] 而且在使用温度范围内,硅橡胶不仅能保持一定的柔软性、回弹性和表面硬度,力学性能也无明显变化,而且能抵抗长时间的热老化.

高温硫化硅橡胶在加工过程中一般要加入补强填料和其他各种添加剂,采用有机过氧化物作为硫化剂,经加压 (模压、挤压、压延) 成型或注射成型,并在高温下交链成橡胶. 根据侧基基团和胶料配方的不同,可以得到各种不同用途的硅橡胶,一般可分为下面几类:通用型 (含甲基和乙烯基)、高温和低温型 (含苯基、甲基和乙烯基)、低压缩永久变形型 (含甲基和乙烯基)、低收缩型 (去挥发分) 和耐溶剂型 (氟硅橡胶) 等. 在本小节的研究中,选用甲基乙烯基硅橡胶作为制备磁流变弹性体的基体材料,甲基乙烯基硅橡胶属于通用型硅橡胶,目前在国内外硅橡胶的生产领域占主导地位,由于其在侧链上引入部分不饱和的乙烯基,其加工性能和物理与力学性能均较优异. 该橡胶还具有较大的使用温度范围,可在 −60~260 ℃ 范围内保持良好弹性,易硫化,且具有较小的压缩永久变形,较好的耐溶剂的膨胀性和耐高压蒸汽的稳定性以及优良的耐寒性等特点,而且还因为采用活性较低的过氧化物进行硫化,减少硫化时产生的气泡,从而提高橡胶稳定性. 近年来,不断涌现的各种性能好和用途特殊的硅橡胶,大都是以乙烯基硅橡胶为基础胶的,例如高强度硅橡胶、低压缩永久变形硅橡胶、耐热导电硅橡胶和医用硅橡胶等.

纯硅橡胶的强度一般不高,因此制备中需要添加增强剂. 为了有利于增强剂的加入,还会加入结构控制剂,来防止混炼过程中出现胶料结构化的问题. 同时还会添加一些增塑剂,目的是利于混炼橡胶和控制橡胶的模量,增塑剂越多橡胶的模量越低. 甲基乙烯基硅橡胶基磁流变弹性体的制备也需要添加剂. 高温硫化甲基乙烯基硅橡胶的制备工艺一般分为三个阶段:炼胶、预结构和硫化. 炼胶是指将铁粉、增强剂、增塑剂、结构控制剂、硫化剂和橡胶基体充分混炼均匀. 使用的设备是混炼机. 预结构是指将未硫化而处于塑性状态的胶料置于磁场中一段时间,在预结构过程中,胶料内部的铁颗粒在磁场作用下运动而形成有序结构. 硫化过程是指在高温下将预结构后的胶料交联,使用设备为硫化机.

本小节材料制备使用的甲基乙烯基硅橡胶购自东爵精细化工 (南京) 有限公司,分子量为 61 万,乙烯基含量为 0.1%;使用双二五 (2,5-二甲基-2,5-二 (叔丁基过氧基) 己烷) 作为硫化剂,购自深圳市固加科技有限公司;羰基铁粉购自巴斯夫公司,型号为 CN,

平均粒径为 6 μm；白炭黑购自南京海泰纳米材料有限公司，平均粒径为 200 nm；结构控制剂羟基硅油购自中蓝晨光化工研究设计院有限公司，型号为 GY-21A；增塑剂甲基硅油购自当时的杭州师范学院附属厂，黏度为 500 cp；增塑剂 1,2 丙二醇购自上海苏懿化学试剂有限公司，属于分析纯；增塑剂邻苯二甲酸辛 (2-乙基己基) 酯 (DOP) 购自上海化学试剂有限公司试剂一厂，属于化学纯.

制备中使用的设备如下：双辊筒混炼机购自青岛泰华橡胶机械有限公司，型号为 XK-160，预结构装置由实验室自制，包括磁场装置和加热装置，预结构磁场由电磁场提供，磁场最高为 2 000 mT. 加热装置通过调节电流控温给材料加热，使材料在预结构阶段保持高温，从而使材料的流动性更好，利于材料内部颗粒运动，加热装置可提供的温度范围为 0~200 ℃；平板硫化机购自东莞市宝轮精密检测仪器有限公司，型号为 BL-6170-B.

具体材料制备过程如下：首先称量原料；然后使用烘箱在 100 ℃ 下对硅橡胶进行热处理 1 h；使用炼胶机混炼原料，依次加入铁粉、白炭黑、羟基硅油和增塑剂，充分混炼均匀；混炼完成后将混料放置 24 h，以便增塑剂充分融入橡胶基体；再次在混炼机上混炼原料，并加入硫化剂；将原料放入模具，再将模具置于预结构装置中，在 120 ℃ 恒温下，1 500 mT 磁场中放置 10 min 完成预结构，之后将胶料在平板硫化机中 160 ℃ 下硫化 5 min 成型.

磁流变弹性体的测试包括力学性能和磁场作用下动态力学性能测试. 磁场动态力学性能测试使用 DMA，本小节动态力学性能测试使用相同的测试参数：测试频率 10 Hz，测试应变幅值 0.67%，测试温度 20 ℃，测试磁场 0~1 000 mT. 观察材料微观结构所用的光学显微镜是购自 Keyence 公司的 VHX-100 数码显微镜，它的放大倍数为 20~5 000. 使用的电子显微镜是中国科学技术大学理化科学实验中心的场发射扫描电子显微镜 (型号：Sirion200)，在观察前一般需要通过真空溅射对样品进行镀金，观察过程中使用的电压为 5 kV.

橡胶的硫化是分子互相交联的过程，经过硫化，塑性橡胶转化为弹性橡胶或硬橡胶. 橡胶的硫化过程可以分为四个阶段：硫化起步、欠硫化、正硫化和过硫化. 这四个阶段是通过橡胶的分子交联程度来划分的. 对一般橡胶都是要求达到正硫化. 这是因为对于处于不同硫化程度的橡胶，其各项力学性能存在显著差异，前人通过实验已经发现下面一些规律：在轻微欠硫化时，抗撕裂性能、疲劳龟裂较好；在正硫化时，抗张强度、耐老化性能、抗张应力、耐磨耗性能较好；在轻微过硫化时，回弹性、拉伸变形、压缩变形、动态阻尼、马顿压缩滚球实验 (生热)、抗溶胀性能、低温曲挠性能和耐臭氧性能较好. 大多数性能在过硫化后会下降很多. 磁流变弹性体在实际应用中主要需要的性能有强磁流变效应、高抗撕裂性能、耐老化、耐磨耗和低动态阻尼等. 较好的抗撕裂性能要求橡胶轻微欠硫化,耐老化和耐疲劳则要求橡胶正硫化,动态阻尼低则要求稍微过硫化,但是动态阻尼受橡胶硫化的影响较小,因此综合上面的分析,需要橡胶最好正硫化或稍微欠硫化. 硅橡胶的硫化方法一般也有两种:一种是热硫化,使用加热方式在高温环境下引发硫化剂和橡胶分子的反应,达到交联目的;另一种是辐射硫化,它利用橡胶分子中的双键在高能射线的照射下会打开并互相连接成长链分子而达到硫化目的,因此辐射硫化不需要硫化剂,也不需要加热. 下面分别介绍这两种方法在高温硫化硅橡胶基磁流变弹性体中的应用,并对这两种方法进行对比.

热硫化工艺需要优化的制备条件是硫化温度和时间. 两者的关系并不是孤立的,而是相互关联的. 如达到同样的硫化状态,硫化温度较高时,所用硫化时间就较短;而硫化温度较低时,则所用的硫化时间就较长. 因此为了达到硫化目的,即正硫化或稍微欠硫化,途径有很多,方法的选择要以方便制备为基本原则,同时比较不同条件下制备材料的磁流变效应. 对于优化方法,首先选择几个较容易达到的硫化温度,本小节选择 150,160 和 170 ℃ 三个温度,然后制备相同温度下不同硫化时间的样品,并测试它们的动态力学性能,通过比较找出正硫化时间,最后对比三个不同硫化条件,找出合适的硫化温度和时间.

首先研究硫化温度为 150 ℃ 时的最佳硫化时间,制备了六种样品,使用相同的配方:橡胶 100 份,硫化剂 2 份,铁粉 444 份,增塑剂 (DOP)16 份. 设定硫化温度为 150 ℃,硫化时间分别为 2,4,6,8,10 和 12 min. 使用 DMA 分别测试六种样品在零场下的动态力学性能,测试结果在图 7.27 中给出.

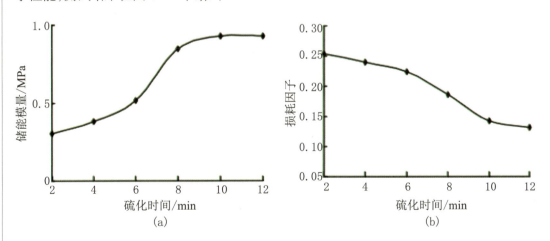

图 7.27　硫化温度为 150 ℃ 时样品的储能模量和损耗因子随硫化时间的变化曲线

从图 7.27(a) 可以看到,样品的储能模量随着硫化时间增加而增大,在硫化时间

8 min 以后变化趋缓. 而图 7.27(b) 中损耗因子随硫化时间增加而减小, 在硫化时间 10 min 以后这种变化也趋于缓和. 储能模量和损耗因子的这种变化关系表征了样品的硫化状态, 样品的交联程度随着硫化时间增加而增大, 硫化时间为 2 和 4 min 时样品的交联程度比较低, 所以储能模量较小, 损耗因子较大. 硫化时间达到 10 min 以后样品的交联程度很高, 交联基本完成, 样品的储能模量和损耗因子的变化就很小, 所以硫化温度为 150 ℃ 时样品的正硫化时间是 10 min.

在研究硫化温度 160 ℃ 下最佳硫化时间时, 同样制备了六种样品, 使用相同的配方: 橡胶 100 份, 硫化剂 2 份, 铁粉 444 份, 增塑剂 (DOP)16 份. 设定硫化温度为 160 ℃, 硫化时间分别为 1, 2, 3, 4, 5 和 6 min. 测试使用 DMA, 测试结果在图 7.28 中给出.

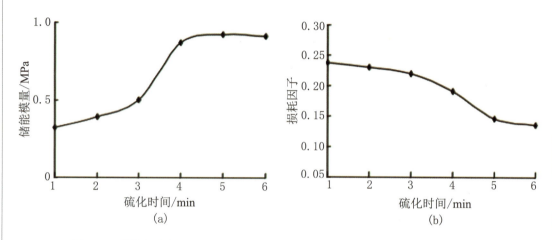

图 7.28 硫化温度为 160 ℃ 时样品的储能模量和损耗因子随硫化时间的变化曲线

从图 7.28(a) 可以看到, 样品的储能模量随着硫化时间增加而增大, 在硫化时间 4 min 以后变化趋缓. 而图 7.28(b) 中损耗因子随硫化时间增加而减小, 在硫化时间 5 min 以后这种变化也趋于缓和. 储能模量和损耗因子的这种变化关系表征了样品的硫化状态, 从结果可以看出, 硫化时间达到 5 min 以后样品的交联基本完成, 样品的储能模量和损耗因子的变化很小, 所以硫化温度为 160 ℃ 时样品的正硫化时间是 5 min.

在研究硫化温度 170 ℃ 下最佳硫化时间时, 也同样制备了六种样品, 使用相同的配方: 橡胶 100 份, 硫化剂 2 份, 铁粉 444 份, 增塑剂 (DOP)16 份. 设定硫化温度为 170 ℃, 硫化时间分别为 0.5, 1, 1.5, 2, 2.5 和 3 min. 测试使用 DMA, 测试结果在图 7.29 中给出.

从图 7.29(a) 可以看到, 样品的储能模量随硫化时间增加而增大, 在硫化时间 2 min 以后变化趋缓. 而图 7.29(b) 中损耗因子随硫化时间增加而减小, 在硫化时间 2.5 min 以后这种变化也趋于缓和. 储能模量和损耗因子的这种变化关系表征了样品的硫化状态, 从结果可以看出, 硫化时间达到 2.5 min 以后样品的交联基本完成, 样品的储能模量和损耗因子的变化就很小,所以硫化温度为 170 ℃ 时材料的正硫化时间为 2 min.

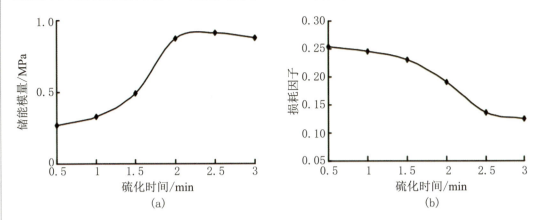

图 7.29 硫化温度为 170 ℃ 下样品的储能模量和损耗因子随硫化时间的变化曲线

三个不同的硫化温度对应三个各异的正硫化时间,呈现出温度越高、正硫化时间越短的规律. 从方便制备的角度考虑,如果选择 170 ℃ 硫化温度,则硫化时间为 2 min. 由于温度较高,会有较多气泡排出而在材料内部留下缺陷,同时由于温度较高,热膨胀很明显,制备材料体变形较大,且硫化时间太短,不利于制备操作. 如果选择 150 ℃,硫化时间太长,在此期间平板硫化机可能有温度波动,也不利于制备. 因此 160 ℃ 和硫化时间 5 min 是最优的热硫化条件.

辐射硫化是最近发展起来的一种橡胶硫化方法,相比于热硫化,它有很多优点:生产过程没有污染、节能、生产效率高、控制方便、节约原料且交联均匀. 在本小节中,使用中国科学技术大学辐射中心 (现并入其他院系) 的 ^{60}Co 辐射源进行辐射硫化,使用的辐射剂量率为 120 Gy/min,为了优化辐射硫化条件需要寻找最合适的辐射时间.

为了优化辐射时间,共制备了四种样品使用相同的原料配比:橡胶 100 份,硫化剂 2 份,铁粉 348 份,增塑剂 (DOP)16 份. 使用辐射硫化方法时,使用的辐射时间分别为 4, 5, 6, 7 h. 利用 DMA 测试样品零场下的动态力学性能,图 7.30 是测试结果.

从图 7.30(a) 可以看到,样品的储能模量随着辐射时间增加而增大,在辐射时间为 6 h 以后变化趋缓. 而图 7.30(b) 中损耗因子随辐射时间增加而减小,在辐射时间 6 h 以后这种变化也趋于缓和. 储能模量和损耗因子的这种变化关系表征了样品的硫化状态,样品的硫化交联程度随着辐射时间增加而增大,辐射时间为 4 和 5 h 时样品的交联程度比较低,所以储能模量较小,损耗因子较大. 辐射时间达到 6 h 以后样品的交联基本完成,样品的储能模量和损耗因子的变化就很小,所以辐射硫化的正硫化时间为 6 h.

两种硫化方法都可以完成材料的硫化,但是哪种方法更适合制备高性能的磁流变弹性体? 两种方法在磁流变弹性体制备中各有什么优劣? 为了深入研究磁流变弹性体的硫化方法，本小节将研究两种硫化方法对材料性能的影响．

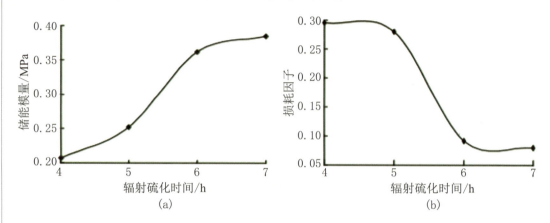

图 7.30　样品的储能模量和损耗因子随辐射硫化时间的变化曲线

为了研究两种硫化方法对材料性能的影响，本小节制备了两种磁流变弹性体样品（记作 1 和 2），使用相同的配方：橡胶 100 份，硫化剂 2 份，铁粉 348 份，增塑剂 (DOP) 16 份．样品 1 使用热硫化方法制备，硫化温度 160 ℃，硫化时间 5 min；样品 2 采用辐射硫化方法制备，辐射剂量率 120 Gy/min，辐射时间 6 h．拉伸实验中的拉伸速度为 50 mm/min，动态力学性能使用 DMA 进行测试．

相对于热硫化样品，辐射硫化样品的力学性能较差．辐射硫化样品的硬度和拉伸模量要大于热硫化样品，而热硫化样品的回弹率、断裂强度、断裂伸长率、50% 定伸模量、1 N 伸长率都要大于辐射硫化样品．在文献记载中，辐射硫化样品的力学性能可以达到甚至超过热硫化样品，而在实验室中由于制备条件的限制，很难达到这样的效果．

图 7.31 是不同硫化条件下样品的储能模量和损耗因子随测试磁场的变化曲线．从图中可以看到，不同硫化条件制备的样品，其材料的动态力学性能有较大的差异，热硫化样品的储能模量比辐射硫化样品小，但是其损耗因子比辐射硫化样品大．原因是辐射硫化样品在硫化过程中热变形较小，而热硫化样品的热变形较大，且内部存在很多缺陷，这些缺陷是由于热硫化过程中气泡逸出造成的．

热硫化过程中胶料由于受热会发生膨胀，而且材料内部如果原来有气泡也会在硫化过程中受热逸出，因此热硫化样品会发生变形，如图 7.32 所示．图 7.32 是利用数码显微镜拍摄的不同硫化条件下制备的样品的横截面，从图中可以看到，热硫化样品的界面中上表面出现明显弓形，这是由于热变形造成的，且热硫化样品内部明显存在气泡留下的缺陷．相比而言，辐射硫化样品的热变形就小得多，且没有明显的内部缺陷．由于热硫化样品的内部存在缺陷，所以热硫化样品的储能模量较小，而缺陷又增加了材料的内摩擦，所以热硫化样品的损耗因子较大．

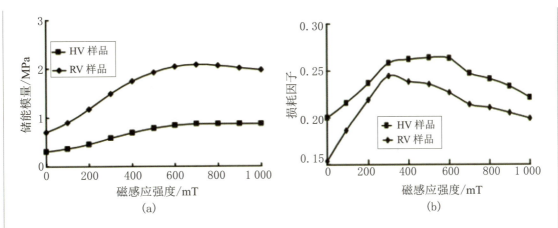

图 7.31 不同硫化条件下样品的储能模量和损耗因子随测试磁场的变化曲线

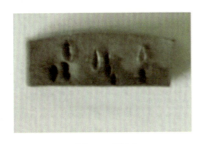 

(a) HV 样品　　　　　　　　(b) RV 样品

图 7.32 不同硫化条件下制备的样品的横截面

图 7.33 是不同硫化条件下样品的磁致模量和磁流变效应随测试磁场的变化曲线. 从图中可以看到, 不同硫化条件下所制备样品的磁致模量相差较大, 而磁流变效应相差不大. 辐射硫化样品的磁致模量比热硫化样品要大很多, 原因是热硫化样品的颗粒间距较大. 磁流变弹性体的颗粒结构是在预结构阶段形成的, 在硫化阶段由基体固化而固定下来. 如果在硫化阶段存在明显的热变形, 颗粒的排列会再次发生变化, 如图 7.34 所示, 颗粒间距会因为存在热变形而变大, 而磁致模量和颗粒间距存在密切的关系, 颗粒间距越大, 磁致模量也越小, 所以热硫化样品的磁致模量较小. 同时, 由于热硫化样品的零场模量也较小, 两种样品的磁流变效应相差不大, 辐射硫化样品的磁流变效应略大于热硫化样品.

为了更全面地对比两种硫化方法, 本小节还测试了不同材料的耐久性. 耐久性是指放置时间对材料性能的影响. 在实际应用中, 磁流变弹性体可能会在制备很长一段时间后才会被使用, 这段时间材料的性能可能发生变化, 因此材料的耐久性也是材料实际应用中一个很重要的参数. 为了比较两种材料的耐久性, 对两种样品采取隔一周测试一次,共测试三次,通过三次材料的性能变化来比较两种材料的耐久性.

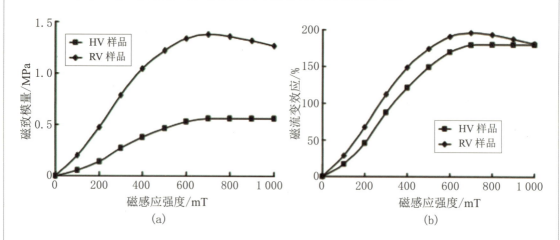

图 7.33 不同硫化条件下样品的磁致模量和磁流变效应随测试磁场的变化曲线

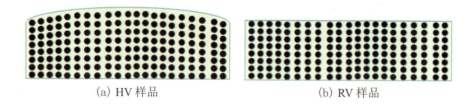

图 7.34 不同硫化样品的横截面微观结构示意图

图 7.35 是在不同时间间隔下,样品的储能模量和损耗因子随测试磁场的变化曲线.从图中可以看出,热硫化样品的储能模量和损耗因子随着时间增加变化较多,而辐射硫化样品随时间增加变化很小.热硫化样品的储能模量随测试时间的变化较为明显,且初始变化较大.第一周和第二周测试结果相差较大,第二周测试得到的储能模量明显大于第一周的测试结果,而第二周和第三周的结果相差并不多.这是由于材料增塑剂的迁移引起的.

图 7.36 展示了采用不同硫化方法制备的样品照片,通过观察可以发现辐射硫化样品和热硫化样品的一个区别:热硫化样品表面有很多的油状物.这些油状物是样品制备过程中加入的增塑剂渗出样品形成的,这种现象在橡胶工业中被认为是由增塑剂的迁移造成的,称为喷霜,这是由于硫化后橡胶基体对于增塑剂的吸收不是无限制的,而是存在一个饱和值,超过这个饱和值后就会有增塑剂渗出.辐射硫化样品的表面也有一些增塑剂渗出,但相比热硫化样品要少.原因是辐射硫化样品中增塑剂渗出的速率相比于热硫化要小.增塑剂的作用主要是降低材料的模量,利于材料加工,原因是增塑剂分子会插在橡胶分子之间,使橡胶分子的活动空间变大,橡胶分子的柔性增强,从而降低材料的模

量.使用的增塑剂越多,材料的模量越低.如果增塑剂因为迁移性而渗出基体,材料的模量就会升高,因此热硫化样品的储能模量随着测试时间增加的原因是增塑剂的渗出,但是这种渗出也不会一直进行下去,在渗出一定量后,渗出速度会逐渐降低,所以第二周和第三周热硫化样品的储能模量变化不大.辐射硫化样品也存在增塑剂迁移的问题,但是从测试结果可以看到,辐射硫化样品的储能模量和损耗因子随时间变化很小,原因是辐射硫化的增塑剂迁移性较小.

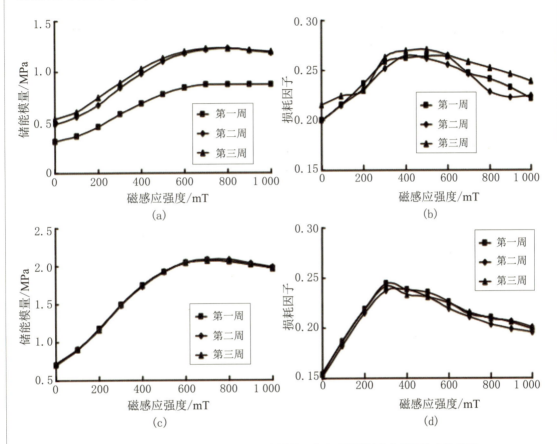

图 7.35 不同时间间隔下样品的储能模量和损耗因子随测试磁场的变化曲线

热硫化样品的增塑剂迁移性比辐射硫化样品强的原因是热硫化样品内部缺陷较多,这些缺陷为增塑剂的迁移提供了通道.热硫化样品在硫化阶段由于热膨胀和气泡析出而出现较多缺陷,而这些缺陷为样品内部的增塑剂迁移提供了通道,热硫化样品的增塑剂迁移较明显.热硫化样品的耐老化性能比辐射硫化样品要差.

通过不同的实验,本小节对比了不同硫化方法在磁流变弹性体制备中的优劣,热硫化样品的力学性能较好,但时间耐久性不如辐射硫化样品,两种样品的磁流变效应相差不大.但热硫化操作更加方便,硫化时间短,而辐射硫化要很长时间,所以这里倾向于使用传统的热硫化,而对增塑剂迁移的问题可以通过使用复合增塑剂的方法解决.

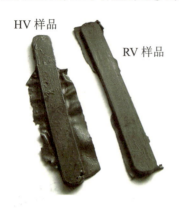

图 7.36 不同硫化样品的照片

在实际应用中,磁流变弹性体一般用作移频式吸振器的变刚度弹簧. 为了达到更好的吸振效果,一般需要材料具有较低的阻尼,因此低阻尼也是磁流变弹性体应用所需的重要性能指标. 目前对磁流变弹性体阻尼的研究认为,磁流变弹性体动态阻尼主要是由于颗粒和基体的连接存在大量间隙所致. 具体而言,在动态外力的作用下,颗粒和基体之间产生相对位移,在此过程中吸收能量. 这些间隙的产生,一方面是由于颗粒和基体属于性质截然不同的物质,二者之间的界面结合性能欠佳;另一方面也是由于在预结构阶段颗粒在磁场作用下的运动破坏了颗粒和基体的连接,引入了缺陷. 针对第一方面,可以采取对颗粒表面进行包裹的方法来改善颗粒和橡胶基体的结合性能,而针对第二方面可以采取磁硫隔离的工艺,尽量减少由于颗粒运动引入的缺陷.

在磁流变弹性体的制备过程中,一般要经历磁化 (预结构) 和硫化两个阶段. 在硫化阶段,未固化的基体材料在合适的温度和压力下硫化成型,基体分子和铁颗粒不再运动,进而位置变得固定. 过去的工艺一般是磁化后立即硫化,这样在磁化阶段得到的颗粒结构就在硫化过程中固定下来. 这种方法虽然可以将颗粒位置固定,但颗粒在磁化阶段运动造成的颗粒和基体的间隙也会随之被保留. 为了减少由于颗粒运动引入的缺陷,可使用磁硫隔离工艺,即将材料制备中的磁化和硫化阶段隔离,在磁化之后将混合物放置一段时间再进行硫化. 由于此时基体未固化,基体分子仍可运动,而分子的运动会弥合一部分间隙,因此可达到减少间隙的目的.

磁流变弹性体的制备条件主要是磁硫隔离的温度和时间. 在磁硫隔离过程中,为了利于橡胶分子运动,可以在磁化后继续给未固化的样品加热,这样未固化的橡胶基体分子更容易运动,但这个温度不能太高,因为太高可能会使橡胶分子缓慢硫化,偏离了磁硫隔离的目的,温度过低又起不到加速橡胶分子运动的作用,因此磁硫隔离的温度也需要优化. 为了这个目的,制备了五种样品,其中一种样品未使用磁硫隔离工艺以用作对照组,其余四种样品使用相同的磁硫隔离时间但不同的磁硫隔离温度:10,40,70 和 100 ℃. 五种样品使用相同的原料配比:橡胶 100 份,硫化剂 2 份,铁粉 348 份,增塑剂 (DOP)16 份. 利用 DMA 测试样品的动态力学性能,图 7.37 是测试结果.

从图 7.37(b) 可以看到,使用磁硫隔离工艺的四种样品的损耗因子明显比没有使用磁硫隔离工艺的样品要低,这说明磁硫隔离工艺确实能够减小一部分颗粒和基体的间隙,从而减小材料的损耗因子.而使用磁硫隔离温度不同的样品的损耗因子也有差别,使用温度越高的样品损耗因子也越小.磁硫隔离工艺中使用较高的温度能够明显地降低磁流变弹性体的阻尼,原因是在磁硫隔离工艺中温度越高样品运动的活力越高,颗粒和基体之间的间隙减小得越多.

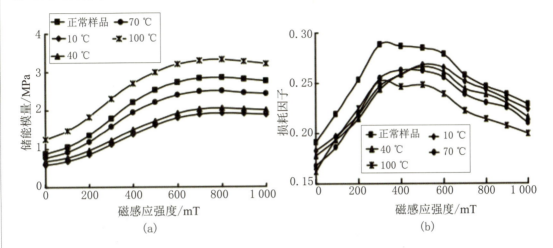

图 7.37 不同磁硫隔离温度下样品的剪切储能模量和损耗因子随测试磁场的变化曲线

图 7.38 是五种样品的磁致模量和磁流变效应随测试磁场的变化曲线.从图中可以看到,相比于没有使用磁硫隔离工艺的样品,使用磁硫隔离的样品的磁流变效应有所下降.由于磁硫隔离过程中橡胶分子的运动弥合了存在的缺陷,同时一部分橡胶分子运动到颗粒之间,从而增大了颗粒的间距,所以磁流变效应会降低.

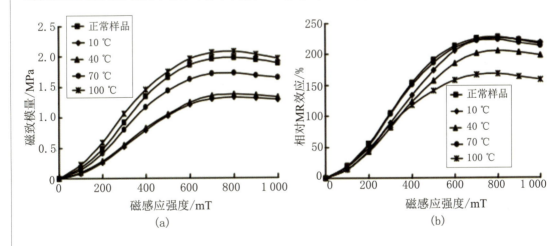

图 7.38 不同磁硫隔离温度下磁致模量和磁流变效应随测试磁场的变化曲线

对四种在不同磁硫隔离温度下制备的样品进行比较后发现,100 ℃ 样品的损耗因子虽然较低,但磁流变效应降低较多,10 和 40 ℃ 样品的损耗因子降低较少,所以相比而言,70 ℃ 是比较合适的磁硫隔离温度.

确定了磁硫隔离温度以后需要对磁硫隔离时间进行进一步的优化,为此本小节制备了五种不同样品,采用相同的磁硫隔离温度 70 ℃,但使用不同的磁硫隔离时间:0,12,24,36 和 48 h. 五种样品使用相同的原料配比:橡胶 100 份,硫化剂 2 份,铁粉 348 份,增塑剂 (DOP)16 份. 使用前文所述方法进行制备. 利用 DMA 测试样品的动态力学性能,图 7.39 是测试结果.

从图 7.39(b) 可以看到,磁硫隔离时间越长的样品损耗因子越低,但是磁硫隔离时间达到 36 h 以后,材料的损耗因子变化不大. 这说明在磁硫隔离阶段,橡胶分子的运动是缓慢的,需要一定的时间才能够将颗粒和基体的间隙弥合,即存在临界时间,磁硫隔离时间大于临界时间后,材料的损耗因子变化就不大. 从测试结果可以看出,当磁硫隔离温度为 70 ℃ 时,临界时间为 36 h.

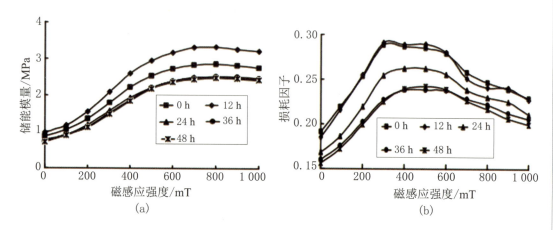

图 7.39 磁硫隔离时间不同时样品的储能模量和损耗因子随测试磁场的变化曲线

图 7.40 是不同样品的磁致模量和磁流变效应随测试磁场的变化曲线. 从图中看可以看到,磁硫隔离时间不同的样品的磁流变效应虽有所降低,但相差并不大. 因此综合考虑损耗因子的变化,当磁硫隔离温度为 70 ℃ 时,最优的磁硫隔离时间是 36 h,当时间小于 36 h 时,颗粒和基体的间隙还没有完全弥合,在时间大于 36 h 后,材料的制备周期会受到影响.

如前所述,增塑剂是橡胶工业中一种常用的添加剂,可用来提高橡胶分子的柔性,利于橡胶加工,同时还可以调节橡胶的基础模量. 在磁流变弹性体的制备中,由于磁流变效应是磁致模量和零场模量的比值,使用增塑剂降低材料的零场模量可以有效地提高材料的磁流变效应,添加增塑剂是提高材料磁流变效应的一条有效途径. 但过多地添加增塑剂会降低材料的力学性能,还会提高材料的阻尼,所以增塑剂的添加也需要进行优化. 高温硫化硅橡胶基磁流变弹性体的增塑剂使用主要有两种优化方法:一是采用不同的增塑剂,二是控制增塑剂用量.

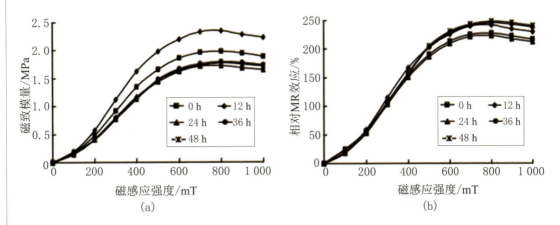

图 7.40 磁硫隔离时间不同时样品的磁致模量和磁流变效应随测试磁场的变化曲线

不同的增塑剂对橡胶有不同的增塑效果,原因是不同的增塑剂和橡胶基体的相容性有差别,因此即使采用相同的含量,不同增塑剂对材料的增塑效果也有差别. 为了选择最优的增塑剂,本小节共制备五种样品,其中一种样品没有使用增塑剂,另外四种样品分别使用了不同种类的增塑剂,但含量相同. 四种不同种类的增塑剂分别为甲基硅油、羟基硅油、1,2-丙二醇和邻苯二甲酸辛脂. 五种样品使用相同的原料配比:橡胶 100 份,硫化剂 2 份,铁粉 424 份,增塑剂 4 份. 使用前文所属方法进行制备. 为了全面检测各种增塑剂的效果,本小节测试不同样品的准静态力学性能和磁流变效应.

样品的力学性能测试分两部分:一是使用电子拉伸机测试材料的拉伸性能,二是测试材料的硬度和回弹率. 由于不加增塑剂的样品在制备试样时失败,所以只对四种样品进行比较,列出了材料的拉伸强度、断裂伸长率、90% 定伸模量和 5 N 定力伸长率. 可以看出使用甲基硅油的样品的拉伸强度和定伸模量都最大,其次是使用邻苯二甲酸辛脂的样品的拉伸强度和定伸模量;加入邻苯二甲酸辛脂的样品的断裂伸长率和定力伸长率最大. 所以加入邻苯二甲酸辛脂的样品的拉伸性能较好. 从测试结果可以看出,使用甲基硅油的样品的硬度和回弹率最大;使用 1,2-丙二醇的样品的硬度和回弹率最小.

样品的储能模量和损耗因子结果在图 7.41 中给出. 从图 7.41(a) 可以看出不同样品的零场模量不同,零场模量最大的样品使用了羟基硅油,它的零场模量比不使用增塑剂样品的零场模量还要大,其余样品的零场模量都比不使用增塑剂样品的零场模量要小. 因此羟基硅油没有起到增塑剂软化基体的作用,其他增塑剂的效果都不错,增塑效果最好的是 1,2-丙二醇. 羟基硅油增塑效果差,是因为它主要用来改善颗粒和橡胶的结合,利于颗粒掺杂,作为结构控制剂使用,所以羟基硅油没有明显的增塑效果. 从图 7.41(b) 可以看到,不同样品的损耗因子也不同,其中使用甲基硅油的样品的损耗因子最小,明显要比其他样品的损耗因子小很多,而其他几种样品的损耗因子相差不大,这说明甲基硅油和橡胶基体的相容性很好,产生的能量损耗最少.

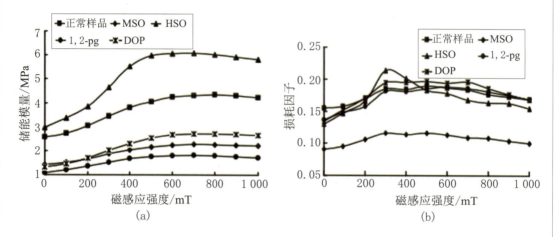

图 7.41 增塑剂种类不同的样品的储能模量和损耗因子随测试磁场的变化曲线

图 7.42 是不同样品的磁致模量和磁流变效应随测试磁场的变化曲线. 从图 7.42 可以看到,使用羟基硅油的样品的磁致模量最大,使用甲基硅油和 1,2-丙二醇的样品的磁致模量最小. 在图 7.42(b) 中可以看到,使用羟基硅油和增塑剂样品的磁流变效应最强,其余样品的磁流变效应相差不大.

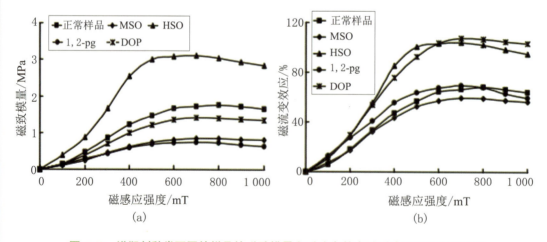

图 7.42 增塑剂种类不同的样品的磁致模量和磁流变效应随测试磁场的变化曲线

各种样品的性能如下:① 使用甲基硅油的样品,力学性能较好,阻尼最小,但是磁流变效应较低. 因此加入甲基硅油有利于提高材料的力学性能和降低材料阻尼, 但会影响材料的磁流变效应. ② 使用羟基硅油的样品的力学性能不高, 零场模量很高甚至高于不加增塑剂的样品, 磁流变效应较强, 阻尼改善不大. 使用羟基硅油没有起到预想的降低初始模量的效果, 但是它增加了材料的磁致模量, 因此以后可以考虑和其他增塑剂配合使用. ③ 使用 1,2-丙二醇 (pg) 的样品, 初始模量降低最多, 增塑效果最好, 但是磁流变效应并不高, 且机械性能降低的较多. ④ 使用邻苯二甲酸辛脂的样品, 初始模量下降较多, 磁流变效应最大, 阻尼稍有改善, 而机械性能较好, 因此是综合效果最好的增塑剂.

增塑剂的种类确定后, 需要对增塑剂的含量进行进一步的优化, 为此制备了四种样品, 都使用邻苯二甲酸辛脂作为增塑剂, 但含量不同. 具体配方为: 橡胶 100 份, 硫化剂 2 份, 铁粉 424 份, 增塑剂 x 份. 四种样品使用增塑剂的份数 x 分别为 0,8,16 和 24. 为了全面检测不同样品的性能, 对样品的力学性能和动态力学性能进行了测试.

从测试结果可以看出, 增塑剂含量越大, 材料的硬度和回弹率降低得越多, 这是增塑剂增塑效果的体现, 增塑剂含量越多, 增塑效果越明显, 材料的硬度和回弹率越小.

材料的动态力学性能测试结果在图 7.43 中给出. 对于不同含量增塑剂的样品测试曲线, 使用不同的数据标识.

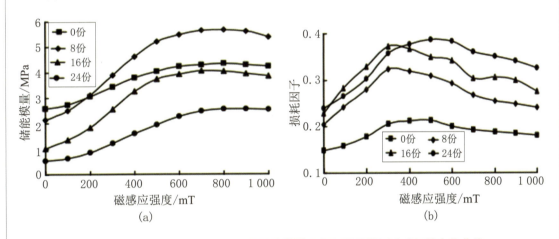

图 7.43 增塑剂含量不同的样品的储能模量和损耗因子随测试磁场的变化曲线

从图 7.43(a) 可以看出, 不同样品的零场模量不同, 增塑剂加入量越多, 材料的零场模量越小, 而损耗因子的规律和零场模量正好相反, 增塑剂加入量越多, 材料的损耗因子越大. 这些现象都体现了增塑剂的作用, 增塑剂加入量越多, 材料的模量越低, 而损耗因子随增塑剂含量的变化则比较复杂, 当使用 8 份增塑剂时, 材料的损耗因子会降低, 原因是少量增塑剂可能会附着在颗粒表面, 改善颗粒与基体的结合性能, 从而降低阻尼. 但当增塑剂含量较多时, 一部分颗粒可能会浸泡在增塑剂中, 这样颗粒在受到动态力时, 颗粒在增塑剂中的运动会产生更大的能量损耗,所以材料的损耗因子会随着增塑剂含量的增加而变大.

图 7.44 是不同样品的磁致模量和磁流变效应随测试磁场的变化曲线. 从图 7.44 可以看到,样品使用的增塑剂越多,磁流变效应越高,而磁致模量的变化规律则比较复杂,磁致模量最高的材料是使用了 8 份增塑剂的样品,但是由于使用 8 份增塑剂的样品的零场模量也较大,所以磁流变效应反而较低,相比之下,使用增塑剂最多的材料磁流变效应最大,因为此时材料的零场模量最低. 磁流变效应最低的材料是未添加增塑剂的样品,其零场模量最高.

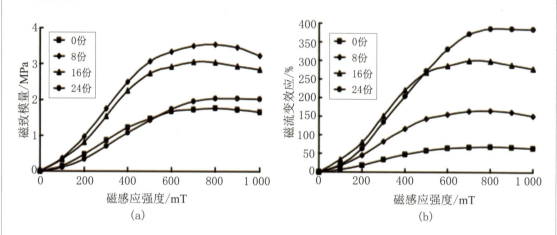

图 7.44 增塑剂含量不同的样品的磁致模量和磁流变效应随测试磁场的变化曲线

从前面的结果可以看出,增塑剂的含量越大,样品的磁流变效应也越大. 使用增塑剂最多的样品的磁流变效应最大,但其机械强度也最低,而其他样品的磁流变效应都不是很大,因此综合考虑,使用增塑剂 16 份的样品的性能最优异.

在橡胶工业中,需要使用增强剂来提高材料的机械性能,尤其是在硅橡胶制备中,如果没有增强剂的加入,材料的力学性能会非常差,硅橡胶常用的增强剂是白炭黑,即纳米尺寸的 SiO_2 颗粒. 在磁流变弹性体的制备中,加入的羰基铁粉相当于增强剂,所以一般不再添加其他增强剂,但是从控制材料阻尼的角度出发,适量添加白炭黑可以一定程度上降低材料的损耗因子,本小节将制备不同白炭黑含量的样品,并测试材料的动态力学性能,以研究最优的白炭黑掺杂量.

这里共制备了五种样品,它们分别使用了不同量的白炭黑,具体的配方如下:橡胶 100 份,硫化剂 2 份,铁粉 167 份,增塑剂(甲基硅油)11 份,白炭黑 x 份. 五种样品的白炭黑用量分别为 0 份、5 份、10 份、20 份和 30 份. 利用 DMA 测试不同样品的动态力学性能.

图 7.45 是不同样品的储能模量和损耗因子的测试结果. 从图 7.45(a) 可以看到,不同材料的储能模量相差很大,白炭黑掺杂越多,样品的储能模量越大,这是由于白炭黑的增强作用引起的. 而从图 7.45(b) 可以看到,添加白炭黑的样品的损耗因子比没有添加白炭黑的样品的损耗因子小,原因是部分白炭黑黏附到铁颗粒表面成为铁颗粒和基体之间的连接纽带,改善了铁颗粒和基体的连接,从而降低了因颗粒和基体连接断裂引起的能量耗散. 图 7.46 是不同样品的扫描电镜照片,可以佐证上述的解释. 同时比较不同掺杂量样品的损耗因子,可以发现使用 5 份白炭黑的样品的损耗因子最低,白炭黑掺杂较多以后损耗因子开始上升,虽然没有不掺杂的样品的损耗因子高,但相比于较少掺杂的样品的损耗因子要高. 原因是当白炭黑掺杂增多时,白炭黑之间也存在相互摩擦,所以在白炭黑掺杂超过一定量以后,材料的损耗因子会上升,从这个因素考虑,最佳的掺杂量应该是 5 份.

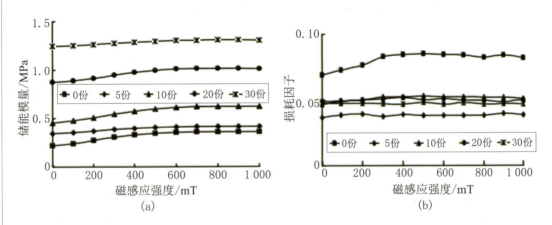

图 7.45　白炭黑用量不同时样品的储能模量和损耗因子随测试磁场的变化曲线

图 7.47 是不同样品的磁致模量和磁流变效应随测试磁场的变化曲线. 从图 7.47 可以看到,添加白炭黑后材料的磁流变效应有所降低,原因是添加白炭黑会提高未固化基体的黏度,增加铁颗粒在预结构过程中运动的阻力,导致材料最终形成的有序结构不够好,这还可以从图 7.46 看出. 从材料的扫描电镜照片可以看到随着白炭黑掺杂量的增加,材料的微观结构出现明显的抽丝现象,而这种抽丝现象是因为基体黏度太大,颗粒运动引起基体抽丝之后会固化. 所以抽丝越多说明基体的黏度越大,颗粒的运动越困难,材料的磁流变效应越低. 相比其他样品的磁流变效应,掺杂 5 份白炭黑的样品的磁流变效应最大,从这个因素考虑,最优掺杂量也是 5 份.

从上面的试验结果可以发现,掺杂白炭黑会降低磁流变弹性体的损耗因子,但是也会降低材料的磁流变效应. 综合来看,最佳的白炭黑掺杂量是 5 份.

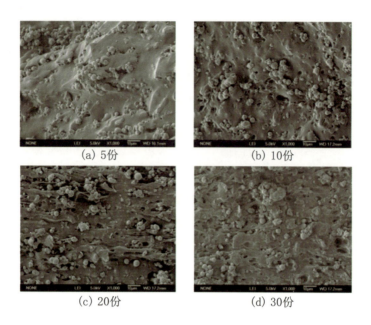

图 7.46　不同样品的扫描电镜照片

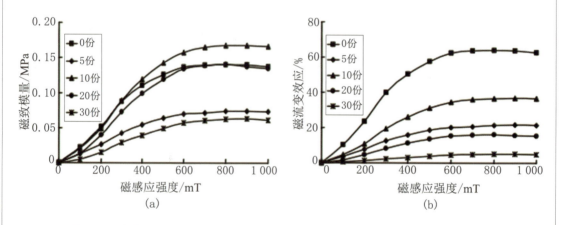

图 7.47　白炭黑用量不同时样品的磁致模量和磁流变效应随测试磁场的变化曲线

第 8 章

磁流变弹性体动态力学测试方法

8.1 磁流变弹性体动态力学测试方法概述

磁流变弹性体最重要的特性是其模量等力学性能可以在外磁场作用下发生变化,这种现象称为磁流变效应. 磁流变弹性体的力学性能可以分为两类:一类是材料在不加磁场时的零场力学性能;一类是外磁场引起的力学性能的改变量. 使用黏弹性基体的磁流变弹性体,在无磁场作用下的力学行为可以用颗粒增强的黏弹性材料性能来描述. 磁流变弹性体磁流变效应的测试思路是,在一般黏弹性材料的测试装置上引入外磁场发生装置. 通过调节磁场强度的大小,可以测得磁流变弹性体在有、无外磁场作用下的力学性能.[11]

此外,作为一种实用型材料,其抗拉强度、撕裂强度、硬度等力学性能都必须得到准确的评估,为实现工程应用提供重要的参考.

8.1.1 一般黏弹性材料的动态测试方法概述

不同于线弹性材料,黏弹性材料的力学性能与时间相关(典型现象为蠕变和松弛),因此动态性能测试是黏弹性材料最重要的表征手段.[12]

当弹性固体受到呈正(余)弦波变化的应力作用时,应变与应力同相地做正(余)弦波的变化,没有能量损耗;对于理想黏性流体,由其应力–应变关系可知,应变的滞后相位为 $\pi/2$,滞后时间为 $\pi/(2\omega)$,其中 ω 为外载频率. 对一般线黏弹性体而言,谐波应力下的应变响应则介于弹性固体与黏性流体之间,若用 δ 表示应变的滞后相位差,则有 $0<\delta<\pi/2$,滞后时间为 δ/ω,如图 8.1 所示.

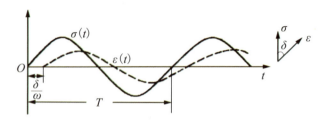

图 8.1 黏弹性材料在交变应力作用下的应变响应

研究有关动态黏弹性能的物理量表述,常用复模量、复柔量和损耗因子表达,或以能量耗散及其有关参量来描述.

当材料受到单一频率的稳态振荡应变时

$$\varepsilon(t) = \varepsilon_0 e^{i\omega t} = \varepsilon_0(\cos\omega t + i\sin\omega t) \tag{8.1}$$

式中 ε_0 是应变幅,ω 为角速度. 如果材料本构关系为线性的,则相应的应力响应表达式为

$$\sigma(t) = \sigma^* e^{i\omega t} = \sigma_0 e^{i(\omega t + \delta)} \tag{8.2}$$

其中 σ^* 是复应力幅,δ 为滞后相位角,它愈大表明应变与应力的相位差愈大,说明材料的黏滞性愈大. 令

$$\sigma(t)/\varepsilon(t) = Y^*(i\omega) = Y_1(\omega) + iY_2(\omega) \tag{8.3}$$

则 $Y^*(i\omega)$ 为复模量,称为动态模量. 它是频率 ω 的函数,与应力和应变幅值无关,且不随时间变化. 通常把拉压复模量写作 $E^* = E_1(\omega) + iE_2(\omega)$,把剪切复模量用 $G^* = G_1(\omega) + iG_2(\omega)$ 来表示.

若材料受到单一频率的稳态振荡应力作用,即

$$\sigma(t) = \sigma_0 e^{i\omega t} \tag{8.4}$$

则应变响应为

$$\varepsilon(t) = \varepsilon^* e^{i\omega t} = \varepsilon_0 e^{i(\omega t - \delta)} \tag{8.5}$$

式中 ε^* 为复应变幅. 从而可得

$$\varepsilon(t)/\sigma(t) = \varepsilon^*/\sigma_0 = J^*(i\omega) = J_1 - iJ_2 \tag{8.6}$$

其中 $J^*(i\omega)$ 称为复柔量或动态柔量.

由上面复模量和复柔量 (用实部和虚部表示) 与滞后相位角 δ 的关系可知,实部 $Y_1(\omega)$ 相应的应力与应变同相位,称为储能模量. 与应变成相位差 $\pi/2$ 的应力有关的虚部 $Y_2(\omega)$,则称为损耗模量. 同理,分别称 $J_1(\omega)$ 和 $J_2(\omega)$ 为储能柔量和损耗柔量. 将表示黏滞程度的滞后角的正切 $\tan\delta = Y_2/Y_1 = J_2/J_1$ 称为损耗因子.

关于能量耗散问题,在 $\varepsilon(t) = \varepsilon_0 \cos\omega t$ 的应变作用下,一个周期中,单位时间内的平均损耗能量为

$$D = W_\mathrm{d}/T = \varepsilon_0^2 \omega Y_2(\omega)/2 \tag{8.7}$$

式中 W_d 表示单位体积所消耗的能量,D 称为能耗.

如果施加交变应力 $\sigma(t) = \sigma_0 \cos\omega t$,则能耗为

$$D = \sigma_0^2 \omega J_2(\omega)/2 \tag{8.8}$$

黏弹性材料的动态力学实验的方法很多,按照振动模式,可分成四大类:

① 自由衰减振动法:将初始扭转力作用于体系,随即除去外力使该体系自由地发生形变或形变速率 $X(t)$ 随时间逐渐衰减地振动 (图 8.2),并根据振动频率与振幅衰减速率计算体系的刚度与阻尼. 在自由衰减振动中,振动体系的形变或形变速率随时间的变化可由 $X(t) = X_0 e^{-\beta t} \times \sin 2\pi f_\mathrm{d} t$ 表示,式中 X_0 是随时间变化的振幅包络线外推到零时刻的形变值,f_d 是阻尼系统的频率,β 是衰减常数. 通过测量 X_0 以及任意相连的两个波峰值 x_q 和 x_{q+1},根据振动力学知识进行相应的变换,可得材料的模量和损耗因子.

② 强迫共振法:任何体系在力振幅恒定的周期性交变力作用下,当激振频率与体系的固有频率相等时,体系的形变振幅达到极大值,即发生共振. 振动体系的形变振幅 D_A 或形变速率振幅 R_A 在包括共振频率在内的频率范围内随频率 f 的变化曲线叫作共振曲线. 图 8.3(a) 给出了以 $\lg D_\mathrm{A}$-f 关系表示的共振曲线,可知该体系有多个共振峰,频率

最低的第一个共振峰称为 1 阶共振, 也叫作基频共振, 更高频率下的共振依次称为 2, 3, 4, ⋯ 阶共振. 图 8.3(b) 给出 i 阶共振的 R_A-f 共振曲线, 共振频率用 f_{ri} 表示. 共振曲线上所对应的两个频率之差称为共振峰宽度.

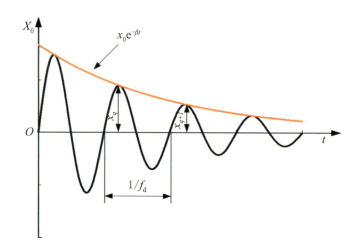

图 8.2　自由衰减振动曲线

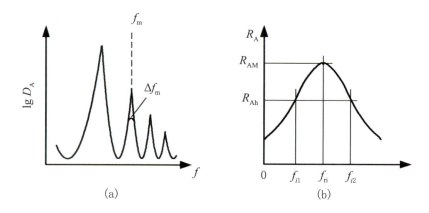

图 8.3　$\lg D_A$-f 关系表示的多阶共振曲线和 R_A-f 关系表示的 i 阶共振曲线

强迫共振法是指强迫试样在一定频率范围内的恒幅力作用下发生振动, 从共振曲线上的共振频率与共振峰宽度得到储能模量与损耗因子的方法. 实验频率范围可以包括一个以上的共振阶.

③ 强迫非共振法: 强迫非共振法是指强迫试样以设定的频率振动, 测定试样在振动中的应力-应变幅值以及应力与应变之间的相位差, 由式 (8.1)∼(8.8) 可计算出储能模量、损耗模量和损耗角正切等性能参数.

由于动态热机械分析仪和流变仪这样的商用仪器的出现, 强迫非共振法使用得非常广泛, 且包含多种形变模式, 如拉伸、压缩、剪切、弯曲 (包括三点弯曲、单悬臂梁弯曲与双悬臂梁弯曲) 等以及不同形变模式的组合.[13] 不同模式的测试原理基本相同. 下面以拉伸模式为例, 介绍强迫非共振法的测试原理.

根据实验中采集到的试样交变载荷幅值、位移幅值以及载荷与位移的相位差, 由定义可得试样的表观杨氏模量:

$$E'_a = \frac{\Delta F_A}{S_A} \times \frac{L_a}{bd} \cos\delta_{E_a} - \frac{k_a L_a}{bd} \cos\delta_{E_a} \tag{8.9}$$

式中下标 E 表示杨氏模量测试中的参数, a 表示表观值, L_a, b 和 d 是试样的表观长度 (试样在上、下夹头之间的距离)、宽度与厚度, k_a 是试样的表观刚度. 表观损耗模量为

$$E''_a = E' \tan\delta_{E_a} \tag{8.10}$$

这里, 之所以强调所测性能是表观值, 是因为尚未考虑实验中可能引入的误差. 在拉伸模式中, 误差主要来源于下述四方面: 激振频率接近试样自振频率; 测试频率较高时, 力传感器可能发生共振; 试样刚度足够高时, 实验系统本身的柔度会使位移测定值大于试样的实际位移; 由于拉伸模式中试样两端均被夹持, 因此存在夹持引起的误差.

为消除第一方面的误差来源, 所选的振动频率 f 应远离试样的固有频率 f_s,

$$f < 0.04 f_s \tag{8.11}$$

试样的固有频率可用下式估算:

$$f_s = \frac{1}{2L_a} \left(\frac{E'_a}{\rho}\right)^{1/2} \tag{8.12}$$

式中 ρ 是试样密度.

为消除第二方面的误差来源, 要求试样的激振频率 $f < 0.1 f_F$, 其中 f_F 为引起力传感器共振的频率, 可由下式估计:

$$f_F = \frac{1}{2\pi} \left(\frac{k_F}{m_F}\right)^{1/2} \tag{8.13}$$

式中 k_F 是力传感器的刚度, m_F 是加载系统在力传感器与试样间那一部分的质量.

关于第三方面的误差来源, 如果试样的表现刚度 $k_a > 0.02 k_\infty$, 这里 k_∞ 是试样的刚度, 则系统本身的柔度会明显影响试样刚度和拉伸损耗因子的测试精度. 为此, 需对 $k_a \cos\delta_{E_a}$ 校正如下:

$$k\cos\delta_E = \frac{k_a(\cos\delta_{E_a} - k_a/k_\infty)}{1 - 2(k_a/k_\infty)\cos\delta_{E_a}} \tag{8.14}$$

用 $k\cos\delta_E$ 代替式 (8.14) 中的 $k_a\cos\delta_{E_a}$, 就可得到较为精确的 E_a'. 用下面的方程可得到较为精确的拉伸损耗因子:

$$\tan\delta_E = \frac{\tan\delta_{E_a}}{1 - \dfrac{k_a}{k_\infty \cos\delta_{E_a}}} \tag{8.15}$$

夹持引起的误差主要影响储能模量值. 消除这一误差的方法是进行长度校正. 经长度校正后的储能杨氏模量 E' 用下式计算:

$$E' = \frac{k(L_a + l)}{bd}\cos\delta_{E_a} \tag{8.16}$$

式中 k 是试样的校正刚度, l 为长度校正值. 长度校正的具体做法是, 测定试样在一系列不同应变下的刚度 k, 作 $1/(k\cos\delta_{E_a})$-L 曲线, 将曲线外推到 $1/(k\cos\delta_{E_a}) = 0$, 从截距得到长度校正项, 从斜率 $l/(E'bd)$ 可算出 E'. 从而得到试样的损耗模量

$$E' = E'\tan\delta_E \tag{8.17}$$

④ 声波传播法: 用声波传播法测定材料动态力学性能的基本原理是, 声波在材料中的传播速度取决于材料刚度以及声波振幅的衰减取决于材料阻尼. 用这种方法测试时, 要求试样尺寸远大于声波波长. 声波波长 λ 与频率 f 之间存在反比关系: 频率越低, 波长越长. 对于不同形式的试样, 需采用不同的声波频率. 具体方法分两类: 一类是声脉冲传播法, 典型频率为 3~10 kHz, 适合测定细长的纤维与薄膜试样; 另一类是超声脉冲法, 典型的频率范围为 1.25~10 MHz, 适合测定尺寸为毫米至厘米量级的块状试样, 尤其适合测定各向异性材料试样. [14]

8.1.2 磁流变弹性体的动态力磁耦合测试系统

通过分析振动特性研究磁流变弹性体的剪切力学性能, 测试装置如图 8.4 所示. 图中电磁线圈产生的磁场由铁磁支撑架形成虚线磁路, 并自上而下地均匀垂直测试样品. 通过调节线圈中的电流大小来控制通过样品的磁感应强度, 其大小可由特斯拉计测量得到. 通过激振器使铜板 2 产生基础激励, 该激振器由 HP35665A 频谱分析仪产生的信号源通过功率放大器驱动. 在这里我们使用的是随机信号源. 两块铜板的运动通过两个相同增益的压电加速度传感器和电荷放大器被转换为电信号, 使用 HP35665A 频谱分析仪对这两个信号进行采样分析处理. [15]

把粘在磁流变弹性体上的铜板 1 作为研究对象, 力学模型简化为图 8.4, 即把磁流变弹性体简化为具有复刚度的单自由度系统. 图中 $k_\tau = GA/h$, A 为样品的表面积, h 为厚度, $y(t)$ 为响应信号, $x(t)$ 为基础激励信号. 通过在频率域分析响应信号 (加速度传感器 1) 与基础激励信号 (加速度传感器 2) 之比 (即传递函数), 得到磁流变弹性体的黏弹性参数. 尽管传感器产生的信号经过后续放大, 但由于两者增益相同, 因而比值仍然不变. 考虑磁流变弹性体样品的质量具有附加动能, 由 Rayleigh 法知, 其等效质量为 $m_e = m_2/3$, 其中 m_2 为样品的质量. 因而令 $M = m_1 + m_e$, 其中 m_1 为铜板 1 的质量. 则频率域上的传递函数为

$$T(\omega) = \frac{Y(\omega)}{X(\omega)} = \frac{k_\tau(1 + i\eta)}{-M\omega^2 + k_\tau(1 + i\eta)} \tag{8.18}$$

式中 T 为传递函数, 可直接由 HP35665A 频谱分析仪得到, X 和 Y 分别为 x 和 y 的 Fourier 变换, $\eta = \tan\delta$. 由式 (8.18) 可得到不同频率下的储能模量和损耗因子.

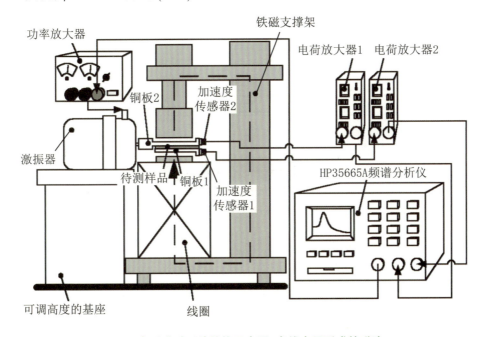

图 8.4 电磁激励系统结构示意图 (虚线表示形成的磁路)

图 8.4 所示装置的测试方法简单方便, 但测试结果不如动态拉伸机的实验结果准确. 引起误差的主要原因如下: 实验中样品的厚度很难做到很薄, 特别是把磁流变弹性体样品粘在上、下两个底板上时很难做到厚度均匀, 而这些都会导致图 8.5(b) 中等效刚度的定义式不再成立; 另外, 激振器水平振动时会导致振动方向不能严格水平 (如果在竖直方向振动, 激振器则会因为负荷太重而导致振动幅值不够); 最后, 噪声及底部质量不够大也都会引起实验误差[16].

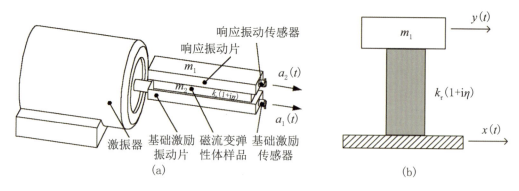

图 8.5 测试原理图和简化后的单自由度系统力学模型

动态热机械分析仪是比较成熟的黏弹性体动态力学测试系统. 其原理属于强迫非共振法. 它包含拉伸、弯曲和剪切等多种形变模式 (如图 8.6 所示, 蓝色部分为夹具, 黄色部分为试样). 在每一种形变模式下, 不仅可以在固定频率下测定大温度范围内的动态力学性能温度谱, 也能在固定温度下测定大频率范围内的频率谱. 此外, 该分析仪还允许将多种变量进行组合, 进而形成复杂的实验模式.[17]

图 8.6 动态热机械分析仪中的拉伸、弯曲和剪切实验模式示意图

图 8.7 为动态热机械分析仪内部结构示意图, 图中显示的是弯曲模式下驱动轴分别处于平衡位置后端、平衡位置和平衡位置前端的测试状态.

在各形变模式下, 实测量是位移幅值、载荷幅值以及位移与载荷间的相位角. 试样的应变幅值根据试样尺寸和测得的位移幅值算出, $\varepsilon_0 = K_\sigma D_0$, 式中 D_0 是位移幅值. K_ε 称作应变常量. 该常量由试样尺寸决定. 试样所承受的应力幅值可由试样尺寸和所受的载荷幅值计算获得, $\sigma_0 = K_\sigma F_0$, 式中 F_0 为载荷幅值. K_σ 称作应力常量, 取决于试样尺寸. 试样的储能模量、损耗模量和复数模量直接按定义计算, 公式为

$$\begin{aligned} M' &= \frac{\sigma_0}{\varepsilon_0}\cos\delta = \frac{K_\sigma F_0}{K_z D_0}\cos\delta \\ M' &= \frac{\sigma_0}{\varepsilon_0}\sin\delta = \frac{K_\sigma F_0}{K_z D_0}\sin\delta \\ M^* &= \sqrt{(M')^2 + (M'')^2} \end{aligned} \quad (8.19)$$

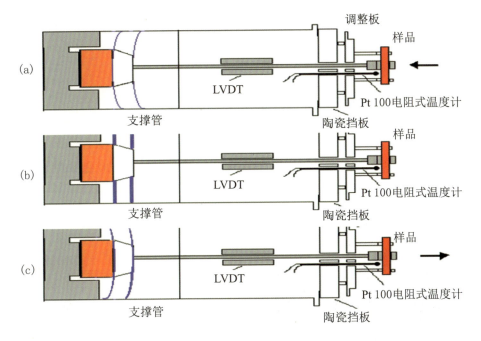

图 8.7 动态热机械分析仪内部结构示意图

在任一形变模式下,实验模式包括下列各项:

(1) 单点测定:在任一频率和应变水平下测定试样的动态力学性能.

(2) 应变扫描:在任一选定的温度和频率下,测定试样在一系列不同应变水平下的动态力学性能. 主要目的是得到试样的载荷或应力与应变之间的关系.

(3) 温度扫描:在选定的频率与应变水平下,测定试样的动态力学性能随温度的变化,并由此获得被测试样的特征温度. 这是动态力学热分析中应用得最多的一种实验模式. 温度变化有两种方式:一种是阶梯升/降温;另一种是线性连续升/降温. 阶梯升/降温所需选择的参数是起始温度、终止温度、每一阶梯的温度增量和每一增量所需维持的时间. 线性连续升/降温所需选择的参数是以 °C/min 表示的速率. 不论是阶梯式还是线性连续式,在整个实验温度范围内,速率都可以始终如一,也可以分段变化.

(4) 频率扫描:在选定温度下,测定试样的动态力学性能随频率的变化. 扫描的频率范围和数据采集方式由实验者选择,最低频率为 0.001 Hz,最高频率为 318 Hz. 扫描进程可以从低频至高频,也可以从高频至低频,但一般都从低频至高频.

(5) 频率-温度扫描:在选定的温度范围内,在一系列间隔的恒定温度下进行频率扫描,得到一系列不同温度下的频率谱. 扫描一般从最低温开始.

(6) 时间扫描:在选定的温度与频率下,测定材料动态力学性能随时间的变化. 这一模式一般用来研究被测材料的反应动力学,例如树脂-固化剂体系的固化动力学. 在磁流变弹性体的研究过程中,该时间扫描模式用于分析其力磁耦合性能. 测试时随着时间的变化,改变相应的外磁场强度, 系统可以测得磁流变弹性体在不同磁场强度下的力学性能.

为测试材料在磁场中的力学性能,在英国 Triton 科技公司生产的 Tritec 2000 DMA 基础上, 对 DMA 进行了改进, 研制配备了一个可调范围 0~1 100 mT 的磁场发生器 (图 8.8), 构成力磁耦合 DMA. 在该装置中,样品的一面与电磁线圈的铁芯相黏结,为应变固定面；另一面与连接驱动轴的剪切片相黏结, 为载荷面. 施加动态应变和磁场后, 磁流变弹性体样品会在外磁场作用下做剪切受迫运动.

(a) 实物图

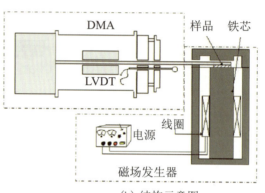
(b) 结构示意图

图 8.8 改装后的力磁耦合 DMA

分别运用基于不同原理的电磁激励和 DMA, 对相同的磁流变弹性体样品开展测试. 通过比较两者的测试结果, 实现两套系统的相互验证, 从而明确各自的适用范围.

采用铁粉质量分数为 70% 的硅橡胶基磁流变弹性体为实验材料. 电磁激励系统采用 0~1.6 kHz 的随机激励, 测试磁场强度选用 0 和 800 mT. DMA 测试设定时选择其全程频率范围 0~100 Hz, 通过调节线圈电流获得磁感应强度为 800 mT 的外磁场.[18]

图 8.9 是电磁激励系统测得的磁流变弹性体在有、无外磁场时的传递函数曲线. 可以看出, 在磁场作用下, 整个系统的固有频率升高了 40 Hz 左右. 这是材料刚度增加导致系统固有频率升高的结果. 图 8.10 是电磁激励系统的相关性 (反映了系统的稳定性) 结果, 可以看出, 整个系统在 80 Hz 之内的数据波动较大, 但在 80~500 Hz 整个宽广频带中的结果较为稳定和可信. 图 8.11 是由电磁激励系统测得的磁流变弹性体的模量变化结果. 图 8.12 是由 DMA 测得的磁流变弹性体在有、无磁场时的储能模量变化结果. 频率为 80 Hz 时, 激励系统的绝对磁流变效应为 1.01 MPa, 相对磁流变效应为 404%; DMA 测试系统的绝对效应为 0.8 MPa, 相对效应为 340%. 两套系统的误差在 15% 之内. 在

激励系统结果可信范围内,对比图 8.11 与图 8.12 中的结果可以发现,两套系统的结果基本一致.

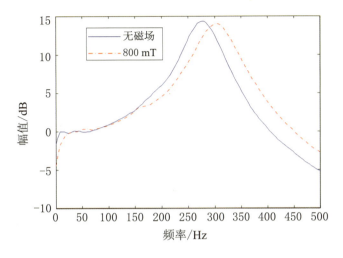

图 8.9   电磁激励系统测得的磁流变弹性体在有、无外磁场时的传递函数曲线

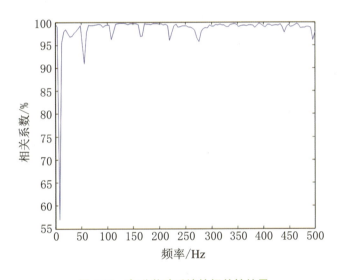

图 8.10   电磁激励系统的相关性结果

因此,激励系统比较适用于材料的高频段测试,而 DMA 测试系统更适用于低频段测试. 根据目前磁流变弹性体潜在的应用方向 (如调频式吸振器,振动频率在一般 100 Hz 以内) 可知,DMA 测试系统更适合作为磁流变效应的评估系统. 此外,在 DMA 测试时可以实现应变幅值和环境温度的精确控制. 本小节之后的磁流变效应测试均使用力磁耦合 DMA 进行.

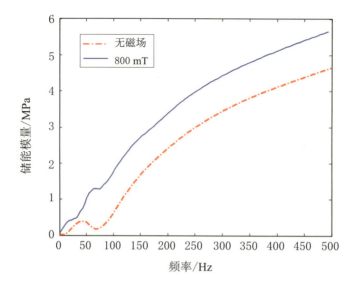

图 8.11　电磁激励系统测得的磁流变弹性体在有、无外场时的储能模量变化结果

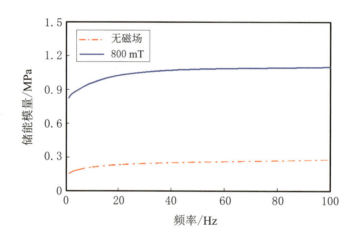

图 8.12　DMA 测得的磁流变弹性体在有、无外场时的储能模量变化结果

8.1.3　制备环境和材料配比对磁流变效应的影响

本小节主要通过实验分别研究制备过程中预结构温度、增塑剂含量和铁粉含量对磁流变弹性体性能的影响.如无特别说明,材料成分配比中所涉及的百分比均为质量比.

1. 预结构磁场强度

以天然橡胶、增塑剂和平均粒径为 3.5 μm 的羰基铁粉 (铁粉体积比占总材料的 11%) 为基本原料,分别在磁感应强度为 0,200,400,600,800 和 1000 mT 的磁场作用下进行预结构,制备成六种不同的磁流变弹性体. 使用力磁耦合 DMA 测试这六种磁流变弹性体的储能模量随外磁场的变化,结果见图 8.13.

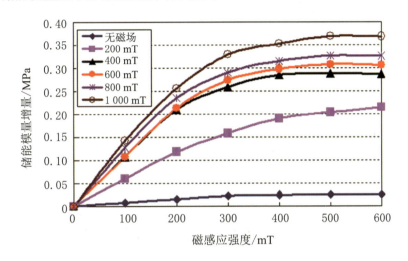

图 8.13 不同预结构磁感应强度下制备的磁流变弹性体在外磁场作用下储能模量的变化

从图 8.13 可以看出,磁流变弹性体的储能模量随外磁场的增强而先增加,最终达到恒定的最大值. 在此过程中,磁流变弹性体内部磁性颗粒被外磁场磁化而产生相互作用力,引起附加模量,随后磁性颗粒达到饱和磁化强度,相互磁作用力不再变化,磁致模量也不再变化. 同时还可以看出,制备时预结构磁感应强度越大,磁流变弹性体的储能模量的增加量越大. 在无外磁场作用下固化的磁流变弹性体的储能模量的最大增量仅为 0.03 MPa,而在 1000 mT 的磁场作用下进行预结构的磁流变弹性体的储能模量的最大增量可达 0.36 MPa. 可见预结构过程对磁流变弹性体的磁致特性的影响是十分显著的,这也是磁流变弹性体独有的现象 (因为磁流变液不存在预结构过程).

使用环境扫描电镜 (型号:XT30 EAEM-MP) 对制备的六种磁流变弹性体的微观结构进行观测. 在样品观测前,沿着预结构磁场方向切开磁流变弹性体样品,形成平行于预结构磁场方向的待观测截面. 为了提高样品的导电性,获得更好的观测结果,需在该截面上镀一层薄金. 观测过程中样品的加速电压为 20 kV. 观测结果如图 8.14 和图 8.15 所示.

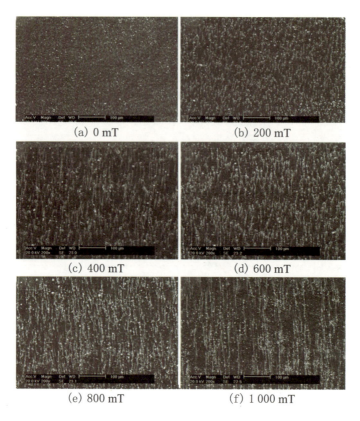

图 8.14 不同磁感应强度下制备的磁流变弹性体的截面结构 (200×)

在图 8.14 和图 8.15 中，浅色点代表颗粒，深色点代表基体. 从图 8.14(a) 和图 8.15(a) 可以看出，由于布朗运动的影响，颗粒呈随机分布状态. 此情形对应的磁流变弹性体是在无磁场作用下制备的，制备过程中颗粒间不存在相互磁作用力. 而在图 8.14(b) 和图 8.15(b) 中，颗粒局部团聚，在沿预结构磁场方向形成了短细链结构. 再比较图 8.14(c)~(f) 和图 8.15(c)~(f)，可以发现颗粒有序化程度逐渐升高，短链结构逐渐变成了长粗柱结构. 这是由于在制备的预结构过程中，颗粒在外磁场方向上被磁化，形成相互吸引力，导致颗粒聚集. 但由于磁流变弹性体的基体是高分子聚合物，黏度较大，颗粒在其中移动受到限制. 在低预结构磁场中，颗粒间相互吸引的磁力也较低，此时颗粒无法形成大范围的有序结构. 而随着预结构磁场的增强，颗粒间相互吸引的磁力变大，迫使颗粒移动的驱动力相对较大，此时容易形成大规模的有序结构. 最终颗粒以柱状结构聚集于预结构磁场方向上，在颗粒总数一定的情况下，各条柱状结构间的距离也越来越大.[19]

对比图 8.13~图 8.15 中的性能测试结果和微观结构，可以发现磁流变弹性体的磁流变效应在很大程度上依赖于其内部颗粒形成的微观结构. 欲制备强磁流变效应的材料，需使磁性颗粒形成有序化程度较高的微观结构.

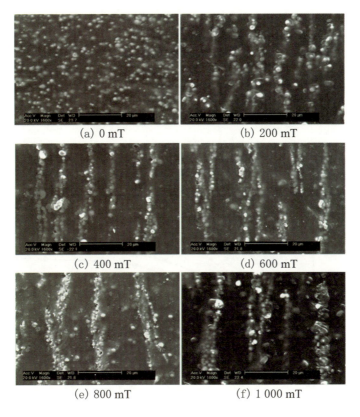

图 8.15 不同磁感应强度下制备的磁流变弹性体的截面结构 (1 600×)

2. 预结构温度

图 8.16 给出了天然橡胶基磁流变弹性体储能模量随磁场强度的变化曲线. 四种样品在制备时预结构过程温度分别设定为 60, 80, 100 和 120 °C, 其他制备条件均相同 (成分配比为天然橡胶 20%、增塑剂 20%、铁粉 60%, 预结构磁感应强度为 1 T). 从图 8.16 可以看出, 80 °C 下制备的磁流变弹性体的磁致效应最好, 其模量增量高于其他样品; 在外磁场为 1 T 时, 储能模量的绝对增量为 0.6 MPa, 相对增量为 67%. 作为基体材料的天然橡胶, 是一种典型的黏弹性材料, 在不同温度下会呈现出不同的状态. 常温下天然橡胶表现为弹性体; 随着温度升高, 其逐渐转变为可流动的黏塑性体. 但在高温下, 天然橡胶内部会发生化学变化, 产生交联反应, 所以天然橡胶的流动性在受热后会先逐渐变好, 再变差. 在制备磁流变弹性体时, 基体的流动性对最终样品的磁致性能有很大影响. 流动性越好, 颗粒移动时所受阻力越小, 形成的内部结构越有序. 由图 8.16 可知, 混炼后的天然橡胶在 80 °C 时黏度最低, 再升高温度将发生交联反应. 因此, 在制备天然橡胶基磁

流变弹性体时,不应按传统工业制备橡胶时的普通方案,需在硫化成型前进行预结构处理,其温度设在 80 ℃ 为宜. 同时还可注意到磁致效应相对较高的磁流变弹性体的磁致模量在较低的外加磁场强度下就可达到最大值. 这是由于这种磁流变弹性体内部有序结构较好,其内部颗粒在平行磁场方向上头尾相连,此方向上颗粒间距较小,在外磁场中更易达到磁饱和,因而其磁致模量首先达到最大值.[20]

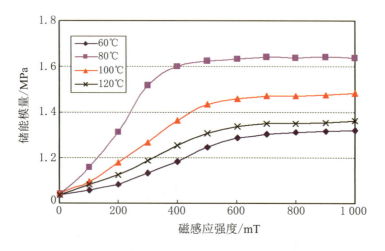

图 8.16　天然橡基磁流变弹性体的储能模量随磁场的变化曲线

3. 增塑剂含量

固定铁粉质量分数为 60%,向基体中添加不同质量的增塑剂 (10%,13%,16%,20%),在相同的硫化条件 (预结构磁场强度 1 T,预结构温度 80 ℃) 下制成四种磁流变弹性体样品. 图 8.17 中各条曲线表示不同增塑剂含量的磁流变弹性体在外磁场作用下储能模量的变化,反映了制备时在基体中添加增塑剂对磁流变弹性体性能的影响. 可以看出,磁流变弹性体的零场模量随增塑剂的含量升高而降低,磁致模量随增塑剂的含量升高而增大.

增塑剂是制备橡胶时所用的一种辅助配剂,能很好地与橡胶基体相溶,进入橡胶分子内,使得橡胶分子链段易于滑动,橡胶基体整体易于变形,从而导致磁流变弹性体的零场模量降低. 此外,磁性颗粒在低模量基体中的运动阻力也较低,有利于颗粒在基体内形成有序结构. 同时基体中的增塑剂对铁磁性颗粒也有修饰作用,会降低铁粉表面的粗糙度,同样有利于颗粒运动和提高磁致模量. 因此,增塑剂使得磁流变弹性体的零场模量降低,磁致模量上升,从而相对磁流变效应会有大幅度的提高. 当增塑剂添加量从 10% 增至 20% 时,最大相对磁致效应从 14% 增至 78%. 因此,从提高磁流变效应的角度来看,添加增塑剂是一种极为有效的手段. 但过多的增塑剂会导致材料的损耗因子增大和机械性能下降.

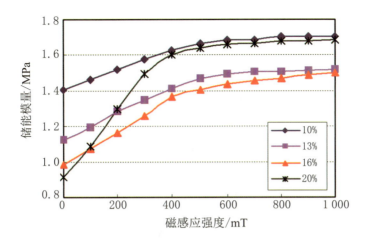

图 8.17 不同增塑剂含量的磁流变弹性体在外磁场作用下储能模量的变化

4. 铁粉含量

在四种不同铁粉含量 (60%, 70%, 80%, 90%)、相同的硫化条件 (预结构磁场 1 T, 预结构温度 80 °C) 下制备出四种磁流变弹性体样品.

图 8.18 给出了磁流变弹性体中铁粉含量对其储能模量的影响. 结果表明, 铁粉含量越高, 磁流变弹性体的储能模量越高. 当外磁场大于 600 mT 时, 铁粉含量为 60% 的磁流变弹性体的储能模量增量为 1 MPa; 铁粉含量为 90% 的磁流变弹性体的储能模量增量为 4.5 MPa. 同时, 随着铁粉的加入, 磁流变弹性体的零场模量 G_0 也在逐步升高. 铁粉含量为 60% 时, G_0 为 1 MPa; 铁粉含量为 90% 时, G_0 为 4 MPa. 因此, 在铁粉质量分数为 80% 时, 最大相对磁致效应最好, 达 133%. 此结果超过了国际上目前同类型研究中的最佳报道. 虽然铁粉含量越高, 磁致模量越高, 但其零场模量也随之大幅升高, 导致相对磁流变效应反而随铁粉含量的升高而降低.[21]

图 8.19 是使用光学高景深显微镜拍摄到的不同铁粉含量的磁流变弹性体的微观结构照片. 从照片中可以看出, 在铁粉含量较低 (60%, 70%) 时, 颗粒形成柱状结构. 随着铁粉含量的增多, 颗粒柱结构之间的距离逐渐减少. 当铁粉含量为 90% 时, 颗粒柱结构间的距离已无法分辨, 近似各向同性结构.

对于多样化的器件设计和不同工作情形而言, 磁流变弹性体所处的应用环境存在显著差异. 这种差异会对磁流变弹性体的响应特性和性能产生重大影响. 本小节通过改变测试参数研究应用环境对磁流变弹性体性能的影响,其中包括对动态应变、激励频率的影响.研究结果将对基于磁流变弹性体的器件设计和应用提供有价值的参考.[22]

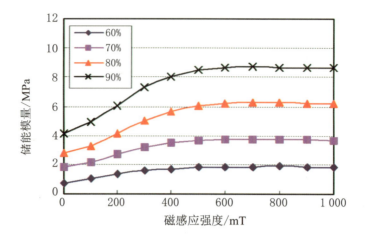

图 8.18　不同铁粉含量的磁流变弹性体在外磁场作用下储能模量的变化

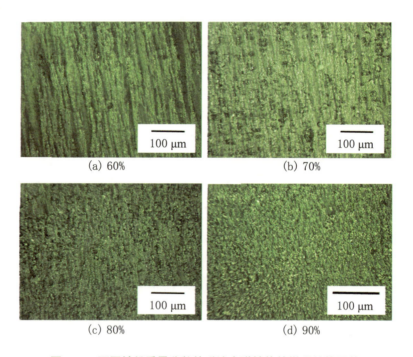

图 8.19　不同铁粉质量分数的磁流变弹性体的微观结构照片

分别在动态应变为 0.03%,0.16%,0.30%,0.50% 和 0.70% 时测试磁流变弹性体的动态磁致性能.图 8.20 显示了不同应变下磁流变弹性体的储能模量随磁感应强度的变化.结果显示,磁流变弹性体的零场模量随应变的增大略有下降,而应变对磁致模量有很大影响,应变越大,磁致模量越小.这是因为大应变下内部颗粒间的距离增加,相互作用磁力作用较弱,导致磁致模量降低.

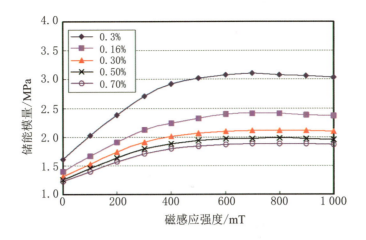

图 8.20 不同动态应变下磁流变弹性体的储能模量随磁感应强度的变化

分别在激励频率为 5,10,15,20 和 25 Hz 时测试磁流变弹性体的动态性能. 图 8.21 给出了不同频率下磁流变弹性体储能模量与磁感应强度的变化关系,由此可知,频率对材料的磁致模量影响不大. 但升高频率会提高材料的零场模量,从而导致材料相对磁流变效应的降低.

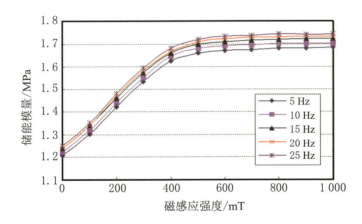

图 8.21 不同频率下磁流变弹性体的储能模量随磁感应强度的变化

以探索研制实用型磁流变弹性体为目的,本小节研究了制备条件和应用环境中的基本因素对磁流变弹性体性能的影响,可得出如下结论:增大预结构磁场强度、将预结构温度设置为 80 ℃ 和向基体中添加增塑剂,都有利于提高磁流变弹性体的磁致效应. 磁性颗粒含量是影响磁流变弹性体磁致效应的重要因素. 在高于 600 mT 的磁场强度下,当磁性颗粒含量为 80% 时,储能模量的相对增量达 133%;当磁颗粒含量为 90% 时,储能模量的绝对增量达 4.5 MPa. 磁流变弹性体在小应变下显示出更强的磁流变效应,而激励频率基本不改变材料的磁致模量.

8.1.4 准静态下的力磁耦合性能

除了磁流变弹性体的动态力学行为外,其准静态力学性能是磁流变性能评估的另一个方面. 准静态实验中采用的基本仪器是多功能电子拉力机,它可以提供垂直方向的拉伸载荷. 将磁流变弹性体样品的两面分别黏结在两块硬铝平板上,形成一种三明治结构,并把该三明治结构的两头分别夹在拉伸机的上、下夹头上. 如此可以把拉伸机施加的拉伸载荷转化成剪切载荷施加到磁流变弹性体上. 为研究磁流变弹性体在磁场作用下的力学性能,在三明治结构外加上一个磁场装置 (图 8.22). 可通过调节两块永磁体间的距离调节试样的外加磁感应强度.

图 8.22 三明治结构剪切装置

多功能电子拉力机的操作界面如图 8.23 所示. 为了达到准静态的要求,一般将拉伸速率设为 1 mm/min (对于厚度为 10 mm 的样品,其剪切速率约为 0.0017 s^{-1}). 样品受到的最大剪切变形量也可以自行设定. 为了避免材料本身破坏或材料与平板的黏结破坏,剪切变形量设置在 0.45 以内. 研究对象为四种不同成分的磁流变弹性体 (成分配比见表 8.1),其中铁颗粒质量分数分别为 60%,70%,80% 和 90%. 实验分别在有、无外磁场作用下进行.

表 8.1 测试样品成分配比

成　　分	样品 1	样品 2	样品 3	样品 4
天然橡胶	20%	15%	10%	5%
增塑剂	20%	15%	10%	5%
铁粉 (CH,3.5 μm)	60%	70%	80%	90%

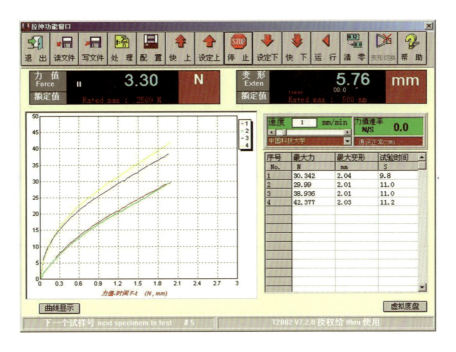

图 8.23　电子拉力机操作界面

图 8.24(a)~(d) 是不同成分配比的磁流变弹性体在准静态下的力磁耦合实验结果,可以看出,在无外磁场时,磁流变弹性体的剪切应力-应变接近线性关系. 施加磁场后,磁流变弹性体的应力明显高于不加磁场时的应力. 由于施加磁场增加的这部分应力可以称为磁致应力. 对于小应变,有磁场时的应力呈现明显的非线性关系. 这是由于磁流变弹性体中颗粒间的距离对磁致应力影响很大. 尤其是在颗粒间距较小时,磁致应力对颗粒间距非常敏感,且呈非线性变化. 因此,在剪切载荷的作用下,随着剪切应变的增大,磁流变弹性体中颗粒间的距离逐渐增大,导致磁流变弹性体应力的非线性变化.[23]

提取出图 8.24 中每种样品在应变为 0.4 时的无场应力和磁致应力 (有场和无场的应力之差),将结果比较示于图 8.25. 对比图 8.24(a)~(d) 可以发现,随着铁粉含量的变化,磁流变弹性体的应力也发生着变化. 为了作比较,将其最大应变时的无场应力值和磁致应力值统计于同一幅图,见图 8.25. 可以看出,铁粉含量从 60% 增加到 70% 和从 80% 增加到 90% 时,磁流变弹性体的无场应力随铁粉含量的升高增幅较大. 而当铁粉含量适中时,应力值随铁粉含量的变化较为平缓,且会出现波动. 这是由于磁流变弹性体的无场应力值受到诸多因素影响,如其中铁颗粒含量和颗粒与基体结合情况等. 一方面高刚度的颗粒含量的增加会导致材料整体应力的上升,另一方面颗粒与基体间的弱结合会导致应力软化现象的出现.

从图 8.25 还可以看出,磁流变弹性体的磁致应力随颗粒含量的增加而增加. 这个现象完全符合动态力磁耦合实验测试结果和磁偶极子模型.

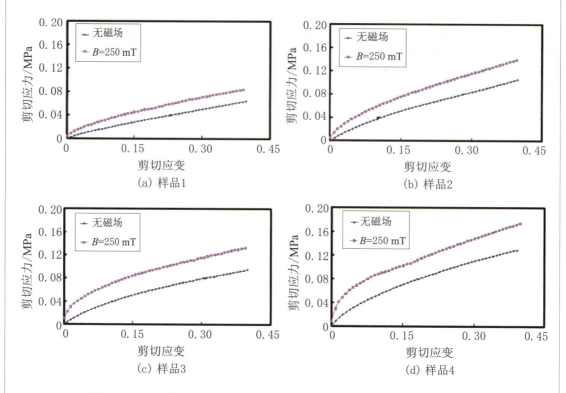

图 8.24 磁流变弹性体 (样品 1~4) 在有、无外磁场下的剪切应力–应变曲线

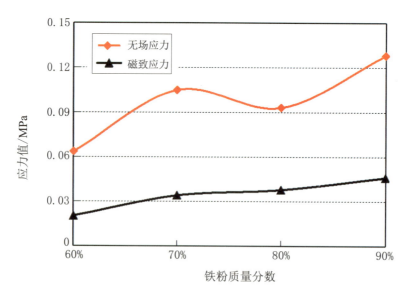

图 8.25 不同铁粉含量的样品的最大无场应力和磁致应力比较

8.1.5 测试条件对硅橡胶基 MRE 磁流变效应的影响

磁流变弹性体一般采用橡胶作为基体,橡胶属于高聚物,而高聚物属于黏弹性材料,高聚物的黏弹性表现在它有突出的力学松弛现象 (如蠕变及回复、应力松弛和动态力学行为等),其力学行为强烈依赖于外力作用时间. 这种时间依赖关系不是由于材料性能的改变引起的,而是由于它们的分子响应与外力达到平衡是一个动力学过程. 另外,高聚物的力学行为有很大的温度依赖性. 因此描述高聚物的力学性能必须同时考虑应力、应变、时间和温度四个参数. 磁流变弹性体继承了橡胶的黏弹性性能,它的力学性能尤其是动态力学性能受测试条件影响很大. 为了全面认识测试条件对材料性能的影响,将对频率、应变幅值、温度和紧压量四个应用条件对材料动态力学性能的影响进行深入的研究.

为了研究测试频率对磁流变弹性体动态力学性能的影响,制备了以高温硫化硅橡胶为基体的磁流变弹性体. 制备中使用的铁粉购自巴斯夫公司 (型号:CN),平均粒径为 $6\ \mu m$. 使用的橡胶基体为甲基乙烯基硅橡胶,分子量为 61 万,乙烯基含量为 0.1%. 使用的硫化剂是双二五,购自深圳市固加科技有限公司. 使用的增塑剂是邻苯二甲酸辛脂,购自上海化学试剂有限公司试剂一厂. 制备时首先将硅橡胶在双筒混炼机上混炼并依次加入铁粉、增塑剂和硫化剂,在混炼均匀后将混合物放入模具中,在 120 ℃ 下成型;放入制备磁场中,在励磁电流 30 A 下磁化 10 min;再在压片机中 160 ℃ 下硫化 6 min. 制备材料使用的配方是:橡胶 100 份,铁粉 44 份,增塑剂 16 份,硫化剂 2 份.

材料测试仪器为安东帕公司生产的 Physica MCR 301 型流变仪,测试应变水平固定为 1%,测试温度为 20 ℃,测试磁场为 0~800 mT,测试初始轴向应力为 10 N,测试频率变化为 1~90 Hz. 但测试点间隔是不同的,在 0~20 Hz 范围有 6 个测试点;在 20~40 Hz 范围有 20 个测试点;在 40~50 Hz 范围有 10 个测试点;在 50~70 Hz 范围有 20 个测试点;在 70~90 Hz 范围有 10 个测试点. 之所以这样设置,是为了提高测试效率,同时也兼顾曲线的规律性.

图 8.26 是不同磁场作用下储能模量和损耗因子随测试频率的变化曲线,可以看出,若测试频率相同,材料的储能模量随着测试磁场的增大而增加,直到饱和,这是磁流变效应的体现. 同时,材料的储能模量也随着测试频率变化,在测试磁场为 0 mT 时,材料的储能模量随着测试频率的增加而增大,这是高聚物的一个普遍现象. 高聚物内部的分子大小并不都一样,而是由链长度各异的分子链构成的. 不同长度的分子链在受到动态力作用时,其松弛时间各不相同. 分子链越长,分子运动单元就越小,相应地,其分子运动活

化能越低,运动的松弛时间也就越短. 任何一种运动单元的运动是否自由,取决于其运动的松弛时间和观察时间之比. 观察时间和测试频率有关,频率越高,测试周期越短,观察时间也越短. 当运动单元的松弛时间远小于观察时间时,运动单元的运动在有限的时间内观察不到,可以理解为此运动单元被冻结,相反,则可以理解为运动单元很自由. 当测试温度不变而测试频率变化时,相当于观察时间在变化,频率越大,观察时间也越短,越多的运动单元处于冻结状态,因此材料的模量会升高. 施加测试磁场以后,材料的储能模量随测试频率的变化和零场情况不同,并不是单调增加的. 当测试频率较小时,储能模量和零场模量情况相同,也在随测试磁场增加,但是当频率达到一定值时,储能模量不再增加而是减小,并出现一个最小值,即储能模量随测试磁场的变化曲线出现谷底,过了谷底之后储能模量又随着测试频率增加. 例如 200 mT 的测试曲线,在 1~29 Hz 范围储能模量单调升高,在大于 29 Hz 以后储能模量随测试磁场降低,在 31 Hz 处达到谷底,之后储能模量又随着测试磁场增加. 这种现象与材料内部铁颗粒形成的小结构有关.

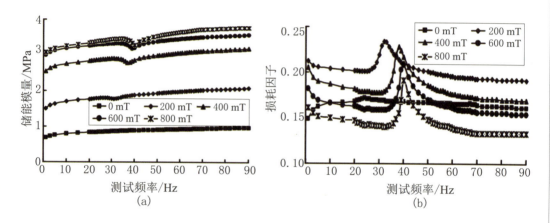

图 8.26 不同磁场作用下磁流变弹性体储能模量和损耗因子随测试频率的变化曲线

在施加磁场时,磁流变弹性体内部的颗粒被磁化,相互之间存在磁场力,颗粒互相吸引而形成小的聚集结构,这些聚集结构由颗粒和颗粒之间的橡胶基体组成,如图 8.27 所示. 这些小结构的出现限制了基体分子链的运动. 如果小结构自身的固有频率和测试频率相同,就会出现相应的损耗峰和模量的急剧变化. 从图 8.26(b) 中 200 mT 的测试曲线可以看到在 31 Hz 处存在一个损耗峰,结合 200 mT 时储能模量的变化趋势,可以判断在测试磁场为 200 mT 时,铁颗粒组成的小结构的固有频率为 31 Hz. 从图中还可以发现,不同测试磁场下磁流变弹性体内部小结构的固有频率不同,200 mT 时小结构的固有频率为 31 Hz,400 mT 时为 38 Hz,600 mT 时为 39 Hz,800 mT 时为 40 Hz. 小结构的固有频率随着测试磁场的增加而升高. 当测试磁场增加时,颗粒间磁场力会越来越大,颗粒之间的橡胶分子受到的挤压也越来越大,如果把连接铁颗粒的橡胶基体视作弹簧,由于挤压,"弹簧"的刚度就会升高,因此小结构的固有频率会升高,所以增加测试磁场会引起小结构的固有频率向高频方向漂移.

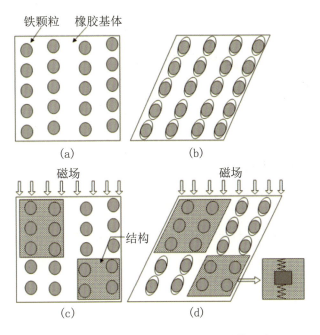

图 8.27 磁流变弹性体内部小的聚集结构示意图

图 8.28 是材料的磁致模量和磁流变效应随测试频率的变化曲线. 从图 8.28(a) 可以看到, 磁流变弹性体的磁致模量随着测试频率有很大变化, 变化趋势和加磁场以后储能模量随测试频率的变化趋势相同. 当磁场较弱时, 磁致模量随测试频率增加, 在 40 Hz 处存在一个曲线谷底, 之后储能模量又随频率增加. 出现这样的变化趋势是因为磁致模量是 800 mT 时储能模量和零场模量的差值. 而磁流变弹性体的磁流变效应的变化趋势和磁致模量有所不同, 在磁场较小时, 磁流变效应随着测试频率降低, 并在 40 Hz 处降到最小, 之后开始上升, 在 70 Hz 以后又开始下降. 整体趋势随着测试频率降低. 磁流变效应是磁致模量和零场模量的比值, 零场模量随着测试频率上升, 所以磁流变效应的整体趋势是随着测试频率降低, 磁致模量在 40 Hz 处有极小值, 所以磁流变效应在 40 Hz 处有极小值.

在 1~90 Hz 范围, 磁流变弹性体的零场模量随着测试频率的增加而平稳增大, 零场的损耗因子随测试频率的变化不大. 施加测试磁场以后, 储能模量随频率的变化与零场模量不同, 整体趋势是随着频率增加, 但存在一个极小值, 原因是颗粒在磁场力作用下形成小结构, 在小结构的固有频率处, 材料的储能模量出现极小值, 损耗因子出现损耗峰.

材料的磁致模量随频率的变化趋势和施加磁场后储能模量随频率的变化趋势一致,整体趋势是随频率增加而增大,在小结构的固有频率处出现极小值.材料的磁流变效应整体随着测试频率减小,在小结构的固有频率处出现极小值.

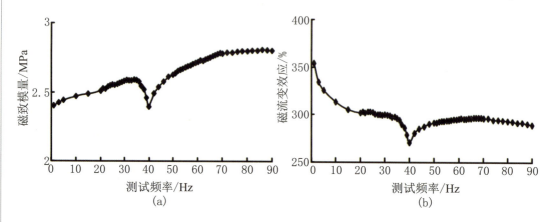

图 8.28 磁流变弹性体的磁致模量和磁流变效应随测试频率的变化曲线

为了研究应变对磁流变弹性体动态力学性能的影响,本小节对制备的磁流变弹性体样品进行了应变扫描测试. 同时,为了对比还制备了纯硅橡胶掺杂白炭黑的硅橡胶样品,使用的白炭黑购自南京海泰纳米材料有限公司,平均粒径为 200 nm. 使用的配方在表 8.2 中列出.

表 8.2 不同样品的配比

样 品	橡 胶	铁 粉	硫化剂	增塑剂(DOP)	白炭黑
磁流变弹性体	100 份	444 份	2 份	16 份	0 份
纯硅橡胶	100 份		2 份		
掺白炭黑样品	100 份		2 份	16 份	20 份

材料的应变扫描测试也使用流变仪,测试频率为 10 Hz,测试温度为 20 ℃,测试磁场为 0~800 mT,测试初始轴向应力为 10 N,测试应变从 0.01% 到 10%. 图 8.29 是材料的储能模量和损耗因子随测试应变的变化曲线.

从图 8.29(a) 中的结果可以看出,磁流变弹性体的储能模量随着测试应变的增大而减小,其损耗因子则随着测试应变的增大而增大. 早期的学者已经观察到颗粒增强复合材料的储能模量和损耗因子会随着测试应变变化,其中储能模量随着测试应变的增加而减小的现象称为 Payne 效应,最早由英国橡胶学家 A. R. Payne 发现. 当应变增加时颗粒之间的距离会增大,从而颗粒之间的作用力就会随之减小,所以储能模量也会变小. 当应变增大时,颗粒和基体之间的结合可能会被拉断,这些微小结构会随着应变的增加而遭到破坏,进而导致材料的模量下降. 从磁流变弹性体的测试结果可以看出,不论有没有测试磁场,磁流变弹性体的储能模量都随着测试应变减小,原因在于增大的应变破坏了颗粒形成的微小结构. 在不同测试磁场作用下,磁流变弹性体的储能模量随测试应变的变化而不同,磁场较强时储能模量随着测试应变的增加而减小较多,这是因为磁场力受颗粒间距影响较大. 施加磁场以后,磁流变弹性体内部的铁颗粒由于磁场力作用形成的小结构更多,当测试应变增加时,颗粒间距被拉大,此时磁场力就会急剧减小,形成的小结构特别容易被破坏. 所以施加测试磁场以后,磁流变弹性体的储能模量随测试磁场变化相比于零场模量更为明显.[24]

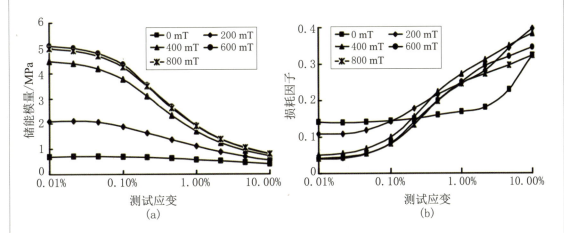

图 8.29 不同磁场作用下磁流变弹性体的储能模量和损耗因子随测试应变的变化曲线

图 8.29(b) 是磁流变弹性体的损耗因子随测试应变的变化曲线,可以看到不同测试磁场作用下磁流变弹性体的损耗因子都随着测试应变的增加而增大,这也是 Payne 效应的体现. 颗粒增强复合材料的能量损耗一般来自三部分:一部分是基体本身的能量损耗;一部分是掺杂颗粒本身的能量损耗;还有一部分是颗粒掺杂引起的能量损耗,这部分能量损耗来源于颗粒和基体之间的相对运动. 磁流变弹性体的能量损耗以第三部分为主,这是因为铁颗粒和橡胶基体不是同一类物质,铁颗粒是金属,橡胶是有机体,所以铁颗粒和橡胶基体结合得不够好,颗粒和基体在动态应力作用下容易产生相对运动. 在测试中,当应变增加时,颗粒和基体之间的结合会因为受力而断裂,这样颗粒和基体的相对运动更多,能量损耗也会更多,这就是损耗因子随测试应变增加的原因,这也是 Payne 效应的另一种体现.

损耗因子的 Payne 效应也和磁场有关. 比较不同测试磁场作用下磁流变弹性体的损耗因子,当测试应变较小时,测试磁场越强,材料的损耗因子越小,原因是施加磁场以后颗粒形成小结构,小结构内部颗粒不存在相对运动,所以当应变较小时测试磁场越强材料的损耗因子越小,如图 8.29 所示. 然而,当测试应变较大时,损耗因子随测试磁场的变化规律与测试应变较小时正好相反,磁场越大损耗因子也越大. 原因是此时应变较大,颗粒形成的小结构很多被破坏,颗粒与基体的相对运动较多,同时由于施加磁场后,颗粒与颗粒之间还存在磁场力,颗粒和基体相对运动的阻力会大于零场时的阻力.

图 8.30 是不同样品的储能模量和损耗因子随着测试应变的变化曲线,测试中没有施加磁场. 复合材料的储能模量可以用混合率简单计算:

$$G'_c = \frac{G'_f \cdot G'_m}{G'_f V_f + G'_m V_m} \tag{8.20}$$

式中 G'_c 表示复合材料的储能模量,G'_f 为掺杂物的储能模量,G'_m 为基体的储能模量,V_f 为掺杂物的体积分数,V_m 为基体的体积分数. 从上式可以看到,掺杂物的模量越大材料的模量就越大,因此磁流变弹性体的模量最大,掺杂白炭黑的硅橡胶模量次之,纯硅橡胶模量最小. 复合材料的损耗因子主要是由于掺杂物和基体相对运动引起的,所以掺杂物和基体的结合越差,材料的损耗因子也越大. 三种材料中,铁颗粒和橡胶基体的结合最差,所以磁流变弹性体的损耗因子最大. 白炭黑和硅橡胶的结合比较理想,所以损耗因子和纯硅橡胶相差不大. 同时还可以看到磁流变弹性体的储能模量和损耗因子随测试应变的变化最大,即磁流变弹性体的 Payne 效应最明显,原因也是磁流变弹性体中铁颗粒和橡胶基体的结合最差,抵抗应变的能力最差.

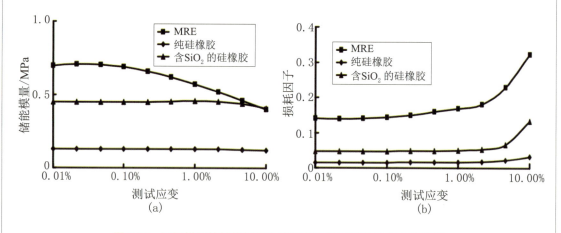

图 8.30 不同样品的储能模量和损耗因子随测试应变的变化曲线

图 8.31 是磁流变弹性体的磁致模量和磁流变效应随测试应变的变化曲线,可以看到磁致模量和磁流变效应都随测试应变的增加而减小. 原因是随着测试应变的增加,颗粒间距增大,磁场力会减小,这样颗粒间的磁场能量减小.

磁流变弹性体的储能模量随着测试应变的增加而减小,损耗因子随着测试应变的增加而增大,这些现象是颗粒增强材料的 Payne 效应的体现,而材料的磁致模量和磁流变效应都随着测试应变的增加而减小,原因是随着应变的增加颗粒间距增大.

过去磁流变弹性体的测试研究主要集中在测试应变和频率对磁流变效应的影响,很少有关于温度对磁流变效应的研究. 但是在材料的实际应用和测试中,温度变化是很难避免的. 由于磁流变弹性体需要提供外磁场,外磁场往往是通过通电线圈产生的,线圈在产生磁场的同时也伴有发热,如果散热不及时,热量累积就会引起温度升高,这时温度对磁流变弹性体性能的影响就需要考虑.

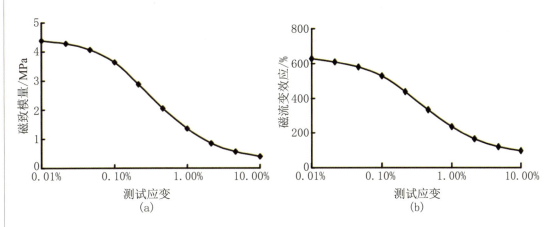

图 8.31 磁流变弹性体的磁致模量和磁流变效应随测试应变的变化曲线

为了研究温度对磁流变弹性体磁流变效应的影响,对制备的磁流变弹性体进行了温度扫描测试. 测试仪器使用流变仪,使用的测试频率为 10 Hz,测试磁场为 0~800 mT,测试初始轴向应力为 10 N,测试应变幅值固定为 1%,测试温度为 20~80 °C,每次变化 10 °C. 图 8.32 是样品的储能模量和损耗因子随测试温度的变化曲线.

从图 8.32(a) 可以看到,在不同磁场作用下,磁流变弹性体的储能模量都随着测试温度增加而减小,但变化程度不同,磁场越大变化越剧烈. 在零场情况下,样品的储能模量随着测试温度的增加而减小是高聚物的一个共性. 如前所述,磁流变弹性体的基体橡胶属于高聚物,而高聚物是由链长不同的分子组成的,不同长度的分子在受到动态力作用时松弛时间是不同的,分子链越长,分子运动单元就越小,分子运动活化能越低,运动的松弛时间越短;温度越高,橡胶分子的活化能越高,松弛时间越短,而任何一种运动单元的运动是否自由,就取决于其运动的松弛时间和观察时间之比,如果松弛时间远大于观察时间,在观察时间内就观察不到分子运动,即分子是冻结的,而动态测试中的观察时间就是测试周期,当测试频率固定时,观察时间就固定. 这时温度变化就会改变橡胶分子的活化能,运动单元的松弛时间会发生变化,温度升高时松弛时间变短.因此,在观察时间固定的情况下,随着温度升高,会有更多的运动单元由于松弛时间变短而能够自由运动,最终导致材料的模量随着温度升高而降低.[25]

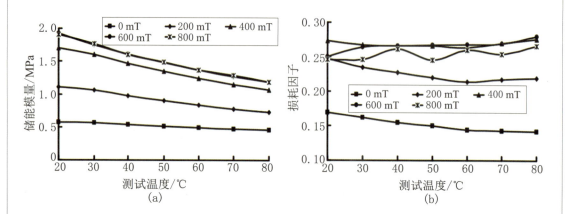

图 8.32 不同磁场作用下样品的储能模量和损耗因子随测试温度的变化曲线

施加测试磁场以后,材料的储能模量也随着测试温度升高而降低,但是降低的幅度要比零场模量大,而且磁场越强,模量降得越多.图 8.33 是样品的磁致模量和磁流变效应随测试温度的变化曲线,从图 8.33(a) 可以明显观察到磁致模量随着测试温度升高而降低.

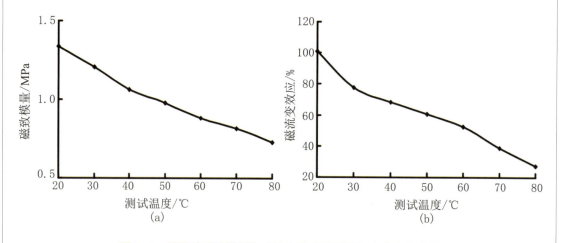

图 8.33 样品的磁致模量和磁流变效应随测试温度的变化曲线

磁场作用下材料的储能模量 G' 可以分为三部分:初始模量 G'_0、磁致模量 G'_M、热致模量 G'_T.其中,初始模量是指在不加磁场和温度不变时材料的模量;磁致模量是指温度不变、施加磁场时引起的储能模量变化部分,是磁流变效应的体现;热致模量是指温度升高引起的储能模量变化部分.一般情况下,动态测试中主要考虑初始模量和磁致模量,但是材料在实际使用中并不是只受磁场影响,往往还存在热效应,因此就需要热致模量. 热致模量又由两部分组成:随着温度升高而引起的零场模量的变化部分 G'_{TT}, G'_{TT} 和初始模量 G'_0 组成零场模量,它是零场模量随着温度变化的部分;温度升高引起的磁致模量的变化部分 G'_{TH},由于温度升高还会引起铁颗粒磁化强度降低,而颗粒磁化强度的降低也会引起磁致模量的降低,这部分模量用 G'_{TH} 表示,属于热磁耦合作用,是导致磁致模量降低的原因.

材料的热磁耦合模量 G^*_{TH} 是由磁致模量的降低引起的. 对磁流变弹性体的磁致模量的研究,现在主要有两种理论:简单偶极子模型和局部场模型. 它们都认为磁流变弹性体的磁致模量是由材料内部铁颗粒之间磁能的增加引起的. 磁流变弹性体内部铁颗粒一般排列成规律的链状结构,材料由于施加外磁场引起的磁场能的增加是所有颗粒之间磁能之和. 两种磁流变理论的区别在于计算颗粒磁场能量的方法不同,简单偶极子方法只考虑偶极子在外磁场中的能量,而局部场理论认为偶极子处于一个复杂磁场中,这个复杂磁场是外磁场和周围偶极子所产生磁场的叠加. 但是不论简单偶极子理论还是局部场理论,它们的分析结果都表明材料的磁致模量和铁颗粒的磁化强度 M_{s} 的平方成正比. 磁流变弹性体使用的微米级羰基铁粉属于铁磁性材料,它的磁化强度 M 是关于外磁场强度的函数:$M = M_{\text{s}}/(1+M_{\text{s}}/(\chi H))$,其中 χ 是材料的相对磁化率,H 是外磁场的强度,M_{s} 是材料的饱和磁化强度. 在实验中使用同一样品,材料的磁学常数 χ 就是同一值. 由于测试磁场相同,所以 H 也相同. 因此决定材料磁化强度的就是材料的饱和磁化强度. 铁磁性材料的饱和磁化强度 M_{s} 是材料的内禀属性,它只随温度的变化而改变. 材料的磁化强度在热力学零开时最大,之后随着温度的升高就逐渐减小,在居里温度时材料的磁化强度几乎为零,即材料转化为顺磁性材料. 磁流变弹性体中的铁颗粒也有同样的规律. 如果测试过程中温度升高较为明显,则材料中铁颗粒的饱和磁化强度也会有较明显的降低,材料的磁化强度也会降低. 由于磁流变弹性体的磁致模量与铁颗粒的磁化强度的平方成正比,因此温度引起的铁颗粒的饱和磁化强度的降低必然导致磁流变弹性体的磁致模量的降低.

在图 8.33(b) 中可以观察到样品的磁流变效应也随着温度的升高而降低,这是由于磁致模量随温度升高而减小引起的,因此温度对磁流变弹性体的磁流变效应的影响也不能忽略. 在对材料进行测试时需要注意对温度的控制.

磁流变弹性体的零场模量、损耗因子、磁致模量和磁流变效应都随着温度的升高而减小. 零场模量的减小是因为温度升高提高了基体分子的活动性,使基体变软;损耗因子变小也是因为基体分子的活动性提高;而磁致模量的减小是因为铁颗粒的饱和磁化强度随着温度的升高而降低.

在材料测试和实际应用中,磁流变弹性体的受力状态可能是复杂的,不只是简单的动态剪切,例如,在磁流变弹性体的安装过程中,如果预留空间不够大,磁流变弹性体会在厚度方向上受压,在工作中磁流变弹性体的受力状态就不只是纵向的动态剪切,还有厚度方向的压缩. 目前对这种复杂情况,对磁流变弹性体的动态力学行为还没有多少研究,本小节利用流变仪来研究厚度方向压缩对磁流变弹性体磁流变效应的影响,测试厚度方向压缩程度不同时,磁流变弹性体的动态力学性能.[26]

为了研究厚度方向压缩对磁流变弹性体磁流变效应的影响,对制备的磁流变弹性体进行了厚度方向上压缩程度不同的测试. 测试仪器使用流变仪,测试频率为 10 Hz,测试磁场为 0~800 mT,测试温度为 20 ℃,测试应变固定为 1%,测试初始厚度方向压缩量分别为 0.02,0.03,0.04,0.05 和 0.06 mm,而样品初始厚度为 1.15 mm,所以换算成压缩比就是 1.7%,2.6%,3.5%,4.4% 和 6%. 图 8.34 是样品的储能模量和损耗因子随压缩比的变化曲线.

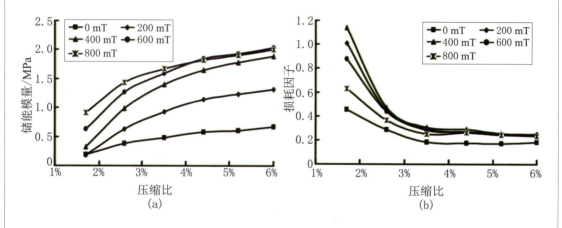

图 8.34　不同磁场作用下样品的储能模量和损耗因子随压缩比的变化曲线

从图 8.34(a) 可以看到,不同磁场作用下磁流变弹性体的储能模量随压缩比的增加而增大,这是由于材料受压缩以后变得更加致密,颗粒和橡胶基体之间的作用力更大,形成的小结构更牢固. 从图 8.34(b) 可以发现,样品的损耗因子和储能模量的变化趋势正好相反,损耗因子随着压缩比的增加而减小. 原因是材料在受到压缩以后,颗粒和基体的结合更好,颗粒和基体之间的相对滑动减小,所以阻尼会随着压缩比的增加而减小.

图 8.35 是样品的磁致模量和磁流变效应随压缩比的变化曲线. 从 8.35(a) 可以看到,样品的磁致模量也随着压缩比的增加而增大,但是压缩比大于 4% 之后磁致模量的增加趋于缓和. 原因是当材料受到厚度方向压缩时,材料内部铁颗粒的间距会减小. 现在比较流行的磁流变理论认为,磁流变弹性体的磁致模量和铁颗粒间距的关系密切,磁

致模量随着颗粒间距的减小而增大,而颗粒间距随着压缩比增加而减小,所以磁致模量会随着压缩比增加而增大. 但是颗粒间距随着压缩比的减小并不是线性的,初始阶段颗粒间距随着压缩比的增加而迅速减小,当减小到一定程度时,颗粒和颗粒之间作用力较大,颗粒间距就不容易再减小,之后增加压缩比更多地会引起材料的横向扩张,所以可以观察到样品的磁致模量在压缩比大于 4% 之后增加趋于缓和. 从图 8.35(b) 可以看到,样品的磁流变效应随着压缩比的增加在减小,和磁致模量的变化趋势相反. 原因是材料的零场模量随着压缩比的增加量大于磁致模量随着压缩比的增加量,所以磁流变效应会因为材料的厚度方向受压而减小. 在实际应用中,如果需要减小磁流变弹性体的阻尼,可以尝试压缩材料,但这样做会减小磁流变效应. 所以,在实际应用中需要对压缩量进行优化设计,在保证磁流变效应的基础上尽量减小材料阻尼,提高振动控制的效率.

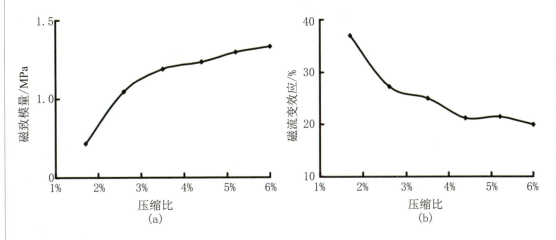

图 8.35　样品的磁致模量和磁流变效应随压缩比的变化曲线

厚度方向上的压缩使材料变得致密、颗粒和基体的结合更好、颗粒间距也变小,而这些变化分别引起材料零场模量的升高、损耗因子减小,以及磁致模量和磁流变效应降低.

8.2　磁流变弹性体在高应变率下的压缩性能

磁流变弹性体作为一种类橡胶材料,除了具有传统橡胶材料高弹性、低阻抗和黏弹性的特点外,还具有特殊的磁流变效应. 这使得磁流变弹性体在冲击吸能和抗振减振中具有重要的应用价值. 因此,磁流变弹性体的动态力学性能就显得尤为重要. 可靠的实验数据和准确的力学模型对磁流变弹性体相关器械的设计和评估具有重要的指导作用. 此外, 在涉及磁流变弹性体的抗冲击装置中, 为了使磁流变弹性体能够承受更大的载荷和变形, 磁流变弹性体需要工作在压缩状态. 因此, 研究磁流变弹性体在压缩状态下的动态力学性能具有重要的工程意义. 本节采用 SHPB(Split Hopkinson Pressure Bar) 技术系统地研究磁流变弹性体在不同外磁场作用下的动态压缩性能, 并以实验数据为基础提出磁流变弹性体的本构模型.[27]

8.2.1 材料的制备与测试

实验所使用的材料为高温硫化硅橡胶基磁流变弹性体. 磁流变弹性体样品呈圆柱形, 直径为 8 mm, 厚度为 1 mm. 典型的 SHPB 测试系统由撞击杆、输入杆、输出杆和吸收杆组成 (图 8.36). 测试样品放在输入杆与输出杆之间. 通常由高压气体驱动撞击杆撞击输入杆. 在撞击端产生的弹性应力波 (入射波 i) 沿着输入杆传播. 当应力波到达输入杆和样品的界面时, 一部分应力波反射回输入杆形成反射波 f, 另一部分应力波通过样品进入输出杆形成透射波 t. 通过安装在输入杆和输出杆的应变片即可测量入射波、反射波和透射波. 根据一维应力波理论, 测试样品的动态力学性能可以表示为

$$\begin{cases} \sigma_\mathrm{s} = \dfrac{E_\mathrm{b} A_\mathrm{b}}{A_\mathrm{s}} \varepsilon_t \\ \varepsilon_\mathrm{s} = -\dfrac{2C_\mathrm{b}}{l_\mathrm{s}} \displaystyle\int_0^t \varepsilon_r \mathrm{d}\tau \\ \dot{\varepsilon}_\mathrm{s} = -\dfrac{2C_\mathrm{b}}{l_\mathrm{s}} \varepsilon_r \end{cases} \quad (8.21)$$

其中 σ_s 和 ε_s 分别是样品的应力与应变, A_b 和 A_s 分别是杆和样品的横截面积, E_b 是杆材的弹性模量, C_b 是弹性应力波在杆中的传播速度, l_s 是样品的长度. 需要注意的是, 式 (8.21) 的得出基于两个基本假设: ① 一维应力波假设; ② 均匀性假设, 即忽略样品内部应力波的传播效应, 样品内部应力和应变沿着其长度方向均匀分布. 根据式 (8.21) 即可以得到测试样品在高应变率下的应力–应变关系.

橡胶类软材料呈现出低波阻抗和低强度的特性. 所以传统的 SHPB 技术在测试软材料的动态力学性能时面临两个问题: ① 由于应力波在样品中的传播速度较低, 在加载过程中难以保证测试样品的应力均匀性; ② 由于样品的波阻抗较小, 透射信号微弱, 信噪比低. 因此, 当传统的 SHPB 系统直接应用于测量软材料的动态力学性能时, 难以获取可靠的实验数据.

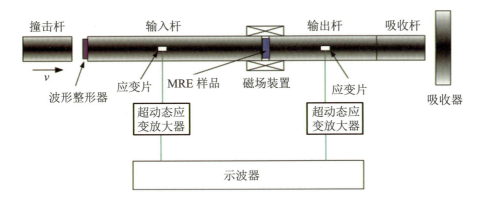

图 8.36　SHPB 测试系统

磁流变弹性体是一种类橡胶材料, 同样具有波阻抗小和强度低的特点. 为了使用 SHPB 系统测试磁流变弹性体在高应变率下的动态压缩性能, 需要在传统 SHPB 系统的基础上进行修改. 为了确保加载过程中测试样品的应力均匀性, ① 在输入杆的撞击端增加波形整形器 (相同厚度的磁流变弹性体样品) 以延长入射波的上升沿, 使得样品有足够的时间达到应力均匀; ② 在确保样品结构完整的前提下采用 1 mm 厚的测试样品以减少样品达到应力均匀的时间. 为了增强透射信号, 提高信噪比, ① 采用波阻抗较小的铝杆作为输入杆和输出杆以减小杆和测试样品之间的阻抗不匹配; ② 采用半导体应变片测试透射杆上的透射波信号以提高信噪比. 此外, 在测试样品与输入杆、输出杆的端面涂抹凡士林以减小两者界面间的摩擦.

实验所使用的 SHPB 测试系统如图 8.36 所示. 撞击杆、输入杆、输出杆和吸收杆均采用铝杆, 杆径为 14.5 mm, 输入杆的长度为 800 mm, 透射杆的长度为 600 mm, 超动态应变仪的型号为 CS-1D (秦皇岛市信恒电子科技有限公司生产).

为了测试磁流变弹性体在不同外磁场条件下的动态压缩性能, 在 SHPB 系统中增加了磁场发生装置 (图 8.37). 磁场发生装置的结构如图 8.37(a) 所示, 它由三个励磁线圈和两个中空圆柱形铁芯组成. 两个中空铁芯不接触, 相距 8 mm. 实验区域位于两个铁芯之间, 实验区域的轴向长度为 6 mm. 输入杆和输出杆分别穿过中空铁芯, 两杆的端面与待测试的磁流变弹性体样品在实验区域中接触. 图 8.37(b) 是采用有限元方法计算得到的磁场发生装置中磁感应强度的分布云图. 图中的坐标原点位于磁场发生装置的对称中心. 从图中可以看出, 在实验区域磁场分布均匀. 所设计的磁场发生装置可以为磁流变弹性体动态力学性能的测试提供均匀的磁场条件.

为了进一步说明实验区域中磁场的均匀性, 从图 8.37(b) 中提取出磁感应强度沿纵向的分布情况, 结果如图 8.38 所示. 可以看出, 在实验区域 (−3 mm∼+3 mm) 磁感应强度基本保持为常值. 并且,随着励磁电流的增加,实验区域的磁感应强度逐渐增加. 当励磁电流为 2.0 A 时,磁场发生装置可以提供高达 500 mT 的外磁场. 因此,所设计的磁场发生装置完全可以满足实验对磁场均匀性的要求.

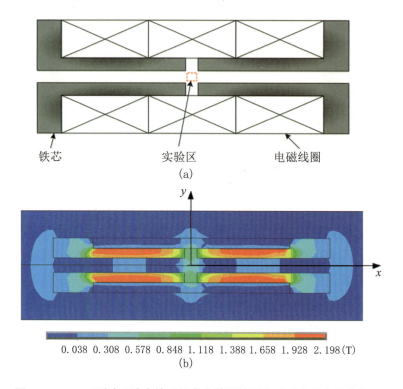

图 8.37 SHPB 测试系统中的磁场发生装置简图和磁感应强度的分布云图

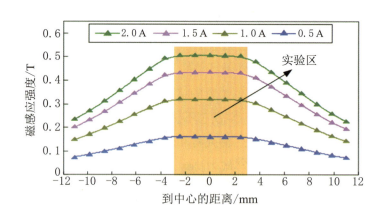

图 8.38 磁场发生装置中磁感应强度的纵向分布

对于磁场发生装置,除了对磁场均匀性的要求外,还有一个需要考虑的问题是实验区域的长度是否满足实验的要求,即在实验的过程中,磁流变弹性体样品是否始终处于实验区域中. 从下一小节的实验中可以得知整个加载/卸载的时间大约为 150 s (图 8.39). 而在实验中,撞击杆的速度低于 30 m/s. 根据一维应力波传播理论,在 150 s 的时间内,输入杆与磁流变弹性体样品之间界面的位移小于 2.25 mm. 因此,相对于 6 mm 的实验区域,磁场发生装置完全可以确保在实验过程中磁流变弹性体始终处于实验区域中,即处于均匀磁场中.

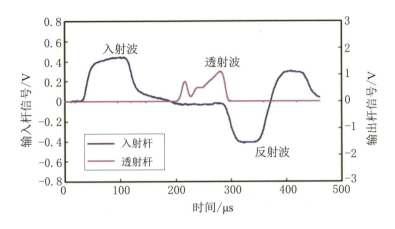

图 8.39 SHPB 测试中的典型波形

8.2.2 屈服前的压缩性能

采用附加磁场发生装置的 SHPB 系统,对磁流变弹性体进行不同磁场条件和不同应变率条件下的动态压缩测试. 实验的典型波形如图 8.39 所示. 从图中可以看出:① 波形曲线光滑,这说明实验采集的信号具有较高的信噪比;② 入射波上升沿较缓,这是采用波形整形器的结果,能确保磁流变弹性体样品在实验中满足应力均匀性的要求,从而使得实验数据准确可靠. 根据图 8.39 所示的波形曲线和相关公式即可计算出磁流变弹性体在不同外磁场条件和不同应变率条件下的应力–应变关系. 需要注意的是,由式 (8.21) 计算出的应力和应变为工程应力和工程应变. 两者可以根据下式转换成真应力和真应变:

$$\begin{cases} \varepsilon_T = \ln(1+\varepsilon_E) \\ \sigma_T = (1+\varepsilon_E)\sigma_E \end{cases} \tag{8.22}$$

图 8.40 给出磁流变弹性体在应变率为 $3\,200\ \text{s}^{-1}$ 时在不同外磁场条件下的应力–应变关系. 可以看出磁流变弹性体的动态压缩力学性能具有明显的磁场相关性. 随着外磁

场的增加,应力-应变曲线逐渐变得陡峭.这说明磁流变弹性体的杨氏模量随着外磁场的增加而逐渐增加.这种现象与通常所说的磁流变弹性体的储能模量随着外磁场的增加而增加类似,两者都与磁流变弹性体内部铁磁性颗粒的磁相互作用相关.因此,在动态压缩的情况下,杨氏模量随着外磁场的增加而增加的现象同样可以称为磁流变弹性体的磁流变效应.

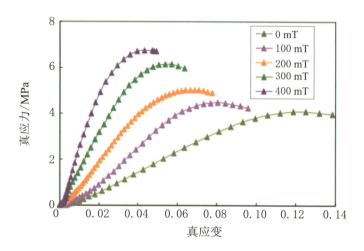

图 8.40　磁流变弹性体在不同外磁场条件下的应力-应变关系

对于高聚物材料,通常将加载过程中的最大应力和相应的应变分别定义为屈服应力和屈服应变.因此,应力-应变曲线被屈服点分为两个部分,即屈服前阶段 (pre-yield region) 和屈服后阶段 (post-yield region).图 8.40 中的应力-应变曲线即是屈服前阶段.关于屈服应力和屈服应变,从图 8.40 可以明显看出,外磁场会显著地影响磁流变弹性体的屈服应力和屈服应变:随着外磁场的增加,磁流变弹性体的屈服应力逐渐增大而屈服应变逐渐减小.磁流变弹性体在高应变率下的动态力学性能与其内部铁磁性颗粒的磁相互作用密切相关.在磁流变弹性体内部,微米级铁磁性颗粒形成复杂的链状或者柱状结构.随着外磁场的逐渐增加,链状或者柱状结构内部铁颗粒之间的磁相互作用逐渐增加.因此,当磁流变弹性体在较强磁场环境中变形时需要较大的作用力来克服颗粒之间的磁相互作用.这就导致磁流变弹性体的杨氏模量和屈服应力随着外加磁场的增加而逐渐增大.另外,当外磁场增加时,除了链状结构内部铁颗粒之间的磁相互作用增加外,不同链状结构内部的铁颗粒之间磁相互作用也会逐渐增加.因此,在外磁场增加时,磁流变弹性体内部的颗粒链更容易发生改变甚至被破坏.这就导致磁流变弹性体的屈服应变随着外磁场的增加而逐渐地减小.图 8.41 给出了磁流变弹性体在应变率为 4700 和 5600 s^{-1} 时不同磁场条件下的应力-应变关系.其结果与图 8.40 类似.因此,可以得出这样的结论:磁流变弹性体的动态压缩力学性能具有明显的磁场效应.随着外磁场的增加,磁流变弹性体的杨氏模量和屈服应力逐渐增加,而屈服应变逐渐减小.

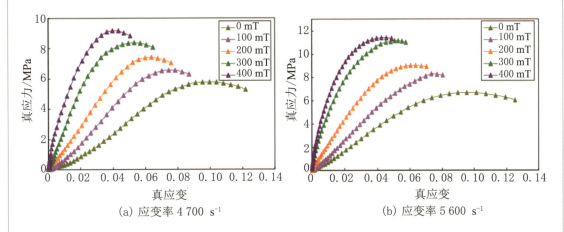

图 8.41 磁流变弹性体在不同外磁场条件下的应力–应变关系

  磁流变弹性体的动态压缩力学性能除了具有明显的磁场效应外,应变率效应也同样值得关注.将图 8.40 和图 8.41 所示的实验结果按照应变率的关系重新整理,可以得到磁流变弹性体的动态压缩力学性能与应变率的关系,结果如图 8.42 所示.由于结果的相似性,图 8.42 仅给出了外磁场为 0 和 200 mT 时的结果.从图中可以看出,磁流变弹性体的动态压缩力学性能具有明显的应变率效应.随着应变率的增加,磁流变弹性体的杨氏模量逐渐增加.这种现象不是磁流变弹性体特有的性能,而是高聚物材料的典型力学性能.此外,磁流变弹性体的屈服应力和屈服应变同样具有明显的应变率效应.当外磁场为 0 mT 时,磁流变弹性体的屈服应力从 3 200 s^{-1} 时的 4.09 MPa 上升到 5 600 s^{-1} 时的 6.68 MPa,而屈服应变则从 0.118 降到 0.095.当外磁场为 200 mT 时,屈服应力则从 3 200 s^{-1} 时的 5.02 MPa 上升到 5 600 s^{-1} 时的 9.00 MPa,而屈服应变从 0.068 降到 0.060.将实验结果整理,得图 8.43.因此,可以得出这样的结论:磁流变弹性体的屈服应力和屈服应变与外磁场和应变率密切相关;随着外磁场的增加,屈服应力增加,屈服应变减小;随着应变率的增加,屈服应力增加,屈服应变减小.这也即随着外磁场和应变率的增加,磁流变弹性体变硬变脆.[28]

  为了描述磁流变弹性体在高应变率下的动态压缩力学性能和扩展磁流变弹性体在工程实践中的应用,提出了一种基于应变能函数的本构模型.磁流变弹性体是一种由橡胶类基体和铁磁性颗粒组成的复合材料.因此,它同时具有橡胶类材料和铁磁性颗粒的特征.对于橡胶基体,其典型特征是超弹性和黏弹性;对于铁磁性颗粒,其典型特征是颗粒之间的磁相互作用.基于这样的认识,所提出的本构模型由三部分组成:超弹性部分、黏弹性部分和磁相互作用部分.

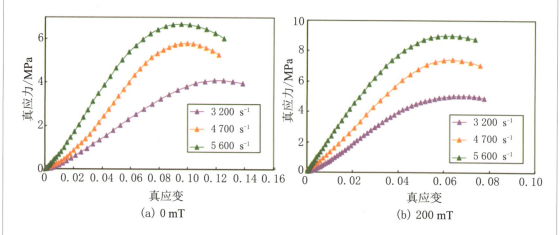

图 8.42 磁流变弹性体在不同应变率条件下的应力–应变关系

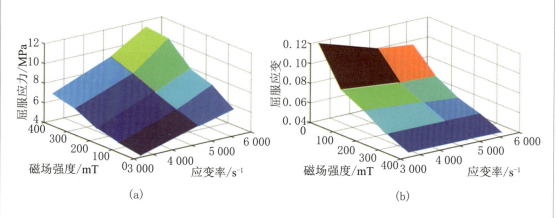

图 8.43 磁流变弹性体在不同外磁场和应变率条件下的屈服应力和屈服应变

在单轴压缩条件下,不可压缩材料的应力可以表示为应变能函数的关系:

$$\sigma_\mathrm{h} = 2\left(\lambda^2 - \frac{1}{\lambda}\right)\left(\frac{\partial W}{\partial I_1} + \frac{1}{\lambda}\frac{\partial W}{\partial I_2}\right) \tag{8.23}$$

其中 λ 为伸长比,W 为应变能密度函数,I_1 和 I_2 分别为第一和第二应变不变量,为真应力. 对于橡胶类材料,在高应变率条件下的应变能函数可以表示为

$$W = A(I_1 - 3) + B(I_2 - 3) + C(I_1 - 3)(I_2 - 3) \tag{8.24}$$

其中 A, B 和 C 是材料常数. 对于单轴压缩,伸长比 λ 可以表示为

$$\lambda = 1 - \varepsilon_\mathrm{e} \tag{8.25}$$

其中 ε_e 是工程应变. 第一和第二应变不变量可以表示为

$$I_1 = \lambda^2 + 2\lambda^{-1}, \quad I_2 = \lambda^{-2} + 2\lambda \tag{8.26}$$

因此, 将式 (8.24)~ 式 (8.26) 代入式 (8.23) 即可以得到在单轴压缩条件下超弹性部分的应力–应变关系:

$$\sigma_h = 2\left((1-\varepsilon_e)^2 - \frac{1}{1-\varepsilon_e}\right)\left(A + \frac{B}{1-\varepsilon_e} + C\left(\frac{3}{(1-\varepsilon_e)^2} - \frac{3}{1-\varepsilon_e} - 3\varepsilon_e\right)\right) \tag{8.27}$$

需要注意的是, 在式 (8.27) 中应力 σ_h 代表的是真应力.

高聚物材料通常具有黏弹性的特征, 磁流变弹性体也不例外. 为了描述磁流变弹性体在高应变率条件下的黏弹性, 采用三参量固体模型建立其黏弹性模型. 三参量固体模型由两个弹簧和一个黏壶组成 (图 8.44). 两个弹簧分别用弹性系数 E_1 和 E_2 描述, 黏壶用黏性系数 η 描述. 三参数固体模型的本构关系可以描述为

$$\begin{cases} \sigma_v = E_1\varepsilon_1 \\ \sigma_v = E_2\varepsilon_2 + \eta\dot{\varepsilon}_2 \\ \varepsilon = \varepsilon_1 + \varepsilon_2 \end{cases} \tag{8.28}$$

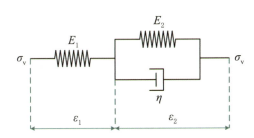

图 8.44　描述磁流变弹性体黏弹性的三参量固体模型

其中 σ_v 是应力, ε_1 和 ε_2 分别是弹簧 E_1 和 E_2 的应变. 因此, 其应力–应变关系可以表示为

$$\eta\dot{\sigma}_v + (E_1 + E_2)\sigma_v = E_1\eta\dot{\varepsilon} + E_1E_2\varepsilon \tag{8.29}$$

将式 (8.29) 整理后可以得到

$$\dot{\sigma}_v + D\sigma_v = E\dot{\varepsilon} + F\varepsilon \tag{8.30}$$

其中 D, E 和 F 分别是图 8.44 中参数的函数, 由材料的性能决定. 解方程 (8.30), 可以得到应力 σ_v 与应变 ε 的显式关系:

$$\sigma_v = e^{-Dt}\int_0^t (E\dot{\varepsilon} + F\varepsilon)e^{D\xi}d\xi \tag{8.31}$$

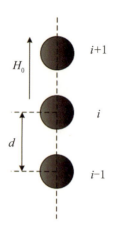

图 8.45 磁流变弹性体的磁偶极子模型

在磁流变弹性体内部,由于预结构磁场的作用,铁磁性颗粒会形成链状或者柱状结构.基于此,Jolly 和 Davis 采用偶极子链状模型 (图 8.45) 来描述磁流变弹性体的磁致剪切性能.[29] 借鉴两人的做法,采用偶极子链状模型来描述磁流变弹性体在高应变率条件下的磁致压缩性能.在偶极子链状模型中,假设铁磁性颗粒排列成长链,并且磁相互作用仅发生在链结构内部的铁颗粒之间,不考虑链与链之间的磁相互作用.[15] 因此,图 8.45 所示单链中颗粒 i 与链中其他颗粒之间的磁相互作用能可以表示为

$$U = \frac{-1}{4\pi\mu_m\mu_0}\frac{4\zeta m^2}{d^3} \tag{8.32}$$

其中 m 是铁颗粒的磁偶极矩,μ_m 是橡胶基体的相对磁导率,μ_0 是真空磁导率,d 是链中相邻颗粒的间距,ζ 是一常数,

$$\zeta = \sum_{k=1}^{\infty}\frac{1}{k^3} \approx 1.202 \tag{8.33}$$

这样,整个磁流变弹性体的磁能密度可以表示为

$$U_d = \frac{\phi}{2V}U \tag{8.34}$$

其中 V 是铁颗粒的体积,ϕ 是磁流变弹性体中铁颗粒的体积分数.在压缩的过程中,磁流变弹性体的应变可以表示为

$$\varepsilon = \frac{d - d_0}{d_0} \tag{8.35}$$

其中 d_0 是相邻颗粒的初始间距.将式 (8.32)、式 (8.33) 和式 (8.35) 代入式 (8.34),可得

$$U_d = \frac{-\phi}{2V\pi\mu_m\mu_0 d_0^3}\frac{\zeta m^2}{(1+\varepsilon)^3} \tag{8.36}$$

因此,磁流变弹性体的磁致应力可以表示为

$$\sigma_m = \frac{\partial U_d}{\partial \varepsilon} = \frac{3\phi\eta m^2}{2V\pi\mu_m\mu_0 d_0^3}\frac{1}{(1+\varepsilon)^4} = \frac{G}{(1+\varepsilon)^4} \tag{8.37}$$

其中 G 是式 (8.37) 中各项参数的函数.

将前述超弹性部分、黏弹性部分和磁相互作用部分组合起来即可描述磁流变弹性体在高应变率下的动态压缩力学性能,即

$$\sigma = \sigma_{\rm h} + \sigma_{\rm v} + \sigma_{\rm m} \tag{8.38}$$

将式 (8.27)、式 (8.31) 和式 (8.37) 代入式 (8.38),即可得磁流变弹性体在动态压缩条件下的应力–应变关系:

$$\sigma = 2\left((1-\varepsilon_{\rm e})^2 - \frac{1}{1-\varepsilon_{\rm e}}\right)\left(A + \frac{B}{1-\varepsilon_{\rm e}} + C\left(\frac{3}{(1-\varepsilon_{\rm e})^2} - \frac{3}{1-\varepsilon_{\rm e}} - 3\varepsilon_{\rm e}\right)\right)$$
$$+ {\rm e}^{-Dt}\int_0^t (E\dot\varepsilon + F\varepsilon){\rm e}^{D\xi}{\rm d}\xi + \frac{G}{(1+\varepsilon)^4} \tag{8.39}$$

其中 $\varepsilon_{\rm e}$ 是工程应变,σ 是真应力,ε 是真应变,A,B,C,D,E,F 和 G 是材料参数,可由实验数据拟合得到.

为了验证模型的可靠性,以实验数据为基础,对式 (8.39) 中的七个参数进行拟合. 由于拟合过程涉及非线性,因此采用 MATLAB Simulink 进行建模,使用 MATLAB 优化工具箱中的遗传算法进行拟合. 拟合的结果如图 8.46 所示. 其中数据点由实验测试所得,实线部分是拟合的结果. 由于结果的相似性,限于篇幅,图中仅给出了外磁场为 0 和 200 mT 时的结果. 从实验数据和拟合结果的对比可以看出,所提出的本构模型可以很好地描述磁流变弹性体在高应变率下的动态压缩性能. 此外,需要注意的是,式 (8.39) 仅能用于描述磁流变弹性体在屈服前阶段的应力–应变关系. 对于屈服后阶段将在下一小节讨论.[30]

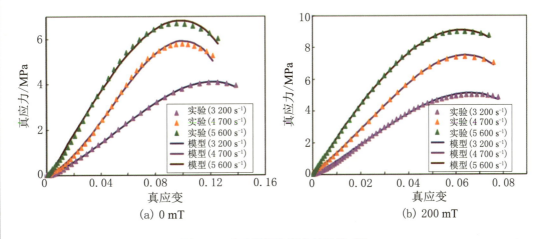

图 8.46 实验数据与拟合结果的对比

8.2.3 屈服后的压缩性能

为了进一步加深对磁流变弹性体动态压缩力学性能的认识,除了讨论屈服前阶段,对动态压缩过程中屈服后阶段也进行了分析. 图 8.47 给出了应变率为 $5600\ \mathrm{s}^{-1}$ 时不同外磁场条件下磁流变弹性体在动态压缩过程中的应力–应变关系. 图 8.48 是外磁场分别为 0 和 200 mT 时在不同应变率条件下磁流变弹性体的应力–应变曲线. 图 8.47 和图 8.48 表明,当真应变大于屈服应变时,随着真应变的增加,真应力先急剧地减小到一个最小值,再平缓地增加. 磁流变弹性体的这种特性不同于传统的橡胶材料. 对于传统的橡胶材料,其屈服应变较大,因此橡胶材料总是工作在屈服前阶段. 而磁流变弹性体的屈服应变较小,一旦应变大于屈服应变,应力即表现出先减小后上升的趋势. 磁流变弹性体的这种特性与其内部的微观结构密切相关. 在磁流变弹性体内部,由于预结构磁场的作用,铁磁性颗粒排列成链状或者柱状结构. 铁颗粒的这种结构在遭受冲击载荷时很容易发生变化甚至断裂. 因此,磁流变弹性体的屈服应变远小于普通的橡胶材料. 当应变大于屈服应变时,铁颗粒的链状结构逐渐被破坏,导致应力逐渐减小. 随着应变进一步增加,磁流变弹性体被进一步压缩,铁颗粒间的距离进一步减小. 当应变大于 0.2 时,颗粒间距达到最小. 随后,随着应变增加,应力呈现出平缓上升的态势. 因此,屈服后的过程可以视为铁颗粒链逐渐被破坏和磁流变弹性体逐渐被压实的过程.

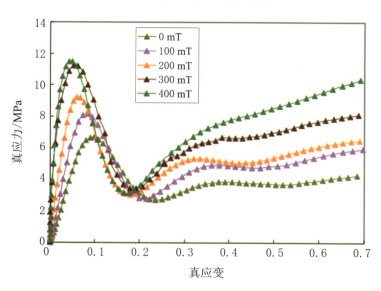

图 8.47 动态压缩条件下磁流变弹性体的应力–应变关系

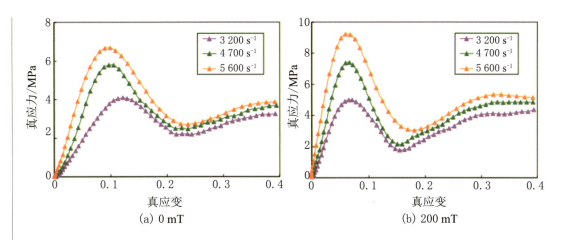

图 8.48　不同应变率下磁流变弹性体的应力–应变关系

第 9 章

磁流变弹性体的阻尼和疲劳特性

9.1 磁流变弹性体的阻尼特性

9.1.1 天然橡胶基磁流变弹性体阻尼特性

到目前为止,在磁流变弹性体的研究领域,绝大多数基础研究和器件设计都是基于其弹性模量随磁场发生变化的特性. 虽然也有一些研究人员开始研究磁流变弹性体的阻尼特征,但还未对其形成统一的认识.

在工程应用的需求下,磁流变弹性体的变模量特性被用来研制了调频式动力吸振器,并且相关研究人员系统地探究了其动力学特性及吸振效果. 研究结果显示,此类型吸振器的吸振效果不仅与磁流变弹性体的变模量特性紧密关联,而且在很大程度上还取决于磁流变弹性体的阻尼特性,采用合适阻尼的磁流变弹性体,可使吸振器的工作效率提高数十倍,因此仅仅研究磁流变弹性体模量单一的力学行为是不够的. 另外,磁流变弹性体将黏弹性材料作为基体、将金属颗粒作为掺杂的组成结构,因此它本身就是一种优异的阻尼材料. 面对阻尼特性如此优越的磁流变弹性体,对其阻尼机制进行理论分析和实验研究具有非常重要的应用价值和重大的科学意义.[31]

这里制备了两组磁流变弹性体样品:第一组使用不同种类的橡胶作为基体,包括硅橡胶 (SiR)、天然橡胶 (NR) 和氯丁橡胶 (CIIR);第二组以天然橡胶为基体,向其中添加不同质量分数的铁粉,分别为 60%,70%,80% 和 90%. 第一组样品制备过程中,使用相同的成分配比 (质量比):橡胶基体 30%,增塑剂 10%,铁粉 (购自巴斯夫公司,型号为 SM,平均粒径为 2.5 μm)60%. 在制备硅橡胶基磁流变弹性体时,先将羰基铁粉与硅油混合,再加入 704 RTV 硅橡胶中搅拌均匀,抽去真空后,放入 0.4 T 磁场中,24 h 后固化成型. 天然橡胶基和氯丁橡胶基磁流变弹性体的制备工艺基本相同,采用传统混炼技术将基体、铁粉和一些添加剂混合,再将混合物置入自制磁热耦合硫化装置中固化成型. 固化过程中调节磁感应强度至 0.4 T.

第二组样品制备过程中,采用上述天然橡胶基磁流变弹性体制备工艺,分别向基体中添加 60%,70%,80% 和 90% 的铁粉. 其中每种样品中的橡胶和增塑剂的质量比为 1:1. 固化过程中调节磁感应强度至 1 T.

在动态应变为 0.3%、激励频率为 5 Hz 时,依次增大外加磁感应强度,对第一组样品进行动态性能测试,结果如图 9.1 所示,可以看出,天然橡胶基磁流变弹性体的阻尼要低于另两种材料的阻尼. 同时可以注意到,在较低的外加磁感应强度下,磁流变弹性体的阻尼随磁感应强度的增大而上升;而当磁感应强度增大到 300 mT 左右时,磁流变弹性体的阻尼开始下降.

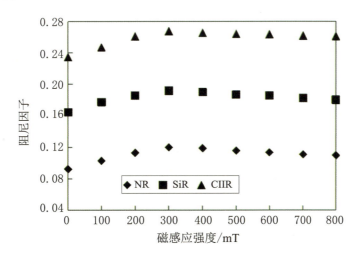

图 9.1　基体类型对阻尼的影响

此外,根据有无外磁场,磁流变弹性体阻尼 $\tan\delta$ 可以分为两部分:材料在零场时的阻尼 $\tan\delta_0$ 和因外磁场引起的磁致阻尼 $\tan\delta_m$ (为阻尼最大值与零场阻尼之差). 从图 9.1 还可以看出,天然橡胶基磁流变弹性体的磁致阻尼较大,硅橡胶基磁流变弹性体的磁致阻尼较小. 如当磁感应强度为 300 mT 时,前者为 0.03,而后者为 0.02. 由此可见,外磁场对不同基体的磁流变弹性体的影响程度不同.

固定激励频率为 5 Hz,分别在动态应变为 0.03%,0.16%,0.30% 和 0.50% 时对第一组样品中的天然橡胶基磁流变弹性体进行动态性能测试,结果如图 9.2 所示. 从图 9.2 可以看出,当应变小于 0.3% 时,应变越大,阻尼值越大. 另外,还可以注意到,当应变为 0.03% 时,磁流变弹性体的阻尼不遵循随外磁场先增大后减小的变化规律,而是在 0.04 左右变化. 可以看出,当动态应变大于 0.5% 时,磁流变弹性体阻尼特性不再受动态应变的影响;当动态应变小于 0.03% 时,磁流变弹性体阻尼特性不再受外磁场强度的影响.

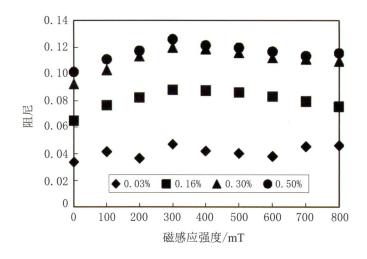

图 9.2 动态应变对阻尼的影响

固定动态应变为 0.30%,分别在激励频率为 5,10,15,20 和 25 Hz 时对第一组样品中的天然橡胶基磁流变弹性体进行动态性能测试,结果如图 9.3 所示. 从图 9.3 可以看出,在无外磁场时,高频下的阻尼值略高于其低频值. 施加外磁场后,在阻尼达到最大值之前 (磁感应强度小于 300 mT),低频下的磁致阻尼较大,因此低频测试中的阻尼比高频测试中的阻尼上升得更快. 如在零场时,5 Hz 下的阻尼低于 20 Hz 下的阻尼;而当磁感应强度为 300 mT 时,5 Hz 下的阻尼已高于 20 Hz 下的阻尼. 阻尼达到最大值之后 (磁感应强度大于 300 mT),低频下的磁致阻尼较小,其变化规律与其达最大值之前正好相反. 可以看出,当磁感应强度为 800 mT 时,5 Hz 下的阻尼又低于 20 Hz 下的阻尼.

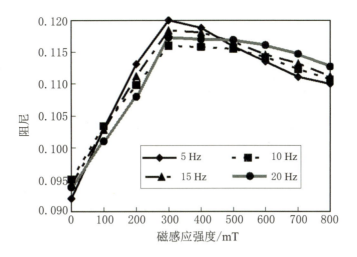

图 9.3 激励频率对阻尼的影响

以相同的测试条件,对第二组样品进行动态性能测试,结果如图 9.4 所示. 从图 9.4 可以看出,随着铁粉含量的增大,磁流变弹性体的零场阻尼也依次升高. 如铁粉含量为 60% 时,$\tan\delta_0$ 约为 0.12;铁粉含量为 90% 时,$\tan\delta_0$ 约为 0.25. 另外,从图 9.4 还可以看出,在相同的磁感应强度下,四种样品的磁致阻尼也都相同. 因此,铁粉含量只影响磁流变弹性体的零场阻尼,不影响其磁致阻尼.

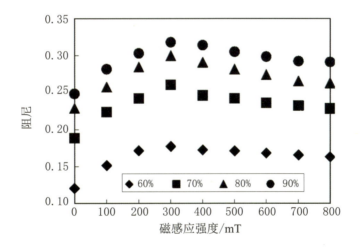

图 9.4 铁粉含量对阻尼的影响

一般认为,复合材料的阻尼主要来源于两方面:一方面是各种组成物的本征阻尼;另一方面是界面滑移,这是由于组成材料的模量差异使得材料在受到外力时产生了不同的形变. 界面滑移会增加能量消耗,而能量消耗是材料产生阻尼的根本原因. 图 9.5 是制备的第一组磁流变弹性体的微观结构照片,白色的点表示铁颗粒,深色的点表示橡胶基体.

可以看出,颗粒和基体间的结合较弱,磁流变弹性体中存在不少空隙和缺陷.

图 9.5　天然橡胶基磁流变弹性体的微观结构照片

作为一种内部弱结合的磁流变弹性体材料,其阻尼可以表示为

$$D = \phi_m D_m + \phi_p D_p + D_s \tag{9.1}$$

其中 ϕ_m 和 ϕ_p 分别表示磁流变弹性体中橡胶基体和磁性颗粒的体积分数,D_m 和 D_p 分别表示橡胶基体和磁性颗粒的本征阻尼,D_s 表示颗粒和基体间摩擦和滑移引起的阻尼. 由于铁颗粒为一种硬度较大的弹性材料,其阻尼可以忽略,因此,式 (9.1) 可以简化为

$$D = \phi_m D_m + D_s \tag{9.2}$$

这里 D_s 可以用摩擦做功的原理表达,

$$D_s = knfd \tag{9.3}$$

其中 n 表示单位体积内铁颗粒的数目,它和颗粒体积比有关;f 表示颗粒和基体间的滑移摩擦力;d 表示颗粒和基体间的滑移位移;常数 k 表示阻尼系数,反映材料宏观阻尼值和内摩擦功耗间的比例关系. 因此,磁流变弹性体的阻尼可以表示成

$$D = \phi_m D_m + knfd \tag{9.4}$$

当施加磁场和应变时,磁流变弹性体内部的铁颗粒会被磁化,而产生相互作用的磁力并传递到基体上. 由于橡胶是一种高弹性材料,且易变形,因此,磁力一般作用于颗粒和基

体接触面的法向上,且大小与外磁场强度有关. 此时,颗粒和基体间的滑移摩擦力 f 应该是外加磁感应强度的函数,并随外磁场的增大而逐渐增大.

此外,滑移位移与外加磁感应强度也有关. 当外场较小时,颗粒间的相互作用力较小,颗粒和基体间的作用力也相应地较小,此时颗粒和基体相对自由,会有较大的滑移. 而当外场较大时,颗粒和基体间的相互作用力较大,限制了它们间的相互运动,导致滑移量减小. 因此,滑移位移 d 也可以表示为外场的函数,随外场的增大而逐渐减小.

由式 (9.4) 可以看出,摩擦消耗的能量为摩擦力乘以运动距离,界面滑移产生的阻尼值与界面滑移力和滑移量都成正比. 因此,可以得出阻尼值、滑移力、滑移量随磁场变化的示意图,见图 9.6,可以看出,在递增的滑移力和递减的滑移量的共同作用下,磁流变弹性体的阻尼显示出先增大后降低的趋势,在磁场强度为 300 mT 左右时达到最大值. 当对流变弹性体施加磁场时,颗粒与基体的作用力也随之增强,进而导致界面滑移力增大. 因此,界面滑移产生的阻尼也随之升高. 随着磁感应强度进一步增大,颗粒与基体的作用增强,结合更加紧密,使得界面滑移量相对降低,此时界面滑移产生的阻尼也随之下降. 这与一般的复合材料不同,是磁流变弹性体材料所具有的独特性能. 因此,磁流变弹性体不仅是一种变刚度智能材料,也是一种可以调节阻尼的材料. 借助此特性,可以考虑将其应用于吸振器和阻尼器的设计.

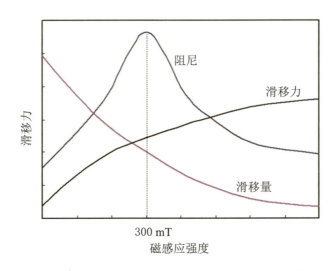

图 9.6 界面间滑移量、滑移力和材料阻尼的变化趋势

从式 (9.4) 还可以看出,基体的本征阻尼 D_m 是影响磁流变弹性体阻尼的一个重要因素,基体本征阻尼越大,制备得到的磁流变弹性体阻尼越大. 在橡胶体系中,天然橡胶是一种小阻尼材料,其阻尼比大多数合成橡胶都要小. 目前,磁流变弹性体已作为智能变刚度元件用于调频式动力吸振器上. 其吸振效果会受到元件的阻尼性能的影响. 已有计

算表明,系统阻尼越小,吸振效果越好. 因此,在要获得较好吸振效果时,应该考虑使用天然橡胶为基体的磁流变弹性体作为其变刚度元件.

当磁流变弹性体受到较大应变时,其基体和颗粒的界面必然会随之产生较大的滑移位移,直接会引起能量损耗增大,导致材料的阻尼值也相应地升高. 图 9.2 显示,当应变大于 0.3% 时,阻尼基本不随应变的增大而改变. 根据上述滑移理论可以推测,当应变大于 0.3% 时,界面滑移已达到一个稳定的最大值,不再随应变的增加而增大. 此外,应变等于 0.03% 时磁流变弹性体的阻尼不随磁场有规律地变化. 这说明当应变等于或小于 0.03% 时,其内部界面滑移位移已经很小,磁力在其上不会产生摩擦消耗.

由图 9.3 可以发现,相对于高频时的情况,低频时磁流变弹性体的阻尼受外磁场而产生的变化更加剧烈. 这是由于材料的黏弹性所致. 对于黏弹性材料,其输入力和响应位移间存在一个相位差. 也就是说,响应位移在施加作用力一段时间后才会出现. 因此,如果激励频率过高,则磁力不能同步地影响滑移位移和能量耗散,从而导致磁流变弹性体阻尼受外磁场的影响减小. 由此可以推断,在频率足够高时,磁流变弹性体的阻尼将不再受外磁场的影响.

由图 9.4 可以看出,铁粉含量对磁流变弹性体的阻尼影响很大. 这是由于铁粉含量的增大会引起颗粒和基体两相材料的接触点增多和界面增大,在界面上消耗的总能量随之升高,从而导致材料阻尼的升高. 此外,可以注意到,在式 (9.4) 中,阻尼是随着铁粉含量的增大而降低的,这使得磁流变弹性体的本征阻尼下降. 然而对于整块磁流变弹性体来说,其阻尼值却是增加的. 增大这部分的阻尼是由颗粒和基体间的相互内摩擦产生的. 由此可见,对于磁流变弹性体来说,阻尼的主要来源是颗粒和基体间的相互内摩擦消耗,而其本征阻尼只占其中一小部分. 因此,磁流变弹性体也是一种优异的阻尼材料,通过向其中添加磁性颗粒,可以得到比本身大数十倍的阻尼. [32]

采用有限元软件 ANSYS 计算磁流变弹性体在不加磁场时的阻尼比,具体方法和结果如下:

首先选取包含一个颗粒的三维代表体积单元 (图 9.7) 作为有限元模型. 该代表体积单元在正方体基体内包含一个球形颗粒. 球形颗粒与正方体的尺寸关系由磁流变弹性体中颗粒的体积比确定.

在该模型上约束底面位移,在顶面上施加一个交变的剪切位移,使用有限元软件 ANSYS 计算在该模型加载面上的剪切应力响应.

模型参数都按照实验中的设定,动态剪切应变为 0.3%,激励频率为 1 Hz,橡胶密度为 1 100 kg/m^3,铁颗粒密度为 7 900 kg/m^3,橡胶杨氏模量为 1 MPa,铁颗粒杨氏模量为 200 GPa,颗粒体积比为 10%. 纯橡胶基体的阻尼比一般为 0.01 左右. 为了比较,同时计算了假设基体阻尼比为 0.1 时的情况.

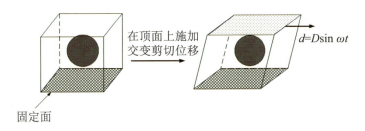

图 9.7　三维代表体积单元

计算中输出磁流变弹性体在连续 10 个加载周期中的应力响应. 分别将基体阻尼比为 0.1 和 0.01 时的应力、应变随时间的变化关系绘制于图 9.8 和图 9.9.

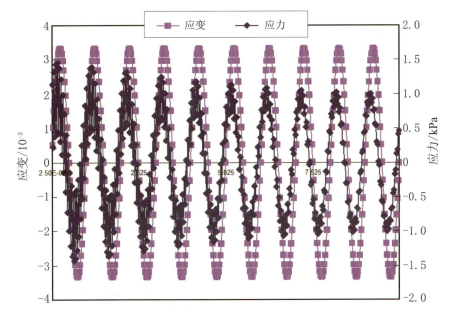

图 9.8　应力和应变随加载时间的周期变化 (基体阻尼比为 0.1)

从图 9.8 可以看出, 在最初几个应变加载周期中, 应力响应跳跃得较为剧烈. 但随着加载周期增多, 应力逐渐趋于稳定. 同时还可以看出, 应力、应变之间存在明显的相位差. 与图 9.8 相比, 图 9.9 中的应力响应要平稳得多, 且应力、应变间的相位差也相对较小. 由此可见, 基体的本征阻尼比对磁流变弹性体的应力响应影响很大. 本征阻尼比可以反映部分黏弹性特征, 阻尼比越大, 材料力学响应的时间相关性也就越明显.

图 9.10 和图 9.11 给出了两种磁流变弹性体的应力响应随动态周期应变的变化规律. 图 9.10 中最外层的红色虚线表示在第一个加载周期内的应力–应变曲线, 此时可以更为清楚地看出应力响应的跳跃情况. 随着加载周期的增多, 应力–应变曲线逐渐收缩,

最终成为一个规则的迟滞回线. 而当基体本征阻尼为 0.01 时, 磁流变弹性体的应力响应只在前两个加载周期下发生轻微波动, 之后很快收敛. 由于存在这种应力波动现象, 在黏弹性材料动态性能测试实验中, 标准测试仪器 DMA 也同样是先做几个加载周期内的试探, 并待数据稳定后才开始记入测试结果.

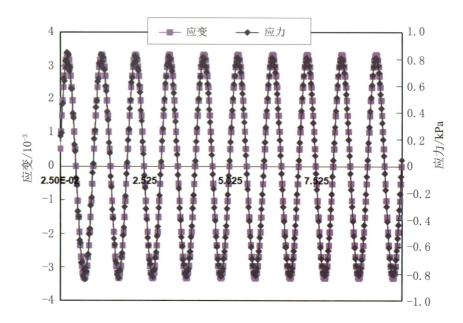

图 9.9 应力和应变随加载时间的周期变化 (基体阻尼比为 0.01)

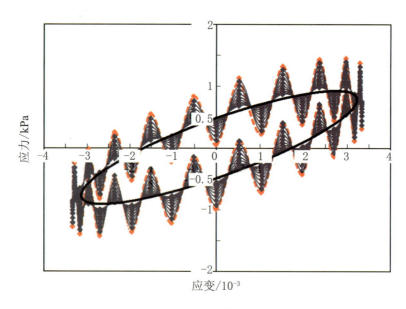

图 9.10 应力–应变迟滞回线 (基体阻尼比为 0.1)

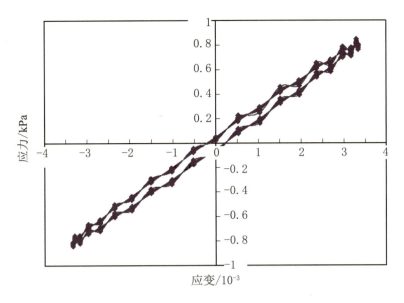

图 9.11 应力–应变迟滞回线 (基体阻尼比为 0.01)

在应力–应变迟滞回线图上,长轴斜率表示材料的模量. 在图 9.10 和图 9.11 中,两幅图中长轴斜率完全相同,因此可以发现基体阻尼比并不影响整个磁流变弹性体的模量. 阻尼比定义为 $\eta = \dfrac{\Delta E}{2\pi U}$,其中 ΔE 是损耗能,大小等于应力–应变滞回环的面积,可由 $\sum_{i=1}^{n} \dfrac{\sigma_i + \sigma_{i-1}}{2(\varepsilon_i - \varepsilon_{i-1})}$ 获得,U 是储存的弹性能,大小等于 $\sigma\varepsilon_{\max}^2/2$. 通过上述定义,求得基体阻尼比为 0.1 的磁流变弹性体的阻尼比为 0.7, 基体阻尼为 0.01 的磁流变弹性体的阻尼比为 0.06. 之前的实验结果显示,无场时制备的颗粒体积比为 11% 的磁流变弹性体在 $B=0$, $f=1$ Hz, $D=0.003$ 时的阻尼比为 0.06,并且一般纯天然橡胶的阻尼比为 0.01 左右. 因此,通过响应的对比可以发现,计算结果与实验比较接近,说明该方法比较可靠.

不过,在上述计算磁流变弹性体阻尼比的过程中,还有两方面因素尚未考虑进去. 一方面是颗粒在外磁场中所受的磁力,该磁力通过基体进行传递,也表现为颗粒和基体间的作用力;另一方面是颗粒和基体间的界面接触.

对于颗粒在外磁场中所受的磁力,可以通过偶极子理论进行计算. 然而界面问题存在诸多不确定因素,目前难以用简单模型表示. 不过当今科学界已经有不少研究人员开始专门研究界面问题,并已经得到一定的成果. 随着界面研究的进一步发展,相信磁流变弹性体阻尼特性也将得到更深入的认识和更完善的表征.

阻尼是评估材料能量耗散能力的重要参数. 通常,材料的阻尼能力通过损耗角正切 ($\tan \delta$)、损耗因子 (η)、阻尼比 (ψ)、对数衰减率 (α)、逆品质因子 (Q^{-1}) 表征. 这几个参数的转换关系如下：

$$\tan\delta = \eta = Q^{-1} = \alpha/\pi = \psi/(2\pi) \tag{9.5}$$

本小节采用损耗角正切 ($\tan\delta$) 来表征磁流变弹性体试样的阻尼.

为系统研究 SiC 颗粒的增强效应,还研究了 SiC 颗粒的粒径对磁流变弹性体阻尼特性的影响. 图 9.12 为 SiC 增强型磁流变弹性体的损耗模量与磁场的关系,测试应变为 0.2%. 在外磁场作用下,所有试样的损耗模量先增加,然后在达到磁饱和后趋于稳定. 与传统磁流变弹性体相比,这种含 SiC 颗粒的磁流变弹性体有较大的损耗模量. 未添加 SiC 颗粒的样品的初始损耗模量 G_0'' 为 0.071 MPa,而粒径为 0.06 μm 的 G_0'' 为 0.164 MPa. 当 SiC 颗粒从 0.6 μm 增加到 6 μm 时,对应的 G_0'' 分别下降为 0.086 和 0.070 MPa. 然而,当 SiC 颗粒粒径增加到 60 μm 时,损耗模量迅速上升. 很明显,这种增强原因和前面所述的储能模量的增长原因一样,即内部集聚结构的变化.

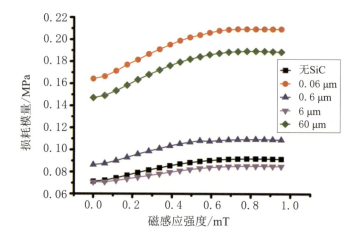

图 9.12 含不同粒径的 SiC 颗粒的磁流变弹性体的损耗模量与外磁场的关系

此外,损耗模量随着 SiC 颗粒含量的增加而增加,直至 SiC 颗粒质量分数到达 3.2%. 然而,当 SiC 颗粒质量分数超过 3.2% 时,损耗模量下降. 如图 9.13 所示,随着 SiC 颗粒质量分数从 0 (MRE-0.06-SiC-1) 增加到 3.2% (MRE-0.06-SiC-3),初始损耗模量 G_0'' 由 0.071 MPa 增加到 0.164 MPa. 当 SiC 颗粒质量分数为 4.8% (MRE-0.06-SiC-4) 时,G_0'' 仅为 0.050 MPa. 总体而言,在 SiC 颗粒质量分数达到临界值 3.2% 之前,SiC 增强型磁流变弹性体都表现出较好的增强效应.[33]

同样,将 SiC 颗粒添入磁流变弹性体中,阻尼也迅速上升. 图 9.14 为由不同粒径的 SiC 颗粒增强的磁流变弹性体的损耗因子与外磁场的关系. 所有试样的损耗角正切都随着磁场的增加而增加,但是增加的幅值随 SiC 颗粒粒径的变化呈不规律变化. 当 SiC 颗粒从 0.06 μm 增加到 6 μm 时,损耗因子也随之增加. 但是当 SiC 颗粒粒径从 6 μm 增加到 60 μm 时,损耗因子反而下降. 这是由于磁流变弹性体是一种特殊的颗粒增强型复合材料. 当在磁流变弹性体中加入 SiC 颗粒作为增强剂时,增强颗粒和基体之间的摩擦增加,导致 SiC 增强型磁流变弹性体的损耗因子增加. 由于含 SiC 颗粒的磁流变弹性体的微观结构随着 SiC 颗粒粒径变化,因此这种增强型磁流变弹性体的阻尼特性也受 SiC 颗粒粒径的影响. 同样,通过优化 SiC 颗粒的含量达到了优化磁流变弹性体阻尼特性的目的. 图 9.15 为含不同质量分数的粒径 0.06 μm 的 SiC 颗粒的磁流变弹性体的损耗角正切与外磁场的关系. 可以看出,当 SiC 颗粒质量分数达到 3.2% 时,其损耗因子比同样条件下其他组分的高.

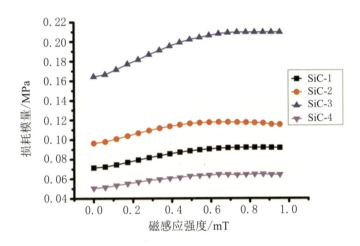

图 9.13 粒径 0.06 μm 的 SiC 颗粒的磁流变弹性体的损耗模量与外磁场的关系

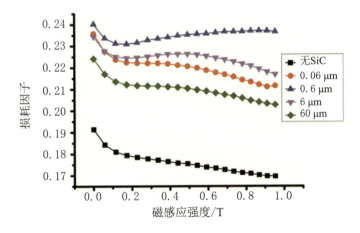

图 9.14 含不同粒径的 SiC 颗粒的磁流变弹性体的损耗因子与外磁场的关系

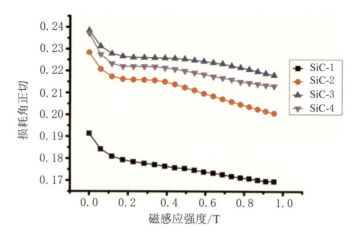

图 9.15 粒径 $0.06\,\mu m$ 的 SiC 颗粒的磁流变弹性体的损耗角正切与外磁场的关系图

9.1.2 顺丁橡胶基磁流变弹性体的阻尼特性

磁流变弹性体的基体材料为上海高桥石油化工有限公司生产的顺丁橡胶；磁性颗粒为购买于巴斯夫公司的羰基铁粉，型号为 HQ-I 和 SL，其对应的平均粒径分别为 1.1 和 $9.0\,\mu m$. 使用上述两种型号的颗粒制备了两组样品，每组样品颗粒质量分数分别为 10%，30%，60% 和 80%.

通过环境扫描电子显微镜 (购自 FEI 公司，型号为 Sirion200) 观察样品的微观结构，测试过程中电压设置为 5 kV. 图 9.16 是含不同颗粒大小和质量分数的磁流变弹性体的 SEM 微观结构图，图 9.16(a)~(d) 分别对应质量分数为 10%，30%，60% 和 80%，粒径为 $1.1\,\mu m$ 颗粒的样品，图 9.16(a′) ~ (d′) 样品分别对应质量分数为 10%，30%，60% 和 80%，粒径为 $9.0\,\mu m$ 颗粒的样品. 当颗粒质量分数为 10% 时，颗粒均匀分散并在基体内形成链状结构，如图 9.16(a) 和 (a′) 所示；当颗粒质量分数增加到 30% 时，$1.1\,\mu m$ 颗粒发生团聚，而 $9.0\,\mu m$ 颗粒均匀分散在基体内，如图 9.16(b) 和 (b′) 所示；当颗粒含量继续增加到 60% 时，$1.1\,\mu m$ 颗粒发生更严重的团聚，而 $9.0\,\mu m$ 的颗粒在基体内几乎没有发生团聚，如图 9.16(c) 和 (c′) 所示；当颗粒质量分数高达 80% 时，两种颗粒都是密密麻麻地分散在基体内，颗粒链的方向也是模糊的，如图 9.16(d) 和 (d′) 所示. 所以，当质量分数为 80% 时，颗粒在基体内形成了复杂的三维结构.

样品的动态力学性能是通过 DMA 测试得到的. 在实验中，磁流变弹性体样品的尺寸为 $10\,mm \times 10\,mm \times 3\,mm$，样品内颗粒链的方向沿着厚度的方向 (图 9.17). 在室温下,使用磁场扫描 (0~1 000 mT) 和应变扫描 (0.1%~2.0%) 两种测试模式来进行动态性能测试,如储能模量和损耗因子的测试. 磁场和剪切应力的方向分别平行和垂直于颗粒链的方向 (图 9.17). 磁场扫描测试时,频率为 10 Hz,应变为 0.5%;应变扫描测试时,频率为 10 Hz,磁场为 0 mT.

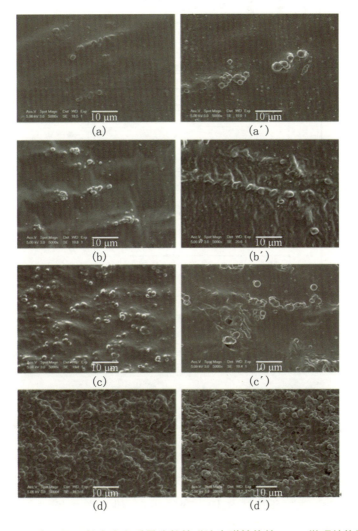

图 9.16　含不同颗粒大小和质量分数的磁流变弹性体的 SEM 微观结构图

图 9.18 为零场时磁流变弹性体样品的储能模量随羰基铁粉含量改变的变化图,可以看到,含有 1.1 μm 颗粒样品的零场储能模量大于含有 9.0 μm 颗粒样品的零场储能模量. 两者零场储能模量的相对差值定义为 $R\Delta G_0 = (G_0^{(1.1)} - G_0^{(9.0)})/G_0^{(9.0)}$,其中 $G_0^{(1.1)}$ 和 $G_0^{(9.0)}$ 分别为含有 1.1 μm 和 9.0 μm 颗粒样品的零场储能模量. 当颗粒含量从 10% 增加到 80% 时,$R\Delta G_0$ 从 0.5% 增加到 13.3%,然后又下降到 3.7%.

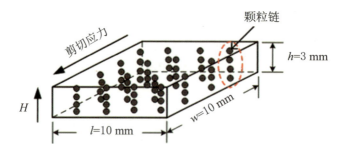

图 9.17 测试中磁流变弹性体样品的微观结构示意图

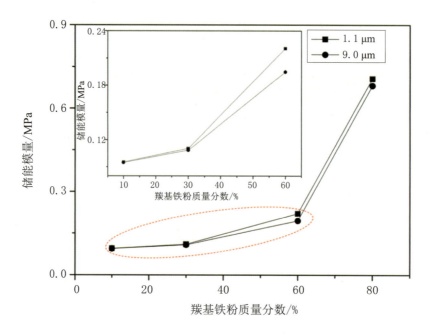

图 9.18 不同颗粒质量分数的磁流变弹性体样品的零场储能模量

图 9.19 显示了在外磁场作用下,不同铁粉含量样品基体内颗粒的分布示意图. 图 9.19 (a)~(d) 分别对应 1.1 μm 颗粒在含量为 10%,30%,60% 和 80% 时的分布;(a′)~(d′) 分别对应 9.0 μm 颗粒在含量为 10%,30%,60% 和 80% 时的分布. 颗粒在外磁场作用下沿磁场方向形成链状结构,随着颗粒含量的增加,1.1 μm 颗粒发生团聚,而 9.0 μm 颗粒几乎没有发生团聚 (图 9.19(a)~(d) 和 (a′) ~ (d′)). 当铁粉在基体内发生团聚时,就会有部分橡胶被束缚在颗粒之间,如图 9.19(e) 所示. 把团聚体外的橡胶定义为自由橡胶,而把团聚体内的橡胶定义为束缚橡胶. 在一定的剪切应力作用下,外力必须克服自由橡胶和颗粒之间以及颗粒与颗粒之间的相互作用力以后,才能够到达束缚橡胶,束缚橡胶分子链的运动受到束缚,所以束缚橡胶的储能模量大于自由橡胶的储能模量. 李剑锋等人曾经报道了在磁流变弹性体内,束缚橡胶的产生增加了其储能模量. 颗粒在基

体内的团聚体越多,束缚橡胶的含量就越多. 所以当铁粉质量分数从 10% 增加到 60% 时,束缚橡胶的含量不断增加. 当铁粉质量分数增加到 80% 时,颗粒之间的距离在三维方向上变得很小,含有 9.0 μm 颗粒的样品内相邻颗粒之间就会有束缚橡胶的形成 (如图 9.19(d′) 圆圈内所示). 由于束缚橡胶的产生,含有 9.0 μm 颗粒的样品的零场模量就会增加. 所以当铁粉质量分数为 80% 时,束缚橡胶的含量有所下降.

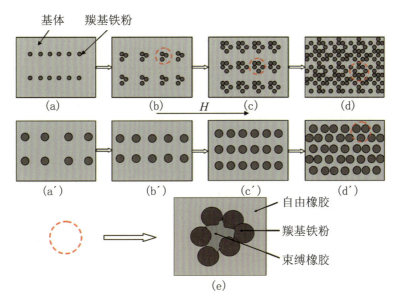

图 9.19 在外磁场作用下不同铁粉含量样品基体内颗粒的分布示意图

图 9.20 给出了样品的损耗因子在不同磁场作用下的变化趋势,其中图 9.20(a)~(d) 对应样品的铁粉含量分别为 10%,30%,60% 和 80%. 测试是在频率为 10 Hz、应变为 0.5% 的条件下进行的.

一般情况下,有机材料和无机材料之间的相容性都不是很好. 在剪切应力的作用下,磁流变弹性体中颗粒和基体之间会产生滑动摩擦,其能量损耗可以表示为

$$D = D_m + D_p + D_s \tag{9.6}$$

其中 D_m, D_p 和 D_s 分别为基体、颗粒和界面滑移所产生的能量损耗. 相比之下,颗粒产生的能量损耗很小,可以被忽略,所以式 (9.6) 可以简化为

$$D = D_m + D_s \tag{9.7}$$

当颗粒在基体内均匀分散且形成链状结构时,磁流变弹性体内的基体就属于自由橡胶,即 $D_m = D_{fr}$,式 (9.7) 可以表示为

$$D = D_{fr} + D_{fr\text{-}p} \tag{9.8}$$

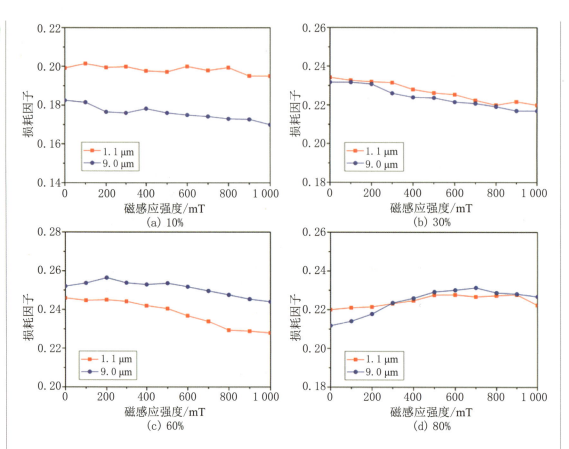

图 9.20 含不同大小颗粒的磁流变弹性体样品在不同磁场作用下的损耗因子

其中 D_{fr} 和 D_{fr-p} 分别为自由橡胶及自由橡胶和颗粒之间的界面滑移所产生的能量损耗. 当颗粒在基体内发生团聚时, 基体就包含了自由橡胶和束缚橡胶, 即 $D_m = D_{fr} + D_{re}$. 从而, 样品内的界面包括自由橡胶和颗粒之间、颗粒之间以及束缚橡胶和颗粒之间的界面, 即 $D_s = D_{fr-p} + D_{p-p} + D_{re-p}$. 那么式 (9.7) 可以表示为

$$D = D_{fr} + D_{re} + D_{fr-p} + D_{p-p} + D_{re-p} \tag{9.9}$$

其中 D_{re} 为束缚橡胶产生的能量损耗, D_{p-p}, D_{re-p} 分别为颗粒之间及束缚橡胶和颗粒之间的界面滑移所产生的能量损耗. 由于束缚橡胶分子链的运动会受到约束, 所以其能量损耗可以被忽略. 在团聚体内, 颗粒之间的接触是点接触, 和基体与颗粒之间的面接触相比也是可以忽略的, 所以式 (9.9) 可以简化为

$$D = D_{fr} + D_{fr-p} + D_{re-p} \tag{9.10}$$

图 9.20(a) 显示了铁粉质量分数为 10% 时, 含不同粒径颗粒样品的损耗因子随磁场的变化趋势. 可以明显地看出, 含 1.1 μm 颗粒样品的损耗因子较大. 通常, 颗粒粒径越

小，比表面积就会越大. 另外，由于两种粒子都均匀分散在基体内且形成链状结构，其基体属于自由橡胶，如图 9.16(a) 和 (a′) 及图 9.19(a) 和 (a′) 所示. 所以含 1.1 μm 颗粒的样品具有较大的自由橡胶和颗粒之间的界面积. 在式 (9.8) 中，含 1.1 μm 颗粒样品的界面摩擦所产生的能量损耗 ($D_{\text{fr-p}}$) 较大，且两者的基体是一样的，所以含 1.1 μm 颗粒样品的损耗因子较大. 在图 9.20(b) 中，铁粉质量分数为 30%，两者的损耗因子很相近. 颗粒粒径越小，越容易发生团聚，其微观结构如图 9.16(b) 和 (b′) 所示，1.1 μm 颗粒在基体内发生团聚. 如果界面摩擦发生在自由橡胶和颗粒之间以及束缚橡胶和颗粒之间，含 1.1 μm 颗粒样品的 $D_{\text{fr-p}} + D_{\text{re-p}}$ 将大于含 9.0 μm 颗粒样品的 $D_{\text{fr-p}}$，这是因为含 1.1 μm 颗粒的样品具有较大的界面积. 但是实验结果显示两者的损耗因子非常接近，故可以得出磁流变弹性体的界面摩擦主要发生在自由橡胶和颗粒之间，即 $D_{\text{re-p}}$ 可以被忽略，式 (9.10) 可以简化为式 (9.8). 由于含 1.1 μm 颗粒的样品内颗粒发生团聚，其自由橡胶和颗粒之间的界面积减少，所以 $D_{\text{fr-p}}$ 减少. 另外，自由橡胶的减少也降低了其损耗因子. 相比之下，含 9.0 μm 颗粒的样品内颗粒没有发生团聚，其损耗因子将不会减少. 所以，两者的损耗因子可以相互接近.

当铁粉质量分数为 60% 时，与图 9.20(a) 相比，两组样品损耗因子之间的大小关系刚好相反，其中含 9.0 μm 颗粒样品的损耗因子较大，如图 9.20(c) 所示. 图 9.16(c) 和 (c′) 及图 9.19(c) 和 (c′) 显示 1.1 μm 颗粒在基体内发生严重的团聚，而 9.0 μm 颗粒在基体内几乎不发生团聚. 对于含 9.0 μm 颗粒的样品，铁粉质量分数为 60% 时的损耗因子大于铁粉质量分数为 30% 时的损耗因子，这是因为铁粉含量越大，自由橡胶和颗粒之间的界面积越大. 同时，对于含 1.1 μm 颗粒的样品，铁粉质量分数为 60% 时的损耗因子也大于铁粉质量分数为 30% 时的损耗因子. 然而，当铁粉质量分数为 60% 时，含 1.1 μm 颗粒样品内的束缚橡胶含量较多，这样自由橡胶和颗粒之间的界面积以及自由橡胶含量就会减少. 所以，含 1.1 μm 颗粒样品的损耗因子增加幅度小于含 9.0 μm 颗粒样品的损耗因子的增加幅度. 当铁粉质量分数为 30% 时，两组样品的损耗因子大小关系达到一个临界值. 所以，当铁粉质量分数为 60% 时，含 9.0 μm 颗粒样品的损耗因子较大.

随着铁粉含量进一步增加，在三维方向上颗粒之间的距离变得更短，束缚橡胶可以在颗粒之间形成. 当颗粒质量分数为 80% 时，在含 9.0 μm 颗粒的样品内，小的颗粒间距将导致束缚橡胶的产生，而含 1.1 μm 颗粒的样品内将产生更多的束缚橡胶，如图 9.16(d) 和 (d′) 及图 9.19(d) 和 (d′) 所示. 束缚橡胶的产生将会减少自由橡胶和颗粒之间的界面积及自由橡胶的量，所以 $D_{\text{fr-p}}$ 和 D_{fr} 将会减少. 比较图 9.20(a)~(d)，含 80% 铁粉样品的损耗因子小于含 30% 和 60% 铁粉样品的损耗因子. 当铁粉含量低时，样品损耗因子随着铁粉含量的增加而增加，这表明界面摩擦对损耗因子的增加起关键作用.

而当铁粉含量增加到 80% 时,损耗因子降低,这表明束缚橡胶对损耗因子的降低起关键作用. 在不同的磁场作用下,两者的损耗因子很相近,这与束缚橡胶的产生密切相关,如图 9.20(d) 所示.

在图 9.20 中,当铁粉含量不同时,样品的损耗因子随磁场的变化趋势是不同的. 在磁流变弹性体受外磁场的作用时,磁性颗粒之间会产生相互作用力,其硬度增加,橡胶分子链的运动也会受到阻碍,这样基体产生的能量损耗就会下降. 当剪切外力等于或者大于临界值时,自由橡胶和颗粒之间的界面滑移可以完全被激活. 当剪切力小于临界值时,界面滑移没有被完全激活,在外磁场的作用下颗粒之间产生的相互作用力可以使界面继续滑移,即场致的界面滑移. 场致的界面滑移将随磁场的增大而增加,直到自由橡胶和颗粒之间的界面滑移被完全激活. 另外,颗粒含量越多,阻碍作用就越大,颗粒含量也可以影响临界剪切应力. 当颗粒含量较低时,自由橡胶的变形量可以很容易达到剪切应变幅值;当颗粒含量增大时,有一部分自由橡胶由于颗粒的阻碍作用不能达到剪切应变幅值,该临界值将增大. 因此,在一定的剪切应变幅值下,如果自由橡胶和颗粒之间的界面滑移被完全激活,那么 $D_{\text{fr-p}}$ 是常数,颗粒的阻碍效应是其能量损耗减少的关键因素,这种阻碍作用随磁场的增加而增大直到颗粒达到磁饱和,即 D_{fr} 减少,所以损耗因子随磁场变化呈下降的趋势. 如果自由橡胶和颗粒之间的界面滑移没有被完全激活,则随着磁场的增加,首先场致的界面滑移在能量损耗的增加中起关键作用,然后颗粒的阻碍效应又会在能量损耗的减少中起关键作用,所以损耗因子随磁场增加呈现出先增加后下降的趋势. 值得注意的是,当场致的界面滑移很小时,颗粒的阻碍效应起关键作用,即损耗因子随磁场的变化呈下降的趋势.

为了进一步验证能量损耗的界面摩擦主要发生在自由橡胶和颗粒之间,选取铁粉含量分别为 30% 和 60% 的样品,测试了不同应变幅值下损耗因子的变化. 图 9.21 显示了样品的损耗因子随应变的变化,观察发现损耗因子随应变的增加而逐渐增加. 测试的条件如下:频率为 10 Hz,磁场强度为 0 mT. 当剪切应变增加时,橡胶分子链的运动及颗粒和基体之间的界面滑移会增加,进而其能量损耗增加,所以损耗因子随应变的增加而增加. 然而,磁流变弹性体属于颗粒增强的复合材料,颗粒在基体内会阻碍橡胶分子链的运动. 因此,颗粒和基体之间的界面滑移是能量损耗的关键. 在图 9.21(a) 中,当铁粉质量分数为 30% 时,两种样品的损耗因子随应变的增加呈相同的增加趋势. 当应变大于 0.5% 时,两种样品的损耗因子逐渐趋于稳定,说明界面滑移已经被激活. 1.1 μm 颗粒在基体内发生团聚而 9.0 μm 颗粒没有发生团聚 (如图 9.16(b) 和 (b′)、图 9.19(b) 和 (b′) 所示). 随着应变幅值增加,如果界面滑移发生在自由橡胶和颗粒之间以及束缚橡胶和颗粒之间,那么含 1.1 μm 颗粒样品的损耗因子将较大,并且会在更大的剪切应变幅值下才趋于稳定,因为破坏团聚体需要较大的剪切力. 另外,图 9.21(a) 显示两者之间的损耗因子彼此相近,与图 9.20(b) 相吻合,这与自由橡胶和颗粒之间的界面密切相关. 由上述分析可知,磁流变弹性体的界面滑移主要发生在自由橡胶和颗粒之间.

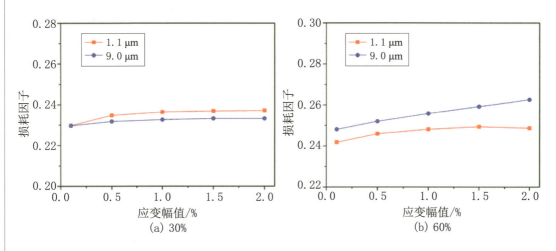

图 9.21　两组样品的损耗因子随应变的变化

当铁粉质量分数为 60% 时,两种样品的损耗因子随应变增加的趋势是不同的,如图 9.21(b) 所示. 含 9.0 μm 颗粒样品的损耗因子随应变增加呈线性增加的趋势,而含 1.1 μm 颗粒样品的损耗因子随应变增加而逐渐趋于稳定,这进一步证明了界面摩擦主要发生在自由橡胶和颗粒之间. 图 9.16(c) 和 (c′)、图 9.19(c) 和 (c′) 显示 1.1 μm 颗粒发生团聚较严重,而 9.0 μm 颗粒几乎没有发生团聚. 对于含 1.1 μm 颗粒的样品,由于团聚的产生,自由橡胶和颗粒之间的界面面积减少,所以含 1.1 μm 颗粒样品的损耗因子较小,这与图 9.20(c) 吻合. 另外,当应变幅值大于 1.0% 时,含 1.1 μm 颗粒样品的损耗因子趋于稳定,而含 9.0 μm 颗粒样品的损耗因子呈线性增加的趋势,表明含 1.1 μm 颗粒样品内的团聚体没有被破坏. 这进一步证明了在我们研究的系统中,界面摩擦主要来自自由橡胶和颗粒之间. 另外,比较颗粒质量分数为 30% 和 60% 的样品,发现损耗因子随应变增加的变化趋势是不同的. 随着颗粒含量增加,有一部分橡胶的形变量不能达到剪切应变幅值的临界大小,这是由于颗粒的阻碍作用,临界剪切力将会增加. 因此,相对于铁粉质量分数为 30% 的样品,铁粉质量分数为 60% 的样品的界面滑移需要在更大的应变幅值下才能被激活.

磁流变弹性体吸振器是磁流变弹性体的一个典型应用. 自调谐式吸振器利用磁流变弹性体作为刚度可调的弹簧,可以将振动从主系统传递到吸振系统,从而减少主系统的振动. 其吸振效果主要取决于磁流变弹性体的阻尼性能,阻尼越低,吸振效果越好. 为了使磁流变弹性体吸振器在应用中具有好的吸振效果,如何研制出低阻尼的磁流变弹性体是亟须解决的问题. 为了降低磁流变弹性体的阻尼,一方面可以增强颗粒和基体之间的相容性,减少两者之间的界面摩擦;另一方面可以减小基体分子链之间的摩擦,降低阻尼. 本小节主要从上述两个方面出发,对磁流变弹性体的阻尼性能进行优化. 首先选择马来酸酐作为相容剂来增强颗粒和基体之间的界面黏结,研究马来酸酐对磁流变弹性体阻尼性能的影响;然后通过向基体内添加石墨烯纳米片来优化磁流变弹性体的阻尼性能.

在实验中,使用国药集团化学试剂有限公司生产的马来酸酐作为相容剂. 将含量分别为 0,1,2,4 份 (每百质量份橡胶的质量份) 的马来酸酐和顺丁橡胶基体混合,制备出编号分别为 1,2,3 和 4 的样品. 在磁流变弹性体的制备过程中,首先利用机械化学技术,将 100 份顺丁橡胶和马来酸酐在双轨开放式炼胶机上进行均匀混炼,进而得到修饰的橡胶,然后加入质量分数 60% 的羰基铁粉、100 份环烷油增塑剂及 14 份其他添加剂,从而形成混炼胶,最后经过预结构和固化的过程得到最终的磁流变弹性体样品.

在橡胶混炼过程中,橡胶与填料之间会通过化学和物理的结合产生不溶于有机溶剂的结合橡胶,它对混炼胶和硫化胶的性能都有非常重要的影响. 2007 年,张先舟等人在磁流变弹性体中发现了结合橡胶,并研究了它对磁流变弹性体性能的影响. 本小节实验采用抽取法测试不同磁流变弹性体样品中结合橡胶的含量,具体步骤如下:将混炼胶在室温下放置 2 周后,取出一小块准确称取其质量 m_1,用定量滤纸将称量好的混炼胶包裹起来并浸没在 100 mL 甲苯溶液中 72 h,其中甲苯溶液每 24 h 需要更换一次,然后再将混炼胶浸没在 100 mL 丙酮溶液中 24 h 用以去除残留在混炼胶中的甲苯溶液,最后将它放入 50 ℃ 的真空干燥箱中干燥至恒重,称得其质量 m_2. 混炼胶中结合橡胶的质量分数可表示为 $W = (m_1 - m_3 - m_4)/m_1$,其中 m_1 是浸泡前混炼胶的质量,m_3 是浸泡前混炼胶中颗粒的质量,m_4 是溶解在甲苯中橡胶的质量,即 $m_4 = m_1 - m_2$. 马来酸酐的添加使结合橡胶的含量得到了增加.

为了进一步解释上述现象,实验还采用 Fourier 变换红外光谱仪 (Bruker 公司, 型号为 EQUIVOX55) 对修饰的顺丁橡胶进行测试与分析. 在红外光谱测量之前需要除去混炼胶中没有参加修饰反应的马来酸酐,具体方法如下:将一定量的没有添加铁粉颗粒的顺丁橡胶的混炼胶浸没在甲苯溶液中 24 h 后,过滤去除杂质;然后将一定量的丙酮添加到过滤后的溶液中直到出现沉淀,过滤得到沉淀,再在 50 ℃ 的真空干燥箱中将沉淀烘干;最后将沉淀溶解在甲苯溶液中,再将该溶液涂抹在 KBr 晶片上晾干以待进行红外光谱测量.

图 9.22 是用不同含量马来酸酐修饰的顺丁橡胶红外光谱图. 与纯橡胶样品比较,其他样品在波数为 1730 cm^{-1} 左右时出现了一个新峰,即羰基—C=O 基团的特征峰,其

中马来酸酐的分子结构中含有羰基官能团,这就说明了极性的马来酸酐成功修饰了非极性的顺丁橡胶分子链. 此外,羰基铁粉暴露在空气中时,其表面会形成一层 Fe_3O_4 薄膜,它会吸收空气中少量的水分子,从而在颗粒表面形成羟基. 在混炼过程中,当羰基铁粉添加到修饰的混炼胶中混炼时,带有一定极性的橡胶分子链就会和颗粒表面的羟基相互作用,形成结合橡胶. 随着马来酸酐含量的增加,带有极性的橡胶分子链就会增多,那么在颗粒表面相互缠结的橡胶分子链也会增多,因此结合橡胶的含量逐渐增加.[34]

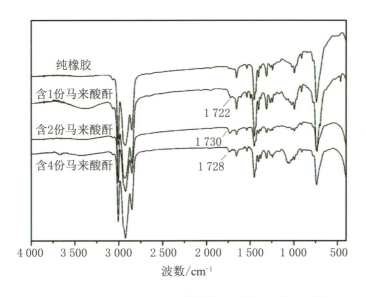

图 9.22 不同含量马来酸酐修饰的顺丁橡胶红外光谱图

通过环境扫描电子显微镜 (型号: XT30 ESEM-MP) 观察样品的微观结构,加速电压设置为 15 kV. 图 9.23 显示了抽取实验后混炼胶的微观结构,从图中可以很清楚地看到,对于未添加马来酸酐的样品,由于结合橡胶含量较少,颗粒之间的黏结很弱且有很多空隙存在 (图 9.23(a) 和 (e)). 当添加的马来酸酐含量逐渐增加时,颗粒之间的黏结增强,且颗粒间的空隙逐渐变小,如图 9.23(b)~(d) 和 (f)~(h) 所示. 另外还可以发现,随着马来酸酐含量的增加,相互黏结的颗粒开始逐渐变成块状. 这进一步说明了马来酸酐的加入增加了结合橡胶的含量.

图 9.24 是磁流变弹性体样品的微观结构图,可以观察到颗粒和基体之间的黏结情况. 对于没有添加马来酸酐的磁流变弹性体样品,其颗粒和基体之间的黏结很弱,观察截面内有很多磁性颗粒暴露在基体外 (图 9.24(a)). 基体内加入马来酸酐后,磁性颗粒开始被包埋在橡胶基体内,颗粒和基体之间的黏结增强,如图 9.24(b) 所示. 当添加更多的马来酸酐时,磁性颗粒被基体包埋得更深,两者之间的黏结更好,相容性增强,如图 9.24(c) 和 (d) 所示. 为了更好地解释上述现象,需要对结合橡胶进行描述. 结合橡胶一般包含

紧致结合橡胶和松散结合橡胶:紧致结合橡胶相当于流场中的聚集体,变形量很小;松散结合橡胶是通过紧致结合橡胶和颗粒相连的,它在流场中可以发生很大的变形,松散结合橡胶是橡胶基体和颗粒之间区域形成的网状结构,所以结合橡胶可以反映两相之间的相互作用. 从表 9.1 和图 9.23 可以看出,马来酸酐的添加使结合橡胶含量增多,较厚的结合橡胶层通常包含更多的松散结合橡胶,这使得颗粒与基体之间的结合更好. 所以,随着结合橡胶含量的增加,颗粒和基体之间的相容性增强.

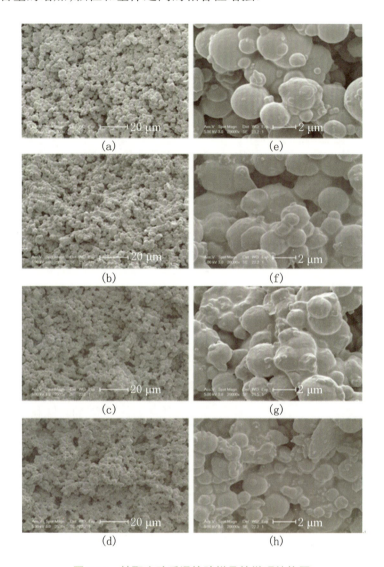

图 9.23 抽取实验后混炼胶样品的微观结构图

(a)~(d) 2 500× (分别对应样品 1~4); (e)~(h) 20 000× (分别对应样品 1~4).

表 9.2 列出了不同马来酸酐含量样品的拉伸强度,可以得出添加的马来酸酐增强了

样品的拉伸强度. 磁流变弹性体是一类颗粒增强的复合材料,颗粒在基体内可以阻碍橡胶分子链及位错的运动,防止应力集中发生. 两相之间的黏结程度越好,颗粒就会具有越好的增强效果. 当两相之间的黏结程度很弱时,如图 9.24(a) 所示,颗粒间有很多的空隙,就很容易导致应力集中的发生,所以拉伸强度就会下降;当黏结程度增强时,空隙就会减小,如图 9.24(b)~(d) 所示,应力传递效果增强,进而应力集中降低. 此外,马来酸酐的添加也会增强橡胶分子链之间的相互作用,使基体的硬度增加,减少分子链的运动. 由于以上的原因,样品的拉伸强度会随着马来酸酐含量的增加而提高.

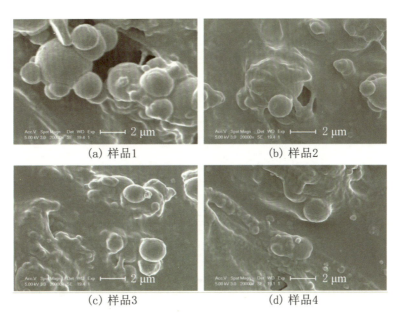

图 9.24 不同马来酸酐含量样品的微观结构图 (20 000×)

表 9.1 不同马来酸酐含量样品的结合橡胶含量

样品	结合橡胶的质量分数/%
1	3.2
2	4.5
3	7.7
4	9.2

表 9.2 不同马来酸酐含量样品的拉伸强度

样品	拉伸强度/MPa
1	0.7
2	0.89
3	0.9
4	0.93

使用 DMA 测试了样品在不同应变和不同频率下的储能模量,分别如图 9.25 和图 9.26 所示,可以看出马来酸酐的添加提高了样品的储能模量. 从上述结果可知马来酸酐使颗粒和基体之间的界面黏结增强,从而基体可得到增强;另外,马来酸酐可以通过氢键

增强橡胶分子链之间的相互作用,使基体的硬度增加. 所以,样品的储能模量随马来酸酐含量的增加呈上升趋势.

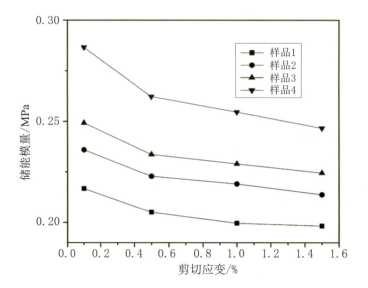

图 9.25　不同马来酸酐含量样品的储能模量随剪切应变的变化

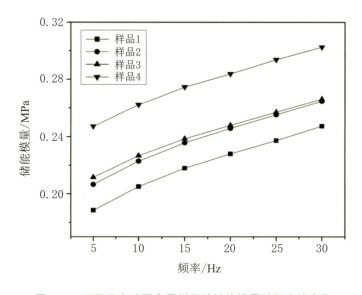

图 9.26　不同马来酸酐含量样品的储能模量随频率的变化

图 9.25 显示了样品在不同应变 (0.1%~1.5%) 下的储能模量随剪切应变的变化,其中外磁场为 0 mT,测试频率为 10 Hz. 从图中可以看出样品的储能模量随着剪切应变的增加而下降. 这是因为当剪切应变增加时,橡胶分子链之间的滑动以及颗粒与基体之间的滑移将增加,进而部分橡胶分子链之间以及颗粒与基体之间的黏结会被破坏,

因此储能模量呈下降趋势. 然而, 对于不同的样品, 应变导致的储能模量的减少量是不一样的, 它随马来酸酐含量的增加而增加. 应变导致的储能模量的减少量被定义为 $A_{\Delta G} = \Delta G/G_{0.1}$, 其中 $G_{0.1}$ 是初始 (应变为 0.1% 时) 的储能模量, ΔG 可表示为 $G_{1.5} - G_{0.1}$. 样品 1~4 中的氢键随着马来酸酐含量的增加而逐渐增加, 但是由于加入的马来酸酐量较少, 所以样品中氢键的能量较弱, 因此在剪切力作用下容易被破坏. 当剪切应变逐渐增加时, 样品 4 提供的可被破坏的氢键的量最多. 因此, 应变导致的储能模量的减少量随着马来酸酐含量的增加而增大.[28]

剪切储能模量随着频率 (5~30 Hz) 的变化如图 9.26 所示, 其中测试应变为 0.5%, 无外磁场. 从图中可以看出, 随着频率的增加, 储能模量呈逐渐增加的趋势. 当频率增大时, 高聚物基体分子链的变形跟不上剪切力的变化, 就会使分子链的缠结增多, 所以储能模量增加.

样品的损耗因子随外磁场的变化如图 9.27 所示, 可以看出, 随外磁场的增加损耗因子呈先增加后下降的趋势. 另外, 当马来酸酐含量增加时, 磁流变弹性体的损耗因子逐渐下降. 例如, 在零场下, 样品 4 的损耗因子相对于样品 1 的下降了 25.6%.

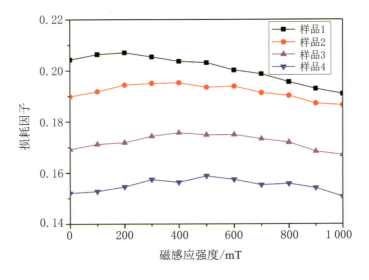

图 9.27　不同马来酸酐含量样品的损耗因子随外磁场的变化

不同应变下样品的损耗因子如图 9.28 所示, 随着应变的增加, 损耗因子呈上升趋势. 这是因为在大应变下, 基体产生较大的形变, 两相界面间的滑移及基体分子链之间的滑动都会增加, 所以材料的能量损耗也会增加. 此外, 不同马来酸酐含量样品的应变导致的损耗因子的增加量是不同的, 如表 9.3 所示. 在表 9.3 中, 应变导致的损耗因子的增加量同样可以被定义为 $A_{\Delta \sigma}(\%) = \Delta \sigma / \sigma_{0.1}$, 其中 $\sigma_{0.1}$ 是初始 (应变为 0.1%) 时的损耗因子,

$$\Delta\sigma = \sigma_{1.5} - \sigma_{0.1}.$$

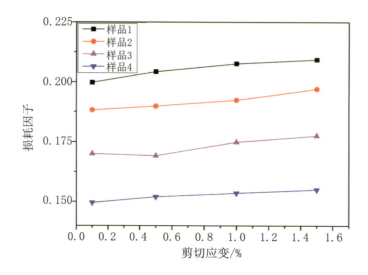

图 9.28　不同马来酸酐含量样品的损耗因子随剪切应变的变化

表 9.3　应变导致的储能模量和损耗因子的改变量

样品	储能模量减少量/%	损耗因子增加量/%
1	8.5	4.8
2	9.4	4.7
3	9.9	4.4
4	13.9	3.6

为了解释上述现象,图 9.29 给出了在剪切力作用下颗粒与基体之间相互作用示意图,其中图 9.29(a) 和 (b) 中颗粒表面有不同厚度的结合橡胶层. 当颗粒表面的结合橡胶层比较薄时,主要是紧致结合橡胶,两相界面之间的黏结就会比较弱,如图 9.24(a) 所示. 在剪切力作用下,橡胶基体会产生一定的变形,但是紧致结合橡胶不能产生相同的变形,弱的界面黏结会很容易被破坏,界面之间就会出现较大的缝隙,如图 9.29(a) 所示. 在测试过程中,外磁场作用下颗粒间会产生磁作用力,在磁作用力下颗粒与基体之间就会有滑移产生. 由于两相界面之间的缝隙较大,界面滑动摩擦就会较大,进而产生大的能量损耗,即损耗因子较大. 当结合橡胶层逐渐增厚时,如图 9.29(b) 所示,结合橡胶中含有的松散结合橡胶就会增多,颗粒与基体之间的界面黏结就会增强,这可从图 9.24(b)~(d) 看出. 在剪切力作用下,由于松散结合橡胶可以随着基体发生变形,两相之间的界面缝隙很小,滑动摩擦就会较小. 因此,可通过马来酸酐增强颗粒与基体之间的界面黏结降低磁流变弹形体的阻尼. 另外,极性的马来酸酐还增强了橡胶分子链之间的相互作用,使基体

的硬度增加,这样可以减小橡胶分子链之间的滑动摩擦,所以基体硬度的增加是材料阻尼下降的另外一个原因.

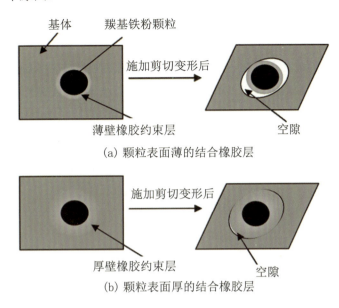

图 9.29　在剪切力作用下颗粒和基体之间相互作用示意图

应变导致的损耗因子的增加与两相间的界面黏结密切相关,它可以反映两相间产生滑移的难易程度.两相之间的黏结越好,界面滑移就越困难,能量损耗就会比较少.此外,橡胶分子链之间相互作用力增强也会减少分子链之间的滑动,因此随着应变的增加损耗因子的改变很小.也就是说,马来酸酐的添加增强了在不同应变下磁流变弹性体阻尼性能的稳定性.在实际应用中,应变幅值不可能保持一个恒定值,会有一点波动,所以应变对它的影响需要考虑.当应变幅值变化得比较明显时,磁流变弹性体的阻尼性能不仅是外磁场的函数,而且还会明显受到应变的影响,这是我们不想看到的结果,因此不同应变下阻尼性能的稳定性也是很重要的.

图 9.30 给出了不同频率下样品的损耗因子随频率的变化,随着频率的增加,损耗因子呈先增后减的趋势,与孙桃林等人的研究结果相吻合.我们发现,随着马来酸酐含量的增加,样品的损耗因子最大值对应的频率不断升高,样品 1~4 的损耗因子最大值对应的频率分别为 15,20,25,30 Hz.这与储能模量相关,储能模量越大,样品的固有频率就会越大.

在不同磁场作用下储能模量和磁流变效应的变化如图 9.31 所示.图 9.31(a) 中储能模量在达到磁饱和之前呈增加趋势,这和我们团队以前的工作相吻合.相比之下,没有添加马来酸酐的样品 1 的储能模量随着磁场增加比较快,这也说明了马来酸酐的加入的确影响了样品的储能模量. 图 9.31(b) 显示样品的磁流变效应随着马来酸酐的加入而下降,磁流变效应定义为 $\Delta G_{\max}/G_0$,其中 G_0 为初始储能模量,$\Delta G_{\max} = G_{\max} - G_0$ 是颗粒达到磁饱和时的储能模量. 从图 9.31(a) 可以看出 G_0 随着马来酸酐的加入而逐渐增大. 在预结构过程中,颗粒在基体内是否容易运动取决于基体的黏度. 由于分子链之间的相互作用力增强以及颗粒和基体之间的黏结增强,颗粒在基体中运动所受阻力将增加,所以颗粒在基体内就很难形成规整的链结构. 一些研究结果发现,磁流变弹性体内形成规整的链结构将会使其具有强的磁流变效应,表明马来酸酐的加入减小了磁流变弹性体的磁流变效应,所以加入的马来酸酐含量不能太大. [35]

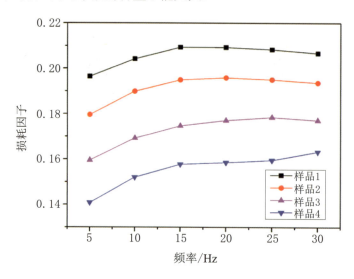

图 9.30 不同频率下样品的损耗因子随频率的变化

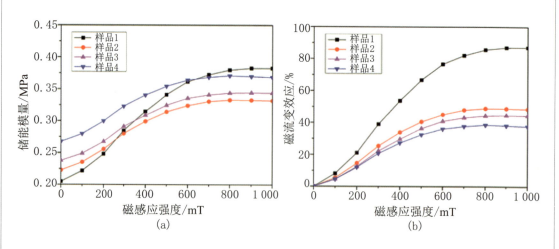

图 9.31 不同磁场作用下样品的储能模量和磁流变效应随外磁场的变化

为了优化磁流变弹性体的阻尼性能,选择马来酸酐作为相容剂,增强了颗粒与基体之间的相容性,降低了磁流变弹性体的阻尼. 除此之外,还可以从基体出发,通过减少基体分子链之间的滑动摩擦来降低阻尼. 本小节实验选择石墨烯纳米片 (GNP) 作为基体的增强相来减小磁流变弹性体的阻尼. 这是因为石墨烯纳米片具有纳米尺寸的厚度,所有具有较大的直径和厚度比,它可以和聚合物材料形成相容性较好的复合材料.

实验采用中国科学院成都有机化学有限公司生产的石墨烯纳米片作为基体的增强相,其直径为 5~20 μm,厚度为 4~20 nm. 磁性颗粒为巴斯夫公司生产的型号为 CN 的羰基铁粉,其平均粒径为 6 μm. 制备了不同石墨烯纳米片含量的磁流变弹性体样品,其中石墨烯纳米片含量分别为 0,1,3,5 份,羰基铁粉的质量分数为 60%,其他添加剂含量如下:环烷油 100 份,氧化锌 5 份,硬脂酸 1 份,二氨基二苯甲烷 2 份,硫黄 3 份,N-环己基-2-苯并噻唑次磺酰胺 1 份.

使用环境扫描电子显微镜 (型号:XL-30 ESEM) 观察了磁流变弹性体样品的微观结构,其中加速电压设置为 20 kV. 同时使用多功能电子拉力机测试了样品的拉伸强度. 此外,还采用热物性分析仪 (型号:Hot Disk2500) 测试了样品的热扩散率. 对磁流变弹性体样品的动态力学性能采用流变仪进行了测试. 测试样品的半径为 10 mm,厚度为 1 mm,其中颗粒链平行于厚度方向. 实验采用了三种测试类型:

(a) 剪切应变扫描测试:在室温下,测试频率为 10 Hz,剪切应变变化范围为 0.1%~1.0%;

(b) 磁场扫描测试:在室温下,测试频率为 10 Hz,剪切应变为 0.3% 和 1.0%,磁场变化范围为 0~1000 mT;

(c) 温度扫描测试:测试频率为 10 Hz,磁场为 0 mT,剪切应变为 0.3% 和 1.0%,温度变化范围为 25~90 ℃.

图 9.32 给出了含不同份数石墨烯纳米片的磁流变弹性体样品的微观结构,其中图 9.32(a)~(d) 分别对应含 0,1,3,5 份石墨烯纳米片样品的微观结构,图 9.32(e) 和 (f) 分别是 (a) 和 (d) 中灰白色矩形区域的放大图. 从图中可以看出,石墨烯纳米片无规地分散在基体内,表明预结构磁场对基体内的石墨烯纳米片分布没有影响. 从图 9.32(f) 可以发现石墨烯纳米片与基体之间几乎没有空隙,两者的相容性非常好. 另外,在预结构磁场的作用下,颗粒在基体内形成了链状结构 (图 9.32). 但是对比图 9.32(a) 和 (b)~(d),可以很明显地发现随着石墨烯纳米片含量的增加,链状结构越来越不明显,引起此现象的原因应该是在预结构过程中石墨烯纳米片阻碍了颗粒链的形成.

为了进一步验证石墨烯纳米片与基体之间具有较好的相容性,我们研究了石墨烯纳米片对样品拉伸强度的影响,如图 9.33 所示. 随着石墨烯纳米片含量的增加,样品的拉伸强度逐渐增加. 一般情况下,基体与增强相之间具有好的相容性可导致好的增强效果,进而增强材料的机械性能. 对于石墨烯纳米片增强的磁流变弹性体, 石墨烯纳米片与基体之间的黏结是较好的 (图 9.32). 一方面, 石墨烯纳米片不仅可以促进材料内的应力传递, 减少应力集中, 还可以承载一部分外力; 另一方面, 石墨烯纳米片还可以阻碍基体内裂纹的进一步扩展, 从而阻止材料被破坏. 因此, 石墨烯纳米片的添加增强了磁流变弹性体的拉伸强度.

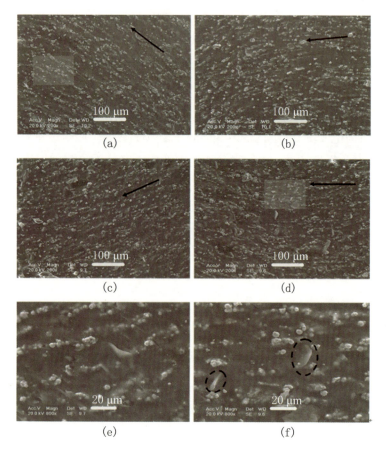

图 9.32 不同石墨烯纳米片含量的磁流变弹性体样品的微观结构

(a) 0 份; (b) 1 份; (c) 3 份; (d) 5 份; (e) 和 (f) 分别对应 (a) 和 (d) 区域的放大图, 箭头代表预结构磁场的方向, 虚线圈内的是分散在基体中的石墨烯纳米片.

图 9.34 给出了不同石墨烯纳米片含量样品在不同应变下的损耗因子, 可以看出样品的损耗因子随着石墨烯纳米片含量的增加而降低. 在剪切应力作用下, 基体分子链的微观结构如图 9.35 所示. 外部的剪切应力可以使基体发生变形, 进而导致基体分子链之间发生滑动摩擦 (图 9.35(b)). 在基体内添加了石墨烯纳米片后, 基体分子链的运动就可以被阻碍, 这是因为石墨烯纳米片具有较大的直径与厚度比 (图 9.35(c)). 因此, 由于石

墨烯纳米片的阻碍作用,基体分子链之间的摩擦就会被有效地减少.另外,由于阻碍作用的存在,有一部分橡胶将会被束缚,如图 9.36 所示,束缚橡胶的分子链是被束缚的,它不能够赶得上基体的变形,所以将会有部分颗粒与基体之间的界面摩擦被减少.此外,根据之前的分析,石墨烯纳米片与基体之间的相容性比较好,在一定的剪切应力作用下,石墨烯纳米片与基体之间的界面滑移可以忽略掉.因此,随着石墨烯纳米片含量的增加,样品的损耗因子呈下降的趋势.

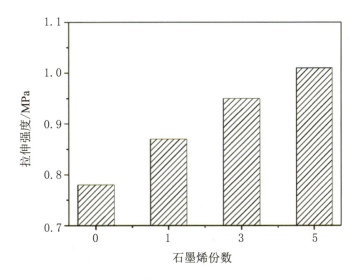

图 9.33 不同石墨烯纳米片含量样品的拉伸强度

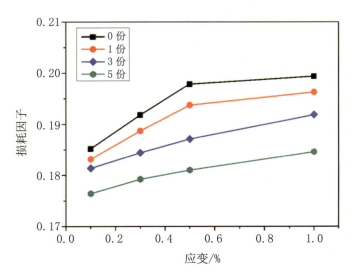

图 9.34 不同石墨烯纳米片含量样品的损耗因子随应变的变化

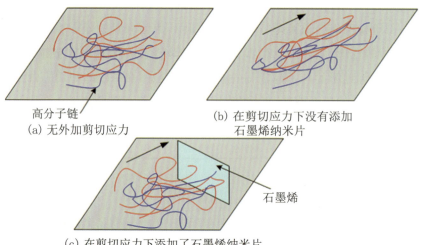

(a) 无外加剪切应力 高分子链
(b) 在剪切应力下没有添加石墨烯纳米片
(c) 在剪切应力下添加了石墨烯纳米片 石墨烯

图 9.35 基体分子链在剪切应力作用下的微观结构
箭头表示剪切应力的方向.

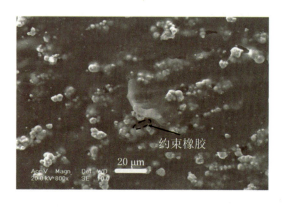

约束橡胶

图 9.36 含石墨烯纳米片样品内束缚橡胶的微观结构

同时还研究了剪切应变对损耗因子的影响. 从图 9.34 可以看出, 对于不含石墨烯纳米片的样品, 其损耗因子随着应变的增加逐渐增大, 然后趋于平稳, 含有 1 份石墨烯纳米片样品的损耗因子也有类似的趋势, 而当石墨烯纳米片含量进一步增加时, 损耗因子随着应变的增加而逐渐增大. 通常, 当应变幅值较大时, 基体将会发生较大的变形, 这导致颗粒与基体之间以及基体分子链之间发生较大的滑动摩擦, 所以随着应变的增加损耗因子逐渐增大. 对于磁流变弹性体样品, 颗粒与基体之间的界面黏结很弱, 当应变增加时将会有越来越多的界面滑移发生直到被完全激活. 对于不含石墨烯纳米片的样品, 当应变高于 0.5% 时, 其损耗因子逐渐趋于稳定, 这意味着当应变大于 0.5% 时样品的界面滑移被激活. 然而, 当样品内含有石墨烯纳米片时, 将会有部分橡胶基体被束

缚 (图 9.36), 这样界面滑移将会在更大的应变下才能被激活, 因此, 样品的损耗因子随应变的增加逐渐增大. 值得注意的是, 应变导致的损耗因子的增加量是不同的, 其随石墨烯纳米片含量的增加而逐渐下降. 如前所述, 将应变导致的损耗因子的增加量定义为 $A_{\Delta\sigma}(\%) = \Delta\sigma/\sigma_{0.1}$, 其中 $\sigma_{0.1}$ 是应变为 0.1% 时的损耗因子, $\Delta\sigma$ 为 $\Delta\sigma = \sigma_{1.0} - \sigma_{0.1}$. 该现象与石墨烯纳米片的阻碍效应密切相关, 石墨烯纳米片不仅可以阻碍基体分子链的运动, 而且还可以阻碍颗粒与基体之间的界面滑移. 因此应变导致的损耗因子的增加量随石墨烯纳米片含量的增加而下降.

在不同磁场的作用下, 样品损耗因子的变化曲线如图 9.37 所示, 其中图 9.37(a) 和 (b) 对应的测试应变分别为 0.3% 和 1.0%. 可以看到损耗因子随磁场的变化呈先增加后下降的趋势. 然而样品的损耗因子随磁场的变化量是不同的, 磁致损耗因子的变化量定义为 $\Delta\sigma_M = \sigma_{\max} - \sigma_{\min}$, 其中 $\sigma_{\max}$ 和 $\sigma_{\min}$ 分别为不同磁场作用下损耗因子的最大值和最小值. 对比含 0 份及 1 份石墨烯纳米片的样品, 在弱磁场作用下, 含 1 份石墨烯纳米片的样品由于石墨烯纳米片的阻碍效应, 其损耗因子较小; 而当磁场逐渐增加时, 磁性颗粒之间的相互作用增强, 这种相互作用力会减弱石墨烯纳米片的阻碍效应, 这是因为石墨烯纳米片含量较低, 所以含 1 份石墨烯纳米片样品的损耗因子变化量较大. 当石墨烯纳米片的含量继续增加时, 样品损耗因子的变化量逐渐减小, 这与石墨烯纳米片的阻碍效应密切相关, 它起着关键的作用. 在预结构过程中石墨烯纳米片阻碍了颗粒链的形成, 这样在外磁场作用下磁性颗粒之间的相互作用力就会减弱. 此外, 石墨烯纳米片还可减少部分颗粒与基体之间的界面滑移. 随着外磁场的增加, 界面滑移减少, 进而使损耗因子的增量减小. 因此, 样品损耗因子的变化量随石墨烯纳米片含量的增加而下降.[36]

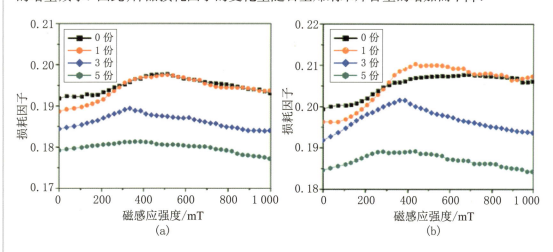

图 9.37 不同石墨烯纳米片含量样品的损耗因子随磁场的变化

对于同一种样品, 在不同的剪切应变 (0.3% 和 1.0%) 作用下, 其损耗因子随磁场的变化量也是不同的. 通常, 大的剪切应变将会导致较多的颗粒与基体之间的界面滑移, 在较大的应变作用下, 随着磁场增加, 会有较多的界面摩擦. 所以, 在 1.0% 的剪切应变下样品损耗因子的变化量较大.

在磁流变弹性体的实际应用中, 环境温度也不是恒定不变的, 因此温度对其性能的影响也是不能被忽略的. 图 9.38 显示了温度对不同应变下样品损耗因子的影响. 随着温度的增加, 损耗因子逐渐下降, 这是交联聚合物所具有的特性. 将温度导致的损耗因子的变化量定义为 $\Delta\sigma_T = \sigma_{25} - \sigma_{90}$, 式中 σ_{25} 和 σ_{90} 分别是温度为 25 和 90 ℃ 时的损耗因子. 对于含有石墨烯纳米片的磁流变弹性体, 其温度导致的损耗因子的变化量的影响因素可表达为

$$F_{\Delta\sigma_T} = F_M + F_P + F_G \tag{9.11}$$

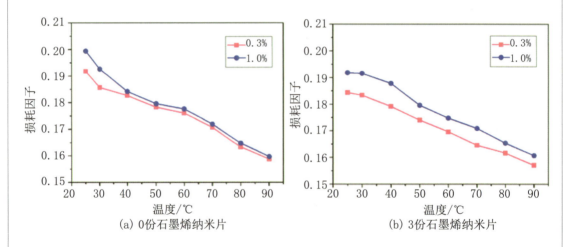

图 9.38 温度对不同应变下样品损耗因子的影响

式中 F_M, F_P 和 F_G 分别为基体、颗粒阻碍及石墨烯纳米片的阻碍对温度导致的损耗因子的变化量的影响. 当样品内不含石墨烯纳米片时, $F_{\Delta\sigma_T}$ 可表示为

$$F_{\Delta\sigma_T} = F_M + F_P \tag{9.12}$$

随着温度的升高, 交联的顺丁橡胶分子链之间的摩擦将会减少, 从而导致损耗因子的降低, 其将有利于温度导致的损耗因子的变化量的增加; 而橡胶分子链之间摩擦的减少将会降低颗粒和石墨烯纳米片的阻碍效果, 这将会不利于温度导致的损耗因子的变化量的增加. 因此, 随着温度的升高, F_M 增加, 而 F_P 和 F_G 降低. 对于含 0 份和 3 份石墨烯纳米片的样品, 它们具有相同的基体及相同的颗粒与基体之间的界面, 即两者的和可被认为是相同的, 然而随着温度升高而下降. 因此, 不含石墨烯纳米片样品的温度导致的损耗因子的变化量较大.

对于相同的样品,应变为 1.0% 时温度导致的损耗因子的变化量大于应变为 0.3% 时的变化量. 在室温下,基体分子链之间以及颗粒与基体之间的滑动摩擦随着应变的增大而增加;随着温度升高,基体分子链之间的摩擦减小,进而应变对基体分子链间的摩擦的影响逐渐不明显. 因此,应变为 1.0% 时温度导致的损耗因子的变化量较大.

总的来说,石墨烯纳米片有效地降低了磁流变弹性体的阻尼,且增强了不同应变下损耗因子的稳定性. 另外,石墨烯纳米片还降低了磁致损耗因子的变化量和温度导致损耗因子的变化量. 然而,为了获得实用型磁流变弹性体材料,其他的性能也需要被测试与评估. 储能模量和磁流变效应也是磁流变弹性体应用中的重要性能,下面将研究这些性能.

在隔振器等某些实际应用中,不仅要求磁流变弹性体具有低阻尼性能,而且其阻尼性能还需具备可控性. 然而,目前有关磁流变弹性体阻尼的可控性能研究却鲜有报道. Zhou 和 Lokander 等人分别研究了磁场对损耗因子的影响,发现损耗因子的变化很小,基本可以被忽略,没有实际应用价值. 因此,为了使磁流变弹性体隔振器等器械获得理想的减振效果,对其阻尼的可控性展开研究是非常有意义的.[37]

值得注意的是,磁流变凝胶的损耗因子随磁场的变化量远远大于磁流变弹性体. 通常情况下,磁流变弹性体基体分子的交联密度均很高,磁性颗粒受其限制而不能在外磁场的作用下移动. 当使用凝胶聚合物作为基体时,其对颗粒的阻碍较小,在外磁场的作用下磁性颗粒可以移动,重新排列. 颗粒重排将会改变基体材料的能量损耗,使损耗因子随磁场的变化量增大. 由此可知,磁流变弹性体的基体材料对其阻尼的可控性影响非常大. 因此,本小节从基体的角度出发,研究了基体交联密度及温控材料对磁流变弹性体阻尼可控性能的影响.

在外磁场作用下,颗粒在基体内运动的难易程度主要取决于基体阻力的大小. 对于可硫化的橡胶基体,其交联密度越高,阻力就越大,颗粒在基体内的运动就会越困难. 因此,基体交联密度的大小对颗粒的运动有重要的影响,进而会影响到磁流变弹性体的阻尼性能.

使用上海高桥石油化工有限公司生产的顺丁橡胶作为基体材料;磁性颗粒为巴斯夫公司生产的型号为 CN 的羰基铁粉,平均粒径为 6 μm;硫化剂和增塑剂分别为硫黄和环烷油 (合肥万友橡胶有限公司生产). 制备了两组磁流变弹性体样品:一组硫化剂的含量不同 (0.1,0.5,1,3 和 5 份);另一组增塑剂的含量不同 (80,100,120 和 140 份). 磁流变弹性体中铁粉质量分数为 60%,顺丁橡胶基体为 100 份,其他添加剂为 9 份 (氧化锌 5 份,硬脂酸 1 份,二氨基二苯甲烷 2 份,N-环己基-2-苯并噻唑次磺酰胺 1 份). 为了做对比实验,同时还制备了不同硫化剂含量但没有添加铁粉的参考样品. 通过混炼、预结构及固化等主要步骤制备出了实验样品.

表 9.4 给出了含有 100 份增塑剂及不同硫化剂含量的磁流变弹性体样品的基本特性, 可以看出样品的密度随着硫化剂含量的增加而逐渐增加, 这与基体的交联密度密切相关. 磁化率和饱和磁化强度在不同硫化剂含量的样品中几乎保持恒定值. 其中采用磁滞回线测量系统 (HyMDC) 对磁化率和饱和磁化强度等磁性能进行了测试.

表 9.4 不同硫化剂含量的磁流变弹性体样品的基本特性

硫化剂含量/份	密度/(g/cm^3)	磁化率/(cm^3/g)	磁饱和强度/(emu/g)
5	2.01	0.44	143
3	2.00	0.45	145
1	1.99	0.44	145
0.5	1.95	0.44	143
0.1	1.83	0.45	144

实验中采用上海纽迈电子科技有限公司生产的核磁共振交联密度仪 (MicroMR-CL) 对样品的交联密度进行了测试, 操作过程中磁场设置为 520 mT, 频率为 21.8 MHz, 温度为 35 ℃. 同时还使用环境扫描电子显微镜 (型号: XL-30 ESEM) 观测了样品的微观结构, 加速电压设置为 20 kV.

磁流变弹性体样品的动态力学性能由动态热机械分析仪进行了测试, 在室温下, 采用磁场扫描 (0~1 000 mT) 和频率扫描 (1~30 Hz) 两种测试方式, 应变幅值设为 0.3%.

图 9.39 给出了不同硫化剂含量样品的交联密度和储能模量, 其中储能模量测试时频率设置为 10 Hz, 应变为 0.3%, 外磁场为 0 mT. 交联密度定义为单位体积内交联点的含量. 从图 9.39 可以看出, 当硫化剂含量增加时, 样品的交联密度逐渐增加. 因为材料的储能模量与交联结点的多少成正比关系, 所以样品的储能模量随着硫化剂含量的增加而增加. 下面将会继续研究基体的交联密度对损耗因子及其他动态力学性能的影响.

对于不同硫化剂含量的样品, 其损耗因子在 0~1 000 mT 磁场作用下的变化曲线如图 9.40 所示, 且样品内含有 100 份增塑剂. 从图 9.40 可以发现, 随着硫化剂含量的增加, 样品的损耗因子逐渐下降. 硫化剂的增加使基体分子链的交联结点增加, 减少分子链的运动, 进而使样品的能量损耗下降. 另外, 随着磁场的增加, 磁流变弹性体的损耗因子呈下降趋势, 且硫化剂含量的增加使磁致损耗因子的变化量逐渐减小. 对于参考样品, 损耗因子在不同磁场作用下几乎没有什么变化, 保持恒定的值, 这是由于样品内没有磁性颗粒的存在.

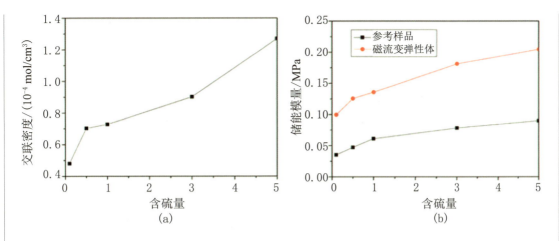

图 9.39 不同硫化剂含量样品的交联密度和储能模量

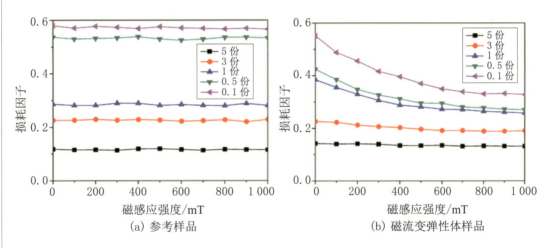

(a) 参考样品　　　　　　　　　　　(b) 磁流变弹性体样品

图 9.40 不同硫化剂含量样品的损耗因子随磁场的变化

测试频率为 10 Hz.

为了进一步分析不同硫化剂含量的磁流变弹性体样品的损耗因子随磁场变化的性能,下面的实验使用 SEM 观测了磁流变弹性体样品的微观结构,并对损耗因子随磁场变化的机制进行了研究. 图 9.41 是不同硫化剂含量的磁流变弹性体样品的微观结构图. 在预结构过程中,样品会在 1300 mT 磁场的作用下预结构 10 min,颗粒在基体内就会形成与磁场方向平行的链结构 (图 9.41). 由于在硫化过程中需要给样品施加一定的压力,基体内的颗粒链结构就不会那么完美 (图 9.41(a) 和 (c)). 为了研究不同交联密度基体的磁流变弹性体样品中颗粒链结构的稳定性,在进行环境扫描电子显微镜观测之前,额外给图 9.41(a) 和 (c) 所对应样品施加一个 500 mT 且平行于链结构的磁场 20 min,它们的微观结构分别如图 9.41(b) 和 (d) 所示. 对于含 5 份硫化剂的样品,在施加外部磁场前后，基体中的颗粒链结构几乎没有发生变化；对比图 9.41(c) 和 (d)，发现在施加外磁场后，含 0.1 份硫化剂的样品中的链结构变得越来越长和越来越粗.[38]

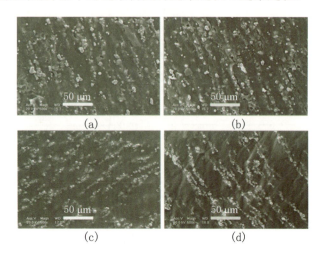

图 9.41 不同硫化剂含量样品的微观结构

(a),(b) 样品含 5 份硫化剂；(c),(d) 样品含 0.1 份硫化剂；
(b),(d) 样品额外磁场后的微观结构.

不同硫化剂含量的磁流变弹性体样品的微观结构如图 9.42 所示 (与图 9.41 相对应). 通常，材料的交联结点数越多，分子链之间的结合力就会越强. 含 5 份硫化剂样品的交联密度大于含 0.1 份硫化剂样品的，在外磁场作用下，由于基体分子链间具有强的结合力，颗粒在含 5 份硫化剂样品的基体内就不容易移动 (图 9.41(b) 和图 9.42(b)). 添加的硫化剂含量减少后，基体内的交联结点也会减少且基体分子链的移动增强. 因此，由于基体分子链之间的结合力较弱，在外磁场作用下颗粒在基体内易移动，使链结构变得更加完美 (图 9.41(d) 和图 9.42(d)). 这样，颗粒之间的相互作用力增强，在外磁场作用下，颗粒的阻碍效应增强，且基体分子链之间的摩擦将会减小. 因此，随着硫化剂含量减少，样品的损耗因子在不同磁场作用下的变化量逐渐增加 (图 9.40(b)).

在不同磁场作用下，研究了增塑剂对样品损耗因子的影响，如图 9.43 所示. 随着增塑剂含量的增加，样品的损耗因子逐渐增加，这是因为增塑剂的增加使基体分子链之间、颗粒与基体之间以及颗粒之间的摩擦增加. 有趣的是，含 0.5 份硫化剂样品的磁致损耗因子的变化量随着增塑剂含量的增加而呈增加趋势，从 0.08 (含 80 份增塑剂) 增加到 0.36 (含 140 份增塑剂). 然而，对于含 5 份硫化剂的样品，增塑剂对其磁致损耗因子的变化量影响很小. 增塑剂的增加可以降低基体分子链之间的相互作用，使基体分子链的运动增加，在外磁场作用下，颗粒链结构就会变得更加完美. 低交联密度的基体比高交联密度的基体具有更多的可移动分子链，那么在外磁场作用下颗粒在含 0.5 份硫化剂的样品内更容易形成较完美的链结构,因此随着增塑剂含量的增加,含 0.5 份硫化剂样品的磁致损耗因子的变化量逐渐增加.

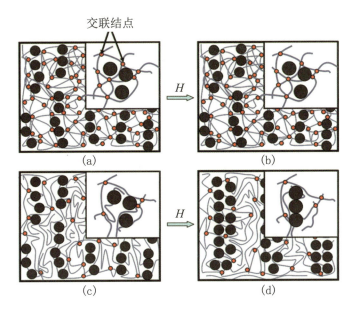

图 9.42　不同硫化剂含量样品的微观结构

(a),(b) 样品含 5 份硫化剂;(c),(d) 样品含 0.1 份硫化剂. 当外磁场施加到 (a) 和 (c) 上,其微观结构分别对应 (b) 和 (d).

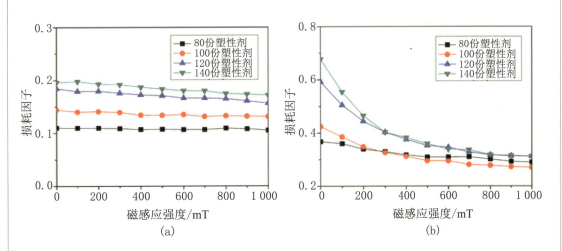

图 9.43　不同增塑剂含量样品的损耗因子随磁场的变化

(a) 和 (b) 分别对应含 5 份和 0.5 份硫化剂的样品,测试频率设置为 10 Hz.

图 9.44 显示了频率对不同交联密度基体样品的损耗因子的影响,其中样品中增塑剂含量为 100 份. 随着测试频率的增加,样品的损耗因子呈现出了不同的趋势:含 5 份硫

化剂样品的损耗因子表现出逐渐增加的趋势,但是含 1 份和 0.1 份硫化剂样品的损耗因子却呈现出下降的趋势,含 3 份硫化剂样品的损耗因子表现出先增加后减小的趋势. 损耗因子呈现出的这些不同趋势可归因于基体的交联密度不同. 基体的交联密度不同可形成不同尺寸的分子链运动单元,不同尺寸的运动单元具有不同的松弛时间,可以表示为

$$\tau = \tau_0 e^{\frac{\Delta H - \gamma \sigma}{RT}} \tag{9.13}$$

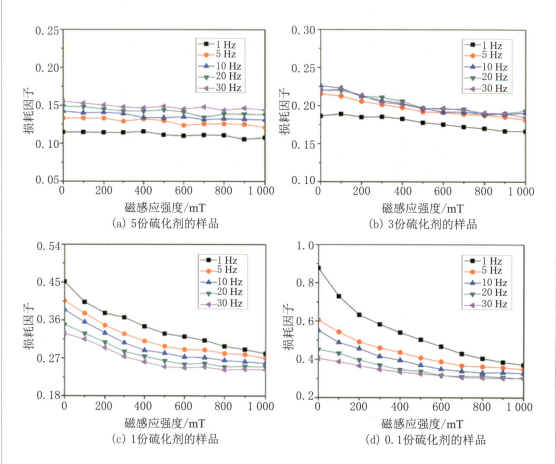

图 9.44　不同频率下不同硫化剂含量样品的损耗因子随磁场的变化

式中 $\Delta H, \sigma, \gamma, T, R$ 和 τ_0 分别为分子链的活化能、应力、比例系数、温度、气体常量和一个常量. 在相同的环境下,小的运动单元具有低的活化能,即松弛时间会较短. 当基体的交联密度较大时,分子链的松弛时间会较短,随着频率的增加,基体分子链的变化可以赶得上频率的变化且分子链之间的摩擦增加直到分子链开始发生缠结. 所以,含 5 份硫化剂样品的损耗因子随频率的增加而增加. 当基体的交联密度逐渐降低时,可运动的分子链数目增加,且分子链的松弛时间变长. 随着频率的增加,有越来越多的运动分子链赶

不上频率的变化,缠结的分子链数目逐渐增加. 缠结的分子链将会减少分子链间的摩擦,所以含 1 份和 0.1 份硫化剂样品的损耗因子随频率增加而减小. 对于不同交联密度基体的样品,在不同频率下,其磁致损耗因子的变化量是不同的. 当基体交联密度较高时,颗粒在外磁场作用下几乎不发生移动 (图 9.42(b)),因此在不同频率下磁致损耗因子的变化量很小 (图 9.44(a) 和 (b)). 当基体交联密度较小时,频率的增加可以导致缠结分子链的增加,在这种情况下,分子链之间的运动减少,且在外磁场作用下颗粒的阻碍效果降低了. 因此,对于低交联密度的样品,磁致损耗因子的变化量随频率的增加而逐渐降低的 (图 9.44(c) 和(d)).

在不同频率下,增塑剂对不同交联密度基体样品的磁致损耗因子的变化量的影响如图 9.45 所示,可以看出不同增塑剂含量样品的磁致损耗因子的变化量都很小. 而对于含 0.5 份硫化剂的样品,不同增塑剂含量样品的磁致损耗因子的变化量表现出很明显的差异 (图 9.45(b),(d) 和 (f)). 随着增塑剂含量的增加,磁致损耗因子的变化量在低频下增加得较明显. 这是因为在低频下缠结的分子链数目很少,存在较多可移动的分子链,分子链之间的摩擦较大,在磁场作用下,颗粒的阻碍效果就会很明显. 尤其在频率为 1 Hz 时,磁致损耗因子的变化量从 0.11 (80 份增塑剂) 增加到 1.56 (140 份增塑剂). 增塑剂不仅可以增加分子链之间、颗粒与基体之间及颗粒之间的摩擦,还可增加分子链的运动. 这更有利于颗粒的运动. 因此,随着增塑剂含量的增加,含 0.5 份硫化剂样品的磁致损耗因子的变化量在低频下有明显的增加. 当频率增加时,缠结的分子链数目增加,分子链之间的摩擦减少,所以在磁场作用下颗粒的阻碍效果逐渐变得不明显了.

对于基体交联密度不同的磁流变弹性体,研究了不同磁场作用下磁致模量和磁流变效应,如图 9.46 所示,其中增塑剂含量为 100 份. 从图 9.46 可以很明显地看到,磁致模量和磁流变效应随着交联密度的升高而降低. 在低的交联密度基体中,颗粒在外磁场作用下较容易移动并形成较完美的链结构,从而颗粒的阻碍效果增强,储能模量也增加了. 因此基体内的颗粒链结构对磁致模量和磁流变效应起到关键的作用.

图 9.47 给出了增塑剂含量对样品磁致模量和磁流变效应的影响. 随着增塑剂含量的增加,样品的磁致模量和磁流变效应逐渐增加. 增塑剂可以减小分子链之间的相互作用,在预结构过程中,当增塑剂含量较高时颗粒在基体内就会较容易运动,导致较高的磁致模量和磁流变效应. 对于含 5 份和 0.5 份硫化剂的样品,在不同增塑剂含量下,其磁致模量和磁流变效应的增加幅值都是不同的,主要原因是低交联密度基体内颗粒可发生重排. 这表明基体内的颗粒重排可以明显提高磁流变弹性体的磁致模量和磁流变效应.

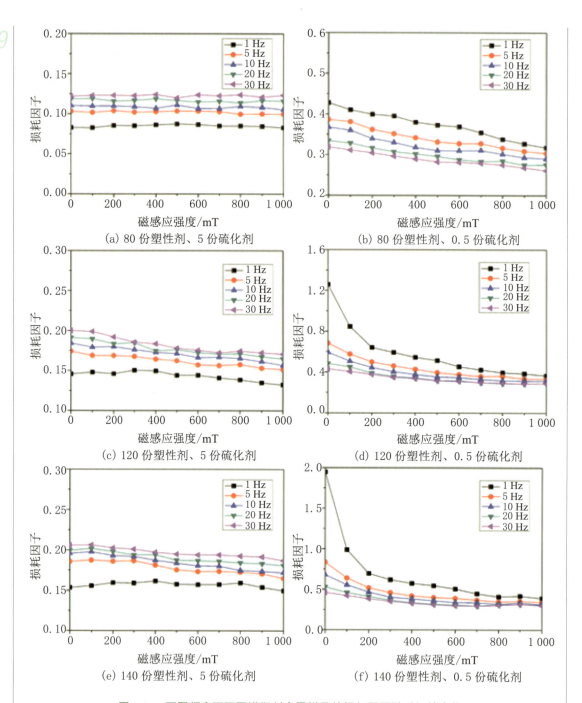

图 9.45 不同频率下不同增塑剂含量样品的损耗因子随磁场的变化

由上述研究结果可知,将凝胶聚合物或者交联密度较低的材料作为基体的磁流变材料的损耗因子在外部磁场作用下可以被控制. 然而,凝胶聚合物或交联密度较低的材料的形状是可变的且强度较低,对其实际应用不利. 所以,在磁流变弹性体的基体内引入一类软物质可能是一种可行的解决方法,这样不仅可以控制其阻尼特性,而且还可以维持它的形状,并使之具有一定的强度. 本小节选择状态可由温度控制的材料聚己内酯(PCL)来作为添加材料,通过改变温度可以使磁流变弹性体的阻尼特性得到控制.

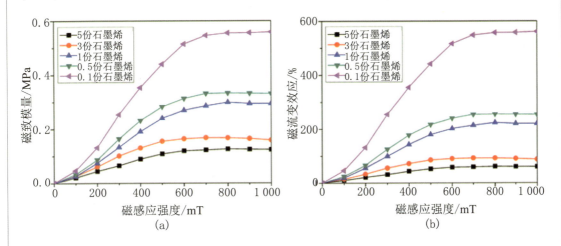

图 9.46　不同硫化剂含量样品的磁致模量和磁流变效应随磁场的变化

测试频率为 10 Hz.

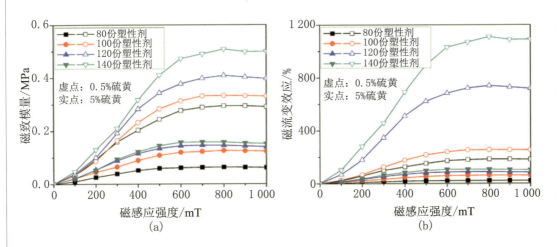

图 9.47　不同增塑剂含量样品的磁致模量和磁流变效应随磁场的变化

测试频率为 10 Hz.

聚己内酯属于一类热塑性聚合物,其玻璃化转变温度大约为 −60 ℃,熔融温度在 55 ℃ 左右,在 250 ℃ 开始分解,具有高的热稳定性及优异的低温性能. 当温度低于和高于聚己内酯的熔融点时,其分别处于半结晶固态和熔融态. 由于它的相转变温度较低,所以被广泛应用于很多领域,如形状记忆聚合物、改性剂和胶黏剂等. 如果将聚己内酯材料添加到磁流变弹性体的基体内,其阻尼特性可以在不同温度及磁场作用下进行调控. 聚己内酯虽然是一种生物降解材料,但是它需要在磷酸盐缓冲液 (pH=7.4) 中以及酶的催化作用下进行 110 多周才可以降解. 此外,聚己内酯在热处理后还可以很好地维持它的形状,显示出强的稳定性,所以混合聚己内酯的磁流变弹性体在大气环境中具有优异的耐久性. 因此,在磁流变材料中引入相变材料将会使其具有很多特性,扩大它的实际应用范围.[35]

磁流变弹性体的基体材料由顺丁橡胶和聚己内酯组成,顺丁橡胶是由上海高桥石油化工有限公司生产的,聚己内酯购买于深圳光华伟业实业有限公司,型号为 800c,平均分子质量为 8.0×10^4 g/mol. 磁性颗粒为巴斯夫公司生产的型号为 CN 的羰基铁粉 (平均粒径为 6 μm). 实验中,使用四种质量比 (BR/PCL) 的基体来制备样品,分别为 100:0, 95:5, 90:10, 80:20. 制备了两组样品:一组为含质量分数为 60% 的羰基铁粉的磁流变弹性体样品,另一组为不含羰基铁粉的参考样品. 因为样品具有四种质量比的基体,磁流变弹性体样品分别被命名为没有混合聚己内酯的磁流变弹性体 (non-blended MRE)、混合聚己内酯的磁流变弹性体 (95-5)(PCL-blended MRE (95-5))、混合聚己内酯的磁流变弹性体 (90-10)(PCL-blended MRE (90-10)) 和混合聚己内酯的磁流变弹性体 (80-20)(PCL-blended MRE (80-20));参考样品分别被命名为没有混合聚己内酯的参考样品 (non-blended contrast)、混合聚己内酯的参考样品 (95-5)(PCL-blended contrast (95-5))、混合聚己内酯的参考样品 (90-10)(PCL-blended contrast (90-10)) 和混合聚己内酯的参考样品 (80-20)(PCL-blended contrast (80-20)). 在样品的制备过程中,将 100 份基体、100 份环烷油、质量分数为 60% 的羰基铁粉 (或者没有) 及 9 份其他添加剂 (硫黄 5 份,氧化锌 5 份,硬脂酸 1 份,二氨基二苯甲烷 2 份,N-环己基-2-苯并噻唑次磺酰胺 1 份) 混炼均匀,然后经过预结构、固化等过程完成样品的制备.

利用环境扫描电子显微镜 (型号:XL-30 ESEM) 对样品的微观结构进行观测,测试中加速电压为 15 kV. 图 9.48 给出了样品的微观结构. 从图 9.48(b), (d) 和 (f) 可以看到颗粒在基体内形成了链状结构. 从图 9.48(a) 和 (b) 可以看到平滑的横截面. 顺丁橡胶基体内加入聚己内酯后,聚己内酯在样品的横截面上呈长条状,且凹凸不平 (图 9.48(c)~(f)).

聚己内酯属于热塑性材料,利用示差扫描量热仪 (Q2000) 测试了样品的熔融和结晶过程. 实验操作在氮气气氛中进行,将样品从 0 ℃ 以 10 ℃/min 的速度加热到 120 ℃,保持 5 min 以除去之前的热历史,再以 10 ℃/min 的速度冷却到 0 ℃,然后进行一次加热冷却过程. 图 9.49 给出了纯聚己内酯、没有混合聚己内酯的参考样品、混合聚己内酯的参考样品 (80-20) 以及混合聚己内酯的磁流变弹性体 (80-20) 的示差扫描量热曲线. 在冷却过程中,除了没有混合聚己内酯的参考样品外,其他样品在 26 ℃ 左右都有一个放热峰,这是聚己内酯的结晶温度,所以在室温下聚己内酯处于半结晶固体状态. 此外,在加热过程中,除了没有混合聚己内酯的参考样品外,其他样品都有一个吸热峰,这说明了聚己内酯在纯聚己内酯、混合聚己内酯的参考样品 (80-20) 和混合聚己内酯的磁流变弹性体 (80-20) 内发生了熔融,且熔点分别为 56.59,54.43 和 52.75 ℃. 对于混合聚己内酯的磁流变弹性体,其内部聚己内酯的熔点较低,这在实际应用中比较容易实现. 从图中还发现各样品内的吸热峰和放热峰都有轻微的变化,这说明顺丁橡胶和聚己内酯的混合系统是不能混溶的. 在室温下,由于聚己内酯处于半结晶固体状态,它与顺丁橡胶的相容性较差,可从顺丁橡胶基体内拔出,因此,样品的横截面就会有凹凸不平的现象 (图 9.48(c)~(f)).

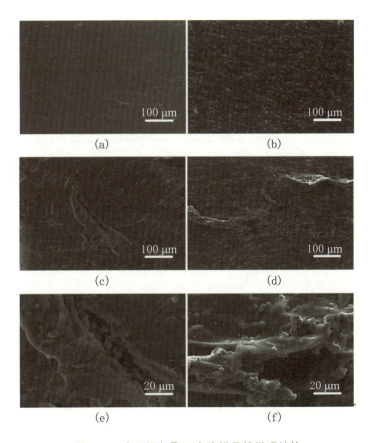

图 9.48 有无添加聚己内酯样品的微观结构

(a) 没有混合聚己内酯的参考样品;(b) 没有混合聚己内酯的磁流变弹性体;(c) 和 (e) 混合聚己内酯的参考样品 (80-20);(d) 和 (f) 混合聚己内酯的磁流变弹性体 (80-20).

另外,我们还使用多功能电子拉力机 (型号:JPL-2500) 测试了样品的拉伸强度,研究了聚己内酯含量对磁流变弹性体拉伸强度的影响 (图 9.50). 随着聚己内酯含量的增加,样品的拉伸强度先降低后上升. 由于顺丁橡胶与聚己内酯之间的相容性不是很好,所以少量聚己内酯添加到基体内后,拉伸强度下降. 但是随着聚己内酯的含量增加,聚己内酯在顺丁橡胶基体内可能会形成网状结构,因此当聚己内酯含量大于 5 份时,样品的拉伸强度又开始逐渐上升.

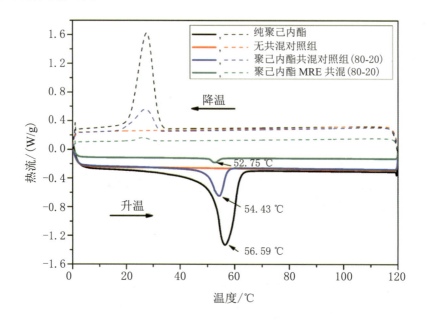

图 9.49　样品的示差扫描量热曲线

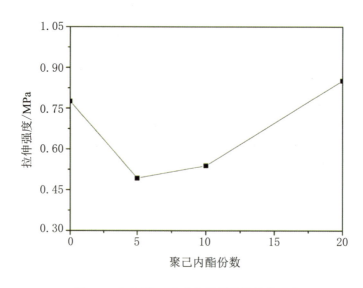

图 9.50　不同聚己内酯含量样品的拉伸强度

样品的动态力学性能使用流变仪进行测试,测试样品的半径为 10 mm,厚度为

1 mm,其中颗粒链的方向沿着厚度的方向. 采用三种测试类型在不同温度下对样品进行了测试,其中温度分别为 25,30,40,50,60,70,80 和 90 ℃,三种测试类型的测试条件如下:(a) 磁场扫描测试:测试频率为 10 Hz,剪切应变为 0.5%,磁场强度扫描范围为 0~1 000 mT;(b) 剪切应变扫描测试:测试频率为 10 Hz,磁场强度为 0 mT,剪切应变扫描范围为 0.1%~1.5%;(c) 频率扫描测试:剪切应变为 0.5%,磁场强度为 0 mT,频率扫描范围为 1~20 Hz.

样品的损耗因子随温度的变化曲线如图 9.51 所示,其中测试频率为 10 Hz,剪切应变为 0.5%,测试磁场强度为 0 mT. 从图中可以看出,随着温度的上升,没有混合聚己内酯的样品 (没有混合聚己内酯的参考样品和磁流变弹性体) 的损耗因子逐渐降低,这是交联聚合物的特性. 顺丁橡胶基体内加入聚己内酯后,样品的损耗因子在 60 ℃ 突然增加,这是因为聚己内酯在 60 ℃ 会发生熔融,当聚己内酯从半结晶固态转化为熔融态时,其分子链运动会突然增加,这样在 60 ℃ 时基体的能量损耗就会突然增加. 随着温度继续增加,聚己内酯分子链运动增加,进而能量损耗增加. 通过以上的分析可知,温度高于 60 ℃ 后,混合聚己内酯的参考样品的损耗因子逐渐增加 (图 9.51(a)). 而对于混合聚己内酯的磁流变弹性体,其阻尼性能随着温度的升高在 60 ℃ 突然升高,然后又逐渐下降 (图 9.51(b)). 这是因为颗粒在聚己内酯的基体内可以阻碍聚己内酯分子链的运动,这样就会减小能量的损耗. 与混合聚己内酯的参考样品相比较,颗粒的阻碍作用是温度高于 60 ℃ 时样品损耗因子下降的主要原因. 因此,在不同温度下聚己内酯使磁流变弹性体的阻尼性能发生了明显的改变.

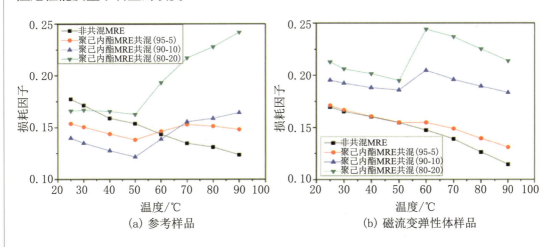

图 9.51　不同聚己内酯含量样品的损耗因子随温度的变化曲线

另外,还分析了在不同温度下聚己内酯含量对损耗因子的影响. 当温度低于 60 ℃ 时,参考样品的损耗因子随聚己内酯含量的增加呈现出先下降后增加的趋势 (图 9.51(a)),

而磁流变弹性体样品的损耗因子呈现出增加的趋势 (图 9.51(b)). 当聚己内酯处于半结晶固体状态时, 在剪切应力作用下其分子链的运动明显小于顺丁橡胶分子链的运动. 因此, 当聚己内酯含量较低时参考样品的损耗因子随聚己内酯含量的增加而下降. 然而, 聚己内酯与顺丁橡胶之间的相容性不是很好, 两者之间的界面滑移随聚己内酯含量的增加而增加, 使损耗因子逐渐增加 (图 9.51(a)). 对于磁流变弹性体样品, 当聚己内酯处于半结晶固体状态时, 颗粒与聚己内酯之间存在界面滑移, 因此, 该界面滑移在磁流变弹性体样品增加的损耗因子中起关键的作用 (图 9.51(b)). 此外, 当温度上升到 60 ℃ 时, 聚己内酯处于熔融的软物质状态, 其分子链之间的滑动摩擦增加, 所以当温度高于 60 ℃ 时, 样品的损耗因子随聚己内酯含量的增加而增大.[39]

图 9.52 显示了不同聚己内酯含量样品的损耗因子随磁场的变化曲线. 在室温下, 样品的磁致损耗因子的变化量很小 (图 9.52(a)). 当测试温度为 60 ℃ 时, 混合聚己内酯的磁流变弹性体样品的损耗因子的变化量大于没有混合聚己内酯的磁流变弹性体样品, 并且损耗因子的变化量随聚己内酯含量的增加而增加 (图 9.52(b)). 从图 9.52(b) 可以得出没有混合聚己内酯的磁流变弹性体样品和混合聚己内酯的磁流变弹性体 (80-20) 样品的损耗因子的变化量分别为 0.012 和 0.025, 与没有混合聚己内酯的磁流变弹性体样品相比较, 混合聚己内酯的磁流变弹性体 (80-20) 样品的磁致损耗因子的变化量增加了 108%. 在实际应用中, Sun 等人研究发现在阻尼降到 0.005 后, 吸振器的吸振效果有明显的增强. 因此, 混合聚己内酯的磁流变弹性体的阻尼性能可通过调节磁场来进行控制, 且具有明显的可控性能.

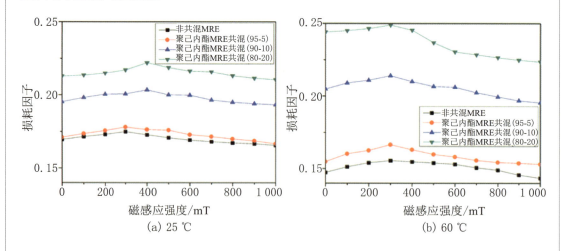

图 9.52 不同聚己内酯含量样品的损耗因子随磁场的变化曲线

关于不同聚己内酯含量样品的动态力学性能在不同温度及磁场作用下变化的机制, 本小节对其进行了研究和讨论. 图 9.53 给出了磁流变弹性体样品中颗粒链结构的微观示意图. 在预结构之后, 颗粒链结构被固定在基体内, 在测试磁场作用下不能移动 (图 9.53(b)). 对于混合聚己内酯的磁流变弹性体样品, 当温度在聚己内酯的熔点以下时, 基体内的颗粒链结构在磁场作用下是不能够被改变的 (图 9.53(b′) 和 (d′)), 当温度高于聚己内酯的熔点时, 由于聚己内酯处于熔融状态, 颗粒在聚己内酯的基体内可以移动, 并形成较完美的链状结构 (图 9.53(c′) 和 (e′)).

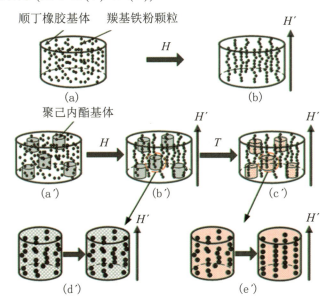

图 9.53　磁流变弹性体样品中颗粒链结构的微观示意图

(a) 和 (b) 没有混合聚己内酯的磁流变弹性体样品的微观结构, 分别对应预结构之前和之后的状态; (a′)~(e′) 混合聚己内酯的磁流变弹性体样品的微观结构, 其中 (a′) 为预结构之前的状态, (b′) 和 (c′) 为预结构之后的状态, 对应的温度分别在聚己内酯熔点以下和以上, (d′) 和 (e′) 分别为 (b′) 和 (c′) 中聚己内酯基体内颗粒链分布的放大图. H 和 H' 分别为预结构磁场和测试磁场.

没有混合聚己内酯的磁流变弹性体样品内颗粒链结构被紧紧地固定在基体内, 在外磁场作用下颗粒链结构不能发生改变; 对于混合聚己内酯的磁流变弹性体样品, 当温度低于聚己内酯的熔点时, 基体内的颗粒链结构也不能够移动. 所以在室温下, 磁流变弹性体样品的磁致损耗因子的变化量很小 (图 9.52(a)). 当温度高于聚己内酯的熔点时, 聚己内酯从固态转变为熔融态, 颗粒在其中就可以很容易地移动, 在外磁场作用下, 颗粒可以发生重排而形成更完美的链结构. 在此情况下, 颗粒间的相互作用增强且颗粒的阻碍效果也得到增强, 基体分子链之间的摩擦就会减少. 当磁场大于 300 mT 时, 混合聚己内酯的磁流变弹性体样品的损耗因子减少量大于没有混合聚己内酯的磁流变弹性体样品 (图 9.52(b)). 因此, 聚己内酯的添加增强了磁流变弹性体阻尼的可控性.

在不同温度和磁场 (0 和 500 mT) 作用下, 下面研究了应变幅值和频率对损耗因子的影响. 图 9.54 显示了在不同温度下损耗因子随应变的变化, 损耗因子随应变的增加而增大.

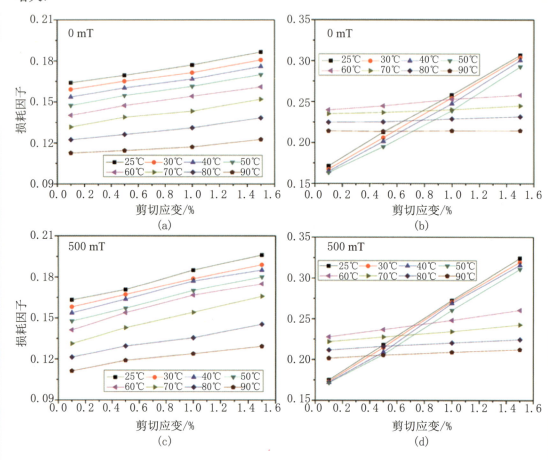

图 9.54 不同聚己内酯含量样品的损耗因子随应变的变化

(a), (c) 没有混合聚己内酯的磁流变弹性体; (b), (d) 混合聚己内酯的磁流变弹性体 (80-20).

值得注意的是, 对比没有混合聚己内酯的磁流变弹性体样品和混合聚己内酯的磁流变弹性体 (80-20) 样品, 在不同温度下两者的应变导致的损耗因子的增加量变化趋势是不同的. 对于没有混合聚己内酯的磁流变弹性体样品, 应变导致的损耗因子的增加量随着温度的增加呈缓慢减小的趋势 (图 9.54(a) 和 (c)). 然而对于混合聚己内酯的磁流变弹性体 (80-20) 样品, 当温度低于和高于聚己内酯的熔点时, 应变导致的损耗因子的增加量有很大的差异 (图 9.54(b) 和 (d)). 当温度低于聚己内酯的熔点时, 样品的损耗因子随应变的增加有很明显的增加, 而当温度高于聚己内酯的熔点时, 样品的损耗因子随应变的增加而增大的幅度很小. 由图 9.48(c)~(f) 可知当温度低于聚己内酯熔点时, 顺丁橡胶与聚己内酯之间以及聚己内酯与颗粒之间的相容性很差, 因此随着应变的增加将会有更多的界面滑移发生. 如果温度高于聚己内酯的熔点, 在剪切应力作用下处于熔融态的聚己内酯的变形可以跟得上顺丁橡胶的变形, 两者之间的界面摩擦就可以忽略. 另外, 在剪切应力作用下聚己内酯与颗粒之间的界面摩擦可以认为是恒定的值. 所以, 当温度高于聚己内酯的熔点时, 混合聚己内酯的磁流变弹性体 (80-20) 样品的损耗因子随应变的增加变化很小. 此外, 对比图 9.54(a) 和 (c) 以及图 9.54(b) 和 (d), 可以发现在不同的外磁场作用下, 损耗因子随应变的变化趋势很相似.

频率对样品损耗因子的影响如图 9.55 所示, 随着频率的增加, 损耗因子呈逐渐增加的趋势. 当温度高于聚己内酯的熔点时, 混合聚己内酯的磁流变弹性体 (80-20) 样品的损耗因子随频率的增加而缓慢增加, 这与没有混合聚己内酯的磁流变弹性体样品不同. 这是因为聚己内酯在大于熔点时处于熔融态, 即使在低频下分子链之间的能量损耗也很大. 在不同磁场作用下, 损耗因子随频率的变化趋势也很相似.

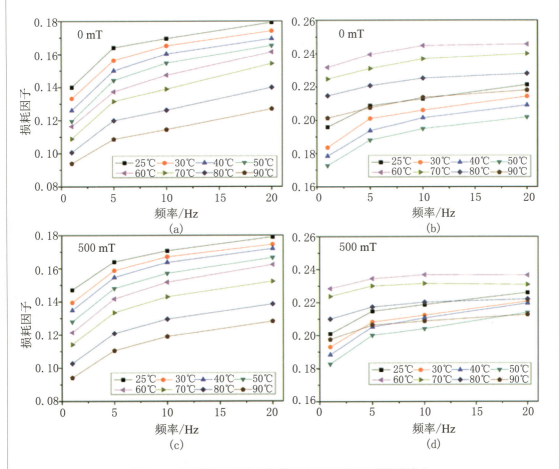

图 9.55 不同聚己内酯含量样品的损耗因子随频率的变化

(a), (c) 没有混合聚己内酯的磁流变弹性体; (b), (d) 混合聚己内酯的磁流变弹性体 (80-20).

另外，还研究了不同应变和频率下损耗因子的相对效应 (表 9.5 和表 9.6). 可以发现，随着应变的增加而增加 (表 9.5)，但随着频率的增加而下降 (表 9.6). 在 500 mT 磁场作用下，颗粒之间会产生强的磁相互作用力. 这种相互作用力一方面可以使滑动摩擦增加，另一方面可以阻碍基体分子链的运动. 颗粒与基体之间的滑动摩擦随着应变的增大而增加，所以滑动摩擦引起的能量损耗在应变导致的增加中起关键的作用. 然而，基体分子链之间的摩擦随着频率的增加而逐渐增大，这会增强外磁场作用下颗粒的阻碍效果. 所以频率导致的降低归因于颗粒的阻碍作用. 值得注意的是，不同应变和频率下样品的损耗因子都是很小的.

表 9.5 不同聚己内酯含量的样品在不同应变下损耗因子的相对效应 (%)

应变	没有混合聚己内酯的 MRE		混合聚己内酯的 MRE(80-20)	
	25 °C	60 °C	25 °C	60 °C
0.1	−0.49	2.10	0.71	−5.04
0.5	0.71	2.44	4.41	−3.27
1.0	4.46	5.58	8.11	−1.90
1.5	5.03	5.64	8.70	0.97

表 9.6 不同聚己内酯含量的样品在不同应变下损耗因子的相对效应 (%)

应变	没有混合聚己内酯的 MRE		混合聚己内酯的 MRE(80-20)	
	25 °C	60 °C	25 °C	60 °C
1	5	4.30	2.66	−1.38
5	1.22	3.13	2.92	−2.09
10	0.71	2.99	2.77	−3.27
20	−0.11	0.56	2.12	−3.70

9.2 磁流变弹性体疲劳性能研究

9.2.1 天然橡胶基磁流变弹性体机械性能的实验表征

目前，在国内外磁流变弹性体的研究领域，基本都是研究磁流变弹性体的磁流变效应. 而作为一种潜在的工程应用材料，其机械性能也需得到评估.

我们采用 JPL 系列多功能电子拉力机、JC-1007 冲击弹性试验机、邵氏 LX-A 型硬度计、疲劳试验机、热氧老化箱和磨耗机分别测试其拉伸强度和撕裂强度、回弹率、硬度、疲劳性能、抗老化性能和耐磨耗性能. 通过这些实验,可以评估磁流变弹性体作为一种实用型材料的可靠性和稳定性.

参照橡胶行业的国家标准 (表 9.7),对磁流变弹性体进行了全面的机械性能测试.

表 9.7 橡胶行业的国家标准

测试项目 (国家标准名称)	国家标准号
硫化橡胶或热塑性橡胶拉伸应力应变性能的测定	GB/T 528—2009
硫化橡胶或热塑性橡胶撕裂强度的测定 (裤形、直角形和新月形试样)	GB/T 529—2008
硫化橡胶耐磨性能的测定 (用阿克隆磨耗试验机)	GB/T 1689—2014
硫化橡胶或热塑性橡胶硬度的测定 (10 IRHD~100 IRHD)	GB/T 6031—2017
硫化橡胶回弹性的测定	GB/T 1681—2009
硫化橡胶或热塑性橡胶屈挠龟裂和裂口增长的测定 (德墨西亚型)	GB/T 13934—2006
硫化橡胶或热塑性橡胶热空气加速老化和耐热试验	GB/T 3512—2014

1. 基体类型对机械性能的影响

分别测试了以室温固化硅橡胶和天然橡胶为基体的两种磁流变弹性体的基本机械性能 (表 9.8). 两种磁流变弹性体的基本成分配比一样,质量分数如下:铁粉 60%,增塑剂 10%,基体 30%. 所不同的是基体本身的性能. 需要说明的是,室温固化硅橡胶磁流变弹性体的制备方法与天然橡胶基体有不同之处. 未固化的硅橡胶正常情况下呈流动态,相对于天然橡胶来说,其与铁粉等混合更容易,不需要使用炼胶机,手动搅拌即可. 此外,室温固化硅橡胶可以在常温下固化成型,不必像天然橡胶一样需在高温下才能固化.

表 9.8 硅橡胶基和天然橡胶基磁流变弹性体的基本机械性能

试样基体类型	拉伸强度/MPa	撕裂强度/(N/mm)	回弹率	硬度 (A)
硅橡胶基磁流变弹性体	0.7	1.7	28%	33
天然橡胶基磁流变弹性体	6.5	16.3	52%	45

由表 9.8 可以明显看出,天然橡胶基磁流变弹性体的机械性能要远远好于硅橡胶基磁流变弹性体. 如天然橡胶基磁流变弹性体的拉伸强度和撕裂强度是硅橡胶基磁流变弹性体的近 10 倍. 因此,使用机械性能良好的高聚物 (如天然橡胶) 代替软性物质 (如室温固化硅橡胶) 作为基体制备磁流变弹性体,可以大大提高材料的机械性能,扩大磁流变弹性体的应用领域.

2. 铁颗粒含量对机械性能的影响

铁粉含量是影响磁流变弹性体磁流变效应的最主要因素. 因此,为全面了解铁粉含量对磁流变弹性体性能的影响,分别测试了含不同质量分数的铁颗粒的磁流变弹性体的机械性能,结果如表 9.9 所示.

表 9.9 不同铁颗粒含量的磁流变弹性体的基本机械性能

铁颗粒质量分数	拉伸强度 /MPa	撕裂强度 /(N/mm)	回弹率	硬度 (A)
60%	3.25	11.4	28%	35
70%	2.27	10.7	21%	46
80%	1.29	7.6	14%	67
90%	0.32	3.7	5%	85

从表 9.9 可以看出,随着铁粉含量的升高,磁流变弹性体的拉伸强度、撕裂强度、回弹性都在下降,而硬度在升高. 实验中使用的羰基铁颗粒为微米量级,从这一量级上来说,铁颗粒已无法在橡胶中产生增强作用,反而会降低材料的整体强度. 此外,由于铁颗粒含量的增加,在橡胶基体间产生的缺陷和空隙也会相应增多,从而加剧了材料的破坏.

橡胶是一种高弹性材料,其本身具有良好的回弹性. 铁颗粒含量越高,橡胶相应的含量就会越低,这直接导致了材料回弹性的下降. 另外,还有一个重要原因,即在磁流变弹性体受到冲击后,其内部颗粒会相互碰撞并和基体相互摩擦,消耗了外部的冲击能量. 颗粒含量越高,消耗能量越多,材料的回弹性也就越差. 铁颗粒质量分数为 80% 的磁流变弹性体具有较强的磁流变效应,有可能具有较好的实用前景. 因此,单独对该磁流变弹性体进行了热氧老化和磨耗测试. 结果显示,将试样放入 70 ℃ 的热空气老化箱 48 h 后的拉伸强度比原来降低了 25%;在 28 N 的正压力下用砂轮磨耗 50 000 圈后,试样质量减少 1.1%. 该类型磁流变弹性体达到了与普通橡胶材料同等量级的机械性能,但仍然有一定的差距和较大的提升空间.

9.2.2 天然橡胶基磁流变弹性体的耐久性分析

材料的疲劳性能不同于简单加载时的性能,当施加周期性载荷时,材料中会出现渐进性的局部损伤. 损伤累积到一定程度后,结构会突然断裂并导致突发性事故. 考虑到基于磁流变弹性体的设备通常都工作在振动条件下,因此,有必要系统地研究磁流变弹性体在周期载荷作用下的耐久性能,并找到提高其耐久性能的方法. 本小节着重研究 SiC 增强型磁流变弹性体在外加周期荷载作用后的耐久性能,为此制备了一系列磁流变弹性体,其中添加不同含量的 60 nm SiC 纳米颗粒,并测试其在不同加载周期及不同幅值的周期载荷作用下的耐久性能. 结果表明,添加 SiC 纳米颗粒后磁流变弹性体在周期载荷下的耐久性能有显著的提高,且当添加的 SiC 纳米颗粒质量分数为 4% 时,磁流变弹性体的耐久性能提高最显著. 还观测了添加不同含量的 60 nm SiC 颗粒的磁流变弹性体的微观结构,并分析了添加 SiC 纳米颗粒后,磁流变弹性体耐久性能提高的机制.

由于 SiC 纳米颗粒在聚合物基体中的分散性较好并且有较强的增强效应,SiC 纳米颗粒通常视为弹性材料的理想补强剂. 通过在传统磁流变弹性体中添加 SiC 纳米颗粒,磁流变弹性体材料的动态机械性能得到显著的提高.

图 9.56 给出了六种含不同 SiC 纳米颗粒的磁流变弹性体 (MRE-0~MRE-5) 样品在经历不同周期的循环荷载作用后的储能模量. 尽管加载周期以及 SiC 纳米颗粒含量不同,但所有的试样都表现出典型的磁流变行为,并且所有添加 SiC 纳米颗粒的磁流变弹性体试样的机械性能都明显优于未添加 SiC 纳米颗粒的磁流变弹性体样品. 例如,在图 9.56(a) 中,随着六种样品中 SiC 纳米颗粒含量的增加,初始储能模量 G_0 从 MRE-0 的 1.596 MPa 线性增加到 MRE-5 的 2.054 MPa,这反映了 SiC 纳米颗粒的增强效应. 此外,比较图 9.56(a)~(f) 中 SiC 纳米颗粒含量相同的样品,可以看出样品的机械性能随着加载周期增加而下降,这和文献所述的一致,这是由于基体中分子网状结构的断裂导致的. 例如,当加载周期分别为 $0, 2 \times 10^4, 4 \times 10^4, 6 \times 10^4, 8 \times 10^4$ 和 10×10^4 次时,MRE-4 对应的储能模量 ΔG 分别为 MRE-0 的 1.13, 1.10, 1.15, 1.17 和 1.16 倍. 然而,加入 SiC 纳米颗粒后,对应的磁流变弹性体的机械性能比没加 SiC 纳米颗粒的机械性能好,即磁流变弹性体机械性能的下降程度减小了. 这反映了 SiC 纳米颗粒的加入减缓了由于循环加载导致的材料机械性能的下降程度.

值得一提的是,在经过相同次数的循环加载后,添加 4% 的 SiC 纳米颗粒的磁流变弹性体样品的最大储能模量高于其他含 SiC 的样品的最大储能模量. 即在 SiC 纳米颗粒含量增加到 4% 之前,SiC 增强的磁流变弹性体疲劳加载后的机械性能随着 SiC 纳米颗粒含量的增加而增加. 但是,一旦 SiC 纳米颗粒含量高于 4%,这种疲劳加载后的机械性能就会急剧下降. 例如,图 9.56(a)~(f) 中,在不同加载周期后,MRE-5 的机械性能几乎和 MRE-3 一样,甚至比 MRE-3 还低. 图 9.56(a) 中,MRE-4 的 G_{max} 为 6.425 MPa,MRE-5 的 G_{max} 为 4.381 MPa,甚至低于 MRE-3 的 5.699 MPa.

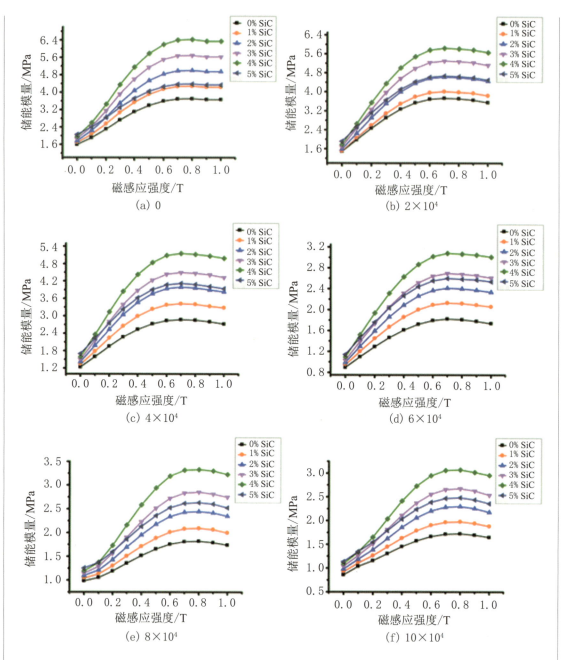

图 9.56 添加不同含量的 SiC 纳米颗粒的磁流变弹性体在不同周期的疲劳载荷作用后的储能模量

储能模量和绝对磁流变效应是用来衡量磁流变弹性体机械性能的主要指标. 图 9.57 为六种含不同质量分数 SiC 纳米颗粒的磁流变弹性体在不同加载周期后的储能模量和磁流变效应. 由图 9.57 可以看出, 磁致性能随着 SiC 纳米颗粒的增加呈规律的变化. 与未添加 SiC 纳米颗粒的磁流变弹性体相比, 所有的 SiC 增强磁流变弹性体表现出增强的特性. 在经历过相同周期的载荷加载后, SiC 增强磁流变弹性体的磁致储能模量和磁流变效应都比未添加 SiC 纳米颗粒的情况要高. 这意味着添加 SiC 纳米颗粒的磁流变弹性体有较大的可调刚度范围. 因此在有磁场的情况下可以更好地适应外加激励. 此外, 图 9.57 再一次表明了 MRE-4 的增强效果最明显: 当 SiC 纳米颗粒的含量低于 4% 时, 磁流变效应随着 SiC 纳米颗粒含量增加而增加; 但是当 SiC 纳米颗粒含量大于 4% 时, 这种增强效应就迅速下降. 例如, MRE-4 的储能模量为 3.235 MPa, 是 MRE-0 的 2.13 倍, MRE-0 的储能模量为 1.522 MPa. 同时, MRE-5 的储能模量为 1.682 MPa, 仅仅是 MRE-0 的 1.10 倍. 同样, MRE-4 的磁流变效应为 213.7%, 是 MRE-0 的 1.36 倍, MRE-0 的磁流变效应为 127.9%, 而 MRE-5 的磁流变效应为 103.60%.

随着周期载荷幅值的增加, 循环加载后的磁流变弹性体的机械性能会下降. 为了系统研究 SiC 纳米颗粒对磁流变弹性体耐久性能的影响, 将添加不同含量 SiC 纳米颗粒的磁流变弹性体放置在不同应变幅值的周期载荷中循环加载, 然后测试其机械性能. 周期载荷的应变幅值分别为加载试样原始长度的 25%, 50%, 75% 和 100%. 加载周期次数固定为 6×10^4. 然后, 利用 DMA 测试各样品的储能模量. 实验结果如图 9.58 所示.[40]

经过相同的加载周期后, 所有试样都呈现出典型的磁流变行为, 而且含相同质量分数的 SiC 纳米颗粒的磁流变弹性体样品的机械性能随着周期载荷应变幅值的增加而下降, 但添加 SiC 纳米颗粒的磁流变弹性体的性能下降较少. 在相同幅值的周期载荷作用后, MRE-4 的最大储能模量约为 MRE-0 的 1.73 倍. 具体而言, 添加 SiC 纳米颗粒的磁流变弹性体的初始模量随着 SiC 纳米颗粒含量的增加而增加. 这种增强效应是由于添加的 SiC 纳米颗粒有较大的刚度所致. 同样, 当 SiC 纳米颗粒含量低于 4% 时, 最大储能模量随着 SiC 纳米颗粒含量的增加而增加, 若 SiC 纳米颗粒含量高于 4%, 则最大储能模量会随着 SiC 纳米颗粒含量的增加而急剧下降, 即 MRE-4 的最大储能模量比其他试样的都高. 在任意循环应力幅值下, MRE-5 的最大储能模量比 MRE-3 的都小. 例如, 应变幅值为 100% 时, MRE-4 的最大储能模量为 2.87 MPa, 其磁致储能模量是 MRE-0 的 2.14 倍. 相比而言, MRE-3 的最大储能模量为 2.52 MPa, MRE-5 的仅为 2.42 MPa, 这和前面在不同周期的循环应变加载结果一致. 此外, 磁致性能和磁流变效应同 SiC 纳米颗粒的增强效应一致. 一方面, 当应变幅值增大时, 含相同质量分数的 SiC 纳米颗粒的磁流变弹性体的储能模量和磁流变效应随着应变幅值增加而降低. 例如, 当应变幅值分别为 25%, 50%, 75% 和 100% 时, 对应的 MRE-4 的储能模量分别为 3.42, 2.63, 1.99 和 1.88 MPa, 磁流变效应分别为 213.71%, 190.94%, 182.00% 和 189.18%. 另一方面, 相同幅值的循环应变作用后, 储能模量和磁流变效应的最大值出现在 MRE-4 上 (图 9.59). 例如, 若循环应变幅值为 25%, 则储能模量从 MRE-0 的 1.52 MPa 增加到 MRE-4 的

3.24 MPa. 而当 SiC 纳米颗粒含量从 0 增加到 4% 时,对应的磁流变效应从 MRE-0 的 127.88% 增加到 MRE-4 的 213.81%,然后又在 SiC 纳米颗粒含量为 5%(MRE-5) 时降至 103.60%.

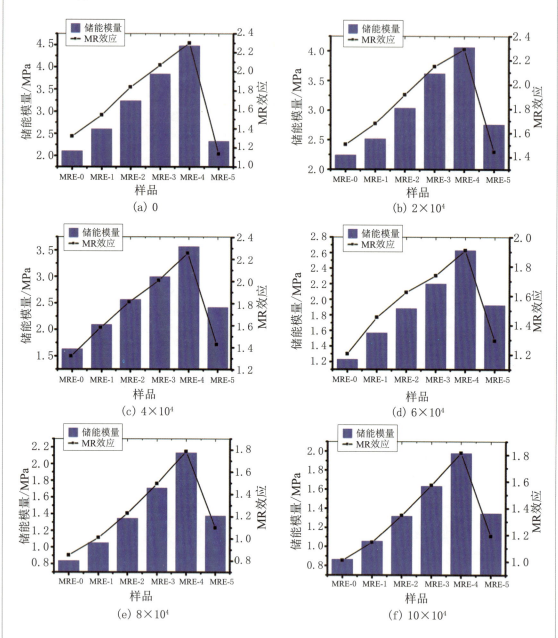

图 9.57　添加不同质量分数 SiC 纳米颗粒的磁流变弹性体在不同周期的疲劳载荷作用后的储能模量和磁流变效应

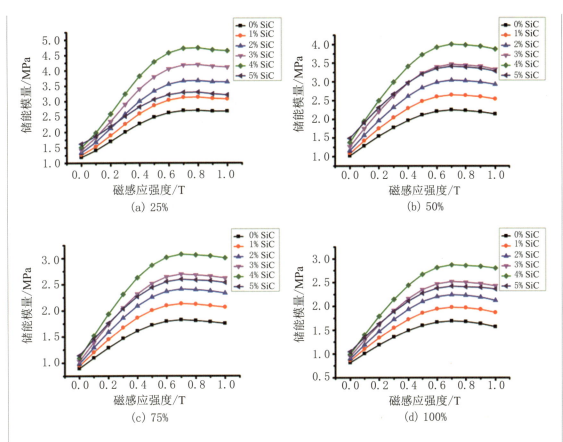

图 9.58 添加不同含量的 SiC 纳米颗粒的磁流变弹性体在不同幅值的周期载荷作用后的储能模量

为全面了解添加 SiC 纳米颗粒对提高磁流变弹性体耐久性能的影响,用环境扫描电镜观测含不同质量的 SiC 纳米颗粒的磁流变弹性体的微观结构. 各试样的微观形貌图如图 9.60 所示,所有试样都呈现出规律的链状结构,且规则排列的链状结构和橡胶基体的结合较好. 在图 9.60(a)~(e) 中,链状结构变得更明显、更规则. 然而,和其他样品相比,在 MRE-5 中,链状结构看起来被打乱了,并且所成的链也变得更细. 根据 SEM 图像,可以推测 SiC 纳米颗粒的加入改变了磁流变弹性体的集聚结构形态. 从图 9.60 可以看出,当 SiC 纳米颗粒含量低于 4% 时,集聚结构随着 SiC 纳米颗粒的增加而变得更结实,这反映了 SiC 纳米颗粒明显的增强效应. 然而,若 SiC 纳米颗粒含量超过临界值4%,规则的链状结构布局就会被 SiC 纳米颗粒打乱,集聚结构也变得不明显. 如 MRE-5 的链状结构布局没有 MRE-4 和 MRE-3 的明显. 因此,含 SiC 纳米颗粒的磁流变弹性体磁致机械性能的改变源于内部集聚结构形态的改变.

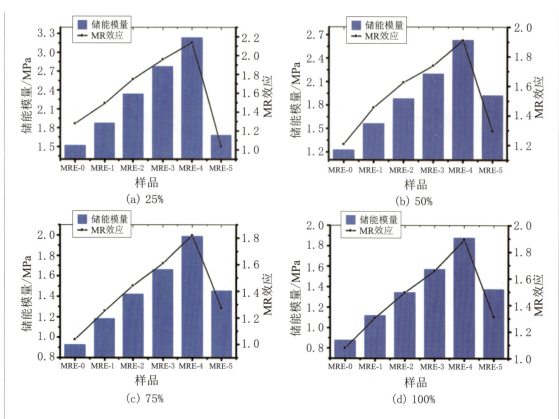

图 9.59 添加不同含量的 SiC 纳米颗粒的磁流变弹性体在不同幅值的周期载荷作用后的储能模量和磁流变效应

基于前人的研究,磁流变弹性体的储能模量可以表示为

$$G_{\text{MRE}} = G_0 + \frac{\phi C d^3 A^2(H)(27\varepsilon^2 - 4\varepsilon^4 - 4)}{4r_0^3 \mu_0 \mu_1 (1+\varepsilon^2)^{9/2}} \tag{9.14}$$

其中 G_0 为磁流变弹性体样品的初始储能模量,ϕ 是羰基铁粉颗粒的质量分数,C 近似取 1.2,d 是羰基铁粉颗粒的平均粒径,$A(H)$ 是羰基铁粉颗粒的平均磁化强度,ε 是颗粒链所受的剪切应力大小,r_0 是相邻羰基铁粉颗粒之间的平均中心距,μ_0 是真空磁导率,μ_1 是磁流变弹性体的相对磁导率.

考虑到平均磁化强度 $A(H)$ 是单位体积内的磁偶极矩标量,因此,$|m| = A(H) \cdot V_i = (1/6)\pi d^3 A(H)$. 最大储能模量出现在羰基铁粉颗粒达到磁饱和的时候,即 $A(H) = A(H)_{\max}$. 通常,羰基铁粉颗粒的饱和磁化强度为 $A(H)_{\max} \approx 2.4$ T. 因此,磁流变弹性体的储能模量可以简化为

$$(G_{\text{MRE}})_{\max} = G_0 + \frac{1.728\phi d^3 (27\varepsilon^2 - 4\varepsilon^4 - 4)}{r_0^3 \mu_0 \mu_1 (1+\varepsilon^2)^{9/2}} \tag{9.15}$$

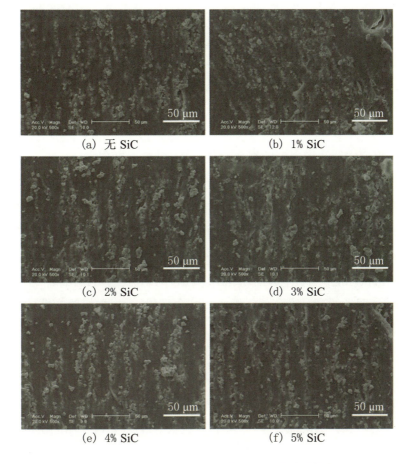

图 9.60　添加不同质量的 SiC 纳米颗粒的磁流变弹性体的 SEM 图

此外，初始储能模量与磁流变弹性体中各组分的含量有直接关系．根据混合率 (ROM)，初始储能模量可以表达为

$$G_0 = (1 - \phi - \varphi)G_m + \phi G_{p1} + \varphi G_{p2} \tag{9.16}$$

其中 ϕ 为羰基铁粉颗粒的体积分数，φ 为 SiC 纳米颗粒的体积分数，G_m 是基体材料的储能模量，G_{p1} 是羰基铁粉颗粒的储能模量，G_{p2} 是 SiC 纳米颗粒的储能模量．

考虑到应力集中，应该对磁流变弹性体的初始储能模量进行修正．然而，SiC 纳米颗粒的含量太少，计算中可忽略．于是磁流变弹性体的初始储能模量为

$$G_0 = ((1 - \phi - \varphi)G_m + \phi G_{p1} + \varphi G_{p2})(1 + 2.5\phi + 14.1\phi^2) \tag{9.17}$$

进而得到周期加载之前磁流变弹性体的储能模量为

$$G_{\mathrm{MRE}} = ((1-\phi-\varphi)G_{\mathrm{m}} + \phi G_{\mathrm{p1}} + \varphi G_{\mathrm{p2}})\left(1 + 2.5\phi + 14.1\phi^2\right) \\ + \frac{\phi C d^3 A^2(H)\left(27\varepsilon^2 - 4\varepsilon^4 - 4\right)}{4r_0^3 \mu_0 \mu_1 \left(1+\varepsilon^2\right)^{9/2}} \quad (9.18)$$

周期加载会使磁流变弹性体的储能模量减小,周期加载后的机械性能可以表示为

$$\frac{G_{\mathrm{fatigive}}}{G_{\mathrm{MRE}}} = 1 - a\left(\frac{\sigma_{\max}}{G_{\mathrm{MRE}}}\right)^b \left(\frac{n}{N}\right)^c \quad (9.19)$$

其中 a,b,c 是根据实验结果得到的拟合常数,$\sigma_{\max}$ 是最大循环应力.

总体而言,每种磁流变弹性体样品在循环加载后的耐久性能与加载的周期和应变幅值有直接关系,都随着加载周期和应变幅值增加而下降. 随着应变幅值的增加,增强颗粒和基体之间的网状结构被破坏,从而引起初始储能模量随着加载次数的增加而下降.[15]

基于实验结果和前面的分析,可以看出 SiC 纳米颗粒作为增强剂,极大地提高了磁流变弹性体的机械性能. 首先,添加 SiC 纳米颗粒的磁流变弹性体样品的初始模量都比未添加 SiC 纳米颗粒的高. 随着 SiC 纳米颗粒含量的增加,初始储能模量也增加. 这是由于 SiC 纳米颗粒的增强效应所致. 此外,当施加周期应变时,磁流变弹性体的变形是由于内部链状集聚结构偏离初始位置所致的. 然而,由于添加的 SiC 纳米颗粒的初始储能模量远高于橡胶基体材料的初始储能模量,甚至远大于羰基铁粉颗粒的初始模量,所以链状集聚结构的偏转角随着 SiC 纳米颗粒含量的增加而减小.

添加 SiC 纳米颗粒的磁流变弹性体的磁致机械性能 (如最大储能模量、磁致储能模量、磁流变效应等) 都比未添加 SiC 纳米颗粒的磁流变弹性体的性能好,这进一步体现了 SiC 纳米颗粒对磁流变弹性体的耐久性能的提高. 磁致储能模量和磁流变效应的增幅随着 SiC 纳米颗粒含量的增加呈现出规律的变化:在 SiC 纳米颗粒含量低于 4% 时,磁致储能模量和磁流变效应随着 SiC 纳米颗粒含量的增加而增加,但是一旦 SiC 纳米颗粒含量高于 4%,磁致储能模量和磁流变效应就随着 SiC 纳米颗粒含量的增加而急剧下降. 例如,MRE-5 的磁致储能模量和磁流变效应就比 MRE-3 的小. 根据前面的分析,这种增强效应的规律变化是由于 SiC 改良型磁流变弹性体的微观结构的改变所致的. 在预结构过程中,聚合物基体处于熔融状态,实质上为黏弹性流体,因此允许嵌入其中的填充颗粒在其间运动. 在外磁场作用下,羰基铁粉颗粒被磁化,然后在磁场力驱动下形成链状或柱状结构. 这种运动会改变熔融态基体的流场,进而改变羰基铁粉颗粒运动的受力情况. 所以,最终形成的结构链是力平衡的结果. 而添加 SiC 纳米颗粒后,SiC 纳米颗粒状在熔融态磁场中的运动是被动的,其运动是由于羰基铁粉颗粒的运动改变了熔融态的流场,进而由流场影响 SiC 纳米颗粒的力场. 于是 SiC 纳米颗粒的运动滞后于羰基铁粉

颗粒的运动,并且和羰基铁粉颗粒以及少量聚合物基体一起构成了集聚结构. 由于这种形成的集聚结构含有高强度的 SiC 纳米颗粒,所以其强度比未添加 SiC 纳米颗粒的磁流变弹性体的性能有很大程度的提高. 但是需要注意的是, SiC 纳米颗粒的被动运动实质上对羰基铁粉颗粒的运动有阻碍作用, 而且随着 SiC 纳米颗粒含量的增加, 这种阻碍作用就变得更加明显, 从而导致羰基铁粉颗粒在熔融基体中的运动强度降低. 随着预结构的进行, 聚合物基体中的高分子链开始硫化, 从而也抑制了羰基铁粉颗粒的运动, 最终羰基铁粉颗粒被锁定在基体中. 因此, 随着磁流变弹性体中添加的 SiC 纳米颗粒含量的增加, 预结构过程中羰基铁粉颗粒的运动路程就更短, 运动时间更少, 因此使得形成的集聚结构链较短, 而且基体中颗粒链的排布规律性不明显. 于是, SiC 纳米颗粒含量超过一定程度后, SiC 纳米颗粒反而对集聚结构的形成起到阻碍作用.

第 10 章

磁流变弹性体智能材料多场耦合性能

10.1 硬磁性磁流变弹性体的力磁耦合特性

目前,研究者在制备磁流变弹性体时大都选用软磁性 (soft magnetic) 颗粒,而基于软磁性颗粒的磁流变弹性体 (简称软磁性磁流变弹性体) 的模量只能随着磁场的增大而增加. 这种性能的单一性会限制它在振动控制领域的应用. 当外激励振动频率降低时,磁流变弹性体需要实现模量的降低以跟随外界频率达到吸振隔振的目的. 因此磁流变弹性体在振动控制领域不仅需要刚度增加的功能,同时需要有刚度降低的特性,即 "负刚度"来实现对低频振动的隔振. 对于传统的基于软磁性磁流变弹性体的隔振器或者吸振器,必须始终通上一定电流以提供初始磁场,然后通过降低初始电流大小来实现磁场的减小,从而实现刚度的降低. 但是初始电流会带来一系列的问题. 如初始电流一直加载会导致电能源的不断消耗,以及电磁线圈持续发热所带来的安全隐患,这些问题都会阻碍磁流变弹性体在实际工程应用中的发展. 因此,这就迫切需要一种不需要施加任何初

始磁场即能实现负刚度的新型磁流变材料.[41]

基于硬磁性 (hard magnetic) 颗粒的磁流变弹性体 (简称硬磁性磁流变弹性体) 可以满足振动控制领域对材料"负刚度"的需求. 不同于软磁性颗粒, 硬磁性颗粒的磁性能会受到外磁场加载历史的很大影响, 这使得硬磁性磁流变弹性体在外磁场作用下的力学性能比软磁性磁流变弹性体复杂得多, 所以针对多磁场加载方式的研究也是必不可少的.

本节首先基于硬磁性颗粒钕铁硼 (NdFeB) 制备了三种不同质量分数的各向同性和各向异性的硬磁性磁流变弹性体, 并对硬磁性磁流变弹性体的磁性能和微观结构进行了表征; 然后测试和分析了不同质量分数、预结构磁场和磁场加载方式对硬磁性磁流变弹性体循环磁场作用下的磁致动态力学性能的影响, 同时将其磁致力学性能与软磁性磁流变弹性体进行了比较; 最后, 根据实验结果, 通过准静态的磁偶极模型及硬磁性材料的磁学特性, 定性地解释了硬磁性磁流变弹性体的与磁场相关的各种力学行为.

10.1.1　材料的制备和表征

实验所需的三种原材料为未充磁的钕铁硼硬磁性颗粒 (粒径为 1~100 μm, 由广州新诺德传动部件有限公司生产)、聚二甲基硅氧烷 (PDMS) 和固化剂 (型号: Sylard 184; 道康宁公司生产). 硬磁性磁流变弹性体样品的制备主要通过三个步骤 (图 10.1): 首先, 将三种基本组分 NdFeB 颗粒、PDMS 和固化剂, 以适当的比例充分混合成均匀的混合物; 其次, 将混合物放入真空室中 15 min, 以除去样品内部的气泡; 最后, 将混合物放入铝制模具中, 在 80 ℃ 下固化 30 min. 制备各向异性硬磁性磁流变弹性体时, 需要在固化时加上一定的磁场以进行预结构, 而制备各向异性硬磁性磁流变弹性体则不需要. 在本节研究中, 所有各向异性硬磁性磁流变弹性体固化时都加载了同样大小 (1 200 kA/m) 的预结构磁场. 实验一共制备了 NdFeB 质量分数为 40%, 60% 和 80% (体积分数分别对应于 7.7%, 15.8% 和 33.4%) 的各向同性和各向异性硬磁性磁流变弹性体, 共计六种样品. 六种样品分别命名为 iso-40, iso-60, iso-80, ani-40, ani-60 和 ani-80 (iso 表示各向同性, ani 表示各向异性). 为了进行对比, 还制备了不包含任何颗粒的纯 PDMS 基体.

通过磁滞回线仪 (型号: HyMDC Metis; 比利时 Leuven 公司生产) 测试了 NdFeB 颗粒在不同测试磁场 (400, 600, 800, 1 000 和 1 200 kA /m) 作用下的磁滞回线, 结果如图 10.2 所示. 可以看到, NdFeB 颗粒的剩余磁化强度和矫顽力都很大, 并且磁滞回线整体"肥大",呈现典型的硬磁特性. 同时,随着磁场的增强,NdFeB 的剩余磁化强度和矫顽力都会随磁场的增强而增大. 当磁场为 400 kA/m 时,NdFeB 颗粒的剩余磁化强度和矫顽力分别为 2.92 emu/g 和 49.7 kA/m. 而当磁化磁场达到 1 200 kA/m 时,NdFeB 颗粒的剩余磁化强度和矫顽力分别提高到 49.37 emu/g 和 742.6 kA/m. 磁场引起的 NdFeB 颗粒的剩余磁化强度和矫顽力变化会对硬磁性磁流变弹性体在磁场作用下的磁致力学行为产生重要的影响.

图 10.1　材料制备的实验步骤

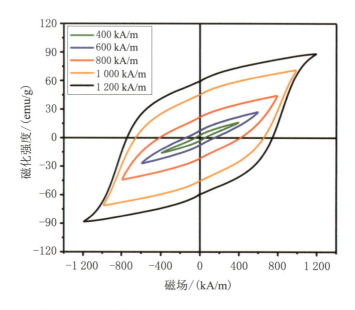

图 10.2　不同磁化磁场作用下 NdFeB 颗粒的磁滞回线

图 10.3 为各向同性和各向异性的质量分数为 80% 的硬磁性磁流变弹性体的扫描电镜图,可以看到,样品内部的 NdFeB 颗粒具有广泛的粒径分布和不规则的形状. 在样品制备前,NdFeB 颗粒未被磁化. 而各向同性硬磁性磁流变弹性体制备时没有加载预结构磁场,因此各向同性硬磁性磁流变弹性体制备固化过程中没有任何的磁相互作用导致其内部颗粒随机均匀分布 (图 10.3(a)). 相比之下,各向异性硬磁性磁流变弹性体制备时加

载了预结构磁场,因此固化过程中内部被磁化的颗粒之间的磁相互作用迫使它们沿着预结构磁场的方向形成链状结构 (图 10.3(b)). 这一链状颗粒的微观结构和各向异性软磁性磁流变弹性体是相同的.

图 10.3　样品 iso-80 和 ani-80 的扫描电镜图

10.1.2　硬磁性磁流变弹性体智能材料的磁致动态力学性能

硬磁性磁流变弹性体在磁场作用下的动态力学性能通过旋转流变仪 (型号: Physica MCR 301; 安东帕公司生产) 进行测试. 流变仪结构示意图如图 10.4 所示, 流变仪测试时, 将直径为 20 mm 和厚 1 mm 的圆柱状样品放置在转子和基底之间. 流变仪所提供的测试磁场平行于样品的厚度方向 (颗粒链的方向), 并且可以通过控制电流的正负方向而得到双向磁场. 当测试磁场与内部颗粒的初始剩余磁化磁场 (如图中的红色箭头所示) 相同时, 测试磁场的方向定为正 (如图中的绿色箭头所示). 测

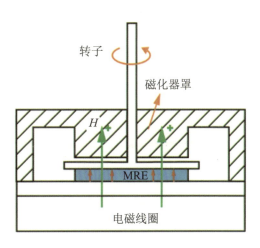

图 10.4　旋转流变仪测试系统结构示意图

试过程中在样品上施加 10 N 法向压力以防止样品在动态力学测试过程中与基体或者转子之间产生相对滑动. 动态力学测试的模式为振荡剪切模式, 振荡剪切的应变幅度设置

为 0.1%,频率设为 5 Hz,温度设为 25 ℃,测试点时间间隔设为 1 s.

图 10.5 为不同质量分数的各向同性和各向异性的硬磁性磁流变弹性体在磁场作用下的储能模量变化. 测试磁场是幅值为 800 kA/m 的对称循环磁场,循环磁场首先在负方向上从 0 增加到 800 kA/m. 以 NdFeB 颗粒质量分数为 80% 的各向异性样品 (ani-80) 为例,在循环磁场作用下,其储能模量的总体变化趋势如图 10.5(b) 中 $SABCDS$ 曲线所示. 同时可以看到,对于所有的不同颗粒质量分数的硬磁性磁流变弹性体样品而言,其储能模量随磁场的变化趋势基本相似. 当磁场 (正或负方向) 从最大值减小到零并且在相反方向上开始增加时,储能模量变化都是先降低后增加. 特别地,曲线 DSA 是硬磁性磁流变弹性体非常重要的性能曲线之一. 这段曲线表明了硬磁性磁流变弹性体不仅具有"正模量"(模量能够随磁场的增加而增加,如图 10.5(b) 中曲线 SD 所示),而且还可以实现"负模量"(模量能够随着磁场的增加而减小,如图 10.5(b) 中曲线 SA 所示). 正负模量的特性说明,可以通过改变加载磁场的方向来控制硬磁性磁流变弹性体模量的增大和减小. 更重要的是,起始点 S 表明,硬磁性磁流变弹性体可以在不加任何初始电磁场的情况下,实现正负模量的功能. 这种特性是软磁性磁流变弹性体所不能实现的功能,也是硬磁性磁流变弹性体能够应用在振动控制领域的优势之一. 正负模量的定义和计算仍然以 ani-80 样品为例,其负模量等于 A 点处的最小储能模量减去点 S 处的初始储能模量. 其正模量则等于点 D 处的最大储能模量减去 S 点处的初始储能模量. 其他质量分数的硬磁性磁流变弹性体的正负模量以此类推,所得的不同样品的正负模量详见表 10.1.

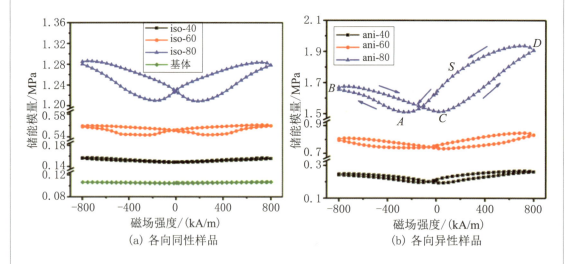

图 10.5　不同质量分数的硬磁性磁流变弹性体在循环磁场作用下的储能模量变化

从表 10.1 可以发现,颗粒含量和微观结构对硬磁性磁流变弹性体的储能模量有很大的影响. 具有较高颗粒含量的硬磁性磁流变弹性体表现出整体较高的储能模量. 例如,

NdFeB 颗粒质量分数为 80% 的样品 (iso-80) 的初始模量为 1 225 kPa, 而 NdFeB 颗粒质量分数为 40% 的样品 (iso-40) 的初始模量仅为 148 kPa. 另外也可以看到, 所有质量分数的各向异性硬磁性磁流变弹性体的磁致正负模量都要高于具有相同颗粒含量的各向同性硬磁性磁流变弹性体.

表 10.1 不同质量分数的硬磁性磁流变弹性体储能模量的特征参数

样品	初始模量 G'_{int}/kPa	最小模量 $G'_{\min}$/kPa	最大模量 $G'_{\max}$/kPa	负模量 $\Delta G'_-$/kPa	正模量 $\Delta G'_+$/kPa
iso-40	148	147	155	−1	7
iso-60	522	543	561	−9	9
iso-80	1 225	1 210	1 284	−15	59
ani-40	209	196	267	−7	58
ani-60	753	540	847	−13	107
ani-80	1 628	1 510	1 936	−118	426

值得注意的是, 在图 10.5 中各向同性硬磁性磁流变弹性体在循环磁场作用下储能模量的变化曲线是对称的, 而各向异性硬磁性磁流变弹性体储能模量的变化曲线却是不对称的. 这种不对称性主要表现在两个方面: 一是在变化曲线的左最大剪切模量和右最大储能模量的大小之间存在差异, 一般是右最大储能模量要高于左最大储能模量; 二是变化曲线的左最小储能模量所对应的磁场强度和右最小储能模量所对应的磁场强度之间的差异. 例如, 点 A 处的磁场强度要高于点 C 处的磁场强度, 同时 B 点处的储能模量则小于点 D 处的储能模量. 以往的研究工作往往集中在单向增加磁场作用下的动态力学特性, 而在循环磁场作用下硬磁性磁流变弹性体的动态力学性质研究较少, 因此这种不对称性在硬磁性磁流变弹性体研究中还没有被充分关注. 这种现象与硬磁性颗粒的磁特性是密切相关的, 具体的机制会在后面章节中详细论述.[42]

与软磁性磁流变弹性体不同, 预结构磁场不仅能够使硬磁颗粒在制备时在内部形成链状颗粒结构, 而且能够使硬磁颗粒在撤去预结构磁场后保持一定的剩余磁化强度. 为了研究预结构磁场对硬磁性磁流变弹性体动态力学性能的具体影响, 设计了一个对照实验: 以 NdFeB 质量分数为 80% 的各向同性及各向异性的硬磁性磁流变弹性体 (即 iso-80 和 ani-80 两组样品) 作为对照组, 以经过预结构磁场 (1 200 kA/m) 磁化的 iso-80 样品 (记为 iso-80′) 为实验组, 测试三种样品在相同循环磁场作用下的储能模量. 实验组样品的特点是: 颗粒在磁流变弹性体内部随机分布, 与对照组中各向同性磁流变弹性体一致; 与对照组中各向异性磁流变弹性体的相同点在于经过了相同大小磁场的磁化作用. 因此, 实验组和各向同性磁流变弹性体的对照组用于探究颗粒结构对动态力学曲线的影响, 而实验组和各向异性的磁流变弹性体的对照组用于探究磁化磁场对动态力学曲线的影响.

在图 10.6 中可以看到, 链状结构和磁化磁场对硬磁性磁流变弹性体的动态力学性能有着不同的影响. 通过比较 iso-80′ 和 ani-80 这两条曲线, 可以发现内部颗粒的链状结构可以提高整体的储能模量, 但是两条曲线的不对称性基本一致, 说明微观结构并不是引起循环磁场作用下储能模量变化曲线不对的主要原因. 而 iso-80 和 iso-80′ 两条曲线则说明, 磁化磁场不仅能够提高磁流变弹性体整体的储能模量, 而且能够引起循环磁场作用下储能模量变化曲线的不对称性.

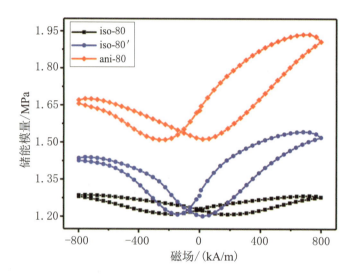

图 10.6 NdFeB 颗粒质量分数为 80% 的硬磁性磁流变弹性体的储能模量随磁场的变化曲线

为了进一步探究预结构磁场导致曲线出现不对称的原因, 测试了经过不同大小磁化磁场作用后各向同性硬磁性磁流变弹性体在循环磁场作用下的动态力学特性. 图 10.7 展示的是经过五种不同大小磁场磁化后, NdFeB 质量分数为 80% 的各向同性硬磁性磁流变弹性体的储能模量在循环测试磁场作用下的变化曲线. 在测试前, 样品磁化的时间均为 1 min. 由于循环测试磁场强度的最大幅值为 800 kA/m, 因此和测试磁场相比较, 磁化磁场分为三种情况: ① 磁化磁场强度小于测试磁场强度; ② 磁化磁场强度等于测试磁场强度; ③ 磁化磁场强度大于测试磁场强度. 考虑到测试磁场对样品同样会有磁化作用, 情况①最终的结果会和情况②相同, 因此①和②可归为一类.

如图 10.7 所示, iso-80 样品的储能模量在磁化磁场为 400, 600, 800 kA/m 时, 其变化曲线均是对称的; 而磁化磁场为 1000, 1200 kA/m 时, 其变化曲线随着磁化磁场的增加而变得越来越不对称. 这说明模量在循环磁场作用下的模量变化曲线是否对称, 与磁化磁场和测试磁场之间的相对大小有很大关系. 当磁化磁场强度小于或等于测试磁场强度的大小时, 模量变化曲线是对称的. 而当磁化磁场强度高于测试磁场强度时, 其模量变化曲线呈现出了不对称性. 不同磁场磁化后的 iso-80 样品的特征模量的详细信息如表 10.2 所示. 可以看到, 随磁化磁场强度的增大, 几乎所有特征模量都有显著的增加, 而只有最小的储能却变化不大. 具体来说, 磁化场从 400 kA/m 升至 1 200 kA/m 过程中, 最大模量从 1 252 kPa 增加到 1 384 kPa, 而最小模量则一直在 1 225 kPa 上下变化, 几乎没有变化.

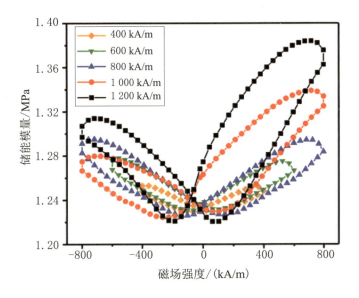

图 10.7 不同磁化磁场作用下质量分数为 80% 的各向同性硬磁性磁流变弹性体的储能模量随循环磁场的变化曲线

表 10.2 不同磁化磁场作用下 iso-80 样品的特征模量

磁化磁场 /(kA/m)	初始模量 G'_{int}/kPa	最小模量 G'_{min}/kPa	最大模量 G'_{max}/kPa	负模量 $\Delta G'_-$/kPa	正模量 $\Delta G'_+$/kPa
400	1 232	1 229	1 252	−3	20
600	1 236	1 230	1 275	−4	39
800	1 238	1 226	1 294	−12	56
1 000	1 260	1 224	1 339	−36	79
1 200	1 268	1 221	1 384	−47	116

为了进行比较, 本小节实验测试了软磁性羰基铁颗粒 (型号为 CN, 平均直径为

6 μm,巴斯夫公司生产)的磁滞回线和基于羰基铁颗粒的软磁性磁流变弹性体在循环磁场作用下的磁致动态力学特性. 图 10.8 是软磁性颗粒羰基铁粉在不同测试磁场作用下的磁滞回线. 与图 10.2 所示的硬磁性颗粒 NdFeB 的磁滞回线相比,在相同的磁场作用下,羰基铁粉颗粒的剩余磁化强度和矫顽力远低于 NdFeB 颗粒. 如磁场强度为 1 000 kA/m 时,NdFeB 颗粒的剩余磁化和矫顽力可以分别达到 45.4 emu/g 和 654.9 kA/m,而羰基铁粉颗粒的剩余磁化和矫顽力则仅分别为 6.3 emu/g 和 7.1 kA/m. 同时,羰基铁粉的磁滞回线窄而长,所围面积远小于 NdFeB 颗粒的磁滞回线所包围的面积,这意味着软磁材料的磁滞损耗也要远低于硬磁性材料.

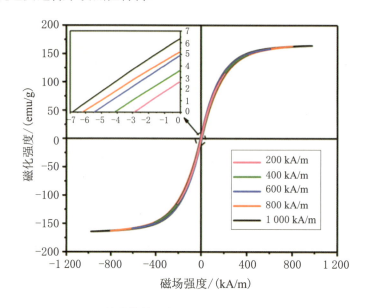

图 10.8　纯羰基铁粉在不同磁场作用下的磁滞回线

图 10.9 是质量分数 80% 的羰基铁颗粒的各向同性和各向异性软磁性磁流变弹性体在循环磁场下的剪切储能模量变化. 各向同性和各向异性软磁性磁流变弹性体的制备方法与硬磁性磁流变弹性体相同,颗粒质量分数亦相同. 从图 10.9 可以看到,无论是各向同性还是各向异性的软磁性磁流变弹性体都没有出现明显的负模量或者整体曲线不对称等现象. 因为软磁性颗粒在不同磁化磁场作用下的剩余磁化强度都很低,所以预结构磁场对软磁性磁流变弹性体而言,其作用仅仅是在样品制备固化时驱动内部颗粒形成链状微观结构. 而对于硬磁性磁流变弹性体而言,预结构磁场不仅使得硬磁颗粒成链,而且在磁流变弹性体固化阶段完成后,能使内部颗粒仍然保留一定大小的剩余磁化强度,这个剩余磁化强度会对硬磁性磁流变弹性体在磁场作用下的动态力学行为产生区别于软磁性磁流变弹性体的重要影响.

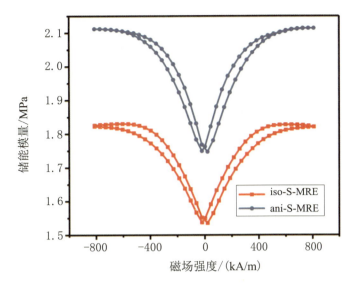

图 10.9 羰基铁粉质量分数为 80% 的各向同性与各向同性的软磁性磁流变弹性体在循环磁场作用下的储能模量变化

10.1.3 硬磁性磁流变弹性体智能材料的磁致力学性能机制解释

为了理解上述硬磁性磁流变弹性体在循环加载磁场作用下表现出来的区别于软磁性磁流变弹性体独特的动态力学特性,本小节基于磁流变弹性体典型的磁偶极模型,结合硬磁性材料在磁场作用下特殊的磁性能,对其丰富的力学行为进行了合理解释. 根据磁偶极子模型,磁流变弹性体的储能模量变化可表示为

$$\Delta G' = \frac{\phi J_p^2}{2\mu_0 \mu_1 h^3}, \quad \varepsilon < 0.1 \tag{10.1}$$

式中 μ_0 为真空磁导率,μ_1 为基体的相对磁导率,ϕ 为颗粒的体积分数,$h = r_0/d$ 为链中颗粒之间的距离与粒径大小的比值,J_p 为每单位体积内单个颗粒的磁偶极矩的大小. 对于同一种磁流变弹性体而言,式 (10.1) 又可以表示为

$$\Delta G' = \frac{\phi J_p^2}{2\mu_0 \mu_1 h^3} = K(\phi, \mu_1, h) J_p^2, \quad \varepsilon < 0.1 \tag{10.2}$$

磁流变弹性体一旦固化成功，其颗粒的体积分数、基体的相对磁导率和颗粒间的距离就会保持不变，也就是式 (10.2) 中 $K(\phi,\mu_1,h)$ 保持不变，从而其储能模量的变化 $\Delta G'$ 将主要由磁化程度 J_p 决定。磁化程度越高，颗粒间的相互作用力越大，储能模量也越大。应该强调的是，相互作用力和磁致储能模量的大小都与内部颗粒磁化方向无关。

磁性材料的磁学特性通常可以用材料的磁滞回线来表征，但是对磁性材料的磁滞回线测试时，要求待测样品的初始状态是未被磁化的状态，因此测试磁场就充当磁化磁场的角色，使得测量到的磁性材料磁滞回线总是对称的 (图 10.2)。根据式 (10.2) 和硬磁性材料对称的磁滞回线，磁化强度和储能模量的变化趋势可以由图 10.10(a) 表示。红色曲线代表硬磁性磁流变弹性体的模量变化曲线，黑色虚线代表内部硬磁性颗粒磁化强度。需要说明的是，由于 $G' \propto J_p^2$，因此图 10.10 只用来说明外磁场作用下，颗粒磁化强度和对应的模量变化趋势，并不涉及变化的具体数值和形状。[32]

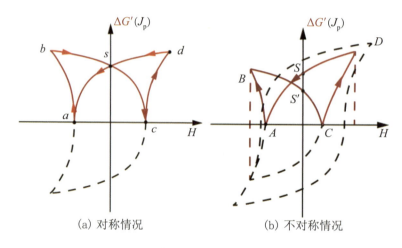

(a) 对称情况　　　　　　　(b) 不对称情况

图 10.10　硬磁性磁流变弹性体的储能模量随循环磁场强度的变化曲线示意图
红色曲线代表模量变化曲线，黑色虚线代表颗粒磁化强度。

如图 10.10(a) 所示，当负向磁场加载于各向同性的硬磁性磁流变弹性体时，其基体内被磁化的硬磁性粒子首先会被消磁，此时就如图 10.10(a) 中的红色曲线 sa 所示，硬磁性颗粒的磁化强度不断降低，从而其储能模量会随之降低。消磁完成后 (到达 a 点后)，当负向磁场继续增加时，内部颗粒在负向磁场的方向开始磁化，磁化强度的大小不断增大，其储能模量随之增加，如红色曲线 ab 所示。当负向磁场从最大值逐渐减小到零时，粒子的负方向磁化强度开始随之下降，因此其储能模量从最高点开始逐渐降低，如红色曲线 bs 所示。当磁场在正方向变化时，由于磁滞回线的对称性，其储能模量的变化和负向时的变化是对称的 (如曲线 $scds$ 所示)。从上述结论可以看到，硬磁性磁流变弹性体的负模量和正模量的大小分别由硬磁性颗粒的剩余磁化强度和最大磁化强度决定。由图 10.1

中不同磁场作用下 NdFeB 颗粒的磁滞回线可以得到,磁化磁场强度越大,颗粒的剩余磁化强度和最大磁化强度越大,从而其负模量和正模量越高. 相反,由于软磁性材料的剩余磁化强度非常小 (图 10.8),软磁性磁流变弹性体几乎没有出现负模量的现象 (图 10.9).

虽然经过仪器测量的磁性材料的磁滞回线呈现对称的特点,但是在实际情况中,硬磁性材料在外磁场作用下的磁滞回线并不总是对称的. 当外磁场强度小于之前所加的磁化磁场强度时,磁滞回线会出现不对称性. 图 10.10(b) 是非对称情况下磁滞回线和相应的储能模量变化的示意图. 外围较大的黑色虚线为测试之前硬磁性颗粒受一定磁场磁化后的磁滞回线. 当测试磁场强度大于或者等于磁化磁场强度时,颗粒的磁化强度一直沿着黑色曲线变化,因此储能模量随磁场的变化曲线不会出现非对称的情况,这在前面关于图 10.10(a) 的讨论中已经详细说明. 而当测试磁场强度低于磁化强度时,硬磁颗粒的磁化强度将不再沿着外围的黑色磁滞回线变化,而会在内部形成一条小的不对称的磁滞回线,如图中的内部较小虚线所示. 因此相对应的储能模量随磁场的变化曲线也将出现不对称,如图中的红色曲线所示. 通过比较图 10.10(b) 和图 10.5(b) 中的模量变化曲线,可以发现两者是高度吻合的. 此外,应该注意的是,不管储能模量的变化趋势是否对称,左最小储能模量总是等于右最小储能模量,其原因可以用图 10.10 中所示的点 a, c, A 和 C 来解释,这些点的磁化强度都为零,对应的模量均为零场磁流变弹性体的模量,因此其大小相等.

10.1.4 磁场加载方式的影响

为了对所提出的机制解释进行进一步的验证,可以从硬磁性材料其他重要的磁学特性出发,预测硬磁性磁流变弹性体在外磁场作用下可能会出现的动态力学行为. 磁性材料的磁化强度在正负方向都达到饱和的磁滞回线称为主磁滞回线,这是表征铁磁性材料磁特性的主要手段. 图 10.2 中 NdFeB 颗粒的磁滞回线就是主磁滞回线. 除了主磁滞回线之外,硬磁性材料的另一个重要的曲线是一阶反转曲线 (First

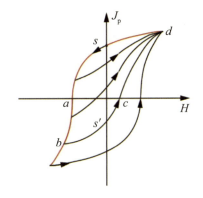

图 10.11 硬磁性材料的一阶反转曲线

相同的正向饱和磁场 (点 d);不同的负向反转磁场 (点 s, a 和 b).

Order Reversal Curves, FORC), 典型的 FORC 如图 10.11 所示. FORC 是磁性材料的磁化强度在负方向上未达到饱和而在正方向达到饱和的情况下得到的. 如图 10.11 所示, 当外磁场从 0 开始负向增加时, 材料的磁化强度沿着曲线 sa 变化. 当外磁场在小于饱和磁场处 (如 b 点) 开始反转时, 材料的磁化强度将沿着曲线 $bs'd$ 变化, 而不是初始曲线 bsd. 这说明如果将硬磁性材料施加负方向磁场, 然后去除该磁场后, 则材料的零磁场作用下的磁化强度将从 s 点变到 s', 这也是硬磁性材料典型的磁性能不可逆的体现. 硬磁性材料的这种不可逆磁性会导致硬磁性磁流变弹性体的动态力学性能的不稳定及不可重复性. 对于一个实用材料而言, 性能的重复性是必要条件, 因此必须采取一定的解决办法. FORC 因其特点提供了一个有效的解决方案. 如图 10.11 所示, 外磁场从 b 点反转并经正向饱和到达 d 点后, 磁化强度会沿着 dsb 变化. 所有小循环都将经过正向饱和磁场处的 d 点重新进入主磁滞回线的循环, 这也意味着 dsb 这段决定磁流变弹性体正负模量的关键性磁性能是可重复性的.

为验证以上根据 FORC 的特点所设计的磁场加载方式, 实验中测试了在不同测试磁场 (负向反转磁场不同, 正向最大磁场相同) 作用下的 iso-80 和 ani-80 的储能模量随磁场强度的变化曲线 (图 10.12), 测试磁场的加载模式与 FORC 相同. 负向反转磁场分别为 $-200, -400, -600$ 和 -800 kA/m, 正向最大磁场均为 800 kA/m. 如图 10.12 所示, 各向同性和各向异性的硬磁性磁流变弹性体样品在负向反转磁场不同、正向最大磁场相同的情况下, 表现出了基本相同的正模量和负模量变化, 并且其整体的变化趋势和图 10.11 所示的 FORC 的特点基本一致.

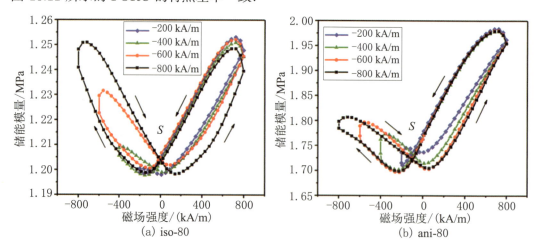

图 10.12 质量分数 80% 的各向同性和各向异性的硬磁性磁流变弹性体随不同负向最大值的循环测试磁场的模量变化

S 点为循环磁场作用下的初始点.

10.2 亚麻编织增强型磁流变弹性体智能材料的力–电–磁耦合特性

磁流变弹性体是一种智能材料,通常通过将磁铁粒子分散在聚合物基体中制备而成. 当外部磁场施加到磁流变弹性体上时,磁性颗粒与基体相互作用,因此机械性能可以通过外部刺激来进行精确控制. 由于这种独特的磁流变行为,磁流变弹性体在振动控制、建筑结构、降噪等领域具有广泛的应用. 据报道,基于磁流变弹性体装置的隔离/吸收频率主要取决于磁流变弹性体的机械性能. 因此,大多数以前的工作集中在提高磁流变弹性体的机械性能和磁流变性能,以满足实际应用的要求.

聚合物基体对于磁流变弹性体的机械性能非常重要. 除了传统的天然橡胶和硅橡胶外,凝胶、海绵和橡皮泥也都用作基体来提高磁流变效应. 研究发现,凝胶和橡皮泥等可以大大增加磁诱导的法向力,并且海绵状磁流变弹性体的磁诱导模量有了显著增加. 此外,通过改变聚合物的交联密度,磁流变弹性体的阻尼性能是可控的. 亚麻纤维通常可以用于改善聚合物基体的机械性能. 尽管它比玻璃纤维轻,但其刚度较高 (30~70 GPa). 有趣的是,与传统纤维不同,亚麻纤维可以被编织,亚麻纤维编织 (FFW) 对于提高生物复合材料的强度和抗裂性能是有效的. Bos 等人开发了一种新型的亚麻/聚丙烯化合物,发现亚麻纤维通过提升纤维/基质间相的相容性提高了强度和刚度. 为此,FFW 将是加强磁流变弹性体的合适候选材料. 此外,导电磁流变弹性体已经引起越来越多的关注,因为其电阻可以针对不同的外部应变或磁场做出响应. 考虑到 FFW 的 2D 结构,导电羰基铁颗粒将通过附着到亚麻纤维上而形成导电路径,因此,将 FFW 引入磁流变弹性体将会同时提高其机械性能和电学性能.

我们研究了一种新型 FFW 增强型磁流变弹性体 (FFW-MRE),并分析了其机械性能、流变性能和电学性能,以及在不同的加载方向,FFW 的密度及层数对 FFW-MRE 的机械和电学性能的影响. 除此之外,我们讨论了其结构形成和性能增强的机制. 由于制造过程的简单性和性能的高度提升,我们的方法可以扩大磁流变弹性体的实际应用范围.

10.2.1 FFW 增强型磁流变弹性体的制备

在本小节研究中,选择聚二甲基硅氧烷 (PDMS)(道康宁公司生产) 作为基体,其在固化前为液体. Sylgard 184 被选为硫化剂,也由道康宁公司生产. 磁性颗粒是由巴斯夫公司生产的平均粒径为 6 μm 的羰基铁颗粒 (CN 型). 为了提高磁流变弹性体的机械性能和电导率,将不同类型的亚麻纤维编织物 (九江银帆纺织有限公司生产) 加入基体中,每厘米长度的编织层由 4,5,6 或 7 股纤维构成. FFW-MRE 的形成原理图如图 10.13 所示.

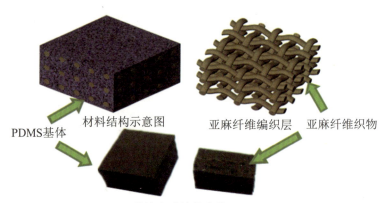

图 10.13　FFW-MRE 形成原理图

为了直接研究亚麻纤维对磁流变弹性体的机械性能和电学性能的影响,除了羰基铁颗粒外没有添加任何导电添加剂. PDMS、Sylgard 184 和羰基铁颗粒均匀地混合在烧杯中,然后将混合物转移到真空干燥箱中除去气泡,保持 15 min 真空后取出. 一定质量的羰基铁颗粒散布在亚麻纤维上,以匹配磁流变弹性体中羰基铁的质量分数,并促进颗粒的附着和分布. 之后,将混合物倒入模具中,平行于模具的亚麻纤维编织位于 PDMS/CI 的混合物内. 再保持 15 min 真空后,将混合物压紧,并在 100 ℃ 下固化 30 min. 在这项研究中,动态机械实验、准静态压缩实验和电学实验的磁流变弹性体样品尺寸为 5 mm ×5 mm×5 mm,准静态拉伸实验中的磁流变弹性体切割成哑铃形,中心拉伸区域长 20 mm,宽 10 mm,厚 5 mm.

通过环境扫描电子显微镜 (型号:XL30 ESEM-TMP) 表征了磁流变弹性体样品的形态,以 20.0 kV 运行. 测试前将每种样品切成薄片,并镀上薄薄一层金后进行观察. 图

10.14(a) 为羰基铁颗粒质量分数为 50% 时纯磁流变弹性体的 SEM 图. 白色羰基铁颗粒随机分布在黑色 PDMS 基体中. 有趣的是, 一旦 FFW 被添加到磁流变弹性体中, 内部结构就会发生重大变化. 图 10.14(b) 是 FFW-MRE 在垂直于亚麻纤维层方向上的横截面微观结构. PDMS 基体在硫化前是液态的, 因此单股纤维的间隙可以通过基于 PDMS 的磁流变弹性体来填补满 (图 10.14(b)), 这可以表明基体和纤维之间的结合很好. 大量的羰基铁颗粒聚集在亚麻纤维附近 (图 10.14(c)), 这是由于纤维表面的粗糙度有利于颗粒的吸附. 此外, 在基体固化之后, 羰基铁颗粒紧密地分布在纤维中, 因此, 亚麻纤维层的加入改变了磁流变弹性体中颗粒的聚集结构. 在这个过程中, 虽然在硫化期间没有施加磁场, 但是颗粒仍然沿着纤维方向形成了链状聚集结构. 这种方便和环保的方法易于制备具有较长链结构的较厚的磁流变弹性体.

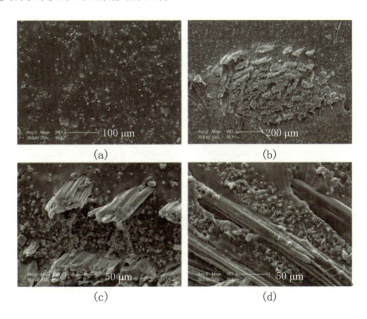

图 10.14 羰基铁粉质量分数为 50% 时纯磁流变弹性体及有 FFW-MRE 横截面的 SEM 图
(b), (c) 横截面垂直于纤维层; (d) 横截面平行于纤维层.

10.2.2 FFW 增强型磁流变弹性体的剪切性能

磁流变弹性体的动态机械性能通过改进的动态机械分析仪 (Triton 科技公司生产, 型号: Tritec 2000B) 进行了测量. 在分析仪上附加了一个可产生 0~800 mT 的可变磁场的自制电磁铁. 测试频率从 1 Hz 扫描到 19 Hz, 剪切应变幅度设定为 0.1%.

图 10.15 给出了具有不同羰基铁含量和亚麻纤维层的 FFW-MRE 的磁场强度依赖的机械性能. 当剪切方向平行于纤维层时, 随着磁场强度的增加, 具有质量分数为 50% 的羰基铁颗粒的 FFW-MRE 的储能模量从 0.09 MPa 增加到 0.16 MPa, 表现出典型的磁流变效应. 与纯磁流变弹性体相比, FFW-MRE 的储能模量稍大 (图 10.15(a)), 这是对 FFW 的强化效应做出的响应. 这里, 随着羰基铁颗粒含量和纤维层数的增加, FFW-MRE 的储能模量也增加. 有趣的是, 剪切方向对机械性能有重要的影响. 当剪切方向与纤维层垂直 (图 10.15(b)) 时, FFW 的增强效果远大于平行方向的增强效果. 同时, 具有质量分数为 50% 的羰基铁颗粒的 FFW-MRE 的储能模量高于质量分数为 70% 羰基铁颗粒的纯磁流变弹性体. FFW-MRE 的上述力学行为与羰基铁链状结构在磁场作用下通过预结构工艺形成, 没有任何纤维的各向异性磁流变弹性体类似. 因此, 它也反映了羰基铁颗粒可以附着到亚麻纤维表面或聚集在一起形成链状结构, 并且 FFW 的存在大大提高了磁流变弹性体的储能模量.

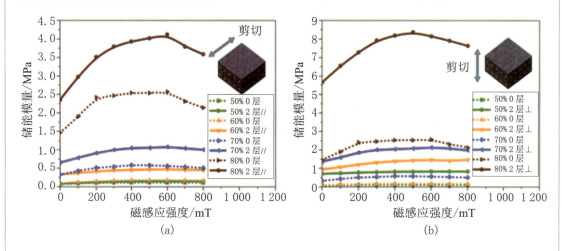

图 10.15 不同羰基铁粉含量的 FFW-MRE 在剪切方向平行于或垂直于纤维层时的储能模量

在图 10.16 中, 剪切频率从 1 Hz 扫描到 19 Hz, 应变幅度为 0.1%. 我们选择了每厘米具有 5 股纤维的亚麻纤维层的 FFW 来增强磁流变弹性体, 研究了亚麻纤维层数和剪切方向对 FFW-MRE 初始储能模量的影响 (图 10.16). 在没有 FFW 的情况下, 初始模量随着剪切频率和羰基铁含量的增加而缓慢增加. 当剪切频率为 1 Hz, 羰基铁颗粒质量分数从 50% 增加到 80% 时, 初始模量从 0.09 MPa 增加到 1.5 MPa(图 10.16(a)). 对于具有 2 层亚麻纤维的 FFW-MRE, 初始储能模量得到了明显改善. 当剪切方向平行于 FFW 纤维层时, 由于在剪切方向上基体没有得到纤维结构性的增强, 所以此时对加强界面起到了重要作用的是粗糙纤维与基体之间的摩擦力. 在 1 Hz 时, 初始模量从

0.1 MPa(50%) 增加到 2.5 MPa (80%)(图 10.16(b)). 当剪切方向垂直于纤维层时, 由于 FFW 对基体起到了结构性的增强, 储能模量有了很大的改善. 通过改变羰基铁颗粒的质量分数, 初始模量在 1 Hz 时从 0.7 MPa(50%) 增加到 6.0 MPa (80%)(图 10.16(c)). 可以看到, 当含 2 层纤维层时, 颗粒含量对基体的增强作用得到了极大的提升. 此外, 此时剪切频率的影响大大提高, 初始储能模量在 19 Hz 时达到了 7.4 MPa (80%). 另外, 如图 10.16(d) 所示, FFW-MRE 也具有明显的磁流变效应. 考虑到每单位体积的亚麻纤维的质量和价格远远小于铁颗粒的质量和价格, 因此, 添加亚麻纤维是改善磁流变弹性体的初始储能模量的一种简便、经济和环境友好的方式.

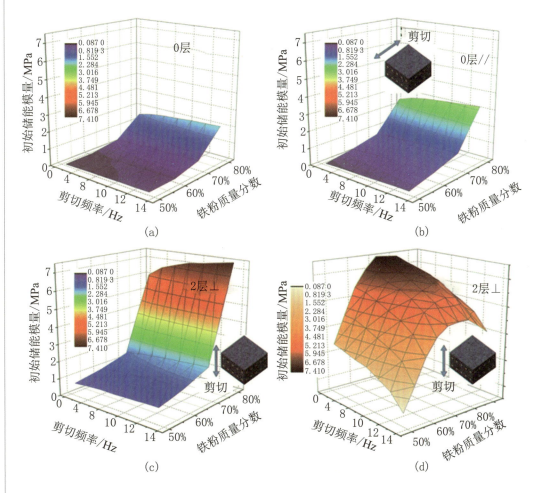

图 10.16 磁流变弹性体在不同条件下的初始储能模量

FFW 的密度和层数对于 FFW-MRE 的机械性能有重要影响. 在这部分工作中, FFW 的内在特性, 如相邻纤维的间距, 也用于研究其对于磁流变弹性体机械性能的影响.将四种具有不同密度的 FFW 分别加入磁流变弹性体,这四种纤维层每毫米分别用 4,5,6 和 7 股亚麻纤维编织. 图 10.17 给出了用不同纤维层数和单股纤维间距的亚麻纤维制备的 FFW-MRE 的性能比较. 典型的是,随着层数的增加,FFW-MRE 的储能模量增加,表明了纤维层的强化效应. 当剪切方向平行于纤维层 (虚线) 时,不同纤维层数的储能模量差别随着纤维越致密,差别越小. 当剪切方向垂直于纤维层 (实线) 时,对于单层结构,当每厘米纤维层含 4,5,6 和 7 股纤维时,FFW-MRE 的初始储能模量分别为 0.67,0.53,0.30 和 0.18 MPa. 因此,纤维层的间隙对于磁流变弹性体的机械性能有重要的影响,如果纤维较稀疏,则储能模量较高. 然而,对于 3 层结构,储能模量有很大提高,但是纤维是否稀疏影响并不大.

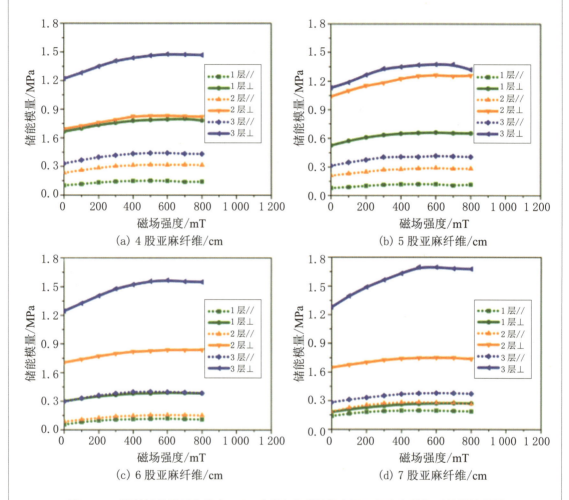

图 10.17 羰基铁粉质量分数为 50% 时磁流变弹性体在沿不同方向剪切时的储能模量

FFW-MRE 的机械性能不仅取决于纤维和基体之间的界面摩擦,还取决于纤维间被束缚的基体和相对自由的基体间的相互作用. 束缚橡胶分子链的运动受到一定约束, 所以束缚橡胶的储能模量大于自由橡胶的储能模量. 在一定范围内, 亚麻纤维越稀疏, 受到束缚的基体越多, 因此磁流变弹性体的模量越高. 此外, 达到 3 层后, 样品中大部分的基体会受到一定的约束, 因此储能模量急剧上升, 而纤维是否稀疏的影响就显得不那么明显. 当剪切方向与纤维层平行时, 层间自由基体是影响储能模量的主要因素, 所以对储能模量的影响较小. 通过计算和提取, 获得了具有不同层数和纤维间距的磁流变弹性体的储能模量 (图 10.18). 此时, 羰基铁颗粒的含量为 50%. 一方面, 由于铁颗粒沿着纤维方向聚集形成颗粒链结构, 储能模量大大提高; 另一方面, 粗糙的亚麻纤维增强了基体结构, 增加了初始储能模量. 因此, 尽管储能模量跨度很大, 磁流变效应也并不是非常强.

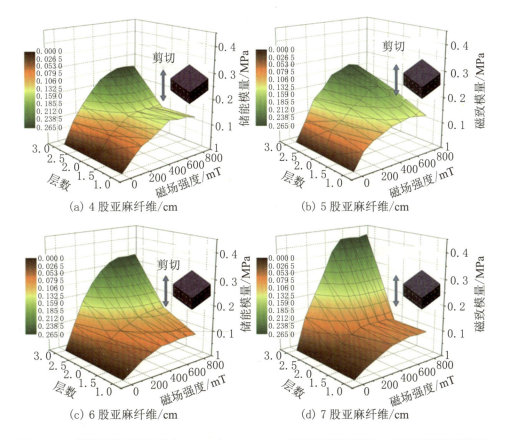

图 10.18 羰基铁粉质量分数为 50% 时 FFW-MRE 在沿垂直纤维层方向剪切时的储能模量

对于最稀疏的每厘米 4 股纤维和最密集的每厘米 7 股纤维构成的 FFW, 当亚麻纤维的层数小于或等于 2 时, FFW-MRE 的储能模量几乎没有差异 (图 10.18(a), (d)). 当只有一层亚麻纤维被添加到磁流变弹性体中时, 每厘米 7 股纤维的 FFW-MRE 的储能模量为 0.10 MPa, 这反而比每厘米 7 股纤维的 FFW-MRE 的储能模量 (0.14 MPa) 还要小. 由此可见, 一定程度的纤维间距有利于增加束缚基体的产生, 并且增加纤维周围形成的颗粒链的体积. 然而, 当亚麻纤维达到 3 层时, 每厘米含 4, 5, 6 和 7 股亚麻纤维的 FFW-MRE 的储能模量分别为 0.26, 0.27, 0.34 和 0.42 MPa, 增幅也在不断上升. 与单层的情况相比, 在多层纤维结构中, 相邻纤维层的小间距对于纤维周围位于层间的颗粒链的形成是有益的.

10.2.3 FFW 增强型磁流变弹性体的拉压性能

由于磁流变弹性体通常工作在振动条件下, 经常处于受压状态, 所以基体的塑性变形一直是影响材料性能和寿命的严重问题. 因此, 在保证磁流变弹性体性能的前提下, 提高基体的强度是很有必要的. 为了研究磁流变弹性体的准静态压缩行为, 采用电子万能试验机. 压缩频率设定为 0.05 Hz, 应变从 0% 压缩到 20%, 进行往复压缩. 对于纯磁流变弹性体, 当羰基铁颗粒质量分数为 50%, 60%, 70% 和 80%, 应变达到 20% 时的应力分别为 0.38, 0.39, 0.52 和 0.94 MPa. 当加入 2 层亚麻纤维时, 应力有明显的上升. 例如, 当压缩方向与 FFW-MRE 中的纤维层垂直时, 即便羰基铁颗粒质量分数仅为 60%, 应力也已经达到了 0.93 MPa (图 10.19(b)). 此时, 更多的基体受到纤维约束, 导致模量上升, 并且比单纯靠颗粒和基体之间的相互作用力要大得多. 而如果压缩方向平行于纤维层, 则基体在结构上得到了加强. 特别是当羰基铁颗粒质量分数高达 80% 时, 纤维间更多地被铁颗粒填充, 因此模量上升幅度更大, 达到了 2.16 MPa (图 10.19(c)). 如果羰基铁颗粒质量分数保持在 50%, 添加 0~3 层麻纤维 (图 10.19(d)), 通过和图 10.19(a) 比较可以看到, 纤维增强比颗粒增强更有效果. 这在实际的工程应用中, 可以保证既在垂直于纤维层方向上剪切时有很大的储能模量, 又能在压缩时提供更大的杨氏模量, 这是十分有用且必要的.

用夹具固定住磁场发生器 (可产生 0~400 mT 的可变磁场) 后, 磁流变弹性体可以同时在磁场和机械加载下进行压缩. 应变同样从 0% 增加到 20%, 压缩频率也同样为 0.05 Hz. 考虑到 PDMS 基体已经经过纤维结构性的增强, 当羰基铁颗粒质量分数较小, 如 50% 时, 磁流变弹性体在磁场作用下的磁致效果并不明显, 因此, 选取了 80% 铁粉含量的样品进行了研究 (图 10.20). 由于磁场的强度以及两个磁极的吸引力在压缩过程中不断地变化, 所以在计算应力时, 已经减去了磁场引起的部分. 研究发现, 当不含纤维层时, 随着磁场的增加, 应力呈明显上升的趋势. 当应变达到 20%, 磁场为 0, 100, 200, 300

和 400 mT 时,应力分别为 0.94, 0.99, 1.06, 1.10 和 1.13 MPa, 逐渐上升. 而当含 2 层纤维时,应力随着磁场的增幅就没么明显,并且应变达到最大时的应力差别也很小. 这种现象进一步反映了纤维对基体和颗粒的约束. 图 10.20(b) 中曲线所包围的面积也明显大于图 10.20(a),反映更多的能量被吸收,这也是由于纤维与基体和颗粒的摩擦所引起的.[43]

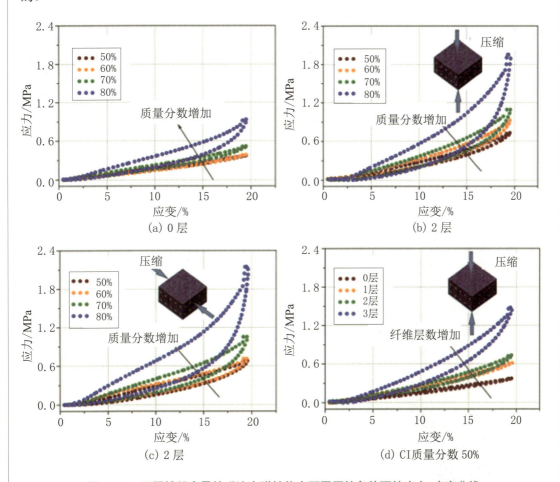

图 10.19　不同铁粉含量的磁流变弹性体在不同压缩条件下的应力–应变曲线

通过更换 MTS 电子万能试验机的夹头,可以直接夹住磁流变弹性体两端进行拉伸实验 (图 10.21). 在拉伸实验中,应变从 0% 加载到 10%,并往复加载. 压缩频率设置为 0.05 Hz. 样品被切割成哑铃状,中间拉伸部位的长度为 20 mm,宽度为 10 mm,厚度为 5 mm. 拉伸方向平行于纤维层方向.

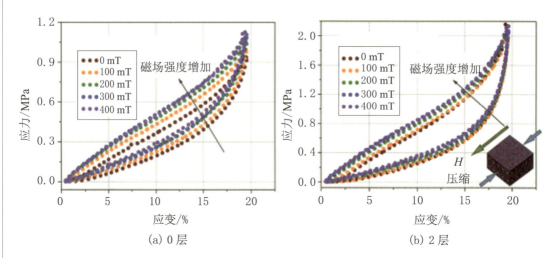

图 10.20　羰基铁颗粒质量分数为 80% 时磁流变弹性体在不同磁场作用下的应力–应变曲线

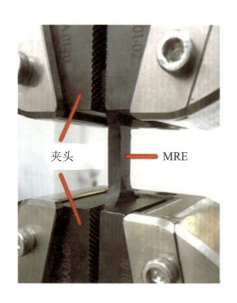

图 10.21　磁流变弹性体拉伸实验中的夹头及样品

在拉伸条件下，亚麻纤维层数对材料强度的提高同样明显．铁粉含量为 50% 时，若应变达到 10%，则纯磁流变弹性体的应力仅为 0.09 MPa．而当添加 1，2 和 3 层亚麻纤维时，强度分别提高了 500%，1 300% 和 3 200%，达到了 0.54，1.26 和 2.95 MPa(图 10.22(a))．可见基体和亚麻纤维的结合良好，能有效提高磁流变弹性体的拉伸强度．而随着铁粉含量不断增加，材料强度也有相应的提高 (图 10.22(b))．并且羰基铁颗粒的含量越大，强度提升幅度越大．在含 2 层纤维的时候，拉伸应力从羰基铁颗粒 50% 含量时的 1.26 MPa，提高到了羰基铁颗粒含量 80% 时的 3.10 MPa．但是，当铁粉含量达到 70% 甚至更高的 80%，应变达到 5% 左右时，可以看到应力–应变曲线出现了波动，这可以看作基体和纤维之间出现了相对位移．此时颗粒含量较大，在基体和纤维之间存在的颗粒降低了界面强度．

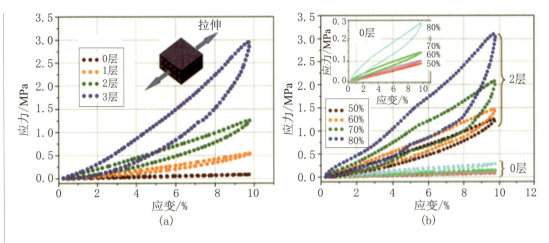

图 10.22　不同磁流变弹性体在准静态拉伸条件下的应力–应变曲线

10.2.4　FFW 增强型磁流变弹性体在不同加载下的电学性能

由于磁流变弹性体在传感器方面的潜在应用,其电学性能已经成为研究的热点. 在提高力学性能的同时,提高磁流变弹性体的导电性,尤其是只提高某一方向上的导电性能,这对磁流变弹性体在传感器方面上的应用起着重要的作用. 而通过亚麻纤维对颗粒聚集结构的影响,颗粒聚集结构沿着亚麻纤维排列,磁流变弹性体的电学性能在平行和垂直于纤维层方向上分别增加和下降. 为了保证一定的导电性,选取了 80% 羰基铁含量的磁流变弹性体来进行实验,并部分添加了 2 层亚麻纤维. 如图 10.23 所示,导电方向平行或垂直于 2 层纤维层时,电阻在无应力施加时分别达到了 8.9×10^5 和 2.3×10^8 Ω,分别是不含纤维层时的 1/20 和 11.6 倍. 在沿纤维层方向的颗粒附着聚集结构对电路的导通起很大作用,而不导电的亚麻纤维又在垂直于纤维层方向上起着一定的阻隔作用 (图 10.23). 所以材料的电学性能各向异性显著.

此外,FFW-MRE 的电导率对磁场和压缩应变具有显著的响应 (图 10.24). 在平行于纤维层方向,当应变达到 20% 时,电阻甚至低至 2.7 kΩ,是不含纤维层时的 1/71. 而当导电方向垂直于纤维层时,纤维周围颗粒间距在磁场和压力下迅速减小,电阻均比不含纤维层时的电阻大,逐渐小于不含纤维层时的情况. 这种各向异性的电学性能,在实际应用中,既能在其中一个方向上提高传感能力,又能在垂直于该方向上提高绝缘能力 (图 10.24). 通过加载压力或磁场,电阻的可调范围大大扩展.

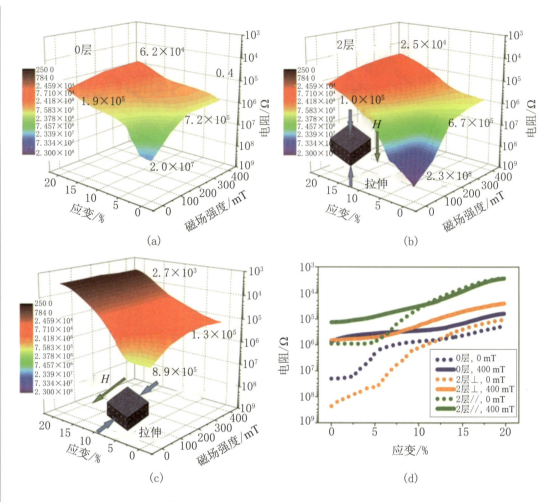

图 10.23 羰基铁质量分数 80% 的磁流变弹性体在不同应变和磁场作用下的电阻

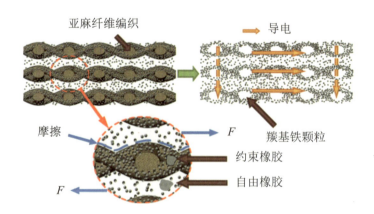

图 10.24 FFW-MRE 中颗粒分布示意图及其导电性和机械性能机制

第 11 章

磁流变弹性体智能材料的机制及理论模型

11.1 磁流变弹性体聚合物基体的流变学模型

磁流变弹性体的固态基体通常是高分子聚合物 (高聚物), 如天然橡胶、硅橡胶、聚氨酯、聚二甲基硅氧烷等都是典型的聚合物, 因此磁流变弹性体从结构上来看属于颗粒增强型聚合物复合材料. 而对于聚合物来说, 它有着独特的分子链和聚集态结构, 导致其物理特性, 尤其是力学性能有着与其他材料不同的特点. 聚合物的力学性能的主要特点在于其高弹性和黏弹性, 表现在其力学性能显著地依赖于温度、时间、应变速率和载荷频率等条件, 性能介于弹性固体和黏性流体之间. 因此, 在研究磁流变弹性体力学行为的时候, 其相关的黏弹性行为是必须考虑的. 本章将从磁流变弹性体聚合物基体力学性能研究所涉及的黏弹性力学行为出发, 对表征黏弹性力学性能的材料参数、常用的黏弹性固体力学模型等进行简要概述, 以对后面章节中磁流变弹性体力学性能的黏弹性特征研究做理论铺垫.

11.1.1 黏弹性力学行为

从分子层面看,聚合物基体的力学性能取决于其内部的分子链结构排布,它的黏弹性力学行为主要是由于聚合物的分子链移动与外界载荷在一定时间内达不到平衡所导致的. 由于聚合物相对其他材料的分子链运动单元比较大,分子链运动达到平衡所需要的时间长,所以聚合物的黏弹性行为力学尤为明显. 在外界载荷作用下,聚合物从一种分子平衡状态通过分子运动过渡到另一种平衡状态所需的时间称为聚合物的特征时间. 既然是运动,就必然涉及运动的速度和时间,而分子运动的速度与温度又密切相关. 因此,时间和温度是研究聚合物及其复合材料特别需要考虑的两个重要的影响因素. 聚合物时间相关的力学性能则表现在准静态条件下的蠕变和应力松弛现象、动态力学性能的频率相关性.

弹性固体在一定的应力 (应变) 作用下,其应变 (应力) 为一定值,并且与时间无关. 而黏性流体在一定应力下,其应变会随着时间一直变化. 黏弹性物体则介于这两者之间,表现为其存在蠕变和应力松弛等现象. 黏弹性材料的蠕变是指在一定的恒应力作用下,材料应变会随时间逐渐增大的现象. 蠕变一段时间后,在某一时刻撤去恒应力后,会首先发生瞬时弹性恢复,随后应变逐渐回复,这个过程称为蠕变回复过程. 图 11.1 为质量分数 50% 的磁流变弹性体基体在阶跃剪切应力为 100 Pa 作用下加载和卸载时的剪切应变的变化曲线. 当 0 s ≤ t<100 s 时,加载一定大小的恒剪切应力,其应变随时间逐渐上升,体现的是蠕变现象. 当 t= 100 s 时,撤去外加剪切应力后,剪切应变会有一个瞬间回复,而后缓慢降低的过程,表现的是蠕变回复现象.

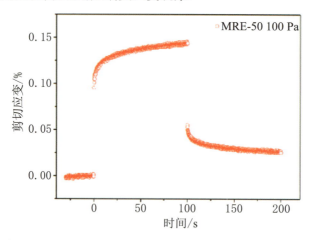

图 11.1 颗粒质量分数为 50% 的磁流变弹性体基体 (零场) 的剪切应变的变化曲线

黏弹性材料的应力松弛是指,在一定的恒应变条件下,材料应力会随时间逐渐降低.根据应力松弛现象,可以将黏弹性材料分为黏弹性流体和黏弹性固体.在一定应变条件下,应力先是较快地减少,最后趋近于零的材料称为黏弹性流体,应力经过较长时间衰减,最后趋于某一恒定值的材料则称为黏弹性固体.图 11.2 为质量分数 50% 的磁流变弹性体基体在 $t=0$ s 时施加阶跃剪切应变 $\gamma=1\%$ 后剪切应力的变化曲线.可以看到,剪切应力开始随时间衰减较快,而后应力逐渐降低并且会趋于某一恒定值,体现了典型的应力松弛现象,同时也说明磁流变弹性体黏弹性固体材料的特点.应力松弛和蠕变现象相互对应,表现的均是准静态条件下材料性能的时间依赖性.

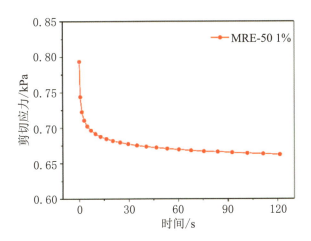

图 11.2 颗粒质量分数为 50% 的磁流变弹性体基体 (零场) 的剪切应力变化曲线

高分子聚合物的黏弹性力学行为显著地依赖于温度,其原因在于温度升高会加速聚合物内部分子链的运动,使分子链从一种平衡态运动到另一种平衡态的时间缩短,从而使得材料的蠕变和应力松弛等黏弹性行为进程加快.研究温度变化对聚合物材料性能的影响,可以进一步分析不同温度下其力学性能所对应分子链运动的特点.另外,对大多数聚合物而言,其力学性能的温度敏感范围通常是在室温上下几十摄氏度之内.聚合物的使用寿命或者工作性能会因为温度的差异而产生很大差别,聚合物材料应用广泛,由于地方、季节的差异,通常所处的温度也不相同.因此,研究温度对聚合物性能的影响不仅在理论分析上具有很大价值,对聚合物的实际应用性能的设计也非常重要.

聚合物力学性能的温度相关性研究方法有很多,测试材料的形变关于温度的变化曲线是最简单的一种方法,但是由于形变并非材料的特征参数,因此通常测试的是材料模量随温度的变化曲线,即模量-温度曲线.典型的模量-温度曲线通常可以根据温度分为四个区段,对应于聚合物的四种不同力学性能状态:玻璃态、黏弹态、橡胶态和黏流态.如图 11.3 所示,取 E_{10},即 $t=10$ s 时材料的拉伸应力松弛模量为特征量,各个力学状态的

高聚物的基本特性及所对应的分子运动状况分述如下:

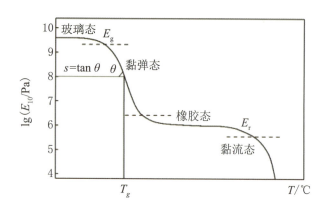

图 11.3　非晶态高聚物弹性模量的温度依赖性

(1) 玻璃态. 该状态下,高聚物内部的整条分子链及其链段的运动都被冻结,仅能在固定位置做有限的热振动. 聚合物的宏观力学性能呈现硬而脆的特点,其弹性模量通常在 10^9 Pa 量级.

(2) 黏弹态. 处于玻璃态时被冻结的分子链的热振动会随着温度的升高不断加剧,导致分子链的链段运动逐渐被激发. 聚合物的宏观力学性能表现出模量迅速下降的特点,材料将从玻璃态转向黏弹态,这个过程称为聚合物的玻璃化转变. 黏弹态聚合物的模量相对于玻璃态,通常会降低 3 个数量级左右,即黏弹态聚合物的模量范围通常为 $10^6 \sim 10^9$ Pa.

(3) 橡胶态. 随着温度的继续升高,聚合物进入橡胶态,亦称为高弹态. 该状态下,聚合物分子链段的运动完全自由,但是分子的热振动仍然不能克服分子链之间的相互作用,整个分子链的运动仍被限制. 因此在该状态下,其模量随温度并不会升高或者降低,其模量通常保持在 10^6 Pa 量级.

(4) 黏流态. 随着温度继续升高到一定程度,聚合物在模量基本保持不变的橡胶态之后会出现一个模量急剧下降的温度区段,其相应的模量可以低达 10^4 Pa. 这是因为更加激烈的分子热运动使得分子链之间的相互作用已经完全不能阻止整个分子链的运动,导致分子链可以整体移动. 在力学性能上表现为较小应力作用下材料就能产生很大应变且不可回复.

聚合物力学性能的另外一个重要特点是其性能的频率相关性. 前面所述的材料的蠕变和应力松弛现象描述的都是准静态载荷作用下一定时间内的黏弹性力学行为. 然而许多聚合物材料,如磁流变弹性体作为变刚度元件应用到半主动振动控制时,通常承受的是随时间交替变化的动态载荷. 在不同频率动态载荷下,聚合物会呈现出不同的力学状态. 研究材料频率相关的力学特性时,可以在动态振动实验中保持测试温度不变,改变振动频率,从而得到材料性能参数随频率的变化. 常用的材料动态力学性能的表征函数有储能模量 $G_1(\omega)$、损耗模量 $G_2(\omega)$ 和损耗因子 $\tan\delta$. 图 11.4 为固态聚合物动态储能模量随频率的变化曲线. 在低频情况下, G_1 较小 (约 10^5 Pa), 在高频情况下, G_1 相当大,能达到 10^9 Pa. 两种情况分别对应于前面所述的聚合物材料的橡胶态和玻璃态. 这两种情况下, G_1 都不会随着频率发生显著变化. 而在低频和高频中间某一频率范围内, G_1 随着频率增加会迅速增加, 表现出黏弹性状态. 对于损耗模量 G_2, 其在低频和高频情况下都很低, 甚至趋近于零. 同样在中间某一频率范围内, 损耗模量 G_2 开始逐渐增大. 材料的损耗因子 $\tan\delta = G_2(\omega)/G_1(\omega)$, 即等于损耗模量和储能模量的比值, 其随频率的变化曲线也会出现峰值, 峰值对应的频率要比损耗模量峰值对应的频率低一些.

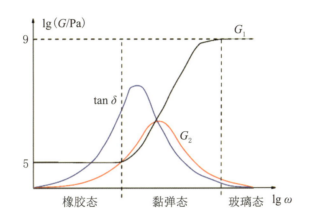

图 11.4 固态聚合物的动态储能模量随频率的变化曲线[176]

11.1.2 黏弹性力学性能的表征函数

从前面简述的蠕变和应力松弛现象的特点可以看到, 在一定的应力或应变作用下, 黏弹性材料的应变或应力响应均为时间的函数, 能够反映材料在简单阶跃载荷作用下的黏弹性力学行为. 因此, 根据材料的蠕变和应力松弛现象, 可以定义两个重要的材料函数: 蠕变柔量和松弛模量. 对于蠕变情况, 在阶跃应力的作用下, 材料随时间而变化的应变响应可以表示为

$$\varepsilon(t) = \sigma_0 J(t) \tag{11.1}$$

式中 $J(t)$ 为蠕变柔量. 一般来说, 蠕变柔量是随时间 t 单调增加的函数, 表示在单位恒应力条件下随时间不断增加的应变大小. 对于应力松弛情况, 材料受阶跃应变作用后随时间变化的应力响应为

$$\sigma(t) = \varepsilon_0 Y(t) \tag{11.2}$$

式中 $Y(t)$ 称为松弛模量. 一般来说, 松弛模量是随时间 t 单调递减的函数, 表示单位应变条件下随时间逐渐减小的应力大小. 蠕变柔量和松弛模量是反映黏弹性聚合物准静态力学行为的两个很重要的材料函数. 对于一定的应力或者应变下的线性黏弹性材料而言, 它们都只是时间 t 的函数, 而与外加应力或应变的幅值均无关, 可以分别通过在恒应力下的蠕变实验和恒应变下的应力松弛实验进行确定.

前面所述的蠕变柔量和松弛模量, 一般是通过准静态条件下的蠕变和应力松弛实验确定的. 这些实验所提供的材料力学行为的时间跨度可以为数十秒到十几年. 然而许多工程应用的聚合物材料包括本小节的研究对象磁流变弹性体, 所受外载荷的时间通常很短或者受到的是随时间交替变化的外加载荷. 因此研究聚合物材料的动态力学性能是非常必要的. 为了研究材料在稳态交变外力作用下黏弹性力学行为, 通常采用振荡的测试方法, 振荡的方式一般为正弦或余弦形式的交变应力或者应变.

如前所述, 若黏弹性材料所受的交变应变为

$$\varepsilon(t) = \varepsilon_0 e^{i\omega t} = \varepsilon_0 (\cos \omega t + i \sin \omega t) \tag{11.3}$$

式中 ε_0 为应变幅值, ω 为角速度. 讨论稳态条件下的情况, 其应力响应 $\sigma(t) = \sigma(i\omega)e^{i\omega t}$, $\sigma(i\omega)$ 为复应力幅值, 那么

$$\frac{\sigma(t)}{\varepsilon(t)} = \frac{\sigma(i\omega)e^{i\omega t}}{\varepsilon_0 e^{i\omega t}} = \frac{\sigma(i\omega)}{\varepsilon_0} = Y(i\omega) = Y_1(\omega) + iY_2(\omega) \tag{11.4}$$

式中 $Y(i\omega)$ 是复模量, 称为动态模量, 表示交变应变下材料的应力响应, 是黏弹性材料动态力学性能的重要标志之一. 对于剪切情况下的聚合物材料, 其剪切复模量通常可以表示为

$$G(i\omega) = G_1(\omega) + iG_2(\omega) \tag{11.5}$$

其中剪切复模量的实部 $G_1(\omega)$ 表示应力与应变同相位, 是振荡应变下材料因材料弹性而产生的能量存储, 因而 $G_1(\omega)$ 通常称为剪切储能模量. 与应变成相位差 $\pi/2$ 的应力相关的虚部 $G_2(\omega)$ 则称为剪切损耗模量, 表示振荡应变下材料因黏性所产生的能量损耗. 两个模量的比值, 即

$$\tan \delta = \frac{G_2(\omega)}{G_1(\omega)} \tag{11.6}$$

称为损耗因子,其中 δ 为应力滞后应变的相差. 同理可以定义复柔量的概念. 若材料受到振荡应力为

$$\sigma(t) = \sigma_0 e^{i\omega t} = \sigma_0(\cos\omega t + i\sin\omega t) \tag{11.7}$$

其应力响应为复应力幅值,那么

$$\frac{\varepsilon(t)}{\sigma(t)} = \frac{\varepsilon(i\omega)e^{i\omega t}}{\sigma_0 e^{i\omega t}} = \frac{\varepsilon(i\omega)}{\sigma_0} = J(i\omega) = J_1(\omega) - iJ_2(\omega) \tag{11.8}$$

式中 $J(i\omega)$ 是复模量,称为动态柔量,其物理意义是交变应力条件下材料的应力响应,同样是黏弹性材料动态力学性能的重要标志.

11.1.3 常用的黏弹性力学模型

黏弹性是兼具弹性固体和黏性流体的一种特殊力学行为. 力学模型能够简单而直观地表现出材料的黏弹性力学行为,因而被广泛应用. 理想弹性固体的力学行为可以采用满足 Hooke 定律的弹簧模型表示,其应力–应变关系为 $\sigma = k\varepsilon$,k 为弹性模量. 黏性部分可以用服从 Newton 黏性定律的黏壶模型表示,其应力–应变关系为 $\sigma = c\dot{\varepsilon}$,$c$ 表示黏壶的黏性系数,$\dot{\varepsilon} = d\varepsilon/dt$ 表示应变对时间的导数,即应变率. 弹簧和黏壶是黏弹性力学模型中两种基本的弹性和黏性元件. 材料的复杂黏弹性力学行为可以通过弹簧和黏壶两种基本元件通过各种组合而成的模型进行表征. 接下来介绍几种常用的黏弹性力学模型,同时分析各模型所呈现出的黏弹性特点,最后给出相应的几种材料性能函数的表达式.

(1) Maxwell 模型由弹簧和黏壶两个元件串联组成,如图 11.5 所示,由于元件的串联关系,其应力–应变关系满足

$$\sigma = k\varepsilon_1 = c\dot{\varepsilon}_2, \quad \varepsilon = \varepsilon_1 + \varepsilon_2 \tag{11.9}$$

联立以上两个式子,得到

$$\dot{\varepsilon} = \frac{\sigma}{c} + \frac{\dot{\sigma}}{k} \tag{11.10}$$

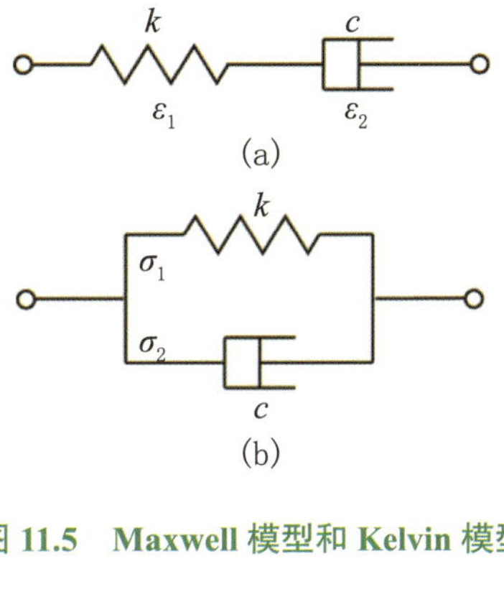

图 11.5 **Maxwell** 模型和 **Kelvin** 模型

上式即 Maxwell 模型的微分型本构方程.

蠕变特性:在阶跃恒应力 $\sigma(t) = \sigma_0 H(t)$ 的作用下,根据 Maxwell 模型的微分型本

构方程, Maxwell 模型的应变为

$$\varepsilon(t) = \frac{\sigma_0}{k} + \frac{\sigma_0}{c}t \tag{11.11}$$

由上式可以看到, 满足 Maxwell 模型的材料在阶跃恒应力 σ_0 作用下, 先产生一个瞬时弹性应变 σ_0/k, 随后应变随着时间不断线性增加, 增加率为 σ_0/c. 应变在一定应力下不断增大, 这是黏性流体的特征. 因此, 满足 Maxwell 模型的材料常常又称为 Maxwell 流体.

应力松弛特性: 在阶跃恒应变 $\varepsilon(t) = \varepsilon_0 H(t)$ 的作用下, 根据 Maxwell 模型的微分型本构方程, Maxwell 模型的应力为

$$\sigma(t) = k\varepsilon_0 \mathrm{e}^{-t/\tau}, \quad \tau = c/k \tag{11.12}$$

由上式可以看到, 突加应变 ε_0 后便有瞬时应力响应 $k\varepsilon_0$, 当应力不变时, 应力不断地按指数衰减, 并在足够长的时间后衰减到 0. 指数型衰减函数的特征时间为 $\tau = c/k$.

(2) Kelvin 模型由弹簧和黏壶两个基本元件并联组成, 亦称为 Kelvin-Voigt 模型. 如图 11.5(b) 所示, 根据元件并联的特点, 应力关系为 $\sigma = \sigma_1 + \sigma_2$, 应变关系为 $\varepsilon = \varepsilon_1 = \varepsilon_2$, 从而 Kelvin 模型的应力–应变关系满足

$$\sigma = k\varepsilon + c\dot{\varepsilon} \tag{11.13}$$

上式即 Kelvin 模型的微分型本构方程.

蠕变特性: 在阶跃恒应力 $\sigma(t) = \sigma_0 H(t)$ 的作用下, 根据 Kelvin 模型本构方程 (11.13), Kelvin 模型的应变为

$$\varepsilon(t) = \frac{\sigma_0}{k}\left(1 - \mathrm{e}^{-\frac{t}{\tau}}\right), \quad \tau = c/k \tag{11.14}$$

当 $t \to \infty$ 时, $\varepsilon(t) = \sigma_0/k$. 这说明经过足够长时间后, 材料会表现出固体理想弹性的特点, 因此满足 Kelvin 模型的材料常常又称为 Kelvin 固体.

应力松弛特性: 黏壶的应变需要时间, 不能像弹簧一样产生阶跃应变. Kelvin 模型中弹簧和黏壶为并联关系, 应变相同, 因此无法表现出材料的应力松弛过程.

综上, Maxwell 模型和 Kelvin 模型作为两种最简单的两参量黏弹性力学模型, 都能表现一定的黏弹性力学行为特征. Maxwell 模型能够较好地表现材料的应力松弛现象, 但对于蠕变现象仅能表现出流体的特点; Kelvin 模型则与之相反, 其能够表现出阶跃恒应力条件下材料的蠕变过程, 但是对于阶跃恒应变下材料的应力松弛现象却没有办法. 因此, 为了更加全面地描述黏弹性材料实际的黏弹性力学行为, 往往需要更多基本元件组合而成的多参量力学模型.

标准线性固体模型也称为三参量固体模型,如图 11.6 所示,有两种不同的组成形式: ① Kelvin 模型串联一个弹簧元件;② Maxwell 模型并联一个弹簧元件. 以 Kelvin 三参量固体模型为例,其应力–应变关系为

$$\varepsilon = \varepsilon_1 + \varepsilon_2, \quad \sigma = k_1\varepsilon_1 + c_1\dot{\varepsilon}_1 = k_2\varepsilon_2 \tag{11.15}$$

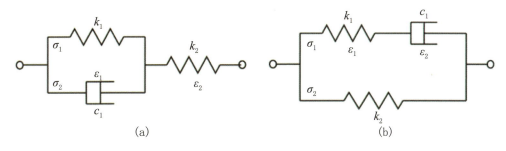

图 11.6　Kelvin 和 Maxwell 三参量固体模型

为求解以上微分方程,可以采用 Laplace 变换及其逆变换的方法进行简化推导. 应力 $\sigma(t)$ 和应变 $\varepsilon(t)$ 的 Laplace 变换分别记作 $\overline{\sigma}(s) = L[\sigma(t)]$ 和 $\overline{\varepsilon}(s) = L[\varepsilon(t)]$. 假设材料初始为零应力–应变状态,那么应力和应变关于时间的导数,即 $\dot{\sigma}(t)$ 和 $\dot{\varepsilon}(t)$ 的 Laplace 变换为 $L[\dot{\sigma}(t)] = s\overline{\sigma}(s) - \sigma(0) = s\overline{\sigma}(s), L[\dot{\varepsilon}(t)] = s\overline{\varepsilon}(s) - \varepsilon(0) = s\overline{\varepsilon}(s)$. 由此对微分方程 (11.15) 进行 Laplace 变换,有

$$\overline{\varepsilon} = \overline{\varepsilon}_1 + \overline{\varepsilon}_2, \quad \overline{\sigma} = k_1\overline{\varepsilon}_1 + c_1 s\overline{\varepsilon}_1 = k_2\overline{\varepsilon}_2 \tag{11.16}$$

解得

$$\overline{\varepsilon} = \overline{\sigma}\left(\frac{1}{k_1 + c_1 s} + \frac{1}{k_2}\right) \tag{11.17}$$

上式即 Laplace 变换后的 Kelvin 三参量固体的应力–应变关系,其材料函数,如蠕变柔量 $J(t)$、松弛模量 $Y(t)$ 均可以通过上式经过 Laplace 逆变换得到.

在蠕变情况下,$\sigma(t) = \sigma_0$,即 $\overline{\sigma}(s) = 1/s$,从而

$$\overline{\varepsilon}(s) = \frac{1}{s}\left(\frac{1}{k_1 + c_1 s} + \frac{1}{k_2}\right) \tag{11.18}$$

对上式进行 Laplace 逆变换,有

$$\varepsilon(t) = L^{-1}[\overline{\varepsilon}(s)] = \sigma_0\left(\frac{1}{k_1} + \frac{1}{k_2} - \frac{1}{k_1}\mathrm{e}^{-\frac{t}{\tau}}\right), \quad \tau = \frac{c_1}{k_1} \tag{11.19}$$

从而 Kelvin 三参量固体模型的蠕变柔量 $J_\mathrm{K}(t)$ 为

$$J_\mathrm{K}(t) = \frac{\varepsilon(t)}{\sigma_0} = \frac{1}{k_1} + \frac{1}{k_2} - \frac{1}{k_1}\mathrm{e}^{-\frac{t}{\tau}}, \quad \tau = \frac{c_1}{k_1} \tag{11.20}$$

在应力松弛情况下，$\varepsilon(t) = \varepsilon_0$，即 $\bar{\varepsilon}(s) = 1/s$，则得到

$$\bar{\sigma}(s) = \frac{1}{s}\left(\frac{1}{k_1 + c_1 s} + \frac{1}{k_2}\right)^{-1} \tag{11.21}$$

做 Laplace 逆变换后，有

$$\sigma(t) = L^{-1}[\bar{\sigma}(s)] = \varepsilon_0 \left(\frac{k_1 k_2}{k_1 + k_2} + \frac{k_2^2}{k_1 + k_2}\mathrm{e}^{-\frac{t}{\tau}}\right), \quad \tau = \frac{c_1}{k_1 + k_2} \tag{11.22}$$

从而其松弛模量 $Y_{\mathrm{K}}(t)$ 为

$$Y_{\mathrm{K}}(t) = \frac{k_1 k_2}{k_1 + k_2} + \frac{k_2^2}{k_1 + k_2}\mathrm{e}^{-t/\tau}, \quad \tau = \frac{c_1}{k_1 + k_2} \tag{11.23}$$

对于 Maxwell 三参量固体模型来说，Laplace 变换后的应力–应变关系为

$$\bar{\sigma} = \bar{\varepsilon}\left(\frac{k_1 c_1 s}{k_1 + c_1 s} + k_2\right) \tag{11.24}$$

同样，可以用 Laplace 逆变换的方法求得其蠕变柔量和松弛柔量分别为

$$J_{\mathrm{M}}(t) = \frac{1}{k_2} + \frac{1}{k_1 k_2 + k_1^2}\mathrm{e}^{-\frac{t}{\tau}}, \quad \tau = \frac{c_1(k_1 + k_2)}{k_1 k_2} \tag{11.25}$$

$$Y_{\mathrm{M}}(t) = k_2 + k_1 \mathrm{e}^{-t/\tau}, \quad \tau = \frac{c_1}{k_1} \tag{11.26}$$

综上，不管是 Kelvin 还是 Maxwell 三参量固体模型，其蠕变柔量和松弛模量的表达式都是类似的，都是单指数项的表达式，在黏弹性力学特征的表现形式上是一致的. 稍有区别的是，Kelvin 三参量固体模型便于分析蠕变现象，其蠕变柔量表达式 $J_{\mathrm{K}}(t)$ 的形式较为简单，蠕变的物理过程也易于理解. 而 Maxwell 三参量固体模型则便于分析材料的应力松弛现象，其松弛模量表达式也可以用参数直观表示出来. 因此，在具体分析材料的蠕变或者应力松弛现象时，可以灵活地选择.

值得说明的是，由 Kelvin 模型和一个黏壶串联，或者 Maxwell 模型和一个黏壶并联，可以组成黏弹性流体研究中常用的标准线性流体模型，或称为三参量流体模型. 因为本小节所研究的磁流变弹性体基体为固体聚合物材料，因此对三参量模型的相关黏弹性力学行为不再进行详细讲述，其分析方法和三参量固体模型是一致的.

多个 Maxwell 模型和弹簧元件并联或者多个 Kelvin 模型和弹簧元件串联而成的广义参数黏弹性力学模型，可以表征黏弹性材料的一般黏弹性力学行为，如图 11.7 所示.

(1) 广义 Maxwell 固体参数模型由 N 个简单 Maxwell 模型 (k_i, c_i) 和一个弹簧元件 (k_{N+1}) 并联而成，经过 Laplace 变换后，应力–应变关系为

$$\bar{\sigma} = \left(\frac{k_1 c_1 s}{k_1 + c_1 s} + \frac{k_2 c_2 s}{k_2 + c_2 s} + \cdots + \frac{k_N c_N s}{k_N + c_N s} + k_{N+1}\right)\bar{\varepsilon} \tag{11.27}$$

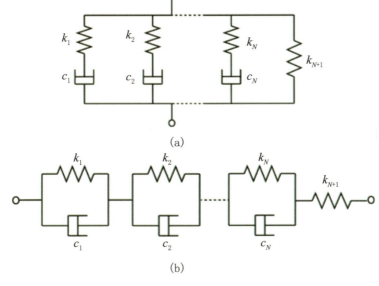

图 11.7 广义 Maxwell 和广义 Kelvin 固体参数模型

因此其蠕变柔量为

$$J(s) = \frac{1}{s} \cdot \frac{\bar{\varepsilon}}{\bar{\sigma}} = \frac{1}{s} \Big/ \left(\frac{k_1 c_1 s}{k_1 + c_1 s} + \frac{k_2 c_2 s}{k_2 + c_2 s} + \cdots + \frac{k_N c_N s}{k_N + c_N s} + k_{N+1} \right) \tag{11.28}$$

上式并没有显式的 Laplace 逆变换，也就是说，很难直接用模型参数将蠕变柔量表示为时间的函数 $J(t)$. 其松弛模量为

$$Y(s) = \frac{1}{s} \cdot \frac{\bar{\sigma}}{\bar{\varepsilon}} = \frac{1}{s} \cdot \left(\frac{k_1 c_1 s}{k_1 + c_1 s} + \frac{k_2 c_2 s}{k_2 + c_2 s} + \cdots + \frac{k_N c_N s}{k_N + c_N s} + k_{N+1} \right) \tag{11.29}$$

$$Y(t) = L^{-1}[Y(s)] = \sum_{i=1}^{N} k_i \mathrm{e}^{-t/(c_i/k_i)} + k_{N+1} \tag{11.30}$$

(2) 广义 Kelvin 固体参数模型由 N 个简单 Kelvin 模型 (k_i, c_i) 和一个弹簧元件 (k_{N+1}) 串联而成，经过 Laplace 变换后，应力-应变关系为

$$\left(\frac{1}{k_1 + c_1 s} + \frac{1}{k_2 + c_2 s} + \cdots + \frac{1}{k_N + c_N s} + \frac{1}{k_{N+1}} \right) \bar{\sigma} = \bar{\varepsilon} \tag{11.31}$$

因此其蠕变柔量为

$$J(s) = \frac{1}{s} \cdot \frac{\bar{\varepsilon}}{\bar{\sigma}} = \frac{1}{s} \cdot \left(\frac{1}{k_1 + c_1 s} + \frac{1}{k_2 + c_2 s} + \cdots + \frac{1}{k_N + c_N s} + \frac{1}{k_{N+1}} \right) \tag{11.32}$$

$$J(t) = L^{-1}[J(s)] = \sum_{i=1}^{N+1} \frac{1}{k_i} - \sum_{i=1}^{N} \frac{1}{k_i} \mathrm{e}^{-t/(c_i/k_i)} \tag{11.33}$$

其松弛模量为

$$Y(s) = \frac{1}{s} \cdot \frac{\bar{\sigma}}{\bar{\varepsilon}}$$

$$= \frac{1}{s} \Big/ \left(\frac{1}{k_1 + c_1 s} + \frac{1}{k_2 + c_2 s} + \cdots + \frac{1}{k_N + c_N s} + \frac{1}{k_{N+1}} \right) \tag{11.34}$$

上式无法通过 Laplace 逆变换显式地求出松弛模量关于时间的函数 $Y(t)$.

综合以上两部分的分析可以看到，对于一般的黏弹性固体而言，当研究材料的蠕变力学行为时，适宜采用广义的 Kelvin 固体参数模型，其蠕变柔量 $J(t)$ 能够用模型中的各特征参数进行显示的表达；而研究材料的应力松弛现象时，则适宜采用广义的 Maxwell 固体参数模型，其松弛模量 $Y(t)$ 能够用模型中的各特征参数进行显示的表达. 广义固体模型的个数 N 取决于材料具体的黏弹性特征.

另外，不管对于广义 Kelvin 固体参数模型的蠕变柔量 $J(t)$(式 (11.33)) 还是广义 Maxwell 固体参数模型的松弛模量 $Y(t)$(式 (11.30))，两者都有着相同的函数形式，即如下多指数项的函数形式：

$$P(t) = A_0 + A_1 \mathrm{e}^{-t/\tau_1} + \cdots + A_N \mathrm{e}^{-t/\tau_N}$$

$$= A_0 + \sum_{n=1}^{N} A_n \mathrm{e}^{-t/\tau_n} \tag{11.35}$$

以上函数形式也称为 Prony 级数. 在黏弹性力学分析中，可以直接用其分析蠕变柔量或者松弛模量，拟合参数与广义参数模型都有一定的对应关系.

11.2　考虑界面相作用的磁流变弹性体模型

本节将磁流变弹性体颗粒和基体之间的界面分为强结合界面和弱结合界面. 关于无磁场时磁流变弹性体的力学性能，首先引入代表性单元的概念，分析了强结合界面的平均应力应变场，给出强结合界面阻尼和模量的表达式；然后考虑到界面弱化对磁流变弹性体力学性能的影响，进行弱界面的修正，分析了弱结合界面的平均应力应变场，给出弱结合界面阻尼和模量的表达式. 关于磁场力引起的磁致效应，采用普遍接受的磁偶极子模型，分析了磁流变弹性体的磁致储能模量和磁机械滞后阻尼.

11.2.1 结合界面对磁流变弹性体力学性能的影响

当外加应力较小时,沿基体分布的应力小于临界剪切应力,图 11.8 是选取的磁流变弹性体的代表性单元内部结构示意图.

在外力作用下磁性颗粒和基体均发生弹性变形,基体没有发生屈服现象,不会出现滑移. 假设强结合界面所占比例为 φ,是关于应变、颗粒含量的函数,则弱结合界面所占比例为 $1-\varphi$,磁流变弹性体在受到远场均匀应力 σ 的作用时,在不考虑颗粒和基体相互作用的情况下,基体的本构关系为

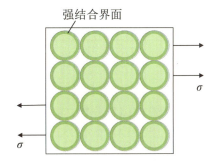

图 11.8 磁流变弹性体的代表性单元内部结构示意图

$$\sigma = E_m \varepsilon \tag{11.36}$$

在不考虑磁场作用时,磁流变弹性体相当于在无限大的基体中夹杂很多微小的颗粒,由于颗粒的相互作用会产生一个扰动应变 $\widetilde{\varepsilon_1}$,故基体中实际的应力受扰部分为

$$\widetilde{\sigma_1} = E_m \widetilde{\varepsilon_1} \tag{11.37}$$

由此,基体中的平均应力场为

$$\overline{\sigma_m} = \sigma + \widetilde{\sigma_1} = E_m(\varepsilon + \widetilde{\varepsilon_1}) \tag{11.38}$$

在磁流变弹性体中,颗粒的应力扰动包括单个颗粒的扰动和颗粒间相互作用产生的扰动,它比基体的扰动应变多了自身单个颗粒的扰动应变 $\widetilde{\varepsilon_2}$,颗粒的应力扰动可以表示为

$$\overline{\sigma_p} = \sigma + \widetilde{\sigma_1} + \widetilde{\sigma_2} = E_p(\varepsilon + \widetilde{\varepsilon_1} + \widetilde{\varepsilon_2}) \tag{11.39}$$

根据 Eshelby 等效夹杂原理,有

$$E_p(\varepsilon + \widetilde{\varepsilon_1} + \widetilde{\varepsilon_2}) = E_m(\varepsilon + \widetilde{\varepsilon_1} + \widetilde{\varepsilon_2} - \varepsilon^*) \tag{11.40}$$

式中 ε^* 为由于夹杂的存在引起的永久变形,称为本征应变. 对于椭球夹杂,Eshelby 证明在夹杂内部,本征应变是均匀的,而且在夹杂以外值为零. 采用 Eshelby 等效夹杂原

理,单个颗粒扰动应变 $\widetilde{\varepsilon_2}$ 和本征应变呈线性关系,即

$$\widetilde{\varepsilon_2} = S\varepsilon^* \tag{11.41}$$

式中 S 为四阶 Eshelby 张量,取决于基体材料的弹性性能和颗粒的几何形状. 根据式 (11.38)～式 (11.41),求得单个颗粒的应力扰动为

$$\widetilde{\sigma_2} = E_m (\widetilde{\varepsilon_2} - \varepsilon^*) = E_m (S - I)\varepsilon^* \tag{11.42}$$

式中 I 为四阶单位张量. 根据复合材料细观力学理论可知,磁流变弹性体的体积平均应力 $\overline{\sigma_{\mathrm{MRE}}}$ 为

$$\overline{\sigma_{\mathrm{MRE}}} = (1-\phi_1)\overline{\sigma_{\mathrm{m}}} + \phi_1 \overline{\sigma_{\mathrm{p}}} \tag{11.43}$$

式中 ϕ_1 为颗粒的体积分数. 将式 (11.38) 和式 (11.39) 代入式 (11.43),可得

$$\widetilde{\sigma_1} = -\phi_1 \widetilde{\sigma_2} \tag{11.44}$$

然后,结合式 (11.37) 和式 (11.42),式 (11.44) 可变成

$$\widetilde{\varepsilon_1} = -\phi_1 (S - I)\varepsilon^* \tag{11.45}$$

得到本征应变为

$$\varepsilon^* = A\varepsilon \tag{11.46}$$

其中

$$A = \left(E_m + \frac{E_p - E_m}{\phi_1 I + (1-\phi_1)S}\right)(E_m - E_p) \tag{11.47}$$

磁流变弹性体的平均应变为

$$\overline{\varepsilon_{\mathrm{MRE}}} = (1-\phi_1)\varepsilon_m + \phi_1 \varepsilon_p = \varepsilon + \phi_1 \varepsilon^* \tag{11.48}$$

其中 ε_m 和 ε_p 分别为基体和铁磁性颗粒的应变. 因此,磁流变弹性体的等效弹性模量 E_{MRE}^s 为

$$E_{\mathrm{MRE}}^s = \frac{E_m}{I + \phi_1 A} \tag{11.49}$$

为计算方便,将颗粒看作球形,得到磁流变弹性体的等效弹性模量

$$E_{\mathrm{MRE}}^s = E_m \left(1 + \frac{\phi_1 (E_p - E_m)}{E_m + \alpha_1 (1-\phi_1)(E_p - E_m)}\right) \tag{11.50}$$

对应储能模量可以表示为

$$G_{\mathrm{MRE}}^s = G_m \left(1 + \frac{\phi_1 (G_p - G_m)}{G_m + \beta_1 (1-\phi_1)(G_p - G_m)}\right) \tag{11.51}$$

其中 $\alpha_1 = (1+v_0)/(3(1-v_0))$, $\beta_1 = (2(4-5v_0))/(15(1-v_0))$, v_0 为基体的 Poisson 比. 由式 (11.50) 和式 (11.51) 可知, 非磁场条件下, 磁流变弹性体的弹性模量 $E_{\text{MRE}}^{\text{s}}$ 和储能模量 $G_{\text{MRE}}^{\text{s}}$ 与颗粒含量 ϕ_1、Poisson 比 v_0 以及颗粒和基体的弹性特性有关.

当磁流变弹性体所受应力较小时, 界面黏结牢固, 强结合界面阻尼 D_{I}^{s} 可表示为

$$D_{\text{I}}^{\text{s}} = \frac{8(1-v_0)}{3\pi(2-v_0)\sigma^2 V} \sum_{i=1}^{n} r_{\text{p}}^3 \sigma_i^2 \tag{11.52}$$

其中 V 是磁流变弹性体的体积, r_{p} 是铁磁性颗粒的直径, σ_i 是滑移方向上的应力分量. 为了简化计算, 定义应力集中系数为

$$\zeta = \frac{\sigma_i}{\sigma} = \frac{2r_{\text{p}}}{9E_{\text{p}}^2}\left((1+v_0)^2 \frac{\mathrm{d}P}{\mathrm{d}\theta}\left(1 - \frac{v_0}{1-v_0}\right)\right) \tag{11.53}$$

其中 P 是 Legendre 多项式.

在应变幅值较大时, 界面的作用尤为明显. 当外加应力较大时, 沿基体分布的应力大于临界剪切应力, 颗粒和基体结合强度减弱, 有些颗粒发生脱黏, 结合方式主要是弱结合界面 (图 11.9).

当强结合界面所占比例为 ϕ_1 时, 弱结合界面所占比例为 $1-\phi_1$. 结合磁流变弹性体微观结构, 在考虑颗粒和基体的相互作用的基础上, 分析大应变下沿颗粒的应力分布, 然后求出磁流变弹性体的平均应力分布, 从而得到磁流变弹性体的模量和阻尼表达式. 当滑移面上沿着滑移方向的切应力达到临界切应力时, 基体屈服, 导致界面相传递载荷能力降低, 沿颗粒段分布的

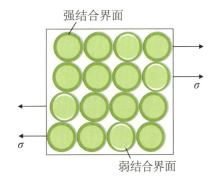

图 11.9 强、弱结合界面的磁流变弹性体

应力会比屈服前的应力分布偏小. 磁流变弹性体内部发生滑移. 临界切应力是滑移开始所需要的最小切应力, 主要取决于磁流变弹性体的基体材料和颗粒成分、微观结构和温度, 它是一个常量.[20]

弱界面上位移变化是不连续的. 根据强结合界面磁流变弹性体的本构方程, 界面弱化后磁流变弹性体的平均应力、应变分别为

$$\overline{\sigma_{\text{MRE}}} = (1-\phi_1)\overline{\sigma_{\text{m}}} + \phi_1\overline{\sigma_{\text{p}}} \tag{11.54}$$

$$\overline{\varepsilon_{\text{MRE}}} = (1-\phi_1)\varepsilon_{\text{m}} + \phi_1\varepsilon_{\text{p}} + \phi_1\widetilde{\varepsilon_{\text{I}}} \tag{11.55}$$

式中 $\widetilde{\varepsilon}_\mathrm{I}$ 为界面的应变扰动部分. 弱结合界面的等效方程为

$$E_\mathrm{p}\left(\varepsilon + \widetilde{\varepsilon}_1 + \widetilde{\varepsilon}_2 + \widetilde{\varepsilon}_\mathrm{I}\right) = E_\mathrm{m}\left(\varepsilon + \widetilde{\varepsilon}_1 + \widetilde{\varepsilon}_2 + \widetilde{\varepsilon}_\mathrm{I} - \varepsilon^*\right) \tag{11.56}$$

在弱结合界面上,引入修正的四阶 Eshelby 张量 S. 根据 Eshelby 等效夹杂原理,有

$$\widetilde{\varepsilon}_\mathrm{I} = S'\varepsilon^* \tag{11.57}$$

设 $\varepsilon + \widetilde{\varepsilon}_1 + \widetilde{\varepsilon}_2 = \varepsilon_0$,然后将式 (11.57) 代入式 (11.56) 并化简,可以得到

$$\left(-S' - \frac{E_\mathrm{m}}{E_\mathrm{p} - E_\mathrm{m}}\right)\varepsilon^* = \varepsilon_0 \tag{11.58}$$

设 $A = E_\mathrm{m}/(E_\mathrm{p} - E_\mathrm{m})$,则式 (11.58) 可变为

$$(-S' - A)\varepsilon^* = \varepsilon_0 \tag{11.59}$$

弱结合界面的应变 ε_I 可以用内部铁磁性颗粒的应变 ε_p 表示:

$$\varepsilon_\mathrm{I} = \varepsilon_\mathrm{p} \tag{11.60}$$

磁流变弹性体的平均应力 $\overline{\sigma_\mathrm{MRE}}$ 和平均应变 $\overline{\varepsilon_\mathrm{MRE}}$ 可分别表示为

$$\overline{\sigma_\mathrm{MRE}} = E_\mathrm{m}\left(\overline{\varepsilon_\mathrm{MRE}} - \phi_1\varepsilon^*\right) \tag{11.61}$$

$$\overline{\varepsilon_\mathrm{MRE}} = \varepsilon_\mathrm{m} + \phi_1 S'\varepsilon^* + \phi_1 S_\mathrm{I} E_\mathrm{p}\varepsilon_\mathrm{p} \tag{11.62}$$

其中 S_I 是界面的四阶 Eshelby 张量,可表示为

$$S_\mathrm{I} = \frac{\beta - \alpha}{5\alpha}\delta_{ij}\delta_{kl} + \left(\frac{\beta - \alpha}{5\alpha} + \frac{1}{2\alpha}\right)(\delta_{ik}\delta_{jl} + \delta_{il}\delta_{jk}) \tag{11.63}$$

将式 (11.59) 代入式 (11.63),可得等效弹性模量 $E_\mathrm{MRE}^\mathrm{w}$ 的表达式:

$$E_\mathrm{MRE}^\mathrm{w} = E_\mathrm{m}\left(I + \frac{\phi_1}{(I + \phi_1 S_\mathrm{I} E_\mathrm{p})(A + S_\mathrm{I}) - \phi_1(S' + S_\mathrm{I} E_\mathrm{p} S')}\right) \tag{11.64}$$

从而磁流变弹性体的等效弹性模量和储能模量可分别表示为

$$E_\mathrm{MRE}^\mathrm{w} = E_\mathrm{m}\left(1 + \frac{3\phi_1}{(1 - \phi_1)(\alpha_2 + 3\chi)}\right) \tag{11.65}$$

$$G_\mathrm{MRE}^\mathrm{w} = G_\mathrm{m}\left(1 + \frac{15\phi_1}{(1 - \phi_1)(\beta_2 + 30\chi)}\right) \tag{11.66}$$

其中 $\alpha_2 = (1 + v_0)/(1 - v_0)$,$\beta_2 = (8 - 10v_0)/(1 - v_0)$. 当界面为弱结合面时,必须对 Eshelby 张量进行修正.

本小节研究了在弱界面强度范围内出现的界面空洞情况. 当界面结合强度减弱到颗粒和基体发生脱黏, 甚至出现空洞时, 磁流变弹性体材料部分被破坏. 式 (11.65) 和式 (11.66) 中 χ 是界面相关参数, 其经验值为 0.3.

随着应力的增加, 铁磁性颗粒与基体之间的界面逐渐变成弱结合界面. 在磁流变弹性体界面阻尼效应中, 颗粒与基体之间存在相对滑移, 导致机械能的吸收. 弱结合界面的阻尼 D_I^w 可表示为

$$D_\mathrm{I}^\mathrm{w} = \frac{3\pi}{2} \frac{\mu_\mathrm{k} \sigma_r (\varepsilon - \varepsilon_\mathrm{cr}) \phi_1 E_\mathrm{MRE}^\mathrm{w}}{\sigma^2} \tag{11.67}$$

其中 μ_k 是摩擦系数, σ_r 是径向施加的应力分量, ε_cr 是界面临界应变. 对于弱结合界面, ε_cr 远小于 ε, 而且 $E_\mathrm{MRE}^\mathrm{w} = \sigma/\varepsilon$. 式 (11.67) 可简化为

$$D_\mathrm{I}^\mathrm{w} = \frac{3\pi}{2} \frac{\mu_\mathrm{k} \sigma_r \phi_1}{\sigma} \tag{11.68}$$

通过与强界面相似的计算, 应力集中系数 $\zeta = \sigma_r/\sigma$ 可由下式得出:

$$\begin{aligned}\zeta = \frac{\sigma_r}{\sigma} = &\frac{0.2 r_\mathrm{p}}{E_\mathrm{p}} \left(0.04\left(1 + \frac{2v_0}{1-v_0}\right) + 2.96\left(1 - \frac{v_0}{1-v_0}\right)P\right) \\ &\times \left(19.24\left(1 + \frac{2v_0}{1-v_0}\right) + 2.96\left(1 - \frac{v_0}{1-v_0}\right)P\right)\end{aligned} \tag{11.69}$$

其中 P 是 Legendre 多项式,

$$P(X) = \frac{3X^2 - 1}{2} = 0.625 \tag{11.70}$$

将式 (11.70) 代入式 (11.69), 可得 $\zeta \approx 1.3$. 在实际应用中, 由于外加载荷的不平衡, 磁流变弹性体不可避免地会扭转或弯曲, 其内部的应力分布不均匀. 因此这里引入修正因子 a 来修正扭转对磁流变弹性体的影响. 式 (11.68) 可简化为

$$D_\mathrm{I}^\mathrm{w} = \frac{3.9\pi}{2} a \mu_k \phi_1 \tag{11.71}$$

由于磁流变弹性体是一种颗粒-基体复合材料, 在没有磁场的情况下, 阻尼由本征阻尼和界面阻尼组成. 根据混合原理, 磁流变弹性体的本征阻尼 D_c 可以表示为颗粒和基体的本征阻尼 d_p 和 d_m 乘以它们各自的体积分数的总和. 设颗粒的总体积为 V_p, 基体的总体积为 V_m, 则磁流变弹性体的本征阻尼可表示为

$$D_\mathrm{c} = \frac{V_\mathrm{m} d_\mathrm{m} + V_\mathrm{p} d_\mathrm{p}}{V_\mathrm{m} + V_\mathrm{p}} = (1 - \phi_1) d_\mathrm{m} + \phi_1 d_\mathrm{p} \tag{11.72}$$

颗粒的本征阻尼由于远小于基体的本征阻尼, 可以忽略不计. 因此, 式 (11.72) 可以简化为

$$D_\mathrm{c} = (1 - \phi_1) d_\mathrm{m} \tag{11.73}$$

根据上式，颗粒的体积分数和基体的阻尼是影响磁流变弹性体本征阻尼的两个主要因素，它与基体的阻尼成正比，与颗粒的体积分数成反比.

事实上，强结合界面和弱结合界面常常在磁流变弹性体中是共存的. 根据混合原理，磁流变弹性体的界面阻尼 D_I 可以表示为

$$D_\mathrm{I} = \varphi D_\mathrm{I}^\mathrm{s} + (1-\varphi) D_\mathrm{I}^\mathrm{w} = \varphi \frac{3.125(1-v_0)}{\pi^2(2-v_0)}\phi_1 + (1-\varphi)\frac{3.9\pi}{2}a\mu_k\phi_1 \tag{11.74}$$

因为 $\varphi = (1-\phi_1)^{1/3}(1-\varepsilon)^{1/3}$，故式 (11.74) 可变形为

$$D_\mathrm{I} = \frac{3.9\pi}{2}a\mu_k\phi_1 + \left(\frac{3.125(1-v_0)}{\pi^2(2-v_0)} - \frac{3.9\pi}{2}a\mu_k\right)(1-\phi_1)^{1/3}(1-\varepsilon)^{1/3}\phi_1 \tag{11.75}$$

因此，利用上述本征阻尼和界面阻尼的表达式，在没有磁场的情况下，磁流变弹性体的阻尼 $D_\mathrm{MRE}^\mathrm{n}$ 可以由下式计算：

$$\begin{aligned}D_\mathrm{MRE}^\mathrm{n} &= (1-\phi_1)d_\mathrm{m} + \frac{3.9\pi}{2}a\mu_k\phi_1 \\ &\quad + \left(\frac{3.125(1-v_0)}{\pi^2(2-v_0)} - \frac{3.9\pi}{2}a\mu_k\right)(1-\phi_1)^{1/3}(1-\varepsilon)^{1/3}\phi_1\end{aligned} \tag{11.76}$$

综上，在无外加磁场的情况下，磁流变弹性体的弹性模量 $E_\mathrm{MRE}^\mathrm{n}$ 和储能模量 $G_\mathrm{MRE}^\mathrm{n}$ 可分别表示为

$$\begin{aligned}E_\mathrm{MRE}^\mathrm{n} &= \varphi E_\mathrm{MRE}^\mathrm{s} + (1-\varphi) E_\mathrm{MRE}^\mathrm{w} \\ &= \varphi E_\mathrm{m}\left(1 + \frac{\phi_1(E_\mathrm{p} - E_\mathrm{m})}{E_\mathrm{m} + \alpha_1(1-\phi_1)(E_\mathrm{p} - E_\mathrm{m})}\right) \\ &\quad + (1-\varphi)E_\mathrm{m}\left(1 + \frac{3\phi_1}{(1-\phi_1)(\alpha_2 + 3\chi)}\right)\end{aligned} \tag{11.77}$$

$$\begin{aligned}G_\mathrm{MRE}^\mathrm{n} &= \varphi G_\mathrm{MRE}^\mathrm{s} + (1-\varphi) G_\mathrm{MRE}^\mathrm{w} \\ &= \varphi G_\mathrm{m}\left(1 + \frac{\phi_1(G_\mathrm{p} - G_\mathrm{m})}{G_\mathrm{m} + \beta_1(1-\phi_1)(G_\mathrm{p} - G_\mathrm{m})}\right) \\ &\quad + (1-\varphi)G_\mathrm{m}\left(1 + \frac{15\phi_1}{(1-\phi_1)(\beta_2 + 30\chi)}\right)\end{aligned} \tag{11.78}$$

11.2.2 有磁场时磁流变弹性体的力学性能分析

在外加磁场条件下，利用磁偶极子模型计算磁流变弹性体的磁滞阻尼和剪切模量，并考虑界面的作用. 在外加应力的驱动下，颗粒在原磁场 H 方向偏离角度 θ，如图 11.10

所示,其中每个被磁化的铁磁性颗粒可以近似地看作一个磁偶极子. 在图 11.10(a) 中, r_0 是两个相邻颗粒之间的初始中心距离. 在图 11.10(b) 中, 施加外力后, 相邻颗粒之间的中心距离为 r.

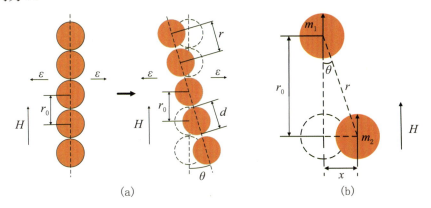

图 11.10 磁场中外加应力作用下磁偶极子的变化

(b) 是 (a) 的局部放大.

设 $|\boldsymbol{m}| = \pi H d^3/6$ 表示每个磁偶极子的磁偶极矩, $|\boldsymbol{r}|$ 表示矢量 $\boldsymbol{r}$ 的模, 颗粒的直径用 d 表示, 则两个磁偶极子之间的相互作用能可以表示为

$$U_{12} = \frac{|\boldsymbol{m}|^2 \left(1 - 3\cos^2\theta\right)}{4\pi\mu_0\mu_1 |\boldsymbol{r}|^3} = \frac{|\boldsymbol{m}|^2 \left(1 - 3\dfrac{r_0^2}{r_0^2 + x^2}\right)}{4\pi\mu_0\mu_1 \left(r_0^2 + x^2\right)^{3/2}} \tag{11.79}$$

其中 μ_0 和 μ_1 分别为真空和基体的磁导率. 链上的剪切应变可以表示为 $\varepsilon = x/r_0$. 假设每个球形颗粒都有相同的半径, 式 (11.79) 可以简化为

$$U_{12} = \frac{|\boldsymbol{m}|^2 \left(\varepsilon^2 - 2\right)}{4\pi\mu_0\mu_1 r_0^3 \left(1 + \varepsilon^2\right)^{5/2}} \tag{11.80}$$

那么磁流变弹性体的相互作用能 U_{MRE} 可以表示为

$$U_{\mathrm{MRE}} = \frac{nU_{12}}{V_{\mathrm{MRE}}} = \frac{9\phi_1|\boldsymbol{m}|^2(\varepsilon^2 - 2)}{\pi^2\mu_0\mu_1 d^3 r_0^3 (1 + \varepsilon^2)^{5/2}} \tag{11.81}$$

其中 $n = \phi_1 36 V_{\mathrm{MRE}}/(\pi d^3)$. 由磁场引起的附加剪切应力可从偏导数中获得,

$$\Delta\sigma = \frac{\partial U_{\mathrm{MRE}}}{\partial \varepsilon} = \frac{\phi_1 |\boldsymbol{m}|^2 \varepsilon \left(108 - 27\varepsilon^2\right)}{\pi^2 \mu_0 \mu_1 d^3 r_0^3 \left(1 + \varepsilon^2\right)^{7/2}} \tag{11.82}$$

特别地, 磁矩由 $|\boldsymbol{m}| = HV_{\mathrm{D}}$ 计算, 因此

$$\Delta\sigma = \frac{\phi_1 \varepsilon \left(12 - 3\varepsilon^2\right) H^2 d^3}{4\mu_0 \mu_1 r_0^3 \left(1 + \varepsilon^2\right)^{7/2}} \tag{11.83}$$

附加剪切模量 ΔG 可从另一个偏导数中获得,

$$\Delta G = \frac{\partial \Delta \sigma}{\partial \varepsilon} = \frac{\phi_1 H^2 d^3 \left(12\varepsilon^4 - 81\varepsilon^2 + 12\right)}{4\mu_0 \mu_1 r_0^3 \left(1+\varepsilon^2\right)^{9/2}} = \frac{9\phi_1 |\boldsymbol{m}|^2 \left(12\varepsilon^4 - 81\varepsilon^2 + 12\right)}{\pi^2 \mu_0 \mu_1 d^3 r_0^3 \left(1+\varepsilon^2\right)^{9/2}} \quad (11.84)$$

用 E_c 表示未施加外部荷载时磁流变弹性体的初始模量. 那么磁流变弹性体的机械磁滞阻尼 ΔD 可以表示为

$$\Delta D = \frac{4k\varepsilon}{3\pi E_c} = \frac{12\phi_1 |\boldsymbol{m}|^2 \varepsilon^2 \left(20\varepsilon^4 - 205\varepsilon^2 + 90\right)}{E_c \pi^3 \mu_0 \mu_1 d^3 r_0^3 \left(1+\varepsilon^2\right)^{11/2} + 9\pi \phi_1 |\boldsymbol{m}|^2 \left(4\varepsilon^4 - 27\varepsilon^2 + 4\right)\left(1+\varepsilon^2\right)} \quad (11.85)$$

其中 $\mu_0 = 4\pi \times 10^{-7}$ H/m 为真空的磁导率, $\mu_1 = 1$ 为硅橡胶的相对磁导率.

综上, 磁流变弹性体在外加磁场中的剪切模量 $G_{\text{MRE}}^{\text{m}}$ 和总体阻尼 $D_{\text{MRE}}^{\text{m}}$ 可以分别表示为

$$\begin{aligned}
G_{\text{MRE}}^{\text{m}} &= G_{\text{MRE}}^{\text{n}} + \Delta G \\
&= \varphi G_{\text{m}} \left(1 + \frac{\phi_1 (G_{\text{p}} - G_{\text{m}})}{G_{\text{m}} + \beta_1 (1-\phi_1)(G_{\text{p}} - G_{\text{m}})}\right) \\
&\quad + (1-\varphi) G_{\text{m}} \left(1 + \frac{15\phi_1}{(1-\phi_1)(\beta_2 + 30\chi)}\right) + \frac{9\phi_1 |\boldsymbol{m}|^2 \left(12\varepsilon^4 - 81\varepsilon^2 + 12\right)}{\pi^2 \mu_0 \mu_1 d^3 r_0^3 \left(1+\varepsilon^2\right)^{9/2}}
\end{aligned} \quad (11.86)$$

$$\begin{aligned}
D_{\text{MRE}}^{\text{m}} &= D_{\text{MRE}}^{\text{n}} + \Delta D \\
&= (1-\phi_1) d_{\text{m}} + \frac{3.9\pi}{2} a\mu_k \phi_1 + \left(\frac{3.125(1-v_0)}{\pi^2(2-v_0)} - \frac{3.9\pi}{2} a\mu_k\right)\varphi\phi_1 \\
&\quad + \frac{12\phi_1 |\boldsymbol{m}|^2 \varepsilon^2 \left(20\varepsilon^4 - 205\varepsilon^2 + 90\right)}{E_c \pi^3 \mu_0 \mu_1 d^3 r_0^3 \left(1+\varepsilon^2\right)^{11/2} + 9\pi \phi_1 |\boldsymbol{m}|^2 \left(4\varepsilon^4 - 27\varepsilon^2 + 4\right)\left(1+\varepsilon^2\right)}
\end{aligned} \quad (11.87)$$

通过将相应的参数代入方程, 可以发现剪切模量 $G_{\text{MRE}}^{\text{m}}$ 和总体阻尼 $D_{\text{MRE}}^{\text{m}}$ 与磁场强度 H、剪切应变 ε 和颗粒含量 ϕ_1 有关.

11.2.3 界面力学模型的讨论分析

本小节基于动态机械分析仪的测试结果, 并对推导出的力学公式进行分析, 通过对比理论结果和实验测试结果, 验证模型的有效性, 详细分析颗粒含量、磁场强度以及外加应变等因素对磁流变弹性体力学性能的影响.

通过模型分析可得磁流变弹性体的弹性模量、储能模量是铁磁性颗粒含量及粒径、应变幅值、磁场强度的函数, 总体阻尼是关于铁磁性颗粒含量、应变幅值、磁场强度的函

数. 研究表明影响磁流变弹性体力学性能的因素有很多, 包括不同的制备条件、应用环境、微观结构设计等 (图 11.11).

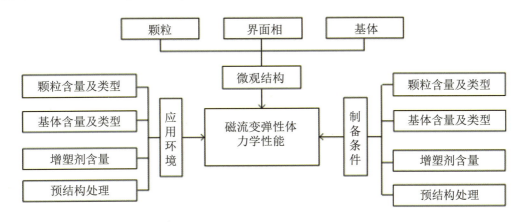

图 11.11 影响磁流变弹性体力学性能的因素

不同制备条件对磁流变弹性体力学性能的影响已经有了大量的报道, 研究表明颗粒含量越高的磁流变弹性体, 其磁致储能模量的改变量也越大, 即磁流变效应越强. 常用的基体材料有天然橡胶和硅橡胶, 两者各有优缺点: 一般地, 天然橡胶的机械性能较好, 磁流变效应相对不强, 而硅橡胶的磁流变效应虽强, 但是机械性能较差, 不利于工程应用. 大量的研究报告表明, 由于磁流变弹性体具有磁致黏弹性, 磁流变弹性体力学性能具有明显的磁场依赖性和应变依赖性, 同时也受到温度的影响. 此外, 磁流变弹性体的微观结构也受到国内外学者的广泛关注, 颗粒间以及颗粒和基体之间的相互作用对其力学性能有着非常重要的影响. 比如, 磁偶极子模型和修正的磁偶极子模型就是针对颗粒间的磁相互作用进行研究的, 并获得了很多成果.[44]

1. 应变幅值对剪切储能模量和阻尼因子的影响

在不同的动态应变下, 基于磁流变弹性体减振降噪的装置往往表现出不同的力学性能. 在频率为 0.5 Hz 时, 分别施加 0.1%, 0.2%, 0.3%, 0.4%, 0.5%, 0.8%, 1%, 1.5% 和 2% 的动态应变, 测得质量分数 70% 的磁流变弹性体的储能模量和损耗因子. 图 11.12(a) 给出了储能模量和应变幅值的关系, 可以看出储能模量随着应变幅值的增大而减小, 说明当外加应变幅值增加时, 颗粒间距增大, 导致相互作用力减小, 储能模量也会相应减小. 当外加磁场强度为 400 mT 时, 在小应变 0.1% 下, 储能模量约为 5.2×10^5 Pa. 储能模量在应变幅值 ε 为 2.0% 时减小到 4.7×10^5 Pa. 根据式 (11.86), 分子和分母中应变的最高阶分别为 6 和 9, 因此储能模量随着应变的增加而降低. 图 11.12(b) 将储能模量和应变关系的实验和理论结果进行对比,理论结果和实验结果较为吻合. 实验结果与理论结果的偏差在图 11.12(b) 中给出,用条形图表示. 实验结果与理论结果的最大误差约为 0.8×10^5 Pa,最小误差小于 0.4×10^5 Pa. 由于制备条件不理想,颗粒与基体结合不紧密,理论结果与实验结果相比有点偏高.

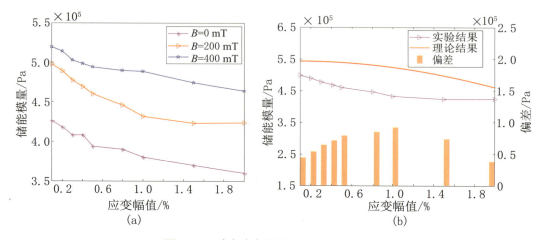

图 11.12　动态应变幅值对储能模量的影响

(a) 不同磁场强度下的测试结果; (b) 理论和实验结果对比.

图 11.12(a) 还给出了 MRE-3 样品的储能模量与磁场强度之间的关系. 在这些实验结果中,储能模量随磁场强度的增加而增加. 在小应变 0.1% 下,零磁场的初始储能模量约为 4.25×10^5 Pa. 当外加磁场强度为 400 mT 时,储能模量达到 5.2×10^5 Pa. 其原因是铁磁性颗粒在外磁场中受到磁化,粒子间的磁相互作用增加,磁致模量相应增加.

MRE-4 样品在不同磁场强度下的阻尼因子 (以损耗角正切表示) 与动态应变之间的关系如图 11.13(a) 所示. 动态应变对阻尼因子的影响不明显. 随着应变幅值的增大,阻尼因子的变化较小且不规则. 损耗角正切接近于 0.20 的定值. 将图 11.13(b) 中的实验结果与理论结果进行了比较,揭示了它们之间的相互一致性. 在式 (11.87) 中,分子和分母中应变的最高阶均为 6,因此动态应变对阻尼因子的影响很弱. 理论结果表明,损耗角正切随应变幅值的增大而增大,但在 1.99~2.04 范围内. 此外,图 11.13(b) 中的柱状图表示实验和理论结果的偏差,最大误差约为 0.013,其对磁流变阻尼器阻尼性能的影响可以忽略不计. 实验结果再次验证了模型的正确性.

2. 磁场强度对剪切储能模量和阻尼因子的影响

对颗粒含量为 50%,60%,70% 和 80% 的磁流变弹性体样品进行了测试,分析了颗粒含量、储能模量和磁通密度之间的关系. 图 11.14(a) 给出了不同颗粒含量的磁流变弹性体的储能模量与磁场强度之间的关系,可以看出,颗粒含量越高,储能模量越大,当增大到某一值后便不再增加. 在一定的颗粒含量下,储能模量随磁感应强度的增加而不断增大,直至颗粒饱和. 在实验结果中,铁颗粒的饱和磁感应强度约为 400 mT. 由图 11.14(b) 中的实验结果与理论结果,发现它们在 400 mT 之前是相互一致的,将饱和磁感应强度设定为 400 mT,储能模量的最大误差约为 0.4×10^5 Pa,可以通过提高铁颗粒的饱和磁场强度来修正.

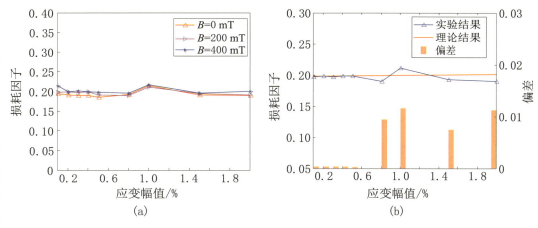

图 11.13　应变幅值对损耗因子的影响

(a) 不同磁通密度下的测试结果; (b) 理论和实验结果对比.

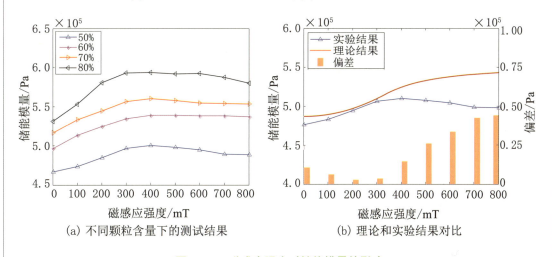

(a) 不同颗粒含量下的测试结果　　　　(b) 理论和实验结果对比

图 11.14　磁感应强度对储能模量的影响

图 11.15(a) 给出了阻尼因子和磁感应强度的关系,结果表明,当外磁场增加时,损耗因子略微增加,但是没有明显的依赖关系. 图 11.15(b) 将损耗因子和磁感应强度关系的实验结果和理论结果进行对比,表明理论结果和实验结果比较吻合,验证了理论计算的正确性. 从图 11.13 和图 11.15(a) 可以看出,损耗因子接近于 0.19~0.20 内的一个常数

值. 根据式 (11.87)，磁流变弹性体的阻尼 $D_{\text{MRE}}^{\text{m}}$ 与磁感应强度有关. 然而，由于磁感应强度在式 (11.87) 的分子和分母都是二次方的，因此磁场对阻尼因子的影响很弱. 根据理论计算，损耗因子约为 0.20. 在图 11.15(b) 中，在一定的应变幅度下，阻尼因子可以看作一个常数. 最大误差小于 0.006，表明实验结果与理论结果吻合良好.

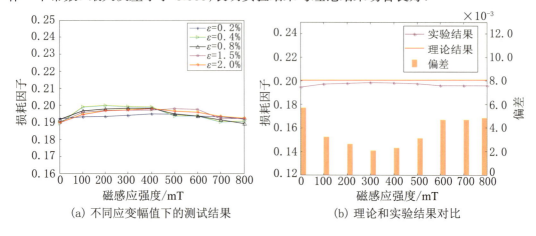

图 11.15　磁感应强度对损耗因子的影响

3. 颗粒含量对储能模量和阻尼因子的影响

图 11.16(a) 给出了不同磁场强度下磁流变弹性体的颗粒含量与储能模量关系的实验结果，可以看出，颗粒含量越高，储能模量越大. 实验结果与图 11.14 中的实验结果有一定的一致性. 由图 11.16(b) 可知，实验结果与理论预测的储能模量随颗粒含量的增加而增加的趋势一致. 理论计算对颗粒含量对储能模量的影响具有预测意义.

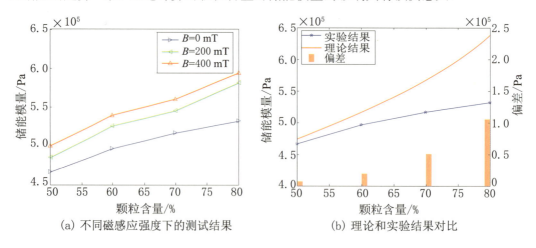

图 11.16　颗粒含量对储能模量的影响

11.3 基于连续介质力学的磁流变弹性体模型

本节基于连续介质力学,提出了一种描述各向同性磁流变弹性体的磁力耦合行为且满足热力学第二定律的唯象模型. 其中,模型中涉及的材料参数可以通过实验测试结果拟合获得. 然后,基于商用有限元软件 ABAQUS,开发了模型对应的力磁耦合用户子单元程序,并通过具体案例对模型进行了详细描述. 在本节中,用小写希腊字母表示标量,黑斜拉丁字母表示一阶和二阶张量,大写黑斜字母表示三阶张量,大写黑斜拉丁字母表示四阶张量.

11.3.1 连续介质力学基本方程和热力学第二定律

由于磁流变弹性体自身的大变形和力磁耦合行为的复杂性,采用连续介质力学理论对其力磁耦合行为进行描述. 首先对大变形运动学基本方程和电磁学基本方程进行了介绍;随后,基于热力学第二定律的 Clausius-Planck 表达,推导得到了满足热力学第二定律兼容性的应力、磁场强度和黏度演化规律的函数表达.

如图 11.17 所示,无荷载情况下的构型为参考构型 $\Omega_{\text{reference}}$,施加荷载后,各向同性磁流变弹性体发生变形,从参考构型运动到当前构型 Ω_{current},对应的变形梯度为

$$\boldsymbol{F} = \partial \chi(\boldsymbol{X}, t)/\partial \boldsymbol{x} \qquad (11.88)$$

其中 $\boldsymbol{X}$ 和 $\boldsymbol{x}$ 表示参考构型和当前构型中材料点的位置矢量,χ 表示材料点的运动函数. 考虑到模型后续的有限元实现,我们假设各向同性磁流变弹性体是几乎不可压缩的. 基于该假定,将变形梯度 $\boldsymbol{F}$ 以乘法分

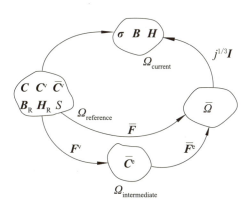

图 11.17 各向同性磁流变弹性体的参考、中间和当前构型示意图以及和构型对应的矢量张量图示

解的形式解耦为体积改变部分 $J = \det(\boldsymbol{F})$ 和体积不变部分 $\overline{\boldsymbol{F}}$. [45] 该方法最初是由 Flory 提出的,随后 Lubliner, Simo 和 Taylor 等学者沿用了该方法. 和体积不变变形梯度对应的右 Cauchy-Green 应变张量为 $\overline{\boldsymbol{C}} = \overline{\boldsymbol{F}}^{\mathrm{T}} \overline{\boldsymbol{F}}$,其中上标 T 表示二阶张量的转置. 另外,为模拟各向同性磁流变弹性体的非线性黏弹行为,我们还引入了一个中间构型 $\Omega_{\mathrm{intermediate}}$. 遵循经典有限变形非弹性理论的框架[46-50],$\overline{\boldsymbol{F}}$ 进一步按照乘法分解的形式解耦为黏性部分 $(\overline{\boldsymbol{F}}^{\mathrm{v}})$ 和弹性部分 $(\overline{\boldsymbol{F}}^{\mathrm{e}})$

$$\overline{\boldsymbol{F}} = \overline{\boldsymbol{F}}^{\mathrm{e}} \overline{\boldsymbol{F}}^{\mathrm{v}} \tag{11.89}$$

和上述乘法分解对应的体积不变弹性和黏性右 Cauchy-Green 应变张量为 $\overline{\boldsymbol{C}}^{\mathrm{e}} = \overline{\boldsymbol{F}}^{\mathrm{e}\mathrm{T}} \overline{\boldsymbol{F}}^{\mathrm{e}}$ 和 $\overline{\boldsymbol{C}}^{\mathrm{v}} = \overline{\boldsymbol{F}}^{\mathrm{v}\mathrm{T}} \overline{\boldsymbol{F}}^{\mathrm{v}}$. 图 11.17 中的符号 $\boldsymbol{S}$ 表示二阶 Piola-Kirchhoff 应力张量,$\boldsymbol{\sigma} = J^{-1} \boldsymbol{F} \boldsymbol{S} \boldsymbol{F}^{\mathrm{T}}$ 是当前构型中的 Cauchy 应力张量. 图 11.17 中的 $\boldsymbol{B}_{\mathrm{R}}$ 和 $\boldsymbol{H}_{\mathrm{R}}$ 分别代表参考构型中磁通密度和磁场强度,当前构型中的对应项为 $\boldsymbol{B}$ 和 $\boldsymbol{H}$. 根据非线性力磁耦合理论[51],当前构型和参考构型中的磁场变量通过

$$\boldsymbol{B}_{\mathrm{R}} = J \boldsymbol{F}^{-1} \boldsymbol{B} \tag{11.90}$$

$$\boldsymbol{H}_{\mathrm{R}} = \boldsymbol{F}^{\mathrm{T}} \boldsymbol{H} \tag{11.91}$$

相互转换.

Dorfmann 和 Ogden [51] 所推导结果表明,$\boldsymbol{B}$ 和 $\boldsymbol{H}$ 的边界条件为

$$\boldsymbol{n} \times [\![\boldsymbol{H}]\!] = \boldsymbol{0} \tag{11.92}$$

$$\boldsymbol{n} \cdot [\![\boldsymbol{B}]\!] = 0 \tag{11.93}$$

其中 $[\![\cdot]\!] = (\cdot)^{\mathrm{outside}} - (\cdot)^{\mathrm{MRE}}$,$\boldsymbol{n}$ 是沿磁通密度方向磁流变弹性体和自由空间界面处的法向. outside 和 MRE 上标分别代表位于外界和磁流变弹性体材料内部的变量. 在真空中,有

$$\boldsymbol{B} = \mu_0 \boldsymbol{H} \tag{11.94}$$

其中 $\mu_0 = 1.256 \times 10^{-6}$ T·m/A 为真空的磁导率.

基于连续介质力学基本约定,我们假定各向同性磁流变弹性体单位参考体积内的 Helmholtz 自由能为 Φ. 为了描述力磁耦合超弹性行为、磁化、磁相关黏弹性行为以及 Maxwell 对总应力的贡献,我们采取了和 Haldar[52], Bustamante [53] 类似的做法,将 Φ 解耦为四部分:

$$\Phi = \Phi^{\mathrm{me}} + \Phi^{\mathrm{mve}} + \Phi^{\mathrm{m}} + \Phi^{\mathrm{vol}} \tag{11.95}$$

其中 Φ^{me} 为力磁耦合超弹自由能,Φ^{mve} 为磁相关黏弹自由能,Φ^{m} 为纯磁能,Φ^{vol} 为体积改变自由能. 遵从非线性力磁耦合理论框架[51],Helmholtz 自由能定义为 $\overline{\boldsymbol{C}}$ 和 $\boldsymbol{H}_{\mathrm{R}}$ 的

函数,和自由能函数对应的 Clausius-Planck 形式的热力学第二定律不等式[52-53] 为

$$-\dot{\Phi} - \boldsymbol{B}_{\mathrm{R}} \cdot \dot{\boldsymbol{H}}_{\mathrm{R}} + \frac{1}{2}\boldsymbol{S}:\dot{\boldsymbol{C}} \geqslant 0 \tag{11.96}$$

其中居中点号是矢量点乘符号,双点号是二阶张量缩并符号,上标点号则代表物质时间导数. 对于 $\Phi^{\mathrm{me}},\Phi^{\mathrm{m}}$ 和 Φ^{vol} 而言,整个过程是完全可逆且无熵增的,因此

$$-\dot{\Phi}^{\mathrm{me}} - \dot{\Phi}^{\mathrm{m}} - \dot{\Phi}^{\mathrm{vol}} - \boldsymbol{B}_{\mathrm{R}}^{\mathrm{eq}} \cdot \dot{\boldsymbol{H}}_{\mathrm{R}}^{\mathrm{eq}} + \frac{1}{2}\boldsymbol{S}^{\mathrm{eq}}:\dot{\boldsymbol{C}} = 0 \tag{11.97}$$

其中 $\boldsymbol{B}_{\mathrm{R}}^{\mathrm{eq}}$ 和 $\boldsymbol{S}^{\mathrm{eq}}$ 是和自由能对应的磁通密度和二阶 Piola-Kirchhoff 应力. 利用链式法则,可得

$$-\boldsymbol{S}^{\mathrm{eq}} = \boldsymbol{S}^{\mathrm{me}} + \boldsymbol{S}^{\mathrm{m}} + \boldsymbol{S}^{\mathrm{vol}} = 2\frac{\partial \Phi^{\mathrm{me}}}{\partial \boldsymbol{C}} + 2\frac{\partial \Phi^{\mathrm{m}}}{\partial \boldsymbol{C}} + \frac{\partial \Phi^{\mathrm{vol}}}{\partial \boldsymbol{C}} \tag{11.98}$$

$$\boldsymbol{B}_{\mathrm{R}}^{\mathrm{eq}} = \boldsymbol{B}_{\mathrm{R}}^{\mathrm{me}} + \boldsymbol{B}_{\mathrm{R}}^{\mathrm{m}} = -\frac{\partial \Phi^{\mathrm{me}}}{\partial \boldsymbol{H}_{\mathrm{R}}} - \frac{\partial \Phi^{\mathrm{m}}}{\partial \boldsymbol{H}_{\mathrm{R}}} \tag{11.99}$$

由于黏弹性行为是不可逆的,因此

$$-\dot{\Phi}^{\mathrm{mve}} - \boldsymbol{B}_{\mathrm{R}}^{\mathrm{mve}} \cdot \dot{\boldsymbol{H}}_{\mathrm{R}} + \frac{1}{2}\boldsymbol{S}^{\mathrm{mve}}:\dot{\boldsymbol{C}} \geqslant 0 \tag{11.100}$$

其中 $\boldsymbol{B}_{\mathrm{R}}^{\mathrm{mve}}$ 和 $\boldsymbol{S}^{\mathrm{mve}}$ 是对应的非平衡态磁通密度和二阶 Piola-Kirchhoff 应力. 注意到 Φ^{mve} 实际上是 $\overline{\boldsymbol{F}}^{\mathrm{e}}$ 和 $\boldsymbol{H}_{\mathrm{R}}$ 的函数,因此,式(11.100)可以改写为

$$-\frac{\partial \Phi^{\mathrm{mve}}}{\partial \overline{\boldsymbol{C}}^{\mathrm{e}}}:\dot{\overline{\boldsymbol{C}}}^{\mathrm{e}} - \frac{\partial \Phi^{\mathrm{mve}}}{\partial \boldsymbol{H}_{\mathrm{R}}} \cdot \dot{\boldsymbol{H}}_{\mathrm{R}} - \boldsymbol{B}_{\mathrm{R}}^{\mathrm{mve}} \cdot \dot{\boldsymbol{H}}_{\mathrm{R}} + \frac{1}{2}\boldsymbol{S}^{\mathrm{mve}}:\dot{\boldsymbol{C}} \geqslant 0 \tag{11.101}$$

式(11.89)表明

$$\overline{\boldsymbol{C}}^{\mathrm{e}} = \overline{\boldsymbol{F}}^{\mathrm{v}-\mathrm{T}}\,\overline{\boldsymbol{F}}\boldsymbol{F}^{\mathrm{v}-1} \tag{11.102}$$

$$\dot{\overline{\boldsymbol{C}}}^{\mathrm{e}} = \overline{\boldsymbol{F}}^{\mathrm{v}-\mathrm{T}}\,\dot{\overline{\boldsymbol{F}}^{\mathrm{v}\mathrm{T}}}\,\overline{\boldsymbol{F}}^{\mathrm{v}-\mathrm{T}}\,\overline{\boldsymbol{C}}\overline{\boldsymbol{F}}^{\mathrm{v}-1} + \overline{\boldsymbol{F}}^{\mathrm{v}-\mathrm{T}}\,\dot{\overline{\boldsymbol{C}}}\overline{\boldsymbol{F}}^{\mathrm{v}-1} \overline{\dot{\boldsymbol{F}}^{\mathrm{v}}}\,\overline{\boldsymbol{F}}^{\mathrm{v}-1} + \overline{\boldsymbol{F}}^{\mathrm{v}-\mathrm{T}}\,\dot{\overline{\boldsymbol{C}}}\overline{\boldsymbol{F}}^{\mathrm{v}-1} \tag{11.103}$$

将式(11.103)代入式(11.101),同时利用

$$\frac{\partial \overline{\boldsymbol{C}}}{\partial \boldsymbol{C}} = J^{-2/3}\boldsymbol{P}^{\mathrm{T}} \tag{11.104}$$

可得到

$$\boldsymbol{S}^{\mathrm{mve}} = 2J^{-2/3}\boldsymbol{P}:\overline{\boldsymbol{F}}^{\mathrm{v}-1}\frac{\partial \Phi^{\mathrm{mve}}}{\partial \overline{\boldsymbol{C}}^{\mathrm{e}}}\overline{\boldsymbol{F}}^{\mathrm{v}-\mathrm{T}} \tag{11.105}$$

$$\boldsymbol{B}_{\mathrm{R}}^{\mathrm{mve}} = -\frac{\partial \Phi^{\mathrm{mve}}}{\partial \boldsymbol{H}_{\mathrm{R}}} \tag{11.106}$$

其中 $\boldsymbol{P} = \boldsymbol{\mathcal{I}} - \frac{1}{3}\boldsymbol{C} \otimes \boldsymbol{C}^{-1}$ 是二阶张量投影到参考构型所对应的转置算符. $\boldsymbol{\mathcal{I}}$ 是四阶单位张量,$\otimes$ 代表张量积算子. 和式(11.101)相对应的能量耗散公式为

$$D_{\text{dissipation}}^{\text{mve}} = \overline{\boldsymbol{F}}^{\text{v}^{-1}} \frac{\partial \varPhi^{\text{mve}}}{\partial \overline{\boldsymbol{C}}^{\text{e}}} \overline{\boldsymbol{F}}^{\text{v}^{-\text{T}}} : \left(\overline{\dot{\overline{\boldsymbol{F}}^{\text{vT}}}} \overline{\boldsymbol{F}}^{\text{v}^{-\text{T}}} \overline{\boldsymbol{C}} + \overline{\boldsymbol{C}} \overline{\boldsymbol{F}}^{\text{v}^{-1}} \dot{\overline{\boldsymbol{F}}^{\text{v}}} \right) \geqslant 0 \tag{11.107}$$

由于

$$\overline{\boldsymbol{F}}^{\text{v}^{-1}} \frac{\partial \varPhi^{\text{mve}}}{\partial \overline{\boldsymbol{C}}^{\text{e}}} \overline{\boldsymbol{F}}^{\text{v}^{-\text{T}}} = \left(\overline{\boldsymbol{F}}^{\text{v}^{-1}} \frac{\partial \varPhi^{\text{mve}}}{\partial \overline{\boldsymbol{C}}^{\text{e}}} \overline{\boldsymbol{F}}^{\text{v}^{-\text{T}}} \right)^{\text{T}} \tag{11.108}$$

以及

$$\left(\dot{\overline{\boldsymbol{F}}^{\text{vT}}} \overline{\boldsymbol{F}}^{\text{v}^{-\text{T}}} \overline{\boldsymbol{C}} \right)^{\text{T}} = \overline{\boldsymbol{C}} \overline{\boldsymbol{F}}^{\text{v}^{-1}} \dot{\overline{\boldsymbol{F}}^{\text{v}}} \tag{11.109}$$

式(11.107)可化简为

$$D_{\text{dissipation}}^{\text{mve}} = \overline{\boldsymbol{F}}^{\text{v}^{-1}} \frac{\partial \varPhi^{\text{mve}}}{\partial \overline{\boldsymbol{C}}^{\text{e}}} \overline{\boldsymbol{F}}^{\text{v}^{-\text{T}}} : 2\overline{\boldsymbol{C}} \overline{\boldsymbol{F}}^{\text{v}^{-1}} \dot{\overline{\boldsymbol{F}}^{\text{v}}} \geqslant 0 \tag{11.110}$$

将式(11.89)代入式(11.110),可得

$$\begin{aligned}
D_{\text{dissipation}}^{\text{mve}} &= 2\overline{\boldsymbol{F}}^{-1} \overline{\boldsymbol{F}}^{\text{e}} \frac{\partial \varPhi^{\text{mv}}}{\partial \overline{\boldsymbol{C}}^{\text{e}}} \overline{\boldsymbol{F}}^{\text{e}^{\text{T}}} \overline{\boldsymbol{F}}^{-\text{T}} : \overline{\boldsymbol{C}} \overline{\boldsymbol{F}}^{\text{v}^{-1}} \dot{\overline{\boldsymbol{F}}^{\text{v}}} \\
&= 2\overline{\boldsymbol{F}}^{\text{e}} \frac{\partial \varPhi^{\text{mv}}}{\partial \overline{\boldsymbol{C}}^{\text{e}}} \overline{\boldsymbol{F}}^{\text{e}^{\text{T}}} : \overline{\boldsymbol{F}}^{-\text{T}} \overline{\boldsymbol{C}} \overline{\boldsymbol{F}}^{\text{v}^{-1}} \dot{\overline{\boldsymbol{F}}^{\text{v}}} \overline{\boldsymbol{F}}^{-1} \\
&= 2\overline{\boldsymbol{F}}^{\text{e}} \frac{\partial \varPhi^{\text{mv}}}{\partial \overline{\boldsymbol{C}}^{\text{e}}} \overline{\boldsymbol{F}}^{\text{e}^{\text{T}}} : \overline{\boldsymbol{F}}^{\text{e}} \dot{\overline{\boldsymbol{F}}^{\text{v}}} \overline{\boldsymbol{F}}^{\text{v}^{-1}} \overline{\boldsymbol{F}}^{\text{e}^{-1}}
\end{aligned} \tag{11.111}$$

定义 Kirchhoff 黏弹性应力

$$\boldsymbol{\tau}^{\text{mve}} = 2\overline{\boldsymbol{F}}^{\text{e}} \frac{\partial \varPhi^{\text{mve}}}{\partial \overline{\boldsymbol{C}}^{\text{e}}} \overline{\boldsymbol{F}}^{\text{e}^{\text{T}}} \tag{11.112}$$

将式(11.112)代入式(11.111),可得

$$\begin{aligned}
D_{\text{dissipation}}^{\text{mve}} &= \boldsymbol{\tau}^{\text{mve}} : \overline{\boldsymbol{F}}^{\text{e}} \dot{\overline{\boldsymbol{F}}^{\text{v}}} \overline{\boldsymbol{F}}^{\text{v}^{-1}} \overline{\boldsymbol{F}}^{\text{e}^{-1}} \\
&= \boldsymbol{\tau}^{\text{mve}} : \overline{\boldsymbol{F}}^{\text{e}} \dot{\overline{\boldsymbol{F}}^{\text{v}}} \overline{\boldsymbol{F}}^{\text{v}^{-1}} \overline{\boldsymbol{F}}^{\text{e}^{\text{T}}} \overline{\boldsymbol{F}}^{\text{e}^{-\text{T}}} \overline{\boldsymbol{F}}^{\text{e}^{-1}} \\
&= \boldsymbol{\tau}^{\text{mve}} \overline{\boldsymbol{b}}^{\text{e}^{-1}} : \overline{\boldsymbol{F}}^{\text{e}} \dot{\overline{\boldsymbol{F}}^{\text{v}}} \overline{\boldsymbol{F}}^{\text{v}^{-1}} \overline{\boldsymbol{F}}^{\text{e}^{\text{T}}}
\end{aligned} \tag{11.113}$$

其中 $\overline{\boldsymbol{b}}^{\text{e}^{-1}} = \overline{\boldsymbol{F}}^{\text{e}^{-\text{T}}} \overline{\boldsymbol{F}}^{\text{e}^{-1}}$ 是体积不变 Cauchy-Green 弹性应变张量. 令 $\varPhi^{\text{mve}}$ 是一个各向同性标量函数,则 $\boldsymbol{\tau}^{\text{mve}}$ 和 $\overline{\boldsymbol{b}}^{\text{e}}$ 同轴,因此

$$\boldsymbol{\tau}^{\text{mve}} \overline{\boldsymbol{b}}^{\text{e}^{-1}} = \left(\boldsymbol{\tau}^{\text{mve}} \overline{\boldsymbol{b}}^{\text{e}^{-1}} \right)^{\text{T}} \tag{11.114}$$

通过式(11.89),可得

$$\overline{F}^{\mathrm{e}}\dot{\overline{F}^{\mathrm{v}}}\overline{F}^{\mathrm{v}-1}\overline{F}^{\mathrm{e T}} = \frac{1}{2}\overline{F}^{\mathrm{e}}\left(\dot{\overline{F}^{\mathrm{v}}}\overline{F}^{\mathrm{v}-1} + \overline{F}^{\mathrm{v}-\mathrm{T}}\dot{\overline{F}^{\mathrm{v}}}\overline{F}^{\mathrm{v}-1}\right)\overline{F}^{\mathrm{e T}}$$
$$+ \frac{1}{2}\left(\overline{F}^{\mathrm{e}}\dot{\overline{F}^{\mathrm{v}}}\overline{F}^{\mathrm{v}-1}\overline{F}^{\mathrm{e T}} - \left(\overline{F}^{\mathrm{e}}\dot{\overline{F}^{\mathrm{v}}}\overline{F}^{\mathrm{v}-1}\overline{F}^{\mathrm{e T}}\right)^{\mathrm{T}}\right)$$
$$= -\frac{1}{2}\overline{F}\,\dot{\overline{C}^{\mathrm{v}-1}}\,\overline{F}^{\mathrm{T}} + \frac{1}{2}\mathrm{skew}\left(\overline{F}^{\mathrm{e}}\dot{\overline{F}^{\mathrm{v}}}\overline{F}^{\mathrm{v}-1}\overline{F}^{\mathrm{e T}}\right) \quad (11.115)$$

其中 skew 代表偏张量算子. 基于 $\boldsymbol{\tau}^{\mathrm{mve}}\overline{\boldsymbol{b}}^{\mathrm{e}-1} = \left(\boldsymbol{\tau}^{\mathrm{mve}}\overline{\boldsymbol{b}}^{\mathrm{e}-1}\right)^{\mathrm{T}}$ 和式(11.115), 式(11.113)可化简为

$$D_{\mathrm{dissipation}}^{\mathrm{mve}} = -\boldsymbol{\tau}^{\mathrm{mve}}\overline{\boldsymbol{b}}^{\mathrm{e}-1} : \frac{1}{2}\overline{F}\,\dot{\overline{C}^{\mathrm{v}-1}}\,\overline{F}^{\mathrm{T}} \geqslant 0 \quad (11.116)$$

定义 $\pounds_{\mathrm{v}}\overline{\boldsymbol{b}}^{\mathrm{e}} = \overline{F}\,\dot{\overline{C}^{\mathrm{v}-1}}\,\overline{F}^{\mathrm{T}}$, 其中 $\pounds_{\mathrm{v}}$ 表示逆变张量的 Lie 变换算符. 进而可以得到和黏弹性自由能对应的、简化版的 Clausius-Planck 形式的热力学不等式[54-55]

$$-\boldsymbol{\tau}^{\mathrm{mve}} : 0.5\pounds_{\mathrm{v}}\overline{\boldsymbol{b}}^{\mathrm{e}} \cdot \overline{\boldsymbol{b}}^{\mathrm{e}-1} \geqslant 0 \quad (11.117)$$

为了使得式(11.117)得到满足, 令

$$0.5\pounds_{\mathrm{v}}\overline{\boldsymbol{b}}^{\mathrm{e}} \cdot \overline{\boldsymbol{b}}^{\mathrm{e}-1} = \left(\frac{1}{2\eta_{\mathrm{mve}}}\left(\mathcal{I} - \frac{1}{3}\boldsymbol{I}\otimes\boldsymbol{I}\right) + \frac{1}{9\eta_{\mathrm{v}}}\boldsymbol{I}\otimes\boldsymbol{I}\right) : \boldsymbol{\tau}^{\mathrm{mve}} \quad (11.118)$$

其中 η_{mve} 和 η_{v} 分别代表和体积不变部分相应的偏黏度以及和体积改变部分相应的体积黏度, $\boldsymbol{I}$ 是二阶单位张量. 一般而言, 黏弹性变形是体积不变的, 因此, 只需采用式(11.118)中的黏弹性应力偏量部分和对应的偏黏度确定黏度应变率的演化规律. 即

$$\pounds_{\mathrm{v}}\overline{\boldsymbol{b}}^{\mathrm{e}} \cdot \overline{\boldsymbol{b}}^{\mathrm{e}-1} = \frac{\mathrm{dev}\left(\boldsymbol{\tau}^{\mathrm{mve}}\right)}{\eta_{\mathrm{mve}}} \quad (11.119)$$

其中 dev 代表当前构型中的偏量算符. 因此, 满足热力学第二定律相容性的唯一条件是 $\eta_{\mathrm{mve}} \geqslant 0$.

11.3.2 超弹力磁耦合模型

本构模型中描述各向同性磁流变弹性体力磁耦合行为用到的张量不变量[52, 56-58]有

$$\overline{I}_1 = \mathrm{tr}(\overline{\boldsymbol{C}}), \quad \overline{I}_1^{\mathrm{e}} = \mathrm{tr}(\overline{\boldsymbol{C}}^{\mathrm{e}}), \quad I_3 = \det(\boldsymbol{C}) \quad (11.120)$$
$$I_4 = \boldsymbol{I} : \boldsymbol{H}_{\mathrm{R}}\otimes\boldsymbol{H}_{\mathrm{R}}, \quad I_5 = \boldsymbol{I} : \boldsymbol{H}\otimes\boldsymbol{H} = \boldsymbol{C}^{-1} : \boldsymbol{H}_{\mathrm{R}}\otimes\boldsymbol{H}_{\mathrm{R}} \quad (11.121)$$

其中 tr 表示对二阶张量求迹.

在构建模型时,各向同性磁流变弹性体视为均质材料. 首先,纯磁能部分的自由能函数表达式为

$$\Phi^{\mathrm{m}} = -m_0 m_1 \ln \cosh\left(\frac{\sqrt{I_5}}{m_1}\right) - \frac{\mu_0}{2} J I_5 \tag{11.122}$$

其中右边第一项用于反映各向同性磁流变弹性体的磁化行为,第二项用于反映施加磁场后产生的 Maxwell 力对总应力的贡献. m_0 和 m_1 通过实验测试进行识别. 对于目前的磁相关超弹部分,整个过程是完全可逆的. 利用

$$\frac{\partial I_5}{\partial \boldsymbol{C}} = -\boldsymbol{C}^{-1} \boldsymbol{H}_{\mathrm{R}} \otimes \boldsymbol{C}^{-1} \boldsymbol{H}_{\mathrm{R}}, \quad \frac{\partial I_5}{\partial \boldsymbol{H}_{\mathrm{R}}} = 2\boldsymbol{C}^{-1} \boldsymbol{H}_{\mathrm{R}} \tag{11.123}$$

以及式(11.90)、式(11.98)、式(11.99)和 $\boldsymbol{\sigma} = J^{-1} \boldsymbol{F} \boldsymbol{S} \boldsymbol{F}^{\mathrm{T}}$,可得

$$\boldsymbol{B}^{\mathrm{MRE}} = J^{-1} \boldsymbol{F} \boldsymbol{B}_{\mathrm{R}}^{\mathrm{MRE}} = -J^{-1} \boldsymbol{F} \frac{\partial \Phi^{\mathrm{m}}}{\partial \boldsymbol{H}_{\mathrm{R}}} = \left(J^{-1} m_0 \tanh\left(\frac{\sqrt{I_5}}{m_1}\right) \frac{1}{\sqrt{I_5}} + \mu_0\right) \boldsymbol{H}^{\mathrm{MRE}} \tag{11.124}$$

和

$$\begin{aligned}\boldsymbol{\sigma}^{\mathrm{m}} =& J^{-1} \boldsymbol{F} \boldsymbol{S}^{\mathrm{m}} \boldsymbol{F}^{\mathrm{T}} = 2J^{-1} \boldsymbol{F} \frac{\partial \Phi^{\mathrm{m}}}{\partial \boldsymbol{C}} \boldsymbol{F}^{\mathrm{T}} \\ =& J^{-1} \left(m_0 \tanh\left(\frac{\sqrt{I_5}}{m_1}\right) \frac{1}{\sqrt{I_5}}\right) \boldsymbol{H}^{\mathrm{MRE}} \otimes \boldsymbol{H}^{\mathrm{MRE}} \\ &+ \left(\mu_0 \boldsymbol{H}^{\mathrm{MRE}} \otimes \boldsymbol{H}^{\mathrm{MRE}} - \frac{\mu_0}{2} \left(\boldsymbol{H}^{\mathrm{MRE}} \cdot \boldsymbol{H}^{\mathrm{MRE}}\right) \boldsymbol{I}\right)\end{aligned} \tag{11.125}$$

其中 $\boldsymbol{B}^{\mathrm{MRE}}$ 和 $\boldsymbol{\sigma}^{\mathrm{m}}$ 分别表示由 Φ^{m} 所贡献的磁通密度和 Cauchy 应力. 由于基于加法形式的磁能自由能函数无法充分体现各向同性磁流变弹性体模量的磁致增强效应,因此将磁场和橡胶材料经典的超弹自由能函数以一种乘法的形式进行耦合,

$$\Phi^{\mathrm{me}} = \left(1 + g_{\mathrm{me}} \tanh\left(\frac{\sqrt{I_4}}{M_{\mathrm{s\_e}}}\right)\right) \Phi^{\mathrm{e}} \tag{11.126}$$

以描述各向同性磁流变弹性体模量的磁致增强行为. 其中 Φ^{e} 是传统橡胶材料和磁场无关的经典超弹自由能函数,g_{me} 和 $M_{\mathrm{s\_e}}$ 是反映磁场对 Φ^{e} 磁致增强行为的材料参数. 由于各向同性磁流变弹性体表现出来的应变强化效应,因此,采用 Yeoh 超弹模型来描述这一趋势. Yeoh 模型的自由能函数为

$$\Phi^{\mathrm{e}} = \mu_{\mathrm{e}} \left(\left(\bar{I}_1 - 3\right) + d_2 \left(\bar{I}_1 - 3\right)^2 + d_3 \left(\bar{I}_1 - 3\right)^3\right) \tag{11.127}$$

其中 μ_{e} 表示位于参考构型中的储能模量,d_2 和 d_3 则反映材料的应变强化行为. 为了保证自由能函数的准凸性,d_2 和 d_3 必须满足非负的限制条件.

将式(11.126)和式(11.127)代入式(11.98)和式(11.99),并且利用 $\boldsymbol{\sigma} = J^{-1}\boldsymbol{FSF}^{\mathrm{T}}$,可得

$$\boldsymbol{\sigma}^{\mathrm{me}} = 2J^{-1}\mu_{\mathrm{e}}\left(1 + g_{\mathrm{me}}\tanh\left(\frac{\sqrt{I_4}}{M_{\mathrm{s\_e}}}\right)\right)\left(1 + 2d_2(\overline{I}_1^{\mathrm{e}} - 3) + 3d_3(\overline{I}_1^{\mathrm{e}} - 3)^2\right)\mathrm{dev}\,(\overline{\boldsymbol{b}}) \tag{11.128}$$

$$\boldsymbol{B}^{\mathrm{me}} = J^{-1}\frac{\mu_{\mathrm{e}}g_{\mathrm{me}}}{M_{\mathrm{s\_e}}\sqrt{I_4}}\left(\tanh^2\left(\frac{\sqrt{I_4}}{M_{\mathrm{s\_e}}}\right) - 1\right)$$
$$\cdot\left((\overline{I}_1^{\mathrm{e}} - 3) + d_2(\overline{I}_1^{\mathrm{e}} - 3)^2 + d_3(\overline{I}_1^{\mathrm{e}} - 3)^3\right)\boldsymbol{b}\boldsymbol{H}^{\mathrm{MRE}} \tag{11.129}$$

11.3.3 磁相关非线性黏弹模型

在对各向同性磁流变弹性体的磁性相关超弹性行为进行建模之后,本小节对其磁相关非线性黏弹性行为进行建模. 图 11.18 是具有力磁耦合超弹性和黏弹性行为本构模型一维流变示意图. 之前开发的各向同性磁流变弹性体的理论模型[52, 58-61] 均采用了 η_{mve} 为恒定值的假设. 然而,在本模型中,基于实验测试和理论分析结果,提出了一个与加载过程相关 (磁场及黏弹性应力) 的黏度系数演化规律,以描述各向同性磁流变弹性体的非线性磁相关动态力学行为.

根据图 11.19 的加载条件,首先将简单剪切的变形梯度 $\boldsymbol{F}$ 设为

$$\boldsymbol{F} = \begin{bmatrix} 1 & 0 & 0 \\ \gamma & 1 & 0 \\ 0 & 0 & 1 \end{bmatrix} \tag{11.130}$$

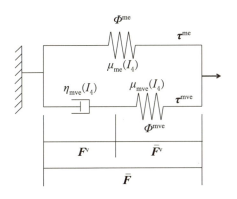

图 11.18 各向同性磁流变弹性体本构模型一维流变示意图

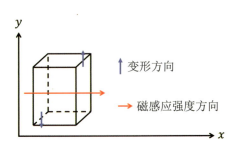

图 11.19 各向同性磁流变弹性体简单剪切测试设置示意图

其中 γ 代表剪切应变幅值,因此 $J=1$,进而等容变形梯度 $\overline{\boldsymbol{F}} = \boldsymbol{F}$,相应的等容性变形梯度 $\overline{\boldsymbol{F}}^{\mathrm{v}}$ 和弹性变形梯度 $\overline{\boldsymbol{F}}^{\mathrm{e}}$ 分别为

$$\overline{\boldsymbol{F}}^{\mathrm{v}} = \begin{bmatrix} 1 & 0 & 0 \\ \gamma^{\mathrm{v}} & 1 & 0 \\ 0 & 0 & 1 \end{bmatrix}, \quad \overline{\boldsymbol{F}}^{\mathrm{e}} = \begin{bmatrix} 1 & 0 & 0 \\ \gamma^{\mathrm{e}} & 1 & 0 \\ 0 & 0 & 1 \end{bmatrix} \tag{11.131}$$

其中 γ^{v} 和 γ^{e} 分别是相应的黏性和弹性剪切应变,将式(11.130)和 $\overline{\boldsymbol{F}}^{\mathrm{v}}$ 代入式(11.119),可得

$$\frac{\tau_{12}^{\mathrm{mve}}}{\eta_{\mathrm{mve}}} = \dot{\gamma}^{\mathrm{v}} \tag{11.132}$$

假设 $\varPhi^{\mathrm{mve}}$ 和 $\varPhi^{\mathrm{me}}$ 的形式相同,

$$\varPhi^{\mathrm{mve}} = \mu_{\mathrm{ve}}\left(1 + g_{\mathrm{mve}}\tanh\left(\frac{\sqrt{I_4}}{M_{\mathrm{s\_ve}}}\right)\right)\left((\overline{I}_1^{\mathrm{e}} - 3) + d_2(\overline{I}_1^{\mathrm{e}} - 3)^2 + d_3(\overline{I}_1^{\mathrm{e}} - 3)^3\right) \tag{11.133}$$

其中 μ_{ve} 表示黏弹性单元的储能模量,$\overline{I}_1^{\mathrm{e}} = \mathrm{tr}(\overline{\boldsymbol{C}}^{\mathrm{e}})$,$g_{\mathrm{mve}}$ 和 $M_{\mathrm{s\_ve}}$ 是反映所施加磁场对黏弹性自由能影响的材料参数.根据式(11.112),对应的黏弹性剪切应力 τ_{12}^{mve} 为

$$\tau_{12}^{\mathrm{mve}} = 2\mu_{\mathrm{mve}}\left(\gamma^{\mathrm{e}} + 2d_2(\gamma^{\mathrm{e}})^3 + 3d_3(\gamma^{\mathrm{e}})^5\right) \tag{11.134}$$

其中 $\mu_{\mathrm{mve}} = \mu_{\mathrm{ve}}\left(1 + g_{\mathrm{mve}}\tanh\left(\sqrt{I_4}/M_{\mathrm{s\_ve}}\right)\right)$ 表示黏弹性单元磁场激励下的黏弹性储能模量.在应力松弛的加载阶段,应变率相对较高,图 11.19 中的黏壶单元可以视为刚性元件.因此,在加载阶段,$\gamma^{\mathrm{e}} \approx \gamma$.加载阶段中的总剪切应力 $\tau_{12}^{\mathrm{loading}}$ 可近似表示为

$$\tau_{12}^{\mathrm{loading}} = \tau_{12}^{\mathrm{mve\_loading}} + \tau_{12}^{\mathrm{equilibrium}} = 2(\mu_{\mathrm{me}} + \mu_{\mathrm{mve}})\left(\gamma + 2d_2\gamma^3 + 3d_3\gamma^5\right) \tag{11.135}$$

其中 $\mu_{\mathrm{me}} = \mu_{\mathrm{e}}\left(1 + g_{\mathrm{me}}\tanh\left(\sqrt{I_4}/M_{\mathrm{s\_e}}\right)\right)$ 代表弹性单元磁场激励下的等效弹性储能模量.相反,在准静态实验中,应变率相对较慢.在这种情况下,只有超弹性部分对总应力有贡献,因此

$$\tau_{12}^{\mathrm{equilibrium}} = 2\mu_{\mathrm{me}}\left(\gamma + 2d_2\gamma^3 + 3d_3\gamma^5\right) \tag{11.136}$$

为了获取 η_{mve} 的具体数值,如式(11.132)所示,应首先获取 τ_{12}^{mve} 和 $\dot{\gamma}^{\mathrm{v}}$ 的具体数值.根据式(11.134)~式(11.136)的推导,并结合准静态和引力松弛测试结果,我们采用如下步骤获取 η_{mve} 的具体数值.首先,我们通过准静态测试结果参数识别获得式(11.136)中的材料参数 $\mu_{\mathrm{e}}, g_{\mathrm{me}}, M_{\mathrm{s\_e}}$,然后利用式(11.136)获取不同磁场作用下的平衡态剪切应力 $\tau_{12}^{\mathrm{equilibrium}}$.随后,应力松弛实验加载阶段的黏弹性剪切应力 $\tau_{12}^{\mathrm{mve\_loading}}$ 通过

$$\tau_{12}^{\mathrm{mve\_loading}} = \tau_{12}^{\mathrm{loading}} - \tau_{12}^{\mathrm{equilibrium}} \tag{11.137}$$

求解. 而磁场下的黏弹性储能模量 μ_{mve} 通过拟合应力松弛实验加载阶段的 $\tau_{12}^{\text{mve\_loading}}-\gamma$,

$$\tau_{12}^{\text{mve\_loading}} = 2\mu_{\text{mve}}\left(\gamma + 2d_2\gamma^3 + 3d_3\gamma^5\right) \quad (11.138)$$

获取. 得到 μ_{mve} 的具体数值后, 通过求解式(11.134)确定弹性应变 γ^{e}. 利用已知的 γ 和 γ^{e}, 可以进一步确定黏性应变 γ^{v} 及其速率 $\dot{\gamma}^{\text{v}}$. 最后, 通过 τ_{12}^{mve} 和 $\dot{\gamma}^{\text{v}}$, 确定 η_{mve}. 为了方便理解, 和上述步骤相对应的、用于确定黏度演变规律的算法列于表 11.1.

表 11.1 用于确定各向同性磁流变弹性体样品黏度演变规律的算法

步 骤	所 用 公 式	使用的实验数据/材料参数
1. 计算 $\tau_{12}^{\text{equilibrium}}$	$\tau_{12}^{\text{equilibrium}} = 2\mu_{\text{me}}\left(\gamma + 2d_2\gamma^3 + 3d_3\gamma^5\right)$	准静态材料参数
2. 确定 $\tau_{12}^{\text{mve\_loading}}$	$\tau_{12}^{\text{mve\_loading}} = \tau_{12}^{\text{loading}} - \tau_{12}^{\text{equilibrium}}$	应力松弛测试结果
3. 确定 μ_{mve}	$\tau_{12}^{\text{mve\_loading}} = 2\mu_{\text{mve}}\left(\gamma + 2d_2\gamma^3 + 3d_3\gamma^5\right)$	步骤 2 计算所得应力、应变数据
4. 确定 γ^{e}	$\tau_{12}^{\text{mve}} = 2\mu_{\text{mve}}\left(\gamma^{\text{e}} + 2d_2(\gamma^{\text{e}})^3 + 3d_3(\gamma^{\text{e}})^5\right)$	应力松弛测试结果
5. 确定 γ^{v} 和 $\dot{\gamma}^{\text{v}}$	$\gamma^{\text{v}} = \gamma - \gamma^{\text{e}}$	γ^{e} 从步骤 4 获得
6. 确定 η_{mve}	$\eta_{\text{mve}} = \tau_{12}^{\text{mve}}/\dot{\gamma}^{\text{v}}$	τ_{12}^{mve} 来自步骤 4, $\dot{\gamma}^{\text{v}}$ 来自步骤 5

根据表 11.1, 计算得到黏弹性应力 τ_{12}^{mve} 与黏性应变率 $\dot{\gamma}^{\text{v}}$, 如图 11.20 所示. 我们采用 MATLAB 中的函数平滑命令来减少实验噪声对测试结果的干扰. 显然, τ_{12}^{mve} 和 $\dot{\gamma}^{\text{v}}$ 之间存在明显的非线性关系. 根据式(11.132), 点 $(\tau_{12}^{\text{mve}},\dot{\gamma}^{\text{v}})$ 和坐标原点 (0,0) 之间的割线斜率对应黏度系数. 通过比较不同磁场和应变幅度下的割线斜率, 我们可以得出如下两个结论:

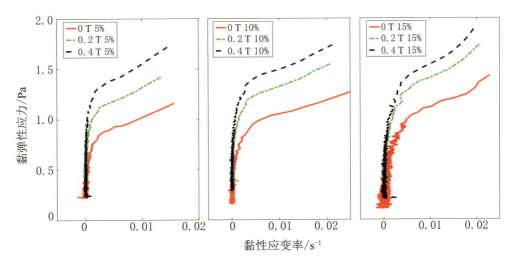

图 11.20 不同磁场和应变幅度下各向同性磁流变弹性体的黏弹性应力与黏弹性应变率的关系

① 对于给定的磁通密度,随着黏弹性应力的增加而减小;
② 对于给定的黏弹性应力,随磁通密度的增加而增加.

为了描述各向同性磁流变弹性体的磁相关非线性黏弹性行为,基于上述分析结果,提出一个与加载过程相关的修正 Eyring 黏弹性模型[62]. 黏度系数的更新法则为

$$\eta_{\mathrm{mve}} = \eta_{\mathrm{ve}} \left(\frac{\tau^{\mathrm{m\_activation}}}{\|\mathrm{dev}(\boldsymbol{\tau}^{\mathrm{mve}})\|} \sinh\left(\frac{\|\mathrm{dev}(\boldsymbol{\tau}^{\mathrm{mve}})\|}{\tau^{\mathrm{m\_activation}}}\right) \right)^{-1} \quad (11.139)$$

其中 η_{ve} 是零磁场作用下的黏度,符号 $\|\cdot\|$ 表示二阶张量的 Hilbert-Schmidt 范数. 由于黏弹性变形通常视为体积不变的[63-64],我们只选取 Kirchhoff 黏弹性应力偏量 $\mathrm{dev}(\boldsymbol{\tau}^{\mathrm{mve}})$ 来反映由于黏弹性应力增加所导致的剪切变稀效应. 符号 $\tau^{\mathrm{m\_activation}}$ 代表磁相关活化应力

$$\tau^{\mathrm{m\_activation}} = \tau^{\mathrm{activation}} \left(1 + g_{\mathrm{mve}} \tanh\left(\frac{\sqrt{I_4}}{M_{\mathrm{s\_ve}}}\right)\right) \quad (11.140)$$

其中 $\tau^{\mathrm{activation}}$ 对应零磁场作用下的活化应力. 由于 η_{mve} 的值随 $\|\mathrm{dev}(\boldsymbol{\tau}^{\mathrm{mve}})\|/\tau^{\mathrm{m\_activation}}$ 增加而减小,图 11.20 中反映的趋势可由式(11.139)和式(11.140)来描述. 此外,当 $\tau^{\mathrm{m\_activation}}$ 接近无穷大时,式(11.139)和式(11.140)退化为有限应变下具有恒定黏度 η_{ve} 的经典 Maxwell 黏弹性模型[46]. 由于 $\sinh(\cdot) \geqslant 0$,式(11.117)中的热力学第二定律不等式要求能够得到满足. 根据式(11.119)、式(11.133)、式(11.139)和式(11.140)的结果,磁相关非线性黏弹本构方程总结为

$$\begin{cases} \mathrm{dev}(\boldsymbol{\tau}^{\mathrm{mve}}) = 2\mu_{\mathrm{ve}} \left(1 + g_{\mathrm{mve}} \tanh\left(\frac{\sqrt{I_4}}{M_{\mathrm{s\_ve}}}\right)\right) \\ \qquad \cdot \left(1 + 2d_2(\overline{I}_1^e - 3) + 3d_3(\overline{I}_1^e - 3)^2\right) \mathrm{dev}(\overline{\boldsymbol{b}}^e) \\ \eta_{\mathrm{mve}} = \eta_{\mathrm{ve}} \left(\frac{\tau^{\mathrm{m\_activation}}}{\|\mathrm{dev}(\boldsymbol{\tau}^{\mathrm{mve}})\|} \sinh\left(\frac{\|\mathrm{dev}(\boldsymbol{\tau}^{\mathrm{mve}})\|}{\tau^{\mathrm{m\_activation}}}\right)\right)^{-1} \\ \tau^{\mathrm{m\_activation}} = \tau^{\mathrm{activation}} \left(1 + g_{\mathrm{mve}} \tanh\left(\frac{\sqrt{I_4}}{M_{\mathrm{s\_ve}}}\right)\right) \\ \frac{\mathrm{dev}(\boldsymbol{\tau}^{\mathrm{mve}})}{\eta_{\mathrm{mve}}} = -\pounds_v \overline{\boldsymbol{b}}^e \cdot \overline{\boldsymbol{b}}^{e^{-1}} \end{cases} \quad (11.141)$$

11.3.4 本构模型有限元二次开发

利用提出的本构模型开发有限元实现框架,用来指导各向同性磁流变弹性体的应用设计和性能评估. 由于式(11.95)中的自由能函数是力磁耦合的,对其做变分,结合 $\boldsymbol{H}_\mathrm{R} = -\nabla_{\boldsymbol{X}}\phi$ [60] 和 $\boldsymbol{u} = \boldsymbol{x} - \boldsymbol{X}$,得到有限元实现所需的一致切线模量的矩阵形式

$$\Delta\delta\Phi = \begin{bmatrix} \dfrac{\partial^2\Phi}{\partial\boldsymbol{F}\partial\boldsymbol{F}} & \dfrac{\partial^2\Phi}{\partial\boldsymbol{F}\partial\boldsymbol{H}_\mathrm{R}} \\ \dfrac{\partial^2\Phi}{\partial\boldsymbol{H}_\mathrm{R}\partial\boldsymbol{F}} & \dfrac{\partial^2\Phi}{\partial\boldsymbol{H}_\mathrm{R}\partial\boldsymbol{H}_\mathrm{R}} \end{bmatrix} \begin{bmatrix} \nabla_{\boldsymbol{X}}\delta\boldsymbol{u} \\ -\nabla_{\boldsymbol{X}}\delta\phi \end{bmatrix} \tag{11.142}$$

其中 δ 表示变分算符,ϕ 和 $\boldsymbol{u}$ 分别表示标量磁势和位移,而 $\nabla_{\boldsymbol{X}}$ 表示参考构型中的梯度. 每个单元的磁势和位移的节点插值函数分别为

$$\phi = \sum_{i=1}^{N_\mathrm{e}} \phi^i N^i \tag{11.143}$$

$$\boldsymbol{u} = \sum_{i=1}^{N_\mathrm{e}} \boldsymbol{u}^i N^i \tag{11.144}$$

其中 ϕ^i 和 $\boldsymbol{u}^i$ 分别是单元节点上的磁势和位移. N_e 表示一个单元中的节点数. 在接下来的案例研究中采用平面四节点四边形等参单元,因此,$N_\mathrm{e} = 4$. $N^i (i = 1, 2, 3, 4)$ 代表第 i 个节点四边形等参单元节点的形函数. 利用式(11.142)~式(11.144),将本构模型进行有限元实现. 有限元开发的更多详细信息可以参考文献[65]. 材料属性见表 11.2.

表 11.2 本构模型磁化、准静态和非线性黏弹贡献中的材料参数

参数类别	材料参数值
磁化	$m_0 = 0.622\,\mathrm{T}$, $m_1 = 2.826 \times 10^5\,\mathrm{A/m}$.
磁相关超弹	$\mu_\mathrm{e} = 1.993 \times 10^5\,\mathrm{Pa}$, $d_2 = -4.195$, $d_3 = 1.656 \times 10^2$, $M_{\mathrm{s\_e}} = 8.370 \times 10^4\,\mathrm{A/m}$, $g_{\mathrm{me}} = 0.125$.
非线性黏弹	$\mu_{\mathrm{ve1}} = 3.313 \times 10^5\,\mathrm{Pa}$, $\eta_{\mathrm{ve1}} = 2.493 \times 10^5\,\mathrm{Pa\cdot s}$, $\tau^{\mathrm{activation1}} = 3.173 \times 10^3\,\mathrm{Pa}$, $M_{\mathrm{s\_ve1}} = 9.378 \times 10^6\,\mathrm{A/m}$, $g_{\mathrm{mve1}} = 2.538 \times 10^1$; $\mu_{\mathrm{ve2}} = 6.266 \times 10^4\,\mathrm{Pa}$, $\eta_{\mathrm{ve2}} = 2.109 \times 10^7\,\mathrm{Pa\cdot s}$, $\tau^{\mathrm{activation2}} = 1.560 \times 10^3\,\mathrm{Pa}$, $M_{\mathrm{s\_ve2}} = 9.5845 \times 10^8\,\mathrm{A/m}$, $g_{\mathrm{mve2}} = 0.154$; $\mu_{\mathrm{ve3}} = 2.196 \times 10^4\,\mathrm{Pa}$, $\eta_{\mathrm{ve3}} = 3.326 \times 10^7\,\mathrm{Pa\cdot s}$, $\tau^{\mathrm{activation3}} = 1.949 \times 10^9\,\mathrm{Pa}$, $M_{\mathrm{s\_ve3}} = 7.6713 \times 10^6\,\mathrm{A/m}$, $g_{\mathrm{mve3}} = 3.867 \times 10^1$.

接下来,介绍三个有限元仿真案例,用来实现以下三个目标:① 说明 Maxwell 应力对各向同性磁流变弹性体结构变形的影响;② 说明黏弹性行为对各向同性磁流变弹性体磁致变形的影响;③ 模拟各向同性磁流变弹性体隔振结构的磁相关黏弹性行为.

首先是案例一,用于说明 Maxwell 应力对各向同性磁流变弹性体变形的影响. 案例一中材料为长、宽分别为 20 mm 和 1 mm 的各向同性磁流变弹性体橡胶双层固支梁. 如图 11.21(a) 所示,施加的磁势大小为 1.274×10^4 A,空气域范围为 80 mm×80 mm,空气中对应的磁通密度为 0.2 T. 此外,将梁两端节点处的水平和垂直位移进行约束. 因此,由于橡胶和各向同性磁流变弹性体之间的磁导率差异,橡胶和磁流变弹性体界面处将会出现应力失配,导致双层梁的弯曲.

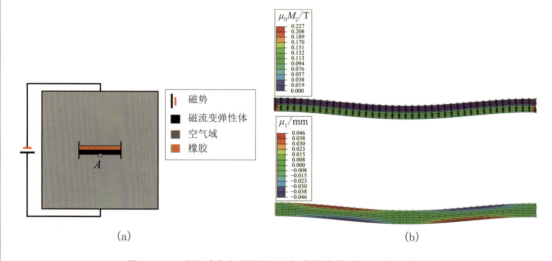

图 11.21 磁驱动各向同性磁流变弹性体橡胶双层梁示意图

(a) 几何和加载条件;(b) 各向同性磁流变弹性体固支梁沿 y 方向的磁化强度 ($\mu_0 \cdot M_2$) 和位移 (U_1).

在案例一中,具体考虑了橡胶和各向同性磁流变弹性体的五种模量比 (1:10, 2:10, 5:10, 10:10 和 20:10) 和六种厚度比 (1:7, 2:6, 3:5, 4:4, 5:3, 6:2 和 7:1) 对梁变形的影响. 施加磁场后,各向同性磁流变弹性体层长度和厚度方向分别出现压缩应力和拉伸应力. 由于橡胶的磁导率与空气的磁导率相同,在橡胶层上并不会产生应力. 因此,橡胶层和各向同性磁流变弹性体层存在应力失配现象. 当梁中的非对称应力累积到一定程度时,整个结构将发生弯曲变形.

模量比为 1:1、厚度比为 1:1 的双层梁的位移和磁化强度如图 11.21(b) 所示. 图 11.22 给出了具有不同模量和厚度比的双层梁中点 A 沿垂直方向的位移,可知梁的变形与磁通密度呈单调非线性关系. 图 11.22 中的结果表明,导致梁出现弯曲变形的磁通密度存在明显的阈值. 该阈值与橡胶和各向同性磁流变弹性体的模量比密切相关. 此外,

图 11.22 中的结果还表明,梁的变形随着模量比和厚度比的增加而减小.

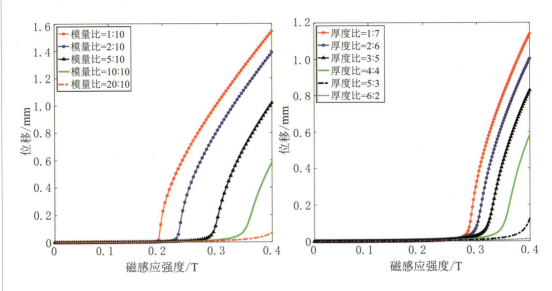

图 11.22　磁流变弹性体橡胶双层梁位移随磁通密度的变化

下面是案例二,目的是说明黏弹性行为和 Maxwell 应力耦合效应对各向同性磁流变弹性体磁致变形的影响. 为此,对一长度和宽度分别为 20 和 6 mm 的各向同性磁流变弹性体矩形构件黏弹性相关的磁致变形行为进行了仿真模拟. 关于边界条件,梁左侧节点水平方向的位移受到约束,梁底部节点竖直方向的位移受到约束. 在有限元模拟分析中,考虑了两种磁场加载工况:一是磁场通过空气域施加到磁流变弹性体上;二是磁场直接通过各向同性磁流变弹性体的上、下表面施加(在实际应用中,此种磁场加载方式可通过将电磁铁直接粘贴在磁流变弹性体的上、下表面来实现). 与磁场加载工况相对应的示意图见图 11.23(a). 各向同性磁流变弹性体表面粘贴两个磁极后,沿 x 方向的变形见图 11.23(b).

对第一种磁场加载工况,由于空气和各向同性磁流变弹性体磁导率的差异,在磁流变弹性体–空气界面处,将产生拉伸应力. 因此,各向同性磁流变弹性体构件将沿着磁场方向伸长. 由于考虑了磁流变弹性体的黏弹性行为,磁流变弹性体构件的变形与施加磁场的加载速度密切相关. 为了阐明磁场加载速度对变形的影响,我们比较了不同磁场加载速度 (1,10,100,200,400,800 和 1600 s 完成加载磁势) 下,磁流变弹性体构件的位移随时间的变化趋势. 图 11.24(a) 和 (b) 展示的分别是各向同性磁流变弹性体矩形构件上表面在加载阶段竖直方向上位移随时间和磁通密度的变化. 可以看到,在加载阶段,较慢的磁场加载速度导致较大的峰值位移. 该现象背后的物理机制如下:当磁加载速度大时,材料内在的黏弹性机制使得材料没有足够的时间完成蠕变,因此材料体现出更硬的力学特征,进而磁致变形偏小. 然而,随着时间的推移,材料逐渐完成蠕变过程. 因此不同磁场加载速度下,各向同性磁流变弹性体的最终位移几乎相同.

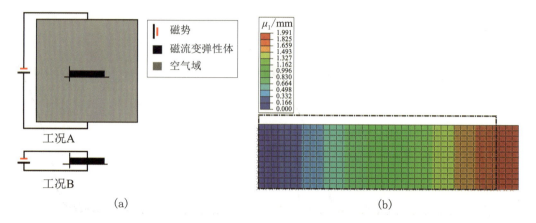

图 11.23 矩形磁流变弹性体构件的磁场加载条件和变形示意图

(a) 磁场加载工况示意图;(b) 两个磁体直接粘贴在磁流变弹性体的上、下表面时,各向同性磁流变弹性体的变形示意图,其中虚线表示初始未变形状态.

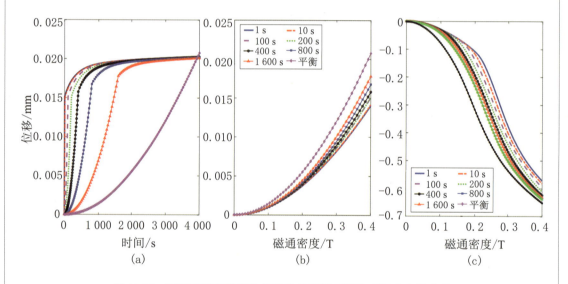

图 11.24 矩形磁流变弹性体构件的位移随时间和磁通密度的变化

(a) 矩形磁流变弹性体构件竖直方向位移随时间的变化,相应的磁场加载条件见图11.23(a)中的工况 A;(b) 矩形磁流变弹性体构件竖直方向位移随磁通密度的变化,相应的磁场加载条件见图 11.23(a) 中的工况 B;(c) 矩形磁流变弹性体构件竖直方向位移随磁通密度的变化,相应的磁场加载条件为 11.23(a) 中的工况 B.

对于第二种磁场加载工况,两磁极的相互吸引使得各向同性磁流变弹性体沿磁场方向收缩. 为了分析黏弹性行为对磁致收缩变形的影响,仿真模拟中,我们在各向同性磁流变弹性体矩形构件的上下表面,直接施加大小为 1.911×10^3 A 的磁势 (在相同距离的空气域中,等效的磁通密度为 0.4 T). 仿真模拟了七种加载速率 (0.01, 0.1, 1, 10, 100, 400 和 1 600 s 完成磁势加载) 以及不考虑黏弹性行为时各向同性磁流变弹性体矩形构件的磁致变形. 矩形各向同性磁流变弹性体上表面沿竖直方向的位移随等效磁通密度的变化见图 11.24(c). 与图 11.24(b) 中的结果类似,更大的磁场加载速度导致更小的磁致变形.

有趣的是,图 11.24(c) 中位移随磁通密度的变化可分为三个阶段. 在第一阶段,两磁极间距的减小使得彼此间的吸引力持续增大. 因此,位移随磁通密度的变化逐渐变陡. 在第二阶段,磁极间距进一步减小,Maxwell 力和材料压缩变形出现强耦合作用,位移–磁通密度曲线的斜率几乎保持恒值. 在第三阶段,各向同性磁流变弹性体的模量磁致增强效应发挥作用,材料抵抗变形的能力增加,因此,位移相对于磁通密度的变化逐渐减缓. 简言之,黏弹性和模量磁致增强效应都抑制了 Maxwell 应力引起的变形. 各向同性磁流变弹性体在磁驱动应用领域中,可能会遭遇加载十分迅速的磁场激励.[66-67] 因此,在设计过程中,需充分考量材料自身的黏弹性行为和模量磁致增强效应,以便更为精准地预测材料的磁致变形行为.

为了证明所建立的模型具备预测各向同性磁流变弹性体结构磁相关动态力学行为的功能,我们对由各向同性磁流变弹性体和铁板组成的隔振支座的力磁耦合行为进行了仿真模拟. 多层隔振支座结构的示意图以及所施加的磁场和变形载荷见图 11.25 和图 11.26. 整个隔振支座结构由四层各向同性磁流变弹性体和铁板组成. 各向同性磁流变弹性体和铁板的宽度均为 120 mm,隔振支座的默认长度设置为 1 000 mm. 各向同性磁流变弹性体和铁板的厚度分别为 27 和 3 mm. 空气域的尺寸为 1 000 mm×1 000 mm×1 000 mm. 隔振支座底部的位移受到约束. 仿真过程中,通过空气域分别不施加和施加强度为 1.000×10^5 A 的磁场 (空气域中对应的磁通密度为 0.125 6 T),并使用表 11.2 中的参数对各向同性磁流变弹性体赋予材料属性. 铁板的储能模量和体积模量分别设置为 7.000×10^{10} 和 1.600×10^{11} Pa. 通过拟合文献 [68] 中纯铁的磁化测试结果,纯铁的磁化参数确定为 $m_{0\_iron} = 1.782$ A/m 和 $m_{1\_iron} = 8.005\times 10^2$ A/m. 应该注意的是,由于当前模型无法反映铁板运动所产生的感应电流,因此在模拟过程中忽略了安培力的贡献. 此外,由于未考虑惯性的影响,仿真模拟无法预测隔振支座的共振和带隙行为.

首先,我们在隔振支座上表面上施加大小分别为 9 和 18 mm、不同速度的竖直三角波位移荷载. 在位移荷载施加之前,分别施加了两种磁场 (0 和 1.000×10^5 A). 拉伸和压缩变形下隔振支座的磁化强度见图 11.26. 由图可知,铁板对各向同性磁流变弹性体的变形有明显的约束作用. 此外,由于铁板的磁导率远大于各向同性磁流变弹性体的磁导率,因此铁板区域内的磁化强度远大于各向同性的磁流变弹性体区域内的磁化强度.

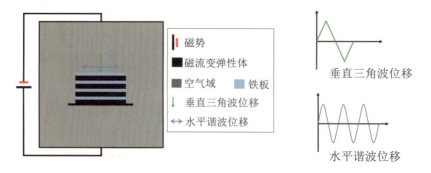

图 11.25　各向同性磁流变弹性体和铁板多层隔振支座示意图以及相应的磁场和位移加载工况

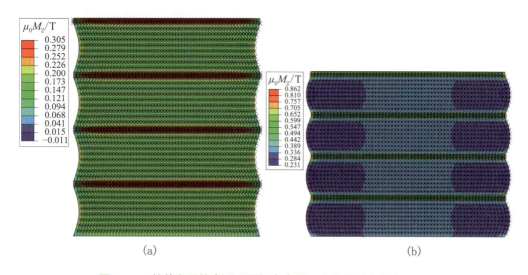

图 11.26　拉伸和压缩变形下隔振支座沿 y 方向的磁化强度 (M_2)

多层隔振支座结构的反作用力随位移的变化如图 11.27 所示,可知高应变率和强磁场激励下,多层结构的反作用力略大于其在低应变率和零磁场作用下的反作用力. 此外,多层结构在大变形下的能量耗散能力远小于其在小变形下的能量耗散能力. 令人惊讶的是,在此种竖直位移加载情况下,隔振支座并没有表现出明显的模量磁致增强效应和相关力学行为. 其原因是铁板对各向同性磁流变弹性体变形的约束效应放大了铁板对隔振支座结构整体力学行为的影响. 此外,隔振支座结构中反作用力在拉伸和压缩变形下体现出弱非对称性.

我们还研究了多层隔振支座在水平谐波位移激励下的力学响应. 首先,我们对隔振支座施加振幅为 9 mm、频率为 0.1~10 Hz 的谐波扫频位移激励. 接下来,我们对隔振支座施加频率为 1 Hz、位移幅值为 3,9 和 18 mm 的谐波位移激励. 而磁势则在位移激励之前施加. 图 11.28 显示了剪切模式下隔振支座的反作用力–时间曲线. 可以看到,隔振支座的反作用力随着频率、位移振幅和磁势的增加而增大.

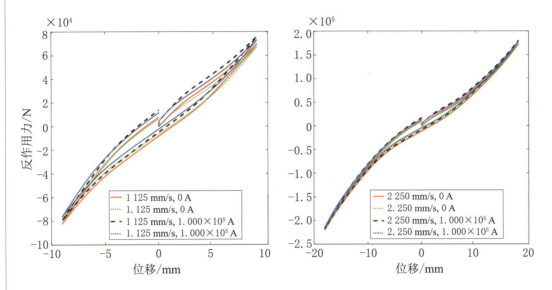

图 11.27 多层隔振支座结构在不同位移幅值、速度和磁势下的反作用力–位移曲线
注意:施加磁场激励下作用力的骤增是由于铁板间的相互吸引导致的.

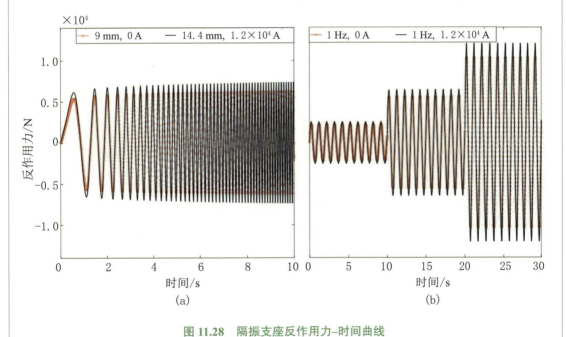

图 11.28 隔振支座反作用力–时间曲线
(a) 位移幅值为 9 mm,频率为 0.1~10 Hz;(b) 位移幅值分别为 3,9 和 18 mm,频率为 1 Hz.

最后，为了充分揭示频率、磁场和位移幅度对隔振支座结构动态性能的影响，我们对隔振支座施加了不同位移幅值 (3, 9, 18 mm)、频率从 0.1 到 10 Hz (0.1, 0.2, 0.5, 1, 2, 3, 4, 5, 6, 7, 8, 9 和 10 Hz) 的位移激励，即案例三. 磁势仍为 0 和 1.200×10^4 A 两种情况. 在模拟过程中，我们以线性递增的方式施加磁场激励. 图 11.29 和图 11.30 显示的分别是 0.2 和 2 Hz 下隔振支座反作用力随时间和位移的变化. 由图可知，施加磁场后，隔振支座的反作用力显著提升. 随后，我们利用 Fourier 变换方法，计算隔振支座结构的等效储能刚度和损耗刚度，对应的结果见图 11.31，可知，隔振支座结构的等效存储和损耗刚度随着磁场的增加而增加. 此外，图 11.31 中的结果还清楚地显示了隔振支座等效储能刚度和损耗刚度随位移幅值增加而减小的现象.

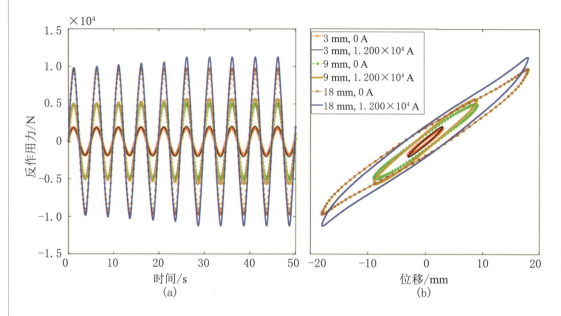

图 11.29 隔振支座在 0.2 Hz、不同磁势和位移幅值下的反作用力–时间曲线和 0.2 Hz 下隔振支座反作用力随加载位移的变化

在上述模拟中，我们预测了各向同性磁流变弹性体铁板隔振支座结构在不同的磁场和位移加载工况下的力学响应. 结果表明，相对于压缩模式，隔振支座在剪切模式下更易出现非线性黏弹行为和模量磁致增强行为. 作为一种常用于振动控制中的装置，隔振器结构的几何设计和优化对期望振动控制效果的实现至关重要. 后续将本工作中所开发的用户自定义单元与拓扑优化方法相结合，可以预测基于各向同性磁流变弹性体的振动控制装置的力磁耦合行为，并实现其拓扑优化设计，以促进其在振动控制领域中的应用.

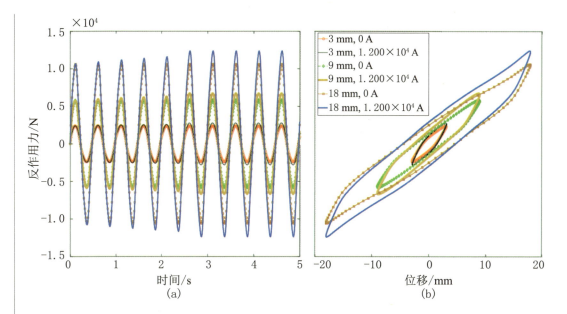

图 11.30 2 Hz 谐波位移激励下隔振支座不同磁势和位移幅值下的反作用力–时间曲线
和 2 Hz 谐波位移激励下隔振支座反作用力随加载位移的变化

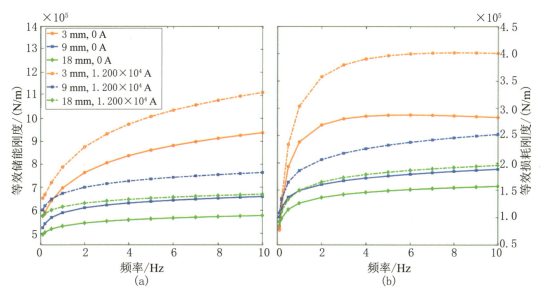

图 11.31 各向同性磁流变弹性体和铁板隔振支座在不同位移振幅
和磁势下的等效储能刚度和损耗刚度

第 12 章

磁流变弹性体智能吸振技术

12.1 磁流变弹性体智能动力吸振器

12.1.1 移频式半主动动力吸振器的工作原理

移频式动力吸振器的吸振原理与传统的动力吸振器完全相同,简单说来,就是把振动系统(主系统)的振动能量转移到一个吸振器(附加系统)上消耗掉,以达到减振的效果. 不同的是,传统的动力吸振器自身的固有频率一般是固定不变的,也就是说,传统的动力吸振器的工作带宽极窄,一般只在吸振器自身固有频率附近. 而移频式半主动动力吸振器的固有频率可变,可以追踪外界激励力频率的变化而变化,从而可以以较小的能量,在较宽的频率范围内达到比传统动力吸振器更好的减振效果的目的.[69-70]

根据振动理论,对于带动力吸振器的两自由度系统(图 12.1)其减振特性可由主系

统的振幅 B_1 与主系统在激励下的静位移之比来表述[71],其表达式为

$$\frac{B_1}{\delta_{st}} = \sqrt{\frac{(\lambda^2-\alpha^2)^2+(2\zeta\lambda)^2}{(\mu\lambda^2\alpha^2-(a^2-1)(\lambda^2-\alpha^2))^2+(2\zeta\lambda)^2(\lambda^2-1+\mu\lambda^2)^2}} \quad (12.1)$$

这里定义

$$\sigma_{st} = \frac{P_1}{k_1}, \quad \omega_0 = \sqrt{\frac{k_1}{m_1}}, \quad \omega_\alpha = \sqrt{\frac{k_2}{m_2}}, \quad \mu = \frac{m_2}{m_1}, \quad \alpha = \frac{\omega_\alpha}{\omega_0}, \quad \lambda = \frac{\omega}{\omega_0}, \quad \zeta = \frac{c}{2m_2\omega_0} \quad (12.2)$$

其中 m_1 为主系统的质量, k_1 为主系统的等效刚度, m_2 为动力吸振器的动质量, k_2 为动力吸振器的等效刚度, c 为动力吸振器的等效阻尼, $P_1 \sin\omega t$ 为主系统上作用的激励力, ω_0 为主系统的固有频率, ω_α 为动力吸振器的固有频率, σ_{st} 为主系统在激励下的静位移, μ 为动力吸振器与主系统的质量比, α 为动力吸振器与主系统的频率比, λ 为激励力与主系统的频率比, ζ 为动力吸振器的相对阻尼系数.

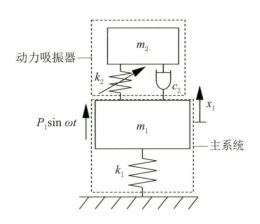

图 12.1 带动力吸振器的两自由度系统

选取吸振质量和减振对象质量比 $\mu = 0.01$,动力吸振器的相对阻尼系数 $\zeta = 0.01$. 对于传统的被动式单振子动力吸振器,其自身的固有频率一般和减振对象 (主系统) 的固有频率相同,即 $\alpha = 1$;而移频式动力吸振器的固有频率可以跟踪外界的激振频率变化,并保持相同,即 $\alpha/\lambda = 1$. 根据公式 (12.1),可以计算得到两者的吸振效果理论曲线, 如图 12.2 所示,可以看出,在反共振点上,即 $\lambda = 1$ 时,两种吸振器的效果相同. 而激振频率发生偏移后,即偏离反共振点时,被动式吸振器的吸振效果急剧降低,在反共振点的两侧出现了两个新的共振峰. 而主动移频式动力吸振器,在偏离反共振点的较大频率范围内仍然具有较好的吸振性能,没有出现吸振效果急剧降低的地方.

12.1.2 磁流变弹性体智能动力吸振器的工作模式

本小节所应用的磁流变弹性体为预结构化的磁流变弹性体,即磁流变弹性体内部的颗粒分布已经形成了某种有规律的结构.[72-73] 当前,颗粒所形成的结构一般为链状或柱

状结构. 实验表明, 这种预结构化的磁流变弹性体为各向异性材料, 颗粒成链方向与外加磁场方向不同时, 在不同的外加载荷 (方向不同) 下所表现的力学性能有很大的不同. 因此, 按照磁流变弹性体的受力方向、外加磁场方向以及磁流变弹性体颗粒成链方向可以分为不同的工作模式. 图 12.3 为磁流变弹性体目前主要的两种工作模式, 这两种工作模式的磁流变效应相对而言是最为明显的. [74]

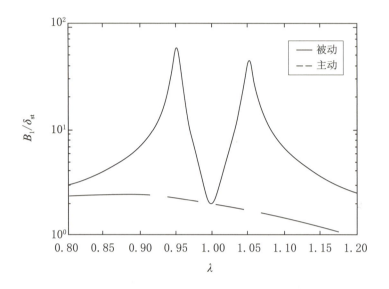

图 12.2 被动式动力吸振器和主动移频式动力吸振器的理论减振效果比较

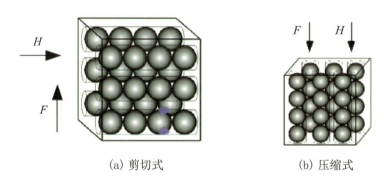

(a) 剪切式   (b) 压缩式

图 12.3 磁流变弹性体工作模式

图 12.3(a) 为剪切式, 这种工作模式下磁流变弹性体的外加磁场方向与颗粒的成链方向平行, 而外加载荷的方向与成链方向垂直, 此时颗粒链受到剪切, 所以称之为剪切模式. 由于磁流变弹性体的储能模量在磁场作用下会发生显著变化, 因此这一工作模式为目前磁流变弹性体的主要工作模式, 本小节所设计的磁流变弹性体调频式半主动动力吸振器均工作于这一模式下. 图 12.3(b) 为压缩式, 在这一工作模式下磁流变弹性体的外

加磁场方向与颗粒成链方向平行, 而外加载荷方向与成链方向也平行, 即基体中的颗粒受到挤压, 因此称之为压缩式.

12.2 磁流变弹性体智能吸振器原理样机的设计

12.2.1 倒装式磁流变弹性体智能吸振器

吸振器和主振器的质量比越大, 吸振器的吸振效果越好. 而吸振器的有效质量 (对吸振效果有贡献的质量) 为吸振器的动质量.[75-77] 因此尽可能地提高动质量在整个吸振器中的比例, 可以有效地提高吸振器的工作效率.

倒装式动力吸振器的设计思想为: ① 磁路尽可能地简单, 避免复杂磁路所带来的不可预知的磁场损耗; ② 利用市场上已经成熟的电磁铁技术; ③ 尽可能地增大有效质量, 即吸振器振子的质量, 使几乎所有结构都集中于动质量; ④ 便于装配和拆卸, 尤其是磁流变弹性体的安装; ⑤ 有效质量可调, 提高容错性.

图 12.4 为倒装式磁流变弹性体智能吸振器的结构示意图和实物图. 该吸振器尺寸为 100 mm × 100 mm × 125 mm, 重 4.87 kg, 其中振子质量为 4.4 kg, 满足设计要求的 5 kg 限制. 磁流变弹性体移频式动力吸振器的原理样机有可能出现摆动等振动模态, 与所希望的纯剪切运动不符, 因此新研制的吸振器中引入了导杆和直线轴承组件, 确保吸振器处于所需要的工作模式下. 吸振器的主体均安装在铜制母基上, 铜制母基外围尺寸为 100 mm × 95 mm × 70 mm, 质量为 3.25 kg, 其中铣有一个 40 mm × 90 mm × 70 mm 的安装槽, 电磁铁和导磁骨架左右对称地安装在安装槽内. 电磁铁的圆柱面与导磁骨架上的圆弧形安装面为间隙配合. 电磁铁、导磁骨架和铜制母基构成动质量, 电磁铁铁芯与剪切导板间固接磁流变弹性体; 整体构成一 C 形磁路. 剪切板通过螺柱安装在底座的安装槽内, 构成静质量. 其中电磁铁采用上海瑞京机电发展有限公司生产的 CEH-40 型. 该型电磁铁的参数如下: 电压 90 V, 电流 0.37 A, 匝数 500, 最大吸力 330 kgf (千克力).

按照图 12.4 给出的尺寸建模并利用 ANSYS 软件进行磁路的计算.

(1) 磁力线走势图

如图 12.5 所示, 由线圈产生的磁力线垂直穿过磁流变弹性体, 且形成闭合回路.

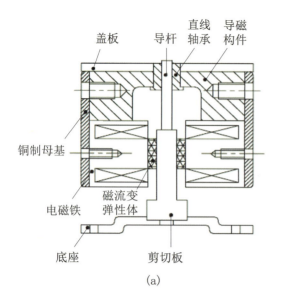

(a) 盖板　导杆　直线轴承　导磁构件
铜制母基
电磁铁
底座　磁流变弹性体　剪切板

图 12.4　倒装式磁流变弹性体智能吸振器的 (a) 结构示意图和 (b) 实物图

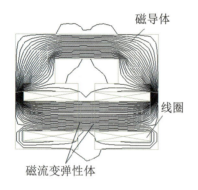

磁导体
线圈
磁流变弹性体

图 12.5　磁力线走势图

(2) 磁场强度示意图

如图 12.6 所示,通过磁流变弹性体的磁场强度基本上是均匀的.

(3) 路径磁场强度分布图

在图 12.6 中取路径 A,观察通过此路径的磁场强度分布,如图 12.7 所示. 可以看出,磁流变弹性体中央磁场强度分布基本上是均匀的,最高可达 0.955 T.

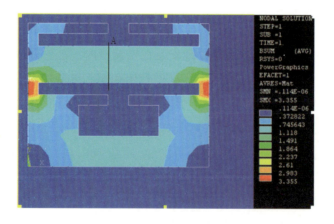

图 12.6　磁场强度示意图

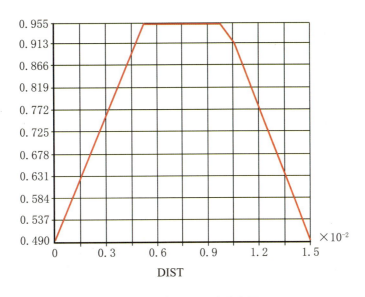

图 12.7　路径磁场强度分布图

原理样机所采用的结构类似于三明治结构,即动质量的两边为磁流变弹性体. 我们所希望的工作模式为剪切模式,即动质量的运动方向与外加磁场方向以及磁流变弹性体中颗粒的成链方向垂直,颗粒链受到剪切应力. 利用 ANSYS 软件计算这一类三明治结构的模态. 计算结果如图 12.8 所示,其中一阶固有频率为 74.6 Hz,二阶固有频率为 159.5 Hz. 由图中可以看出,三明治结构原理样机的动质量的一阶振型为摆动,二阶振型才为我们所需要的运动模式. 当然,摆动有很大的成分是剪切,但是这毕竟与理论上的剪切有很大的不同,因此需要引入约束组件,限制此方向的自由度,确保磁流变弹性体吸振器工作于剪切模式.

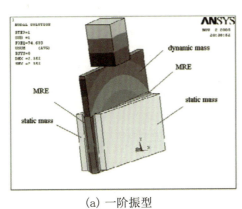
(a) 一阶振型

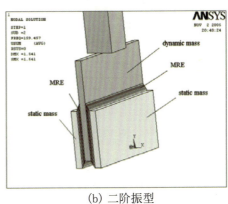
(b) 二阶振型

图 12.8　三明治结构振型图

采用与原理样机相同的测试平台和手段对设计加工的倒装式吸振器进行移频性能

评估. 图 12.9 是该吸振器的移频曲线, (a) 中传递函数的峰值对应的频率为一阶固有频率值, 而相位图中 90° 所对应的频率为一阶固有频率值. 从图中可以看出, 幅频图和相位图所反映的固有频率值非常吻合, 随着磁场的增大, 幅频曲线和相位曲线均向右移, 说明随着磁场的增大, 倒装式吸振器的固有频率增大. 提取其固有频率的信息可以得到固有频率与电流的关系曲线 (图 12.10). 从而可以看出, 吸振器的固有频率由 0 A 时的 27.5 Hz 升高到 0.5 A 时的 40 Hz, 可提高至初始频率的 145%, 变化了 12.5 Hz.

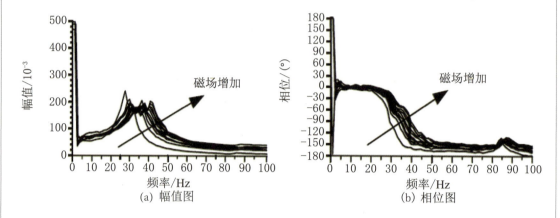

图 12.9　倒装式吸振器的移频曲线图

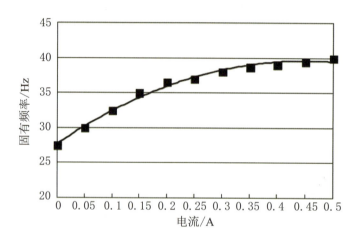

图 12.10　倒装式吸振器的固有频率与电流关系图

图 12.11 为倒装式吸振器的吸振特性曲线. 由图 12.11 知, 理论和实验结果符合得很好, 说明理论分析结果是可靠的. 在本小节实验中, 被动式吸振器、主动式吸振器和激励力的频率均远离减振对象的一阶固有频率. 主动式吸振器始终跟踪激励力的频率. 由图 12.11 还可知, 被动式吸振器在固支梁的固有频率处具有最好的减振效果, 而当激励频率远离固有频率时, 吸振器的减振效果变差, 在被动式吸振器的固有频率处获得次优

的吸振效果. 在主动式吸振器能够实现频率跟踪的范围内主动式吸振器的减振效果均优于被动式吸振器,并且越接近减振对象的固有频率,其吸振效果越好.

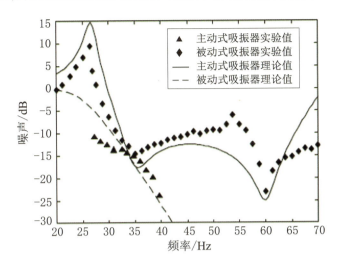

图 12.11　倒装式吸振器的吸振特性曲线

12.2.2　主动自调谐式磁流变弹性体智能吸振技术

磁流变弹性体的典型特征是其力学性能的磁场可控性,比如其储能模量、杨氏模量和阻尼性能等,并且其力学性能的磁场可控性具有快速和可逆的特点. 此外,磁流变弹性体不存在颗粒沉降和密封问题. 因此,磁流变弹性体在工程实践中具有广泛的应用空间,特别是在需要实时变刚度或变阻尼的振动控制领域. 利用磁流变弹性体刚度磁场可控的特性可以设计各种变刚度的振动控制器械,从而实现振动的半主动控制.

传统的磁流变弹性体吸振器可以根据外界激励频率的变化调整自身的刚度,使得吸振器能追踪外界激励频率的变化,从而拓宽吸振器的工作频带. 然而,磁流变弹性体本身具有较大的阻尼,使得磁流变弹性体吸振器在引入可控刚度的同时也引入了较大的阻尼. 这严重削弱了磁流变弹性体吸振器的减振效果. 为了在保存磁流变弹性体吸振器刚度可控的同时减小吸振器的阻尼,可以从吸振器的结构入手引入主动元件补偿磁流变弹性体吸振器的阻尼,从而可以改善吸振器的减振效果. [78-79]

从吸振器的基本原理 (两自由度振动系统) 出发,在吸振器的动质量与目标减振对

象之间增加一主动力元件 f_{act}. 系统的动力学方程为

$$\begin{cases} m_a\ddot{x}_a + c_a(\dot{x}_a - \dot{x}_p) + k_a(x_a - x_p) = f_{\text{act}} \\ m_p\ddot{x}_p + c_a(\dot{x}_p - \dot{x}_a) + k_p x_p + k_a(x_p - x_a) + c_p\dot{x}_p = f - f_{\text{act}} \end{cases} \tag{12.3}$$

其中 m_a 和 m_p 分别为吸振器和目标减振对象的质量,c_a 和 c_p 分别为吸振器和目标减振对象的阻尼,k_a 和 k_p 分别为吸振器和目标减振对象的弹簧刚度,x_a 和 x_p 分别为吸振器和目标减振对象的振动位移,f 为施加在目标减振对象的外界激励力,f_{act} 为主动力. 对公式进行 Fourier 变换,可得

$$\begin{cases} -m_a\omega^2 X_a + \mathrm{i}c_a\omega(X_a - X) + k_a(X_a - X) = F_{\text{act}} \\ -m_p\omega^2 X + \mathrm{i}\omega c_a(X - X_a) + k_p X + k_a(X - X_a) + \mathrm{i}\omega c_p X = F - F_{\text{act}} \end{cases} \tag{12.4}$$

其中 X_a, X_p 和 F_{act} 分别为 x_a, x_p 和 f_{act} 的 Fourier 变换. 求解方程可得

$$\begin{cases} X_p = \dfrac{(k_a + \mathrm{i}\omega c_a - m_a\omega^2)X_a - F_{\text{act}}}{\mathrm{i}\omega c_a + k_a} \\ X_a = \dfrac{(-m_p\omega^2 + \mathrm{i}\omega c_a + k_p + k_a + \mathrm{i}\omega c_p)X_p + F_{\text{act}} - F}{\mathrm{i}\omega c_a + k_a} \end{cases} \tag{12.5}$$

如果

$$F_{\text{act}} = (k_a + \mathrm{i}\omega c_a - m_a\omega^2)X_a \tag{12.6}$$

则

$$X_p = 0 \tag{12.7}$$

即当主动力满足相应公式时,目标减振对象的振动可以减小到 0. 因此,我们的设计目标是寻找合适的主动力,使得目标减振对象的振动位移 X_p 减小到 0.

对于磁流变弹性体动力吸振器,磁流变弹性体的刚度可以通过外加磁场实时调节. 通过实时调节外加磁场可以使得

$$k_a = m_a\omega^2 \tag{12.8}$$

即通过调整外加磁场可以使磁流变弹性体吸振器的无阻尼固有频率始终与外界激励频率相等. 因此,式 (12.6) 可以简化为

$$F_{\text{act}} = \mathrm{i}\omega c_a X_a \tag{12.9}$$

对上式进行 Fourier 逆变换,可得

$$f_{\text{act}} = c_a \dot{x}_a \tag{12.10}$$

可见,主动力与吸振器动质量的速度成正比,当比例系数为吸振器的阻尼系数时,目标减振对象的振动将减小到 0 (这通常在无阻尼吸振器上才能实现). 将公式进行组合,即可

得磁流变弹性体主动自调谐式吸振器的控制原理:

$$\begin{cases} k_a = m_a w^2 \\ f_{act} = g\dot{x}_a \end{cases} \quad (12.11)$$

其中 g 为反馈增益 (图 12.12).

根据上述原理设计的磁流变弹性体主动自调谐式吸振器结构如图 12.13(a) 所示. 磁流变弹性体主动自调谐式动力吸振器使用两块磁流变弹性体作为变刚度元件. 磁流变弹性体工作在剪切状态. 通过改变磁场就能改变磁流变弹性体的储能模量. 磁场由两个励磁线圈产生, 励磁线圈固定在 C 形导磁回路磁导体上. 导磁回路与磁流变弹性体动力吸振器的外壳固定, 一起组

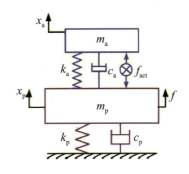

图 12.12 磁流变弹性体主动自调谐式吸振器原理图

成吸振器的动质量. 这种结构可以充分利用吸振器的质量, 使得尽可能多的质量集中在动质量部分, 从而提高吸振器的减振性能. 磁流变弹性体主动自调谐式动力吸振器的弹性元件除了磁流变弹性体外, 还有四个螺旋弹簧. 螺旋弹簧可以承受吸振器的重量, 使得吸振器在平衡位置时磁流变弹性体处于不变形的状态. 这就避免了吸振器的重量给磁流变弹性体造成过大的静变形. 此外, 螺旋弹簧还可以起到失效保护的作用. 即使磁流变弹性体失效了, 整个装置也仍然是一个被动式吸振器, 仍然具有一定的减振效果. 整个磁流变弹性体动力吸振器的动质量部分通过四个光滑导杆和四个螺旋弹簧与底座相连. 光滑导杆可以限制吸振器的摆动, 同时又可以避免产生过大的摩擦阻尼. 音圈电机安装在吸振器的动质量块与底座之间. 音圈电机的定子与吸振器的底座固定, 动子与磁流变弹性体动力吸振器动质量之间通过凹形铝块相连. 这样的连接方式可以有效地将音圈电机的力垂直地传递给吸振器的动质量部分. 音圈电机通过动质量块的速度信号来驱动, 使得音圈电机为吸振器提供与吸振器动质量块速度同向的力, 达到减小吸振器阻尼、改善减振性能的目的. 整个吸振器除了导磁回路采用工业纯铁 DT4 制作外, 其他部分均采用硬质铝设计. 吸振器的动质量部分包括图中的外壳、磁流变弹性体、磁导体、凹形连接铝块和安装在磁导体上的两个励磁线圈. 设计完成的磁流变弹性体主动自调谐式吸振器的总质量约为 5 kg, 其中动质量约为 4 kg, 动静质量比为 4:1. 因此所设计的吸振器具有较高的质量利用率.

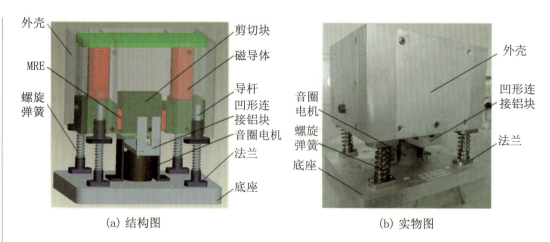

(a) 结构图　　　　　　　　　(b) 实物图

图 12.13　磁流变弹性体主动自调谐式吸振器的结构图和实物图

采用动态热机械分析仪测试其剪切力学性能, 结果如图 12.14 所示. 可以看出, 这种磁流变弹性体的零场模量较低, 磁致模量较大. 所以其磁流变效应较强. 当采用这种磁流变弹性体作为吸振器的变刚度元件时, 吸振器具有较宽的移频范围. 但是, 这种磁流变弹性体的损耗因子较高 (0.3 左右). 这就导致了磁流变弹性体吸振器具有较大的阻尼, 从而影响了吸振器的减振效果. 因此, 在磁流变弹性体吸振器中引入主动力控制. 通过引入主动力抵消阻尼力, 从而减小吸振器的阻尼. 这样既保存了磁流变弹性体吸振器的移频特性, 又改善了其减振性能, 使其具有更高的工程应用价值.

半主动式吸振器的优点在于其可以通过调节自身参数 (质量、阻尼和刚度) 来调节自身的固有频率, 从而使得吸振器的固有频率与外界激励频率相同 (半主动式吸振器的控制目标). [80-81] 对于常见的半主动式吸振器, 特别是机械式半主动式吸振器, 其固有频率与控制变量的关系确定而稳定. 对于这类半主动式吸振器, 只需要识别出激励频率, 通过查表的方式即可得到控制变量的值. 因此, 这类吸振器控制算法的重点在于激励频率的快速识别. 然而, 如果吸振器的固有频率与控制量之间的关系不稳定, 直接通过查表的方式来确定控制量就显得不准确. 为此, 徐振邦提出先通过查表的方式大致确定控制量的值, 再通过变步长寻优的方式来进一步优化控制量. 这种方法需要通过快速 Fourier 变换 (FFT) 算法识别激励频率, 再加上变步长寻优的耗时, 因此, 总的控制时间较长. 在磁流变弹性体吸振器中, 由于磁流变弹性体制备工艺的问题, 其模量与外加磁场的关系不是很稳定 (特别是长时间放置导致的性能变化). 此外, 由于磁流变弹性体的力学模型尚不完善, 无法从理论的角度获得磁流变弹性体储能模量与外加磁场的准确关系. 因此, 在磁流变弹性体吸振器的刚度控制中, 如何快速准确地获得控制电流与固有频率的关系就显得至关重要. 本小节采用直接查表的方式获得控制电流与固有频率的关系.

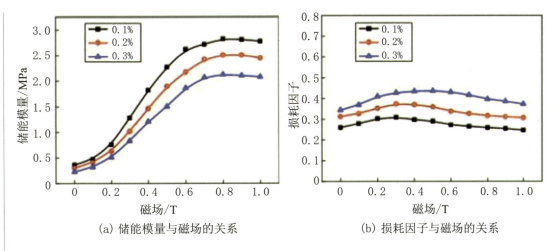

(a) 储能模量与磁场的关系　　(b) 损耗因子与磁场的关系

图 12.14　磁流变弹性体的磁致剪切力学性能

为了拓展磁流变弹性体吸振器的应用，本小节就磁流变弹性体吸振器的刚度控制问题提出了更好的解决方案. 该方案不仅适用于磁流变弹性体吸振器，对普通的半主动式吸振器同样具有较好的控制效果.

如图 12.15 所示，从吸振器的力学模型出发. 系统的运动方程为

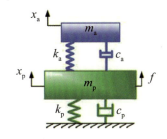

图 12.15　吸振器的力学模型

$$\begin{cases} m_a\ddot{x}_a + c_a(\dot{x}_a - \dot{x}_p) + k_a(x_a - x_p) = 0 \\ m_p\ddot{x}_p + c_a(\dot{x}_p - \dot{x}_a) + k_p x_p + k_a(x_p - x_a) + c_p \dot{x}_p = f \end{cases} \quad (12.12)$$

其中 m_p, c_p, k_p 和 x_p 分别是目标减振对象的质量、阻尼、刚度和位移，m_a, c_a, k_a 和 x_a 分别是吸振器的质量、阻尼、刚度和位移，f 是作用在目标减振对象上的简谐激励力. 对方程做 Fourier 变换，得

$$\begin{cases} -m_a\omega^2 X_a + i\omega c_a(X_a - X_p) + k_a(X_a - X_p) = 0 \\ -m_p\omega^2 X_p + i\omega c_a(X_p - X_a) + k_p X_p + k_a(X_p - X_a) + i\omega c_p X_p = F \end{cases} \quad (12.13)$$

其中 X_a, X_p 和 F 分别是 x_a, x_p 和 f 的 Fourier 变换，ω 是频率，$i^2 = -1$. 求解方程 (12.13) 可得 x_a 和 x_p 的关系为

$$X_a = \frac{\Omega^2\left(\Omega^2 - 1 + 4\xi_a^2\right) - i(2\xi_a \Omega)}{(\Omega^2 - 1)^2 + 4\xi_a^2 \Omega^2} X_p \quad (12.14)$$

其中

$$\omega_a = \sqrt{\frac{k_a}{m_a}}, \quad c_a = 2\xi_a m_a \omega_a, \quad \Omega = \frac{\omega_a}{\omega}$$

ω_a 和 ξ_a 分别是吸振器的固有频率和相对阻尼系数,Ω 是无量纲频率. X_a 相对于 X_p 的相位差可以表示为

$$\alpha = \begin{cases} \arctan\dfrac{2\xi_a}{\Omega\left(\Omega^2 - 1 + 4\xi_a^2\right)}, & \Omega^2 - 1 + 4\xi_a^2 > 0 \\ \dfrac{\pi}{2}, & \Omega^2 - 1 + 4\xi_a^2 = 0 \\ \arctan\dfrac{2\xi_a}{\Omega\left(\Omega^2 - 1 + 4\xi_a^2\right)} + \pi, & \Omega^2 - 1 + 4\xi_a^2 < 0 \end{cases} \qquad (12.15)$$

图 12.16 给出了吸振器动质量的绝对位移相对于目标减振对象的相位差. 图例表示吸振器的相对阻尼系数,小图表示的是相位差为 90° 时无量纲频率与吸振器相对阻尼系数的关系. 可以看出,在控制目标处 (吸振器的固有频率等于外界激励频率,即无量纲频率 $\Omega = 1$),吸振器动质量的绝对位移相对于目标减振对象位移的相位差不是一个常数. 当吸振器的阻尼为 0 时,两者的相位差为 90°. 随着吸振器阻尼的增大,相位差从 90° 逐渐减小. 因此,一般来说,两者的相位差等于 90° 不能作为吸振器达到控制目标的判断标准. 不过,对于小阻尼吸振器 (相对阻尼系数小于 0.05),当吸振器的固有频率等于外界激励频率时,吸振器动质量的绝对位移相对于目标减振对象位移的相位差非常接近 90°. 因此,曾经有学者以此作为小阻尼吸振器是否达到控制目标的判断依据. 显然,这种方法对于阻尼较大的磁流变弹性体吸振器不合适.

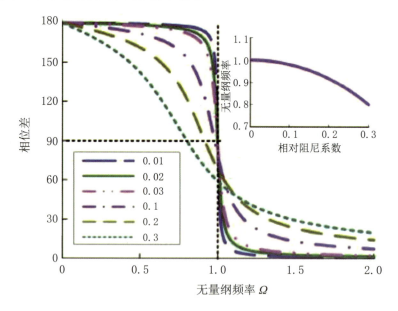

图 12.16 吸振器动质量的绝对位移相对于目标减振对象位移的相位差

考虑吸振器动质量的相对位移. 吸振器动质量相对于目标减振对象的位移为

$$X_a - X_p = \frac{(\Omega^2 - 1) - \mathrm{i}\,(2\xi_a\Omega)}{(\Omega^2 - 1)^2 + 4\xi_a^2\Omega^2}X_p \qquad (12.16)$$

因此，吸振器动质量的相对位移相对于目标减振对象位移的相位差可以表示为

$$\phi = \begin{cases} \arctan\dfrac{2\xi_a\Omega}{\Omega^2-1}, & \Omega > 1 \\ \dfrac{\pi}{2}, & \Omega = 1 \\ \arctan\dfrac{2\xi_a\Omega}{\Omega^2-1}+\pi, & \Omega < 1 \end{cases} \quad (12.17)$$

图 12.17 给出了吸振器动质量的相对位移相对于目标减振对象位移的相位差与无量纲频率的关系．可以看出，无论吸振器的阻尼比为多少，在吸振器达到控制目标时，吸振器动质量的相对位移相对于目标减振对象位移的相位差始终等于 90°．当吸振器的固有频率大于外界激励频率时，相位差都小于 90°；当吸振器的固有频率小于外界激励频率时，相位差大于 90°，并且整个相位差落在 0°~18° 的范围．因此，对于阻尼较大的磁流变弹性体吸振器，可以通过吸振器动质量的相对位移相对于目标减振对象位移的相位差是否等于 90° 来判断吸振器是否达到控制目标，即判断吸振器的固有频率是否等于外界激励频率．此外，根据相位差与 90° 的关系还能判断出吸振器的固有频率是大于还是小于外界激励频率．

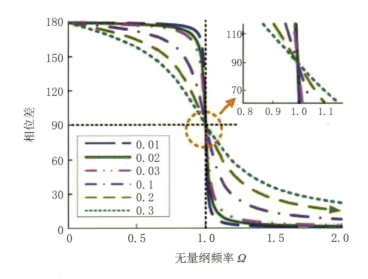

图 12.17　吸振器动质量的相对位移相对于目标减振对象位移的相位差

位移、速度和加速度三者的关系可以表示为

$$\begin{cases} V_p = \mathrm{i}\omega X_p \\ A_p = (\mathrm{i}\omega)^2 X_p \\ V_a - V_p = \mathrm{i}\omega(X_a - X_p) \\ A_a - A_p = (\mathrm{i}\omega)^2 (X_a - X_p) \end{cases} \quad (12.18)$$

位移、速度和加速度三者之间满足

$$\frac{A_\mathrm{a} - A_\mathrm{p}}{A_\mathrm{p}} = \frac{V_\mathrm{a} - V_\mathrm{p}}{V_\mathrm{p}} = \frac{X_\mathrm{a} - X_\mathrm{p}}{X_\mathrm{p}} \tag{12.19}$$

因此,在具体的工程实践中,可以根据信号采集的难易程度决定取哪两个物理量的相位差作为判断吸振器是否达到控制目标的依据. 在磁流变弹性体吸振器中,加速度信号相对于位移和速度信号更容易测量. 因此,以吸振器动质量相对于目标减振对象的相对加速度与目标减振对象绝对加速度的相位差可以作为判断磁流变弹性体吸振器是否达到控制目标的依据.

由于无法获得外加磁场与磁流变弹性体吸振器固有频率的准确关系,为了拓展磁流变弹性体吸振器的工程应用,需要提出一种不依赖两者准确关系的控制算法. 吸振器动质量相对加速度与目标减振对象绝对加速度的相位差的余弦可以表示为

$$\cos\phi = \frac{\Omega^2 - 1}{\sqrt{(\Omega^2 - 1)^2 + 4\xi_\mathrm{a}^2 \Omega^2}} \tag{12.20}$$

可见,当吸振器的固有频率小于外界激励频率时,相位差的余弦值是负值;当吸振器的固有频率大于外界激励频率时,相位差的余弦值是正值;当两者频率相等时,相位差的余弦值等于 0. 并且,相位差的余弦值在 $(-1,1)$ 区间连续变化. 当吸振器的固有频率偏离激励频率越远时,相位差余弦值的绝对值越大. 对于磁流变弹性体吸振器,此时其励磁电流增加或者减小的速度也应当越快. 当吸振器的固有频率接近外界激励频率时,相位差余弦值的绝对值变小. 对于磁流变弹性体吸振器,其励磁电流的变化速度应当变小. 因此,根据上述分析,磁流变弹性体吸振器励磁电流的控制律可以表示为

$$\frac{\mathrm{d}I}{\mathrm{d}t} = \gamma \cos\phi \tag{12.21}$$

其中 I 是励磁电流,γ 是增益. 显然,对于磁流变弹性体吸振器,若增益为负值,则满足

$$\begin{cases} \dfrac{\mathrm{d}I}{\mathrm{d}t} > 0, & \Omega < 1 \\ \dfrac{\mathrm{d}I}{\mathrm{d}t} = 0, & \Omega = 1 \\ \dfrac{\mathrm{d}I}{\mathrm{d}t} < 0, & \Omega > 1 \end{cases} \tag{12.22}$$

因此,在控制律作用下,当吸振器的固有频率小于激励频率时,电流增加;当吸振器的固有频率大于激励频率时,电流减小;当吸振器的固有频率等于激励频率时,电流保持不变. 并且,吸振器的固有频率偏离激励频率越远,电流的变化率越大. 图 12.18 给出了按照控制律设计的磁流变弹性体吸振器刚度控制系统的方框图. 整个控制系统主要由一个相位检测器和积分器构成. 积分器的输出信号放大后直接驱动磁流变弹性体吸振器的

励磁线圈电流源即可. 可以看出, 整个控制过程不需要提前知道磁流变弹性体吸振器的固有频率与控制电流的关系, 只需要通过相位差的余弦值即可判断应当增大或者减小电流. 并且, 电流的变化速度由相位差自动控制. 控制系统的实现可以通过简单的硬件电路实现, 也可以通过控制芯片完成. 因此, 这种基于相位的磁流变弹性体吸振器刚度控制算法简单易行. 此外, 该控制算法不仅适用于磁流变弹性体吸振器, 对于普通的半主动式吸振器也适用, 只需要将控制电流转化为相应的控制信号即可, 如电机的旋转速度等.

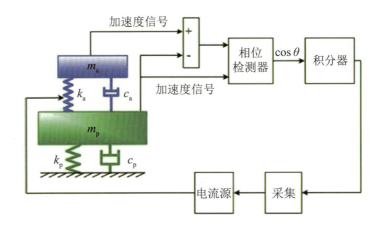

图 12.18 基于相位的磁流变弹性体吸振器刚度控制方框图

为了评估基于相位的磁流变弹性体吸振器刚度控制算法, 采用 MATLAB Simulink 对控制算法的性能进行了模拟. 设定目标减振对象的质量为 20 kg, 相对阻尼系数为 0.05, 固有频率为 25 Hz. 磁流变弹性体吸振器的初始固有频率为 20 Hz, 相对阻尼系数为 0.05, 质量为 1 kg. 外界激励力的幅值设定为 100 N. 由于控制算法不涉及吸振器固有频率与控制变量的关系, 为了仿真的方便, 设定磁流变弹性体吸振器的固有频率与励磁电流为线性关系. 其中的低通滤波器采用 Simulink 中的模拟滤波器, 截止频率设定为 10 Hz.

图 12.19 给出了采用加速度信号作为输入信号时, 磁流变弹性体吸振器刚度控制算法的控制效果. 整个仿真时间可以分为四个阶段. 在 0~5 s, 外界激励频率是 25 Hz, 吸振器的固有频率为 20 Hz, 但是刚度控制算法处于关闭状态. 在第 5 s 时, 刚度控制算法开启, 可以看出吸振器的固有频率快速趋向于 25 Hz, 并且目标减振对象的振动快速衰减. 当到 20 s 时, 外界激励频率变为 30 Hz. 由于激励频率的变化, 目标减振对象的振动加剧. 但是, 由于吸振器快速追踪外界激励频率, 目标减振对象的振动再次衰减. 同样, 在第 35 s 时, 外界激励频率变为 20 Hz, 类似的情况再次发生. 因此, 从仿真的结果来看, 当采用加速度信号作为输入信号时, 基于相位差的磁流变弹性体吸振器刚度控制算法具

有很好的控制效果. 在外界激励频率发生变化时, 吸振器可以快速追踪外界激励频率, 从而使得目标减振对象的振动被抑制.

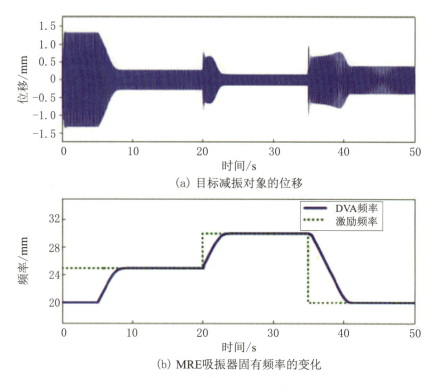

(a) 目标减振对象的位移

(b) MRE吸振器固有频率的变化

图 12.19　加速度信号的控制效果

12.3　磁流变弹性体智能吸振器的动态性能评估

图 12.20 为磁流变弹性体调频式半主动动力吸振器原理样机的结构示意图和实物图. 该原理样机包含四个组成部分: 动质量 (振子)、磁流变弹性体、导磁骨架和线圈. 整个导磁骨架构成一个 C 形回路, 骨架由磁导率低且软磁性能好的工业纯铁 (DT4) 制成; 线圈与电流可控的直流电源相接, 产生的磁场通过导磁骨架垂直穿过磁流变弹性体 (磁路如箭头所示); 磁流变弹性体作为吸振器的弹性元件, 位于 C 形缺口与吸振器的振子之间, 与骨架和动质量固接. 所用磁流变弹性体为自行研制的以硅橡胶为基体的磁流变弹性体.

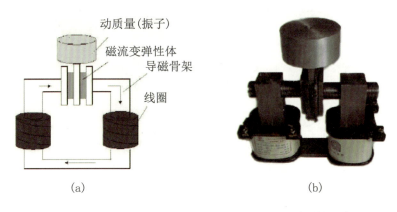

(a)　　　　　　　　　　　　(b)

图 12.20　磁流变弹性体调频式半主动动力吸振器原理样机的结构示意图和实物图

12.3.1　吸振器动态性能评估平台

为评估吸振器的移频及吸振性能,需要建立吸振器的动态性能评估平台.[82] 两端固支梁是连续系统的典型代表,由于其结构简单,国内外很多学者都是以固支梁为对象进行吸振器的减振效果评估的. 我们建立了动态性能评估平台,计算了该平台本身的振动特性,通过实验测量了其振型和各阶固有频率,建立了两端固支梁与吸振器耦合的动力学模型,并提出了吸振器减振效果的评价标准.

吸振器评估平台如图 12.21 所示,是一个两端固支梁系统. 低碳钢梁的有效长度为 1 m (不包括两端被夹住的部分),宽度为 0.1 m,厚度为 0.012 m,梁的质量为 9.36 kg. 附加质量的尺寸为 0.2 m × 0.2 m × 0.035 m,其质量为 10.92 kg,这样整个减振质量为 20.28 kg.

有限元分析 (Finite Element Analysis, FEA) 用较简单的问题代替复杂问题后再求解. 它将求解域看成由许多称为有限元的小的互连子域组成,对每一单元假定一个合适的 (较简单的) 近似解,然后推导求解这个域的总的满足条件 (如结构的平衡条件),从而得到问题的解. 这个解不是准确解,而是近似解,因为实际问题被较简单的问题代替. 由于大多数实际问题难以得到准确解,而有限元不仅计算精度高,而且能适应各种复杂形状,因而成为行之有效的工程分析手段. 有限元分析是振动特性分析所常用的计算理论,对于较为简单的振动系统,有限元理论所计算的结果具有相当高的可靠性. 本小节所用的有限元软件为 ANSYS 9.0.

图 12.21 吸振器动态性能评估平台实物图

建立吸振器评估平台的有限元模型,如图 12.22 所示.

有限元计算结果如下:

一阶固有频率为 45 Hz;

二阶固有频率为 162 Hz.

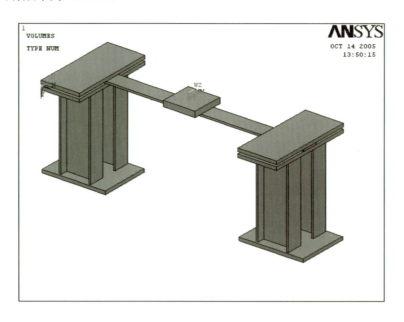

图 12.22 吸振器动态性能评估平台的有限元模型

脉冲激励是一种宽频激励,其力的频谱比较宽,一次激励可以同时激出多阶模态,因此是一种快速测试技术. 由于提供脉冲的方法是用力锤敲击,因此脉冲激励法又称为锤击法. 该方法是用带力传感器的手锤敲击试件,给平台一个脉冲力,用装在平台上的加速度传感器记录吸振器的响应,进行 FFT 分析后,求出频响函数,进而进行模态参数识别.

图 12.23 为吸振器动态性能评估平台的冲击响应谱,可以看出该平台的一阶固有频率为 35 Hz,二阶频率为 128.8 Hz. 实验结果与有限元计算结果基本相符,有一定的误差. 误差产生的最可能原因是固支条件,计算的是理想模型,而现实评估平台约束条件并不能认为是完全固支的,可能介于固支与简支之间.

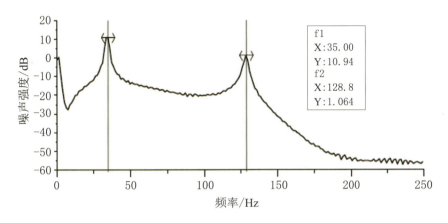

图 12.23 吸振器动态性能评估平台的冲击响应谱

其动力学模型如图 12.24 所示,吸振器安装在两端固支梁的中心 O 点,简谐激励力 f 作用在 E 点. 其中,M_B 为固支梁的质量,M_A 为吸振器的动质量,集中质量 M_s 为安装基座质量和吸振器的静质量之和,K^* 为吸振器的复刚度. 两端固支梁和集中质量作为减振对象.

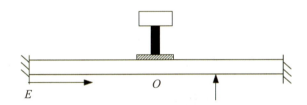

图 12.24 吸振器动态性能评估平台的动力学模型

设固支梁 E 点激励力和速度的幅值分别为 F_E, V_E,固支梁 O 点受到的作用力和速度的幅值分别为 F_O, V_O,静质量下端受到的作用力和速度的幅值为 F_s^b, V_s^b,静质量上端受到的作用力和速度的幅值为 F_{st}, V_{st},动质量受到的作用力和速度的幅值为 F_A, V_A.

图 12.24 中的计算模型为一般模型,激励力的作用点和吸振器的安装点不在同一位置,而在实际实验中,激励力的作用点与吸振器的安装点重合,如图 12.25 所示.

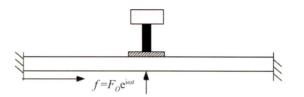

图 12.25　吸振器动态性能评估平台的简化模型

12.3.2　吸振器的移频特性

移频特性的测试系统如图 12.26 所示, 吸振器固接在两端固支梁的中央, 固支梁吸振器的安装点与产生激励的激励器相接; 两个加速度传感器分别位于吸振器的基座和吸振器振子上, 测量出基础激励与吸振器的响应信号; 传感器将所测得的振动信号传送给频谱分析仪, 频谱分析仪通过快速 Fourier 变换得到响应信号与基础激励的传递函数 (绝对位移传递率) 的频率谱, 从而得到吸振器的固有频率; 吸振器上的励磁线圈与稳压直流可调电源相接, 调整不同的电流, 就可以得到吸振器的固有频率随电流的变化关系, 也就得到了移频式磁流变弹性体动力吸振器的调频特性. 其中所使用的激励器为江苏联能电子技术有限公司生产的 JZK-10 型激励器, 给出的基础激励为白噪声随机信号; 传感器为 PCB 公司生产的 3510A 型加速度传感器; 频谱分析仪为迪飞公司生产的 Signal Calc ACE 型动态信号分析仪.

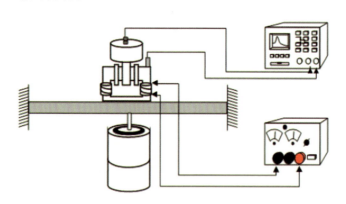

图 12.26　吸振器移频性能评估平台示意图

图 12.27 为磁流变弹性体动力吸振器的移频曲线图, 可以看出, 随着磁场的增加, 传递函数逐渐右移, 即随着磁场的增加, 吸振器的固有频率逐渐变大. 提取其固有频率的信

息,可以得到固有频率与电流的关系曲线 (图 12.28). 可以看出吸振器的固有频率由 0 A 时的 55 Hz 升高到 1.5 A 时的 81.25 Hz,变化到基频的 147%,移频范围近 30 Hz.

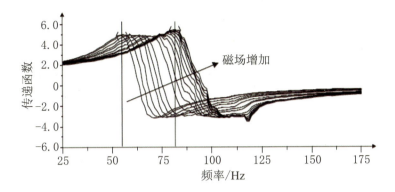

图 12.27　磁流变弹性体动力吸振器的移频曲线图

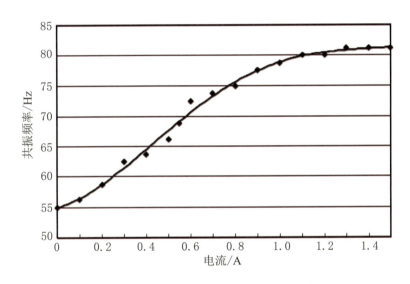

图 12.28　磁流变弹性体动力吸振器的移频曲线图

吸振性能评估平台是为了检验吸振器对减振对象的吸振性能 (包括吸振器的吸振带宽及吸振效果) 而建立的一套系统,如图 12.29 所示. 该实验系统与移频检测实验系统结构基本类似. 不同之处在于, 该实验系统以两端固支梁为减振对象, 以阻抗头安装点 (即梁下侧中间位置) 的原点导纳为检测对象. 其实验方法为: 激励器通过阻抗头与两端固支梁相接, 提供给固支梁简谐正弦激励, 该激励的频率由低向高线性增加; 通过改变吸振器的工作电流, 使吸振器的固有频率始终跟踪激励力的频率. 通过测量有无吸振器时吸振器安装点 O 的原点导纳之比,得到吸振器的吸振性能.

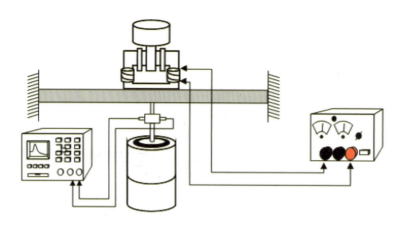

图 12.29 磁流变弹性体动力吸振器的吸振性能评估平台

图 12.30 为磁流变弹性体动力吸振器原理样机的吸振效果图,横坐标为激励频率,纵坐标为有无吸振器时吸振器安装点 O 的原点导纳之比. 由图 12.30 知,理论结果和实验结果符合得很好,说明理论分析结果是可靠的. 被动的数据结果指吸振器的固有频率固定不变,保持与固支梁的一阶固有频率相同 (64 Hz),此时吸振器相当于被动式吸振器. 主动的数据指当激励频率变化时,通过改变吸振器的刚度使其固有频率与激励频率相同. 又由图 12.30 知,主动式吸振器和被动式吸振器均是在固支梁的固有频率处具有最好的减振效果,激励频率远离固有频率时,吸振器的减振效果变差. 主动式吸振器的减振效果在吸振器能够实现频率跟踪的范围内均优于被动式吸振器,因此主动自调谐吸振器减振频带宽,而且不会使减振对象的振动情况恶化.

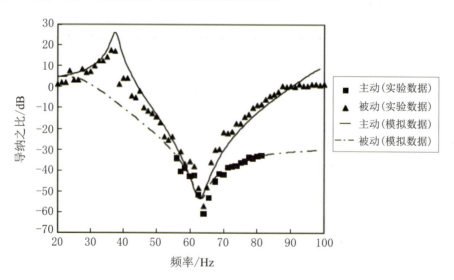

图 12.30 磁流变弹性体动力吸振器原理样机的吸振效果图

12.3.3 吸振器各参数对减振效应的影响分析

吸振器的主要参数为质量比、固有频率和阻尼. 影响吸振器减振效果的其他参数还有减振对象的固有频率、外加载荷特征等等. 一般而言,吸振器的主要工作目标是针对线谱,即降低某频率的正弦振动的.

吸振器质量比是吸振器设计的重要参数之一,理论上质量比越大,吸振器的减振效果越好,但是质量比太大会使吸振器很笨重,工程上也不允许,因此必须选择合适的质量比.[83-85] 利用前面建立的理论模型,分析了吸振器质量比对减振效果的影响,如图 12.31 所示. 图 12.31 中,吸振器的阻尼系数保持不变,相对 38 Hz 的阻尼比为 0.03,固支梁的质量 $M_B = 8.0$ kg,损耗因子 $\eta = 0.05$,集中质量 $M_s = 15.3$ kg,集中质量和固支梁构成减振对象,此耦合系统的一阶固有频率为 32 Hz,$\mu = M_A/(M_B + M_s)$ 为吸振器与减振对象的质量之比,吸振器的固有频率始终跟踪激励频率.

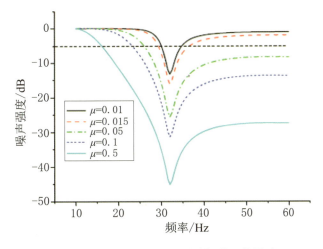

图 12.31 吸振器质量比对减振效果的影响

由图 12.31 可知,吸振器在减振对象的固有频率处的减振效果最好,随着激励频率远离减振对象的固有频率,减振效果变差. 质量比越大,吸振器的减振效果越好.

吸振器阻尼比是吸振器设计的另一个重要参数,理论上阻尼比越小,吸振器的减振效果越好,但是阻尼比太小会使得吸振器的稳定性变得很差,一旦出现主动环节失效而不能实现频率跟踪的情况,吸振器就会使减振对象的振动恶化,因此从系统的可靠性考虑,必须选择合适的阻尼比.[72] 利用前面建立的理论模型,分析了吸振器阻尼比对减振效果的影响,如图 12.32 所示. 图 12.32 中,吸振器的质量比保持不变,

$\mu = M_A/(M_B + M_s) = 0.015$；固支梁的质量 M_B、损耗因子和集中质量均同图 12.31；集中质量和固支梁构成减振对象. 此耦合系统的一阶固有频率为 32 Hz.

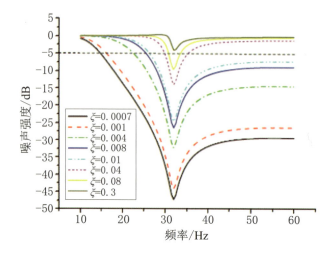

图 12.32 吸振器阻尼比对减振效果的影响

由图 12.32 知，吸振器在减振对象的固有频率处的减振效果最好，随着激励频率远离减振对象的固有频率，减振效果变差. 阻尼比越小，吸振器的减振效果越好，阻尼比为 0.01 时，能在 26 Hz 以上的频段实现 5 dB 的减振效果.

减振对象的固有频率对吸振器的减振频段有很大影响，因此下面主要讨论不同的减振对象对减振效果的影响，计算结果如图 12.33 所示. 吸振器的质量比和阻尼比分别为 0.015 和 0.01，f_0 为减振对象的一阶固有频率；固支梁的质量、损耗因子和集中质量均同图 12.31；集中质量和固支梁构成减振对象，此耦合系统的一阶固有频率为 32 Hz.

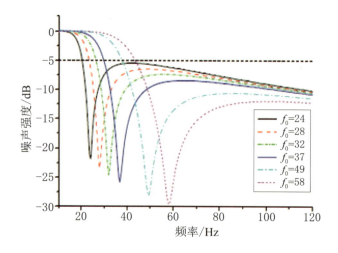

图 12.33 不同减振对象对减振效果的影响

由图 12.33 知,在减振对象的固有频率处的减振效果最好,随着减振对象的一阶固有频率的升高,减振频带上移,减振频带的宽度增加.

本小节研究了调频式半主动动力吸振器的工作机理,研究结果表明,当吸振器的固有频率跟踪外界激励频率时,吸振器能够具有良好的减振效果. 本节还介绍了磁流变弹性体吸振器的主要工作模式,并研制了剪切式磁流变弹性体调频式半主动动力吸振器的原理样机;建立了评估这一新型吸振器动力学特性的性能评估平台,利用有限元法计算了该平台自身的振动特性,并用脉冲激励法进行了实验验证;采用模态叠加法,建立了吸振器与评估平台耦合的动力学方程;从理论和实验两方面研究了磁流变弹性体调频式半主动动力吸振器的原理样机. 理论结果和实验结果均表明,该吸振器具有良好的移频特性,在较宽的吸振带宽内有良好的减振效果. 最后计算了吸振器各参数对减振效果的影响,计算结果表明,吸振器的质量比越大,阻尼比越小,工作带宽越接近减振对象的固有频率,吸振器具有越好的减振效果,为吸振器的设计提供了设计方向.[86]

第 13 章

磁流变弹性体智能膜的研制及应用研究

13.1 磁流变弹性体膜的研制及应用研究

磁流变弹性体膜作为一种薄膜状的磁流变弹性体,具有厚度薄、可拉伸性强和可弯曲性优异等特点,已经吸引了越来越多的研究者的关注.[87-89] 磁流变弹性体膜的形状能够受磁场控制,展现出其独特的磁控特性,利用该特性能够研制具有特定功能的器件,如致动器、微流控芯片等. 因此,对磁流变弹性体膜变形的研究一直都是该领域的热点. 然而在实验研究领域,目前的研究大多集中在表征磁流变弹性体膜的最大变形上,但对受磁场作用后磁流变弹性体膜的全场变形及整个变形过程还需进一步研究.

鉴于此,本章首先研制了基于聚二甲基硅氧烷的磁流变弹性体膜,对该磁流变弹性体膜的性质进行了简单表征;然后搭建了磁流变弹性体膜变形测量系统,利用该系统对磁流变弹性体膜在自由和固定边界条件下的变形进行了系统测量;最后利用有限元方法对磁流变弹性体膜在固定边界条件下的变形进行了模拟分析. 本章通过实验和有限元模拟的方法研究了磁流变弹性体膜在磁场作用下的变形特征,为磁流变弹性体膜的实际应用打下了坚实的基础.

13.1.1 磁流变弹性体膜的制备和测试系统

由于磁流变弹性体膜的厚度相比于传统磁流变弹性体要薄许多,传统磁流变弹性体的制备方法已经不适合制备薄膜状的磁流变弹性体膜,因此,在磁流变弹性体膜原料的选取和磁流变弹性体膜成型工艺上都必须进行相应的改变,以适应磁流变弹性体膜的研制需求.

研制磁流变弹性体膜的原料与传统磁流变弹性体类似,主要包括磁性颗粒、橡胶基体和硫化剂.对磁性颗粒的要求依然是具有较高的磁导率、较大的饱和磁化强度和较低的矫顽力.因此,在磁性颗粒的选择上依然选用制备传统磁流变弹性体所使用的羰基铁粉.在制备磁流变弹性体膜时,为了使磁流变弹性体膜的厚度变薄,往往需要降低橡胶基体的黏度,以使羰基铁粉和橡胶基体的混合液能够具有很好的流动性.聚二甲基硅氧烷是一种聚合的有机硅化合物,通常称为有机硅,是使用最广泛的以硅为基础的有机聚合物.聚二甲基硅氧烷具有成本低、无味无毒、光学透明性好、化学惰性良好等特点,常应用于医疗器械、食品添加剂等领域.硫化的聚二甲基硅氧烷具有黏度低、流动性强等特点,非常适合制备磁流变弹性体膜.道康宁公司生产的 184 型聚二甲基硅氧烷具有黏度低、化学性能稳定等优点,常用于制备柔性弹性体基体.该型号的聚二甲基硅氧烷为 AB 型试剂,即含有两种组分,A 组分为聚二甲基硅氧烷前体,B 组分为硫化剂.通过调整 A,B 两种组分的比例能够制备不同交联度的聚二甲基硅氧烷样品.本章选用该型号的聚二甲基硅氧烷作为磁流变弹性体膜的基体材料,硫化剂选用该型号自带的 B 组分硫化剂.

制备传统磁流变弹性体时,一般采用将混炼胶放入铝合金模具加压硫化成型的工艺.当需要制备较薄的磁流变弹性体膜时,利用该工艺会产生较多问题,例如模具厚度很难精确控制,模具底面和模具盖很难保证平行,导致制备出的磁流变弹性体膜出现厚度不均等问题.为了保证制备的磁流变弹性体膜厚度均一可控,研究者提出了旋转涂覆(旋涂)的方法.该方法是将需旋涂的流体滴在平整的载体上,使载体高速旋转,旋转过程中,流体受到离心力、重力和黏滞阻力的作用,一部分流体被甩出载体,留下的流体均匀分散在载体上.用此方法可以制备厚度均一的薄膜,该膜的厚度与载体表面粗糙度、流体的黏度、旋涂转速和旋涂时间有关.因此,本章采用旋涂的方法来制备厚度均一的磁流变弹性体膜. 本章在研制磁流变弹性体膜时,设定聚二甲基硅氧烷的 A,B 组分比为 10:1,该比例下聚二甲基硅氧烷具有优异的可拉伸性和可弯曲性,羰基铁粉的质量分数为 50%. 如图 13.1 所示,具体制备过程如下:

(1) 胶料混合. 将 4.4 g 羰基铁粉加入 4 g 聚二甲基硅氧烷前体和 0.4 g 硫化剂中,对该混合液充分搅拌 10 min,使羰基铁粉与聚二甲基硅氧烷充分混合. 接着将该混合液置于超声容器中超声 10 min,使羰基铁粉与聚二甲基硅氧烷进一步地混合.

(2) 混合液脱泡. 将上一步制得的混合液置于真空容器中 20 min,以去除混合液中因搅拌产生的气泡.

(3) 旋涂. 为了保证旋涂时,能够产生稳定的转速,本小节采用市售 KW-4A 型旋涂机进行旋涂. 旋涂时,所选平整载体为 2 in(英寸) 硅片,其具有平整光滑的表面等优异特性. 旋涂时,先将硅片放置于旋涂机上,保证光滑面朝上. 接着打开旋涂机的抽气机,对旋涂机不间断地抽真空,在气压差的作用下使硅片牢牢固定在旋涂机上. 然后将步骤 (2) 中的混合液取少量滴在硅片的中心,开启旋涂机,设置旋涂转速为 1000 r/min,旋涂时间为 60 s.

(4) 硫化. 关闭抽气机,将步骤 (3) 中的硅片从旋涂机上取下,置于 100 ℃ 下硫化 10 min.

(5) 剥离. 使用镊子将步骤 (4) 中制备得到的磁流变弹性体膜轻轻地从硅片上剥离,将剥离得到的磁流变弹性体膜置于密封袋中保存备用.

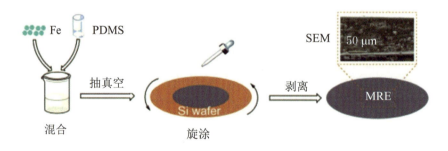

图 13.1　磁流变弹性体膜制备流程图

磁流变弹性体膜材料的基本参数对理解磁流变弹性体膜在磁场作用下的变形具有重要作用. 因此,本章首先设计实验测量磁流变弹性体膜的基本材料参数. 用裁刀将磁流变弹性体膜裁成符合国标的哑铃状试件,其长度和宽度分别为 10 和 4 mm. 用万能材料试验机对该试件进行单轴准静态拉伸,拉伸速率设置为 20 mm/min. 通过单轴准静态拉伸实验,可以获得磁流变弹性体膜的最大拉伸伸长率、断裂强度、弹性模量、Poisson 比等材料参数.

数字图像相关 (Digital Image Correlation, DIC) 是一种非接触光学测量技术, 具有光路简单、抗干扰能力强、测量面积大和测量精度高等优异特性. DIC 的基本原理是通过匹配被测表面变形前后灰度图中同一点的位置来计算该点的位移, 进而得到被测表面的全场位移, 通过位移计算得到被测表面的全场应变. DIC 能够测量物体的二维和三维变形, 常被用于测量物体的振动及全场的位移和应变. DIC 可用于对静态和动态应用中的拉伸、弯曲和扭转等变形进行精确测量.

如图 13.2 所示, 本节利用 DIC 技术搭建了一套测量磁流变弹性体膜变形的测试系统. 该系统主要由电磁铁、直流程控电源、两个相机和计算机组成. 磁流变弹性体膜置于电磁铁的上方, 直流程控电源连接电磁铁和计算机, 两个相机呈一定角度斜对着磁流变弹性体膜并连接到计算机.

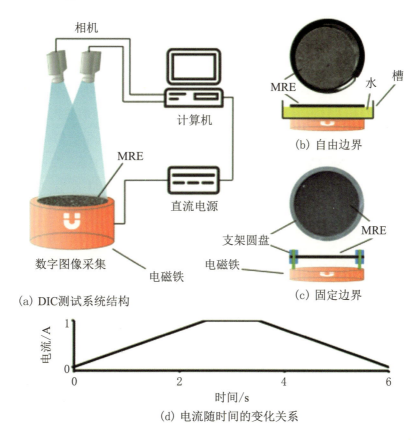

图 13.2 利用 DIC 技术搭建的测量磁流变弹性体膜变形的测试系统

由于 DIC 实验中所用相机不是高速相机, 其采样频率不能设置太高, 根据实验实际情况, 设置相机采样频率为 8 Hz, 分辨率为 2048×2048, 所以很难获得磁流变弹性体膜在磁场作用下的整个变形过程. DIC 采集分析软件使用南京中迅微传感技术有限公司推出的 PMLAB DIC-3D 软件. 同时,DIC 实验要求在磁流变弹性体膜表面形成散斑图案,故选用白色油漆作为斑点喷洒在黑色的磁流变弹性体膜上面,从而形成具有强烈灰度对比的散斑图案. 磁流变弹性体膜有两种固定方式:自由边界 (图 13.2(b)) 和固定边界 (图 13.2(c)). 自由边界是指将磁流变弹性体膜悬浮于水表面,不对其边界进行约束,磁流变弹性体膜能够在水面上自由移动. 固定边界是指将磁流变弹性体膜的边缘固定在一个直径为 42 mm 的环形骨架结构上,使磁流变弹性体膜悬于电磁铁正上方. 为了对磁流变弹性体膜在两种固定方式下的变形进行对比,控制两种固定方式下磁流变弹性体膜离电磁铁铁芯表面的距离都为 4 mm. 所用电磁铁为环形电磁铁,线圈的外径和内径分别为 95 mm 和 52 mm,线圈高度为 60 mm. 利用程序可以控制直流程控电源输出电流与时间的关系,其关系如图 13.2(d) 所示,最大电流用符号 I_{max} 代替. 为了研究不同磁场对磁流变弹性体膜变形的影响,在自由边界条件下,I_{max} 设置为 0.65 A;在固定边界条件下,I_{max} 设置为 1,2 和 3 A.

为了研究磁流变弹性体膜对磁场的瞬时响应,本节采用激光 Doppler 测速 (Laser Doppler Velocimetry,LDV) 来测量磁流变弹性体膜变形时的瞬时速度,从而通过对速度积分计算出磁流变弹性体膜在磁场作用下的瞬时变形. 爱因斯坦在狭义相对论中指出,光波中能够发生 Doppler 效应,即当光入射到运动粒子表面发生散射时,散射光与入射光的频率会出现差异,频率的偏移量与粒子的运动速度呈线性关系. LDV 则是利用该现象对物体的速度进行测量,它是一种绝对的测量方法,受外界干扰小,也不干扰其他流场,具有测量范围广、精度高等优异特性. 由于具有较大的采样频率,速度测量范围也较广,LDV 非常适于瞬时速度的测量. 如图 13.3 所示,本节利用 LDV 技术搭建了一套测量磁流变弹性体膜瞬时变形速度和位移的测试系统. 该系统主要由电磁铁、直流程控电源、计算机、激光发射和接收装置组成. 由于 LDV 是对单点进行测量的,如果磁流变弹性体膜在测试过程中发生横向移动,则会导致测量结果失效,无法得到有效的磁流变弹性体膜变形速度. 因此,本节只利用 LDV 对固定边界条件下的磁流变弹性体膜的变形速度和位移进行测量 (图 13.3(b)). 为了得到整个磁流变弹性体膜表面的变形,需要对磁流变弹性体膜表面进行多点测量,因此,如图 13.3(c) 所示,取磁流变弹性体膜的中心,以半径分别为 0,3.5,7.0,10.5,14.0 和 17.5 mm 的同心圆与 x,y 轴的交点为测量点,以这 21 个测量点为基础,来判断磁流变弹性体膜的大致变形特征. 测量时,按 DIC 实验的要求将磁流变弹性体膜固定在骨架上,然后将骨架固定在电磁铁上,通过计算机控制直流程控电源的输出电流,进而控制电磁铁产生的磁场,同时使激光光束正对磁流变弹性体膜表面. 电流的控制程序如图 13.3(d) 所示,该电流为一方波电流,方波周期为 2 s,最大

值用 $I_{\max}$ 表示,其值与 DIC 实验一致,均为 1,2 和 3 A. 采用方波电流的目的是希望对磁流变弹性体膜施加一个瞬时磁场,测量磁流变弹性体膜在瞬时磁场作用下的变形速度和位移.

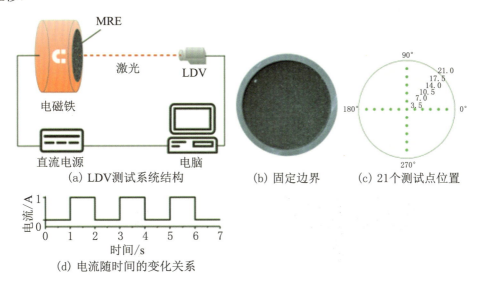

图 13.3 利用 DIC 技术搭建的测量磁流变弹性体膜瞬时变形速度和位移的测试系统

虽然利用 DIC 和 LDV 方法能够有效测量磁流变弹性体膜的变形速度和位移,但变形后磁流变弹性体膜的内应力和内应变分布还不得而知. 有限元模拟方法 (Finite Element Method,FEM) 是一种数值计算方法,该方法能够通过数值计算的方式模拟实际状况,能够求解大部分的工程应用问题. 由于能够求解实验很难测量的物理量且结果相对可靠,该方法在结构分析、流体分析、电磁分析、传热等方面具有非常广阔的应用. 因此,本节采用 FEM 来计算变形后磁流变弹性体膜的内应力和内应变. 在自由边界条件下,由于磁流变弹性体膜的变形较为复杂,会涉及许多流固耦合的计算,而且自由边界条件下磁流变弹性体膜的变形具有不确定特性,即每次的变形特征都是不一样的,FEM 的结果无法与实验结果进行很好的对比,因此,本节只对固定边界条件下磁流变弹性体膜的变形进行 FEM 分析. 首先利用 Ansoft Maxwell 3D 软件建立与实验对应的几何模型,包括磁流变弹性体膜、铜线圈、铁芯和空气域等. 每一种材料的参数都与实验中该材料的参数一一对应;接着利用软件对铜线圈施加与实验对应的电流激励;然后对所有的实体模型进行合适的网格划分,通过求解得到整个几何模型中的磁场分布;随后将几何模型和求解结果传递给 ANSYS Workbench,对磁流变弹性体膜设置对应的材料参数和边界条件;之后对磁流变弹性体膜进行合适的网格划分;最后经过求解得到磁流变弹性体膜在磁场作用下的位移、应力和应变.

13.1.2 磁流变弹性体膜的基本力学性能

从图 13.1 可知,羰基铁粉与聚二甲基硅氧烷的结合非常紧密,并在磁流变弹性体膜中均匀分布. 磁流变弹性体膜的厚度接近 100 μm. 同时,利用万能材料试验机对磁流变弹性体膜进行了单轴拉伸测试. 如图 13.4 所示,初始状态下磁流变弹性体膜呈规则的哑铃状,随着拉伸应变的增加,实验段的宽度逐渐减小,最终发生颈缩导致磁流变弹性体膜断裂. 如图 13.4(c) 所示,磁流变弹性体膜的拉伸应力–应变曲线为线性的,最大应变为 50%,最大应力为 0.19 MPa,因此其弹性模量为 0.38 MPa. 可以发现,磁流变弹性体膜具有较好的可拉伸性能,同时其模量较低,易于变形.

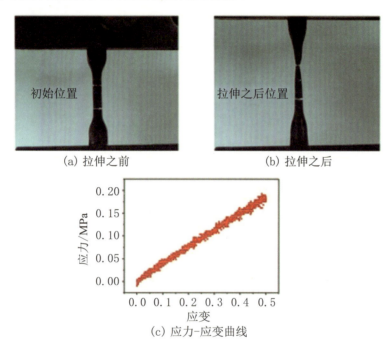

图 13.4　单轴拉伸测试前后对比图和应力–应变曲线

13.1.3 磁流变弹性体膜在自由边界条件下的变形特性

羰基铁粉是一种软磁性颗粒,在磁场中能够被磁化,被磁化的两个相邻羰基铁粉颗粒能够形成磁偶极子. 在磁场作用下,磁偶极子能够受到磁场力的作用,这种作用力可以

表示为

$$F = \nabla(m \cdot B) \tag{13.1}$$

其中 m 为磁矩,B 为磁感应强度. 在磁场梯度作用下,磁偶极子受力后会带动磁流变弹性体膜变形. 如图 13.5 所示,本小节测量了自由边界条件下,磁流变弹性体膜在磁场作用下的变形特征. 本章所有的变形均为凹陷变形,定义磁流变弹性体膜凹陷的方向为正方向. 当不施加磁场时,磁流变弹性体膜平整地漂浮在水面上,并且几乎不发生变形. 当磁场逐渐增大时,磁流变弹性体膜开始出现小范围的变形. 当磁场达到最大值时,磁流变弹性体膜的变形也达到最大值,可以看到磁流变弹性体膜的变形呈月牙状,此时最大位移为 1.75 mm. 在磁场保持在最大值的过程中,磁流变弹性体膜的变形也一直保持在最大值附近. 随着磁场强度逐渐减小,磁流变弹性体膜的变形也逐渐减小,最终恢复到无磁场时的状态.

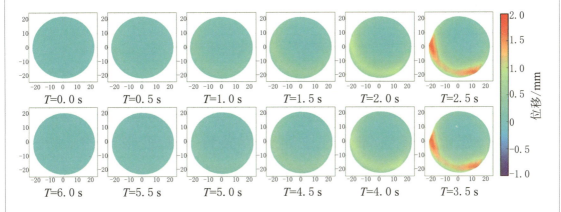

图 13.5 磁流变弹性体膜在自由边界条件下的磁控变形图

如图 13.6 所示,为了对自由边界条件下磁流变弹性体膜在磁场作用下的变形进行深入分析,本小节在磁流变弹性体膜上选择了六个特征点来具体分析这些特征点的变形特性. 六个特征点的位置如图 13.6 所示,可以发现点 1 到点 4 形成了一条直线,点 5 和点 6 对称地分布在这条线的两侧. 在电流从 0 A 变化到 0.65 A 的过程中,六个特征点的位移都从零开始逐渐变化到最大值. 在 0~1.5 s 范围,六个特征点的位移变化速率都较慢,当磁场逐渐增大时,其位移变化速率逐渐增大. 当磁场强度达到最大值时,其位移立刻不再增大并基本保持在最大值附近. 可以发现,点 1 位置的位移最小,位移由小到大的排序是点 1、点 2、点 4、点 3、点 5 和点 6. 点 1 和点 2 的位移大小比较接近,点 5 和点 6 的位移大小也比较接近. 在电流保持在 0.65 A 的 1 s 内,六个特征点的位移基本保持不变,只能看到窄幅的减小. 在 3.5 s 以后,随着磁场强度的逐渐减小,六个特征点的位移也逐渐减小. 当磁场强度减小到零时,六个特征点的位移也恢复到零. 六个特征点位移的变化曲线都呈现出较好的对称性,即位移的增加和减小趋势基本一致. 实验结果表明,外加磁场能够非常容易地控制磁流变弹性体膜的变形,而且撤去磁场后,磁流变弹性体膜的变形恢复能力也非常优异.

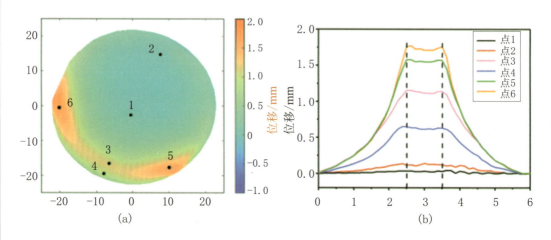

图 13.6 六个特征点位置及其位移变化曲线

13.1.4 磁流变弹性体膜在固定边界条件下的变形特性

上一小节讨论了自由边界条件下磁流变弹性体膜在磁场作用下的变形特征,本小节在上一小节的基础上研究了磁流变弹性体膜在固定边界条件下的变形特征. 磁流变弹性体膜在固定边界条件下的变形具有很强的规律性,容易测量和模拟. 因此,本小节拟采用 DIC,LDV 和 FEM 三种方法对磁流变弹性体膜在固定边界条件下的变形进行表征.

磁流变弹性体膜在自由边界条件下的变形呈现出很大的随机性和不对称性. 为了使磁流变弹性体膜的变形更加稳定和对称,我们尝试着将磁流变弹性体膜的边界固定在自制的骨架上. 如图 13.7 所示,当电流逐渐增大时,磁流变弹性体膜的变形也逐渐增大. 电流保持在最大值时,磁流变弹性体膜的变形也保持在最大值,最后随着电流的减小,磁流变弹性体膜的变形逐渐恢复到初始状态. 可以发现,磁流变弹性体膜在固定边界条件下的变形呈碗状且对称分布,最大位移发生在磁流变弹性体膜中心位置附近,且中心位置附近区域的变形也都较大. 当最大电流为 1,2 和 3 A 时,其最大位移分别为 0.10,0.33,和 0.63 mm.

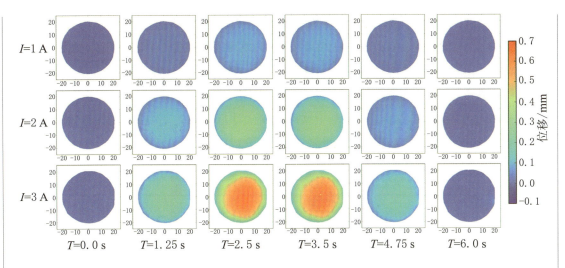

图 13.7 磁流变弹性体膜在固定边界条件下的磁控变形图

为了深入探究磁流变弹性体膜在固定边界条件下的变形特征,我们在磁流变弹性体膜表面选取了三个特征点,对该特征点的位移变化曲线做了深入分析. 如图 13.8 所示,点 1 位于磁流变弹性体膜的边缘,点 3 位于磁流变弹性体膜的中心,点 2 位于点 1 与点 3 的中间位置,三个特征点位于一条直线上. 随着电流的增加,三个特征点的位移都逐渐增大. 当电流保持最大值时,三个特征点的位移也保持在最大值附近. 随着电流逐渐减小到零,三个特征点的位移也逐渐减小到零. 在固定边界条件下,在加载和卸载电流时,磁流变弹性体膜的变形也呈规则的对称性,即特征点加载位移变化趋势与卸载位移变化趋势一致. 可以发现对相同的电流加载,点 3 的位移一直都是最大的,点 1 的位移一直都是最小的. 对同一点而言,最大电流越大,特征点的位移也越大.

由于 DIC 中所使用相机的采样频率较低,无法捕捉到磁流变弹性体膜的瞬时变化,因此本小节采用 LDV 方法测量磁流变弹性体膜的瞬态变化. 图 13.9 展示了磁流变弹性体膜上不同点在不同阶跃电流作用下的瞬时速度. 以中心点为例,初始时中心点变形速度为 0 mm/s,当在时间点 T_0 施加一个阶跃电流时,中心点的变形速度突然急剧增大,磁流变弹性体膜发生快速凹陷. 当时间到达 T_1 时,中心点变形速度达到最大值. 中心点变形速度达到最大值后立即减小,在 T_2 时刻减小到 0 mm/s. 过了时间 T_2,中心点变形速度变为负值,并在某一时刻达到绝对值最大后逐渐减小,在 T_3 时刻重新变化到 0 mm/s. 时间从 T_3 到 T_4,中心点的速度基本保持在 0 mm/s. 当在时间 T_4 突然撤去电流时,中心点速度突然反向急剧增大并于时间 T_5 达到最大值,达到最大值后又急剧减小并于时间 T_6 恢复到 0 mm/s. 我们定义时间 $T_0, T_1, \cdots, T_6$ 为磁流变弹性体膜变形的特征时间. 时间 T_0 到 T_4 的时间差为 1 s. 如图 13.9(a) 所示,最大电流 I_{max} 为 3 A 时中心点速度变化最明显,I_{max} 越小,中心点速度变化越不明显. 可以发现,对中心点而言,不同电流下,其特征时间完全一样. 在上一小节中,我们发现磁流变弹性体膜的变形呈高度中心对称分布,相同同心圆所在位置的变形特征基本一致. 因此,本小节继续研究了 I_{max} 为 3 A 时位置在 0,10.5 和 17.5 mm 处点的速度特征. 如图 13.9(b) 所示,不同点处的速度变化趋势基本一致,其特征时间也与上文中定义的特征时间完全一致. 可以发现,越靠近中心点,其速度变化越大,最大速度也越大.

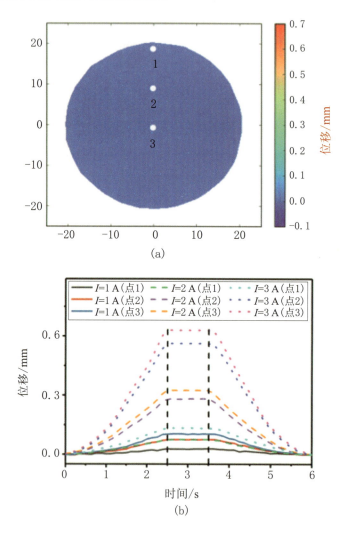

图 13.8 三个特征点位置及其位移变化曲线

为了直观地观察磁流变弹性体膜在变形过程中的速度特征,取出所有 21 个测量点在时间 T_1 处的最大变形速度值,通过插值方法,粗略性地获得整个磁流变弹性体膜的最大变形速度分布图. 如图 13.10 所示,磁流变弹性体膜的最大变形速度呈规则的中心对称分布,中心点处的最大变形速度最大,边缘的最小. 同时, I_{max} 越大,磁流变弹性体膜整个面的最大变形速度也越大. 接着我们观察了磁流变弹性体膜上沿 x 轴方向的最大变形速度分布剖面图,如图 13.10(d) 所示,除几个点以外,其余点都呈对称分布. I_{max} 为 1, 2 和 3 A 时,磁流变弹性体膜上最大的变形速度分别为 0.62, 2.56 和 5.20 mm/s.

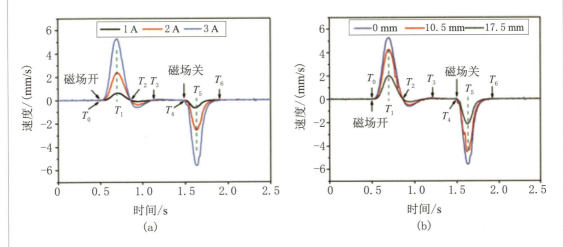

图 13.9 磁流变弹性体膜中心点在不同电流下的瞬时速度变化图以及 3 A 阶跃电流下 MRE 膜不同点的瞬时速度变化图

对磁流变弹性体膜 21 个点的变形速度求积分,可以得到对应点的变形位移. 同样,我们首先研究了中心点在不同电流下的位移变化情况和电流为 3 A 时位于 0, 10.5 和 17.5 mm 处点的位移变化情况. 如图 13.11(a) 所示,对中心点而言,当在 T_0 施加一个阶跃电流时,中心点的位移突然急剧增大并在 T_2 时刻达到最大值,随后缓慢减小,最终在 T_3 时刻趋于平衡. 当在 T_4 时刻突然撤去电流时,中心点的位移迅速减小,直到 T_6 时刻减小到零. 通过与图 13.9(a) 的对比可以发现,从 T_0 到 T_2,中心点变形速度一直为正值,其曲线与时间轴包围的面积即为该点的位移,故在 T_2 时,位移达到最大值,与图 13.11(a) 的结果吻合. 从 T_2 到 T_3,中心点变形速度为负值,说明磁流变弹性体膜出现了回弹,位移由最大值逐渐减小并趋于平衡,其结果也与图 13.11(a) 吻合. 从 T_4 到 T_6,中心点变形速度也一直为负值,说明撤去电流后磁流变弹性体膜出现了回弹,变形由平衡位置逐渐恢复到初始位置,其结果也与图 13.11(a) 吻合. 通过分析,可以发现图 13.9(a) 与图 13.11(a) 所表达的内容完全吻合,其对应的特征时间也完全一一对应. I_{max} 越大,中心点的位移也越大. 当固定阶跃电流为 3 A 时,可以发现不同点的位移变化趋势也完全一致,其特征时间也完全一样. 中心点的位移最大,边缘点的位移最小.

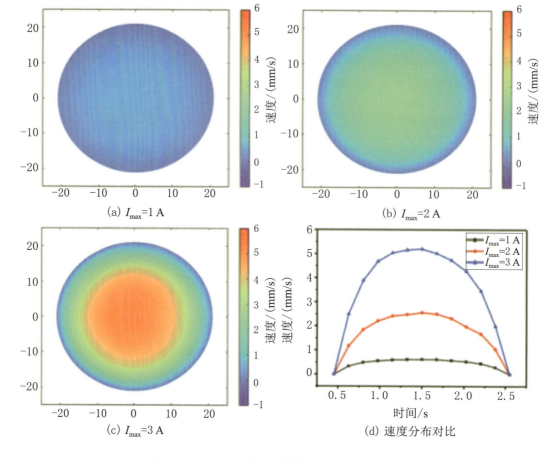

图 13.10 磁流变弹性体膜最大变形速度分布图

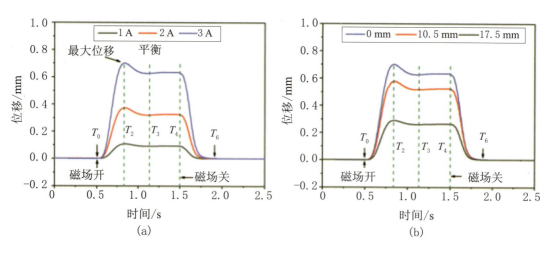

图 13.11 磁流变弹性体膜中心点在不同电流下的位移变化图以及 3 A 阶跃电流下不同点的位移变化图

为了直观地观察磁流变弹性体膜的变形，取出所有 21 个测量点在 T_3 时刻对应的平衡位置的位移，通过插值方法，粗略地得到磁流变弹性体膜在变形稳定时的全场位移。如图 13.12 所示，磁流变弹性体膜在平衡位置的变形呈中心对称分布，中心点的位移最大，边缘的位移最小．电流 I_{max} 越大，磁流变弹性体膜的变形位移越大，变形越明显．随后，我们研究了 x 轴上磁流变弹性体膜各点的位移情况并和 DIC 结果进行了对比．如图 13.12(d) 所示，当电流 I_{max} 为 1，2 和 3 A 时，中心点在平衡位置的位移分别为 0.09，0.33 和 0.63 mm.

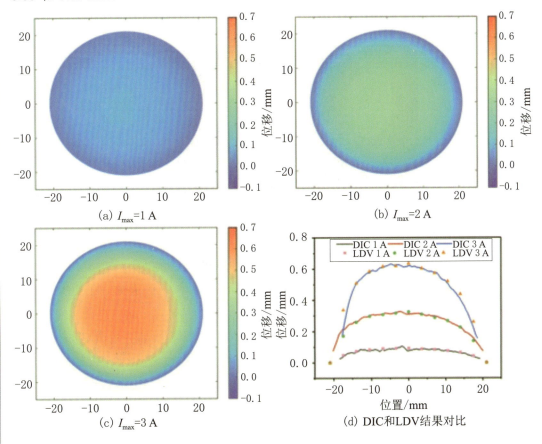

图 13.12　磁流变弹性体膜平衡位置变形分布图

研究发现，LDV 与 DIC 的结果吻合较好．这说明 LDV 和 DIC 都能够用于测量磁流变弹性体膜的变形并获得相应的变形特征．DIC 能够测量磁流变弹性体膜的全场变形，但受相机采样率影响较大，非高速相机无法获得磁流变弹性体膜的瞬时变形特征．LDV 弥补了 DIC 的不足，其能够获得磁流变弹性体膜表面单独点的速度和位移的瞬时变化情况，但无法获取整个磁流变弹性体膜的变形特征．LDV 和 DIC 方法能够很好地互补．

利用 DIC 和 LDV 方法只能获得磁流变弹性体膜变形时的速度场和位移场,不能得到磁流变弹性体膜变形时的内应力和内应变分布. 因此,本小节尝试利用 FEM 模拟磁流变弹性体膜变形时的内应力和内应变,以对磁流变弹性体膜的变形特征进行全面的研究. 为了减小模拟计算量,本小节以阶跃电流 3 A 为例进行 FEM 分析. 如图 13.13 所示,通过 FEM 分析获得了整个结构的磁场分布. 为了方便观察,将磁场分布图图例中的磁场区间设为 50~200 mT. 可以发现,该磁场剖面图呈轴对称分布,这说明在实际结构中,磁场应呈中心对称分布. 磁流变弹性体膜中心处的磁场大约为 106 mT,边缘的磁场大约为 164 mT.

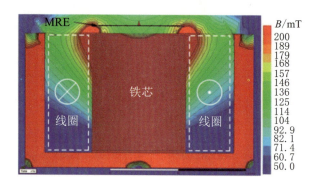

图 13.13　电流为 3 A 时整个结构的磁场分布图

进一步,可以利用 FEM 计算得到磁流变弹性体膜的变形特征. 如图 13.14 所示,FEM 与 DIC 和 LDV 在中心点处和边缘处的变形结果基本一致,但在中心处与边缘处中间位置的变形结果有一定的差异. 出现差异的原因可能是计算中将三维磁流变弹性体膜简化为二维薄膜,并没有考虑到羰基铁粉在磁流变弹性体膜中的分布情况. 此外可以发现,由 FEM 得到的磁流变弹性体膜的变形趋势与 DIC 和 LDV 基本一致. 因此,FEM 可以用来粗略地模拟磁流变弹性体膜的变形特征,并获得变形时的内应力和内应变.

如图 13.15 所示,磁流变弹性体膜变形时内应力和内应变都呈中心对称分布. 中心点处的内应力为 22 kPa,从中心点到边缘的过程中,内应力先减小到最小值 7 kPa,然后增加到最大值 33 kPa. 可以发现,最大内应力发生在边缘处. 我们得到磁流变弹性体膜的断裂强度为 0.19 MPa,即磁流变弹性体膜变形时的最大应力远远小于磁流变弹性体膜的断裂强度. 磁流变弹性体膜的内应变变化也与内应力变化类似. 中心点的内应变为 1.6%,从中心点到边缘的过程中,内应变先减小到最小值 0.4%,再增加到最大值 2.3%. 最大内应变也发生在边缘处,该最大内应变也远远小于磁流变弹性体膜的断裂应变 50%. 通过对磁流变弹性体膜内应力和内应变的粗略模拟计算,我们发现磁流变弹性体膜在电流为 3 A 时不会达到断裂极限,能够持续稳定地发生变形,所有的变形都在弹性变形范围内. 因此, 磁流变弹性体膜能够在电流为 3 A 时稳定工作.

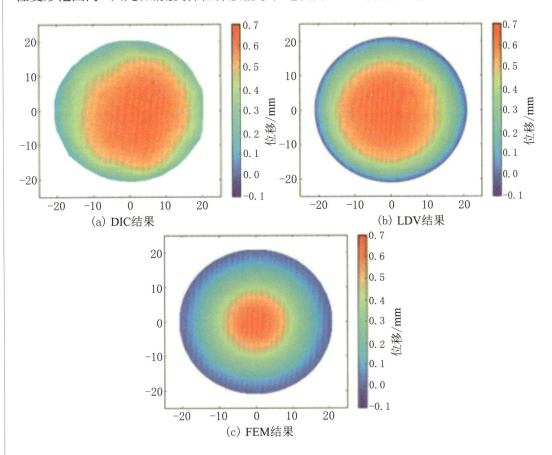

图 13.14 电流为 3 A 时磁流变弹性体膜的变形图

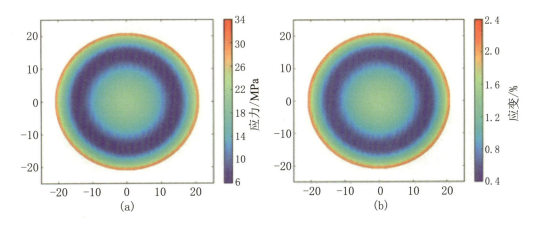

图 13.15 磁流变弹性体膜变形时的 (a) 内应力和 (b) 内应变分布图

13.2　磁流变弹性体智能膜结构的吸声性能

前文研究了磁流变弹性体膜的变形特性,并揭示了其变形过程中的内应力特征.磁流变弹性体膜材料具有一定的固有频率,其固有频率与材料本身的参数有关,例如材质、质量、密度、形状等.声学上常利用膜材料的振动特性设计吸声装置.由于磁流变弹性体膜具有振动特性、磁场可控等优点,非常适合研制吸声器件.因此,本节首先研制了基于磁流变弹性体膜的吸声结构,设计了用于测量磁流变弹性体膜吸声性能的测量系统;然后利用前文中的 DIC 方法测量了吸声结构中磁流变弹性体膜的变形特征,深入分析了羰基铁粉含量和薄膜厚度对磁流变弹性体膜变形的影响;最后研究了磁流变弹性体膜的吸声性能,分析了羰基铁粉含量和薄膜厚度对磁流变弹性体膜吸声性能的影响.

13.2.1　磁流变弹性体膜吸声结构的研制

由前文可知,磁流变弹性体膜具有厚度薄、弹性好、形状磁场可控等优点,非常适合设计薄膜吸声结构.为了研究磁流变弹性体膜的吸声性能,本小节根据具体实验需求设计了基于磁流变弹性体膜的吸声结构 (Sound Absorbing Structure, SSS).本节主要探究羰基铁粉含量和薄膜厚度对磁流变弹性体膜吸声性能的影响,因此本小节研制了厚度基本一致,质量分数分别为 0%, 25%, 50% 和 75% 的磁流变弹性体膜,还研制了质量分数为 75%、厚度不同的磁流变弹性体膜.具体研制过程如下 (图 13.16):

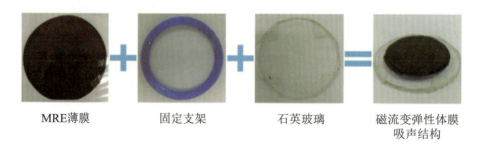

图 13.16　磁流变弹性体膜吸声结构研制过程

(1) 研制不同质量分数、不同厚度磁流变弹性体膜. 首先研制了厚度基本一致, 质量分数分别为 0%, 25%, 50% 和 75% 的磁流变弹性体膜. 由于质量分数不同, 旋涂前混合液的黏度也不同, 为了得到厚度基本一致的磁流变弹性体膜, 需要对每种质量分数的样品设置独立的旋涂速度, 保证最后成型的磁流变弹性体膜的厚度基本一致. 接着控制质量分数为 75%, 通过改变旋涂速度, 制备了不同厚度的磁流变弹性体膜.

(2) 设计支撑骨架. 由于磁流变弹性体膜的厚度较薄, 通过粗略计算可以得到磁流变弹性体膜吸声结构的大致共振吸声频率, 研究发现磁流变弹性体膜吸声结构的共振吸声频率均在 1 kHz 以上. 该实验需要使用 30 mm 直径的声波管进行测量, 支撑骨架的外径为 30 mm, 内径为 25 mm, 厚度为 2 mm. 支撑骨架的材质选用硬质的 PLA 塑料, 并利用 3D 打印的方式制备. 随后将步骤 (1) 中制备的磁流变弹性体膜通过 3M 双面胶粘贴在支撑骨架上.

(3) 将支撑骨架粘贴在底板上. 为了使磁流变弹性体膜后面的空腔密闭, 需要将支撑骨架粘贴在底板上. 在进行实验的过程中, 如果底板的共振频率与磁流变弹性体膜接近, 将会影响最终的吸声效果, 不利于研究磁流变弹性体膜的吸声性能. 因此选用刚度较大的圆形石英玻璃作为底板, 石英玻璃的直径为 40 mm, 厚度为 2 mm. 利用 3M 双面胶将步骤 (2) 中所得支撑骨架固定在石英玻璃中心, 从而得到磁流变弹性体膜吸声结构.

利用扫描电子显微镜观察了磁流变弹性体膜内部羰基铁粉的分布, 同时获得了磁流变弹性体膜的厚度. 然后利用 X 射线衍射 (X-Ray Diffraction, XRD) 研究了磁流变弹性体膜和羰基铁粉的材料成分. 接着利用磁滞回线仪 (Hysteresisgraph, HyG) 测量了磁流变弹性体膜的磁滞回线. 最后利用 DIC 方法测量了磁流变弹性体膜的变形, 研究了羰基铁粉含量和薄膜厚度对磁流变弹性体膜变形的影响.

由磁流变弹性体膜的厚度可以大致推断, 磁流变弹性体膜吸声结构的共振吸声频率都在 1 kHz 以上. 因此选用直径为 30 mm 的阻抗管测量磁流变弹性体膜吸声结构的吸声性能. 如图 13.17 所示, 将磁流变弹性体膜吸声结构紧贴电磁铁放置于阻抗管的后端, 磁流变弹性体膜与两个传感器 (MIC1 和 MIC2) 留有一定距离. 声源产生入射声波, 沿着阻抗管传播, 经过 MIC1 和 MIC2 后到达磁流变弹性体膜表面, 一部分声波被磁流变弹性体膜表面反射, 反射声波沿着阻抗管反向传播, 经过 MIC2 和 MIC1. 因此, 可以通过测量 MIC1 和 MIC2 处的声压来判断声压大小, 进而通过传递函数法计算得到材料的吸声系数, 所有的测试过程全部参照国标 GB/T 18696.2—2002 进行.

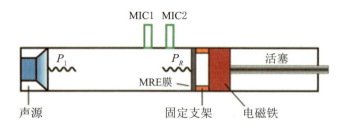

图 13.17 吸声测试示意图

13.2.2 磁流变弹性体膜的基本性能

本小节制备了不同羰基铁粉含量、不同厚度的磁流变弹性体膜,首先利用扫描电子显微镜探究了磁流变弹性体膜中羰基铁粉分布及薄膜厚度. 图 13.18 展示了样品 1~6 的实物图及对应的磁流变弹性体膜截面 SEM 图,样品 1~6 的参数如表 13.1 所示. 由表 13.1 可知,从样品 1~4 中羰基铁粉的质量分数从 0% 逐渐增加到 75%. 从图 13.18(a) 可以看出,样品 1 的截面非常光滑,没有发现羰基铁粉的存在,即样品 1 中的膜为纯基体膜,其具有良好的透明性. 如图 13.18(b) 所示,当质量分数从 0% 变化到 25% 时,磁流变弹性体膜内部开始出现少量的羰基铁粉,羰基铁粉随机分布在磁流变弹性体膜内部,使磁流变弹性体膜呈半透明状态. 随着羰基铁粉质量分数的不断增加,当质量分数为 50% 时,可以看到羰基铁粉逐渐遍布于磁流变弹性体膜内部,使磁流变弹性体膜由半透明状变成非透明状 (图 13.18(c)). 如图 13.18(d) 所示,当质量分数达到 75% 时,羰基铁粉密集分布于磁流变弹性体膜内部,使磁流变弹性体膜变得更密实. 样品 4~6 中磁流变弹性体膜的质量分数均为 75%,可以发现,样品 4~6 中磁流变弹性体膜的羰基铁粉分布基本一致,且薄膜都呈非透明状.

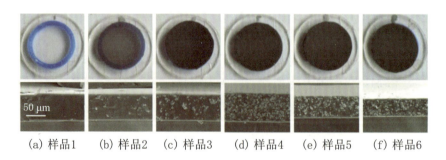

图 13.18 磁流变弹性体膜吸声结构实物图及膜截面的 SEM 图

通过图 13.18 可以得到样品 1~6 中对应磁流变弹性体膜的厚度, 厚度参数如表 13.1 所示, 可以发现, 样品 1~4 中磁流变弹性体膜的厚度基本一致, 样品 4~6 中磁流变弹性体膜的厚度呈递减趋势.

表 13.1　不同磁流变弹性体膜吸声结构样品的参数

	样品 1	样品 2	样品 3	样品 4	样品 5	样品 6
羰基铁粉质量分数/%	0	25	50	75	75	75
磁流变弹性体膜厚度/μm	67	67	68	72	55	46

图 13.19 展示了样品 1~6 中磁流变弹性体膜和纯羰基铁粉的 XRD 实验结果. 由图 13.19 可知, 纯 PDMS 样品的 XRD 曲线平滑且没有衍射峰, 纯羰基铁粉样品在 $2\theta = 44.7°$ 附近出现一个较大的衍射峰, 在 $2\theta = 65.1°$ 附近出现一个较小的衍射峰. 研究发现, 样品 2~6 的衍射峰与纯羰基铁粉样品完全一致, 说明样品 2~6 中含有羰基铁粉, 且其晶相类型与纯羰基铁粉样品一致, 在制备磁流变弹性体膜的过程中不会改变羰基铁粉的材料特性.

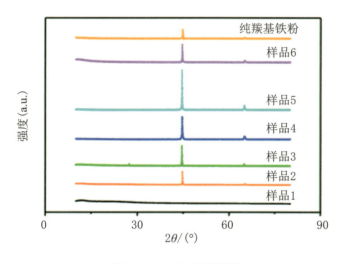

图 13.19　XRD 实验结果

接着, 本小节研究了样品 1~6 和纯羰基铁粉的磁滞回线. 如图 13.20 所示, 0% 质量分数的磁流变弹性体膜的磁滞回线为一条几乎与 x 轴平行的直线, 其饱和磁化强度为 1 emu/g, 几乎没有磁化效应. 随着羰基铁粉含量的提高, 磁流变弹性体膜的磁导率和饱和磁化强度都相应地增大, 样品 2~4 的饱和磁化强度分别为 59, 124 和 184 emu/g. 纯羰基铁粉的饱和磁化强度为 239 emu/g. 实验结果表明, 样品 1~4 中磁流变弹性体膜和纯羰基铁粉都具有较小的矫顽力. 随后, 本小节对比了样品 4~6 中磁流变弹性体膜的磁滞回线,发现三种样品的磁滞回线重合较好,样品 5 和样品 6 的饱和磁化强度都为 183 emu/g. 可以发现,样品 1~6 中磁流变弹性体膜与纯羰基铁粉的饱和磁化强度比值为 0.4%:24.7%:51.9%:77.0%:76.6%:76.6%:100%,该比值与样品对应的质量分数比值基本一致,这说明磁流变弹性体膜中羰基铁粉的质量分数直接决定了其饱和磁化强度的大小. 由图 13.20 和图 13.21 可知,当磁场强度达到 300 kA/m 时,样品开始出现饱和.

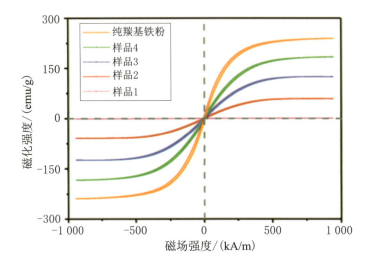

图 13.20 样品 1~4 中磁流变弹性体膜和纯羰基铁粉的磁滞回线

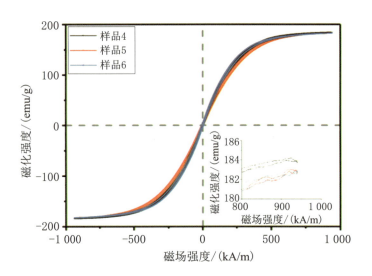

图 13.21 样品 4~6 中磁流变弹性体膜的磁滞回线

13.2.3　吸声结构中磁流变弹性体膜的变形特征

由于磁流变弹性体膜吸声结构的吸声性能受磁流变弹性体膜的形状影响,因此研究磁流变弹性体膜的变形特征对探究磁流变弹性体膜吸声结构的吸声性能具有重要意义. 前文已经详细讨论了磁流变弹性体膜在磁场作用下的变形机制,研究结果表明,磁流变弹性体膜的变形主要受磁场力大小控制,磁场力越大变形越大. 羰基铁粉含量是决定磁流变弹性体膜所受磁场力大小的一个重要因素,磁流变弹性体膜厚度也会影响其受到的磁场力. 因此,研究羰基铁粉含量和薄膜厚度对磁流变弹性体膜的变形影响具有非常重要的意义. 基于此,本小节主要研究磁流变弹性体膜的磁控变形特性. 在忽略其他外力作用下,不加磁场时磁流变弹性体膜不会发生变形,故本小节只讨论施加电流为 1, 2, 3 和 4 A 时磁流变弹性体膜的变形特征,定义磁流变弹性体膜凹陷的方向为正方向. 接着深入地研究了羰基铁粉含量和薄膜厚度对磁流变弹性体膜变形的影响,为后续研究磁流变弹性体膜吸声结构的吸声性能奠定了基础.

图 13.22 为不同羰基铁粉含量的磁流变弹性体膜在不同电流下的变形图. 由图 13.22 可知,无羰基铁粉的磁流变弹性体膜在不同电流下均不发生变形,质量分数 25% 的磁流变弹性体膜在 1 A 电流下发生微小变形,随着电流的增加,变形由微小变形逐渐演化成中心凹陷的大变形. 可以发现,变形呈中心对称分布,中心点附近为变形最大区域,边缘几乎不发生变形,整体的变形特征与磁流变弹性体膜的变形类似. 当羰基铁粉质量分数增加到 50% 时,可以观察到磁流变弹性体膜发生了比较明显的变形. 当羰基铁粉质量分数为 75% 时,随着电流的增加,磁流变弹性体膜的变形迅速增大,中心处发生非常可观的变形. 在相同电流下,羰基铁粉含量越高,磁流变弹性体膜凹陷越明显,其发生的变形越大.

为了更加深入地理解羰基铁粉含量对磁流变弹性体膜变形的影响,我们对样品 1~4 中磁流变弹性体膜变形时的最大变形值进行了分析,结果如图 13.23 所示. 可以直观地发现,样品 1 对应的曲线为一条水平的直线且大小在 0 mm 附近,这表明样品 1 中的磁流变弹性体膜在磁场作用下并未发生变形. 样品 2~4 中磁流变弹性体膜的变形随着电流的增加而增大,且变形与电流呈线性关系. 随着羰基铁粉含量的增加,样品 2~4 对应的曲线的起始点值逐渐变大,其斜率也逐渐增大. 在相同电流下,羰基铁粉含量高的磁流变弹性体膜的变形始终大于低含量的磁流变弹性体膜. 如图 13.23(a) 所示,曲线的斜率代表了磁流变弹性体膜在磁场作用下的变形能力,其表征了磁场对磁流变弹性体膜变形的控制能力. 如图 13.23(a) 所示, 通过计算可以得到样品 1~4 曲线的斜率分别为 $-0.00018, 0.084, 0.15$ 和 0.24 (mm/A). 将斜率进行归一化处理, 得到样品 1~4 曲线的斜率的比值为 $-0.00075:0.35:0.63:1$, 这与样品 1~4 中磁流变弹性体膜的羰基铁粉含量的比值 $(0:0.33:0.66:1)$ 基本一致, 研究结果表明, 羰基铁粉含量决定了磁流变弹性体膜最大变形曲线的斜率, 进而决定了磁流变弹性体膜的磁控变形能力. 如图 13.23(b) 所示, 羰基铁粉质量分数从 0% 变化到 50% 的过程中, 磁流变弹性体膜的最大变形值与羰基铁粉含量大致呈线性关系, 当羰基铁粉质量分数超过 50% 时, 其变形突然增大, 曲线斜率增大. 研究结果表明, 在低质量分数下, 磁流变弹性体膜的变形与羰基铁粉含量呈线性关系, 在高质量分数下, 磁流变弹性体膜具有更强的磁控变形能力.

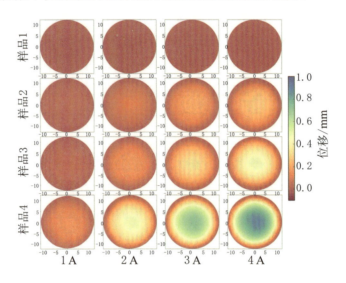

图 13.22 样品 1~4 中的磁流变弹性体膜在不同电流下的变形图

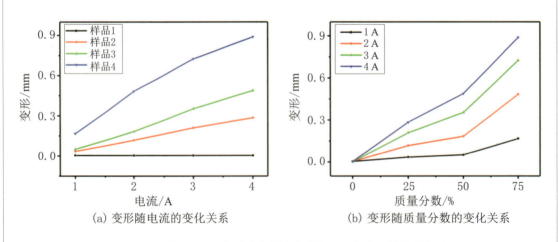

(a) 变形随电流的变化关系

(b) 变形随质量分数的变化关系

图 13.23 样品 1~4 中磁流变弹性体膜在不同电流下的最大变形

羰基铁粉质量分数和薄膜厚度决定了磁流变弹性体膜中羰基铁粉的总含量,同时薄膜厚度决定了磁流变弹性体膜变形时的内应力大小,因此研究薄膜厚度对磁流变弹性体膜变形的影响具有重要的实际意义. 图 13.24 展示了不同薄膜厚度的磁流变弹性体膜在不同电流下的变形,可以发现所有的变形均呈中心对称分布,随着电流的不断增加,变形逐渐增大. 样品 5 和样品 6 中的磁流变弹性体膜的变形情况基本一致,样品 4 中磁流变弹性体膜的变形略大于样品 5 和样品 6 中的磁流变弹性体膜.

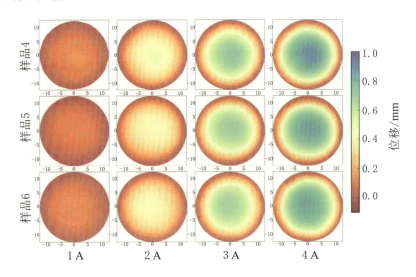

图 13.24　样品 4~6 中磁流变弹性体膜在不同电流下的变形图

为了更好地研究薄膜厚度对磁流变弹性体膜变形的影响,我们对样品 4~6 中磁流变弹性体膜变形时的最大变形值进行了系统分析,结果如图 13.25 所示. 在电流为 1 A 时,样品 4~6 中磁流变弹性体膜的最大变形值基本一致. 当电流增加时,样品 4~6 中磁流变弹性体膜的最大变形值也逐渐增大且与电流呈线性关系. 样品 5 和样品 6 中磁流变弹性体膜的最大变形值基本重合,只略小于样品 4 中磁流变弹性体膜的最大变形值. 同样,图 13.25(a) 中的斜率也代表磁流变弹性体膜在磁场作用下的变形能力,表征了磁场对磁流变弹性体膜变形的控制能力. 通过计算可以得到样品 4~6 对应曲线的斜率分别为 0.24,0.23 和 0.22(mm/A),进行归一化处理后可以得到斜率的比值分别为 1:0.96:0.92,可以发现样品 4~6 对应曲线的斜率较为接近,误差在 8% 范围内. 由此可知,薄膜厚度基本不影响磁流变弹性体膜在磁场作用下的变形能力. 由图 13.25(b) 可知,在相同电流下,随着薄膜厚度的增加,磁流变弹性体膜的最大变形值缓慢增加,因此可以认为施加电流时,磁流变弹性体膜的变形随着薄膜厚度的增加而微弱地增加.

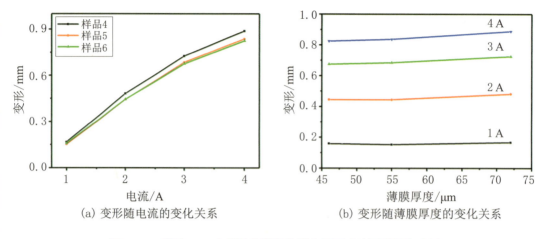

图 13.25 样品 4~6 中磁流变弹性体膜在不同电流下的最大变形

13.2.4 磁流变弹性体膜吸声结构的吸声性能

前文已经讨论了磁流变弹性体膜吸声结构的吸声原理，其中磁流变弹性体膜的密度、质量和厚度均会影响磁流变弹性体膜吸声结构的吸声性能．羰基铁粉含量和薄膜厚度直接决定了磁流变弹性体膜的密度、质量和厚度．因此，本小节测试了磁流变弹性体膜吸声结构的吸声性能，电流设置为 0，1，2，3 和 4 A，同时深入研究了羰基铁粉含量和薄膜厚度对磁流变弹性体膜吸声结构吸声性能的影响，为磁流变弹性体膜吸声结构的优化设计奠定了坚实的基础．

图 13.26 为样品 1~4 在不同电流下的吸声系数曲线，测试所用声波频率从 1 kHz 到 6 kHz．如图 13.26(a) 所示，在不同电流下样品 1 的吸声系数曲线基本重合，当声波频率为 1 kHz 时，样品 1 的吸声系数在 0 附近，说明此时样品 1 没有吸声能力，所有到达样品 1 表面的声波均被反射．当声波频率逐渐增大时，样品 1 的吸声系数也逐渐增大，吸声系数曲线的斜率也逐渐增大．当声波频率开始大于 3 kHz 时，样品 1 的吸声系数曲线急剧上升，并在短时间内达到最大值，该最大值接近 1，定义此时的吸声系数为最大吸声系数 (Maximum Sound Absorption Coefficient, MSAC)，其对应的频率为最大吸声频率 (Maximum Sound Absorption Frequency, MSAF)．可以发现，此时的 MSAF 接近 4 kHz．当声波频率超过 4 kHz 时，样品 1 的吸声系数开始减小，吸声系数曲线开始下降．当声波频率增大到 6 kHz 时，样品 1 的吸声系数减小到 0.2 附近．如图 13.26(b)

所示,样品 2 的吸声系数曲线形状与样品 1 类似,不同点在于随着电流的增加,样品 2 的吸声系数曲线的吸收峰向右发生了一定程度的平移,电流越大平移程度越明显.如图 13.26(c) 所示,样品 3 的吸声系数曲线形状与样品 1 类似,在 0 A 电流下样品 3 的吸声系数曲线的 MSAF 在 3.1 kHz 附近,随着电流的增加,吸声系数曲线的吸收峰向右发生了明显的平移,电流越大平移频率越大.如图 13.26(d) 所示,样品 4 的吸声系数曲线形状也与样品 1 类似,在 0 A 电流下样品 4 的吸声系数曲线的 MSAF 减小到 2.4 kHz 附近,随着电流的增加,吸声系数曲线的吸收峰向右会发生非常明显的平移,电流越大平移程度越严重.

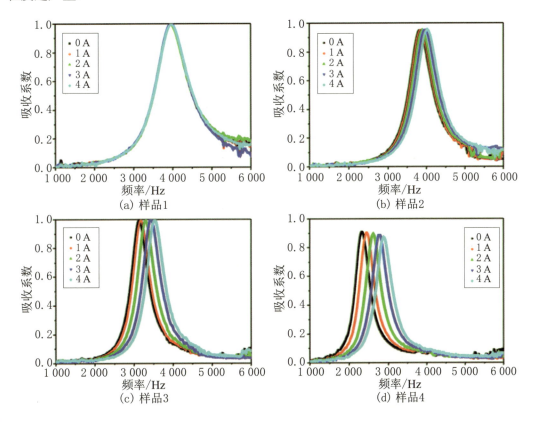

图 13.26　样品 1~4 在不同电流下的吸声系数曲线

为了更加深入地研究样品 1~4 在不同电流下的吸声性能,我们从吸声系数曲线中提取出 MSAF 和 MSAC,研究样品 1~4 的 MSAF 和 MSAC 与电流的关系.如图 13.27(a) 所示,样品 1~4 的 MSAF 与电流均约呈线性关系.样品 1 的 MSAF 曲线基本水平,其值在 4 kHz 附近.样品 2 在 0 A 时的 MSAF 小于样品 1,随着电流的不断增加,当电流为 3 A 时样品 2 的 MSAF 与样品 1 基本一致,当电流为 4 A 时样品 2 的 MSAF 稍微大于样品 1.样品 3 的 MSAF 曲线位于样品 2 的下方,其最小值为 3.13 kHz,最大值为 3.54 kHz. 样品 4 的 MSAF 曲线位于样品 3 的下方,其最小值为 2.33 kHz,最大值为 2.88 kHz. 可以发现样品 2~4 的 MSAF 都随电流的增加而增大,曲线斜率代表了样品在电流作用下 MSAF 的改变能力. 通过计算可知,样品 1~4 的 MSAF 曲线的斜率分别为 2.80, 50.40, 106.40 和 142.40 (kHz/A),对斜率进行归一化处理,可以得到曲线斜率的比值为 0.02:0.35:0.75:1. 除了样品 3 的曲线斜率略大以外,样品 1,2 和 4 的曲线斜率的比值与样品的羰基铁粉质量分数的比值非常接近. 实验结果表明,羰基铁粉含量是磁流变弹性体膜吸声结构的 MSAF 能够进行磁场控制的重要原因. 由图 13.27(b) 可知,样品 1~3 的 MSAC 与电流呈线性关系. 样品 1 的 MSAC 曲线基本保持水平. 样品 2 的 MSAC 曲线在样品 1 下方,其斜率为正值. 样品 3 的 MSAC 曲线在 0 A 电流下略小于样品 1,随着电流的增加,在电流为 2~3 A 时,其吸声系数与样品 1 一致,继续增加电流,其吸声系数将大于样品 1. 样品 4 的 MSAC 随着电流的增加反而减小.

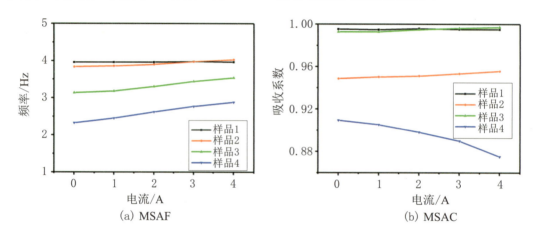

图 13.27 样品 1~4 的 MSAF 和 MSAC 与电流的关系

为了进一步研究羰基铁粉含量对磁流变弹性体膜吸振结构吸声性能的影响,本小节展示了特定电流下样品 1~4 的吸声系数曲线. 如图 13.28 和图 13.29(a) 所示,当电流为 0,1 和 2 A 时,增加羰基铁粉含量能够减小磁流变弹性体膜吸振结构的 MSAF. 当电流为 3 A 时,0% 和 25% 质量分数的磁流变弹性体膜吸振结构具有大致相同的 MSAF,继续增加羰基铁粉含量能够减小磁流变弹性体膜吸振结构的 MSAF. 当电流为 4 A 时,随着羰基铁粉含量不断增加,磁流变弹性体膜吸振结构的 MSAF 先增大后减小. 实验结果表明,在无磁场的情况下,增加羰基铁粉含量能够减小磁流变弹性体膜吸振结构的 MSAF,在有磁场的情况下,增加羰基铁粉含量对磁流变弹性体膜吸振结构的 MSAF 的影响应视电流大小而定. 由图 13.28 和图 13.29(b) 可知,在不同电流下羰基铁粉含量对磁流变弹性体膜吸振结构的 MSAC 具有相同的影响. 当增加羰基铁粉含量时,磁流变弹性体膜吸振结构的 MSAC 先减小,再增大,最后再减小. 实验结果表明,羰基铁粉含量对磁流变弹性体膜吸振结构的 MSAC 无明显作用.

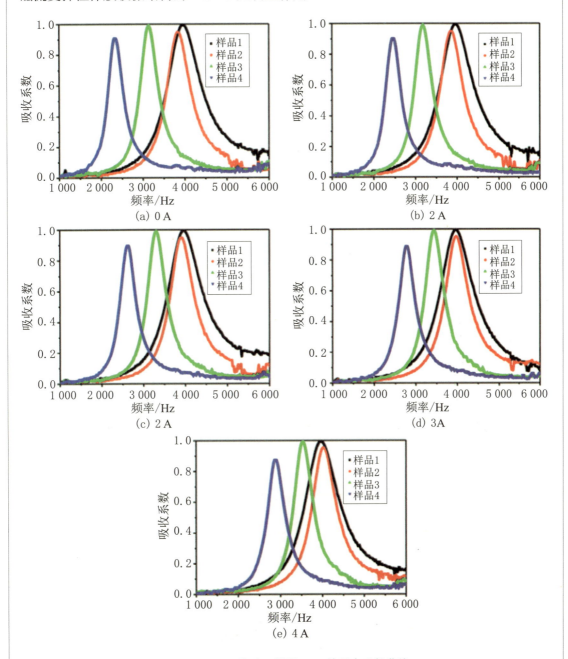

图 13.28　不同电流下样品 1~4 的吸声系数曲线

图 13.30 为样品 4~6 在不同电流下的吸声系数曲线. 可以发现,样品 4~6 的吸声系数曲线都具有类似的形状. 随着电流的增加,样品 4~6 的吸声系数曲线逐渐向右平移,

电流越大平移量越多. 同时,在相同电流条件下,样品 4 的吸声峰相比于样品 5 较靠左,样品 6 的吸声峰相比于样品 5 较靠右.

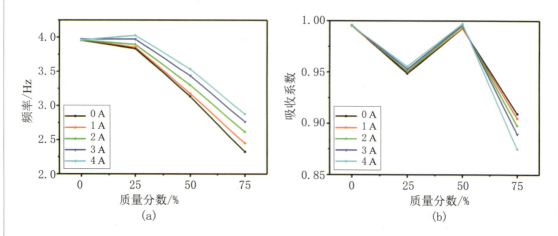

图 13.29　不同电流下样品 1~4 的 MSAF 和 MSAC 与羰基铁粉含量的关系

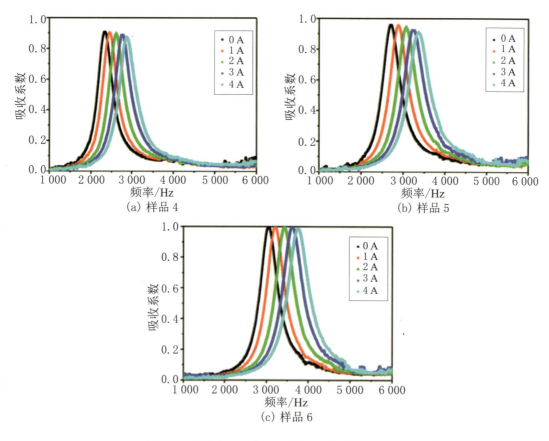

图 13.30　样品 4~6 在不同电流下的吸声系数曲线

为了进一步研究电流对不同薄膜厚度的磁流变弹性体膜吸振结构吸声性能的影响,本小节深入分析了样品 4~6 的 MSAF 和 MSAC 与电流的关系. 如图 13.31(a) 所示,样品 4~6 的 MSAF 与电流均呈线性关系,电流越大,样品的 MSAF 越大,曲线的斜率代表了样品在电流作用下 MSAF 的改变能力. 通过计算可知,样品 4~6 的 MSAF 曲线的斜率分别为 142.40, 168.6 和 182.6 (kHz/A),对斜率进行归一化处理,可以得到曲线斜率对应的比值为 0.78:0.92:1. 研究结果表明,磁流变弹性体膜越薄,其对应的磁流变弹性体膜吸振结构的 MSAF 受磁场改变的能力越强. 如图 13.31(b) 所示,样品 4~6 的 MSAC 都随着电流的增加而减小,最大吸声曲线为一弧形曲线,电流越大该点对应的曲线斜率越大.

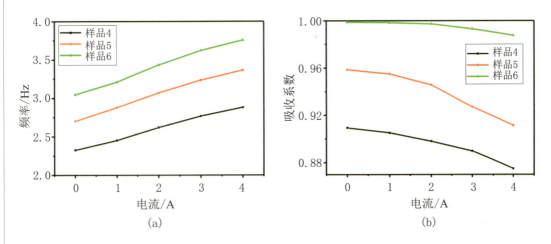

图 13.31　样品 4~6 的 MSAF 频率和 MSAC 与电流的关系

图 13.32 和图 13.33 为不同电流下样品 4~6 的吸声系数曲线及其 MSAF 和 MSAC. 由图 13.32 和图 13.33(a) 可知,在不同电流下样品 4~6 的吸声系数曲线形状类似,变化规律一致,随着薄膜厚度的增加,其吸声系数曲线逐渐向左平移,其 MSAF 逐渐减小. 在不同电流下,磁流变弹性体膜吸振结构的 MSAF 曲线为一组相互平行的直线,说明磁流变弹性体膜吸振结构的 MSAF 与薄膜厚度呈线性关系. 如图 13.32 和图 13.33(b) 所示,随着薄膜厚度的增加,样品 4~6 的吸声峰逐渐向下平移,其 MSAC 逐渐减小,表明磁流变弹性体膜吸振结构的 MSAC 与薄膜厚度呈负相关关系.

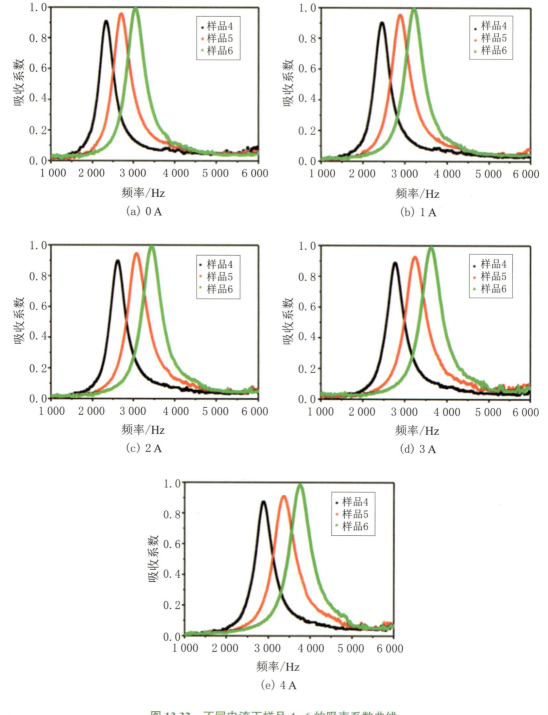

图 13.32　不同电流下样品 4～6 的吸声系数曲线

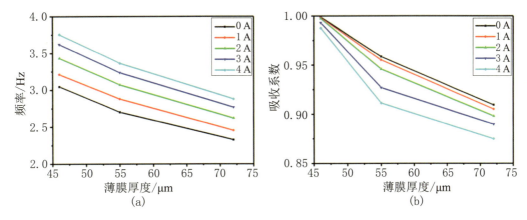

图 13.33 特定电流下样品 4~6 的 MSAF 和 MSAC 与薄膜厚度的关系

13.3 磁流变弹性体智能膜致动器的研制及性能

前文研究了磁流变弹性体膜的变形特性,实验结果表明磁流变弹性体膜具有优异的磁控变形性能,利用该性能能够研制具有特殊功能的器件. 目前已有不少研究者致力于磁流变弹性体膜致动器的研制及性能表征,但这些致动器只能执行相应的动作,并不能将致动器的执行状态反馈给控制器,限制了该类致动器的广泛应用. 因此,本节研制了基于磁流变弹性体膜的致动器,该致动器能够实时反馈执行状态,方便控制器对致动器进行实时反馈控制. 本节首先将磁流变弹性体膜与聚偏氟乙烯(Poly Vinylidene Fluoride,PVDF)膜复合研制了性能优异的致动器;接着研究了磁流变弹性体膜致动器的性能,基于其性能提出了对应的磁–力–电耦合模型;最后利用该磁流变弹性体膜致动器设计了智能控制抓手,该抓手能够受磁场控制抓取、运输和释放物体,同时将其抓手的变形实时反馈给计算机.

13.3.1 致动器的基本原理

致动器是一种能够执行运动和控制的组件. 致动器执行动作时需要一定的激励信号,该激励信号一般包括电压、电流、磁场、热、气压和液压等. 当致动器受到激励信号控制时，其能够将激励信号的能量转换为机械能. 本小节的研究对象磁流变弹性体膜致动器属于磁致动器 (Magnetic Actuator, MA). 磁致动器工作时，需要先将输入电磁铁的电流转换成磁场，然后利用磁场产生一定的磁场力，使物体在磁场力的作用下进行相应的动作. 当关闭电流撤去磁场时，致动器能够恢复到初始状态.

13.3.2 磁流变弹性体膜致动器的研制和测试系统

由于磁流变弹性体膜具有优异的磁控变形特性，非常适合用来制备磁致动器. 但是由于磁流变弹性体膜可弯曲性较好，如果单独使用磁流变弹性体膜来制备磁致动器，在重力的作用下该磁致动器恢复到初始状态的能力较差. 同时，为了使新研制的磁流变弹性体膜致动器能够具有自我感知反馈的能力，需要用另一种具有感知反馈能力的材料与磁流变弹性体膜进行复合. 因此，研制磁流变弹性体膜致动器面临两个问题：一是需要在致动器中加入一定的支撑材料；二是需要找到一种具有感知反馈能力的材料.

经过反复实验，发现聚偏氟乙烯膜具有一定的弯曲刚度，能够保证在变形后撤去外力时具有恢复到初始状态的能力. 同时聚偏氟乙烯膜具有非常优异的压电和挠曲电效应. 当聚偏氟乙烯膜受到拉伸、压缩和弯曲作用时，其表面会产生大量的电荷，这些电荷与聚偏氟乙烯膜受到的力或变形具有一定的关系. 例如，有研究者研制出一种具有高挠曲电系数的聚偏氟乙烯膜，该膜的生成电流和挠度具有优异的线性关系，利用该关系能够获得聚偏氟乙烯膜的变形特征. 因此，将聚偏氟乙烯膜与磁流变弹性体膜进行有机复合能够有效地解决磁流变弹性体膜研制中遇到的问题. 复合后的磁流变弹性体膜致动器将具有优异的磁控变形特性，同时能够感知自身变形. 因此，本小节基于磁流变弹性体膜和聚偏氟乙烯膜研制了磁流变弹性体膜致动器，其中磁流变弹性体膜的质量分数为 50%，如图 13.34 所示，具体的研制步骤如下：

(1) 利用旋涂法制备纯 PDMS 膜. 只是在配制 PDMS 混合液时不用加入羰基铁粉. 将制备好的 PDMS 膜保留在硅片上，以便在后续制备过程中使用.

(2) 制备 PDMS-磁流变弹性体复合膜. 本步骤是将磁流变弹性体膜混合液滴在步骤 (1) 中制备的 PDMS 膜表面，从而得到 PDMS-磁流变弹性体复合膜. 将 PDMS-磁流变弹性体复合膜从硅片取下备用.

(3) 制备聚偏氟乙烯溶液并脱泡. 将 6 g 聚偏氟乙烯颗粒溶解于 60 mL N-甲基吡咯烷酮溶液 (N-methylpyrrolidone, NMP) 中，在 60 ℃ 条件下搅拌 2 h 得到 PVDF 溶液.

将该溶液置于 0.2 大气压的真空箱中脱气 20 min,去除 PVDF 溶液中的气泡.

(4) 用流延法制备聚偏氟乙烯膜. 取一片干净平整的玻璃片水平放置于烘箱中部. 取一定量步骤 (3) 中所得溶液滴在玻璃片上,在 90 ℃ 下蒸发 12 h,使聚偏氟乙烯溶液中的 NMP 挥发干净,最后在 120 ℃ 下退火 8 h 得到聚偏氟乙烯膜.

(5) 在聚偏氟乙烯膜表面镀电极. 为了测量聚偏氟乙烯膜产生的电荷,需要将电荷全部采集,因此需要在聚偏氟乙烯膜表面镀电极. 利用磁控溅射法,在聚偏氟乙烯膜两个表面都镀上一定厚度的金层,并利用导电银胶将导线与金层连接.

(6) 将上述制备的膜进行多层复合以制备磁流变弹性体膜致动器. 将步骤 (5) 所得聚偏氟乙烯膜与步骤 (2) 所得 PDMS-磁流变弹性体复合膜利用步骤 (1) 中的 PDMS 混合液进行封装,在 60 ℃ 条件下硫化 48 h 得到磁流变弹性体膜致动器.

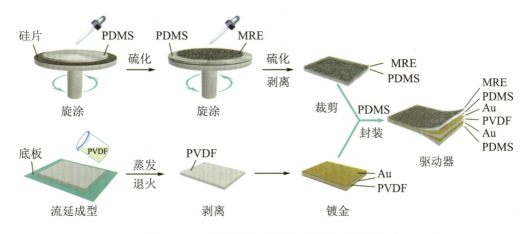

图 13.34　磁流变弹性体膜致动器研制流程图

本小节研制的磁流变弹性体膜致动器的整体尺寸为长 40 mm,宽 20 mm,其中聚偏氟乙烯膜的长度和宽度分别为 36 和 17 mm.

本小节利用扫描电子显微镜对磁流变弹性体膜的微观结构进行表征,仪器加速电压设置为 20 kV. 利用磁滞回线仪对羰基铁粉和磁流变弹性体膜进行磁滞回线测量. 利用 X 射线衍射和 Fourier 红外光谱仪对磁流变弹性体膜和聚偏氟乙烯膜的组分和结构进行分析.

本小节利用 MTS 对磁流变弹性体膜、聚偏氟乙烯膜和磁流变弹性体膜致动器的力学性能进行了研究 (图 13.35). 同时,利用电荷放大器 (Charge Amplifier,CA)、动态信号分析仪 (Dynamic Signal Analyzer,DSA) 和计算机等仪器设计了电荷测量系统. 如图 13.36 所示,该系统的工作原理是利用电荷放大器采集聚偏氟乙烯膜产生的电荷,将电荷按一定的倍率进行放大,并将放大后的结果用模拟信号输出. 利用动态信号分析仪采集电荷放大器输出的模拟信号,将模拟信号转换成数字信号,并将数字信号传递给计算机. 电荷放大器的参数设置为 3.00 pC/unit, 30 mV/unit. 该电荷测量系统用于测量聚偏氟乙烯膜产生的电荷.

图 13.35　MTS 实验图

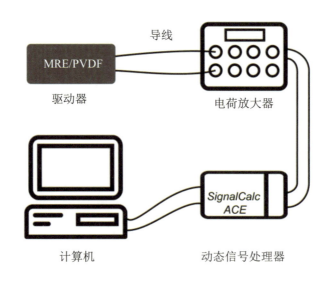

图 13.36　电荷测量系统示意图

接着利用 INSTRON 材料试验机对磁流变弹性体膜致动器在循环加载下的力电耦合性能进行了系统分析,随后将磁流变弹性体膜致动器固定在磁场中测试了磁场弯曲加载下的磁-力-电耦合性能. 测试时,将磁流变弹性体膜致动器水平悬空放置,一端固定在自制夹具上,另一端自由悬空,使磁流变弹性体膜致动器与磁场方向垂直. 接着自行设计了悬臂梁测试系统,研究了磁场拉伸加载下磁流变弹性体膜致动器的磁–力–电耦合性能 (图 13.37). 悬臂梁测试系统的长度、宽度和厚度分别为 63,30 和 0.8 mm. 同时,磁流变弹性体膜致动器被安装在悬臂梁的末端并垂直于悬臂梁,一端固定在悬臂梁上,另一端自由可动,使磁流变弹性体膜致动器与磁场方向平行. 最后,通过在悬臂梁上加重物的方法得出了悬臂梁的弯曲刚度.

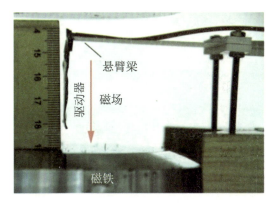
(a) 磁拉伸实验

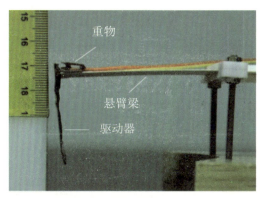
(b) 承重实验

图 13.37　自制悬臂梁测试系统

13.3.3　磁流变弹性体智能膜致动器的基本性能

如图 13.38 所示,本小节利用扫描电子显微镜对磁流变弹性体膜、PDMS 膜、PVDF 膜和磁流变弹性体膜致动器进行了表征. 羰基铁粉均匀分散在 PDMS 中,并与 PDMS 结合较好. PDMS 膜和 PVDF 膜都非常均匀平整. 在磁流变弹性体膜致动器中,薄膜的排列顺序为磁流变弹性体膜、PDMS 膜、金镀层、PVDF 膜、金镀层和 PDMS 膜. 由于金镀层的厚度大约只有 100 nm,所以金镀层很难被观测到. 磁流变弹性体膜、PDMS 膜和 PVDF 膜的平均厚度分别为 80,80 和 30 μm. PDMS 膜有效地隔开了金镀层与磁流变弹性体膜,防止金镀层上面的电荷传导到磁流变弹性体膜上. 同时,PDMS 膜也有效地对金镀层和 PVDF 膜进行了封装,防止了 PVDF 膜产生的电荷出现外漏. 相邻两层薄膜间结合强度很大,没有发现空气间隙和裂痕,多层薄膜通过 PDMS 膜的连接作用形成了一个有机统一的整体.

图 13.38　MRE 膜、PDMS 膜、PVDF 膜和 MRE 膜致动器的 SEM 图

图 13.39(a) 为羰基铁粉和磁流变弹性体膜的磁滞回线,在磁场强度达到 300 kA/m 时,羰基铁粉和磁流变弹性体膜达到磁饱和状态,其饱和磁化强度分别为 236 和 118 emu/g. 由于磁化和退磁曲线较为接近,故磁滞现象不明显且矫顽力较小. 因此,磁流变弹性体膜是一种优异的软磁性材料,其对磁场具有良好的磁敏感性. 从 PDMS 膜和磁流变弹性体膜的 Fourier 红外光谱图可以得出,磁流变弹性体膜中含有 PDMS(图 13.39(b)). 作为一种半结晶共聚物,聚偏氟乙烯中存在 α,β 和 γ 相. 本小节利用 Fourier 红外光谱和 XRD 分析了纯聚偏氟乙烯膜的晶相结构 (图 13.39(c) 和 (d)). 从 Fourier 红外光谱图可以看到,在 763 和 840 cm^{-1} 处的吸收峰分别对应于 α 和 β 相. 同时,从 XRD 结果可知,衍射峰在 $2\theta = 17.6°$ 和 $18.6°$ 时对应于 α 相,在 $2\theta=20.6°$ 时对应于 β 相. 从上述两种测试方法结果可知,α 和 β 相同时存在于聚偏氟乙烯膜中,其相对分数分别为 44% 和 55.5%.

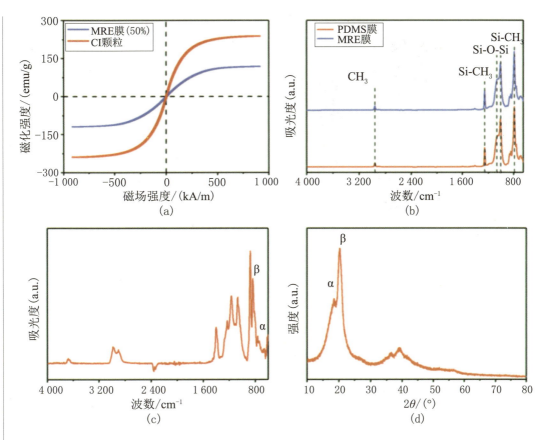

图 13.39 羰基铁粉和 MRE 膜的磁滞回线图,PDMS 膜、MRE 膜和 PVDF 膜的 FTIR 图,PVDF 膜的 XRD 图

接着,本小节利用 MTS 研究了磁流变弹性体膜、聚偏氟乙烯膜和磁流变弹性体膜致动器的拉伸性能. 选用长条形样品进行测量,样品实物图如图 13.40(a) 所示. 对于质量分数 50% 的磁流变弹性体膜,其拉伸应力和应变呈线性变化关系,表现出线弹性,直到应变大于 48% 时出现断裂 (图 13.40(b)). 如图 13.40(c) 和 (d) 所示,在小应变范围内,当应变不超过 2% 时,聚偏氟乙烯膜和磁流变弹性体膜致动器的应力和应变呈线性关系. 当应变大于 2% 时,进入塑性变形阶段,直到应变达到 5% 时发生断裂. 在弹性区间内,磁流变弹性体膜、聚偏氟乙烯膜和磁流变弹性体膜致动器的最大拉伸应力分别为 0.3,26.9 和 2.61 MPa. 磁流变弹性体膜的弹性应变可达 48%,而聚偏氟乙烯膜和磁流变弹性体膜致动器的弹性应变最多为 2%. 因此,可以计算得到,磁流变弹性体膜、聚偏氟乙烯膜和磁流变弹性体膜致动器的弹性模量分别为 0.63,1.35 和 130 MPa. 实验结果表明,聚偏氟乙烯膜增强了磁流变弹性体膜的力学性能,使得磁流变弹性体膜致动器具有较强的机械强度.

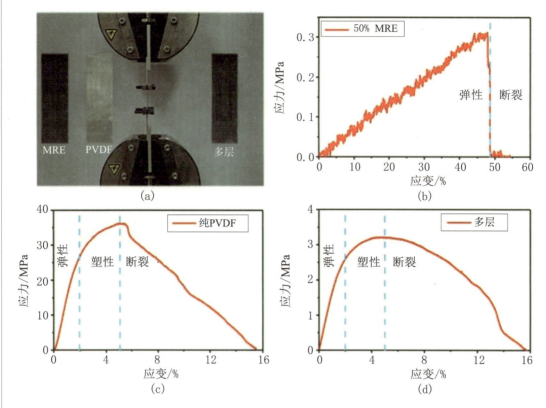

图 13.40 单轴拉伸实验

(a) 三种样品实物图；(b) 磁流变弹性体膜拉伸应力–应变曲线；(c) 聚偏氟乙烯膜
拉伸应力–应变曲线 (d) 磁流变弹性体膜致动器拉伸应力–应变曲线.

13.3.4 磁流变弹性体膜致动器的磁–力–电耦合性能及表征

当磁流变弹性体膜运动时，其能够带动聚偏氟乙烯膜进行拉伸或者弯曲. 聚偏氟乙烯是一种优异的压电和挠曲电材料. 如图 13.41 所示，当受到拉伸作用时，分子链上两个相邻极性分子的间距能够被拉大，进而会在聚偏氟乙烯两极产生相应的正负电荷. 当聚偏氟乙烯受到弯曲作用时，位于外表面的分子间距被拉大，而位于内表面的分子间距被缩小. 在这种情况下，外表面会产生负电荷，内表面会产生正电荷. 同时，所有的正负电荷电量相等. 因此，本小节后文只使用一个面的电荷信号来表征聚偏氟乙烯膜的变形.

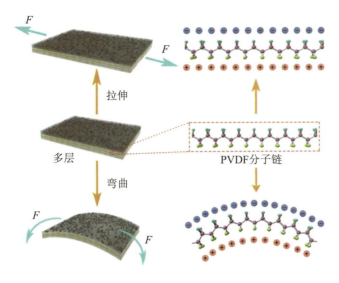

图 13.41 PVDF 分子链及其拉伸或弯曲产生电荷的示意图

本小节首先利用循环加载实验研究了执行器的力电耦合性能. 如图 13.42(a) 所示, 在初始状态, 磁流变弹性体膜致动器平整地夹在两个夹头之间, 两个夹头的间距为 22 mm. 当夹头运动时能够带动磁流变弹性体膜致动器运动. 本小节选用三角波作为输入波形. 振幅分别设置为 2, 4, 6 和 8 mm, 加载速度分别设置为 500, 1000, 1500, 2000 和 2500 mm/min, 且当振幅为 2 mm, 速度为 500 mm/min 时, 感应电荷从 −19.6 pC 变化到 19.8 pC, 其峰值达到 39.4 pC (图 13.42(b)). 同时, 位移和感应电荷之间没有产生相位差, 意味着磁流变弹性体膜致动器能够对位移产生快速响应. 为了研究其振幅依赖性, 将速度固定为 500 mm/min, 同时将振幅从 2 mm 变化到 8 mm. 如图 13.42(c) 所示, 感应电荷峰值随着振幅的增加而增大, 表明磁流变弹性体膜致动器对振幅较为敏感. 同时, 我们研究了其速度依赖性, 将振幅固定为 8 mm, 将速度从 500 mm/min 变化到 2500 mm/min. 实验结果表明, 随着速度的改变, 感应电荷峰值基本保持不变, 因此可以判断磁流变弹性体膜致动器对速度不敏感 (图 13.42(d)).

此外, 本小节还利用 MTS 对磁流变弹性体膜致动器的重复性能进行了表征, 循环频率和振幅分别设置为 1 Hz 和 2 mm. 如图 13.43 所示, 经过 1000 次循环弯曲, 磁流变弹性体膜致动器的感应电荷依然稳定. 结果表明, 磁流变弹性体膜致动器具有优异的可重复性, 并能够应用于实际工程中.

磁流变弹性体膜致动器作为一种磁控材料, 在实际应用过程中, 其磁响应特性具有重要的意义. 因此, 需要对磁流变弹性体膜致动器的磁响应特性进行系统的研究. 本小节利用磁场弯曲实验研究磁流变弹性体膜致动器的磁-力-电耦合性能. 如图 13.44(a) 所示,磁流变弹性体膜致动器放置于两个大型电磁铁的中间. 在开始阶段,两个电磁铁处于未通电状态,磁流变弹性体膜致动器也保持水平状态. 当施加一个电流让电磁铁产生一个特定磁场时,磁流变弹性体膜致动器突然发生弯曲,弯曲角度迅速达到 90°. 当关闭电流时,磁流变弹性体膜致动器恢复到初始状态. 当磁场为 100,200,300 和 400 mT 时,由弯曲产生的感应电荷分别为 167,175,184 和 196 pC(图 13.44(b)),弯曲感应电荷随着磁场的增加而增大. 弯曲变形时间定义为磁流变弹性体膜致动器从平衡状态发生弯曲到最大弯曲角度所用的时间. 在不同磁场作用下,其弯曲变形时间基本为 0.55 s(图 13.44(c)). 通过将弯曲感应电荷对时间求微分可以得到弯曲感应电流. 如图 13.44(d) 所示,弯曲感应电流也随磁场强度的增加而增大.

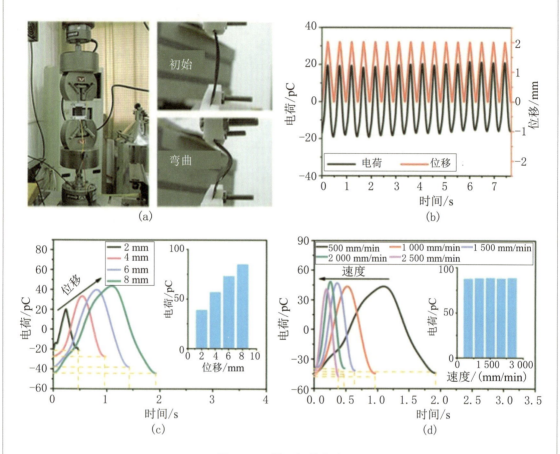

图 13.42 循环加载实验

(a) 实验装置图;(b) 振幅为 2 mm,速度为 500 mm/min 时的感应电荷变化图;(c) 速度为 500 mm/min,振幅从 2 mm 变化到 8 mm 时的感应电荷变化图;(d) 振幅为 8 mm、速度从 500 mm/min 变化到 2 500 mm/min 时的感应电荷变化图.

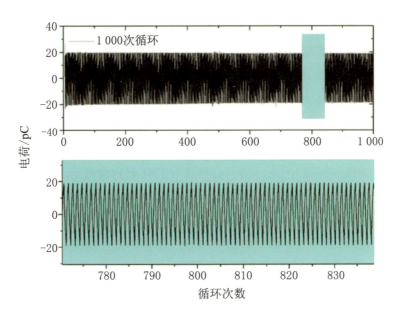

图 13.43　磁流变弹性体膜致动器重复性实验

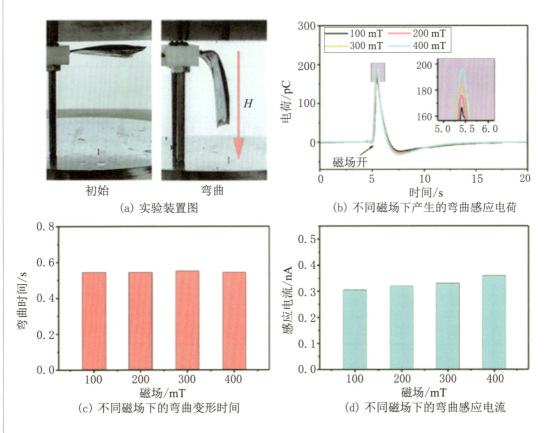

(a) 实验装置图

(b) 不同磁场下产生的弯曲感应电荷

(c) 不同磁场下的弯曲变形时间

(d) 不同磁场下的弯曲感应电流

图 13.44　磁场弯曲实验

据前文所述,磁场能够拉伸和弯曲磁流变弹性体膜致动器. 当弯曲磁流变弹性体膜致动器的时候,纯弯曲和拉伸效应都相应地存在. 在实际应用中,研究磁流变弹性体膜致动器受到的磁场力具有重要的实际意义,能够为实现磁流变弹性体膜致动器的智能控制提供必要的支持. 为了获得磁流变弹性体膜致动器的纯弯曲特性并获得相应的磁场力,本小节设计了磁场拉伸实验来消除磁场弯曲实验中磁流变弹性体膜致动器受到的拉伸效应 (图 13.45(a)). 同时,本小节还利用自行设计的悬臂梁测试系统来测量磁流变弹性体膜致动器在磁场中受到的磁场力. 磁流变弹性体膜致动器和悬臂梁被一同置于两个电磁铁中间,磁流变弹性体膜致动器平行于磁场方向. 如图 13.45(b) 所示,当磁场为 100, 200, 300 和 400 mT 时,由磁场拉伸作用产生的感应电荷分别为 8.54, 17.7, 26.2 和 34.6 pC. 可以发现拉伸感应电荷跟磁场大小呈线性变化,但远远小于对应的弯曲感应电荷. 定义拉伸变形时间为磁流变弹性体膜致动器受磁场拉伸作用时拉伸感应电荷从零变化到最大值所用的时间. 如图 13.45(c) 所示,拉伸变形时间也为 0.55 s 左右,与弯曲变形时间几乎一样. 拉伸感应电流定义为拉伸感应电荷对时间的微分. 如图 13.45(d) 所示,拉伸感应电流跟磁场强度呈正相关关系.

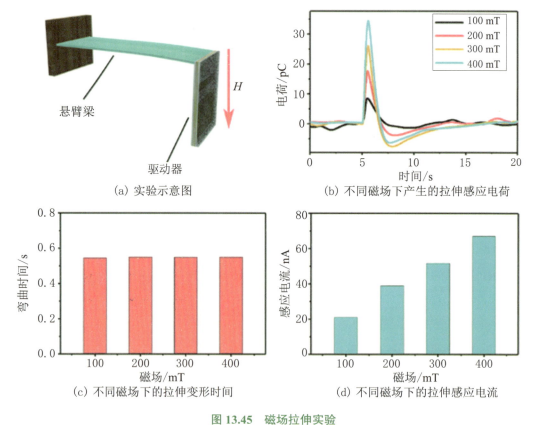

图 13.45 磁场拉伸实验

此外，本小节还通过图像处理方法得到了悬臂梁的挠度变化. 研究发现，悬臂梁的挠度随着磁场的增加而增大. 为了得到磁流变弹性体膜致动器受到的磁场力，本小节设计了重物加载实验来测量悬臂梁的弯曲刚度 (图 13.46(a)). 在小变形下，悬臂梁的挠度跟施加的力呈线性关系. 如图 13.46(b) 所示，基于小变形假设，悬臂梁的刚度可以通过实验数据计算得到，进而可以计算得到磁场拉伸实验中磁流变弹性体膜致动器受到的磁场力. 图 13.46(c) 给出了磁场拉伸实验中磁流变弹性体膜致动器受到的磁场力、悬臂梁的挠度和拉伸感应电荷. 可以发现，这三种参数与磁场都呈正相关关系. 此外，在相同磁场条件下，可以近似地认为磁场弯曲实验中的磁场力跟磁场拉伸实验一致. 因此，磁场弯曲实验中的磁场力可以通过磁场拉伸实验类比得到. 研究发现，磁流变弹性体膜致动器纯弯曲效应可以通过减去弯曲效应中的拉伸效应得到，即纯弯曲感应电荷等于弯曲感应电荷减去拉伸感应电荷. 如图 13.46(d) 所示，纯弯曲感应电荷在不同磁场中均保持不变，即纯弯曲感应电荷不受磁场的影响.

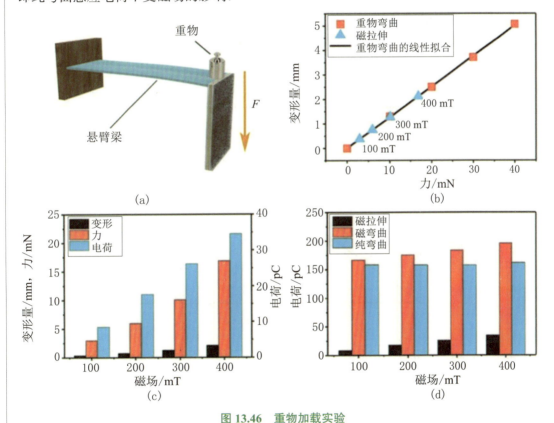

图 13.46　重物加载实验

(a) 重物加载实验示意图；(b) 悬臂梁变形量 (挠度) 与所受外力的关系；(c) 磁场拉伸实验中磁流变弹性体膜致动器受到的磁场力、悬臂梁的变形量 (挠度) 以及拉伸感应电荷；(d) 不同磁场作用下磁流变弹性体膜致动器的弯曲感应电荷、拉伸感应电荷和纯弯曲感应电荷.

在实际应用中，为了实现智能控制，对磁流变弹性体膜致动器的变形需要进行实时测量．因此，研究其感应电荷和变形之间的关系对于实现磁流变弹性体膜致动器的智能控制具有重要的意义．有研究者已经研究了感应电荷和挠度的关系，这些模型基本上都基于小变形假设，同时其公式都较复杂．因此，本小节提出了一个全新的模型来研究磁流变弹性体膜致动器的变形特性．我们选取弯曲角度来代替挠度作为变形的参数，其变形模型如图 13.47(a) 所示．感应电荷跟电极化强度有如下关系：

$$Q = \int P \mathrm{d}A \tag{13.2}$$

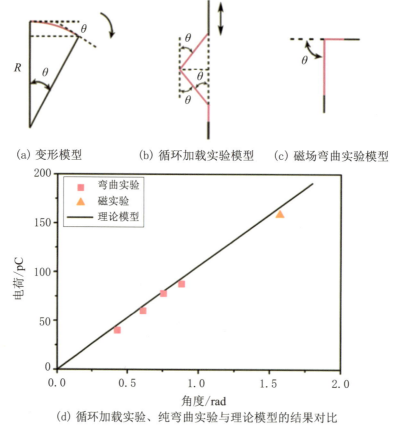

(a) 变形模型　　　　(b) 循环加载实验模型　　(c) 磁场弯曲实验模型

(d) 循环加载实验、纯弯曲实验与理论模型的结果对比

图 13.47　简化模型及不同结果对比

其中 A 为电极面积．电极化强度可以由以下公式给出：

$$P = \mu \frac{\partial \varepsilon_x}{\partial z} \tag{13.3}$$

其中 μ 为挠曲电系数，ε_x 为沿 x 方向的应变，z 是磁流变弹性体膜致动器的厚度方向．

基于平板假设理论, ε_x 可以表示为

$$\varepsilon_x = z\frac{\partial^2 w(x)}{\partial x^2} \tag{13.4}$$

其中 $w(x)$ 表示磁流变弹性体膜致动器的挠度. 对于小变形情况, 挠度可以写成

$$w(x) = R - R\cos\theta \tag{13.5}$$

其中 R 为弯曲的曲率, θ 表示弯曲的角度. x 可以由下式表示:

$$x = R\sin\theta, \quad \theta \to 0 \tag{13.6}$$

将式 (13.3)~式 (13.6) 代入式 (13.2), 可得

$$Q = \int P \mathrm{d}A = \int_0^L Pb\mathrm{d}x = \mu\frac{bL}{R} = \mu\frac{bR\theta}{R} = \mu b\theta \tag{13.7}$$

其中 b 和 L 分别为磁流变弹性体膜致动器中聚偏乙烯膜的宽度和长度. 由式 (13.7) 可知, 感应电荷与聚偏乙烯膜的宽度和弯曲角度呈线性关系. 挠曲电系数是聚偏乙烯材料的固有性质. 同时由于该模型中的曲率 R 不影响公式最终的表达式, 该模型也适用于大变形情况.

循环加载实验模型可以简化成如图 13.47(b) 所示的模型, 其中的弯曲角度可以写成

$$\theta = \arccos\frac{(L-d)/2}{L/2} = \arccos\frac{L-d}{L} \tag{13.8}$$

其中 d 是循环加载实验中的振幅. 基于电荷叠加原理, 循环加载实验最后的弯曲角度可以表示为

$$\theta_{\text{final}} = 2\theta - \theta = \theta \tag{13.9}$$

根据循环加载实验的结果, 不同位移下的实验参数可以计算得到. 当变形量为 2, 4, 6 和 8 mm 时, 对应的弯曲角度分别为 0.43, 0.61, 0.76 和 0.88 rad. 磁场弯曲实验可以简化为图 13.47(c), 在不同磁场条件下, 实际的弯曲角度都接近 1.57 rad.

图 13.47(d) 为循环加载实验、纯弯曲实验和理论模型的结果对比, 可以发现感应电荷跟弯曲角度呈线性关系. 聚偏乙烯膜的挠曲电系数能够通过计算弯曲角度–电荷曲线的斜率获得, 其值为 6.32×10^{-9} C/m. 虽然实验结果略微小于理论模型结果, 但这种差异在误差范围内, 结果表明实验与理论模型吻合较好. 因此, 该理论模型能够用于计算复杂环境中磁流变弹性体膜致动器的弯曲角度.

13.3.5 基于磁流变弹性体智能膜致动器的智能抓手

对于人工智能抓手来说,在复杂环境中进行快速响应是必需的设计要求. 同时,为了实时获得反馈信息以便于后期主动控制,人工智能抓手的实时感知能力决定了该抓手的智能程度. 本小节充分利用现有磁流变弹性体膜致动器设计了具有优异磁控特性和变形感知能力的智能抓手. 如图 13.48(a) 所示,首先将磁流变弹性体膜切成十字形状,然后将一根铜棒固定在磁流变弹性体膜中间,接着用导电银胶将导线连接在聚偏乙烯膜的表面以用于采集聚偏乙烯膜的感应电荷,最后用 PDMS 将同样形状的四片聚偏乙烯膜分别固定在磁流变弹性体膜的四个触角上,经硫化得到智能抓手. 其中聚偏乙烯膜的长度和宽度分别为 22 和 5 mm. 智能抓手的质量为 0.25 g. 本小节利用自行设计的测试系统(图 13.48(b)) 测试了触手的各项性能.

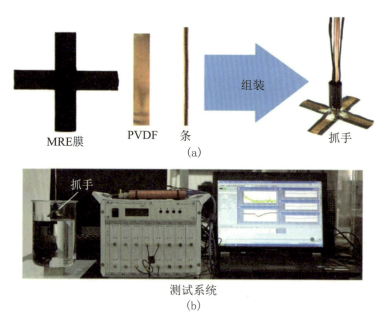

图 13.48 基于磁流变弹性体膜致动器的智能抓手的研制过程及测试系统

本小节首先利用一个矩形的永磁铁来产生相应的磁场控制抓手动作. 如图 13.49(a) 所示,初始状态下智能抓手处于张开状态,在其逐渐靠近永磁铁的过程中,当智能抓手感受到的磁场大于某个临界值时,智能抓手会快速响应进行抓取动作. 智能抓手能够在空气中抓取并运输质量为 0.75 g 的硬质 ABS 塑料,其最大运输距离为 13 mm,也能在水中抓取并运输质量为 0.39 g 的柔性棉球,其最大运输距离能够达到 24 mm. 可以发现,抓取物体时最大的磁场也仅为 100 mT. 当抓取 ABS 塑料和棉球时,我们也实时测量了智能抓手的变形. 如图 13.49(b) 所示,当抓取 ABS 塑料和棉球时,伴随着感应电荷的迅速增加,智能抓手四个小臂迅速弯曲,变形的时间在 0.5 s 左右. 在抓取物体时,由于测量的是受拉伸一面的电荷,故所得电荷为负值. 由前文可以计算出智能抓手受到的等效拉伸感应电荷,然后可以获得智能抓手的纯弯曲感应电荷. 充分利用式 (13.7),可以计算得到智能抓手手臂的弯曲角度. 尽管实际弯曲角度与计算弯曲角度之间存在较小误差,但计算出的弯曲角度与实际弯曲角度大致吻合. 在没有磁场的情况下,智能抓手一直保持展开状态,并且在穿过去离子水时仅具有轻微变形. 因此除了一些扰动之外,几乎观察不到感应电荷的产生. 此外,该智能抓手可以抓起超过自身质量 3 倍的物体.

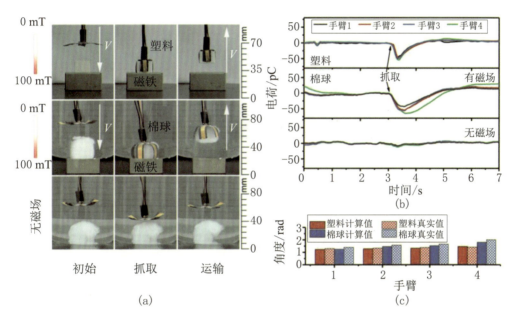

图 13.49 智能抓手抓取和运输物体演示图、对应的感应电荷以及通过感应电荷计算得到的变形角度与实际角度的对比

为了达到智能控制的目的,我们将永磁铁换成能够通过计算机控制的电磁铁进行了深入研究 (图 13.50). 与永磁铁的情况类似,在初始状态下智能抓手呈展开状态. 当通过计算机控制程控电源输出电流时,电磁铁能够产生相应磁场控制智能抓手抓取 ABS 塑料,其产生的最大磁场仅为 100 mT. 保持电流开启的同时提起智能抓手,ABS 塑料被抓取,传输距离达到 10 mm. 在抓取和运输 ABS 塑料的过程中,实时测量智能抓手的变形. 当关闭电流时,智能抓手突然失去控制并恢复到初始状态,智能抓手将释放被抓取的 ABS 塑料. 如图 13.50(b) 所示,感应电荷随着抓取物体而迅速增大,整个变形时间小于

0.5 s, 当释放物体时, 也会产生相应的感应电荷. 等效拉伸感应电荷可以通过相应的等效模型获得. 然后充分利用式 (13.7) 可以计算得到智能抓手的变形角度. 可以发现, 通过感应电荷计算得到的变形与实际变形吻合较好.

因此, 该智能抓手可以通过切换电流来进行抓取、运输和释放物体, 同时能够实时测量智能抓手的变形. 所有的控制和测量过程, 包括电流控制和实时测量都由一台电脑来完成. 该智能抓手结合了磁流变弹性体膜和聚偏乙烯膜的优异特性, 在智能控制器件设计领域具有广阔的应用前景. 目前, 大部分的智能抓手使用机械手臂, 故存在许多关节, 此类抓手的控制非常复杂, 同时机械手臂也不利于抓取柔性物体. 本小节研制的智能抓手为柔性材质, 控制方式简单灵活, 响应迅速, 能够抓取不同特性的物体. 因此, 该智能抓手在智能控制及抓取柔性物体等方面具有独特的性能, 能够被广泛应用于生物医疗等领域.

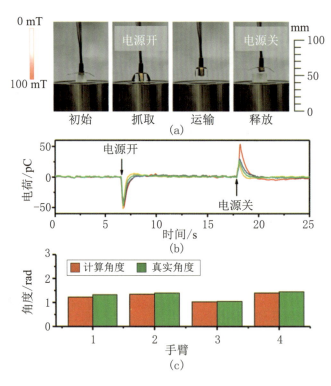

图 13.50　智能抓手抓取和运输物体演示图、对应的感应电荷, 以及通过感应电荷计算得到的变形角度与实际角度的对比

第 14 章

导电磁流变弹性体智能材料的应用

14.1 导电磁弹海绵的设计与制备

磁流变海绵是一种磁流变固体材料,它由进入泡沫基质的磁性颗粒组成.除了磁流变固体材料的优势,例如易成形、不易沉降、响应速度较快、场强可控等之外,由于其特殊的多孔结构,与其他磁流变弹性体材料相比,它具有十分明显的优势.第一个优点是密度小,使其在航天航空等特殊领域具有巨大的应用潜力;第二个优点是能够通过改变海绵的孔隙结构来调节磁流度效应;第三个优点是具有更大的柔韧性和大变形能力.

以往关于磁流变海绵的研究多关注泡沫结构对磁流度效应的提升,而关于磁阻式聚合物传感器,由于传统磁流变弹性体材料的磁力小、聚合物阻碍力大,其在弱场下的磁阻性能需要提升.所以,考虑到磁流变海绵多孔聚合物的小密度、高柔韧性和大变形优势,磁流变海绵可能获得优异的场响应性能.另外,由以往的研究经验,我们知道导电材料的添加可能对磁流变弹性体的电导率有很大的提升,在机械刺激等作用下材料的电导率可能发生改变. 因此, 添加了导电材料的导电磁流变弹性体海绵 (简称导电磁弹海绵) 的研制将有利于制备出高性能的应力传感器或磁场传感器. 目前, 关于磁流变弹性体应用于传感器的研究多关注磁流变弹性体压阻传感器或磁流变弹性体压容传感器的单一性能应用, 随着传感器件在诸多领域的应用, 其面临的工况也更加复杂, 提高传感器件的感知功能, 使其可以在更多的多场现实环境中工作, 对于未来智能传感器件的实际应用是至关重要的. 因此, 研制可以感知不同外界激励的多功能磁流变弹性体传感器, 实现磁传感和力传感双模式工作对于新型智能传感器件的开发和应用是一种意义重大的科研尝试.

本章通过简单的模板牺牲法将多壁碳纳米管和羰基铁颗粒嵌入多孔聚二甲基硅氧烷载体中, 构建了一种新型的应力/磁场双敏导电磁弹海绵. 该导电磁弹海绵展现出了卓越的可变形性、良好的应变依赖电学性能和出色的磁控性. 通过对导电磁弹海绵在不同刺激下的反应能力的全面研究, 发现导电磁弹海绵可以量化输出由压缩、拉伸、弯曲和扭转引起的多种机械应变所产生的电信号响应, 还可以监测不同磁场环境的场强度变化. 导电磁弹海绵传感器具有大的压缩应变–电阻区域, 并且由于其刚度低而在低载荷区域中显示出较高的灵敏度. 此外, 我们提出并分析了导电网络传感模型以详细了解力电传导行为和磁电传导行为, 同时构建了基于导电磁弹海绵阵列的实时传感双模式电子棋盘, 它通过感应磁场和压力能够有效地定位外部复杂载荷.

14.1.1　导电磁流变弹性体智能材料的介绍

实验制备的磁性聚合物由软磁性颗粒和聚二甲基硅氧烷载体组成. 聚二甲基硅氧烷载体的预聚物和固化剂 (Sylgard 184) 购自道康宁有限公司, 软磁性颗粒为 CN 型羰基铁颗粒, 购自巴斯夫有限公司. 选用聚二甲基硅氧烷作为载体的原因是聚二甲基硅氧烷材料无毒、材料呈惰性且不易燃、生物相容性佳, 同时具有疏水性和防水性. 聚二甲基硅氧烷基磁流变弹性体制备简便且快速, 其杨氏模量低, 具有高弹性和高拉伸性. 最关键的是, 聚二甲基硅氧烷的预聚体和固化剂为液态, 容易制备出不同形状的磁流变弹性体. 所用盐、糖和尿素颗粒是市售一般产品. 在导电添加物的选用中, 我们对比了银纳米线、炭黑和碳纳米管 (CNT). 在制备过程中, 银纳米线具有较高的导电性, 但需要通过其他溶剂 (例如乙醇) 来分散. 然而, 分散液的挥发不利于聚二甲基硅氧烷聚合物的硫化. 另外, 银纳米线相对来说制备过程比较繁琐且价格贵, 并不适用于掺杂导电样品的制备. 炭黑导电材料, 相对来说容易分散, 但其导电性低, 大量添加会使样品变硬. 除此之外, 炭黑是一种球状体,在样品受到激励产生变形时,其结构变化不如缠绕结构的碳纳米管明显. 碳纳米管已量产化,商用碳纳米管价格低,且具有各种尺寸,导电性能好. 碳纳米管特殊的结构也更适用于掺杂法制备的导电样品. 因此,本章选用碳纳米管进行多孔结构的导电磁弹海绵的制备探索,选用的直径为 8~13 nm、长度为 3~12 μm 的多壁碳纳米管 (电导率:100 S/cm),购自新乡市和略利达电源材料有限公司. 图 14.1 展示了碳纳米管和羰基铁颗粒的 SEM 图.

图 14.1 碳纳米管和羰基铁颗粒的 SEM 图

多孔导电海绵被认为是压阻式传感器的理想材料,因为它们比传统的固体传感器具有更灵活的骨架、更高的可压缩性和更小的质量密度. 通过气体发泡、冷冻干燥、高温热解、烷化反应、模板牺牲、相分离或其他技术制备的多孔结构,为材料在油/水分离、吸附、质子传导、能量储存和转换、传感、生物医学支架等方面提供了广泛的应用. 其中,基于聚二甲基硅氧烷的多孔导电海绵由于其优异的可变形性和高失效应变而被证明是一种极好的传感器. 多孔导电海绵可以通过将导电纳米材料浸涂到多孔聚二甲基硅氧烷中,或通过使用纳米材料涂覆的水溶性颗粒作为多孔模板来获得. 然而,因为导电纳米材料不能完全转移和嵌入在孔壁里,当样品接触并与其他物体摩擦时,可能会发生纳米材料的脱离. 此外,多孔结构聚合物刚度的降低可能会引起材料耐久性和回复性的降低. 在过去的 10 年中,已经开发了几种基于聚二甲基硅氧烷的多孔导电海绵,它们在压阻式传感器中展现出很大的潜力. 但单一功能、昂贵的前体和复杂的制造限制了其进一步发展. 借鉴以往的模板牺牲法,我们探索了基于聚二甲基硅氧烷的高性能导电磁弹海绵的简便制备方法.

(1) 通过用水雾润湿的盐颗粒填充在金属加工或 3D 打印的模具中来制备盐支架. 对于孔隙率为 65% 的样品,首先放置一层盐颗粒 (约 0.25 mm 厚) 覆盖模具底部,然后在距离模具 0.4 m 远处使用商用喷雾瓶喷洒蒸馏水 10 次 (共约 1 mL),再将其放入烘箱中,在 50 ℃ 下干燥 20 s. 重复盐颗粒铺层—喷雾—干燥过程直至模具填满,即获得盐填充的模具,简称盐模具. 盐模具制备完成后,开始制备多孔结构的导电磁弹海绵:首先,将碳纳米管分散(质量分数为 1.5%)到聚二甲基硅氧烷前体中,混合 2.5 h;然后加入羰基铁颗粒和固化剂,将混合物搅拌 1 h,将制备好的 CIP/CNTs-PDMS 混合物倒入制备好的水溶性颗粒(尿素、糖和盐)填充的模具中,并在真空室中脱气 10 min;最后,将模具在 90 ℃ 温度、14 MPa 压强下硫化 20 min. 将金属加工组装或 3D 打印的模具拆解掉,留下固化后的 CIP/CNTs-PDMS 和填充在其中的水溶性颗粒,将它们一起浸入蒸馏水中并超声处理 30 min,直到水溶性颗粒完全溶解以形成海绵状结构. 在 50 ℃ 下干燥后,即可获得导电磁弹海绵,简称为 PCMC(Porous Carbonyl Iron Particles/Multiwalled Carbon Nanotubes-polydimethylsiloxane Composite).

图 14.2 展示了导电磁弹海绵的制备过程. 另外,为方便实验,准备了不同尺寸的 PCMC 样品. 在压缩实验中,选择直径为 10 mm、高度为 6.5 mm 的 PCMC 圆柱体. 在拉伸和扭转实验中,选择 20 mm×5 mm×2 mm 的 PCMC 片,在弯曲和磁响应实验中选择 30 mm×28 mm×2 mm 的 PCMC 片. 称重所有多孔样品,记作 m_p. 称量与多孔样品相同几何参数的无孔固体样品的质量并记作 m_s. 则海绵的孔隙率可以通过 $(m_p - m_s)/m_s \times 100\%$ 计算得到.

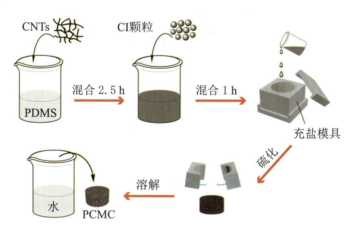

图 14.2　PCMC 的制备过程示意图

通过扫描电子显微镜(Gemini 500,卡尔·蔡司公司生产)对碳纳米管、羰基铁颗粒和 PCMC 的微结构进行表征. 通过流变仪(Physica MCR 301,安东帕公司生产)测试样品的流变性质. 使用直流线圈(ITECH IT6724)将电磁线圈电流从 0 A 调至 5.5 A. 在没有加导磁骨架的情况下,磁感应测试中的磁通密度在 0~155 mT 范围内. 用材料测试系统(MTS Criterion 43,MTS 系统公司生产)和流变仪测试机械性能. Modulab® 材料

测试系统 (Solartron Analytical, 先进测量技术公司生产) 用于测量电学特性 (供电电压设置为 4.0 V). 磁场环境实验中的磁场发生器 (IGLF-150) 由北京先行新机电技术有限责任公司提供.

使用了五种不同的交联密度, 相应的固化比例为 1:10, 1:15, 1:20, 1:25 和 1:30, 用于制备 CIP/CNTs-PDMS 聚合物. 其中, 碳纳米管质量分数为 1.5%, 羰基铁颗粒质量分数为 50%. 从拉伸应力–应变曲线 (图 14.3(a)) 可以看出, 固化比为 1:10 的 CIP/CNTs-PDMS 样品的拉伸模量比固化比为 1:30 的 CIP/CNTs-PDMS 样品的杨氏模量大. 这是因为固化剂的比例越低, 交联密度越低, 从而材料的模量越低. 对于低交联密度的材料, 其杨氏模量小, 但具有更好的拉伸变形能力 (185%) 和大的弹性变形区间. 为了获得高柔韧性, 选择了 1:30 作为样品的固化比. 接下来, 将固化剂与聚二甲基硅氧烷前体的比例保持在 1:30, 并制备羰基铁颗粒质量分数为 40%, 50% 和 60% 的样品. 由于颗粒强化效应, 具有较高羰基铁颗粒质量分数的样品拥有较高的刚度. 这里, 具有质量分数为 40% 的羰基铁颗粒的 CIP/CNTs-PDMS 聚合物具有最大的变形能力 (图 14.3(b)). 然而, 含有较低羰基铁颗粒质量分数样品的磁性不强.

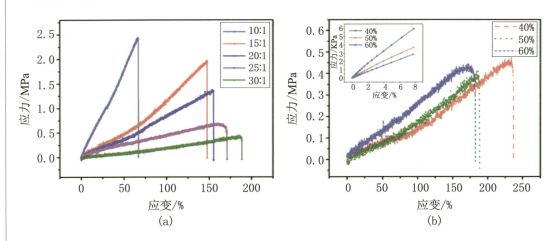

图 14.3 不同固化比和不同羰基铁颗粒质量分数的 CIP/CNTs-PDMS 聚合物的拉伸应力–应变曲线

小图是剪切应力–应变曲线.

PCMC 的孔隙率与填料的尺寸和形状有关, 因为几何排列会影响模具的剩余空隙. 使用不同大小的非均匀水溶性颗粒来制备填充的模具, 例如尿素颗粒、糖颗粒和盐颗粒. 其中非均匀尺寸的颗粒有利于形成更密实的水溶性颗粒模具. 不同水溶性颗粒的形态、尺寸分布以及对应制备出的 PCMC 样品显示在图 14.4 中. 在相同的制备步骤下, 尺寸较小的盐填料能够使 PCMC 样品具有更多的空腔和更小的壁厚, 对应的 PCMC 样品的孔隙率更高，从而在相同磁场作用下会产生更大的磁压缩.

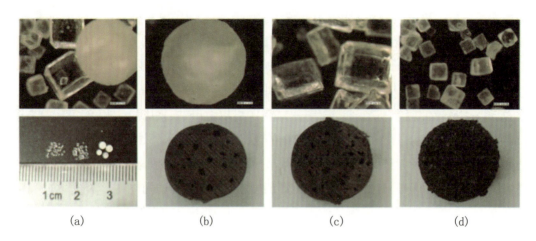

图 14.4 不同水溶性颗粒的形态、尺寸分布以及对应制备出的 PCMC 样品

(a) 三种水溶性颗粒的尺寸对比图；(b)~(d) 水溶性颗粒和对应 PCMC 样品的光学图像 (从左到右，分别是尿素颗粒、糖颗粒和盐颗粒，对应的 PCMC 样品的孔隙率分别为 60%，55% 和 65%).

考虑到变形性、弹性、磁敏性、刚度、孔隙率和形态特征等各种要求，固化比为 1:30、羰基铁颗粒质量分数为 50%、碳纳米管质量分数为 1.5% 的 CIP/CNTs-PDMS 预聚物和盐填充模具最终被选择用于制备 PCMC 样品. 所制备的 PCMC 样品的微观结构 (孔隙率为 65%) 如图 14.5(a) 和 (b) 所示. 孔腔分布均匀，几乎没有发现结构缺陷. 羰基铁颗粒和碳纳米管很好地分散在聚二甲基硅氧烷基质中 (图 14.5(c))，并且颗粒被完全包裹以便有效地防止氧化 (腔内壁的 SEM 图，图 14.5(d)). 结构示意图和产品如图 14.5(e) 所示. 制备出的 PCMC 样品 (直径为 10 mm，高度为 6.5 mm) 可以放在蒲公英上而不会造成蒲公英损坏，显示出密度低的优势.

此外，掺入羰基铁颗粒和碳纳米管使得海绵骨架的力学性能增强. 制备出固化比为 1:30 的 PDMS 聚合物、PDMS 海绵和 PCMC 样品，用来比较三者的基本力学性能. 其中，剪切蠕变性能在流变仪的平板转子下进行. 样品直径为 20 mm，厚度为 2 mm. 实验结果表明，PDMS 海绵具有尺寸稳定性差和弹性回复能力差的缺点，大大降低了其结构稳定性和可靠性，从而限制了其在工业领域中的应用. 然而，在掺杂羰基铁颗粒和碳纳米管之后 (图 14.6(a))，与 PDMS 海绵相比，PCMC 样品的拉伸模量 (图 14.6(b)) 和可回复性 (图 14.6(c)) 得到极大改善. 根据剪切应力为 200 Pa 的蠕变曲线，PCMC 样品在 5 s 内达到了 99.9% 的回复率. 与 PDMS 海绵的 97.7% 的回复率相比较，这表明羰基铁粉和碳纳米管的添加使得样品蠕变后的回复能力显著提高. 在 200~1 400 Pa 剪切应力作用下，PCMC 样品即 CIP/CNTs-PDMS 海绵，表现出优异的弹性，几乎与 PDMS 聚

合物一样好 (图 14.6(d)).

图 14.5　PCMC 样品的 SEM 图、主干壁剖面、孔腔的内壁以及蒲公英上的 PCMC 样品及其结构示意图

14.1.2　导电磁弹海绵的力电耦合性能测试

为了研究 PCMC 样品的应力、应变响应性能, 我们设计了一系列实验来测试结构变形恢复能力和对外力的动态响应性能. 如图 14.7(a) 所示, 在加载卸载 60% 应变后, PCMC 样品能够恢复到原始高度的 99.9%, 表明 PCMC 样品具有很大的回复能力. 接着, 利用高速摄影观察 PCMC 样品的恢复时间. 在被从 10 cm 高度下落的质量为 4.46 g 的雨花石撞击后, PCMC 样品立即变形, 并在数十毫秒内恢复到原始状态 (图 14.7(b)). 从高速摄影照片可以看到, PCMC 样品具有快速响应、大变形和优异的回复能力. 然后, 我们进一步进行压缩加载–卸载循环实验以研究 PCMC 样品的稳定性. 图 14.7(c) 展示

了压缩实验装置. PCMC 圆柱样品的上下表面使用导电银胶黏剂来黏附铜电极,再将电极连接到 Modulab MTS 上,后者可提供直流电压激励和测量样品的响应电流. 样品放置在流变仪的平台和转子之间,流变仪提供压缩位移激励并同时记录力信号. 当压缩应变线性变化 60% 时,由于 PCMC 样品在加载时逐渐闭合了孔腔,电阻变化随着法向力的增加而增加. 当压力卸载时,法向力迅速下降,但由于聚合物的黏弹性,电阻变化相对缓慢,最终在约 5 s 后恢复. 为了更好地进行电学性能表征,我们定义归一化电阻变化 $\Delta R/R = (R' - R)/R$,其中 R' 和 R 分别是在外加激励应变 ε 下和初始状态下的电阻,ΔR 是电阻变化. 在 60% 压缩应变下,应变系数 (又称应变灵敏度系数或应变灵敏度因子,简称 GF),即电阻相对变化率 $\Delta R/R$ 与机械应变 ε 的比值为 1.38(图 14.7(d)).

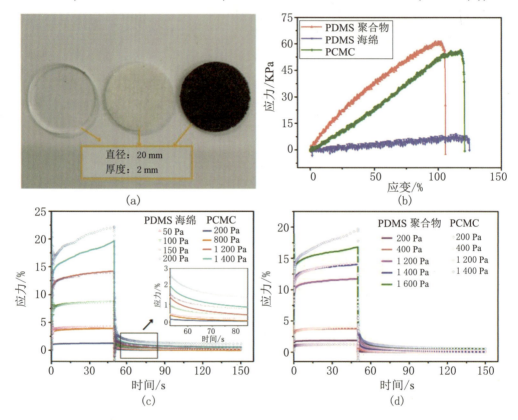

图 14.6　PDMS 聚合物、PDMS 海绵和 PCMC 样品的光学图像和拉伸应力–应变曲线、PDMS 海绵和 PCMC 样品的剪切蠕变曲线和细节放大图以及 PDMS 聚合物和 PCMC 样品的蠕变曲线

此外,还研究了压缩速率和压缩应变对电阻变化趋势和峰值的影响. 压缩速率分别设定为 50,40,20 和 10 mm/min,压缩应变循环变化设定为 0%~50%(图 14.7(e)). 结果表明,在一定的压缩速率范围内,压缩速率的变化对电阻变化没有显著影响. 图 14.7(f)

显示了压缩应变对 PCMC 样品电学性能的影响. 当应变设定为 10%, 20%, 30%, 40%, 50% 和 60% 时, $\Delta R/R$ 分别从 0% 增加到 3.4%, 7.1%, 12.4%, 19.3%, 40.1% 和 82.8%, 表明了 PCMC 样品的电学性能和力学性能均表现出优异的回复性和稳定性. 此外, 样品的电阻在两个压力区域 (0.25~0.80 N 和 0.80~6.95 N) 变化不同 (图 14.7(f)-Ⅰ). 虽然 GF 在低应变区域比在高应变区域小 (图 14.7(f)-Ⅱ), 但由于杨氏模量较低, 在较低压力载荷区域也显示出较高的灵敏度. 随着 PCMC 样品继续被压缩, 杨氏模量增加, 导致压电敏感性降低.

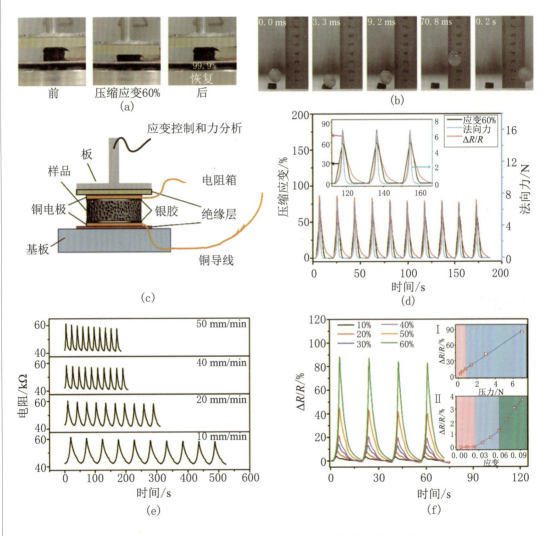

图 14.7　PCMC 样品的应力、应变响应性能实验及结果
(a), (b) 回复实验; (c) 压缩实验装置示意图; (d) 随时间变化的力-电曲线;
(e) 不同压缩速率下的电学响应; (f) 不同压缩应变下的电学响应.

图 14.8 显示了 PCMC 样品在拉伸载荷下的力学和电学性能,图 14.8(a) 展示了拉伸过程中 PCMC 样品的光学图像. 随着伸长率从 0% 增加到 50%,$\Delta R/R$ 逐渐增加,在 50% 拉伸应变下达到 52.2%(图 14.8(b)),相应的拉力达到 240 mN(图 14.8(c)). 在每个拉伸加载卸载循环中,电学信号和机械信号都能恢复到原始状态. PCMC 样品在低载荷区域显示出快速响应、高灵敏度以及出色的重复性. 拉伸应变设置为 15%,在拉伸速率 120,60,30,15 和 7.5 mm/min 下的电学性能和力学性能如图 14.8(d) 和 (e) 所示,可以看出,拉伸加载速率对电学响应的影响很小,说明 PCMC 样品不仅可以用作拉伸应变传感器,还可以作为拉力传感器应用.

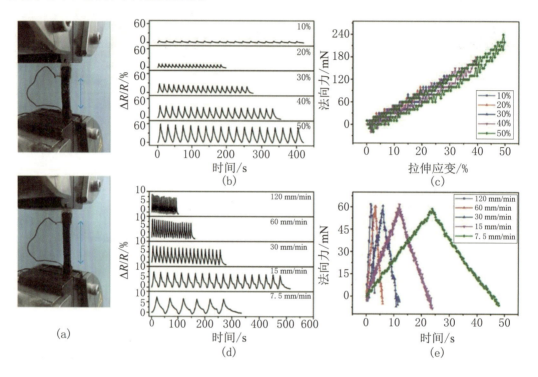

图 14.8 PCMC 样品在拉伸载荷下的力学、电学性能

(a) PCMC 样品的光学图像;(b),(c) 不同拉伸应变下的电学性能和力学性能;
(d),(e) 不同拉伸速率下的电学性能和力学性能.

图 14.9 显示了压缩/拉伸应变、归一化电阻变化的峰值和法向力之间的关系. 在压缩传感中,随压缩应变的增大,归一化电阻变化增长变快,而在拉伸传感中,归一化电阻变化同压缩应变呈线性关系. 归一化电阻变化与法向力之间的关系与归一化电阻变化与应变之间的关系一致,表明 PCMC 样品可以用作压缩应力/应变检测传感器和拉伸应力/应变检测传感器. PCMC 样品具有非常好的柔韧性和压缩/张力传感性能,这对其应用于诸如电子皮肤等柔性电子产品将具有很大的优势.

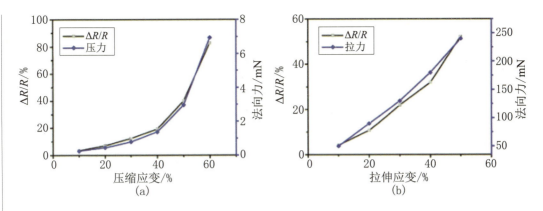

图 14.9 归一化电阻变化、法向力同压缩应变和拉伸应变的关系.

为了研究 PCMC 样品在弯曲下的电学传感能力, 将 PCMC 样品固定在聚对苯二甲酸乙二醇酯薄膜基材上以模拟电子皮肤的工作环境. 然后用自制的固定器夹住组装好的样品 (图 14.10(a)). 随着固定器一端夹具的下降高度从 1 mm 增加到 8 mm, 弯曲角度增加, 归一化电阻变化的峰值相应增加, 表明电学性能的变化明显取决于弯曲角度. 如图 14.10(a) 所示, PCMC 样品两端电极间弯曲部分弧度对应的角度即弯曲角度. 当下降高度为 3, 4, 6, 8, 10 和 12 mm 时, 对应的角度分别为 82°, 95°, 113°, 131°, 146° 和 158°, 相应的平均归一化电阻变化分别为 2.0%, 2.4%, 3.0%, 4.3%, 5.1% 和 6.0% (图 14.10(b), (c)). 另外, 设定不同的扭转角以测量 PCMC 样品的电动态响应和恢复能力 (图 14.10(d)). 不同扭转角循环加载对应的归一化电阻变化曲线见图 14.10(e), 其中扭转角度变化设定值在 3~7 rad 范围. 我们通过周期性拉伸/弯曲加载和卸载循环实验进一步评估 PCMC 样品电学信号变化的稳定性. 如图 14.10(f) 所示, 在 500 次 105° 的弯曲循环和 80 次的 15% 伸长率循环变形之后, PCMC 样品的初始电阻有轻微下降, 但相对电阻变化下降幅度小于 0.5%.

14.1.3 磁电耦合性能与磁弹模型

在多孔结构中引入羰基铁颗粒, 除了量化各种机械激励之外, PCMC 样品还表现出远程无接触致动和磁感应特性. 受磁场影响的 PCMC 圆柱样品的变形行为如图 14.11 所示. 样品位置的磁场大小通过调节样品和磁体之间的距离来调节. 可以看到, PCMC 样品的形状在磁场作用下发生了明显变化, 并且靠近磁铁的样品一侧受到严重挤压. 磁体越近,PCMC 样品的变形越大.

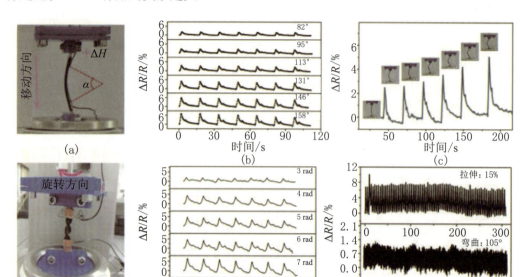

图 14.10 PCMC 样品在弯曲下的电学传感能力实验及结果
(a) 弯曲测试实物图;(b) 不同角度下的弯曲传感循环测试;(c) 弯曲角度梯度增加下的实时传感数据;
(d) 扭转测试实物图;(e) 不同角度下的扭转传感循环测试;(f) 稳定性实验数据.

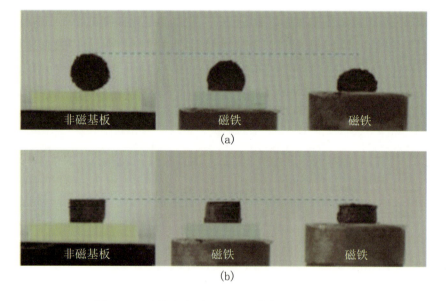

图 14.11 磁体存在时 PCMC 圆柱样品的变形情况

由于设备的限制,我们在磁响应实验中选择了 PCMC 片状样品.利用如图 14.12(a)

所示的实验装置系统地研究了磁响应性能. 该实验装置由四部分组成: 配备有电磁附件的流变仪、直流电源、电性能测试系统 Modulab MTS 和预编程数据存储、控制系统. 通过调节由直流电源提供的电磁线圈电流产生和调控磁场. 详细的磁场分布如图 14.12(c) 所示, 其中样品平台中心处的磁场近似为均匀磁场, 中心处的磁感应强度和电磁线圈中的电流之间的关系如图 14.12(b) 所示, 其拟合曲线的线性度为 $R^2 = 0.9995$.

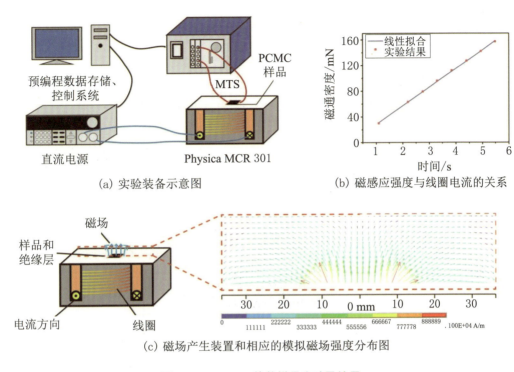

图 14.12　PCMC 片状样品实验及结果

随着磁感应强度的增加 (磁感应强度分别为 86, 101, 115, 130 和 144 mT), 电响应 $\Delta R/R$ 增加 ($\Delta R/R$ 分别为 0.5%, 1.1%, 1.7%, 2.6% 和 3.6% (图 14.13(a)). 这里, 类比应变因子 GF, 磁场灵敏系数 GF_m 定义为相对电阻变化与磁通密度变化的比率. 从图 14.13(b) 可以观察到两个灵敏度区域. 当磁场范围分别为 0.086~0.115 T 和 0.115~0.15 T 时, GF_m 分别对应 0.07~0.14 和 0.14~0.25. 然后我们进一步研究了磁场依赖电学性能的稳定性. 施加 100 mT 超过 100 次循环, 磁激励下的电响应依然保持良好的稳定性和可靠性 (图 14.13(c)).

此外, 测试了 PCMC 样品在其他磁场条件下的电学响应性能. 图 14.14 显示了 PCMC 样品 (20 mm×5 mm×2 mm) 作为磁场传感器的可能应用. 我们先测试了 PCMC 样品对监测磁体移动距离的应用潜力, 实验装置见图 14.14(a) 中的小图. 当永磁铁分别从移动平台装置的不同位置 (箭头位置: 22.2, 22.4, 22.6 cm) 以 5.99 mm/min 的速度移动相同距离时,固定在平台另一端的 PCMC 传感器的电阻都发生了显著变化,且不同位置的磁体引起的电阻变化不同 (图 14.14(a)~(d)).

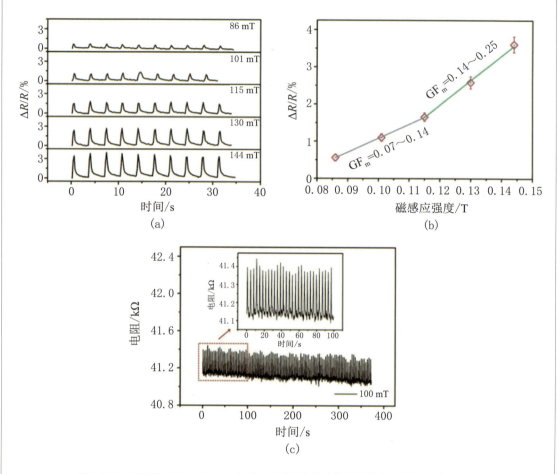

图 14.13 不同磁场作用下归一化电阻变化随时间变化的曲线、磁场灵敏度以及循环加载卸载磁场作用下电阻的实时变化曲线

接着测试了突加磁场的情况下 PCMC 样品的响应性能. 研究所用的磁场发生器为 IGLF-150,购自北京先行新机电科技有限责任公司. 该磁场发生器的两个电磁线圈间的磁场分布见图 14.15(a). 将 PCMC 样品放在磁场发生器的不同位置 (标记点 1~4) 处. 打开磁场发生器,通入电流. 电磁场内的磁场达到稳定状态需要约 5 s,然后保持该电磁线圈电流约 5 s 后关闭电流. 如图 14.15(b),(c) 所示,PCMC 样品的电学信号随磁场的突然施加而发生急剧变化. 在磁场发生器的电磁线圈电流相同的条件下,在电磁场的不同位置,PCMC 样品的相对电阻变化不同,这些电学变化与传感器所在位置的磁场梯度和磁感应强度密切相关.

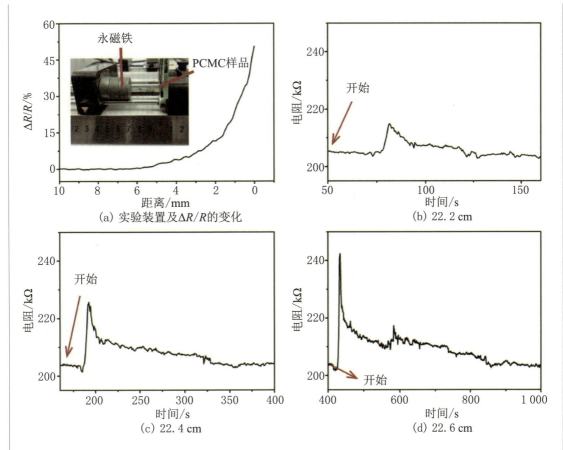

图 14.14 磁体移动距离监测实验装置以及随着磁体接近时 PCMC 样品的电学性能

为了更好地理解 PCMC 样品的磁电传感原理,我们首先分析了 PCMC 样品的磁弹性行为. 施加外部磁场后,羰基铁颗粒被磁化. 根据 Langevin 函数,每单位体积的磁化强度为

$$M = M_s(\coth \mu H + 1/(\mu H)) \tag{14.1}$$

其中 M_s 是饱和磁化强度,H 是磁场强度,$\mu = M_s V_p/(k_B T)$,V_p 是磁性颗粒的体积平均值,T 是温度,k_B 是 Boltzmann 常量. 羰基铁颗粒的磁化拟合曲线如图 14.16(a) 所示. 磁化羰基铁颗粒之间产生相互作用. $\boldsymbol{F}_{ij}^m$ 定义为由粒子 j 对粒子 i 的磁场力. 根据偶极子近似理论,$\boldsymbol{F}_{ij}^m$ 可以表达为

$$\boldsymbol{F}_{ij}^m = k\left((-\boldsymbol{m}_i \cdot \boldsymbol{m}_j + 5\boldsymbol{m}_i \cdot \boldsymbol{t}_{ij} \boldsymbol{m}_j \cdot \boldsymbol{t}_{ij})\boldsymbol{t}_{ij} - \boldsymbol{m}_i \cdot \boldsymbol{t}_{ij} \boldsymbol{m}_j - \boldsymbol{m}_j \cdot \boldsymbol{t}_{ij} \boldsymbol{m}_i\right) \tag{14.2}$$

$$\boldsymbol{m}_i = M V_p \frac{\boldsymbol{H}}{H} \tag{14.3}$$

其中 m_i 表示粒子 i 的磁矩向量,是粒子 i 到粒子 j 的归一化坐标向量,k 是几何形态常数. 为方便起见,认为羰基铁颗粒是单分散微球,其直径等于实验测量的直径 (7 μm),并且认为它们均匀地分散在 PCMC 样品的基体中. 对于沿磁场线方向的一对粒子,磁场力 $F_\parallel = 2km^2$ (导致吸引);对于与磁场正交的一对粒子,磁场力 $F_\perp = -km^2$ (导致排斥). 图 14.16(c) 定性地展示出了规则排列的羰基铁颗粒与外部磁场之间的相互作用关系. 此外,PCMC 骨架壁磁致变形过程的简单示意见图 14.16(d).

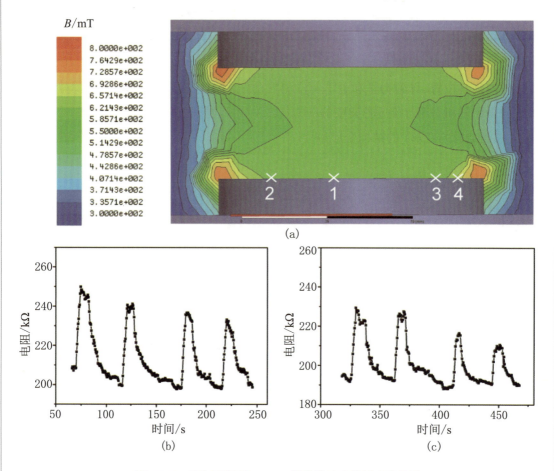

图 14.15 实加磁场时 PCMC 样品的响应性能实验结果

(a) 磁场发生器的两个电磁线圈间的磁场分布;(b),(c) PCMC 样品放置在 (a) 中所示标记点处的电阻变化数据.

为方便起见,可以认为 PCMC 样品的一个骨架壁是由羰基铁颗粒的聚集形成的定向伪链. 通过施加外场,磁相互作用产生磁致应力张量

$$P = \frac{1}{V} \sum_i \sum_{j>i} r_{ij} F_{ij}^{\mathrm{m}} \tag{14.4}$$

其中 r_{ij} 是粒子之间的距离，V 是骨架壁的体积. 如上所述，平行于磁场的伪链引起张力，而垂直于磁场的伪链产生压缩. 通过该模拟，获得了当施加平行磁场和垂直磁场时骨架壁的磁感应法向应力 P_z (假定为圆柱体：直径为 70 μm，高度为 400 μm)(图 14.17(a)). 根据式 (14.1)~式 (14.3)，P 在弱磁场作用下表现出对磁场强度 ($P = aH^2$) 的二次依赖性 (图 14.17(b), (c)). 磁通密度、归一化电阻变化和磁应力的关系如图 14.16(b) 所示. 磁致应力对 PCMC 样品的作用类似于机械力场的作用. 通过磁弹耦合，羰基铁颗粒倾向于在磁场作用下沿场方向或垂直于场方向排列，这导致多孔结构的复杂变形，从而引起碳纳米管的变形和移动. 它将改变有效导电路径的数量，从而改变电信号. 在磁致应力的作用下的变形类似于由机械应力引起的变形. 去除磁场后，由于聚合物的弹性，羰基铁颗粒恢复其位置，导致力学和电学性能的恢复. 图 14.16(d) 显示了羰基铁颗粒从无磁场下的初始随机分散 (接近骨架壁的近似取向) 到施加外部磁场作用下的稳定柱状图案 (诱导多孔结构的变形) 的结构变形过程.

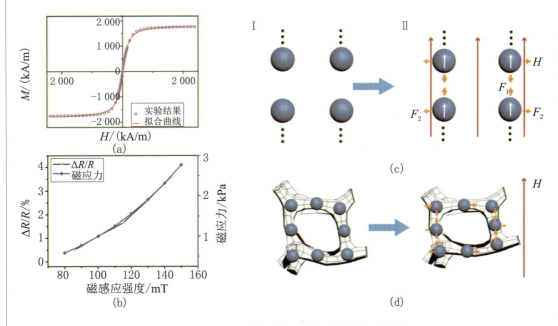

图 14.16　PCMC 样品的磁电传感原理实验结果

(a) 羰基铁颗粒的磁化曲线，红色曲线为对应方程 (14.1) 的拟合曲线；(b) 磁感应强度、归一化电阻变化和磁应力之间的关系；(c) 外磁场下规则排列的羰基铁颗粒的吸引和排斥情况；(d) PCMC 样品的微观结构变形示意图.

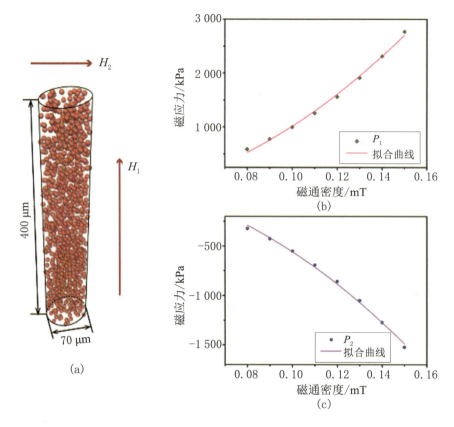

图 14.17　骨架壁相关实验结果

(a) 骨架壁模型的各向同性微观结构模拟；(b) 施加 H_1 时磁致应力和磁感应强度的拟合；
(c) 当施加 H_2 时与磁场正交的磁致应力和磁感应强度的拟合.

14.2　一维结构的导电磁弹复合纤维

在过去几十年中，复合材料在多种器件应用，如编织型电子设备和柔性机器人装置中展现出巨大潜力. 将所需性能如物理、电学和机械特性结合到一起的新型功能复合材料的设计方法被广泛研究. 在上一节中，我们从磁流变弹性体的自身结构出发，制备了高压缩性、低密度的多孔导电磁弹海绵. 但多孔结构的体材料在细小化、可穿戴化方面优势不明显. 而一维纤维结构由于其柔软、舒适、轻便和可编织的特性成为理想的可穿戴传感器结构. 近年来，多种纤维型传感器和传感网络包括应变、压力、化学、光学和湿度传感器等被组装并用于电子穿戴设备. 而基于磁性材料的一维结构很少受到关注,其巨大潜力仍然有待开发. 除此之外,磁流变弹性体材料具有磁响应特性,而一维结构的磁流变弹性体材料更易于控制,它的非接触致动特性使其在人工肌肉、机器人和药物输送等智能领域具有更大的发展可能.

本节中, 巧妙地通过简单的滴落–干燥工艺制造出一种具有传感和磁驱动特性的新型同轴复合磁流变弹性体纤维. 该复合纤维基于柔性可拉伸松紧线制备而成,其中螺旋形的银纳米线网络作为导电芯,磁性聚合物作为保护壳. 其展现出优异的可穿戴潜力,能够达到 100% 拉伸应变,同时可以弯曲成各种形状. 随后研究了其在拉伸条件和不同弯曲条件下的电学和机械性能,结果表明导电磁弹复合纤维具有优异的柔韧性、线弹性和传感特性. 特别地,可以通过磁场改变复合纤维的变形和电阻,表明复合纤维也可以用作磁场传感器. 此外,基于该导电磁弹复合纤维制造的磁性开关和柔性抓手的应用,证明了其具备非接触驱动的功能.

14.2.1 导电磁弹复合纤维的制备及测试系统

实验中所用的商用松紧线 (直径约为 0.5 mm) 由丹阳市松紧线厂提供. 用于制备银纳米线的原料硝酸银试剂、氯化钠试剂和丙三醇试剂购自上海化学试剂有限公司试剂一厂,原料聚乙烯吡咯烷酮试剂 (分析纯) 购自上海国药化学试剂有限公司. 依然选用高弹性的聚二甲基硅氧烷 (Sylgard 184) 作为载体,其前体和固化剂购自道康宁公司. 磁性颗粒购自巴斯夫公司.

银纳米线是通过一种简单的合成方法合成的. 具体制备方法如下:将 5.86 g 分子量约为 40 000 的聚乙烯吡咯烷酮粉末添加到 90 ℃ 的 190 mL 甘油中,搅拌直至粉末全部溶解在甘油中. 随后将混合溶液冷却至 50 ℃,加入 1.58 g 硝酸银粉末. 称量 0.5 mL 去离子水、59 mg 氯化钠和 10 mL 甘油,加入混合溶液中. 继续搅拌和加热上述反应溶液至 210 ℃. 随后,停止加热,将溶液立即转移到烧杯中,少量多次加入共 200 mL 去离子水. 将该反应物静置数天后,倒出上层清液,随后用水或乙醇多次洗涤剩余的反应物悬浮液,即可得到银纳米线分散液,其在扫描电子显微镜的微观尺寸如图 14.18 所示.

导电磁弹复合纤维的制备方法如下:将松紧线浸入 100 mL 乙醇和 1 mL 3-三叔丁基甲硅烷基丙胺的混合溶液中 24 h. 之后,将处理后的松紧线垂直于地面固定并拉伸至 150% 应变状态,然后用银纳米线乙醇分散液涂覆松紧线并在空气中干燥 30 s. 分子间氢键在银纳米线表面的聚乙烯吡咯烷酮的 >C═O 和松紧线表面的 3-三叔丁基甲硅烷基丙胺的—NH₂ 之间形成,这有助于将银纳米线牢固地固定在松紧线表面上. 将该涂布操作重复数次以形成银纳米线网络. 在上述滴落−干燥工艺 (悬滴法) 处理之后, 得到了基于螺旋银纳米线网络的可拉伸导电纤维 (LY@Ag, 简称为银壳). 最后, 通过将聚二甲基硅氧烷 (固化比为 1:10) 与羰基铁颗粒以质量比 3:2 混合, 得到另一种壳材料磁性聚合物 (PDMS/CIPs) 前体. 通过这种悬滴法将磁性聚合物前体涂覆在银壳的表面上. 在 90 °C 的烘箱中干燥 30 min 后, 得到一维结构导电磁弹复合纤维 (LY@Ag@PDMS/CIPs). 为方便后文书写, 导电磁弹复合纤维简称为 MCF(Magnetic-conductive Composite Fibre).

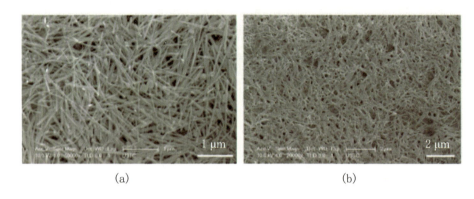

图 14.18　银纳米线的 SEM 图

在滴落−干燥过程中, 可以控制银纳米线网络的密度和磁性聚合物壳的厚度. 本小节制备了不同银纳米线含量、不同磁性聚合物壳厚度的导电磁弹复合纤维样品. 其中, MCF 中银纳米线的质量分数分别保持在 0.15%, 0.20%, 0.25%, 0.30% 和 0.35%. 为了方便, 将具有不同质量分数的银纳米线的 MCF 定义为 $X\%$ MCF, 其中 $X\%$ 是银纳米线的质量分数.

本小节通过扫描电子显微镜 (Sirion 200) 对不同制备阶段的样品进行结构表征. 利用 Physica MCR 301 流变仪测试样品的流变性质, 该测试在 25 °C 的剪切振荡模式下进行, 通过调整流变仪的电磁线圈电流能够获得 0~960 mT 的磁通密度变化. 使用动态机械分析仪 (Q800) 和材料测试系统 (MTS Criterion 43, MTS 系统公司生产) 测试样品的力学性能. 同时设计了不同夹持装置以方便测试, 该部分内容在各个实验性能讨论中详细描述. Modulab® 材料测试系统 (Solartron Analytical, AMETEK 先进测量科技公司生产) 用于测量电学性能. 弯曲实验中的磁场由商业永磁体或磁力系统 (IGLF-150 由北京机电科技有限公司) 提供.

14.2.2 导电磁弹复合纤维的结构表征及基本性能

图 14.19(a) 展示了导电磁弹复合纤维的制备流程图. 简单概括来说, 该制备方法包括三个主要步骤: ① 化学改性商业松紧线, 其中内部的氨纶纤维是芯, 丙烯酸纤维螺旋缠绕在其表面; ② 用悬滴法涂覆银纳米线; ③ 用悬滴法涂覆磁性预聚物. 最终产品 MCF 的扫描电子显微镜图如图 14.19(b) 和 (c) 所示. 从 SEM 图可以看出, MCF 是芯壳的同轴结构, 氨纶纤维束为内芯, 银纳米线网络和丙烯酸纤维束组成中间壳层, 以及磁性聚合物 PDMS/CIPs 为外壳层. 丙烯酸纤维缠绕在氨纶纤维束外, 银纳米线附着在丙烯酸纤维束表面, 而最外层的磁性聚合物壳紧紧包裹住丙烯酸纤维和银纳米线层.

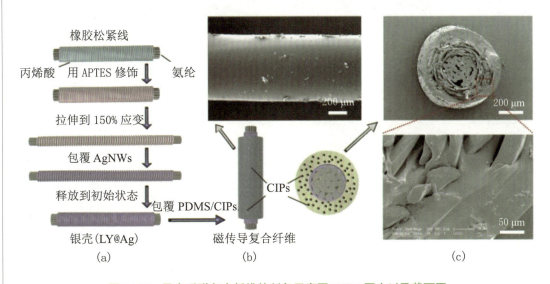

图 14.19 导电磁弹复合纤维的制备示意图、SEM 图主以及截面图

化学改性后的松紧线, LY@Ag 以及最终产物 MCF 的微观结构在图 14.20 中展示. 图 14.20(a) 显示了松紧线是典型的芯/螺旋壳结构, 即一束氨纶纤维/螺旋形丙烯酸纤维. 在涂覆银纳米线后, 松紧线中丙烯酸纤维的表面变得粗糙 (图 14.20(b)). 图 14.20(b) 中的小图显示银纳米线能够很好地黏附在丙烯酸纤维上. 在用 PDMS/CIP 进一步涂覆之后, 银纳米线被磁性聚合物完全密封, 这可以防止纤维束松散和银纳米线脱落问题 (图 14.20(c)).

因为 LY@Ag 表面的银纳米线暴露在外部 (图 14.21(a)), 在外部刺激 (例如触摸、刮蹭) 下银纳米层很容易脱落. 我们设计了简单的剥离实验, 将 LY@Ag 和 MCF 分别固定在桌面上,然后用绝缘胶带轻轻粘到样品表面上,再将绝缘胶带从样品上剥离掉. 实验结果表明,每次剥离都使得 LY@Ag 的归一化电阻变化 $\Delta R/R$ 急剧增加,两次剥离后其相对电阻变化增长 80%. 与之对比的是,在约 20 次剥离后,MCF 的 $\Delta R/R$ 仍保持不变 (图 14.21(b)). 该结果表明磁性聚合物对银纳米线网络的稳定性做出了贡献. 图 14.21(c) 展示了丙烯酸纤维从 PDMS/CIPs 剥离出而产生的沟壑,图 14.21(d) 展示了沟壑中残留的银纳米线,说明滴落–干燥法制备同轴结构复合纤维的过程能够使得 LY@Ag 表面缠绕的丙烯酸纤维嵌入磁性聚合物壳中,也使得涂覆在该纤维表面的银纳米线也嵌入 PDMS/CIPs 中. 图 14.21(e) 表明羰基铁颗粒均匀分布在聚二甲基硅氧烷载体中,同时滴落–干燥过程确保了羰基铁颗粒被聚二甲基硅氧烷载体紧密包裹 (图 14.21(f)),一定程度上防止了因暴露导致的羰基铁颗粒氧化和脱离问题.

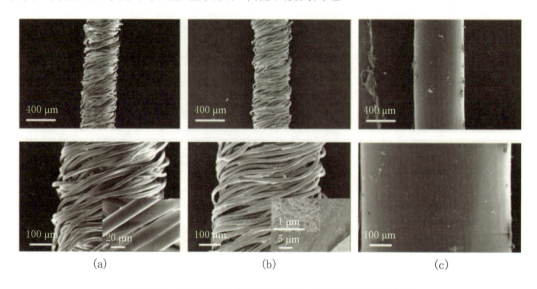

图 14.20　不同倍率下的 LY、LY@Ag 和 MCF 的 SEM 图

除此之外,MCF 显示出可大规模工业制备的潜力及其优异的结构柔性. 图 14.22(a) 显示了 MCF 的简单批量制备过程,大量的松紧线被固定在铁架台的夹持器上. 制备过程中只需要从线的一端滴加银纳米线乙醇分散液和磁性聚合物预聚液体,紧接着将整个铁架台放入烘箱硫化即可得到 MCF 样品,该制备过程十分简单且具有可批量生产的潜力. 根据前文所述,LY@Ag 和 PDMS/CIPs 结合得非常紧密,这种紧密连接保证了 MCF 在各种激励 (包括大的变形负载) 下的稳定的机械性能. 图 14.22(b) 和 (c) 显示 MCF 可以拉伸至 100% 拉伸应变并弯曲成各种形状,表明 MCF 具有优异的拉伸性和柔韧性.

羰基铁颗粒是剩磁和矫顽力非常低的软磁材料,因此 PDMS/CIPs 和 MCF 都具有磁特性. 图 14.23(a) 给出了 PDMS/CIPs 和 MCF 的磁滞回线. PDMS/CIPs 和 MCF 的饱和磁化强度分别为 126.83 和 115.03 emu/g. MCF 的饱和磁化强度较低归因于 MCF 中羰基铁颗粒的质量分数比 PDMS/CIPs 中的更小. 另外, PDMS/CIPs 和 MCF 的剩余磁化强度和矫顽力分别为 3.14, 2.44 和 6.66, 6.50 kA/m, 表现出快速的磁响应性能. PDMS/CIPs 和 MCF 属于磁流变材料, 其储能模量在磁场存在时会发生明显变化, 且这种变化随磁场增加而增加. 羰基铁颗粒在 750 kA/m 的磁场作用下饱和, 因此当施加相对较强的磁场时, PDMS/CIPs 和 MCF 可以达到较大的储能模量. PDMS/CIPs 的储能模量随着磁通密度的增加而增加, 在外加磁场约为 900 mT 时达到饱和状态, 对应储能模量为 350 kPa(图 14.23(b)). 类似地, MCF 也会表现出典型的磁流变行为, 但由于 MCF 是特殊的纤维结构, 我们很难用流变仪器测试其磁流变效应.

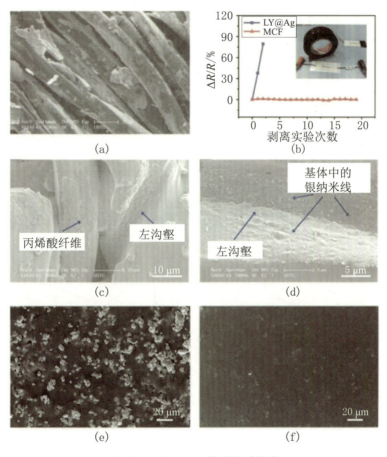

图 14.21　LY@Ag 相关实验结果

(a) LY@Ag 表面的银纳米线网络; (b) 剥离实验中 LY@Ag 和 MCF 相对电阻变化峰值的稳定性曲线; (c) 银壳和磁性聚合物壳的接触部分; (d) 嵌入磁性聚合物壳中的银纳米线; (e) PDMS/CIPs 的横断面 SEM 图; (f) MCF 的表面 SEM 图.

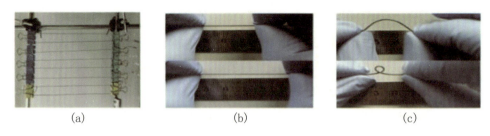

图 14.22 制作过程中的 MCF 及其原始状态、拉伸状态下的光学图像以及弯折成各种形状的光学图像.

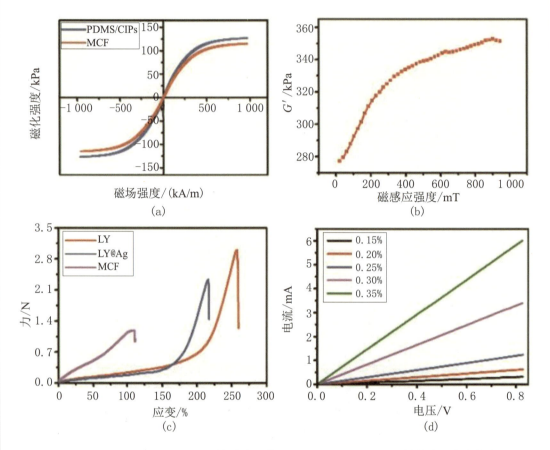

图 14.23 PDMS/CIPs 和 MCF 的磁滞回线，LY、LY@Ag 和 MCF 的拉力–应变曲线，PDMS/CIPs 的储能模量–磁感应强度曲线以及不同银纳米线质量分数的 MCF 的电流–电压曲线

由于松紧线的独特层合结构，所以当松紧线在一定应变范围内拉伸时，应力将主要集中在内部的氨纶纤维上. 如图 14.23(c) 所示，LY@Ag 和松紧线的拉力–应变曲线相似，当应变小于 150% 时呈现线性特征. 松紧线和 LY@Ag 的第一个损伤应变点和相应拉力

分别为 258%, 216% 和 3.00 N, 2.34 N. 此外, 当松紧线被拉伸至 216% 时, 其拉力为 0.94 N. 表明当拉伸应变大于 150% 时, 银纳米线网络的涂覆降低了松紧线的柔性而增大了其弹性模量. 当施加 100% 拉伸应变时, MCF 所受的拉力为 1.14 N, 是松紧线或 LY@Ag 的 5 倍, 表明 MCF 的机械强度更高. 同时, MCF 的拉力与应变约成正比关系. 结合之前的剥离实验结果, 我们可以得出这样的结论: 磁性聚合物的添加使得 MCF 的力–电性能的稳健性增加.

由于银纳米线的存在, MCF 是导电的, 其电导率取决于银纳米线的质量分数. 从图 14.23(d) 可看出 MCF 的电流和电压之间呈线性关系. 根据线性电流–电压曲线计算, 银纳米线质量分数为 0.15%, 0.20%, 0.25%, 0.30% 和 0.35% 的 MCF 样品的电阻率分别为 4.3×10^{-2}, 2.1×10^{-2}, 1.1×10^{-2}, 4×10^{-3} 和 2.3×10^{-3} $\Omega\cdot m$. 可以看出, 电阻率随银纳米线质量分数的增加而减小. 因此, 银纳米线网络的密度决定了 MCF 的电导率. 涂覆的磁性聚合物的厚度为 75 和 100 μm, 制备出的 MCF 的相应直径分别为 650 和 700 μm. 在相同应变下, 大直径的 MCF 的杨氏模量较高 (图 14.24). 这表明磁性聚合物越厚, MCF 越硬. 因此, 磁性聚合物壳会很大程度上影响 MCF 的机械性能. 总之, 调节制备过程中的相关参数, MCF 能够具有适当的柔性和线弹性、良好的电学性能及磁驱动性能. 更重要的是, MCF 的电导率高度依赖于外部施加的应力/应变和磁场, 因此可应用于应变传感器或磁场传感器中.

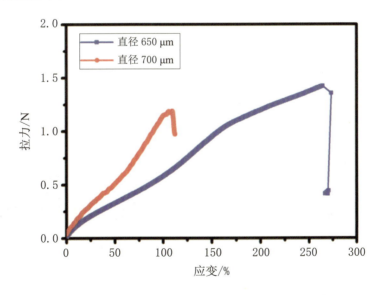

图 14.24 MCF 的拉力–应变曲线

14.2.3 导电磁弹复合纤维的响应性能

MCF 的电导率高度依赖于银纳米线的网络结构. 由于银纳米线网络会在拉伸应变下发生变化, 因此 MCF 可用作拉伸应变传感器. 通过使用导电银浆将一维结构导电磁弹复合纤维的两端安装上铜电极, 以研究 MCF 拉伸应变传感器在不同应变/应力下的力电性能.

首先研究了不同银纳米线含量的 LY@Ag 样品在不同拉伸应变情况下的力学性能. 这里, 银纳米线的质量分数是指在最终样品 MCF 中的质量分数. 保持同一加载速度 (即线性加载), 施加拉伸应变 1% 后卸载, 保持 5 s 后, 再依次施加应变 2%, 4%, 6% 和 8%. 将这种加载方式命名为单次拉伸应变同一速度梯度加载. 如图 14.25(a) 所示, 当拉伸应变从 1% 变化到 8% 时, 0.35% LY@Ag 样品的相对电阻变化从 2.8% 变化到 11.5%. 该次应变拉伸梯度加载重复做了 10 次, 其中 10 次实验的电学曲线几乎完全重合, 说明 0.35% LY@Ag 样品的电学性能具有较好的重复性. 对 0.25% LY@Ag 样品进行 5 次拉伸应变同一速度梯度加载实验. 即针对同一样品在相同环境下连续循环加载不同的拉伸应变, 其中同一拉伸应变连续加载卸载 5 次 (图 14.25(b)). 在 2.5%~20% 的应变作用下, 同一应变循环中, 0.25% LY@Ag 样品的相对电阻变化呈现出轻微的递减趋势. 梯度加载实验后, 样品的电阻未回到初始状态, 出现明显上升趋势.

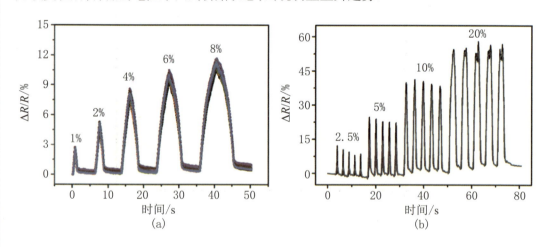

图 14.25 LY@Ag 样品的力学性能实验结果

(a) 0.35%LY@Ag 的单次拉伸应变同一速度梯度实验的重复性;
(b) 0.25%LY@Ag 的 5 次拉伸应变在同一速度梯度中的加载实验.

接着,我们对 MCF 样品进行拉伸应变下的电学测试. 图 14.26(a) 和 (b) 显示了 0.2% MCF 样品在应变从 1% 变化至 8% 过程中相对电阻变化和所受拉力变化. 当应变为 8% 时,相对电阻增加约 43.6%. 和 LY@Ag 样品表现不同的是,MCF 拉伸应变传感器对所施加的应变呈线性依赖性. 这种电阻变化与加载应变之间的线性关系有利于 MCF 作为拉伸应变传感器应用于工业领域. 周期性拉伸和释放循环实验证实了 MCF 拉伸应变传感器的稳定性. 如图 14.26(c) 所示,对 0.35% MCF 样品施加 10% 的拉伸应变时,虽然 80 次循环后初始电阻有微弱增加,但相对电阻变化一直保持在 12%,表现出优异的稳定性. 此外,从图 14.23(c) 可知,一定应变范围内,MCF 样品处于弹性变形阶段,此时 MCF 样品的相对电阻变化与拉伸应变也呈良好的线性关系 (图 14.26(d)),其拟合曲线的线性度为 $R^2=0.997$. 同时,MCF 也具有良好的灵敏度,随着应变从 0% 变化到 50%,0.25% MCF 的相对电阻变化改变了约 100%. 总之,MCF 样品的电学和机械性能在拉伸试验中表现出良好的灵敏度、线性和稳定性,具有作为拉伸应变传感器应用的潜力.

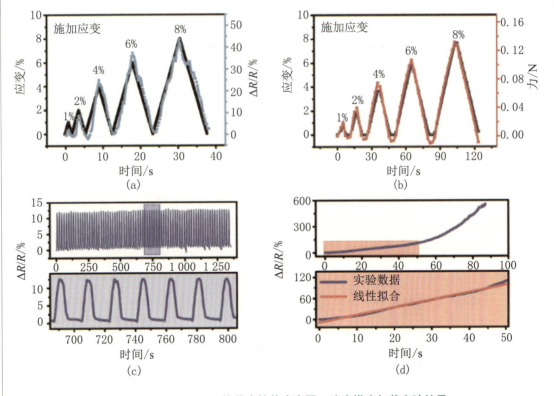

图 14.26 0.2% MCF 的单次拉伸应变同一速度梯度加载实验结果
(a) 相对电阻变化;(b) 拉力变化;(c) 循环实验;(d) 相对电阻随应变变化规律 (下图显示其线性变化部分).

如图 14.27(a) 所示,将 MCF 样品固定在厚度约为 1 mm 的柔韧性强的塑料膜上,移动其中一端至特定位置,以施加弯曲应变。图 14.27(a) 给出了 MCF 样品的相对电阻随弯曲角度变化的曲线。其中,弯曲角定义为 MCF 样品所在位置的弧长对应的中心角。当弯曲角度从 0° 变化到 180° 时,$\Delta R/R$ 从 0% 增加到 3.56%。对于不同的弯曲角,其电学响应可以在多次测试中重现。例如,如图 14.27(b) 所示,MCF 样品在弯曲角从 0° 增加到 150° 时,其相对电阻有 3% 的增量,且电学响应在五个周期内显示出良好的机械稳定性和重复性。由于 MCF 样品的相对电阻会随弯曲角度改变而变化,因此 MCF 材料可用作弯曲传感器。

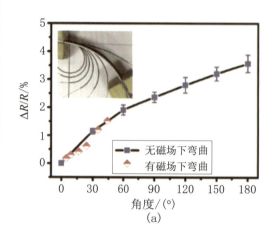
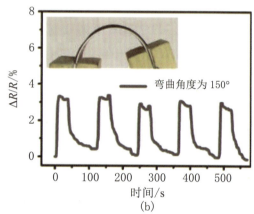

图 14.27　MCF 样品的相对电阻随着弯曲角度变化的曲线

与之前报道的基于柔性聚合物的应变传感器相比,MCF 传感器不受导电材料的弱黏附和膜的翘曲/起皱的限制;与封装的传感器相比,MCF 传感器具有更高的柔软度、更好的灵活性和更小的尺寸,因此,它们更易于安装在皮肤上和附着在复杂的表面上。图 14.28 展示了 MCF 样品被安装在乳胶手套上以监测人类食指的弯曲状态。此外,大多数传感器仅具有单一功能,而 MCF 显示了其多功能应用的可能,这将在下文中继续介绍。

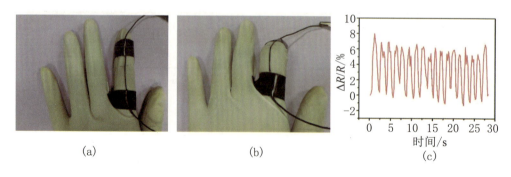

图 14.28　MCF 传感器用于食指运动的记录及相应的监测数据

具有磁特性的 MCF 也可以用作低成本便携式磁场传感器. 用两种不同的方法研究磁场对 MCF 样品电学性能的影响. 在第一种方法中, MCF 样品固定在 0.01 mm 厚的聚对苯二甲酸乙二醇酯薄膜上, 其两端用导电胶带粘贴, 最后 MCF 样品的一端用自制的铝制夹具夹紧. 将其放置在磁场发生器 (IGLF-150, 北京机电科技有限公司生产) 中, MCF 样品的自由端在磁场作用下会发生弯曲, 类似一个悬臂梁受到磁场力的作用. 其原理示意图如图 14.29(a) 所示. 当磁通密度从 150 mT 变化到 400 mT 时, MCF 样品的相对电阻明显增加 (图 14.29(b)). 这里, 所测磁通密度为 MCF 样品自由端初始位置的磁通密度. 磁通密度越大, MCF 样品所受磁场力越大, 其变形越大. 在 350 mT 磁场的循环载荷下, 相对电阻变化的峰值保持在 1.2% 左右, 从而证明 MCF 样品在磁场加载实验中也具有良好的电学性能和机械变形稳定性 (图 14.29(c)). 质量块加载实验是以研究机械激励对 MCF 样品电学性能的影响 (图 14.29(d)). 测量不同负载下的悬臂梁端部的偏转, 得到 MCF 样品端部的等效力–变形量拟合曲线. 磁场作用下的等效力是通过将先前磁场实验测试数据内插到拟合曲线中得到的 (图 14.29(e)). 然后分析了磁场作用下悬臂梁结构与磁场相对应的弯曲角, MCF 样品的弯曲角度–磁场曲线和等效力–磁场曲线见图 14.29(f). 这里, 我们认为可以通过计算质量块加载实验的等效力来估计磁场力的影响.

对 MCF 作为磁场传感器的测试的第二种方法如图 14.30(a) 所示. 在两端固定的情况下, 施加外部磁场, MCF 像无脊椎动物一样拱起. 如图 14.30(b) 所示, 不同磁场作用下 MCF 样品的相对电阻变化的差异区别明显. 240 mT 磁场作用下的相对电阻变化为 7.6%, 约为 80 mT 磁场作用下相对电阻变化的 4.5 倍. 图 14.30(c) 展示了磁场传感器在相同的磁感应强度下的电阻变化曲线. 不幸的是, 由于磁荷载的固有滞后磁响应行为而出现了滞后现象. 磁场加载后, MCF 出现了无法立即恢复到原始状态的问题. 但总体来说, 与先前报道的微米纤维/铁磁流体基磁场传感器相比, MCF 磁场传感器是特殊的纤维结构, 其制备简单、柔性高且有较优良的灵敏度. 因此, 它们在磁场传感器应用中仍具有一定的应用潜力.

14.2.4 导电机制与应用

MCF 的传感特性基本上是基于银纳米线网络的微观结构变化. 显然, MCF 的总电阻 (R) 由银纳米线接触电阻 (R_c) 和它们的固有电阻 (R_w) 组成. 当施加应变时, 嵌入磁性聚合物中的银纳米线被拉伸且有一定滑动,银纳米线接触点的数量减少,银纳米线之间的距离 d (定义为相邻银纳米线中点之间的距离) 增加,导致 MCF 总电阻的增加 (图 14.31(a)). 接触电阻可近似估计为

$$R'_c = Cd' = Cd(1+\varepsilon) = R_c(1+\varepsilon) \tag{14.5}$$

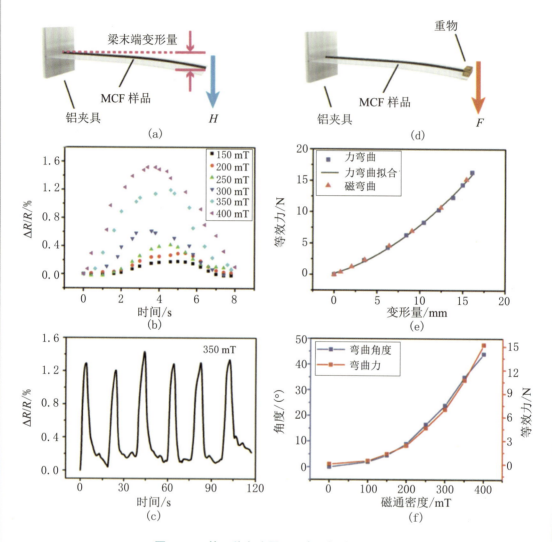

图 14.29 第一种方法原理示意及相关实验结果

(a) 磁场作用下 MCF 悬臂梁弯曲实验示意图; (b) 加卸载不同磁场时 MCF 样品的相对电阻变化; (c) 加载 350 mT 磁场时悬臂梁的弯曲重复实验;(d) 无磁场时 MCF 悬臂梁加载重物实验示意图; (e) 重物加载下悬臂梁的等效力–变形量的曲线拟合和磁场作用下 MCF 变形相对应的力;(f) 磁场作用下弯曲角度–磁场曲线、等效力–磁场曲线.

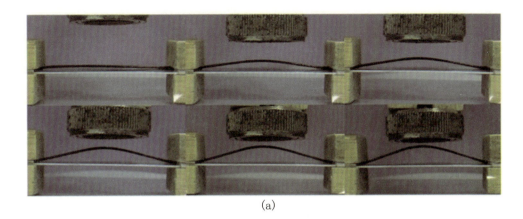

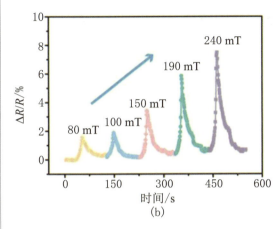
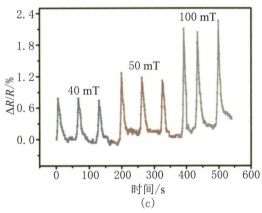

图 14.30 第二种方法原理示意及相关实验结果

(a) 不同的磁场加载下两端固定的 MCF 样品；(b) 单次磁场激励梯度加载实验；
(c) 三次磁场激励梯度加载实验.

其中 C 是与银纳米线网络之间的接触状态相关的常数，ε 是施加的应变，d' 和 R'_c 分别是在应变下银纳米线之间的距离和其接触电阻. 电学的另一个影响因素是银纳米线长度的变化. 根据电阻定律，固有电阻可以表示为

$$R'_w = \rho_{Ag}\frac{l'}{A} = \rho_{Ag}\frac{(1+B\varepsilon)l}{A} = R_w(1+B\varepsilon) \tag{14.6}$$

其中 ρ_{Ag} 是银纳米线的电阻率，l' 和 l 分别是银纳米线在拉伸状态和初始状态下的长度，A 是银纳米线的横截面积 (小应变下为常数)，R'_w 是银纳线在应变 ε 下的固有电阻，B 是与银纳米线的取向分布 (与拉伸方向所成的角度，例如与拉伸方向垂直或平行) 相关的常数. 显然，$B < 1$. 因此，应变作用下的相对电阻变化可以确定为

$$\frac{\Delta R}{R} = \frac{R'-R}{R} = \frac{(R'_c + R'_w) - (R_c + R_w)}{R_c + R_w} = \frac{(R_c + BR_w)\varepsilon}{R_c + R_w} \tag{14.7}$$

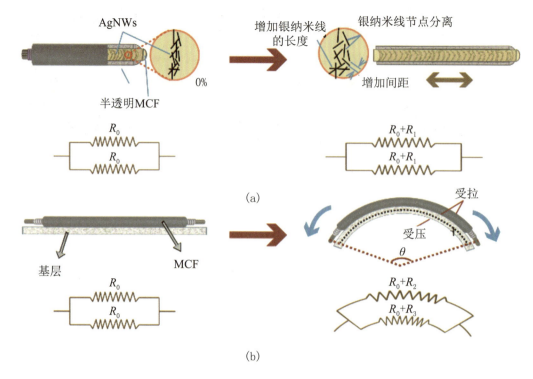

图 14.31 MCF 传感器拉伸和弯曲的机制及对应的电路图

很明显，$\Delta R/R$ 与 ε 成比例，这与 MCF 拉伸传感器的响应曲线一致. 然而，当施加大应变时，银纳米线之间的距离超过阈值，原有的部分导电通道断开，导致电阻显著增加. 为了更好地解释相对电阻变化的机制，MCF 样品的总电阻 R 可以认为是并联的两个等效电阻 R_0，它们被中间层分成两部分. 因此，R 可以用公式 $R = R_0/2$ 计算. 当拉伸或弯曲时，中间层的两侧被拉伸，电阻增加. 根据并联电路的电阻定律，拉伸传感器的电阻应表示为 $R' = (R_0 + R_1)/2$，并且弯曲传感器的电阻 R' 可以表示为

$$R' = \frac{(R_0 + R_2)(R_0 + R_3)}{R_0 + R_2 + R_0 + R_3} \tag{14.8}$$

其中 R_2 是外侧部分的电阻增加量，R_3 是内侧部分的电阻增加量，且 $R_2 > R_3$(图 14.31(b)).

在磁场作用下，可以认为 MCF 样品是拉伸/弯曲混合传感器，其总电阻变化来自弯曲和拉伸. 对于一端固定的磁场传感器，测试结果与弯曲传感器的结果相似 (图 14.27(a))，证明一端固定的磁场传感器可以被认为是弯曲传感器. 这也是为什么采用弯曲角来表征磁场传感器变形的原因. 当 MCF 样品的两端固定时，磁场力不仅使 MCF 弯曲也使其拉伸. 与拉伸的影响相比，挠曲的影响太小，可被忽视，因此可以认为相对电阻变化完全是由拉伸引起的. 因此, 在这种情况下, MCF 磁场传感器可被粗略地作为拉伸传感器而非弯曲传感器.

MCF 具有良好的拉伸性、柔韧性和机械性能. 其力电耦合行为可以由外部磁场控制, 因此受到了科学家们的特别关注. 磁性材料会受外界磁场的影响, 即使在非接触条件下磁性材料也会受到外加磁场的控制. 据此, 我们在 MCF 的基础上制造了可在密闭空间中工作的磁感应开关. 图 14.32(a) 是磁感应开关系统的电路示意图. 当磁体靠近玻璃管时, 管中的磁感应开关与金属电极接触, 以连接电路 (对应电路上的灯泡亮起); 当磁体移开时, 开关立即分离, 电路断开 (图 14.32(b)). 因此, 我们可以通过控制外部磁场打开和关闭磁感应开关.

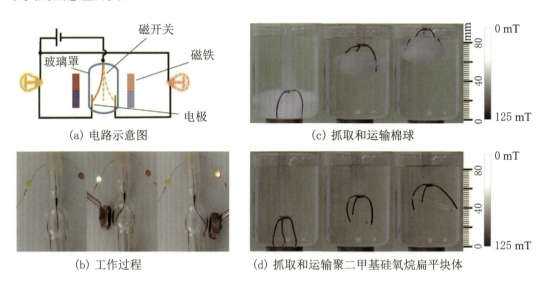

图 14.32 MCF 磁感应开关实验及相关结果

除此之外, MCF 还可以用来制作软抓手. 对基于形状记忆合金或气动弹性体的柔性抓手, 复杂的制造/操作和庞大的尺寸是两个主要的限制. 然而, 这两个限制在 MCF 抓手中得到了解决. 我们把三个长约 2 cm、质量约为 0.07 g 的 MCF 呈三角放射状用双面胶固定在 PVC 胶棒上, 做成一个三角抓手. 在未施加外磁场的时候, 三个 MCF 抓手在 PVC 胶棒端部的平面内呈放射状, 当施加磁场的时候, 抓手手臂会向磁场方向弯曲并有一定的抓力. 图 14.32(c) 和 (d) 展示了从充满水的容器的底部到顶部操作不同物体的整个过程 (抓住、抓起和移动), 运输的距离和不同位置的近似磁场密度大小分别标注在图中. 第一个物体是直径约为 4 cm 的棉球, 另一个是质量为 2.0 g、厚度为 5.0 mm、具有不规则边缘的聚二甲基硅氧烷扁平块体. 由于 MCF 的超柔软性和变形能力, 抓手可以自适应地改变其形状以抓住棉球和具有不规则形状的物品而不损伤被抓取物. 由于外部聚二甲基硅氧烷层的保护，MCF 具有良好的耐酸性和耐热性. 此外，这个具有可变形状和简单驱动系统（支撑杆和外部磁体）的三角形抓手可以在特殊的环境中使用，例如通过具有较小操作空间的通道. 同时这个设备能够实现实时运动检测，可以应用于感应其拉伸或弯曲的程度并确定下一步的预判定操作.

14.3　二维自组装导电智能磁弹纤维互锁阵列

传统的电阻传感器依靠其材料本身的电阻变化来感应施加的激励. 与传统的电阻传感器不同，接触式电阻传感器将机械位移转换为接触元件之间的电阻变化，其具有的力敏特性引起了科学家的极大兴趣. 其中，由于有可能实现高像素密度，微柱或微球阵列接触式传感器被广泛研究. 国内外研究学者开发了各种阵列制造方法和工艺，主要包括减法工艺、加法工艺和微成型技术. 但是，这些技术仍然存在局限性，如复杂的过程、困难的操作、耗时的步骤、昂贵的材料或机器，以及相对较低的生产效率. 例如，在减法工艺中，微柱或微球阵列结构是从二维基板中雕刻出来的，需要包括湿法或干法蚀刻、微机械加工、激光切割、电镀和线电极切割在内的高成本技术等. 此外，大多数精密技术制造的阵列结构都是刚性的，与所需的柔性电子组件不兼容. 因此，制造简单、快速、可扩展、低成本的接触式传感器仍然面临挑战.

受一维结构 MCF 制造工艺和磁驱动性能的启发，我们研制了基于导电磁弹纤维互锁阵列的接触式磁流变弹性体传感器. 导电磁性预聚物在磁场作用下能够自发形成导电磁弹纤维阵列，施加外力、再卸载外力时能够将两个正向放置的导电磁弹纤维阵列互锁在一起，获得的纤维互锁阵列传感器灵敏系数非常高. 我们测试了磁流变弹性体在不同工作状态（磁场激活模式、剪切模式、压缩模式）下的灵敏度. 同时，对外载荷加载路径和加载频率对接触式磁流变弹性体传感器的影响进行了评估. 除此之外，还研究了高灵敏度的磁场/应变双模传感器在磁场和剪切应变耦合作用下的力电响应以及磁场和压应变的耦合作用下的力电响应，验证了高灵敏的磁流变弹性体传感器开发为灵敏度可设的传感器的可行性. 为了更深入地了解接触式磁流变弹性体传感元件的行为，还通过简化的模型仿真和理论分析来描述磁机电耦合响应. 此外，接触式磁流变弹性体传感器阵列还具有非接触式手势感应功能，这为下一代人电子接口设备和人造电子皮肤提供了新的途径.

14.3.1 导电智能磁弹纤维阵列的制备与表征

本小节实验采用了直径为 1~5 μm 的银颗粒作为掺杂导电物质. 实验中的样品 (直径为 20 mm, 高 3 mm) 是在直径为 20 mm、高度为 15 mm 的钕铁硼永磁体 (柱面圆心处约 0.4 T) 上制成的, 4×4 样品阵列是在直径为 12 mm、高度为 12 mm 的钕铁硼永磁体 (柱面圆心处约 0.34 T) 上制成的. 导电磁弹纤维样品的微观结构通过电子显微镜进行表征, 仪器型号与第 8 章所用仪器相同. 样品的流变性质通过流变仪测量. 在剪切实验和磁传感实验中, 通过调节流变仪的电磁线圈电流, 在未安装导磁骨架装置时样品处的磁通密度能够达到 170 mT. 样品的机械性能通过流变仪 (FT-MTA02, Femto-Tools 公司生产) 和微纳机械测试系统 (TA ElectroForce 3220, TA 仪器公司生产) 测量. Modulab® 材料测试系统用来测量电性能, 其输出的电压设置为 4.0 V. 压缩实验中的磁场是由电磁系统 (XDA-120/70, 乐清市兴达电气有限公司) 通过调节电磁线圈电流来提供的, 其中电磁线圈中的电流是通过直流电源 (IT6724, ITECH 公司生产) 提供的. 特斯拉计 (HT20 型, 上海亨通磁电科技有限公司) 用来测量磁通密度. 图 14.33 给出了磁场作用下压缩传感性能的实验测试系统. 该系统由四个部分组成: TA ElectoForce、电磁线圈、直流电源以及 Modulab 材料测试系统.

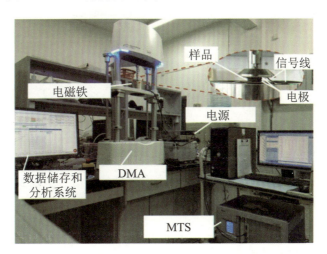

图 14.33 磁场作用下压缩传感性能的实验测试系统

导电磁弹纤维阵列的制备步骤如图 14.34 所示. 将银颗粒 (质量分数为 5%) 和羰基铁颗粒 (质量分数为 65%) 添加到聚二甲基硅氧烷前体中 (固化比为 1:10). 其中, 银颗粒用于形成导电网络,羰基铁颗粒用来在施加磁场条件下驱动上述 CIP/Ag/PDMS 混合物自发形成纤维状. 将上述混合物搅拌混合 15 min 后,把该黏流态混合物滴到平板电极上,然后将其和电极一起放置在钕铁硼永磁体上. 该黏流态混合物会在磁场作用下自发地形成高度不同的纤维阵列. 用平板玻璃往下压导电磁弹纤维阵列,然后抬起,反复操作以使自由生长的导电磁弹纤维阵列具有相同的高度. 将该纤维状的混合物置于 90 ℃ 下硫化 30 min,我们就获得了相同高度的导电磁弹纤维阵列. 图 14.35(a) 展示了以氧化铟锡 (ITO) 导电膜为基底的导电磁弹纤维陈列、以 ITO 导电玻璃为基底的导电磁弹纤维陈列和以普通玻璃为基底的导电磁弹纤维陈列.

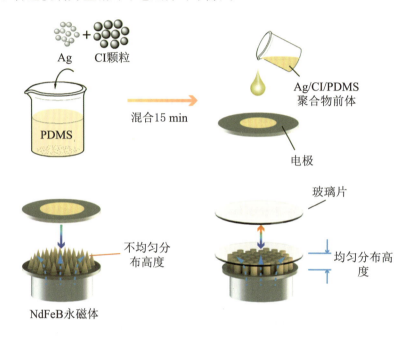

图 14.34 导电磁弹纤维陈列的制备步骤

通过扫描电子显微镜表征所制备的导电磁弹纤维陈列样品中单根导电磁弹纤维的微观结构. 图 14.35(b) 给出了导电磁弹纤维的整体尺寸,图 14.35(c) 显示了导电磁弹纤维的表面形态、沿纤维生长方向剖面微观结构 (图 14.35(c)-Ⅰ) 以及垂直纤维生长方向的纤维剖面微观结构 (图 14.35(c)-Ⅱ). 从这些 SEM 图可以看出,导电磁弹纤维是具有粗糙表面的圆柱体状,并且其根部比上端粗壮,这种形状有助于导电磁弹纤维陈列层的互锁. 显然,这种结构也有效地防止了导电磁弹纤维从电极上分离. 从导电磁弹纤维表面微观结构图 (图 14.35(c)) 可以看到导电磁弹纤维内部羰基铁颗粒沿着纤维生长方向呈链状排布,垂直纤维生长方向的剖面微观结构图也验证了这一点 (图 14.35(c)-Ⅰ). 而纤维生长方向即与磁场平行的方向,因此,我们可以说羰基铁颗粒在纤维内部形成了平行于磁场的粒子链束,而在垂直于生长方向的羰基铁颗粒呈均匀分布状态 (图 14.35(c)-II). 在制备过程中,这种分散在聚合物载体中的磁性粒子可以通过自组装形成有序的链状结构,不仅改善了材料的机械性能,还能促使导电路径的形成,从而提高了弹性体的电导率. 图 14.35(d)∼(f) 显示了导电磁弹纤维样品中部的导电磁弹纤维和边缘的纤维的形态. 在导电磁弹纤维样品的边缘区域,导电磁弹纤维的顶部是尖锐的并且呈发散状,其朝向与钕铁硼磁体的磁感应线的发散方向相一致. 图 14.35(f) 中的小图是导电磁弹纤维样品底部的微观结构图,这表明在纤维阵列的底部存留一个弹性体薄层 (约 50 μm 厚),这个弹性体薄层将导电磁弹纤维阵列连成了一个整体.

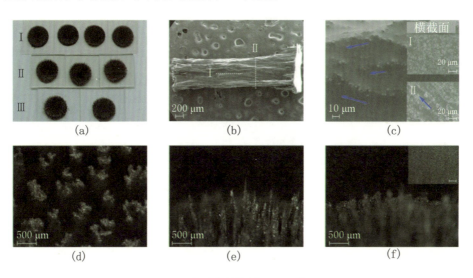

图 14.35　导电磁弹纤维样品不同的 SEM 图

(a) 不同基底的导电磁弹纤维; (b) 单个导电磁弹纤维; (c) 导电磁弹纤维表面的微观结构 (小图:导电弹性纤维的 (Ⅰ) 横断面和 (Ⅱ) 纵断面的微观结构图); 导电磁弹纤维阵列的 (d) 中部、(e) 边缘区域和 (f) 底部的光学图像.

为了表征导电磁弹纤维的磁弹性,对导电磁弹纤维进行沿纤维生长方向和垂直纤维生长方向的磁滞回线的测试 (图 14.36(a)). 各向异性的导电磁弹纤维的饱和磁化强度 (M_s) 为 108 emu/g,剩余磁化强度 (M_r/M_s) 在沿纤维生长方向和垂直纤维生长方向的测试中分别为 4.9% 和 2.4%. 低的剩磁和矫顽力表明导电磁弹纤维样品具有理想的磁响应性能. 此外,磁滞回线的趋势表现出导电磁弹纤维具有高磁导率,并且更易于沿生长方向被磁化. 当磁场方向平行于纤维的生长方向时,导电磁弹纤维在 630 mT 的磁场作用下达到饱和磁化强度. 通过施加与磁性颗粒链方向平行的磁场,各向异性 CIP/Ag/PDMS 样品 (直径为 20 mm,厚度为 1 mm) 的储能模量显著增加 (图 14.36(b)). 当磁场达到 1080 mT 时,CIP/Ag/PDMS 样品的最大储能模量增加到 1.15 MPa. 另外,力–位移曲

线 (通过 FT-MTA02 测试) 和拉伸应力–应变曲线 (通过 TA ElectroForce 3220 测试) 分别如图 14.36(c) 和 (d) 所示. 在拉伸实验中, 拉伸应变定义为导电磁弹纤维样品的变形与原始长度的比率. 在悬臂梁弯曲实验中, 将传感探针放置在距导电磁弹纤维样品根部 2.2 mm 处. 导电磁弹纤维根部的直径为 720 μm, 自由端的直径为 550 μm. 由于传感探针并不能固定在纤维上, 在导电磁弹纤维弯曲过程中, 探针容易发生滑动. 如图 14.36(c) 所示, 当导电磁弹纤维自由端的位移达到 525 μm 时, 传感探针发生滑动, 导致无法获得材料的断裂强度. 但可以看出, 力–位移曲线的斜率为 18.5. 图 14.36(d) 显示了在拉伸应变达到 40% 之前, 导电磁弹纤维处于线弹性阶段, 拉伸应力–应变曲线的斜率为 20.6, 表明导电磁弹纤维具有优异的柔韧性和弹性.

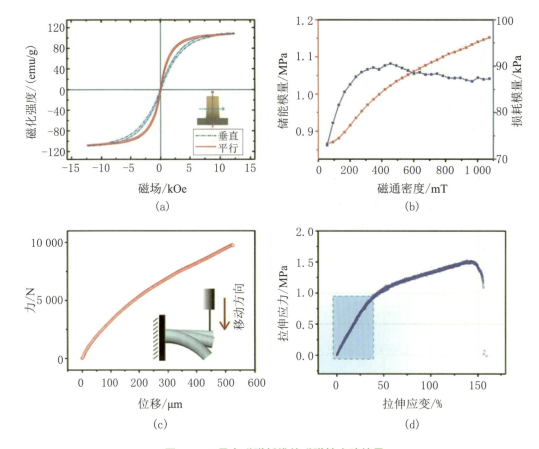

图 14.36 导电磁弹纤维的磁弹性实验结果

(a) 导电磁弹纤维的磁滞回线; (b) CIP/Ag/PDMS 材料在不同磁场作用下的储能模量和损耗模量; (c) 悬臂梁实验中单根导电磁弹纤维的力–位移曲线; (d) 单根导电磁弹纤维的拉伸应力–应变曲线.

14.3.2 互锁导电磁弹纤维阵列的力电耦合特性

为了用作电气设备,将两种导电磁弹纤维样品正向面对面放置,施加一定的压力和剪切力使两种 MPF 样品镶嵌在一起. 卸掉负载后,两种导电磁弹纤维样品将互锁,得到直径为 20 mm、高度为 4.0 mm 的互锁导电磁弹纤维阵列. 为了评估互锁导电磁弹纤维在应变传感器中的前景,我们研究了互锁导电磁弹纤维的电阻响应和应变敏感行为. 测量归一化电阻 R'/R 和归一化电流 I'/I 以表征电学性能变化,其中 I' 和 I 分别是施加一定应变和初始状态下互锁导电磁弹纤维的电流. 应变灵敏度系数 (GF) 是测量传感元件灵敏度的关键参数. 我们定义电流相关应变灵敏度系数是相对电流变化 $\Delta I/I$ (ΔI 是电流变化)与机械应变变化的绝对比,用于表征该系统的响应灵敏度.

图 14.37(a) 为压缩实验装置示意图,图 14.37(b) 是施加的压缩应变–时间曲线以及相应的力学和电学变量响应曲线. 在 60% 的压缩应变下,归一化电阻变化 $\Delta R/R$ 和归一化电流 I'/I 分别为 99.6% 和 246. 图 14.37(c) 和 14.37(d) 给出了互锁导电磁弹纤维样品对不同压缩应变的机械性能和电学响应,其中压缩位移分别设定为 0.2, 0.4, 0.6, 1.0, 1.2, 1.4, 2.0, 2.2 和 2.4 mm. 设定的压缩位移与时间的关系是三角波曲线. 在压缩循环实验中,设定的压缩应变值为 5%, 10%, 15%, 20%, 25%, 30%, 35%, 50%, 55% 和 60% 时,归一化电流的平均峰值分别为 0.6, 2.0, 3.5, 10.6, 14.3, 30.1, 49.5, 94.7 和 246.0. 这些实验结果表明,互锁导电磁弹纤维的机械性能和电学性能均表现出优异的可逆变形能力、高灵敏度和稳定性能. 特别地,在较小的压缩应变循环实验中,归一化电阻与压力呈现出明显的线性关系. 但是随着压缩应变的增加,归一化电阻响应呈现出明显的非线性 (图 14.37(c)). 压缩应变达到 35% 后,压力迅速增加,这是因为导电磁弹纤维之间发生了自压缩,同时导电磁弹纤维之间的压缩也增加了,从而大大增加了两种导电磁弹纤维样品之间的接触面积. 图 14.37(a) 中的放大图是 35% 压缩应变下纤维的应力模拟分布图. 在此简化的互锁导电磁弹纤维感应元件中,根据图 14.35(b) 中的纤维样本,将导电磁弹纤维设置成由两个具有不同倾斜角 (4° 和 1°) 的圆锥台组成,前者的高度为后者的 40%. 根据实验结果和拟合结果,将应变灵敏度系数近似分为两个范围,相应的压缩应变分别为 5%~35% 和 50%~60%. 通过线性拟合,在 5%~35% 压缩应变下 GF 为 86,在 50%~60% 应变范围内 GF 高达 1965 (图 14.37(e)). 当施加的应变在第一个范围内时,上层的导电磁弹纤维阵列在压缩时靠近下层导电磁弹纤维阵列,然后被压缩. 但是,当施加的应变在第二个范围内时,导电磁弹纤维阵列被严重压缩,甚至可能发生交错,导致接

触力和电流急剧增加.

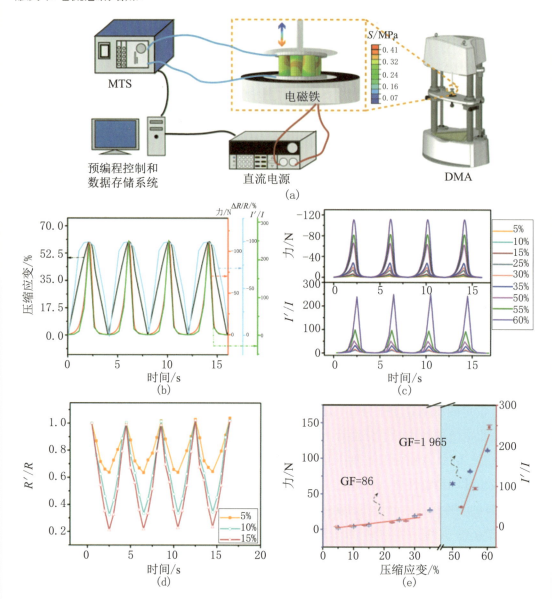

图 14.37　压缩应变下互锁导电磁弹纤维阵列的力学特性实验结果

(a) 压缩实验装置示意图;(b) 压力/归一化相对电阻/归一化电流随时间的变化曲线;
(c),(d) 不同的压缩循环测试下的传感性能;(e) 灵敏度.

然后研究了施加的应变波形和压缩频率/速率对电阻变化趋势和峰值的影响. 图 14.38(a) 表明,无论施加的应变与时间的关系曲线是方波、正弦波还是三角波 (这里设置的压缩应变为 10%),电阻变化的峰值都是一致的,并且电阻变化趋势随波形变化. 其中,黑色、蓝色和红色曲线分别对应于方波、正弦和三角形输入应变信号时互锁导电磁弹纤维的电阻变化. 图 14.38(b) 表明,在一定范围 (0.05~1 Hz) 内压缩频率对样品的电学性能没有显著影响 (施加压缩应变 35%). 我们进一步对应变敏感性行为的稳定性和耐久性做了表征实验. 如图 14.38(c) 所示,互锁导电磁弹纤维阵列在频率为 0.5 Hz 的连续循环负载下的电阻响应表现出良好的稳定性、可恢复性和可重复性,这意味着它具有优异的连续动态检测能力.

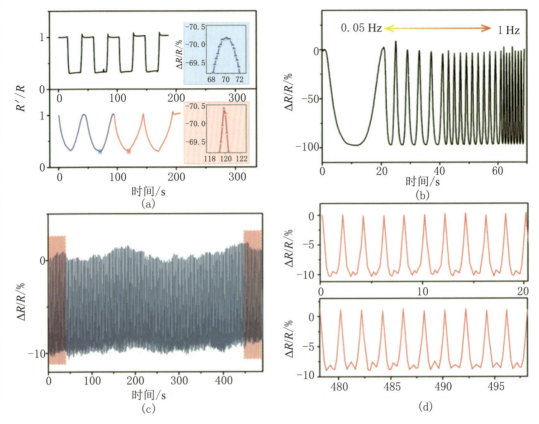

图 14.38 不同的应变波形下互锁导电磁弹纤维阵列的电学特性实验结果

(a) 归一化电阻随输入信号波形的不同而变化 (压缩应变 10%);

(b) 不同加载频率下的电学响应;(c) 稳定性测试.

传统磁流变弹性体被广泛应用于工业领域,通常在剪切条件下工作,所以我们还研究了互锁导电磁弹纤维阵列在剪切激励下的电学、力学性能. 实验设备如图 14.39(a) 所示. 流变仪提供旋转剪切激励和记录剪切应力应变数据. 图 14.39(a) 中的右图显示了在 0.5 rad 的旋转角度下简化的互锁导电磁弹纤维阵列感应元件的变形状态和应力分布. 图 14.39(b)~(e) 分别显示了施加 1%~60% 的双向旋转剪切应变时互锁导电磁弹纤维阵列的电阻和剪切力变化. 1%,2.5%,5%,10%,20%,30%,40%,50%,60% 的剪切应变分别对应于 0.3°,0.8°,1.7°,3.4°,6.7°,10.1°,13.4°,16.8° 和 20.1° 的旋转角,相应的 $\Delta R/R$

的平均峰值分别为 -1.7%，-4.6%，-9.4%，-15.8%，-18.6%，-29.0%，-39.6%，-46.0% 和 -53.0%. 如图 14.39(c) 所示，将旋转剪切应变与时间的关系设置为三角波，其平衡位置设置在 0 处. 我们定义旋转剪切的初始速度方向为正向. 当双向旋转剪切应变的绝对值小于 10% 时，双向剪切中互锁导电磁弹纤维阵列的电阻变化的峰值几乎相同，且相应的机械变化也基本呈对称分布. 当剪切应变的绝对值大于 10% 时，反向剪切的电阻变化略大于正向剪切的电阻变化，并且随着应变的增加，这种现象变得越来越明显. 我们推测在实际的旋转剪切过程中导电磁弹纤维之间极有可能发生了滑移和交错，这导致需要施加更大的力来恢复无序状态，并相应地引起电阻变化的峰值差异. 在图 14.39(e) 中，可以清楚地看到，力矩-应变曲线也略不对称，但其重复性非常好.

图 14.40 显示了在施加 0~60% 的剪切应变时互锁导电磁弹纤维阵列的电阻响应与剪切应变的关系，同时也给出了 0~10% 和 20%~60% 两个应变范围内相应的旋转剪切应变灵敏度系数. 如图 14.40 所示，互锁导电磁弹纤维阵列的电阻变化与旋转剪切激励在局部范围内呈现出良好的线性关系，这种线性关系有助于根据输出电信号反推而获得互锁导电磁弹纤维阵列的变形和所受外力的大小. 我们将旋转剪切应变与绝对电阻变化率进行线性拟合. 在 0~10% 旋转剪切应变范围内，互锁导电磁弹纤维阵列具有 1.6 的高应变敏感性. 随着剪切应变的增加 (20%~60% 旋转剪切应变范围内)，灵敏度系数降低到 0.86，这可能是由出现导电磁弹纤维滑动现象所致.

14.3.3 导电磁弹纤维互锁阵列的磁-力-电耦合特性

根据之前的研究可知，除了作为接触式压缩/剪切应变传感器之外，互锁导电磁弹纤维阵列的另一个可能的应用是非接触式磁感应. 我们利用流变仪的磁场发生器来测试互锁导电磁弹纤维阵列的磁场传感性能，如图 14.39(a) 所示，互锁导电磁弹纤维阵列被固定在流变仪的样品平台上，通过向线圈施加不同的电流以提供不同的磁场来表征互锁导电磁弹纤维阵列在外部磁场作用下的响应. 图 14.41(a) 显示了不同磁场作用下互锁导电磁弹纤维阵列的电阻响应性能. 其中，横坐标是流变仪样品平台中心点的磁通密度值，与施加的线圈电流呈线性关系. 在多个正弦线圈电流周期下，电阻的实时感测如图 14.41(b) 所示. 当磁通密度变化 21 mT 时，相对电阻变化为 -0.9%，而当磁通密度变化 170 mT 时，相对电阻变化为 -36.1%. 互锁导电磁弹纤维阵列传感器在磁感应方面具有良好的灵敏度 ($R^2 = 0.998$). 当施加的磁场在 21~170 mT 范围内时，磁场灵敏度为 240% T^{-1}. 除了正弦波外，当施加的线圈电流呈三角波或方波变化时，可以清楚地看到电阻也呈现相同的波形变化 (图 14.41(c)),这有利于互锁导电磁弹纤维阵列成为磁场传感器. 简而言之,互锁导电磁弹纤维阵列传感元件的电阻响应和重复性极好,并且电阻响应与施加的磁场同步变化,这些结果表明互锁导电磁弹纤维阵列磁场传感器在智能传感和控制领域具有广阔的应用前景.

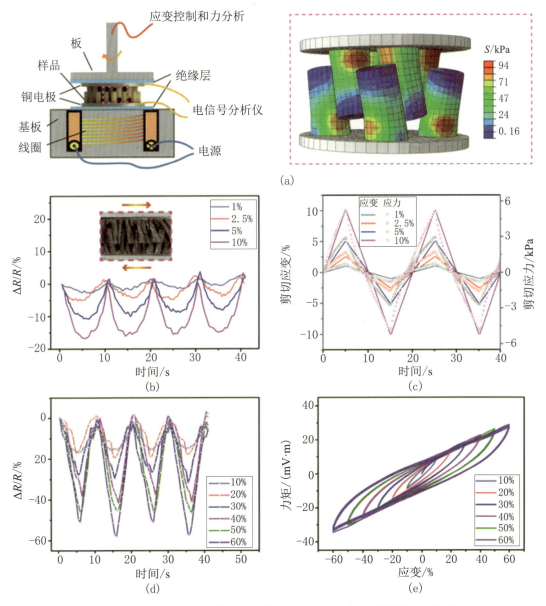

图 14.39　剪切激励下互锁导电磁弹纤维阵列的电学、力学性能实验结果

(a) 旋转剪切实验的测量系统以及简化的互锁导电磁弹纤维阵列感应单元在 0.5 rad 的旋转角度下的应力分布示意图;(b),(d) 旋转剪切传感性能;(c),(e) 对应情况下的机械性能.

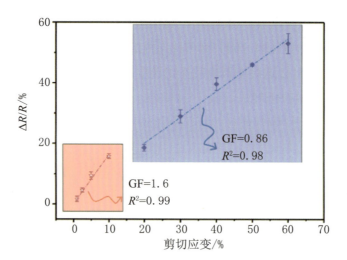

图 14.40 绝对电阻变化率与旋转剪切应变的线性对应关系

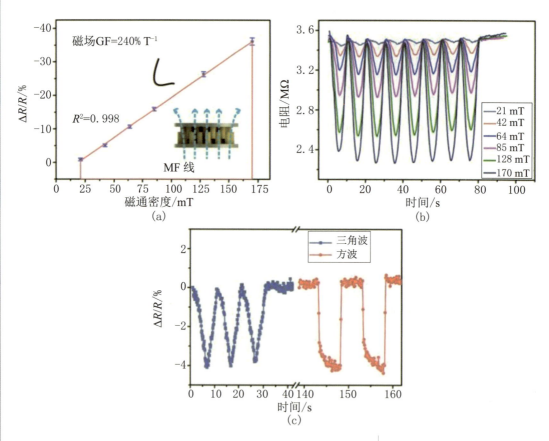

图 14.41 磁场灵敏度、磁场传感性能和电流呈三角/方波变化时 $\Delta R/R$ 的变化

在本章前半部分,讨论了压力、剪切力和磁场对互锁导电磁弹纤维阵列样品产生的

影响. 在这些实验中, 除要探索的变量外, 其他实验变量保持不变. 对于压力传感, 电阻变化取决于上层导电磁弹纤维阵列和下层导电磁弹纤维阵列之间的距离变化. 对于剪切传感, 电学和力学变化主要取决于沿剪切方向的导电磁弹纤维之间的相互压缩和滑移. 对于磁传感, 电学变化取决于导电磁弹纤维的硬度变化和纤维之间的吸引力. 除了研究单独激励下的传感性能外, 我们还进一步研究了外部磁场对互锁导电磁弹纤维阵列样品的力–电性能的影响, 主要研究了磁场和剪切力联合作用下以及磁场和压力的联合作用下的力–电响应. 值得注意的是, 在不同磁场作用下, 互锁导电磁弹纤维阵列对剪切应变和压缩应变的电学响应是不同的.

图 14.42(a) 是在不同磁场作用下, 剪切循环加载实验 (剪切应变设置为 50%) 中互锁导电磁弹纤维阵列样品的相对电流的实时监控数据图. 其中磁场由图 14.39(a) 所示的流变仪的电磁附件提供. 从图中曲线的变化趋势可以看到, 互锁导电磁弹纤维阵列样品的相对电流随剪切应变的变化而变化. 并且当突然施加 85 mT 外部磁场时, 通过互锁导电磁弹纤维阵列样品的电流迅速增加. 在外部磁场稳定之后, 互锁导电磁弹纤维阵列样品的电变化很快变得稳定, 其随剪切应变变化的电学响应具有很好的可重复性. 当外加磁场从 85 mT 增加到 170 mT 时, 互锁导电磁弹纤维阵列样品的电流随所施加磁场强度的增加而增加. 以加载磁场后的第三个剪切应变循环周期的起点为初始点, 该处的电阻值为初始电阻值, 不同外磁场作用下互锁导电磁弹纤维阵列样品的相对电阻变化如图 14.42(b) 所示. 相对电阻变化的平均峰值分别为 -42.6%, -26.6%, -17.8%, 标准偏差分别为 1.5%, 1.4%, 1.8%, 说明磁场影响了互锁导电磁弹纤维阵列样品的应变敏感性. 图 14.42(c) 中监测到的剪切应力表明施加的磁场改变了互锁导电磁弹纤维阵列样品的刚度. 这是因为当互锁导电磁弹纤维阵列纤维内部存在羰基铁颗粒链, 如果剪切方向垂直于颗粒链的结构方向, 则会出现剪切条件下样品力学性能的增强效应.

值得注意的是, 动态条件下的磁场检测灵敏度远高于静态条件下的磁场检测灵敏度. 磁场似乎通过改变导电磁弹纤维的运动来影响导电磁弹纤维互锁阵列, 压缩实验也证明了这一点. 图 14.42(d) 和 (e) 给出了在 15% 压缩应变循环测试中, 突然施加不同磁场时互锁导电磁弹纤维阵列样品的电学变化的实时监控数据. 其中磁场由如图 14.37(a) 所示的电磁铁和直流电源提供, 磁场从 0 mT 分别变化到 50, 100, 150 和 200 mT. 这里的磁感应强度是电磁平台中心处的磁感应强度. 可以看到, 随着磁场的增强, 压力增大, 电学响应也发生了很大变化. 这是因为导电磁弹纤维内部存在磁性颗粒的链状结构, 当压缩方向平行于磁场方向时, 会出现压缩条件下样品的力学性能增强效应. 从图 14.42(e) 可以清楚地看到, 随着磁场的突然变化, 电学和力学曲线相应地出现了陡坡, 然后随着磁场的稳定而变得稳定. 在不同磁场作用下施加相同的应变变化, 互锁导电磁弹纤维阵列样品的初始电阻和应变灵敏度会随磁场而变化 (图 14.42(f)).

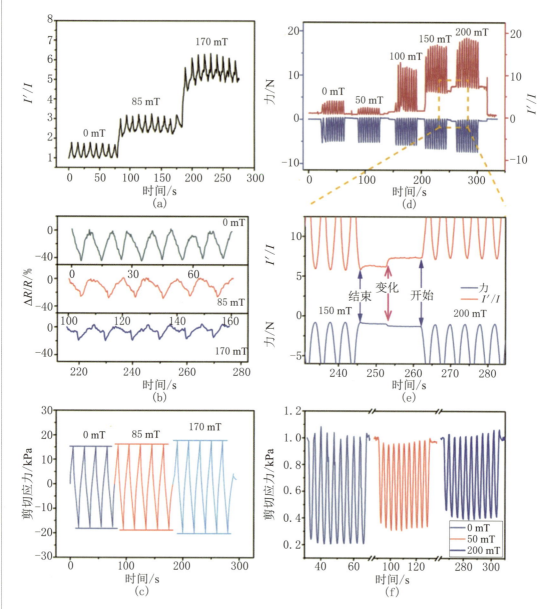

图 14.42 (a)~(c) 磁场和剪切力共同作用下以及 (d)~(f) 磁场和压力的共同作用下的力-电响应

这些结果都表明,当有两个激励参数改变时,电学性能也出现了规律性变化,但与独立实验的结果不同. 例如,当单独施加 50% 的剪切应变时,互锁导电磁弹纤维阵列样品的相对电阻变化为 −43%. 单独施加 85 mT 磁场时,相对电阻变化为 −16%. 而当同时施加 50% 剪切应变和 85 mT 磁场时,互锁导电磁弹纤维阵列样品的相对电阻变化为 −26%. 作为另一个示例,当在分别施加 0,50 和 200 mT 磁场和 15% 压缩应变时,相对电阻变化分别约为 78%, 68% 和 60%. 因此, 我们可以说压力/剪切力和磁场共同作用影响了互锁导电磁弹纤维阵列样品的电学性能, 磁场能够改变互锁导电磁弹纤维阵列样品的剪切应变灵敏度和压缩应变灵敏度, 互锁导电磁弹纤维阵列样品有可能成为具有可设置灵敏度系数的应变传感器.

在日常生活中, 通常通过敲击键盘和控制鼠标来操作电脑. 在使用手机和平板时, 需要点击或滑动屏幕进行内容操作. 然而, 在某些特殊情况下, 例如, 在传染病肆虐的疫情期间, 生活中各种各样的操作使我们接触传染源的风险增加; 在跑步机上跑步, 接触感应操作不干净、不方便且效率不高, 因此迫切需要清洁干净、快捷方便的非接触感应. 由于可以通过外部磁场轻松控制力电耦合性能, 互锁导电磁弹纤维阵列在非接触式感应中可能会产生意想不到的效果. 我们制作了一个互锁导电磁弹纤维阵列概念非接触式感应矩阵用来实现多通道非接触感测 (图 14.43(a)), 通过电子节点来映射 16 个互锁导电磁弹纤维阵列的相对电阻变化, 可以监测各种非接触式人类手势. 当贴附有小磁体的手指快速划过空气时, 互锁导电磁弹纤维阵列传感阵列中的个别传感器因感受到微弱的磁场变化而发生电学性能变化. 图 14.43(b) 和 14.43(c) 展示了互锁导电磁弹纤维阵列传感阵列感应到的快捷方式手势, 这些手势通常用于达到快速运行浏览器的目的. 如图 14.43(a) 所示, 信号产生的顺序指示了手指的行进方向, 如箭头所示. 图 14.43(b) 显示了 "打开上一个标签页" 的常用快捷方式手势, 图 14.43(c) 显示了 "关闭当前页" 的快捷手势. 这和通过移动鼠标来进行快捷操作具有相同的效果, 但更加方便清洁. 此外, 还对食指的滑动动作进行了表征, 显示了触觉感应的能力 (图 14.43(d)). 总的来说, 该多功能感应终端展示了互锁导电磁弹纤维阵列传感器应用于人机电子交互的潜力. [90]

14.3.4 磁–力–电耦合响应机制

首先讨论导电磁弹纤维阵列的形成机制. 在制备中, 将预先形成的磁性预聚物添加到准备好的电极上, 然后一起放到钕铁硼圆柱磁体上. 磁性预聚物越靠近永磁体的表面, 其所受的磁场力就越大. 在表面张力、重力和磁场力的共同作用下, 预成型的聚合物被重新分割, 形成了沿磁感应线方向延伸的导电磁弹纤维阵列. 导电磁弹纤维阵列的形成过程如图 14.44 所示. 在均匀垂直磁场中经典的 Rosensweig 公式为 $\lambda_c = 2\pi\sqrt{\sigma/(\rho g)}$, 其中 $\lambda_c, \sigma, \rho, g$ 分别是波长、表面张力、聚合物的密度和重力加速度. 在我们的实验中, 磁场不是均匀的, 特别是在垂直方向上, 磁场强度 H 和垂直梯度 $\mathrm{d}H/\mathrm{d}z$ 不可忽略. 考虑

这些因素后,导电磁弹纤维阵列在平行于磁场方向的临界波长可以近似为

$$\lambda_z = 2\pi\sqrt{\frac{\sigma}{\rho g + \mathrm{d}\left(\mu_0 HM\right)/\mathrm{d}z}} \tag{14.9}$$

其中 μ_0 是真空的磁导率,M 是预成型聚合物的磁化强度.

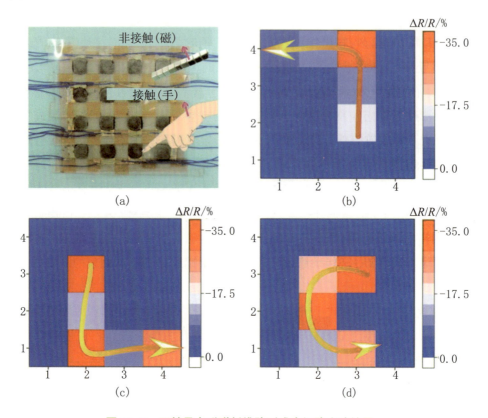

图 14.43　互锁导电磁弹纤维阵列感应矩阵实验结果

(a) 4×4;(b),(c) 非接触手势传感对应的 2D 强度图;(d) 滑动动作触觉传感对应的 2D 强度图.

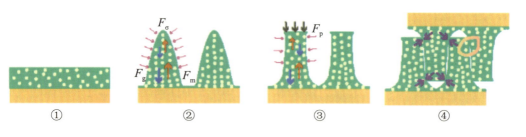

图 14.44　导电磁弹纤维阵列的形成过程

如图 14.44 所示,在制备过程③中,导电磁弹纤维阵列由最小能量原理驱动而重新排列. 它是垂直于磁感应线的导电磁弹纤维之间的偶极排斥力与它们对外部磁场梯度的吸引力之和. 由于电极表面的低接触角和高接触角滞后引起的高摩擦,当预聚物添加量

达到一定值时,预成型的聚合物会润湿电极并使得纤维连接起来.这种连接增强了纤维和电极之间的附着力,并且还有利于下压步骤中导电磁弹纤维阵列的变形和重新分布.在预聚物分割成纤维后,用平板玻璃反复将纤维压至固定高度,使导电磁弹性纤维具有相同的高度并变得坚固,这有利于两种导电磁弹纤维样品的互锁.

通过模拟对应变和磁场激励下互锁导电磁弹纤维阵列的电学响应行为做进一步分析. 如图 14.45 所示,外加压缩应变或剪切应变激励引起了导电磁弹纤维接触区的局部变形和应力集中. 在模拟过程中,选取简化的互锁导电磁弹纤维阵列感应单元作为对象. 将电极设置为刚体,约束类型设置为纤维与电极捆绑,相互作用类型设置为纤维之间的表面对表面接触 (显式). 网格节点和单元 (C3D8R 类型) 的总数分别为 9 096 和 6 452. 随着应变的增加,导电磁弹纤维之间的接触面积和应力集中显著增加,从而导致接触点处银颗粒和羰基铁粒子之间的隧穿距离减小. 仿真结果表明,剪切激励下电阻变化的原因主要是接触力的变化. 对于压缩激励,导电磁弹纤维自身的压缩以及纤维之间的接触力和接触面积的变化都起着关键作用. 因此,当存在外部压力或剪切负载时,互锁导电磁弹纤维阵列样品的总电阻,即导电磁弹纤维的自身电阻与接触电阻之和,呈下降趋势. 此外,撤销外部物理刺激后,总电阻能够可逆地恢复 (图 14.44 过程④).

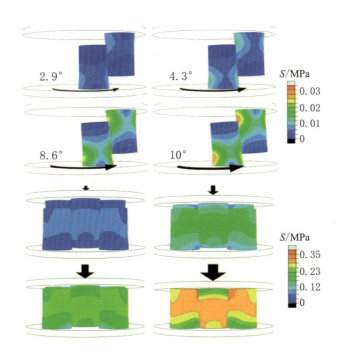

图 14.45 简化的互锁导电磁弹纤维阵列模型在外部压缩/剪切应变下的应力分布图

类似地,施加外磁场激励后,导电磁弹纤维被磁化而发生变形,从而导致纤维之间的接触面积增加,进而导致隧道电流的增加. 为了更好地了解互锁导电磁弹纤维阵列的磁-力-电耦合性能,选择了一对简化的导电磁弹纤维来计算导电磁弹纤维之间的磁力(图 14.46(a)). 在设定的模拟中磁场分布是均匀的,并且在均匀磁场 H 下羰基铁颗粒子 i 的磁矩 $\bm{m}_i$ 可以表示为

$$m_i = MV_i\frac{\bm{H}}{H} = M_s\left(1 - e^{-\chi H}\right)V_i\frac{\bm{H}}{H} \tag{14.10}$$

其中 M 是羰基铁颗粒的磁化强度,V_i 是颗粒 i 的体积,χ 是常数. 假设在外磁场作用下导电磁弹纤维内部的所有颗粒瞬间被均匀磁化,磁矩方向平行于外部磁场方向. 同时,已磁化的颗粒 i 也在周围区域产生一个磁场 $\bm{H}_i$:

$$\bm{H}_i = -\frac{1}{4\pi r^3}\left(\bm{m}_i - 3\left(\bm{m}_i \cdot \frac{\bm{r}}{r}\right)\frac{\bm{r}}{r}\right) \tag{14.11}$$

其中 $\bm{r}$ 为位置矢量. 羰基铁颗粒的平均粒径设为 5.96 μm. 此外,其他磁性颗粒也被 $\bm{H}_i$ 磁化. 根据叠加原理,可以求出每个颗粒的磁化强度. 粒子 i 的磁矩为

$$\bm{m}_i = M_s\left(1 - e^{-\chi H_{\text{loc}}}\right)V_i\frac{\bm{H}_{\text{loc}}}{H_{\text{loc}}}, \quad \bm{H}_{\text{loc}} = \bm{H} + \sum_{j\neq i}\bm{H}_j \tag{14.12}$$

根据点偶极近似理论,颗粒 i 受到的由颗粒 j 产生的磁偶极子力为

$$\bm{F}_{ij}^{\text{m}} = k\left(\left(-\bm{m}_i\cdot\bm{m}_j + 5\bm{m}_i\cdot\bm{t}_{ij}\bm{m}_j\cdot\bm{t}_{ij}\right)\bm{t}_{ij} - \bm{m}_i\cdot\bm{t}_{ij}\bm{m}_j - \bm{m}_j\cdot\bm{t}_{ij}\bm{m}_i\right) \tag{14.13}$$

其中 $\bm{t}_{ij}$ 是从颗粒 i 指向颗粒 j 的单位位置矢量,k 是与 r 相关的几何形态参数.

假设导电磁弹纤维是直径为 0.75 mm 的圆柱体,高度 L_z 为 3.0 mm,两条纤维的水平间距 d 为 0.76 mm,垂直间距 h 为 1.5 mm. 根据式 (14.10)~式 (14.13),在 100 和 200 mT 磁场作用下,左侧的导电磁弹纤维受到沿 x 轴的磁力,如图 14.46(b) 和 (d) 所示. 可以清楚地看到,纤维可分为两部分: 一部分是拉伸状态,一部分是压缩状态. 图 14.46(c) 和 (e) 分别展示了在 100 和 200 mT 磁场作用下左侧的导电磁弹纤维受到的沿 z 轴的磁力,此处认为这对导电磁弹纤维的挠度没有影响. 负载的线性密度是通过沿 x 方向积分给出的. 然后,基于悬臂挠度公式,得出纤维末端的挠度为正值,从而导致两条导电磁弹纤维沿 x 轴具有相近的行为. 从图 14.46(b) 和 (d) 中的计算结果来看,当施加的磁场从 100 mT 增加到 200 mT 时,磁力增大. 这进一步表明,在一定强度范围的磁场作用下,一对纤维的接触面积和应力集中现象随磁场的增强而增大,也意味着当加载磁场时,电阻呈下降趋势,并且随着磁场的增加,这种趋势更加明显.

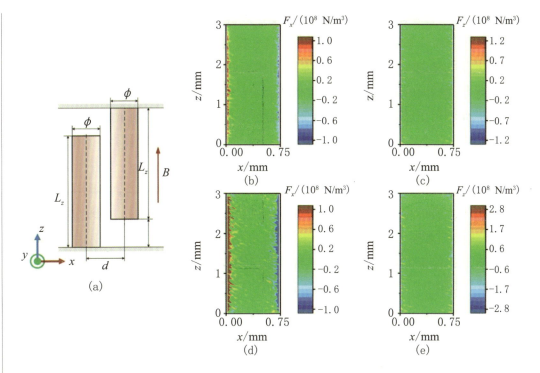

图 14.46 简化的导电磁弹纤维示意图以及 100 mT 和 200 mT 外磁场激励下图 (a) 中左侧导电磁弹纤维所受到的磁场力分布

14.4 三维结构的平面外力和非接触智能磁场传感器

随着对自然生物的深入了解,人们已经认识到越来越多的生物传感秘密. 通过检测气流,某些鸟类可以调节翅膀以减少风阻,从而调节飞行高度. 深海软体动物通过纤毛感知周围的环境并捕获食物. 蝙蝠的视力较差,听力系统却十分优异,它们可以在夜间或非常昏暗的环境中自由飞行并准确地捕获食物. 鳗鱼通过感知周围环境的电场来获得猎物的情况. 候鸟通过感测地磁场方向来确定方向和位置. 这些感测能力是物种进化以更好地适应生存环境的结果. 触觉感测方法和非接触感测方法相辅相成,可提高生物在自然界的生存能力. 从仿生柔性传感器的发展需求出发,用于触觉和非接触式传感的双模电子学的研究具有重要意义,并可能为下一代人工智能开拓新领域.[87, 91-92]

将刚性导电材料嵌入软聚合物基体中的各种结构设计渐渐被用于制备仿生柔性传

感器的有效策略，以使刚性电子器件能够承受宏观机械应变. 其中，最值得关注的是，基于三维结构的系统能够实现新颖的功能以及各种功能的集成. 经过精心设计的三维结构可以提高此类设备的性能，并为柔性传感器带来新的进展. 例如，据报道，可以通过将三维打印与毛细力辅助的碳纳米附着现象相结合来制备三维拉伸应变传感器. 互锁的圆柱或半球阵列结构可以感知三个轴向力，包括强度和方向识别. 受深海软体动物特殊结构的启发，仿生纤毛或晶须结构用来模拟海洋生物对孔洞、水流、障碍物、食物或天敌的感知功能.

为了实现所需的功能，以往的研究学者们设计了复杂的三维结构，这些结构通常需要先进的技术和昂贵的仪器. 这些工作涉及构图技术 (例如纳米/微复合墨水、激光烧蚀、光学光刻、真空沉积等) 以及组装技术 (例如印刷、折叠、折纸等). 另外，通过将各种传感器集成到一个像素中来开发多功能系统的通用策略，例如堆叠多个传感层 (如温度、湿度、压力等)，但也会面临相互作用和布局互连等问题. 为了将三维传感器应用于批量生产的实际应用中，应尽可能解决结构设计上的困难、不同传感单元之间的相互作用以及复杂和高成本的制造工艺问题. 此外，该类传感器还应具有出色的灵敏度、高空间分辨率以及宽检测范围.

为了模拟海洋生物的触须，我们研制了一种基于磁流变弹性体的三维结构多功能仿生传感器，该传感器是通过将磁弹纤维连接到超柔韧的图案化皮肤膜来实现的. 由银纳米线渗滤网络组成的图案化皮肤膜通过简单的模板制造方法集成在一起，不会增加复杂性和降低灵活性. 该三维结构传感器可以实现平面外触觉刺激的多模式检测以及多个方向上的非接触式环境障碍物检测. 我们系统地研究了该三维结构传感器对平面外压缩、平面外拉伸、磁场大小与方向的传感性能，还测试了传感器对声波、气流、水位、水波、水下微流刺激的仿生传感功能. 研究结果表明，该三维传感器具有出色的机械强度和稳定性、出色的灵敏度、超短的响应时间和恢复时间，一定程度上可以满足人工触觉电子产品的工业传感要求. 其便捷的制造工艺和出色的多模式仿生感应特性使这种三维结构的传感器在下一代智能仿生设备 (如水下机器人等) 中具有巨大的实现潜力.

14.4.1　三维结构传感器的制备与表征

本小节研究依然选用韧性和弹性较好的聚二甲基硅氧烷作为聚合物载体，聚二甲基硅氧烷前体和固化剂由道康宁公司提供. 所用磁性颗粒为 CN 型羰基铁颗粒，购自巴斯夫公司. 银纳米线水溶液制备所需试剂和制备方法同"一维结构导电磁弹复合纤维"用的一样. 用于提供磁场的半径为 12.5 mm、高度为 5 mm 的钕铁硼永磁圆柱体 (端面中心处磁感应强度约为 0.2 T) 由深圳宏昌磁电有限公司提供.

在制备三维结构传感器之前, 利用 CAD 软件设计并优化了传感元件的传感路径. 在本小节实验中, 采用蛇形传感路径来开发具有良好柔韧性和可伸缩性的传感器. 银纳米线电路路径如图 14.47(a) 所示, 三维结构传感器由呈圆周分布的四个传感元件组成. 传感元件分布在半径为 11.5 mm 的圆内, 每个传感元件的传感路径由多段半圆弧段 (半径为 0.495 mm) 和直线段组成, 其中, 传感路径的宽度设计为 0.25 mm, 靠近中心点处的三条直线段长度依次减小 (图 14.47(b)). 分布在半径为 11.5 mm 的圆外的八个圆弧段为设计的传感器电极部分, 电极与传感路径的连接部分由多段圆弧组成. 利用激光切割技术将厚度为 10 μm 的聚对苯二甲酸乙二醇酯膜挖空成掩膜, 掩膜的镂空部分为传感路径.

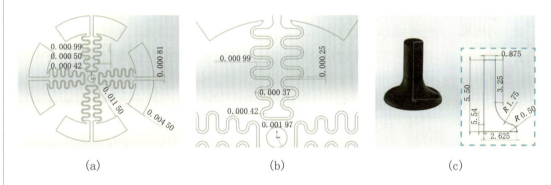

图 14.47 银纳米线电路路径的设计图、放大细节 (长度单位: m) 和磁弹纤维

本小节设计的三维结构传感器由传感基底和磁性聚合物接收器两部分组成, 其中传感基底设计为薄膜状, 由聚二甲基硅氧烷聚合物组成, 并通过多次旋转涂覆的方法 (旋涂法) 制备而成. 旋涂法是通过施加旋转来控制流体在重力、离心力和黏滞阻力的共同作用下形成厚度均一的方法. 膜的厚度与转速、时间、流体黏度等相关. 旋涂中所用流体为聚二甲基硅氧烷预聚物, 其固化比为 10:1. 所用旋涂机为市售 KW-4A 型旋涂机. 旋涂前将二甲基硅氧烷预聚物倒在半径为 25 mm 的圆形硅晶片上, 并将硅晶片放置在旋涂机的旋转台中央. 以 1500 r/min 的速度旋涂 60 s, 然后在 90 ℃ 硫化台上固化 20 min. 接着, 将激光切割后的掩膜放置在固化的聚二甲基硅氧烷膜上, 多次轻轻按压使得掩膜与聚二甲基硅氧烷膜之间不存在间隙. 将 0.04 mL 浓度为 7 mg/mL 的银纳米线水溶液分别涂覆在掩膜上的四个传感元件处, 并在空气中干燥 10 min. 重复该涂覆操作四次, 然后剥离掩膜. 通过导电银浆将金属导线黏附到传感元件的电极区域. 之后, 添加聚二甲基硅氧烷预聚物使其完全覆盖传感元件和金属导线, 在 1000 r/min 的转速下旋涂

60 s 后,将它们在 90 ℃ 下固化 20 min. 最后,将羰基铁颗粒 (80%) 搅拌进聚二甲基硅氧烷基质 (固化比为 10:1) 中,通过模板法制备出磁弹纤维 (图 14.47(c)),将其通过聚二甲基硅氧烷预聚物固化连接在上述传感薄膜的中心. 用镊子将产物从硅晶片上轻轻剥离掉,即可得到三维结构传感器.

三维结构磁场传感器的微观结构通过 SEM 进行观察. 其机械性能由双电机驱动材料力学测试系统 (TA ElectroForce 3220,TA 仪器公司生产) 和微纳机械测试系统 (FT-MTA02,FemtoTools 公司生产) 测试. 其电学性能通过材料测试系统 (Solartron 分析,AMETEK 先进测量技术公司生产) 测量 (供电电压为 0.01 V). 通过调节三维结构传感器和钕铁硼永磁体之间的位置和距离提供磁场. 磁通密度通过数字特斯拉计 (HT20,上海亨通磁电技术有限公司生产) 测量.

三维结构磁场传感器的制备过程如图 14.48(a) 所示. 该过程包括四个主要步骤: ① 在硅片上旋涂和硫化聚二甲基硅氧烷预聚物层 (固化比例为 10:1);② 通过利用可重复使用的掩膜在聚合物薄膜上涂覆银纳米线网络层;③ 剥离掩膜和黏附导电电极;④ 旋涂聚二甲基硅氧烷预聚物层,并附着磁弹纤维,从硅晶片上剥离掉已硫化的三维结构的传感薄膜. 图 14.48(b) 展示了三维结构传感器的示意图和传感基底样品的光学图像. 如图 14.48(c) 所示,薄膜状传感基底可以承受较大的变形载荷,具有出色的拉伸性和柔韧性.

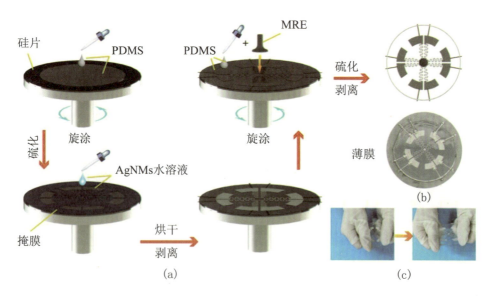

图 14.48　三维结构传感器的制作步骤示意图、结构示意图和传感薄膜基底的光学图像以及原始状态和拉伸状态下传感薄膜基底的光学图像

图 14.49 给出了三维结构传感器的微观结构. 图 14.49(a) 是传感薄膜基底 (PDMS-

AgNW-PDMS) 膜的截面 SEM 图. 在旋涂法中, 在 1500 r/min 下旋涂 60 s 的聚二甲基硅氧烷膜的厚度约为 42 μm, 在 1000 r/min 下旋涂 60 s 的膜厚约为 90 μm. 利用同质性原理在银纳米线传感层上旋涂聚二甲基硅氧烷, 两层聚二甲基硅氧烷薄膜之间贴合紧密无缝, 同时聚二甲基硅氧烷填满了银纳米线传感层的缝隙, 将银纳米线传感路径紧紧包裹在聚二甲基硅氧烷薄膜内, 这种结合紧密的多层结构一定程度上阻止了传感器传感层常见的疲劳断裂等问题的出现. 图 14.49 (a) 和 (b) 显示银纳米线传感路径的宽度和厚度分别约为 295 μm 和 600 nm. 通过掩膜法将银纳米线涂覆在暴露的聚二甲基硅氧烷膜上, 形成网状交叉的银纳米线传感层, 其微观结构如图 14.49(c) 和 (d) 所示, 银纳米线本身的微观结构如图 14.49(e) 所示. 可以清楚地看到, 银纳米线在聚二甲基硅氧烷膜上是随机均匀分布的, 并且银纳米线传感路径与掩膜覆盖的聚二甲基硅氧烷膜部分之间的边界很清晰, 表明了该制备方法可能会成为一种简单的可编程高电导率的电阻传感器的生产方法. 图 14.49(f) 展示了磁弹纤维剖面的微观结构, SEM 图显示羰基铁磁性颗粒均匀分布在聚二甲基硅氧烷聚合物中, 并且两者结合紧密.

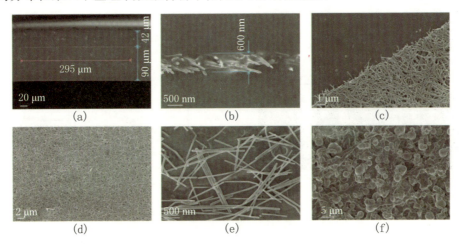

图 14.49　三维结构传感器的微观结构

(a) PDMS-AgNW-PDMS 膜截面 SEM 图; (b) 银纳米线传感层的放大图像; (c) 银纳米线传感通路的边界; (d) 银纳米线传感层的俯视图; (e) 银纳米线的微观结构; (f) 磁弹纤维内部的微观结构.

14.4.2　平面外力触觉传感性能

通过使用 ElectroForce 系统和 Modulab MTS 电性能测试系统, 系统地研究了三维结构传感器的触觉传感性能. 为了更好地测量传感器的电学和机械性能, 将三维结构传感器固定在半径为 11.5 mm 的塑料圆环上,传感器的中心点与塑料圆环的中心点重合. 通过 ElectroForce 软件对在三维结构传感器上施加的平面外刺激进行设计和控制,并通过 Modulab MTS 系统存储和分析感应单元的电学特性,测量并评估了三维结构传感器对平面外位移/力、外刺激加载波形以及加载速度的响应能力,包括响应时间、灵敏度和稳定性.

在测试三维结构传感器的平面外力压缩传感性能之前,利用微纳机械测试系统 FemtoTools 测量了薄膜中心点处的力学性能. 如图 14.50(a) 所示,三维结构传感器被固定在三轴位移平台上. 调整三轴位移平台和微力传感探头之间的距离,使得微力传感探头处于磁弹纤维的正上方. 当微力传感探头从上往下移动时,垂直薄膜基底压缩磁弹纤维,记录探头的移动位移和对应微力数据,如图 14.50(b) 所示. 因传感探头量程有限,最大压缩位移设置为 1 200 μm. 拟合传感探头加载时的压力–位移曲线,得到二次拟合方程.

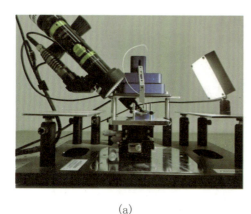
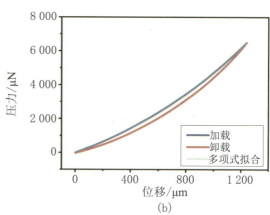

(a)   (b)

图 14.50 薄膜中心处的力学性能实验及结果

(a) 微纳机械测试系统;(b) 薄膜基底中心点处的压力–位移曲线和加载拟合曲线.

图 14.51(a)~(c) 显示了施加 0.15~3.5 mm 平面外压缩位移时三维结构传感器中一个感应单元的相对电阻变化 $\Delta R/R$. 其中,针对每个平面外压缩位移刺激,以 0.5 Hz 的频率循环加载了 40 次,称之为 40 次循环平面外力压缩同频率梯度加载实验. 图 14.51(b) 展示了平面外压缩位移为 3.2 mm 时样品的相对电阻变化响应,可以看出循环中最大位移对应的 $\Delta R/R$ 数值相差很小,且在每次外加位移卸载后感应单元能够回到原始状态. 如图 14.51(a) 所示,相对电阻变化趋势可以分为三个部分:微应变区、小应变区和大应变区. 这部分内容将在触觉灵敏度部分中更详细地描述. 特别地,当最大平面外压缩位移设置小于 0.4 mm 时,感应单元的相对电阻变化随着位移的增加并非单调

变化 (图 14.51(c)). 其中 0.4 mm 的平面外压缩位移对应的薄膜应变约为 0.060%, 相应的应力约为 3.3 Pa. 这里的应变指的是传感基底薄膜的面内应变, 用相应压缩距离与传感基底半径组成的直角三角形的斜边长度减去基底半径再除以基底半径计算得出. 如图 14.51(d) 所示, 加载 0.175 mm 的平面外压缩位移时, 在第一次循环中, 相对电阻变化先增大, 后迅速减小, 之后又增加. 这里给出此现象发生的可能原因: 压缩过程中, 薄膜制备过程中残留在银纳米线传感层中的空隙首先被压缩, 从而使电阻呈下降趋势 (第二阶段), 然后随着压缩位移的增大, 银纳米线传感层被拉伸, 电阻随传感层的拉伸而增加 (第三阶段). 而在对应应变大于 0.060% 的情况下, 三维结构传感器的相对电阻变化随应变的增加单调增加, 该现象可能是因为电阻下降的信号被快速上升的信号掩盖了.

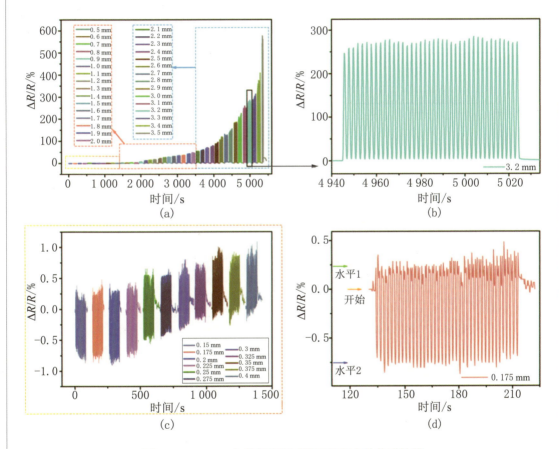

图 14.51　0.5 Hz 加载频率下对平面外压力的传感性能

除平面外压缩位移外, 我们还评估了激励的加载频率和波形对三维结构传感器电学响应的影响. 将施加的应变 (大于 0.060%) 设置为与时间呈正弦关系 (图 14.52(a))、三角关系 (图 14.52(b)) 和方波关系 (图 14.52(c)), 可以清楚地看到, 三维结构传感器的电信号响应与施加的位移-时间曲线的趋势一致,也相应呈正弦、三角和方波关系. 将位移以不同频率 (从 0.05 Hz 到 5 Hz) 的不同波形施加到传感器上,结果如图 14.52(d) 所示, 这进一步表明, 一定范围内的外加激励的加载频率或加载速度不会影响三维结构传感器的感测行为.

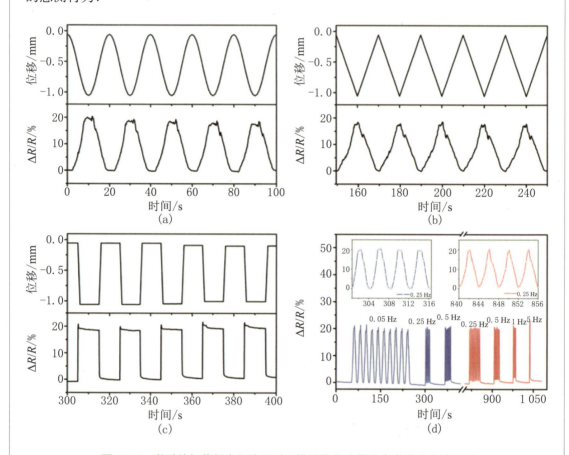

图 14.52 激励的加载频率和波形对三维结构传感器的电学响应实验结果

(a)~(c) 在 0.05 Hz 加载频率下, 施加不同波形平面外位移激励下的电学性能;

(d) 不同加载波形、不同加载频率下实时监测相对于电阻的变化.

图 14.53(a) 给出了归一化电阻变化与平面外压缩位移之间的关系, 可以看出, $\Delta R/R$ 随着位移的增大而逐渐增大, 且上升趋势加快. 计算出平面外压缩位移对应的灵敏度系数后, 我们将灵敏度分成三个范围, 对应的压缩位移范围分别为 0~0.4 mm (第一范围)、0.5~2.0 mm (第二范围) 和 2.1~3.5 mm (第三范围). 如图 14.53(a) 所示, 施加作用力大小为 0.47~1.42 mN 时, 三维结构传感器的相对电阻非单调变化, 其峰值和谷值分别表现出良好的线性关系 (第一范围). 当法向应力为 4.5~32.4 Pa 时, $\Delta R/R$ 与平面外压缩位移呈 $R^2 = 0.98$ 的线性关系 (第二范围), 其拟合曲线的斜率为 31.1% (mm^{-1}), 应力敏感

度系数为 1.7% Pa^{-1}. 其中, 应力灵敏度系数定义为归一化相对电阻变化 $\Delta R/R$ 与机械应力变化的绝对比. 随着平面外压缩位移从 2.1 mm 增加到 3.5 mm (第三范围), 三维结构传感器的相对电阻变化从 52.5% 增加到 503.0%, 表现出显著的非线性关系, 其二次拟合相关系数为 0.96. 当施加的压缩位移为 3.5 mm 时, 应变灵敏度系数约为 12 800%. 除此之外, 在 0.5 Hz 的频率下评估了传感器的坚固性和耐用性, 如图 14.53(b)~(d) 所示, 750 个平面外压缩加载-卸载循环后, 三维结构传感器的电学响应几乎未变, 循环初始电阻的上升现象并不明显, 说明本小节所设计的三维结构可有效改善橡胶材料的循环软化问题, 这可能为柔性传感器的制造开辟了一条新道路, 使得橡胶类软材料能够更好地应用到传感等智能领域中.

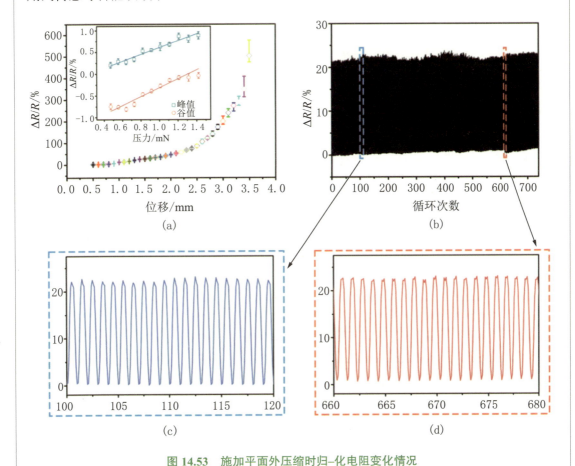

图 14.53 施加平面外压缩时归一化电阻变化情况
(a) 相对电阻变化与平面外压缩位移的关系; (b)~(d) 循环加载—卸载压应力下的相对电阻变化实时数据.

接着我们研究了三维结构传感器在平面外力拉伸下的电学响应性能, 以能够更好地模仿人类等生物的触须毛发被撕扯的触觉感知能力. 图 14.54(a) 和 (b) 分别显示了施加 0.25~3.1 mm 的拉伸位移时三维结构传感器的电学性能变化. 其中 0.25, 0.30, 0.35, 0.40, 2.9, 3.0 和 3.1 mm 的拉伸位移分别对应 0.00024, 0.00034, 0.00046, 0.00060, 0.031, 0.033 和 0.036 的拉伸应变, 应变计算方法同上文的应变计算方法一样. 相应的相对电阻变化峰值平均值分别为 0.44%, 0.54%, 0.77%, 1.01%, 139.5%, 171.5% 和 204.6%. 实验数据表明, 随着平面外拉伸位移从 0.25 mm 增加到 3.1 mm, 相对电阻变化逐渐增大. 在极小的平面外力拉伸位移范围内, 三维结构传感器依然可以精确地区分拉伸位移的细微变化. 对于平面外拉伸应变, 传感器的传感阈值下限为 0.024%. 值得注意的是, 对于 25 μm 平面外拉伸位移输入增量, 三维结构传感器的电学信号发生了明显的可观测的变化, 表明三维结构传感器在规定测量范围内可能检测出的被测量的最小变化量 (分辨力) 小于 25 μm. 此外, 从 48 次加载–卸载循环实验的电学响应曲线可以看出传感器的迟滞很小, 重复性非常高.

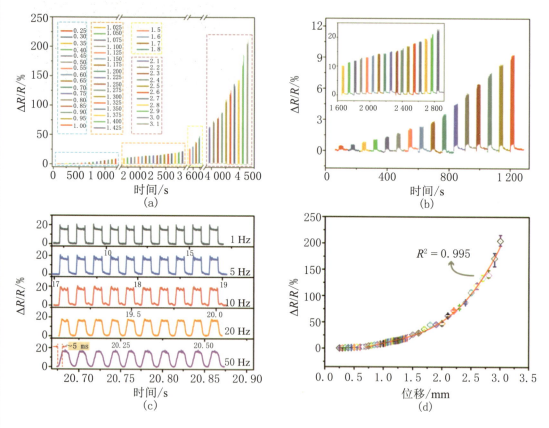

图 14.54 在平面外力拉伸下三维结构传感器的电学响应实验结果

(a),(b) 对平面外拉伸位移的电学响应; (c) 不同频率的方波输入信号对应的电学输出信号; (d) 相对电阻变化与平面外拉伸位移的关系.

为了更好地表征三维结构传感器的响应性能，我们将方波负载的频率设置为 1~50 Hz (图 14.54(c)). 可以看出，三维结构传感器的响应时间和恢复时间都小于 5 ms. 最后，图 14.54(d) 展示了相对电阻变化与平面外拉伸位移之间的关系，可以用 $R^2=0.995$ 的三次多项式表示，说明随着平面外拉伸位移的增大，传感器的灵敏度越来越高.

14.4.3 非接触智能磁传感性能

由于磁弹纤维是由磁流变弹性体制成的，因此三维结构传感器也可以用作具有感应能力的磁致动器. 磁弹纤维在外部磁场作用下沿着磁感应方向发生弯曲或移动，我们可以通过三维结构传感器中感应单元的电响应来推断所施加磁场的方向和强度.

首先，我们表征了三维结构传感器在磁场强度变化下的传感性能. 钕铁硼永磁体被放置在三维结构传感器的正上方，使钕铁硼圆柱体的中心线与磁弹纤维的中心线重合. 通过控制磁体和磁弹纤维之间的距离，可以控制三维结构传感器位置处磁场大小的变化. 用特斯拉计测量当磁体接近三维结构传感器时薄膜传感基底的中心点处的强度，如图 14.55(a) 所示，可以看到，随着磁体与三维结构传感器之间的距离减小，三维结构传感器所在位置的磁感应强度增大. 由于实验仪器量程的限制，设定的初始磁通密度为 21.3 mT. 图 14.55(b) 是三维结构传感器对不同磁通密度变化值的电学响应曲线，其中，8.9~25.5 mT 时采用 20 次循环磁场同频率梯度加载方式，26.6~39.9 mT 时采用 10 次循环磁场同频率梯度加载方式. 图 14.55(c) 给出了磁感应强度从 8.9 mT 到 31.3 mT 时传感器相对电阻响应曲线的详细对比图，其中，磁场的加载频率为 0.1 Hz. 图 14.55(d) 是磁通密度变化与相对电阻的关系曲线. 可以看到，随着磁感应强度的增大，磁场灵敏度也增大. 相对电阻变化和磁通密度变化的多项式拟合优度为 0.993. 当磁感应强度为 40.6 mT 时，拟合曲线的斜率，即磁场灵敏度系数，约为 152% T^{-1}. 图 14.55(e) 给出了以不同波形加载磁场时三维结构传感器受到的磁场力和感应单元的相对电阻信号变化. 当磁体移动位移设置为 6 mm 时，传感器所受磁场力约为 20 mN，感应单元的电阻增量为 3.6%. 最后，进一步评估传感器对磁场激励响应的稳定性. 通过 8000 次周期性的加载和卸载循环，三维结构传感器表现出良好的稳定性 (图 14.55(f)). 三维结构传感器的初始电阻约为 31.6 Ω. 在磁场作用下经过 3000 次加载和卸载循环后，初始电阻几乎保持恒定. 8000 次加载和卸载循环后，初始电阻变为 31.87 Ω，与第一周期的输出电阻相比，增加了 0.17 Ω. 图 14.56 给出了 8000 次周期性循环中三维结构传感器的归一化初始电阻的变化曲线. 曲线中的数据点分别代表第 1, 10, 100, 1 000, 2 000, 3 000, 4 000, 5 000, 6 000, 7 000 和 8 000 循环次数的三维结构传感器的归一化初始电阻, 其中归一化初始电阻定义为第 N 次加载前的电阻与第 1 次加载前的电阻的比值.

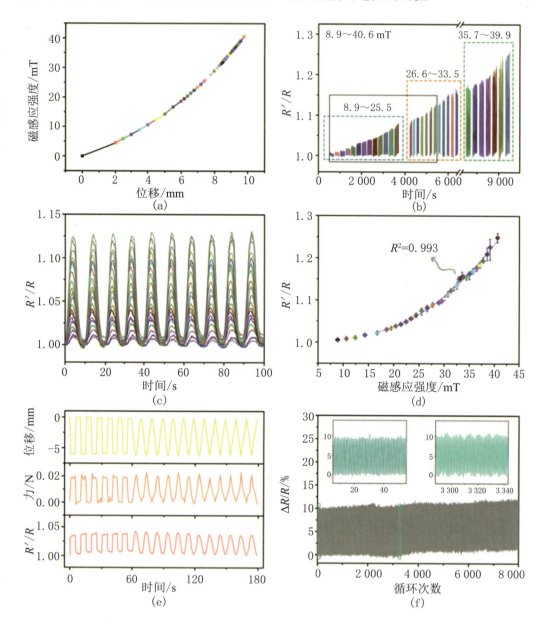

图 14.55 在不同磁感应强度下三维结构传感器的传感性能实验结果

(a) 磁感应强度与位移的关系; (b), (c) 平面外力压缩同频率梯度加载实验数据;
(d) 归一化电阻与磁感应强度的关系; (e) 不同波形信号输入下的力–电响应数据;
(f) 8 000 次循环测试结果.

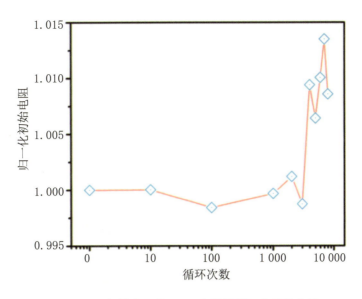

图 14.56　初始电阻在 8 000 次周期循环中的稳定性

三维结构传感器被设计为薄膜基底和磁弹纤维的组合结构,薄膜基底上的四个感应单元呈圆周状分布在磁弹纤维的周围. 当磁场从不同方向接近三维结构传感器时,磁弹纤维会发生相应偏转而导致薄膜基底产生变形,使得散布在其周围的感应单元监测到应变信号输入,从而输出电学信号,进而我们可以根据输出的电学信号数据判断磁场的施加方向. 据此,通过控制钕铁硼永磁体靠近传感器的方位和距离来验证三维结构传感器对磁场方向的传感判别功能. 我们用箭头所在方位表示永磁体相对磁弹纤维的方位,箭头方向表示磁体接近传感器的路径方向,箭头与磁弹纤维的距离远近表示磁体最终位置与磁弹纤维的距离远近. 如图 14.57 所示,当从不同方向施加磁场时,三维结构传感器的四个感应单元输出的电学信号是不同的. 实验中观察到与磁弹纤维不平行的磁场引起了磁弹纤维的弯曲,并在四个感应单元处产生了不均匀的应力分布. 图 14.58 展示了磁弹纤维的偏转和图案化的传感薄膜基底的变形情况.

当磁体从 Ⅲ 方向移近传感器时,实时检测到了磁体的三种运动情况 (图 14.57(a)). 在情况 A 中,磁感应强度变化了 27.5 mT,感测单元 Ⅰ,Ⅲ 和单元 Ⅱ,Ⅳ 的输出电阻变化具有相反的极性. 感测单元 Ⅰ,Ⅲ 受到拉应力,而感测单元 Ⅱ,Ⅳ 的电阻响应与由平面外压缩位移引起的响应相似. 同时,从图中可以看出,单元 Ⅲ 的输出信号远大于其他单元输出的信号,包括单元 Ⅰ 的输出信号. 在情况 B,C 中,磁感应强度分别改变了 29.9 和 31.4 mT. 通过与情况 A 比较可以看出,随着磁场强度的增加,四个感应单元的相对电阻变化值也增加. 类似地,如图 14.57(b) 所示,当从 Ⅰ 方向施加外磁场时,单元 Ⅰ,Ⅲ 的输出信号为正值,同时单元 Ⅱ,Ⅳ 的输出信号为负值. 在情况 A 和 B 中,磁感应强度变化分别为 32.1 和 32.9 mT. 此外, 信号的变化取决于弯曲方向. 与图 14.57(a) 中的输出信号相反, 单元 I 的相对电阻变化大于单元 III 的相对电阻变化. 而且, 从图 14.57(a) 中的单元 I 和 III 的信号放大图中还可以观察到电阻降低现象, 这归因于银纳米线传感层内空隙的压缩. 但是, 这种现象在图 14.57(b) 中几乎不存在, 其感应单元 I, III 的电阻变化类似于由平面外压缩 (大于 0.060%) 引起的电阻变化. 比较这些输出信号, 可以得出施加方向的感应单元的信号值最大的结论, 说明通过比较感应单元的输出信号值可以判断出磁弹纤维的弯曲方向, 进而可以得知施加磁场的方向. 为了进一步验证传感器判别施加磁场方向性能的重复性, 进行了四次相同条件下的循环测试. 如图 14.57(c) 所示, 磁体从 III 方向靠近传感器, 单元反馈信号情况同图 14.57(a) 中的三个场景相似, 单元 III 的输出信号最大, 而单元 II 和 IV 的输出信号出现了负值. 在四次循环中, 单元 I, II, III 和 IV 的输出信号都展现出良好的传感重现性. 因此, 通过感应单元信号变化的差异, 三维结构传感器能够感知磁场的方向和强度.

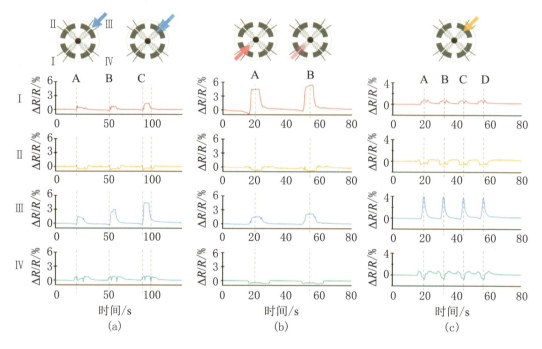

图 14.57 磁通密度变化引起的三维结构传感器的偏转检测

(a) 与示意图中所示的三个状态相对应的四个感应单元的相对电阻变化;
(b) 当磁体从 I 方向靠近传感器时感应单元的电学变化; (c) 四个单元在循环磁场负载下的响应性能.

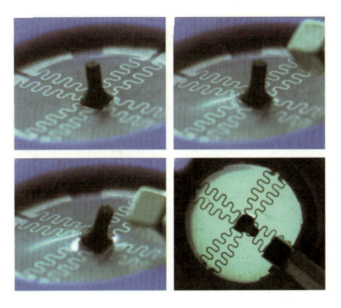

图 14.58　磁场引起的磁弹纤维的偏转和薄膜变形情况

14.4.4　仿生传感应用

由于其特殊的结构和出色的灵敏度,三维结构传感器可以实现检测气流的仿生功能,这是自然界生物拥有的一种特殊感应能力. 例如,某些鸟类通过感知气流调整羽翼,以达到降低飞行阻力或调整飞行高度的目的. 通过发根的晃动或皮肤表面的压力变化,人类能够感知到风的存在. 同样,空气流动可能会引起磁弹纤维的偏转,因此我们猜测三维结构传感器也可以检测气流变化. 用于提供气流的实验设备是配有 0.2 mm 直径的喷嘴的 AF18 气泵. 图 14.59(a) 是该实验装置的示意图,三维结构传感器被固定在气泵喷嘴的前方,通过调整气泵的气压调整喷嘴喷出的气流速度. 当气泵气压设置为 20 psi (1 psi≈6.895 kPa),喷嘴对着三维结构传感器吹气约 0.25 s,其中感应单元 I 的输出信号变化曲线见图 14.59(b). 图 14.59(c) 给出了气泵气压交替设置为 30 和 20 psi 时三维结构传感器的电学响应. 图 14.59(d) 给出了三维结构传感器的感应单元 I 对不同流速气体的实时监测曲线. 从电阻响应曲线可以看出,三维结构传感器具有作为感知和监测气流速度传感器的潜力.

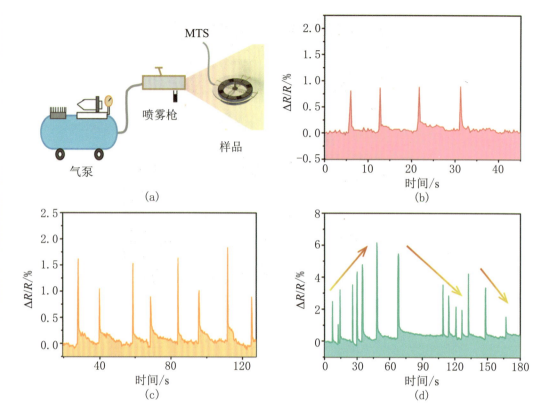

图 14.59 气流感知实验装置示意图和三维结构传感器的电学响应信号

此外,还评估了三维结构传感器在微水流波动下的性能,以模仿海洋生物的传感系统. 三维结构传感器不仅可以监测静态应变,还可以监测动态应变变化. 例如,通过感应磁通密度,固定在塑料底座上的三维结构传感器可以感知传感器与烧杯底部的永久磁铁之间的距离,即三维结构传感器可以监测烧杯中水的高度/水位变化,如图 14.60(a) 所示. 此外,如图 14.60(b) 和 (c) 所示,三维结构传感器还可以实时监控水箱的进水速度甚至流体惯性引起的水面下水流波动. 在该实验中,进水量和进水速度由位于水箱角落上方的水龙头控制. 三维结构传感器固定在水面下方的水箱底面上,与注水龙头呈对角放置. 除此之外,更有趣的是,三维结构传感器还能够监测水面波动,甚至还可以检测到微弱的水流往复流动现象. 如图 14.60(d) 所示,三维结构传感器被固定在水箱的侧壁上. 薄膜基底被水面波浪和伴随的大量回流覆盖,从而引起输出信号变化. 在水箱内部人为产生一个波浪后,三维结构传感器输出的电学性能曲线中出现了一个大的变化峰,紧接着出现了多个小峰. 其中,波浪①和②的监测数据放大如图 14.60(e) 和 (f) 所示,可以清晰地看出,往复流动导致的传感器的相对电阻变化随时间增加而越来越小,这和观察到的水流往复流动现象一致. 这些实验结果表明三维结构传感器可用于对水面下水流速度和水面波动的变化监测,还能够对水位进行非接触感测,其在水下机器人领域具有极大的应用潜力.

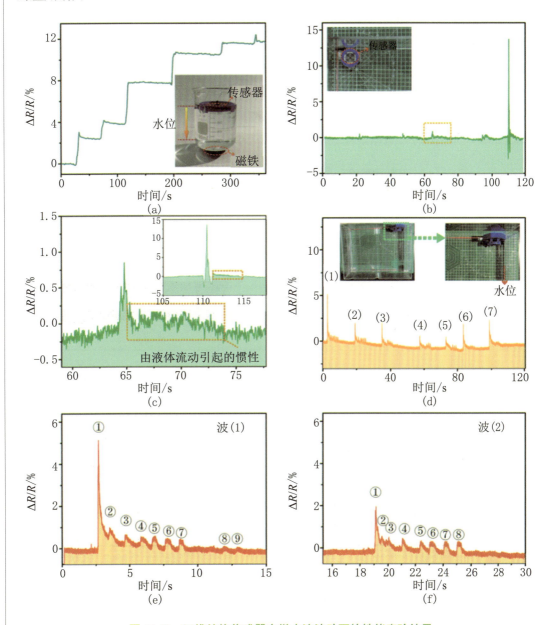

图 14.60 三维结构传感器在微水流波动下的性能实验结果

(a) 监测水位变化;(b),(c) 监测水下微流;(d) 监测水面波动情况;(e),(f) 往复流动数据放大图.

日常生活中我们时时刻刻都能感受到周围环境中的声音. 物体振动引起空气的振动,空气将这一振动向周边传递,我们通过耳膜接收振动信息,从而听到声音. 除此之外,耳朵还可以感知声音的强弱和一定程度上的频率变化. 声波能够引起薄膜的振动,进而引起装置中传感路径的拉伸回复,导致传感器产生电学变化信号. 三维结构传感器具有极低的阈值下限和出色的分辨力,因此可以检测到这些声波激励. 如图 14.61(a) 所示,利用声波管设备 (BSWA 科技有限公司生产) 和功率放大器进行了三维结构传感器的声音感知性能测试. 施加声波信号后,三维结构传感器的电学响应分为两个阶段,先是上升阶段,然后进入稳定阶段. 当声波频率设置为 100 Hz,功率放大系数分别设置为 8,10 和 20 时,振动稳定后的电学实时响应分别如图 14.61(b)~(d) 所示. 所设功率放大系数越大,三维结构传感器的相对电阻的变化越大,反向证明了大功率对应大的薄膜振动幅度. 同时,高频次的输出信号的稳定性也进一步表现了三维结构传感器的优势.

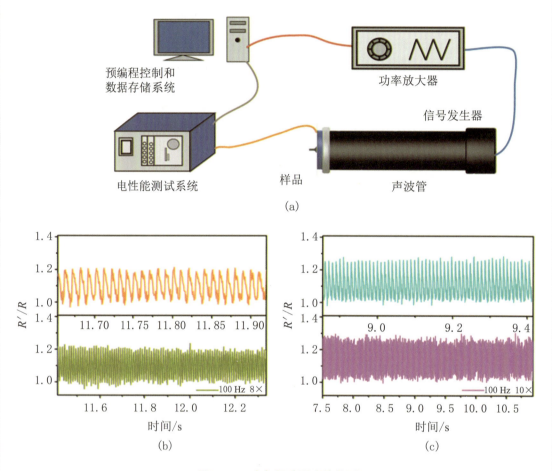

图 14.61 空气振动强度的监测

(a) 性能测试系统示意图;(b)~(d) 不同强度的声波对应的电学反馈数据图.

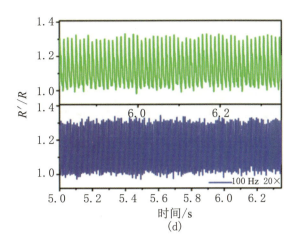

图 14.61 空气振动强度的监测 (续)

14.5 磁电双模传感式智能棋盘的研制

14.5.1 双模传感激励及理论模型

PCMC 的电学特性高度依赖于多孔结构内的 CNT/CIP 互联网络. PCMC 的电性能主要受网络组件 (碳纳米管和铁颗粒) 的电性能和导电网络形态的组合控制. CNT/CIP 的内在电阻和管间/颗粒间电阻 (即相邻导电元件之间的隧道电阻) 分别定义为 R_i, R_i'. 假设有一个简单的导电网络,它有 n_{pa} 个平行导电通道,在第 j 个导电通道中有 $n_{\mathrm{tu},j}$ 个导电颗粒. 我们可以得

$$R_{\mathrm{pa},j} = \sum_{i=1}^{n_{\mathrm{tu},j}} (\lambda_{ij} R_i + R_i') \tag{14.14}$$

$$\frac{1}{R} = \sum_{j=1}^{n_{\mathrm{pa}}} \left(1 / \sum_{i=1}^{n_{\mathrm{tu},jj}} (\lambda_{ij} R_i + R_i') \right) \tag{14.15}$$

其中 $R_{\mathrm{pa},j}$ 表示第 j 个导电通道的总电阻,R 表示导电网络的总电阻,λ_{ij} 为第 i 个碳纳米管在第 j 个导电通道中的参与系数. 然而,R_i, R_i' 和 λ_{ij} 主要受所施加应变的影响,

所以

$$\frac{1}{R(\varepsilon)} = \sum_{j=1}^{n_{\text{pa}}(\varepsilon)} \frac{1}{\sum_{i=1}^{n_{\text{tu},j}(\varepsilon)} (\lambda_{ij}(\varepsilon) R_i(\varepsilon) + R'_i(\varepsilon))} \quad (14.16)$$

这里 $R(\varepsilon)$ 表示在施加应变时导电网络的总电阻. 参数 n_{pa} 和 n_{tn} 与网络结构相关, 所以会受所施加应变值的影响. 总的说来, 网络电阻由三部分组成: 颗粒的内电阻 $R_i(\varepsilon)$、颗粒间电阻 $R'_i(\varepsilon)$ 和网络参数 $n_{\text{pa}}, n_{\text{tn}}, \lambda$. 图 14.62(a)~(d) 为在原始状态及压缩、拉伸和弯曲加载下 PCMC 的三维多孔结构示意图. 由于 PCMC 具有特殊的多孔结构, 当其受到外部激励导致拉伸、压缩、弯曲或扭曲时, 其变形是不均匀的. 在所有外部应力下, 变形结构可分为两部分: 压缩部分和拉伸部分. 此外, 图 14.62(e)~(f) 定性地展示出了由外部应力引起的可能的导电网络变化. 图 14.62(g) 表示相邻碳纳米管或羰基铁颗粒之间的连接隧道, 其尺寸大小可确定是否发生隧道效应. 通常, 如果连接隧道的尺寸在一定范围内, 则隧道效应发生在相邻的 CNT/CIP 颗粒之间. 当在头部和尾部之间连续发生隧道效应时, 将形成有效导电路径 (ECP). 当加载时, 导电通道的数量会发生变化. 在这种情况下, 部分原始导电通道仍然有效而其他导电通道被破坏, 同时, 一些新的导电通道形成, 这极大地影响了整体的导电性. 在剩余的导电通道中, λ_{ij} 和 R'_i 也是变化的, 因为碳纳米管的有效长度和连接隧道的尺寸改变了. 为简单起见, 图 14.62(e)~(f) 中描绘了在压缩下具有小体积分数 CNT/CIP 颗粒填充的复合材料的微观变形. 压缩时 PCMC 在垂直方向上被压缩但在横向上出现扩展. 在这种情况下, 有效导电路径减小, 总体电阻增加.

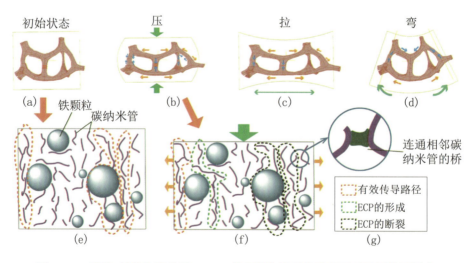

图 14.62　压缩、拉伸和弯曲下 PCMC 的三维多孔结构示意图以及压缩下导电网络变化示意图、相邻碳纳米管之间的连接隧道

为了进一步简化力电模型,我们定义 N_{tu} 是导电隧道的平均数,N_{pa} 表示有效导电路径的数量. 如果我们忽略颗粒内电阻的影响 (远远小于颗粒间电阻),并假设每个 ECP 中的导电颗粒数量相同,并且一个 ECP 中的导电管均匀分散,根据隧道效应,总电阻可以表示为

$$R(\varepsilon) = \frac{N_{tu}(\varepsilon)}{N_{pa}(\varepsilon)} R_{tunnel}(\varepsilon) \tag{14.17}$$

$$R_{tunnel}(\varepsilon) = \frac{h^2 s(\varepsilon)}{Ae^2 \sqrt{2m_e \lambda}} \exp\left(\frac{4\pi s(\varepsilon)}{h} \sqrt{2m_e \lambda}\right) \tag{14.18}$$

其中 R_{tunnel} 是隧道电阻 (假设羰基铁粒子和碳纳米管之间的隧道电阻与碳纳米管之间的隧道电阻相同),h 是普朗克常量,s 是连接隧道的厚度,A 是连接隧道的横截面积,e 是电子的电荷,m_e 是电子的质量,λ 是矩形势垒的高度 (0.16 eV).

以压缩实验为例,我们假设在一个 ECP 中有两个部分:压缩部分和拉伸部分 (比例为 $\phi = 0.75$). 相应的连接隧道厚度可以表示为

$$s_1(\varepsilon) = (1-\varepsilon)s \tag{14.19}$$
$$s_2(\varepsilon) = (1+v\varepsilon)s \tag{14.20}$$

其中 ε 是压缩应变的绝对值,s 是连接隧道的初始厚度,$s \approx 0.1d$ (d 是碳纳米管的直径),μ 是 Poisson 比 (假设 PCMC 的实体部分的体积在这里是常数,即 $\mu = 0.5$). 因此,ε 应变下的相对电阻变化可以确定为

$$\frac{\Delta R}{R} = \frac{N_{tu}(\varepsilon)/N_{tu}}{N_{pa}(\varepsilon)/N_{pa}} \left(\phi(1+v\varepsilon) \exp\left(\frac{4\pi v\varepsilon s}{h}\sqrt{2m_e\lambda}\right) \right.$$
$$\left. + (1-\phi)(1-\varepsilon) \exp\left(-\frac{4\pi \varepsilon s}{h}\sqrt{2m_e\lambda}\right) \right) - 1 \tag{14.21}$$

其中 $\frac{N_{tu}(\varepsilon)/N_{tu}}{N_{pa}(\varepsilon)/N_{pa}}$ 是施加 ε 应变时一个导电通道里导电颗粒的归一化数量 $N_{tu}(\varepsilon)/N_{tu}$ 与有效导电通道的归一化数量 $N_{pa}(\varepsilon)/N_{pa}$ 的比值,可以表示为

$$\frac{N_{tu}(\varepsilon)/N_{tu}}{N_{pa}(\varepsilon)/N_{pa}} = Ae^{B\varepsilon} + Ce^{D\varepsilon} \tag{14.22}$$

归一化电阻变化 $\Delta R/R$ 与压缩/拉伸应变的拟合曲线分别如图 14.63(a) 和 (b) 所示.

在了解外部应变对电学特性的影响后,外部磁场对电阻的影响成为第二个问题. 由于磁弹耦合效应,外部磁场引起 PCMC 的压缩. 磁颗粒间的相互作用会改变隧道膜的厚度,在数学上,$s = s(H)$. 此外,假设隧道薄膜厚度的变化与给定应力 P 下的整体变形成比例. 因此,通过弹性变形的指数定律,可以得到 $s(H)$:

$$\frac{s_3(H)}{s} = \exp(-P_1/E) \tag{14.23}$$

$$\frac{s_4(H)}{s} = \exp(-P_2/E) \tag{14.24}$$

其中 E 是 CIP/CNTs-PDMS 聚合物的弹性模量，则归一化的磁阻变化可表示为 (拟合见图 14.63(c))：

$$\frac{\Delta R}{R} = \frac{1}{2}\frac{X(\varepsilon)/X}{Y(\varepsilon)/Y}\left(\frac{s_3(H)}{s}\exp\left(\frac{4\pi}{h}\sqrt{2m_e\lambda}\,(s_3(H)-s)\right)\right.$$
$$\left.+\frac{s_4(H)}{s}\exp\left(\frac{4\pi}{h}\sqrt{2m_e\lambda}\,(s_4(H)-s)\right)\right) - 1 \tag{14.25}$$

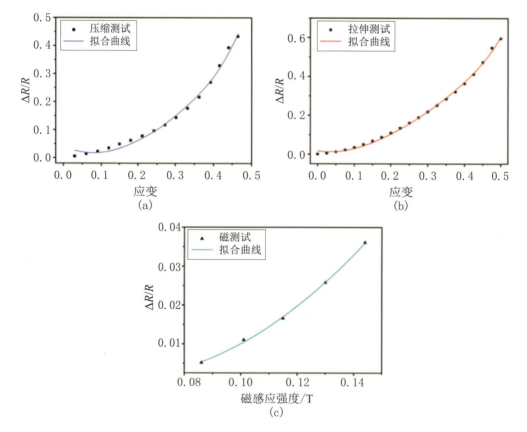

图 14.63　电学模型拟合曲线图

14.5.2 双模传感式智能棋盘的概念设计

与以前的电阻型传感器不同,PCMC 传感器具有独特的应力/磁场双模式检测特性. 首先测试了 PCMC 作为人体电子皮肤的触觉感知行为,测量了其对各种外部刺激的电响应. 贴在人体手腕上的 PCMC 传感器可以对外界叩击行为瞬间响应,并且可以区分不同力度的敲击行为 (图 14.64(a)~(c)). 此外,如图 14.64(d) 所示,PCMC 还可以用作运动捕捉传感器来检测手掌的弯曲.

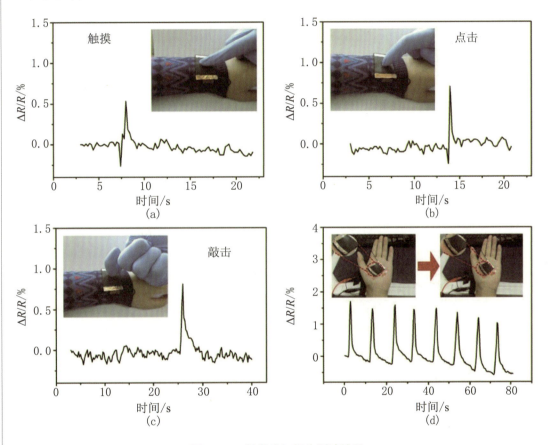

图 14.64 触觉感知行为测试结果

考虑到 PCMC 的双模式检测特性,将 PCMC 传感器集成到智能棋盘中以跟踪不同质量和不同磁性的棋子的位置. 如图 14.65 所示,首先通过模具填充方法制备具有 8×8 像素阵列的聚二甲基硅氧烷支撑体 (80 mm×80 mm×2 mm). 然后将制备的方形 PCMC 样品 (64 mm²× 2 mm) 镶嵌在聚二甲基硅氧烷基底的孔洞里. 将铜箔 (约 64 mm²×

0.01 mm) 粘贴到 PCMC 样品的上表面和底部作为电极,并且每个铜电极通过铜线连接出来. 最后,整个传感器阵列两面均用国际象棋纸封装.

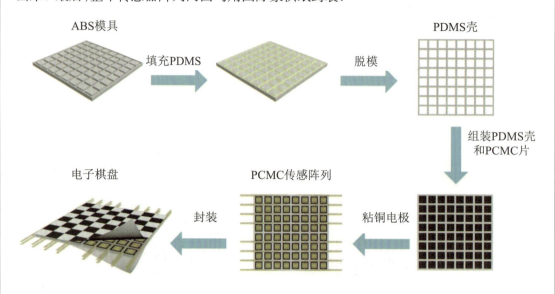

图 14.65　智能棋盘制备示意图

图 14.66(a) 显示了由 PCMC 感测矩阵组成的 64 像素格智能电子棋盘. 将四个 1.5 g 磁性棋子放置在棋盘网格上,其在传感地图 (每个像素的颜色对应于国际象棋方格处 PCMC 传感器的相对电阻变化) 上对应的传感器的归一化电阻变化几乎相同 (图 14.66(b)). 接着,将钕铁硼圆柱磁铁 (直径为 6 mm, 高度为 3 mm), 钕铁硼长方体磁铁 (10 mm × 5 mm × 1 mm) 和额外的平衡质量分别固定到金色和银色棋子上 (图 14.66(c)),使它们具有不同的磁性,用来验证 PCMC 传感器可以识别国际象棋阵列上棋子的归属方. 图 14.66(c) 显示了棋子的质量和类型,相同颜色的棋子具有相同磁性,磁性相同的棋子之间有质量差异. 将这些棋子放在棋盘上后,相应的棋盘格处 PCMC 传感器的电阻发生变化. 从图 14.66(d) 可以清楚地看出,智能电子棋盘能够区分这些具有不同质量和磁性的棋子,所以智能电子棋盘能够区分棋子所在的位置和棋子的类型. 这种特别的双模检测功能将使 PCMC 阵列在人机交互设备和人造电子皮肤设备中展现出巨大优势.

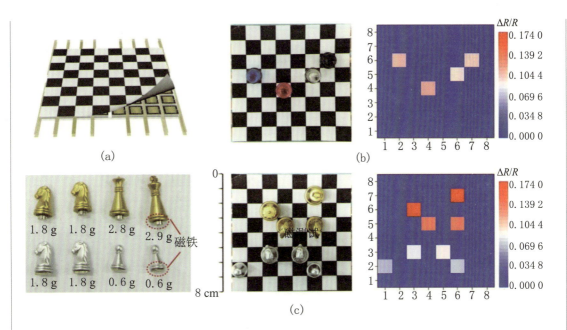

图 14.66　智能棋盘结构与双模检测结果

(a) 智能棋盘结构示意图；(b) 质量相同的磁性棋子及对应的智能棋盘电阻响应分布图；(c) 改造的国际象棋棋子及其对应的智能棋盘电阻响应分布图.

参考文献

[1] 陈琳, 龚兴龙, 孔庆合. 天然橡胶基磁流变弹性体的研制与表征[J]. 实验力学, 2007, 22(4): 372-378.

[2] WANG Y L, HU Y, GONG X L, et al. Preparation and properties of magnetorheological elastomers based on silicon rubber/polystyrene blend matrix[J]. Journal of Applied Polymer Science, 2007, 103(5): 3143-3149.

[3] GE L, GONG X L, FAN Y C, et al. Preparation and mechanical properties of the magnetorheological elastomer based on natural rubber/rosin glycerin hybrid matrix[J]. Smart Materials and Structures, 2013, 22(11): 5029.

[4] CHEN L, GONG X L, JIANG W Q, et al. Investigation on magnetorheological elastomers based on natural rubber[J]. Journal of Materials Science, 2007, 42(14): 5483-5489.

[5] 陈琳, 龚兴龙, 江万权, 等. 增塑剂对磁流变弹性体磁流变效应的影响[J]. 功能材料, 2006, 37(5): 703-705.

[6] JIANG W Q, YAO J J, GONG X L, et al. Enhancement in magnetorheological effect of magnetorheological elastomers by surface modification of iron particles[J]. Chinese Journal of Chemical Physics, 2008, 21(1): 87-87.

[7] YANG J, GONG X L, ZONG L H, et al. Silicon carbide-strengthened magnetorheological elastomer: Preparation and mechanical property[J]. Polymer Engineering & Science, 2013, 53(12): 2615-2623.

[8] 李剑锋, 龚兴龙, 张先舟, 等. 硅橡胶基磁流变弹性体的研制[J]. 功能材料, 2006, 37(6): 1003-1005.

[9] 张玮, 龚兴龙, 李剑锋, 等. 硅橡胶基磁流变弹性体的辐射硫化[J]. 化学物理学报, 2009, 22(5): 535-540.

[10] 卢秀首, 乔秀颖, 龚兴龙, 等. 各向同性和各向异性热塑性磁流变弹性体的制备与表征[C]//中国流变学研究进展, 杭州, 2010: 144-146.

[11] ZHU Y S, GONG X L, DANG H, et al. Numerical analysis on magnetic-induced shear modulus of magnetorheological elastomers based on multi-chain model[J]. Chinese Journal of Chemical

Physics, 2006, 19(2): 126-130.

[12] GONG X L, WANG Y, HU T, et al. Mechanical property and conductivity of a flax fibre weave strengthened magnetorheological elastomer[J]. Smart Materials and Structures, 2017, 26: 075013.

[13] 汪昱, 宣守虎, 龚兴龙. 通过碳化硅纳米颗粒提高磁流变弹性体的耐久性能研究[C]//第十二届全国流变学学术会议, 广州, 2014: 191.

[14] LI W H, ZHANG P Q, GONG X L, et al. Characterization and modeling a MR damper under sinusoidal loading[C]//Electrorheological Fluids and Magnetorheological Suspensions (ERMR 2004). Philadelphia: World Scientific, 2005: 769-775.

[15] 范艳层, 龚兴龙. 界面对磁流变弹性体阻尼性能的影响[C]//第十届中国流变学学术会议, 杭州, 2010: 136-139.

[16] ZHANG X Z, LI W H, GONG X L. Thixotropy of MR shear-thickening fluids[J]. Smart Materials and Structures, 2010, 19(12): 125012-125016.

[17] 朱应顺, 龚兴龙, 张培强. 磁流变弹性体若干物理量的数值分析[J]. 计算力学学报, 2007, 24(5): 565-570.

[18] 党辉, 朱应顺, 龚兴龙, 等. 基于分布链修正的磁流变弹性体的物理模型[J]. 化学物理学报, 2005, 18(6): 127-131.

[19] 党辉, 龚兴龙, 张培强. 无磁场制备的磁流变弹性体的一种物理模型[J]. 中国科学技术大学学报, 2006, 36(4): 398-401.

[20] 龚兴龙, 李剑锋, 张先舟, 等. 磁流变弹性体力学性能测量系统的建立[J]. 功能材料, 2006(5): 733-735.

[21] 朱应顺, 龚兴龙, 张培强. 柱状和层状结构磁流变弹性体储能模量的数值计算[J]. 功能材料, 2006(5): 720-722, 726.

[22] WANG Y, GONG X L, YANG J, et al. Improving the dynamic properties of MRE under cyclic loading by incorporating silicon carbide nanoparticles[J]. Industrial & Engineering Chemistry Research, 2014, 53(8): 3065-3072.

[23] 魏冰, 龚兴龙, 江万权. 聚氨酯基磁流变弹性体[C]//第五届全国电磁流变液及其应用学术会议, 大连, 2008: 1-6.

[24] WU J, PEI L, XUAN S H, et al. Particle size dependent rheological property in magnetic fluid [J]. Journal of Magnetism and Magnetic Materials, 2016, 408: 18-25.

[25] 钱林逸, 龚兴龙, 张培强. 磁流变液可控刚度柔顺表面的研究[J]. 功能材料, 2006(7): 1160-1162.

[26] LI J F, GONG X L, ZHU H, et al. Influence of particle coating on dynamic mechanical behaviors of magnetorheological elastomers[J]. Polymer Testing, 2009, 28(3): 331-337.

[27] WU J K, GONG X L, FAN Y C, et al. Anisotropic polyurethane magnetorheological elastomer prepared through in situ polycondensation under a magnetic field[J]. Smart Materials and Structures, 2010, 19(10): 105007.

[28] CHEN L, GONG X L. Damping of magnetorheological elastomers[J]. Journal of Central South University of Technology, 2008, 15(S1): 271-274.

[29] XU Y G, GONG X L, XUAN S H, et al. Creep and recovery behaviors of magnetorheological plastomer and its magnetic-dependent properties[J]. Soft Matter, 2012, 8(32): 8483-8492.

[30] 张玮, 龚兴龙, 孙桃林, 等. 循环加载对磁流变弹性体性能的影响[J]. 化学物理学报, 2010(2): 226-230.

[31] FAN Y C, GONG X L, XUAN S H, et al. Effect of cross-link density of the matrix on the damping properties of magnetorheological elastomers[J]. Industrial & Engineering Chemistry Research, 2013, 52(2): 771-778.

[32] LIAO G J, GONG X L, XUAN S H. Magnetic field-induced compressive property of magnetorheological elastomer under high strain rate[J]. Industrial & Engineering Chemistry Research, 2013, 52(25): 8445-8453.

[33] LIU T X, CONG X L, XU Y G, et al. Magneto-induced large deformation and high-damping performance of a magnetorheological plastomer[J]. Smart Materials & Structures, 2014, 23(10): 105028.

[34] PEI L, PANG H M, CHEN K H, et al. Simulation of the optimal diameter and wall thickness of hollow Fe_3O_4 microspheres in magnetorheological fluids[J]. Soft Matter, 2018, 14: 5080-5091.

[35] GUO C Y, GONG X L, XUAN S H, et al. Normal forces of magnetorheological fluids under oscillatory shear[J]. Journal of Magnetism & Magnetic Materials, 2012, 324(6): 1218-1224.

[36] FAN Y C, GONG X L, XUAN S H, et al. Interfacial friction damping properties in magnetorheological elastomers[J]. Smart Materials and Structures, 2011, 20(3): 035007.

[37] WEI B, GONG X L, JIANG W Q. Influence of polyurethane properties on mechanical performances of magnetorheological elastomers[J]. Journal of Applied Polymer Science, 2010, 116(2): 771-778.

[38] YANG J, GONG X L, DENG H X, et al. Investigation on the mechanism of damping behavior of magnetorheological elastomers[J]. Smart Material and Structures, 2012, 21(12): 125015.

[39] LIAO G J, GONG X L, XUAN S H, et al. Magnetic-field-induced normal force of magnetorheological elastomer under compression status[J]. Industrial & Engineering Chemistry Research, 2012, 51(8): 3322-3328.

[40] 郭斐, 杜成斌, 李润璞. 硅橡胶基磁流变弹性体动态阻尼性能的研究[J]. 磁性材料及器件, 2014, 45(6): 9-14.

[41] GUO C Y, GONG X L, XUAN S H, et al. Squeeze behavior of magnetorheological fluids under constant volume and uniform magnetic field[J]. Smart Materials and Structures, 2013, 22(4): 045020.

[42] GONG X L, FAN Y C, XUAN S H, et al. Control of the damping properties of magnetorheological elastomers by using polycaprolactone as a temperature-controlling component[J]. Industrial & Engineering Chemistry Research, 2012, 51(18): 6395-6403.

[43] GE L, XUAN S H, LIAO G J, et al. Stretchable polyurethane sponge reinforced magnetorheological material with enhanced mechanical properties[J]. Smart Material & Structures, 2015, 24

(3): 037001.

[44] Zhang J Y, Pang H M, Wang Y, et al. The magneto-mechanical properties of off-axis anisotropic magnetorheological elastomers[J]. Composites Science and Technology, 2020, 191: 108079.

[45] HOLZAPFEL G A. Nonlinear solid mechanics: a continuum approach for engineering science[J]. Meccanica, 2002, 37(4): 489-490.

[46] REESE S, GOVINDJEE S. A theory of finite viscoelasticity and numerical aspects[J]. International Journal of Solids and Structures, 1998, 35(26): 3455-3482.

[47] NGUYEN T, JONES R, BOYCE B. Modeling the anisotropic finite-deformation viscoelastic behavior of soft fiber-reinforced composites[J]. International Journal of Solids and Structures, 2007, 44(25): 8366-8389.

[48] MAHJOUBI H, ZAÏRI F, TOURKI Z. A micro-macro constitutive model for strain-induced molecular ordering in biopolymers: application to polylactide over a wide range of temperatures [J]. International Journal of Plasticity, 2019, 123: 38-55.

[49] LAN T X, JIANG Y D, WU P D. A thermodynamically-based constitutive theory for amorphous glassy polymers at finite deformations[J]. International Journal of Plasticity, 2022, 158: 103415.

[50] XIAO R, TIAN C S, XU Y G, et al. Thermomechanical coupling in glassy polymers: an effective temperature theory[J]. International Journal of Plasticity, 2022, 156: 103361.

[51] Dorfmann L, Ogden R W. Nonlinear theory of electroelastic and magnetoelastic interactions[M]. New York: Springer, 2014.

[52] HALDAR K. Constitutive modeling of magneto-viscoelastic polymers, demagnetization correction, and field-induced poynting effect[J]. International Journal of Engineering Science, 2021, 165: 103488.

[53] BUSTAMANTE R. Transversely isotropic nonlinear magneto-active elastomers[J]. Acta Mechanica, 2010, 210: 183-214.

[54] NEDJAR B. Frameworks for finite strain viscoelastic-plasticity based on multiplicative decompositions: Part II: computational aspects[J]. Computer Methods in Applied Mechanics and Engineering, 2002, 191(15/16): 1563-1593.

[55] NEDJAR B. A finite strain modeling for electro-viscoelastic materials[J]. International Journal of Solids and Structures, 2016, 97/98: 312-321.

[56] ZABIHYAN R, MERGHEIM J, JAVILI A, et al. Aspects of computational homogenization in magneto-mechanics: boundary conditions, RVE size and microstructure composition[J]. International Journal of Solids and Structures, 2018, 130/131: 105-121.

[57] ZABIHYAN R, MERGHEIM J, PELTERET J, et al. FE2 simulations of magnetorheological elastomers: influence of microscopic boundary conditions, microstructures and free space on the macroscopic responses of MREs[J]. International Journal of Solids and Structures, 2020, 193/194: 338-356.

[58] RAMBAUSEK M, MUKHERJEE D, DANAS K. A computational framework for magnetically

hard and soft viscoelastic magnetorheological elastomers[J]. Computer Methods in Applied Mechanics and Engineering, 2022, 391: 114500.

[59] SAXENA P, HOSSAIN M, STEINMANN P. A theory of finite deformation magneto-viscoelasticity[J]. International Journal of Solids and Structures, 2013, 50(24): 3886-3897.

[60] HALDAR K, KIEFER B, MENZEL A. Finite element simulation of rate-dependent magneto-active polymer response[J]. Smart Materials and Structures, 2016, 25(10): 104003.

[61] NEDJAR B. A modelling framework for finite strain magnetoviscoelasticity[J]. Mathematics and Mechanics of Solids, 2020, 25(2): 288-304.

[62] EYRING H. Viscosity, plasticity, and diffusion as examples of absolute reaction rates[J]. The Journal of Chemical Physics, 1936, 4(4): 283-291.

[63] HOLZAPFEL G A, GASSER T C, STADLER M. A structural model for the viscoelastic behavior of arterial walls: continuum formulation and finite element analysis[J]. European Journal of Mechanics: A/Solids, 2002, 21(3): 441-463.

[64] BARRIERE T, GABRION X, HOLOPAINEN S, et al. Testing and analysis of solid polymers under large monotonic and long-term cyclic deformation[J]. International Journal of Plasticity, 2020, 135: 102781.

[65] WANG B C, BUSTAMANTE R, Kari L, et al. Modelling the influence of magnetic fields to the viscoelastic behaviour of soft magnetorheological elastomers under finite strains[J]. International Journal of Plasticity, 2023, 164: 103578.

[66] MA C P, WU S, ZE Q J, et al. Magnetic multimaterial printing for multimodal shape transformation with tunable properties and shiftable mechanical behaviors[J]. ACS Applied Materials & Interfaces, 2020, 13(11): 12639-12648.

[67] ZE Q J, WU S, DAI J Z, et al. Spinning-enabled wireless amphibious origami millirobot[J]. Nature Communications, 2022, 13(6): 3118.

[68] LI Y, CHENG T H, XUAN D J, et al. Force characteristic of a magnetic actuator for separable electric connector based on conical airgap[J]. Advances in Mechanical Engineering, 2015, 7(2): 1687814015568941.

[69] DENG H X, GONG X L. Application of magnetorheological elastomer to vibration absorber[J]. Communications in Nonlinear Science & Numerical Simulation, 2008, 13(9): 1938-1947.

[70] DENG H X, GONG X L, ZHANG P Q. Tuned vibration absorber based on magnetorheological elastomer[J]. Journal of Functional Materials, 2006, 37(5): 790-792.

[71] SUN S S, YANG J, LI W H, et al. An innovative MRE absorber with double natural frequencies for wide frequency bandwidth vibration absorption[J]. Smart Materials and Structures, 2016, 25(5): 055035.

[72] 邓华夏, 龚兴龙, 张培强. 磁流变弹性体调频吸振器的研制[J]. 功能材料, 2006, 37(5): 790-792.

[73] GONG X L, DENG H X, LI J F, et al. Magnetorheological elastomers and corresponding semi-active vibration absorption technology[J]. Journal of University of Science and Technology of

China, 2007, 37(10): 1192-1203.

[74] SUN S S, DENG H X, YANG J, et al. Performance evaluation and comparison of magnetorheological elastomer absorbers working in shear and squeeze modes[J]. Journal of Intelligent Material Systems and Structures, 2015, 26(14): 1757-1763.

[75] SUN S S, YANG J, LI W H, et al. Development of a novel variable stiffness and damping magnetorheological fluid damper[J]. Smart Materials and Structures, 2015, 24(8): 085021.

[76] YANG J, SUN S S, DU H, et al. A novel magnetorheological elastomer isolator with negative changing stiffness for vibration reduction[J]. Smart Materials and Structures, 2014, 23(10): 105023.

[77] SUN S S, CHEN Y, YANG J, et al. The development of an adaptive tuned magnetorheological elastomer absorber working in squeeze mode[J]. Smart Materials and Structures, 2014, 23(7): 075009.

[78] 王莲花, 龚兴龙, 邓华夏, 等. 磁流变弹性体自调谐式吸振器及其优化控制[J]. 实验力学, 2007, 22(3): 429-434.

[79] 王莲花, 龚兴龙, 倪正超, 等. 多个磁流变弹性体自调谐式吸振器的联合控制研究[J]. 实验力学, 2008, 23(2): 97-102.

[80] 倪正超, 龚兴龙, 李剑锋, 等. 基于磁流变弹性体的刚度动态可调式动力吸振器[C]//第五届全国电磁流变液及其应用学术会议, 大连, 2008: 1-6.

[81] WANG Y P, LI D, ZHAO C Y, et al. A novel magnetorheological shear-stiffening elastomer with self-healing ability[J]. Composites Science and Technology, 2018, 168: 303-311.

[82] 廖国江, 龚兴龙, 宣守虎, 等. 基于磁流变弹性体的主动自调谐动力吸振器的研究[C]//第六届全国电磁流变液及其应用学术会议, 宁波, 2011: 78.

[83] 卢坤, 刘翎, 杨志荣, 等. 基于磁流变弹性体的推进轴系半主动式吸振器研究[J]. 振动与冲击, 2017, 36(15): 36-42.

[84] 邓华夏, 龚兴龙, 张培强. 磁流变弹性体动力吸振器动力特性的研究[C]//第十一届全国实验力学学术会议, 大连, 2005: 660-667.

[85] 龚兴龙, 邓华夏, 李剑锋, 等. 磁流变弹性体及其半主动吸振技术[J]. 中国科学技术大学学报, 2007, 37(10): 1192-1203.

[86] SUN S S, DENG H X, YANG J, et al. An adaptive tuned vibration absorber based on multilayered MR elastomers[J]. Smart Materials and Structures, 2015, 24(4): 045045.

[87] XU J Q, PEI L, PANG H M, et al. Flexible, self-powered, magnetism/pressure dual-mode sensor based on magnetorheological plastomer[J]. Composites Science and Technology, 2019, 183: 107820.1-107820.9.

[88] PANG H M, GONG X L, XUAN S H, et al. A novel energy absorber based on magnetorheological gel[J]. Smart Materials and Structures, 2017, 26(10): 105017.

[89] PANG H M, PEI L, XU J Q, et al. Magnetically tunable adhesion of composite pads with magnetorheological polymer gel cores[J]. Composites Science and Technology, 2020, 192: 108115.

[90] GE L, GONG X L, WANG Y, et al. The conductive three dimensional topological structure enhanced magnetorheological elastomer towards a strain sensor[J]. Composites Science and Technology, 2016, 135: 92-99.

[91] HU T, XUAN S H, DING L, et al. Stretchable and magneto-sensitive strain sensor based on silver nanowire-polyurethane sponge enhanced magnetorheological elastomer[J]. Materials & Design, 2018, 156(10): 528-537.

[92] XU J Q, PANG H M, GONG X L, et al. A shape-deformable liquid-metal-filled magnetorheological plastomer sensor with a magnetic field "on-off" switch[J]. iScience, 2021, 24(6): 102549.

"十四五"国家重点出版物出版规划重大工程

磁流变智能材料
下篇 磁流变塑性体

龚兴龙 邓华夏 王 宇 著

中国科学技术大学出版社

目　　录

第15章　磁流变塑性体的制备 ··(677)
  15.1　磁流变塑性体制备概述 ··(677)
  15.2　空心玻璃球增强型磁流变塑性体 ····································(691)
  15.3　石墨增强型磁流变塑性体 ··(698)
  15.4　剪切变硬磁流变塑性体 ··(716)

第16章　磁流变塑性体微观结构的演化机制 ································(727)
  16.1　磁流变塑性体的微观结构分析模型 ································(728)
  16.2　磁敏颗粒运动方程的建立 ··(736)
  16.3　磁流变塑性体在恒定外磁场作用下的微观结构演化 ·············(750)
  16.4　磁流变塑性体在非稳定外磁场作用下的微观结构演化 ··········(761)
  16.5　磁流变塑性体在外磁场和剪切加载共同作用下的微观结构 ····(775)

第17章　磁流变塑性体在剪切模式下的磁流变性能 ·······················(778)
  17.1　磁流变塑性体在剪切应力作用下的实验表征系统构建 ·········(779)
  17.2　线性黏弹性区间内的磁流变性能表征 ·····························(781)
  17.3　非线性黏弹性行为 ··(803)
  17.4　磁场相关的蠕变回复行为 ··(820)
  17.5　磁流变塑性体剪切模式下的法向力学行为 ·······················(832)

第18章　磁流变塑性体的应变率相关力学行为 ……………………………………(842)
18.1　磁流变塑性体在准静态载荷下的磁流变性能 ……………………………(842)
18.2　磁流变塑性体在振荡载荷下的磁流变性能 ………………………………(857)
18.3　磁流变塑性体在高应变率冲击下的磁流变性能 …………………………(864)

第19章　磁流变塑性体的多物理场耦合 …………………………………………(875)
19.1　磁流变塑性体的磁致变形和磁致应力 ……………………………………(875)
19.2　碳材料增强型磁流变塑性体的磁-力-电耦合性能研究 …………………(887)
19.3　液态金属掺杂磁流变塑性体(LMMRP)的磁-热-力-电耦合性能研究
………………………………………………………………………………(898)

第20章　磁流变塑性体器件及其应用 ……………………………………………(920)
20.1　自供电磁流变塑性体的传感性能研究 ……………………………………(920)
20.2　磁流变塑性体的3D打印技术及其应用 …………………………………(936)
20.3　磁流变塑性体缓冲器 ………………………………………………………(963)

第21章　总结与展望 …………………………………………………………………(972)

参考文献 ……………………………………………………………………………(976)

后记 …………………………………………………………………………………(979)

第 15 章

磁流变塑性体的制备

15.1 磁流变塑性体制备概述

自从 1995 年被 Shiga 等[1] 首次报道以来,作为磁流变材料的一个重要分支,磁流变胶就引起了广泛的关注并得到了持续的研究. 磁流变胶是一类介于磁流变液和磁流变弹性体之间的材料体系,表现出更加灵敏的磁流变性能的可控性. 一般来讲,磁流变胶被认为是由磁性颗粒、部分交联的高分子凝胶和其他添加剂组成的复合材料. 各类高分子凝胶已被广泛研究以作为磁流变胶的基体,同时这类磁敏高分子凝胶的磁流变性能也被广泛地研究.[2-3] 早期的磁流变胶在无磁场条件下表现为液态,实际上是拥有高屈服应力和低颗粒沉降行为的磁流变液,而近年来类固态的磁流变胶得到了越来越多的关注.[4-5] 类固态磁流变胶最显著的特征在于,在外磁场作用下可以自由移动并且在磁场力作用下最终沿着磁场方向形成链状 (或柱状) 结构. 在磁场撤去后,这些结构化的颗粒分布可以被"固定"在基体中.

由于高分子本身就是一大类具有各种力学、热学和光学响应特性的功能材料,因此除了磁控特性之外,在磁流变胶中还可能发现其他有趣的性能.[6] 与磁流变液不同的是,磁流变胶在无磁场条件下的黏度可以通过调节高分子基体的组分进行控制,这就使得磁流变胶的制备具有更大的灵活性. 此外,将高分子凝胶加入低黏度的液态基体中可以有效地改善材料体系的稳定性. 上述讨论表明磁流变胶在某些工程应用 (例如阻尼器、隔振器、磁流变刹车和振动控制等) 中由于其较好的稳定性及更好的磁流变性能而具备替代磁流变液的潜力. 总而言之,磁流变胶的出现填补了磁流变液和磁流变弹性体之间的空白,为磁流变材料的工程应用提供了更多的选择.

无论从基础研究还是从实际应用的角度来看,具备高磁致模量和磁流变效应且相对稳定的磁流变材料都具有十分诱人的价值. 而基体对磁流变材料的性能有很大的影响,因此选择合适的基体对于制备理想的磁流变材料十分重要. 在各种各样的高聚物基体中,聚氨酯材料因为有比天然橡胶更好的降解稳定性和比硅橡胶更好的力学性能而引起了人们的注意. 另外,聚氨酯的初始模量和损耗因子能够通过调节原料的比例而改变,这更增加了聚氨酯材料性能设计的灵活性. 在这之前,我们已经制备了相对磁流变效应为 121% 和磁致模量为 4.9 MPa 的聚氨酯基磁流变弹性体.[7] 以此为基础,高性能的聚氨酯基磁流变材料有可能被制备出来.

在本节中,我们将报道一种通过将微米级的铁磁性颗粒分散在塑性聚氨酯基体中制备而成的新型类固态磁流变胶,并对其热稳定性、磁化性能、沉降稳定性及微结构进行初步表征. 与聚氨酯基的磁流变弹性体不同的是,该材料在室温且无外磁场条件下呈塑性,可以被做成任意形状,是一类特殊的类固态磁流变胶,因此首次将其命名为磁流变塑性体 (Magnetorheological Plastomers,MRP). 据我们所知,这种塑性的磁敏高分子胶材料是第一次在文献中被报道,并且在此之后许多类似的磁敏高分子凝胶材料也被制备了出来.

15.1.1　磁流变塑性体的制备基础

选用甲苯二异氰酸酯 (TDI; 2,4-TDI 80%, 2,6-TDI 20%, 东京化学工业公司生产) 和聚氧化丙烯二醇 (PPG-1000; M_n=1 000, 天津石化公司第三石油化工厂生产) 作为制备磁流变塑性体的主要反应原料. 其中聚氧化丙烯二醇在使用前置于 90 ~100 ℃ 的真空泵中蒸馏 1 h. 1,4-丁二醇 (BDO, 国药集团化学试剂有限公司生产) 被用作扩链剂,辛

酸亚锡 (国药集团化学试剂有限公司生产) 则为催化剂. 根据反应的需要, 将适量的丙酮 (国药集团化学试剂有限公司生产) 当作反应溶剂. 羰基铁粉 (购自巴斯夫公司; 型号为 CN; 粒径 $d_{10}=3.5$ μm, $d_{50}=6$ μm, $d_{90}=21$ μm) 被用来作为在聚氨酯基体中的磁性颗粒分散相. 甲苯二异氰酸酯和聚氧化丙烯二醇之间的摩尔比由以下公式计算得到:

$$\frac{n_{\text{NCO}}}{n_{\text{OH}}} = \frac{m_{\text{TDI}}/(174.15 \text{ g/mol})}{m_{\text{PPG}}/(1\,000 \text{ g/mol})} \tag{15.1}$$

其中 n_{NCO} 代表异氰酸基团 (—NCO) 的物质的量, n_{OH} 代表羟基基团 (—OH) 的物质的量, m_{TDI} 和 m_{PPG} 分别表示甲苯二异氰酸酯和聚氧化丙烯二醇的质量.

为了得到较好的力学性能, n_{NCO} 和 n_{OH} 的摩尔比设置为 3:1. 作为扩链剂的 1,4-丁二醇的质量 m_{BDO} 则可以根据以下公式计算得到:

$$\frac{n_{\text{NCO}}}{n_{\text{OH}}} = \frac{m_{\text{TDI}}/(174.15 \text{ g/mol}) \times 2}{m_{\text{PPG}}/(1\,000 \text{ g/mol}) \times 2 + m_{\text{BDO}}/(90.12 \text{ g/mol}) \times 2} = 1.1 \tag{15.2}$$

聚氨酯材料是一类含有多相结构的嵌段共聚物, 其合成过程一般是先将线性聚醚或聚酯 (包含线性软链段) 与二异氰酸酯 (包含线性硬链段) 反应生成低分子量的预聚体, 再经过扩链反应生成高分子量聚合物, 最后添加适量交联剂进行交联反应. 如果上述反应完成后材料处于高温环境中, 则会继续发生硫化反应而生成聚氨酯橡胶. 这种方法称为预聚法. 也可以直接将聚醚或聚酯与二异氰酸酯、扩链剂、交联剂等混合制备聚氨酯橡胶, 该方法称为一步法. 通过改变反应物及扩链剂的种类和比例以及合成条件, 可以改变聚氨酯中软硬段比例及交联程度, 从而改变聚氨酯材料的物理性能. 正是聚氨酯材料这种性能可调节的优点, 才使得符合要求的作为磁流变胶基体的理想聚氨酯材料有可能被制备出来.

磁流变塑性体的制备流程如图 15.1 所示. 首先通过化学方法合成一种塑性的聚氨酯基体, 合成过程大致分为三步: 首先, 将按比例称量好的甲苯二异氰酸酯和聚氧化丙烯二醇混合在一个 250 mL 的三口圆底烧瓶中, 并用搅拌器进行搅拌 (整个合成过程中搅拌器转速始终不变), 待混合物的温度稳定到 75 ℃ 后开始聚合反应. 2 h 后, 将作为扩链剂的 1,4-丁二醇加入反应物中进行扩链反应, 同时将反应温度降低到 65 ℃, 该阶段持续 1 h. 最后将温度降至 60 ℃, 同时将 0.15 g (也就是从滴管中挤出 2 滴) 辛酸亚锡作为催化剂滴入反应物以加速交联反应的进行. 当反应物的浓度明显增加 (反应物从透明变浑浊并且搅拌时阻力明显变大) 时, 反应停止. 在整个反应过程中, 根据需要将一定量的丙酮加入反应物中以调节反应速率, 避免凝胶化.

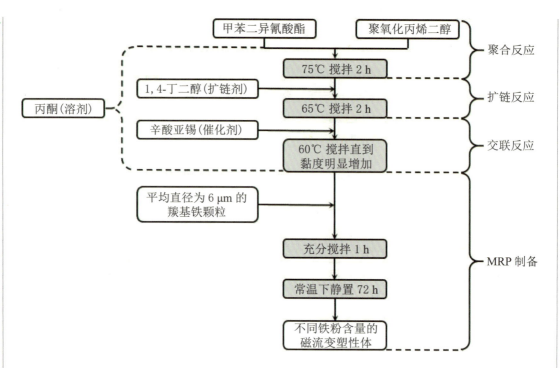

图 15.1　磁流变塑性体的制备流程

在聚氨酯基体制备完成后,将提前称量好的羰基铁粉和基体按照质量比混合在一起,并用搅拌棒剧烈地搅拌直至铁粉均匀分散在聚氨酯基体中,整个过程大约持续 1 h. 最后,将样品置于室温通风处 72 h,磁流变塑性体样品制备完成. 根据需要,我们制备了一系列的羰基铁粉颗粒,其质量分数分别为 40%, 50%, 60%, 70% 和 80% (对应的体积分数分别为 8.4%, 12.1%, 17%, 24.2% 和 35.4%). 为了方便起见,我们将其分别命名为 MRP-40, MRP-50, MRP-60, MRP-70 和 MRP-80. 另外,作为对比,我们还制备了不含任何羰基铁粉颗粒的纯聚氨酯基体.

为了研究磁流变塑性体的颗粒沉降性及溶剂对磁流变塑性体流变性能的影响,还专门制备了添加不同含量不挥发溶剂的磁流变塑性体. 将添加一定量溶剂的样品仍称为磁流变塑性体已经不太合理,因为当溶剂含量足够高时样品在无磁场下将呈类液态,因此当涉及添加溶剂含量的样品时,我们根据其在无磁场下的物理状态将其分别称为类液态或类固态的磁流变胶 (只有不添加溶剂的样品才是我们之前定义的磁流变塑性体). 添加溶剂的磁流变胶制备流程与磁流变塑性体的制备流程有一定区别,如图 15.2 所示. 首先将甲苯二异氰酸酯和聚氧化丙烯二醇混合于三口圆底烧瓶中,并搅拌 2 h 以作为聚氨酯的预聚体,反应温度控制在 70℃;然后将混合物温度降至 40℃ 后加入二丙二醇 (主要作为扩链剂, Sigma-Aldrich (上海) 贸易有限公司). 20 min 后,将混合物均匀分在六个容量为 50 mL 的烧杯中,按照与混合物不同的质量比 (分别为 0%,10%,25%,30%,35%, 40% 和 45%) 加入 1-甲基-2-吡咯烷酮 (不挥发溶剂,蒸气压为 0.99 mmHg(40°C),国药集团化学试剂有限公司生产) 作为基体. 最后在六个烧杯中分别加入质量分数 70% 的羰基铁粉,并剧烈搅拌 30 min 后在 40°C 的保温箱中放置 12 h,最终完成添加不同含量不挥发溶剂的磁性颗粒含量为 70% 的聚氨酯基磁流变高分子凝胶的制备.

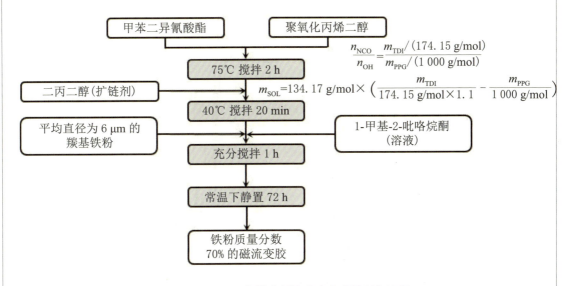

图 15.2 添加不同含量溶剂的磁流变胶的制备流程

15.1.2 磁流变塑性体的基本物理化学性能和微结构

室温下采用 Bruker FTIR (EQUINOX55) 红外光谱仪分别采集基体和 MRP-60 的 Fourier 变换红外光谱 (FTIR) 数据. 图 15.3 中红色曲线是纯基体在 $4\,000 \sim 5\,000$ cm^{-1} 范围内的 Fourier 变换红外光谱. 位于 3290 和 1534 cm^{-1} 处的峰分别为酰胺官能团中—NH 基团的伸缩振动峰和变形振动峰,而出现在 1728 cm^{-1} 处的峰为氨基甲酸酯羰基 (C=O) 基团的伸缩振动峰. 以上三个峰是聚氨酯中氨基甲酸酯的特征振动峰,说明随着反应的进行有氨基钾酸酯基团在反应体系内生成. 在 1106 cm^{-1} 处出现的峰为脂肪族醚 C—O—C 键伸缩振动峰,说明甲苯二异氰酸酯和聚氧化丙烯二醇参加了反应. 出现在 1450 cm^{-1} 处的异氰酸根 (—NCO) 吸收峰则说明基体中还残留一部分甲苯二异氰酸酯未参加反应. 另外,还发现在 2870 cm^{-1} 处—CH$_3$ 的碳氢对称伸缩振动峰和 2 971 cm^{-1} 处—CH$_3$ 的碳氢不对称伸缩振动峰. 由上述分析结果可以推测磁流变塑性体的基体主要由聚氨酯和部分残留的甲苯二异氰酸酯组成. 图 15.3 中黑色曲线是 MRP-60 的 Fourier 变换红外光谱. 与红色曲线相比, 两者都有相同的峰值, 说明磁流变塑性体确实是由聚氨酯基体和羰基铁粉组成的颗粒掺杂复合材料.

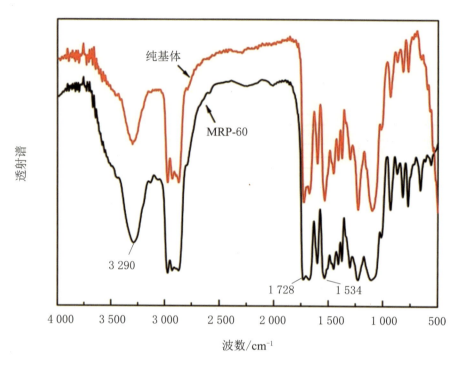

图 15.3 纯基体和 MRP-60 的 Fourier 变换红外光谱曲线

对所制得的磁流变胶, 为了确定基体中的化学基团, 从而进一步推断基体的组分, 我们同样利用 Bruker FTIR (EQUINOX55) 红外光谱仪采集不含溶剂基体的 Fourier 变换红外光谱数据. 采集数据的时间分别为反应结束 (此处是指加入扩链剂搅拌 20 min 后) 后 30 min, 4 h, 12 h 和 24 h.

如图 15.4 所示, 出现在 2 267 cm^{-1} 处的异氰酸根 (—NCO) 吸收峰 (只存在于甲苯二异氰酸酯中) 在 4 h 后消失, 说明在反应结束后 4 h 内合成反应仍在继续, 而 4 h 后甲苯二异氰酸酯完全参加反应. 在 1 106 cm^{-1} 处出现的峰表示脂肪族醚 C—O—C 键伸缩振动峰, 也证明了甲苯二异氰酸酯和聚氧化丙烯二醇参加了反应. 4 h 以后, 在 1 537, 1 724 和 3 288 cm^{-1} 处发现了聚氨酯的三个特征振动峰, 为聚氨酯成功合成提供了有力的证据. 此外, 在 4 h, 12 h 和 24 h 三个时间点采集的 Fourier 变换红外光谱曲线几乎完全相同, 由此我们可以认为在合成后聚氨酯基体的化学成分一直保持稳定状态.

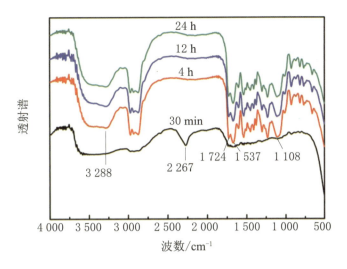

图 15.4　不含溶剂的基体在反应结束 30 min, 4 h, 12 h 和 24 h 后的
Fourier 变换红外光谱曲线

同之前报道的聚氨酯基磁流变弹性体不同,我们制备的聚氨酯基磁流变材料在室温、无磁场环境下呈现出类似于橡皮泥的塑性特征. 图 15.5 是不同形状的 MRP-80 样品实物图,可以看出样品可以被塑造成多种几何形态,而且外力撤去后样品的形状可以继续保持,确实表现出类似于橡皮泥的完全塑性特征,这也是我们将这种新型磁流变材料称为磁流变塑性体的主要原因. 很明显,在磁流变塑性体中不存在颗粒沉降现象. 此外,该材料还可以被分成任意小块,这些小块还可以很容易地被重新整合成一大块样品且不影响原来的性能,说明磁流变塑性体在室温环境下具备良好的自愈性.

图 15.5　不同形状的 MRP-80 样品实物图

这些有趣的特征可能由以下三方面原因造成:首先,我们选择了分子量较小的聚氧化丙烯二醇 (PPG-1000; M_n=1 000) 作为反应物. 同常用的大分子量的聚氧化丙烯二醇 (PPG-2000; M_n=2 000) 相比,PPG-1000 除了分子量较小外还具有较短的软段,于是合成的聚氨酯基体也具有相对较小的分子量和更加容易运动的软段. 其次,聚氨酯的黏度主要由其分子中硬段 (由甲苯二异氰酸酯构成) 和软段 (由聚氧化丙烯二醇构成) 的比例决定,我们制备的聚氨酯中 n_{NCO} 和 n_{OH} 的比例设置为 3∶1,从而有可能制备出较软的聚氨酯材料. 根据 FTIR 分析结果,反应结束后仍有部分甲苯二异氰酸酯并未参加交联反

应,使得聚氨酯中硬段所占比例比预期更低,该部分甲苯二异氰酸酯分子以大分子的形式残留在基体中,从而软化聚氨酯. 最后,合成塑性聚氨酯时的温度条件比合成聚氨酯弹性体时要低,且合成时间也相对减少. 另外,合成过程中不断加入丙酮以减缓反应速率. 这使得合成过程,特别是交联反应过程并不彻底,最终的聚氨酯分子并未形成网络状的大分子结构,这也是造成聚氨酯基体最终表现出塑性的主要原因. 传统的磁流变液和磁流变胶都表现出黏性流体特征,而磁流变塑性体则表现出类固态特征. 但由于其类似于橡皮泥的塑性特征,也不能将其归为磁流变弹性体. 因此,我们认为这种新型的磁流变材料属于一种类固态的磁流变胶,是介于磁流变液 (包括传统的类液态磁流变胶) 和磁流变弹性体之间的材料体系.

用 TA 公司的热分析仪 (型号: TGA Q5000) 对不同颗粒含量的磁流变塑性体和纯基体的热稳定性进行分析. 每种测试样品质量为 20 mg,热流速度为 10℃/min,温度范围为 35~800 ℃. 整个测试过程中样品均置于纯氮气环境中以防止在高温环境下样品被氧化.

不同颗粒含量的磁流变塑性体和纯基体在氮气环境中的热重曲线如图 15.6 所示. 从热重曲线可以看出有两个明显的热降解阶段,该降解过程主要是由聚氨酯基体造成的. 第一个阶段的降解主要源于甲苯二异氰酸酯中的硬段,氨基甲酸酯分解成原始的聚合物多元醇和异氰酸酯. 第二个阶段的降解主要由聚氧化丙烯二醇中软段的解缩聚及降解反应造成的. 从图 15.6 还可以看出,第二个阶段样品的分解比第一个阶段快得多,而其质量损失也大得多,说明软段的热稳定性和含量都高于硬段. 在温度超过 401.7 ℃ 后,样品的质量不再随温度升高而改变,而剩余物的质量分数正好与样品中铁粉颗粒含量一致,因此我们断定聚氨酯基体会随着温度升高而最终完全降解,而样品中的铁粉则不会随温度改变而变化. 另外,我们还发现热重曲线下降时的斜率随颗粒含量的增加而减小,说明较高的铁粉含量会使聚氨酯基体的降解速度减缓. 这可能是因为铁颗粒的加入增加了聚氨酯分子的微相分离程度,使硬段的集中程度增加并阻碍了聚氨酯分子的自由移动,进而减缓了聚氨酯的降解速度.

不同颗粒含量的磁流变塑性体的磁化曲线由振动样品磁强计 (MPMS VSM, SQUID; 量子设计公司生产) 测试得到,如图 15.7 所示. 作为对比,我们还测得了纯羰基铁粉的磁化性能曲线. 测试磁场范围为 −1000~1000 mT,整个测试在室温环境下进行.

磁流变塑性体的饱和磁偶极矩也与磁性颗粒含量直接相关. 磁性颗粒体积分数越大,其饱和磁偶极矩也越大,且两者近似呈线性关系 (如图 15.7 中右下图所示). 磁流变塑性体的磁化性能直接决定了磁流变塑性体的磁场响应行为,对分析磁流变机制十分重要. 后文分析材料的磁流变性能时将会对其磁化性能进行深入讨论.

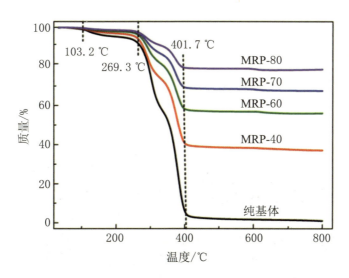

图 15.6　不同颗粒含量的磁流变塑性体和纯基体在氮气环境中的热重曲线

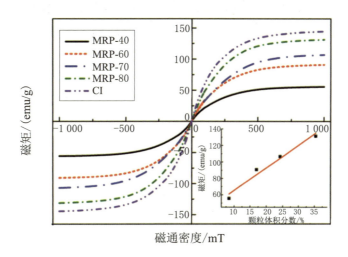

图 15.7　不同颗粒含量的磁流变塑性体和纯羰基铁粉的磁化性能曲线

作为一类面向工程应用的智能材料,稳定性是评估磁流变胶性能的重要指标. 用高分子材料替代液体介质的主要目的就是克服磁流变液中的颗粒沉降问题. 本节中我们将添加不同含量溶剂的磁流变胶分别注入六个试管中,通过拍摄制备完成后不同时间间隔的照片来观察不同磁流变胶的物理稳定性. 如图 15.8 所示,3 d 后溶剂含量 40% 和 45% 的磁流变胶出现明显的颗粒沉降现象;1 周后观察到溶剂含量 35% 的磁流变胶的颗粒沉降现象;溶剂含量 30% 的磁流变胶在 1 个月后也出现了沉降现象;每种磁流变胶的物理状态在 2 个月后就几乎不再发生变化. 这些结果说明磁流变胶的稳定性要好于文献中报道的大部分磁流变液. 特别地,我们发现当溶剂含量低于 25% 时几乎没有沉降现象发生. 换句话说,向聚氨酯基体中添加的溶剂量存在一个阈值,当溶剂含量低于该阈值时磁流变胶中的颗粒沉降问题可以被有效地避免. 从实验观察结果来看,本节制备的磁流变胶的溶剂含量阈值在 25% 左右. 由此可以认为,未添加不挥发溶剂的磁流变塑性体彻底解决了磁流变液的颗粒沉降问题,而后文的微结构表征结果也从另一角度为该结论提供了依据. 彻底解决颗粒沉降问题是磁流变材料优化设计的一个重要突破,为这类材料的工程应用奠定了良好的基础.

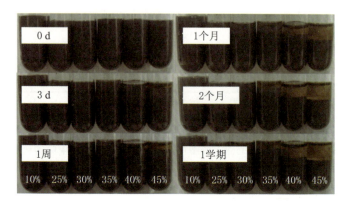

图 15.8　添加不同含量溶剂的磁流变胶在制备完成后的沉降图片

通常来说,沉降问题主要是由颗粒和基体之间密度不匹配引起的. Chhabra 提出用重力屈服参数 Y_G 来表征基体承载刚性颗粒的能力:

$$Y_G = \frac{\tau_0^G}{gR(\rho_P - \rho_M)} \tag{15.3}$$

其中 τ_0^G, g 和 R 分别代表基体的屈服应力、重力加速度和颗粒半径,ρ_P 和 ρ_M 则分别表示颗粒密度和基体密度. 从方程 (15.3) 可以看出,基体承载颗粒的能力越强,Y_G 的值就越大. Rankin 等用重力屈服参数研究了磁流变液的稳定性,并认为 Y_G 在磁流变液中存在一个临界值,若超过该值,颗粒沉降现象就不会发生.

上面提到的理论似乎可以很好地解释图 15.8 中类液态磁流变胶的沉降现象. 然而在添加不同含量溶剂的聚氨酯基体在旋转剪切模式下的流变性能被测试过后,我们发现类液态磁流变胶的基体并没有屈服应力. 换句话说,不添加颗粒的基体可以当作 Newton 黏性流体处理. 因此,重力屈服参数不能直接用来表征类液态胶的稳定性. 从图 15.9(a) 可以发现,添加不同含量溶剂的聚氨酯基体的黏度不随剪切率的变化而改变,但是会随着溶剂含量的增加而减小. 很明显,基体的黏度对磁流变胶的稳定性有直接影响,于是我们用 0.01 s^{-1} 处剪切率和黏度的乘积替代方程 (15.3) 中的屈服应力来表征磁流变胶中基体承载颗粒的能力:

$$Y_{\mathrm{G}} = \frac{\eta_0^{G\dot\gamma}}{gR(\rho_{\mathrm{P}} - \rho_{\mathrm{M}})} \tag{15.4}$$

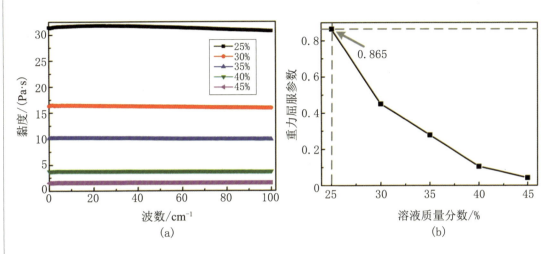

图 15.9 添加不同含量溶剂的聚氨酯基体在不同剪切率下的黏度和添加不同含量溶剂的磁流变胶的重力屈服参数

通过这种方法就可以计算添加不同含量溶剂的磁流变胶的重力屈服参数,如图 15.9(b) 所示. 很明显,重力屈服参数随着溶剂含量的增加而减小. 与图 15.8 中的实验结果相比,我们可以得到临界重力屈服参数 $(0.865 G\dot\gamma)$. 总之,如果溶剂含量低于 25% 或者重力屈服参数大于 0.865,就可以忽略磁流变胶的颗粒沉降问题或者认为磁流变胶是稳定的.

类似于磁流变弹性体,我们定义了两种不同颗粒分布的磁流变塑性体材料. 对于制备不久的磁流变塑性体,所有的磁性颗粒都随机分散在塑性的聚氨酯基体中,材料表现出各向同性特征. 因此,将这种磁流变塑性体命名为各向同性磁流变塑性体 (I-MRP). 在各向同性的聚氨酯基体经过预结构过程处理后,其内部颗粒会在磁场作用下形成沿着外磁场方向的链状 (或柱状) 结构,材料表现出各向异性特征. 于是我们将这类具有颗粒取向排列结构的样品称为各向异性磁流变塑性体 (A-MRP). 其中预结构过程是指将磁流变塑性体置于 800 mT(或更大) 的稳态单向磁场中处理 10 min,以完成磁性颗粒的聚集成链过程. 后面我们会将动态力学性能测试结果和对应的微结构相结合,从实验的角度说明 10 min 的预结构时间对于颗粒形成稳定的链状结构已经足够,而更长的预结构化时间对材料的动态力学性能或微结构演化几乎没有影响.

经过不同预处理过程的包含不同颗粒含量的磁流变塑性体样品的光学显微照片由 Keyence 公司生产的光学数码显微镜 (型号:VHX-200) 观察,如图 15.10 所示. 图中的白点表示裸露在外的磁性颗粒的位置,而暗色的背景则表示聚氨酯基体. 随机的颗粒分散现象可以从图 15.10(a)~(d) 明显地观察到,说明制备不久的未经过预结构处理的磁流变塑性体是各向同性的. 而经过外磁场预处理后,磁性颗粒将会沿着磁场方向聚集形成链状 (或柱状) 的各向异性结构,如图 15.10(e)~(h) 所示. 从图 15.10(e),可以很明显地观察到颗粒链. 当颗粒含量增加到 60% 时,颗粒链显著增多,而颗粒链之间的距离明显地减小 (图 15.10(f)). 然而随着颗粒含量进一步增加,我们越来越难观察到明显的颗粒链 (图 15.10(g) 和 (h)),因为链与链之间的距离随着颗粒链含量的增加也越来越小. 值得说明的是,用光学显微镜观察到的微结构图虽然可以从整体的角度判断磁性颗粒在基体中的分布情况,但这些图片并不能代表磁流变塑性体中真实的颗粒分布情况,因为有一部分被基体包覆的颗粒并不能在光学显微照片中看到. 根据光学显微镜的工作原理,只有裸露在基体外的磁性颗粒因为反光才可以被观察到,并且只有样品表面的情况才能被光学显微镜记录下来. 因此,为了更加深入地了解颗粒的真实分布情况,还需要在不破坏微结构的情况下将样品内部暴露出来,以便用更高级的显微镜进行观察,而样品的塑性特征加大了暴露内部结构且同时不破坏微结构的困难. 后续将介绍一种通过冷冻法处理并用环境扫描电镜观察磁流变塑性体微结构的方法. 由该方法可以得到样品内部真实的颗粒分布情况,这与用光学显微镜观察到的颗粒分布情况是一致的.

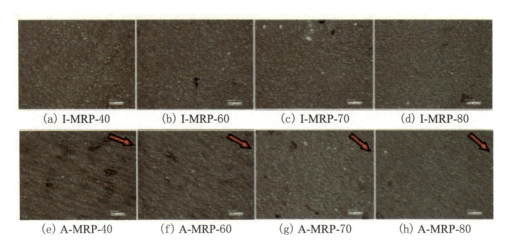

图 15.10　不同颗粒含量和不同颗粒分布的磁流变塑性体的光学显微照片

红色箭头表示外磁场方向,图中比例尺长度表示 20 mm.

通过初步的微结构表征,我们认为磁场在磁流变塑性体的颗粒分布过程中起到了十分重要的作用. 一旦磁场施加到磁流变塑性体样品上,磁性颗粒就会在磁偶极子力作用下相互靠近,并且同时在外磁场力作用下沿着磁场方向形成稳定的链状 (或柱状) 结构,该过程和磁流变弹性体的预结构过程类似,因此我们将各向同性磁流变塑性体在磁场作用下取向化的过程也称为预结构. 为了进一步了解磁流变塑性体的预结构过程, 我们用基于颗粒水平的分子动力学方法对磁性颗粒在塑性基体中的磁致微结构演化过程进行了仿真计算, 计算结果如图 15.11 所示. 本小节不详细讨论计算过程, 此处主要将计算结果与实验观察到的结果进行定性比较. 通过比较 (图 15.10 和图 15.11) 可以看出, 计算结果再现了实验中预结构过程的初始颗粒随机分布情况和最终形成的稳定颗粒链的状态. 一方面验证了计算结果的可靠性, 另一方面计算结果可以给出颗粒演化的中间过程及样品内部的颗粒分布情况, 弥补了由于实验技术限制而无法实时观察颗粒在基体内部演化过程的遗憾. 结合实验和计算的结果, 我们给出了各向同性磁流变塑性体中磁性颗粒在外磁场下的演化机制图 (即磁流变塑性体预结构过程中颗粒演化情况, 如图 15.12(a)~(c) 所示).

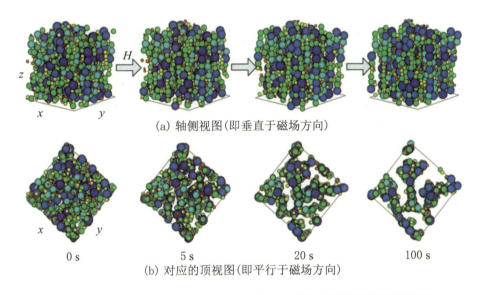

图 15.11　MRP-70 在 391 kA/m 外磁场作用下磁性颗粒的微结构演化过程

磁场方向与 z 方向平行.

磁流变弹性体中的磁性颗粒在样品制备完成后就被固定在基体中 (由于橡胶基体硫化而形成弹性体), 即使在很强的磁场下磁性颗粒也很难移动. 与之不同的是, 由于基体的塑性特征, 磁性颗粒在磁流变塑性体中是可移动的. 当外磁场方向发生改变时, 磁性颗粒也会沿着新的磁场方向重新排列, 最终形成沿着新的磁场方向排列的稳定链状 (或柱状) 结构. 有意思的是, 在外磁场撤去后, 这些颗粒微结构排列可以继续保持在基体中 (因为基体黏度足够大, 足以固定分散在其内部的磁性颗粒). 这些结果也在分子动力学仿真结果中被观察到. 作为磁流变塑性体的主要特征之一, 我们将其机制图绘制成图 15.12(d)~(f). 综合图 15.12 所揭示的微结构演化机制我们发现, 在磁流变液和磁流变弹性体中看似矛盾的颗粒微结构的磁场可控性及撤去磁场后颗粒微结构的稳定性在磁流变塑性体中实现了共存,也就是说,磁流变塑性体同时具备了磁流变液和磁流变弹性体的优点. 这种特性使得磁流变塑性体成为研究磁流变机制的理想对象,同时也具有很大的应用潜力. 我们接下来就以磁流变塑性体这种特征为基础,研究微结构演化和宏观力学 (电学) 性能之间的联系,揭示其中的磁流变机制,同时为这种新型的磁敏智能软材料的工程应用打下基础.

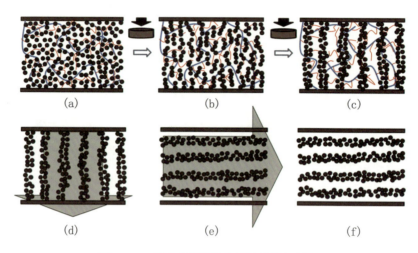

图 15.12　磁流变塑性体中颗粒演化机制图

(a)~(c) 表示颗粒的预结构过程;(d)~(f) 分别表示在施加垂直和水平磁场方向时颗粒的分布情况以及撤去磁场后颗粒分布情况可以继续保持的特性. 黑色实心箭头表示外磁场方向,蓝色线表示聚氨酯分子中的硬段而红色线代表聚氨酯分子中的软段.

本节主要介绍了一种有别于传统磁流变材料的新型磁敏智能材料的制备流程,并对其基本物理化学性能及微结构进行了表征. 红外光谱测试结果表明,本节介绍的磁流变塑性体的基体是一种未充分交联的塑性聚氨酯. 通过向聚氨酯基体中添加不同的溶剂量,研究了溶剂对磁流变塑性体颗粒沉降性的影响,结果表明当溶剂含量低于 25% 或者重力屈服参数高于 0.865 时,磁流变胶是稳定的. 因此我们更有理由相信不添加溶剂的磁流变塑性体本身并不存在颗粒沉降问题,这主要是因为足够大的黏性使得聚氨酯基体可以完全承载掺杂于其中的磁性颗粒,使其完全克服重力作用而悬浮于基体中. 由于聚氨酯分子并未充分交联,磁性颗粒在磁场作用下可以在其内部自由移动,并最终沿着磁场方向形成链状 (或柱状) 取向化结构. 这种取向化结构在光学显微镜中可以很明显地观察到,即使外磁场撤去后,这种取向化结构仍然可以继续保留在聚氨酯基体中. 这种微结构的磁场可控性增加了磁流变塑性体的性能的多样性. 此外,热稳定性分析结果和磁化性能表明聚氨酯基体的降解速度和磁流变塑性体的磁化性能均和颗粒含量直接相关.

这可能是因为铁颗粒的加入增加了聚氨酯分子的微相分离程度,使得硬段的集中程度增加,并阻碍了聚氨酯分子的自由移动,进而减缓了聚氨酯的降解速度. 也就是说,磁性颗粒可以提高磁流变塑性体的热稳定性. 改变磁性颗粒的含量就可以直接控制磁流变塑性体的磁化性能,而磁流变塑性体的磁化性能直接决定了其磁场响应行为,是研究磁流变机制的重要性能参数.

15.2 空心玻璃球增强型磁流变塑性体

磁流变塑性体通常由高分子基体与磁性颗粒构成,因此也可以看作一种颗粒增强型复合材料. 作为增强相的铁粉颗粒,在磁场中颗粒还受磁场作用,因而磁流变塑性体的力学性能可以由磁场进行调控. 针对磁流变塑性体力学性能改善的工作大多集中在改变基体或者磁性颗粒的性能. 非磁性颗粒一般作为补强颗粒,添加到磁流变塑性体中能够调节材料的初始模量. 但是非磁性颗粒本身不受磁场作用,因而一般不考虑其对磁流变塑性体磁致力学性能的影响. 本节从颗粒增强型复合材料的角度出发,研究颗粒本身对材料力学性能的增强效果. 特别地,对于非磁性颗粒,虽然其本身不受磁场作用,但是在复合材料内部会对颗粒周围应力应变场产生扰动,从而影响整个材料的力学性能. 同时,磁场对磁性颗粒的作用也不是简单的叠加,而是会通过基体传递到整个样品中,对材料内部整个应力应变场产生影响.

为了研究非磁性颗粒及外界磁场对磁流变材料力学性能的作用机制,首先制备并测试了不同空心玻璃球增强型磁流变塑性体 (HMPR) 的力学性能,通过计算模拟了内部颗粒微结构;然后从复合材料角度出发,运用等效夹杂理论分析了非磁性颗粒对磁流变塑性体磁致力学性能的影响.

15.2.1 样品制备与颗粒微结构观测

将空心玻璃球 (Hollow Glass Powder,HGP,型号为 C70,中科华星新材料有限公司生产) 倒入乙醇中进行超声处理以去除破损颗粒及表面杂质. 空心玻璃球的平均直径为

25 μm，密度为 0.73 g/cm³．将不同质量的羰基铁粉及空心玻璃球与制备完成的聚氨酯混合，以制备不同羰基铁粉及空心玻璃球体积分数的样品．还制备了相同羰基铁粉体积分数、不同空心玻璃球体积分数的磁流变塑性体，研究非磁性颗粒对磁流变塑性体磁致力学性能的影响．同时，还制备了相同颗粒质量分数、不同 CIP/HGP 比例的磁流变塑性体，以寻求颗粒质量相同时的最优配比．具体的组成成分见表 15.1.

表 15.1　各组样品铁粉及空心玻璃球体积含量

样　品	组 1				
铁粉体积分数/%	3	6	9	12	15
空心玻璃球体积分数/%	0	0	0	0	0
样　品	组 2				
铁粉体积分数/%	3	6	9	0	0
空心玻璃球体积分数/%	0	4.5	9	13.5	18
样　品	组 3				
铁粉体积分数/%	60	48	36	24	12
空心玻璃球体积分数/%	0	12	24	36	48

材料的微观结构通过环境扫描电镜 (型号：XT30 ESEM-MP) 观测，测试加速电压为 15 kV．在 SEM 拍摄之前，为观测样品在磁场作用下的颗粒微结构，将所有样品置于均匀磁场中，至少保持 5 min 以完成预结构过程．最后在材料表面蒸金，使其表面导电以方便观测．图 15.13 显示了 MRP 和 HMRP 的内部颗粒排布情况．在磁场作用下，铁粉颗粒在磁偶极子力作用下沿着磁场方向排列．图 15.13(a) 中铁粉颗粒链的弯曲是由于蒸金及拍摄过程中样品温度升高颗粒发生移动．从图 15.13(b) 可以看出，在 HMRP 中，玻璃球直径大于铁粉直径，铁粉颗粒在玻璃球周围形成链状结构．

为进一步研究空心玻璃球对 HMRP 内部微结构的影响，运用颗粒尺度分子动力学方法计算了 HMRP 内部颗粒微结构，见图 15.14. 在计算过程中，由于计算区域内空心玻璃球数目较少，因而空心玻璃球颗粒直径设置为 25 μm 不变．羰基铁粉与空心玻璃球之间的排斥作用力为

$$F_{ij}^{\text{ev}} = -\frac{3\mu_0 m_i^s m_j^s}{2\pi} e^{-10(r_{ij}/d_{ij}-1)} \hat{r}_{ij} \tag{15.5}$$

在计算排斥力时，临时将空心玻璃球颗粒的磁矩设为 $m_i^s = m_s V_i$. 此公式能够防止颗粒间的重叠，是一个为简化计算引入的假设．考虑到预结构完成时各个颗粒位置不变，因而该假设能大致满足计算要求．在初始化各个颗粒直径与位置后，根据磁场赋予颗粒不同磁矩，由公式 (15.5) 可以得到颗粒位置信息．无磁场时，羰基铁粉与空心玻璃球均

匀分布在基体中. 施加磁场后,铁粉颗粒在磁场作用下沿着磁场方向排布. 非磁性玻璃球不受磁场的直接影响,但是铁粉移动时与玻璃球发生接触,在挤压接触力作用下空心玻璃球被排挤到羰基铁粉颗粒链之间.

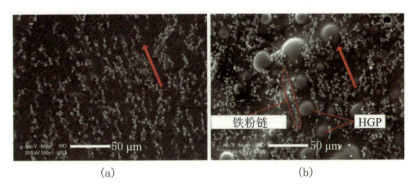

图 15.13　MRP 和 HMRP 的扫描电镜图

拍摄前样品先经过预结构处理. 红色箭头代表磁场方向,灰色小颗粒代表 CIP,而球形大颗粒是空心玻璃球. 两种样品中铁粉体积分数为 17%,(b) 中 HGP 体积分数为 17%.

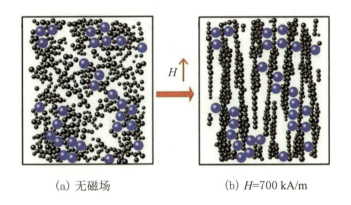

图 15.14　HMRP 内部颗粒微结构的计算结果

黑色球代表铁粉颗粒,蓝色球代表空心玻璃球.

15.2.2　空心玻璃球增强型磁流变塑性体的力学性能测试

不同颗粒含量的磁流变塑性体的磁滞回线特性用磁滞回线仪 (Hysteresis Measurement of Soft and Hard Magnetic Materials, HyMDC, Metis 仪器和设备 NV 公司生产) 测试. 首先测试了不同羰基铁粉含量的磁流变塑性体的磁滞回线特性. 如图 15.15 所示,

随着磁场强度 H 的增大,磁流变塑性体的磁化强度 M 先迅速增大,然后慢慢趋于饱和. 饱和磁场强度在 400 kA/m 左右. H 达到最大后开始减小,并反向增大. 当磁场强度减小到零时的磁化强度称为剩余磁化强度,继续反向增大 H,使 M 减小为零时的磁场强度称为矫顽力. 对于磁流变塑性体而言,所有样品的剩余磁化强度与矫顽力都几乎为零,说明磁流变塑性体为软磁性材料. 由于测试得到的磁流变塑性体磁化强度单位为 emu/g,即饱和磁化强度与样品质量有关,因而做了饱和磁化强度与磁流变塑性体中羰基铁粉质量分数的拟合曲线,见图 15.15 右下角. 可以看出磁流变塑性体的饱和磁场强度与样品中含有的羰基铁粉质量成正比. 而每个铁粉颗粒的磁化强度与颗粒体积 (密度相同时也可以是质量) 成正比,平均到每个颗粒可以得到饱和磁化强度只与颗粒体积有关. 这说明磁流变塑性体中羰基铁粉的含量及颗粒微结构不会影响单个颗粒的饱和磁场强度,从而也不会影响两个颗粒间的磁偶极子力表达式.

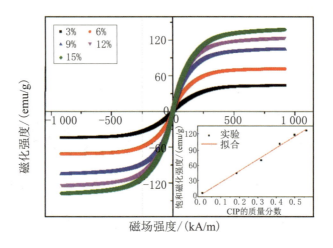

图 15.15 不同铁粉体积分数的磁流变塑性体的磁滞回线

同时,我们还测试了相同铁粉体积分数、不同空心玻璃球含量的 HMRP 的磁滞回线. 如图 15.16 所示,不同 HMRP 的磁滞回线几乎重合,饱和磁场强度与饱和磁化强度变化不大. 由于空心玻璃球为非磁性颗粒,当铁粉含量相同时,空心玻璃球的加入不会影响磁流变塑性体的磁性,即在磁场作用下,铁粉颗粒间磁偶极子力不受影响. 但是随着样品中空心玻璃球含量的增大,HMRP 的饱和磁化强度略微增大. 这是因为空心玻璃球的密度为 0.73 g/cm^3,略微大于基体的密度. 随着空心玻璃球含量的增加,HMRP 中羰基铁粉的质量分数从 42% 增加到 43%,因而饱和磁化强度略微增加. 在流变仪上测试时控制的是样品的体积,为控制单一变量以保证样品磁化强度可控,在之后的力学性能测试中统一按样品体积分数进行分类. 这样可以保证相同体积分数的测试样品中铁粉颗粒数目相同.

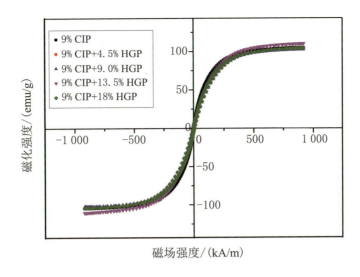

图 15.16 不同空心玻璃球体积分数的 HMRP 的磁滞回线

用商用流变仪 Physica MCR 301 测试了不同铁粉与不同空心玻璃球含量的 HMRP 在不同磁感应强度下的储能模量. 测试频率为 5 Hz, 应变为 0.1%, 且样品测试前经过预结构处理. 如图 15.17 所示, 随着磁感应强度的增加, 所有 HMRP 的储能模量显著增大, 相对磁流变效应大于 100%. 对于相同羰基铁粉含量、不同空心玻璃球体积分数的 HMRP, 如图 15.17(c) 所示, 随着 HMRP 中空心玻璃球含量的增加, HMRP 的储能模量整体上升. 初始储能模量从 0.05 MPa 增加到 0.3 MPa, 而饱和储能模量从 0.6 MPa 增加到 1.4 MPa. 可以发现, 非磁性颗粒的增加不仅能提高 HMRP 的初始模量, 还能极大地提高样品的磁致模量, 增加 18% 体积分数的空心玻璃球能够使磁致模量增加 80%. 若提高 HMRP 中的铁粉含量, 则饱和储能模量有极大提高. 这说明可以通过改变羰基铁粉及空心玻璃球含量来调节 HMRP 的初始模量、磁致模量及相对磁流变效应, 以满足不同的需求. 同时, 还测试了相同颗粒质量分数、不同 CIP/HGP 比例的 HMRP, 见图 15.17(e). 随着样品中空心玻璃球含量的增加, 样品初始模量增加, 最大储能模量先增大后减小, 具体的磁致模量见图 15.17(f). 随着 CIP/HGP 比例的减小, 磁致模量先增大后减小, 适量增加空心球玻璃含量能够提高磁致模量, 但是空心玻璃球含量增加, 羰基铁粉含量减小, 又会使样品的磁致模量减小. 同时还发现随着空心玻璃球含量的增加, HMRP 的储能模量随磁感应强度的增大而增大, 没有明显的饱和趋势. 此外, 用部分空心玻璃球代替羰基铁粉有更大的实际意义, 因为空心玻璃球的价格更低且密度小. 铁粉质量分数 60% 的样品的密度为 2.0 g/cm^3, 而铁粉质量分数 36%、空心玻璃球质量分数 24% 的 HMRP 的密度为 1.3 g/cm^3, 但是其磁致储能模量增加了 0.4 MPa, 比模量增加了约 90%.

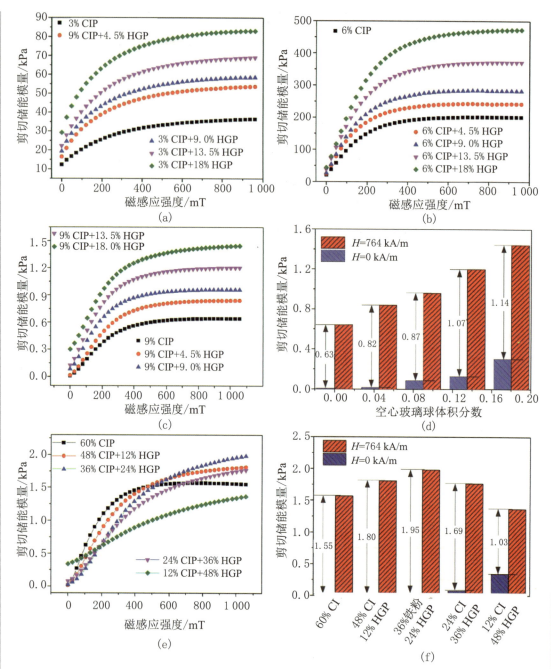

图 15.17 不同铁粉和空心玻璃球含量的 HMGP 的剪切储能模量随磁感应强度的变化曲线

如图 15.18 所示,进一步测试了 HMRP 的蠕变及回复性能,测试时施加 500 Pa 恒定剪切应力,以测试样品的应变. 可以发现施加剪切应力的瞬间,样品的应变迅速增大,但是没有明显的应变阶跃,说明 HMRP 的弹性很小. 动态应变扫描测试显示,HMRP 的线性黏弹性区间上限为 0.1%, 因而施加应力的瞬间应变从 0 左右开始迅速增大. 随着时间推移, 应变增加趋势减缓, 最后, 随时间基本按线性趋势增大. 由于聚氨酯基体为线性高分子材料, 有流动性, 应变增大而颗粒微结构被破坏后 HMRP 表现出黏流性. 在 50 s 左右时撤掉剪切应力, 剪切应变迅速减小, 但是应变并没有恢复到 0. 应变的减小是因为在磁场作用下颗粒微结构具有一定的弹性, 去掉外应力后样品在磁偶极子力作用下有所恢复. 所有样品的变化趋势基本一致, 但是随着 HMRP 中空心玻璃球含量的提高, 样品在整个蠕变过程中的应变都减小, 所能恢复的应变也减小. 这说明空心玻璃球的添加极大地改变了 HMRP 的黏弹性性质.

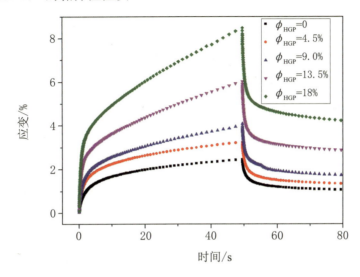

图 15.18 不同 HMRP 的蠕变及回复性能测试

铁粉体积分数为 6%, 测试过程中施加 800 mT 磁场.

为了进一步研究空心玻璃球颗粒对磁流变塑性体力学性能的影响, 如图 15.19 所示, 用弹簧黏壶模型拟合了在磁场作用下 HMRP 的蠕变曲线. 无磁场时, HMRP 的黏度随时间线性增加, 表现出了基体的塑性行为. 添加空心玻璃球后样品的黏度增大了. 施加磁场后, 铁粉颗粒在磁偶极子力的作用下相互吸引, 维持颗粒微结构使 HMRP 具有一定的弹性. 但是施加应力的瞬间应变没有突变, 说明模型中没有单独的弹簧模型. 样品的应变在开始迅速增大且撤掉应力后能够恢复一定的应变, 说明磁场作用下材料有一定的弹性. 开始用一个弹簧与黏壶的并联模型来表征其黏弹性性能. 随着应变继续增大, 颗粒微结构被破坏, 样品应变随时间线性增大而发生黏性流动, 需要在之前模型的基础上串联一个黏壶. 最终得到的模型如图 15.19(b) 中的小图所示. 拟合曲线与实验数据吻合得较好.

通过拟合图 15.19 中的数据, 得到不同空心玻璃球含量的 HMRP 的各个拟合参数,见表 15.2. 可以看出,随着空心玻璃球含量的增加,不仅 HMRP 的黏度显著增大,其剪切模量也显著增大. 黏性流动时黏度 η_1 的增大及恢复应变的减小,说明空心玻璃球的添加在一定程度上阻碍了羰基铁粉颗粒的移动. 同时,剪切模量 G 的增大说明非磁性颗粒对 HMRP 的磁致模量也有增加效应. 在通常的黏弹性分析中,将磁致剪切模量直接叠加到聚氨酯基体模型上,这样非磁性颗粒不能影响材料的磁致力学性能,从侧面说明了在颗粒增强型复合材料中,磁场对磁性颗粒有着更加复杂的作用机制.

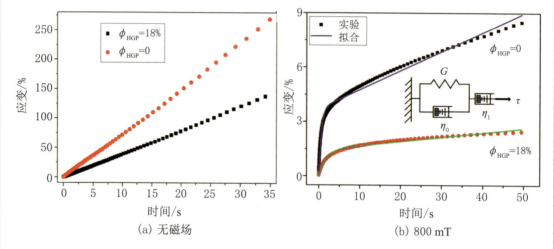

图 15.19 HMRP 蠕变测试结果的黏弹性模型拟合结果

铁粉体积分数为 6%,测试时施加的应力为 500 Pa.

表 15.2 不同空心玻璃球含量的 HMRP 黏弹性模型拟合参数

空心玻璃球的体积分数	G/kPa	η_0/(kPa·s)	η_1/(kPa·s)
0%	13.5	8.3	0.47
4.5%	18.0	12.5	0.69
9.0%	24.7	23.9	1.11
13.5%	26.8	33.7	1.54
18%	35.1	62.1	2.08

15.3 石墨增强型磁流变塑性体

除了一般非磁性颗粒对磁流变塑性体性能有极大的改善外,添加石墨也对磁流变塑性体的性能有极大影响. 添加非磁性颗粒是针对磁流变塑性体中颗粒构成进行的改进, 而石墨作为碳的一种同素异形体, 除能对磁流变塑性体基体补强外, 还具有良好的导电性. 智能材料越来越向多功能、自传感方向发展. 除了能针对不同条件做出不同响应外, 很多情况下还需要材料本身就能够识别不同的外界激励. 考虑到磁流变塑性体中磁性颗粒羰基铁粉本身就是导体, 因而磁流变塑性体也是一种导电高分子复合材料. 而磁场对磁性颗粒微结构的调节也将使磁流变塑性体的导电性能改变. 添加石墨能在提高力学性能的基础上进一步调节其导电特性.

同时, 由于磁场对磁流变塑性体导电性能调节的实质是羰基铁粉在磁偶极子力作用下位置会发生变化. 简单地说, 就是磁场产生力, 力产生变形, 变形导致导电性能变化. 因而, 如果测试得到磁场作用下磁流变塑性体电阻的变化, 就能够反推得到内部颗粒微结构的变化信息, 进而可以帮助分析磁场对磁流变塑性体力学性能调控的机制. 在此基础上, 还可以将磁流变塑性体作为传感器, 通过电信号的变化识别不同的外界激励.

本节中首先制备了添加不同大小石墨片的磁流变塑性体 (GMRP), 通过对 GMRP 电阻的测试探究石墨片大小对样品电学性能的影响, 找到最优的石墨片粒径与添加比例. 在此基础上, 分析磁场与电阻之间的关系. 从铁粉颗粒间的电阻出发, 通过磁场对铁粉颗粒的影响推导磁场对 GMRP 电阻的调控, 建立一个颗粒--颗粒电阻模型并与实验结果对照. 最后, 运用 GMRP 的巨磁阻效应来制备一个磁控开关, 尝试将磁流变塑性体应用于电子控制领域.

15.3.1　石墨增强型磁流变塑性体的制备及力学性能

GMRP 聚氨酯基体的制备方法与前一节相同. 在聚氨酯 (PU) 聚合反应完成后趁样品没有完全冷却时, 加入不同质量的铁粉与不同粒径的石墨片, 制备三组 GMRP, 见表 15.3. 第一组样品中石墨片含量不同, 铁粉质量分数均为 70%, 根据每 100 g 聚氨酯基体中所含石墨片质量, 分别将样品记为 MRP-0, MRP-5, MRP-10, MRP-15, 对应的体积分数为 0%, 1.9%, 3.6%, 5.3%. 所用石墨片的粒径为 6.5 μm. 第二组样品中石墨片质量分数相同但铁粉质量分数不同, 分别为 50%, 60%, 70%, 80%, 记为 MRP-50, MRP-60, MRP-70, MRP-80. 第三组样品中铁粉跟石墨的质量分数均相同, 但是石墨片大小不同, 分别为 13.0, 6.5, 2.6 μm, 记为 MRP-13.0, MRP-6.5, MRP-2.6. 铁粉颗粒的平均直径为 7.1 μm.

表 15.3　各组 GMRP 样品的成分

样品	第一组				第二组				第三组		
PU/g	10	9.5	9.0	8.5	9.5	9.5	9.5	9.5	9.5	9.5	9.5
FGP/g	0	0.5	1.0	1.5	0.5	0.5	0.5	0.5	0.5	0.5	0.5
DFGP/μm	6.5	6.5	6.5	6.5	6.5	6.5	6.5	6.5	13	6.5	2.6
CIP/g	23	23	23	23	10	15	23	40	23	23	23

图 15.20 是 GMRP 的力学性能及电学性能测试系统示意图. 测试系统包括三部分: 一台商用流变仪 Physica MCR 301(附带一个磁场发生装置 MRD 180)、电化学测试系统 (MTS, Solartron Analytical, AMETEK 先进仪器公司生产) 以及数据存储与分析系统 (软件部分). GMRP 样品放置在两个平行铜板电极之间, 电极通过绝缘胶分别固定在底座与平板转子上. 样品厚度可以通过调节转子位置改变, 同时调节流变仪内部线圈电流可以在样品位置处产生一个 0~800 mT 的均匀磁场. 测试过程中 GMRP 产生的磁致应力可以通过平板转子上方连接的传感器测试, 电化学测试系统能够提供直流电压, 然后记录通电电流. 最终所用数据都同步记录在电脑中. 在具体的实验操作中, 两平板电极间距设置为 1 mm, 样品直径为 20 mm. 所用样品在测试之前先在 800 mT 磁场中静置至少 300 s (作为一个预结构过程), 保证样品中颗粒结构不再发生变化. 测试过程中直流电压设置为 4 V. 同时我们还测试了电极、导线等电阻, 发现其总电阻小于 1 Ω. 测试过程中的取点间隔为 1 s, 温度为室温.

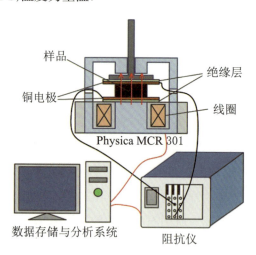

图 15.20　GMRP 的力学性能与电学性能测试系统示意图

首先测试了聚氨酯基体与 GMRP 的力学性能. 图 15.21 给出了不同磁感应强度下不同 GMRP 的储能模量 (G'), 可以明显看出, 随着磁感应强度的增大, 各组样品的 G'

均增大,而饱和储能模量取决于铁粉质量分数. 当样品中铁粉质量分数达到 80% 时,其最大储能模量达到 7.5 MPa,相对磁流变效应达到 1000%,说明样品有着良好的磁流变效应. 同时,添加石墨片也能提高样品的最大储能模量及相对磁流变效应. 当石墨含量增加到 15% 时,最大储能模量增加了 0.8 MPa. 颗粒含量的增加提高了样品的磁致模量. 同时,还发现添加了不同粒径的 GMRP 的储能模量基本一样,说明石墨粒径对其储能模量没有影响. 研究结果还表明,剪切模量的增加只与颗粒体积分数有关,并没有涉及粒径的影响. 图 15.22 给出了不同样品的黏度与剪切率的关系. 随着样品中铁粉颗粒的增加,样品黏度显著提升. 而且增加石墨片含量也能增加样品黏度. 与图 15.21 中不同的是,石墨粒径也能影响 GMRP 的黏度,颗粒越大,黏度越大. GMRP 极大的储能模量及黏度说明其性能与传统的磁流变弹性体及磁流变胶有很大的区别. 通过聚氨酯基体与磁流变塑性体的形貌特征可以发现聚氨酯会随时间推移发生冷流,而添加铁粉时磁流变塑性体能够抵抗一定的外力,从而维持一定的外形.

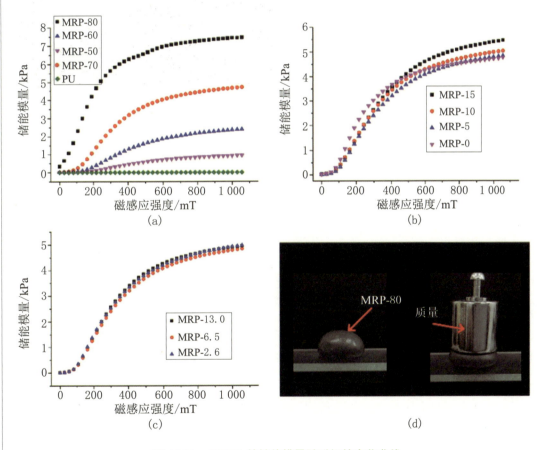

图 15.21　GMRP 的储能模量随磁场的变化曲线

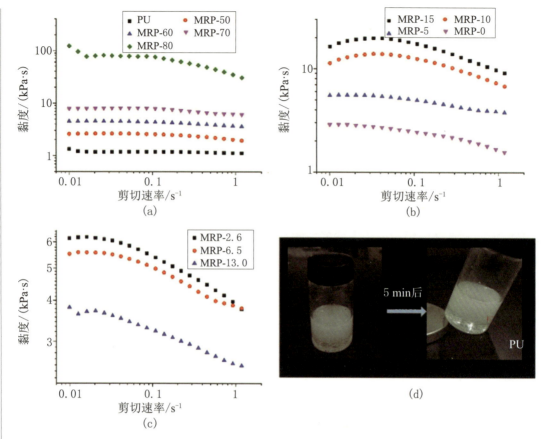

图 15.22　GMRP 黏度随剪切率变化曲线

(d) 是纯聚氨酯样品实物.

15.3.2　石墨增强型磁流变塑性体的电学性能测试

本小节测试了 GMRP 在不同磁感应强度下的伏安特性曲线,见图 15.23. 测试过程中电压从 -4 V 线性增加到 $+4$ V. 实验结果显示,不同磁感应强度下的数据线都是过原点的直线,说明样品在直流电压下可以看作纯电阻元件且其电阻不随电压变化而变化. 因而电阻可以通过电压与电流相除得到. 随着磁感应强度的增加,直线斜率增大,说明导电性能提高. 同时,由于仪器测试量程的限制,当样品在较大磁场作用下通电电流会增大,因此电压会略有下降以使电流在量程范围内. 总之,初步测试说明 GMRP 电阻对磁场响应敏感,因此接下来具体测试了磁场对 GMRP 电阻的影响.

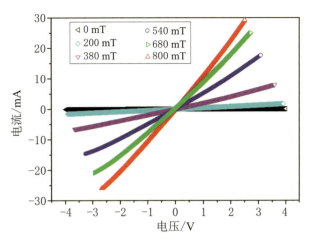

图 15.23　不同磁感应强度下 GMRP-5 的伏安特性曲线

如图 15.24 所示，随着磁感应强度的增加，GMRP 的电阻先迅速减小，然后减小趋势变慢．拐点值与样品储能模量对应的饱和磁感应强度相同．虽然样品中的铁粉颗粒会在磁场作用下形成链状结构，但是颗粒间存在间隙，因而 GMRP 的初始电阻值很大．当施加磁场时，颗粒间的磁偶极子力使得颗粒与颗粒间更加紧密，电阻减小．当施加 780 mT 磁场时，MRP-15 的电阻从 22 kΩ 减小到 2.5 Ω，导电性提高了约 8 000 倍．当然，除了磁场对 GMRP 电阻的影响外，添加石墨片也能极大地降低样品的电阻．其中 MRP-5 的电阻除比不添加石墨片样品的电阻小 2 个量级外，其磁场控制范围也增大了，电阻变化范围跨越 5 个量级．随着样品中石墨含量的增加，样品的电阻可以进一步减小．添加 15% 的石墨片可以使 GMRP 的初始电阻从 200 MΩ 减小到 22 kΩ，导电性能提高了 10 000 倍．当然继续添加石墨时导电性能的提升不再明显，10% 的石墨含量使电学性能最优．因此通过磁场与添加石墨含量能够使 GMRP 的电阻在极大范围内进行调节，在实际应用中具有很大优势．

我们还测试了不同铁粉质量分数与不同粒径石墨片改良的磁流变塑性体的电阻，见图 15.25．对不同铁粉质量分数的样品，随着磁感应强度从 0 mT 增加到 780 mT，其导电性都增加了 1 000 倍以上．随着铁粉质量分数的增加，样品的磁致电阻变化区间变大．随着样品中铁粉质量分数的增加，样品在 780 mT 时电阻从 112 000 Ω 减小到 6 600 Ω，但是在无磁场时电阻反而增大．MRP-80 的电阻在无磁场时大于 MRP-50 的电阻，这是由于前者黏度更大，颗粒间的结构更难形成，因此当磁场较小时对磁场不敏感，电阻增大．最后，研究了添加不同粒径大小的石墨片对样品导电性能的影响．如图 15.25(b) 所示，添加更小石墨片的 GMRP 的电阻更小．当石墨含量相同时，粒径越小则颗粒数目越多．越多的石墨颗粒分布在颗粒之间，使得样品电阻越小．而当石墨粒径大于铁粉颗粒时,较大的石墨颗粒只是取代部分铁粉颗粒,基本不会减小样品的电阻.

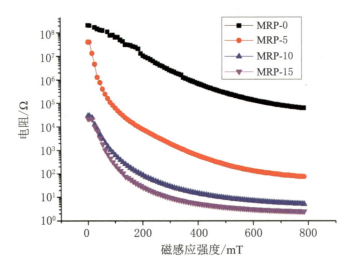

图 15.24　不同石墨质量分数的 GMRP 的电阻随磁感应强度变化

其中铁粉质量分数为 70%.

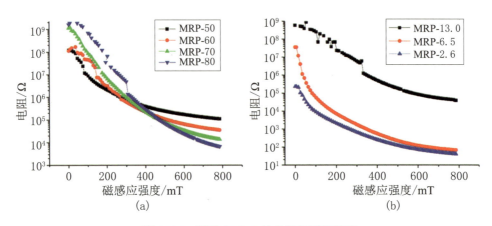

图 15.25　不同 GMRP 的电阻与磁场关系

(a) 石墨质量分数为 5%,粒径为 6.5 μm;(b) 铁粉质量分数为 70%,石墨质量分数为 5%.

15.3.3　石墨增强型磁流变塑性体的电学性能与微观结构关系

图 15.26 给出了 GMRP 内部颗粒微结构的扫描电镜图,所有样品拍摄前都经过预结构处理.从图 15.26 可以看出,经过预结构过程处理后,各样品内部铁粉颗粒沿磁场方向排成链状结构.但是由于磁流变塑性体的基体为高分子胶体,铁粉颗粒并没有如磁流

变液那样被固定在基体中. 因而撤掉磁场后只能大致保持链状结构,此时颗粒间会有一基体填充的间隙. 除了球状的铁粉颗粒,还能观测到许多片状颗粒,即石墨片. 当石墨片粒径小于铁粉时,石墨片均匀分布在铁颗粒之间,不受磁场的影响. 当石墨粒径与铁粉粒径相当时,石墨颗粒分布在铁粉颗粒链之间. 而当石墨片粒径大于铁粉时,石墨片横列在颗粒链之间,其存在反而阻碍部分铁粉颗粒链结构的形成. 总体而言,石墨片的存在对铁粉颗粒的微结构影响不大.

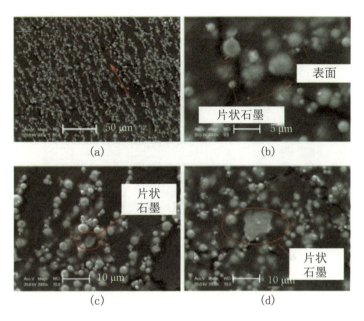

图 15.26 不同粒径石墨增强型 GMRP 的 SEM 图

(a) MRP-13.0,石墨片粒径为 13 μm;(b) MRP-2.6,石墨片粒径为 2.6 μm;
(c) MRP-6.5,石墨片粒径为 6.5 μm;(d) MRP-13.0.

为了进一步研究 GMRP 的导电机制,我们在磁偶极子理论的基础上提出了一个颗粒–颗粒电阻模型. 首先,我们假设所有铁矿颗粒直径相同,并且在预结构过程处理之后形成完全对称的结构. 从图 15.26 可以看出铁粉颗粒之间有一聚合物填充的间隙. 由于基体的电阻要远大于铁粉颗粒的电阻,因而整个 GMRP 的电阻主要由颗粒间隙的电阻决定,称为隧道电阻. 在图 15.27 中,在每两个相邻颗粒间都存在一层高分子机体. 当颗粒间隙很小时,在一定电压下会形成隧道电流. 由于隧道电阻要远大于颗粒本身的电阻,因此忽略铁粉的电阻. 而在颗粒链之间的高分子基体不能导电. 因此只要知道隧道电阻就能推导出整个样品的电阻. 在低电压模式下,隧道电流的电导率由以下公式给出:

$$J = \left(3(2m\varphi)^{1/2}/(2e)\right)(E_c/d)^2 V \times \exp\left(-(4\pi e/d)(2m\phi_0)^{1/2}\right) \tag{15.6}$$

式中 m 为电子质量，E_c 代表电子电量，φ 是方波电势差，d 是普朗克常量，V 是间隙两端电压. 可以看出，电导率 J 随着间隙 e 的增大按指数规律衰减. 对于两球形接触间的圆弧平面，电导率随着间距增大而减小. 同时，由于电导率 J 随间隙间距 e 变化比较明显，而通过实验的手段很难测量得到颗粒的间隙 e，显然要精确求解隧道电阻难以实现. 这里我们假设当间距小于 h 时才会形成隧道电流，h 与 e 的具体数值未知. 随着颗粒间距的变化，当 h 固定时相应的导电面积发生变化. 同时，此区域的电阻率 ρ 满足如下关系：

$$\rho = \rho_0 e \exp(0.86e) \tag{15.7}$$

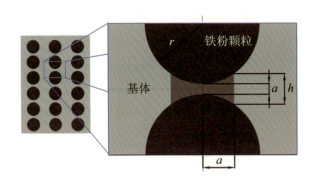

图 15.27 颗粒–颗粒电阻模型示意图

深黑色圆形代表铁粉颗粒，浅灰色区域代表基体，深灰色区域代表隧道电流的流通区域.

如图 15.28 所示，颗粒间距 e 可以表示为

$$e = h + 2r(\cos\theta - \cos\phi) \quad (0 \leqslant \phi \leqslant \theta) \tag{15.8}$$

将公式进行泰勒展开，并忽略三阶以上小量，则隧道电阻满足如下关系：

$$R = \frac{1}{G} = 1 \Big/ \int_0^\theta \frac{2\pi r \sin\phi \, \mathrm{d}\phi}{\rho_0 e^2 \exp(0.86\theta)}$$

$$\approx 1 \Big/ \int_0^\theta \frac{2\pi r \phi \, \mathrm{d}\phi}{\rho_0 \left(h + r\left(\varphi^2 - \theta^2\right)\right)^2 \left(1 + 0.86\left(h + r\left(\phi^2 - \theta^2\right)\right) + 0.86^2 (h + r(\phi^2 - \theta^2))^2\right)/2}$$

$$\approx 1 \Big/ \int_0^\theta \frac{2\pi r \phi \, \mathrm{d}\phi}{\rho_0 h \left(1 + 0.86h + 0.86^2 \dfrac{h^2}{2}\right) \left(h + r\left(\phi^2 - \theta^2\right) \dfrac{2h + 3 \times 0.86 h^2 + 2 \times 0.86^2 h^3}{h + 0.86 h^2 + 0.5 \times 0.86^2 h^3}\right)}$$

$$\approx 1 \Big/ \int_0^\theta \frac{2\pi r \phi \, \mathrm{d}\phi}{\rho_0 h \left(1 + 0.86h + 0.86^2 h^2/2\right) \left(h + 2r\left(\phi^2 - \theta^2\right)\right)}$$

$$\approx 1 \Big/ \int_0^\theta \frac{2\pi r \sin\phi \, \mathrm{d}\phi}{\rho_0 h \exp(0.86h) e'} \tag{15.9}$$

式中

$$e' = h + 4r(\cos\theta - \cos\phi) \approx e \tag{15.10}$$

可以发现,当间距为 h 时用电阻率代替整个区域的平均电阻率,只需要将间距 e 进行小幅调整即可. 同时,由于 θ 值也是小量,间距 e' 的变化也可以忽略. 这就说明,若 h 很小,间距变化时主要导电面积处的间距变化并不明显. 此时,只需要知道间距变化时导电面积的变化就能求得隧道电阻:

$$R = \rho\frac{\varepsilon}{A} \tag{15.11}$$

式中 A 是导电面积,满足如下关系:

$$A = \pi a^2 = \pi\left(r^2 - \left(r - \frac{h-e}{2}\right)^2\right) \approx \pi r(h-e) \tag{15.12}$$

其中间距 e 远小于铁粉颗粒半径 r. 至此,隧道电阻可以表示成间距 e 的函数,只要知道磁场作用下颗粒间距的变化就能得到样品电阻的变化.

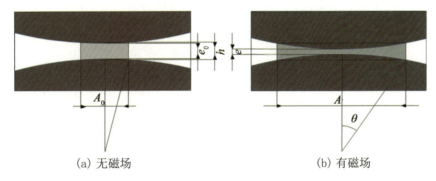

图 15.28 施加磁场前后示意图

由于 GMRP 的基体为黏弹性材料,在磁场作用下铁粉颗粒会在磁偶极子力的作用下沿着磁场方向移动,使得颗粒间距减小,导电性能提升. 为了表征颗粒间隙与磁致应力间的关系,用一个标准四元件模型来表征颗粒间隙处的黏弹性基体. 这个等效的分析模型包括两个弹簧与两个黏壶 (图 15.29). 当应力随时间线性增大即 $\sigma = kt$ 时,由以上模型可以推导出应力、应变间关系满足

$$\sigma = G\varepsilon_1 + \eta\frac{\mathrm{d}\varepsilon_1}{\mathrm{d}t} \tag{15.13}$$

其解为

$$\varepsilon_1(t) = \frac{kt}{G} - \frac{k\tau}{G}\left(1 - \mathrm{e}^{-t/\tau}\right) \tag{15.14}$$

式中 τ 是推迟时间,且 $\tau = \eta/G$. 对于聚氨酯基体,黏度 η 远大于 G,因此 τ 远大于时间 t,将式 (15.14) 泰勒展开后保留前两项,可以得到

$$\varepsilon_1(t) \approx \frac{kt}{G} - \frac{k\tau}{G}\left(1 - 1 + \frac{t}{\tau} - \frac{t^2}{2\tau^2}\right) = \frac{kt^2}{2G\tau} \tag{15.15}$$

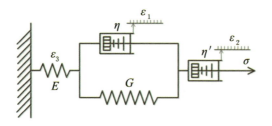

图 15.29　表征颗粒间隙处基体的标准四元件模型

进一步可以得到间距 e 的变化:

$$\delta e = e_0\left(\varepsilon_1 + \varepsilon_2 + \varepsilon_3\right) \approx e_0\left(\frac{kt^2}{2G\tau} + \frac{\sigma t}{2\eta'} + \frac{\sigma}{E}\right) = e_0\left(P_1 t^2 + P_2 t\right) \tag{15.16}$$

式中参数 P_1, P_2 与样品本身性能有关, 且 $P_1 = 0.5k\left(1/\eta + 1/\eta'\right)$, $P_2 = k/E$. 综合式 (15.11)、式 (15.12) 及式 (15.16), 可以得到两颗粒间的电阻为

$$R = \frac{\rho\left(1 - P_1 t^2 - P_2 t\right)}{\pi r\left(\dfrac{h - \theta_0}{\theta_0} + P_1 t^2 + P_2 t\right)} \tag{15.17}$$

至此, 我们即得到单位体积的电阻. 基于颗粒链状分布的假设, 单位体积的界面面积为

$$A' = \frac{4\pi r^2/3}{\phi\left(2r + e_0\right)} \approx \frac{2\pi r^2}{3\phi} \tag{15.18}$$

那么整个样品的电阻为

$$R' = R \cdot \frac{H}{2r + e_0} \cdot \frac{A'}{A''} \approx \frac{\pi r H}{3\phi A''} R \tag{15.19}$$

这里 H 是样品厚度, A'' 是样品截面面积, ϕ 是样品中的铁粉体积分数. 最终, 样品电阻表示为

$$R' = \frac{\rho H\left(1 - P_1 t^2 - P_2 t\right)}{3\phi A''\left(\dfrac{h - \theta_0}{\theta_0} + P_1 t^2 + P_2 t\right)} \tag{15.20}$$

上式中除了 k 与 t 外, 其他参数均由样品确定. 为了确定 k 的值, 我们采用了实验拟合的方法. 已有很多工作研究了磁场与磁致应力间的关系, 并考虑了颗粒分布、粒径大小及颗粒本身磁性等. 因此我们通过实验测试磁致法向应力与磁感应强度间的关系 (图 15.30).

从图 15.30 可以看出, 法向应力与磁感应强度间满足线性关系. 只有当铁粉质量分数达到 80% 时拟合误差才比较大. 这是因为当铁粉较多时, 颗粒微结构更加复杂, 不再是单链结构. 实际上, 颗粒间的磁偶极子力为

$$F = -\frac{3\mu_0 m^2}{2\pi \mu_p r^4} = k_1 m^2 \tag{15.21}$$

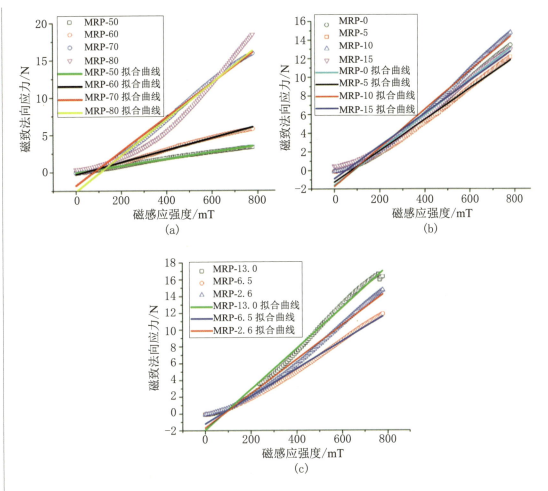

图 15.30 不同 GMRP 的磁致法向应力与磁感应强度间的关系

其中 m 是颗粒的磁化强度. 通常, 铁粉的磁化强度会随磁场增大而逐渐饱和, 大致满足如下关系:

$$m = k_2 B^{1/2} \tag{15.22}$$

因此, 在颗粒呈链状分布的假设下, 同样可以得到磁致法向应力与磁感应强度间的一个线性关系:

$$F = k_1 \left(k_2 B^{1/2}\right)^2 = k_f B \tag{15.23}$$

如图 15.31 所示. 表 15.4 给出了参数 k_f 的拟合结果.

在电阻测试过程中, 磁场随时间的变化率为 7.8 mT/s. 通过拟合结果可以得到

$$k = \frac{5.2 k_f}{\phi A''} \tag{15.24}$$

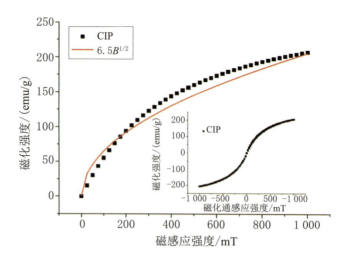

图 15.31 铁粉颗粒的磁滞回线及拟合曲线

表 15.4 参数 k_f 的线性拟合结果

样 品	MRP-50	MRP-60	MRP-70	MRP-80
$k_f/(\text{N/mT})$	0.004 6	0.008 1	0.023	0.024
样 品	MRP-0	MRP-5	MRP-10	MRP-15
$k_f/(\text{N/mT})$	0.019	0.017	0.021	0.018
样 品	MRP-13.0	MRP-6.5	MRP-2.6	
$k_f/(\text{N/mT})$	0.024	0.016	0.020	

同时,GMRP 的扫描电镜图显示石墨颗粒均匀分布在基体中. 由于石墨片是无磁性颗粒,磁场不能直接影响石墨颗粒的位置. 但是,实验结果显示添加石墨片能够极大地减小电阻. 为了表征石墨片的影响,引入一个参数 α. 当不含石墨片时,$\alpha = 1$. 最终样品的电阻可以表示为

$$R' = \frac{1.06\rho\left(1 - 16\,600 P_1 t^2/\phi - 16\,600 P_2 t/\phi\right)}{3\alpha\phi\left(\dfrac{h-\theta_0}{\theta_0} + \dfrac{16\,600 P_1 t^2}{\phi} + 16\,600 P_2 t/\phi\right)} \tag{15.25}$$

或者

$$R' = \frac{1.06\rho\left(1 - 280 P_1 B^2/\phi - 280 P_2 B/\phi\right)}{3\alpha\phi\left(\dfrac{h-\theta_0}{\theta_0} + 280 P_1 B^2/\phi - 280 P_2 B/\phi\right)} \tag{15.26}$$

式中 ρ, P_1, P_2 只与样品的基体性质有关,不随样品中铁粉及石墨含量的变化而变化. α,$(h-e_0)/e_0$ 为待定参数,可以通过其数值变化分析不同样品电阻的变化规律.

图 15.32 给出了不同铁粉含量的磁流变塑性体电阻的实验与理论拟合结果的对照情况. 可以发现, 理论结果能够预测电阻的变化趋势, 且当铁粉质量分数小于 70% 时理论结果与实验结果相符. 当铁粉质量分数增大时, 拟合误差增大, 这是因为随着铁粉颗粒含量的增加, 内部颗粒微结构更加复杂. 当磁感应强度较小时, 由于颗粒数目的增加, 颗粒移动所受阻力增大, 因此实际电阻要比拟合结果大, 即对较小的磁感应强度不敏感. 当磁感应强度增大时, 铁粉质量分数大的样品会形成更加复杂的颗粒结构, 使得实际电阻又低于拟合结果. 同时, 对于 MRP-80, 在法向力拟合时就存在较大误差, 使得最终拟合结果误差很大. 表 15.5 给出了相关拟合参数的数值. 我们发现, 随着样品中铁粉颗粒的增加, 相对初始间距 $(h-e_0)/e_0$ 反而减小, 意味着颗粒初始间距增大, 说明颗粒增加后, 在预结构过程中颗粒更难移动. 特别是无磁场时, 由于布朗运动等因素, 颗粒的初始间距增大. 而不同样品的石墨影响因子 α 的值为同一量级, 说明石墨颗粒对不同铁粉质量分数的磁流变塑性体电阻有着相同的影响, 也说明了石墨片基本不会影响铁粉颗粒的移动.

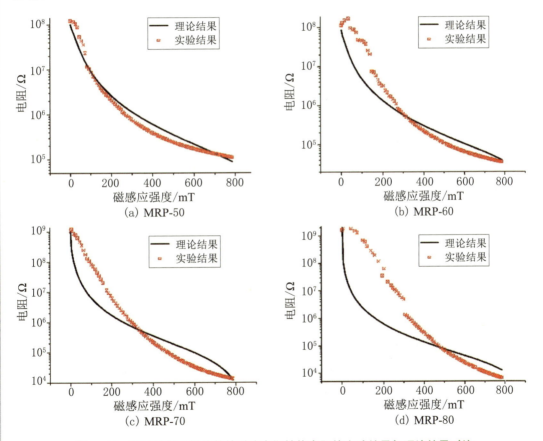

图 15.32 不同铁粉质量分数的磁流变塑性体电阻的实验结果与理论结果对比

表 15.5　相关数据拟合结果

样　品	MRP-50	MRP-60	MRP-70	MRP-80
$(h-e_0)/e_0$	0.000 5	0.000 35	0.000 08	0.000 01
α	4 479	5 119	1 333	3 626

图 15.33、图 15.34 给出了不同石墨含量及粒径的 GMRP 电阻的实验结果与理论结果的对照曲线. 整体来说,只需要调整 α 的值,理论结果就能够很好地拟合实验结果. 理论结果与实验结果误差在磁感应强度大于 500 mT 时增大,这是因为颗粒间距 e 不会无限减小,当减小到一定程度时,间距减小的阻力不再只是基体的阻碍作用,颗粒变形也会阻碍 e 减小的趋势. 表 15.6 给出了不同 GMRP 的石墨影响因子 α 的值. 随着石墨含量的增加,α 迅速增大,说明 GMRP 的导电性能迅速提高. 同时,石墨片大小也能影响 α. 样品 MRP-13.0 的 α 值为 0.5,而无石墨添加的样品的 α 值为 1,说明添加 13.0 μm 粒径的石墨,不仅不能提高样品的导电性,反而因为影响铁粉颗粒微结构而使电阻增大. 同时,MRP-2.6 的石墨影响因子 α 甚至达到了 MRP-13.0 的 8 000 倍,说明 MRP-2.6 的电导率是后者的 8 000 倍,与前面电阻测试结果相对应.

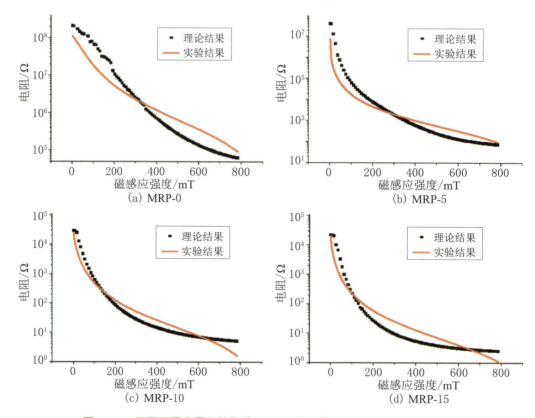

图 15.33　不同石墨含量和粒径的 GMRP 电阻的实验结果与理论结果对比

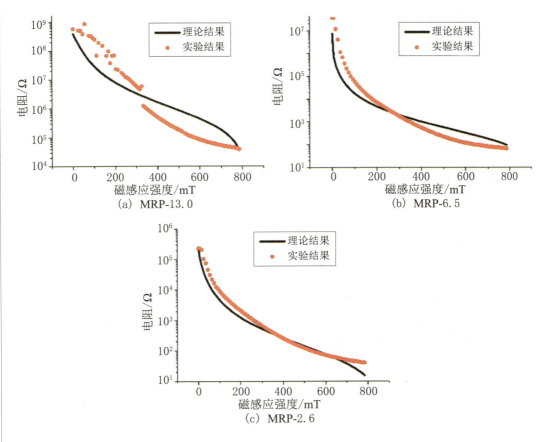

图 15.34 不同粒径石墨片的 GMRP 电阻的实验结果与理论结果对比

表 15.6 不同 GMRP 的石墨影响因子 α 的值

样品	MRP-0	MRP-5	MRP-10	MRP-15	MRP-13.0	MRP-6.5	MRP-2.6
α	1	1 333	40 000	100 000	0.5	1 333	4 000

为了进一步分析 GMRP 的导电机制,我们提出了一个可能的解释,如图 15.35 所示. 在本节中,石墨片起到的作用主要是连接基体中的导电颗粒. 无磁场时,铁粉颗粒和石墨片颗粒均匀分布在基体中,颗粒间隙很大,使得 GMRP 不导电. 经过预结构过程后,铁粉颗粒在磁偶极子力作用下移动并形成链状结构,这极大地提高了其导电性能. 但是颗粒间仍然存在一层高分子基体且很多颗粒链上也有缺陷,这是 GMRP 电阻的主要来源. 石墨片颗粒导电性良好且均匀分散在聚氨酯基体中,能够连接铁粉颗粒或者颗粒链,减小 GMRP 的电阻. 具体来讲,对于不同粒径的石墨片颗粒,其分散位置不同. 如图 15.26 所示,13.0 μm 的石墨片粒径大于铁粉颗粒,在连接不同铁粉链的同时也会阻碍颗粒链的形成,导致其电阻比不添加石墨片的磁流变塑性体的电阻还要大. 6.5 μm 的

石墨片粒径与铁粉颗粒相当,主要分布在颗粒链之间而形成更加复杂的网络,可减小电阻. 2.6 μm 的石墨颗粒主要分布在颗粒之间,增大了隧道电流的面积,也可减小电阻. 因此,GMRP 的电阻随着石墨片粒径减小而增大. 类似地,其电阻随着石墨片含量增大而减小.

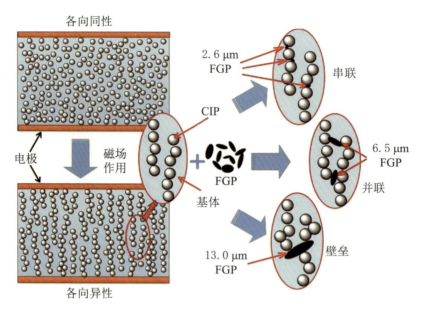

图 15.35　磁场作用下 GMRP 导电性能的机制示意图

15.3.4　石墨增强型磁流变塑性体的力电耦合性能

基于以上测试分析,可以得出 GMRP 的电阻可以通过磁场进行调节,这是由于磁场作用下颗粒间距会在磁偶极子力作用下发生变化. 研究结果还说明,剪切应变等外界激励也能够改变颗粒间距,因此 GMRP 的电阻也会随应变而变化. 这说明 GMRP 既能够作为驱动器通过磁场控制电阻变化,也能当作传感器通过电信号变化测试外界激励. 图 15.36 给出了在激励频率 1 Hz,应变为 100% 时 GMRP 法向力及电导率随时间的变化情况. 可以发现 GMRP 的电导率随应变周期振荡且变化周期是应变周期的一半. 在振荡过程中,GMRP 的电导率变化显著,可从 1 mS 增加到 3 mS. 图中显示 GMRP 的电导率与法向应力变化规律基本同步. 由于 GMRP 的电阻只与颗粒间距有关,法向应力增大一方面说明结构应变小,另一方面也说明颗粒间挤压力增大. 这两个原因都会使颗粒间距减小,样品导电性提高. 同时,我们研究了法向应力与剪切应变间的关系,能够进一步得出剪切应变与电导率间的联系. 对 GMRP 电学性能的测试与表征还能够辅助验证颗粒微结构的演化规律,有利于进一步研究宏观力学性能与颗粒微结构的联系.

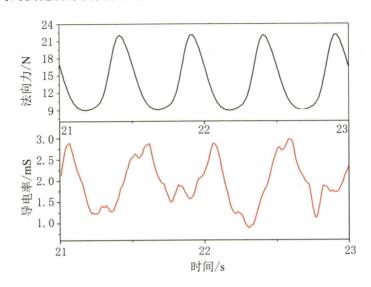

图 15.36　振荡剪切过程中 GMRP 的法向力与电导率随时间的变化

运用 GMRP 电阻磁场可控的特性,制备了一个磁场可控的电阻开关并测试了其在不同磁场作用下的表现. 如图 15.37(a) 所示,将两个平行电极固定在 GMRP 两边且密封好,从而形成一个磁控电阻开关. 无磁场时电阻很大,灯泡不亮,施加磁场后灯泡亮度可以通过调节磁场,进而调节回路电流来进行调控. 图 15.37(b) 显示了在周期性方波磁场作用下回路电流随时间的变化情况. 结果显示回路电流随磁场强度增大迅速增大,响应时间在 1 s 以内. 实际上,回路电流可以在 10 ms 以内达到饱和值的 90%. 同样,当磁场归零时回路电流迅速减小,意味着此磁控开关响应迅速且重复性良好. 此外,此磁控开关不仅响应迅速,内部通电电流及响应时间还能够通过改变磁场进行调控. 如图 15.37(c) 所示,在一个阶梯磁场作用下,回路中电流随着磁场强度最大值的增大而增大,灯泡亮度提升,意味着此开关的通电电流也能通过磁场调节. 而且,调节磁场强度的增加速度还能够控制回路中电流的增加速度. 通过控制磁场的增加速度,使磁感应强度分别在 5,20 及 100 s 内从 0 mT 增加到 780 mT. 可以发现,电流也会根据磁场强度的增加速度在相应的时间内增加到最大值. 因此开关接通的时间也能通过磁场进行调控,有利于保护电器在脉冲电流下不发生损坏. 这些优点使得磁控开关可以应用在智能控制领域,避免电子器件在快速或者较大通电电流下发生损坏.

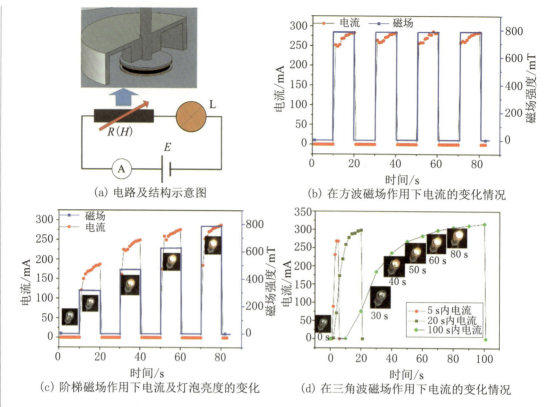

图 15.37　利用 MRP-15 制备的磁控电阻及其性能测试

将磁控电阻与一个小灯泡、电流表、电源串联,从而形成简单电路.

15.4　剪切变硬磁流变塑性体

15.4.1　剪切变硬磁流变塑性体的制备

二甲基硅氧烷、硼酸和乙醇均购于国药集团化学试剂有限公司,以用来制备高分子基体材料. 过氧化苯甲酰为硫化剂. 羰基铁粉 (CN 系列, 铁粉含量超过 99.5%) 购于巴斯夫公司, Fe_3O_4 粒子购于国药集团化学试剂有限公司. 所有的试剂都是分析纯且未经过特殊处理.

先将硼酸在 160 ℃ 高温下处理 2 h, 脱水得到焦硼酸. 再将质量分数为 15% 的焦硼酸和 81% 的二甲基硅氧烷以及少量乙醇均匀混合, 放置到高温环境中聚合处理数小时, 冷却即可得到相应的聚合物基体.

用开放式橡胶混炼机 (图 15.38) 将聚合物基体、不同质量分数的填料和过氧化苯甲酰均匀混合, 再将不同质量分数的上述材料在 100 ℃ 下硫化处理数小时即可. 本节中, 填料 (羰基铁粉和 Fe_3O_4) 的质量分数分别为 0%, 20%, 40%, 60% 和 70%. 为方便起见, 由不同质量分数的羰基铁粉和 Fe_3O_4 填充的复合材料 (MPC) 分别被命名为 MPC-CI-X 和 MPC-Fe_3O_4-Y, 其中 X 和 Y 分别为粒子的质量分数. 例如, MPC-CI-70% 表示羰基铁粉含量为 70% 的多功能复合材料. 另外, 本节也制备了羰基铁和 Fe_3O_4 混合粒子填充的复合材料, 命名为 MPC-CI-X/Fe_3O_4-Y, 同样, X 和 Y 分别为粒子的质量分数, 且保证 $X+Y$ 为 60%.

图 15.38 开放式橡胶混炼机

15.4.2 剪切变硬磁流变塑性体的基本化学性质与微观结构

红外测试仪 (Nicolet 8700) 用于测试聚合物基体红外光谱, 测试范围为 4 000~500 cm^{-1}. 场发射扫描电子显微镜 (JSM-6700F) 用于观测羰基铁粉和 Fe_3O_4 粒子的形貌. 光学显微镜 (TK-C921EC) 用于研究 MPC-CI, MPC-Fe$_3$O$_4$ 和 MPC-CI/Fe$_3$O$_4$ 样品的微观结构. 热重分析是在氮气环境中进行的. 图 15.39 是聚合物基体的 Fourier 变换红外光谱, 测试范围为 4 000~500 cm^{-1}. 2 950 cm^{-1} 处的吸收峰对应—CH$_3$ 的伸缩振动, 1 350 cm^{-1} 处的特征峰是由 B—O 振动引起的, 1 275 cm^{-1} 处的强吸收峰表明了 Si—CH$_3$ 键的存在, 1 100 cm^{-1} 处的峰值对应 Si—O 键, 在 890 和 860 cm^{-1} 处的强吸收峰说明反应过程中形成了 Si—O—B 键. 图 15.40 是聚合物基体的 X 射线衍射谱. 在 28.2° 处的吸收峰表明基体中存在 BO$_3$—基团.

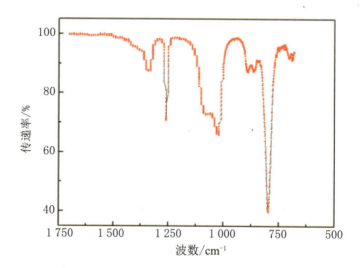

图 15.39　剪切变硬胶聚合物基体的 Fourier 变换红外光谱

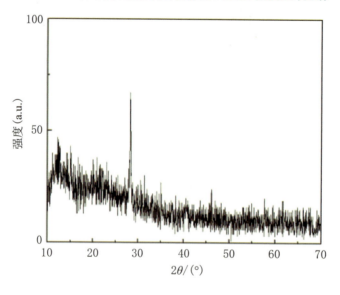

图 15.40　聚合物基体的 X 射线衍射谱

由热重分析可知,在 150 ℃ 时质量损耗是由基体吸收的水分蒸发和 Si—CH$_3$ 中甲基分解造成的,在 250~400 ℃ 时材料质量降低是由 Si—O、Si—C 和 Si—O—B 的分解造成的. 当温度达 400 ℃ 时,纯基体几乎完全分解,而 MPC-CI-60%、MPC-Fe$_3$O$_4$-60% 和 MPC-CI/Fe$_3$O$_4$ 等只损失了 40% 的质量,剩余 60% 的粒子质量. 图 15.41(b) 是纯羰基铁的热重分析结果,可以看出羰基铁在升温过程中质量几乎不变,这与图 15.41(a) 的测试结果相吻合.

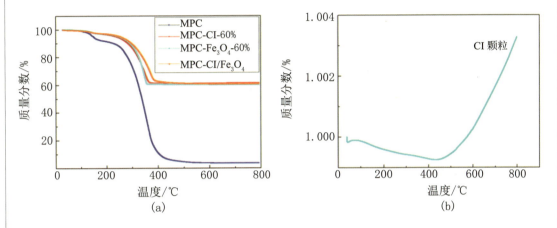

图 15.41　热重分析结果

在图 15.42(a) 和 (b) 中,Fe$_3$O$_4$ 粒子为多面体形,直径约为 700 nm,羰基铁粉颗粒为球形,平均直径为 3.6 μm. 图 15.42(c)、(d) 和 (e) 分别为 MPC-CI-60%、MPC-CI-30%/Fe$_3$O$_4$-30% 和 MPC-Fe$_3$O$_4$-60% 样品的光学显微图片,在图 15.42(c) 中,羰基铁粉颗粒均匀分布;图 15.42(d) 中是 30% 的羰基铁粉颗粒和 30% 的 Fe$_3$O$_4$ 粒子,其中只能看到部分粒子,说明 Fe$_3$O$_4$ 粒子无法用光学显微镜观测;在图 15.42(e) 中几乎无法看到粒子,这与图 15.42(d) 相吻合;在图 15.42(f) 中,可以看到羰基铁粉在磁场作用下呈粒子链状,说明该材料的磁场响应性能良好.

15.4.3　剪切变硬磁流变塑性体的基本流变学性能

材料的磁滞回线是用磁滞回线仪测试得到的. 另外,材料的流变性能是通过流变仪 (Physica MCR 301) 测试得到的. 测试样品的直径为 20 mm,厚度为 0.68 mm. 测试包括两个部分:频率扫描和磁流变测试. 在频率扫描测试中,材料应变设置为 0.1%,剪切频率从 0.1 Hz 增加到 100 Hz. 在磁流变测试过程中, 剪切频率为 10 Hz, 磁场强度由 0 mT 增加到 1 200 mT. 复合材料表现出了塑性, 所以可以被塑造成不同形状. 图 15.43 中用锤子快速冲击材料, 材料表现出固态性能, 所以在图 15.43(a) 中可以看到表面只有一个很浅的凹痕. 有趣的是, 当缓慢压缩时, 材料呈现出塑性, 图 15.43(d) 中的深孔即表明材料在低应变率压缩条件下呈现出柔性. 另外, 当快速拉伸时, 材料突然断裂, 呈现出变硬性能, 而缓慢拉伸时, 材料极为柔软, 难以拉断 (图 15.43(d) 和 (f)).

图 15.42　不同粒子和不同样品的实验照片

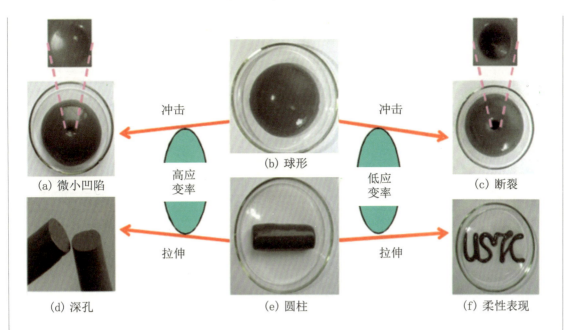

图 15.43　MPC-CI-60% 的塑性实验

由图 15.44(a) 可以看出,所有样品的储能模量 G' 随着剪切频率的增加而迅速上升. 以 MPC-CI-40% 为例,当刺激频率为 0.1 Hz 时,其最小储能模量 ($G'_{\min}$) 为 716 Pa;当频率达 100 Hz 时,储能模量为 1.99 MPa. 这一结果说明,随着剪切频率的增加,材料表现出了典型的剪切变硬性能,且储能模量增加了近 4 个数量级. 这一测试结果与图 15.43 中的现象相吻合. 另外,羰基铁粉含量也影响材料的剪切变硬性能. 例如,当羰基铁粉含量达 60% 时,其最大储能模量高达 2.95 MPa. 所以,可以得出结论:该材料在剪切力或冲击作用下可以表现出优良的变硬性能. 在图 15.44(b) 中,MPC-Fe_3O_4 样品也表现出了类似性能. 为了比较剪切变硬性能,本节定义了相对剪切变硬效应 (RSTe) 来量化比较该刺激–响应性能:

$$\text{RSTe} = \frac{G'_{\max} - G'_{\min}}{G'_{\min}} \times 100\% \tag{15.27}$$

由表 15.7 和表 15.8,可以看出虽然纯基体的 RSTe 值变化较大,但其储能模量较小 (最大储能模量为 0.44 MPa),难以满足实际工程的需要. 另外,可以发现由于 Fe_3O_4 粒子尺寸为纳米级,远小于羰基铁的尺寸,所以其力学增强效应也高于同等质量分数的羰基铁粉颗粒. 在表 15.7 和表 15.8 中,MPC-Fe_3O_4-60% 和 MPC-CI-60% 的最大储能模量分别为 3.28 MPa 和 2.95 MPa. 在图 15.8(c) 中,可以看到所有杂化样品的储能模量是介于 MPC-Fe_3O_4-60% 和 MPC-CI-60% 之间的,这也说明了 Fe_3O_4 的力学增强效应要高于羰基铁粉颗粒.

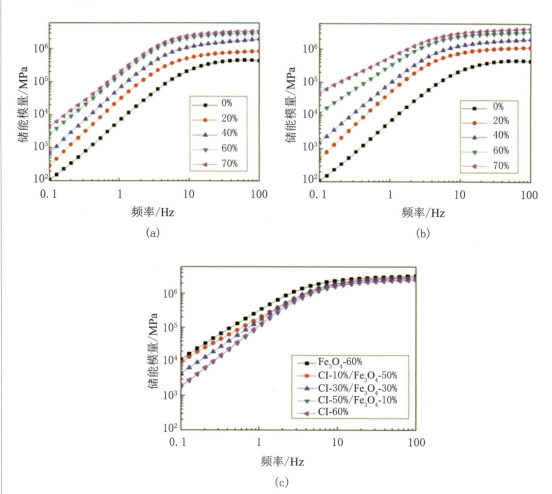

图 15.44　MPC-CI，MPC-Fe$_3$O$_4$ 和 MPC-CI/Fe$_3$O$_4$ 在不同频率下储能模量的变化测试结果

表 15.7　在频率扫描测试中 MPC-CI 的 $G'_{\min}$，$G'_{\max}$ 和 RSTe

CI 含量	$G'_{\min}$/MPa	$G'_{\max}$/MPa	RSTe
0%	1.08×10^{-4}	0.44	404 529.63%
20%	2.91×10^{-4}	0.84	288 526.24%
40%	7.16×10^{-4}	1.99	277 018.53%
60%	2.61×10^{-3}	2.95	112 980.17%
70%	4.32×10^{-3}	3.50	80 811.62%

表 15.8　在频率扫描测试中 MPC-Fe$_3$O$_4$ 的 $G'_{\min}$, $G'_{\max}$ 和 RSTe

Fe$_3$O$_4$ 含量	$G'_{\min}$/MPa	$G'_{\max}$/MPa	RSTe
0%	1.08×10^{-4}	0.44	404 529.63%
20%	4.87×10^{-4}	1.12	230 416.82%
40%	1.53×10^{-3}	2.01	131 578.64%
60%	1.15×10^{-3}	3.28	28 456.52%
70%	4.58×10^{-3}	4.16	8 983.77%

15.4.4　剪切变硬磁流变塑性体的磁流变效应

有趣的是，复合材料样品在磁场刺激下可以被塑造成不同形态 (图 15.45)．图 15.46 是样品的磁滞回线测试结果，而且所有样品均表现出软磁性能．MPC-Fe$_3$O$_4$-60%、MPC-CI-60%、羰基铁粉颗粒和 Fe$_3$O$_4$ 粒子的饱和磁化强度分别为 59.5, 160.7, 207.2 和 111.3 emu/g. 由于其极高的饱和磁化强度，在磁场作用下 MPC-CI 的响应储能模量也比 MPC-Fe$_3$O$_4$ 的高.

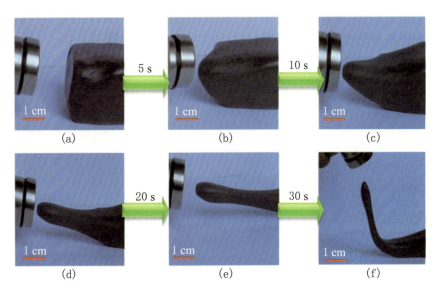

图 15.45　MPC-CI-60% 的磁响应测试情况

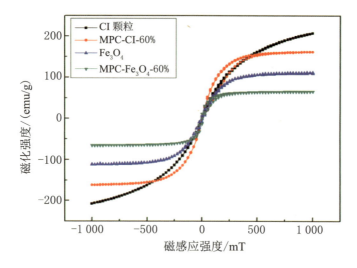

图 15.46 MPC-Fe$_3$O$_4$-60%、MPC-CI-60%、羰基铁粉颗粒和 Fe$_3$O$_4$ 粒子的磁滞回线

图 15.47 是 MPC-CI, MPC-Fe$_3$O$_4$ 和 MPC-CI/Fe$_3$O$_4$ 在磁场作用下的储能模量变化测试结果. 类似地, 上述复合材料的力学性能也受到磁场变化的显著影响. 在图 15.47(a) 中, 可以看到 MPC-CI 表现出了明显的磁流变效应. 测试结果表明, 随着磁场强度的增加, 样品的储能模量先增加, 最后达到饱和值, 且随着羰基铁粉含量不断增加, 储能模量也显著增大. 另外, 磁场对于 MPC-CI-0% 的性能几乎没有影响. 磁场引起的储能模量的增大主要是由于粒子链的形成所引起的 (图 15.47(f)). 磁场对于 MPC-Fe$_3$O$_4$ 的性能影响较小 (图 15.47(b)), 即使 Fe$_3$O$_4$ 的质量分数达到 70%, 其 G' 的变化值也较小. 基于上述分析, 毫无疑问, MPC-CI/Fe$_3$O$_4$ 的磁流变效应也随着羰基铁粉含量的增加而增大 (图 15.47(c)). 相对磁流变效应 (RMe) 由下面的公式计算得到:

$$\text{RMe} = \frac{G'_{\max} - G'_{\min}}{G'_{\min}} \times 100\% \tag{15.28}$$

其中 $G'_{\max}$ 是磁场作用下样品的最大储能模量, $G'_{\min}$ 是样品的初始模量, 表 15.9 和表 15.10 给出了相关信息. 可以看出 MPC-CI 的最大磁流变效应为 255%, 这比以前报道的很多磁流变材料的都大.

为了进一步探究复合材料样品的内在性能, 本节也测试了用磁场和不同频率的剪切应力同时刺激 MPC-CI-60% 和 MPC-Fe$_3$O$_4$-60% 时的储能模量变化. 从图 15.48 可以看出, 相比于单一刺激, 用双重刺激时, 样品的储能模量显著增大. 当保持剪切频率一定时, 材料的储能模量随着磁场强度的增加而变大. 同样, 储能模量也与剪切频率成正比. 基于上述分析, MPC-CI-60% 比 MPC-Fe$_3$O$_4$-60% 表现出了更强的力学性能, 这说明 MPC-CI 对磁场更加敏感, 且力学增强效应更显著. 所以, 通过控制外界磁场和剪切频率的变化,多功能复合材料的力学性能可以实现定向控制,且 G' 的变化区域也显著扩大.

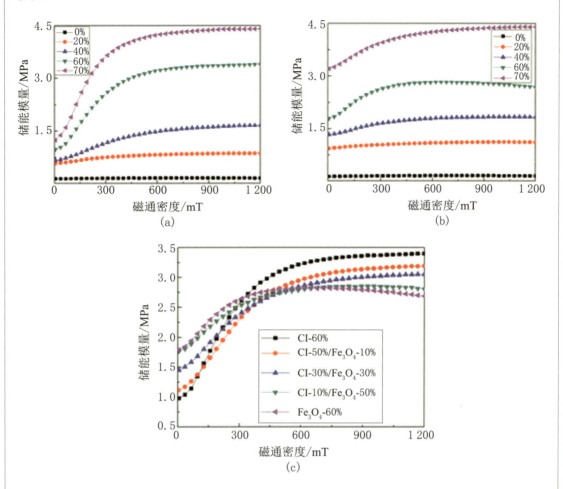

图 15.47　MPC-CI,MPC-Fe$_3$O$_4$ 和 MPC-CI/Fe$_3$O$_4$ 在磁场作用下储能模量的变化测试结果

表 15.9　在频率扫描测试中 MPC-CI 的 $G'_{\min}$,$G'_{\max}$ 和 RMe

CI 含量	$G'_{\min}$/MPa	$G'_{\max}$/MPa	RMe
0%	0.14	0.15	13.5%
20%	0.57	0.87	51.07%
40%	0.67	1.67	150.64%
60%	0.98	3.40	246.59%
70%	1.24	4.42	255.84%

表 15.10　在频率扫描测试中 MPC-Fe$_3$O$_4$ 的 $G'_{\min}$,$G'_{\max}$ 和 RMe

Fe$_3$O$_4$ 含量	$G'_{\min}$/MPa	$G'_{\max}$/MPa	RMe
0%	0.14	0.15	13.5%
20%	0.93	1.12	19.99%
40%	1.34	1.84	37.60%
60%	1.79	2.69	50.31%
70%	3.21	4.41	37.30%

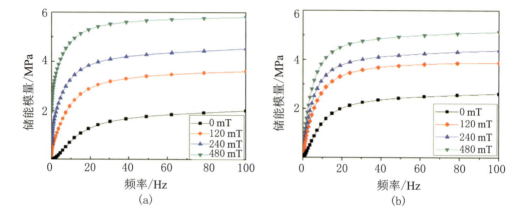

图 15.48　MPC-CI-60% 和 MPC-Fe$_3$O$_4$-60% 在磁场和剪切应力作用下储能模量的变化

第 16 章

磁流变塑性体微观结构的演化机制

　　材料的宏观力学性质或力学行为,都直接依赖于材料的微观结构,而对于磁敏智能材料,其材料微观结构依赖性就显得更加显著. 磁流变塑性体宏观的磁致变形、约束条件下的磁致应力、有外磁场和无外磁场条件下的剪切力学行为,都与其微观的磁敏颗粒聚集结构密切相关. 因此,研究磁流变塑性体的宏观力学行为与其微观颗粒聚集结构的关系,即探索磁流变塑性体宏观磁致力学行为的微观结构基础,就显得十分必要. 鉴于此,本章将尝试建立磁流变塑性体的微观结构分析模型,并讨论其与材料宏观力学行为的关系.

　　从磁流变塑性体材料的组成来看,其主要由磁敏颗粒相、非磁敏基体相以及各种添加剂组成,而颗粒相和基体相是主要的两种组分,所以本章将首先讨论磁流变塑性体内磁敏颗粒和基体的基本力学模型,然后讨论磁流变塑性体在外磁场作用下,内部颗粒与颗粒、颗粒与基体的相互作用,建立磁敏颗粒的运动方程. 根据在外磁场作用下的颗粒运动方程,应用颗粒动力学分析方法,可以预测颗粒聚集微观结构的形成及演化过程,讨论磁流变塑性体在均匀外磁场作用下微观结构的演化,即考察单元体系基于微观结构的力学性质. 接着讨论磁流变塑性体在非稳定外磁场作用下微观结构的演化过程,即考察磁流变塑性体微观颗粒聚集结构随外磁场变化而变化的特性,分析微观结构演化与磁流变塑性体宏观力学性质变化的关系.

16.1 磁流变塑性体的微观结构分析模型

对磁流变塑性体微观结构分析模型的建立,主要考虑磁敏颗粒的力学分析模型、基体的力学分析模型以及颗粒与基体混合后材料的组合模型及相应的力学性质. 对于磁敏颗粒模型,主要考虑其磁化模型及颗粒粒径分布模型,对于基体的力学模型,主要考虑其整体的流变学行为的表征模型,再考虑颗粒与基体复合后的材料力学模型. 制备磁流变塑性体时,可以有多种磁敏颗粒和多种高分子聚合物选择,本章选择巴斯夫公司生产的 CN 型羰基铁粉作为磁敏颗粒,以可以屈服流动的聚氨酯软材料作为基体. 下面简要介绍聚氨酯基磁流变塑性体的制备过程.

首先,塑性基体由甲苯二异氰酸酯 (TDI;东京化学工业株式会社生产) 和聚丙二醇 (PPG-1000;购自西格玛奥德里奇公司 (上海) 贸易有限公司) 按照 3:1 比例合成得到. 将前述原料依次加入三颈圆底烧瓶,加热至 75 ℃ 并保持 2 h. 在此期间内,要用搅拌棒充分搅拌混合物. 然后将温度降到 65 ℃ 并加入 1,4-丁二醇 (BDO;国药集团化学试剂有限公司生产) 作为扩链剂. 1 h 后,滴入少量的辛酸亚锡和适量的丙酮 (均由国药集团化学试剂有限公司生产) 到烧瓶里,以便加速试剂间的交联反应,同时避免样品凝结. 搅拌 20 min,塑性基体的合成过程就完成了. 一旦完成塑性基体合成,随即快速向基体中加入预先准备好的羰基铁粉,并且充分搅拌,尽可能使羰基铁粉均匀分散,待混合物冷却后即可得到磁流变塑性体.

16.1.1 颗粒的力学模型

在通常情况下,如图 16.1(a) 所示,CN 型羰基铁粉 (CIP-CN) 呈细小的灰色粉末状. 图 16.1(b) 和 (c) 分别给出了 CN 型羰基铁粉在不同尺度下的扫描电镜图像,可以得到其粒径在 5 μm 左右.

图 16.1　CN 型羰基铁粉在不同尺度下的形貌

对于 CN 型羰基铁粉,其组成、含量以及基本物理性质如表 16.1 所示.

表 16.1　CN 型羰基铁粉的组成、含量以及基本物理性质

元素	单位	含量值	测试方法
Fe(铁)	g/100 g	最小 99.5	计算
C(碳)	g/100 g	最大 0.03	IRS(RCA/Q-C 296)
N(氮)	g/100 g	最大 0.01	TDC(RCA/Q-C 297)
O(氧)	g/100 g	0.10~0.25	IRS(RCA/Q-C 297)
振实密度:4.0 g/cm³		真密度:7.2 g/cm³	

对于 CN 型羰基铁粉的粒径分布情况,根据丹东百特仪器有限公司采用 BT-2001 型激光粒度分布仪 (干法) 的粒度测试及分析报告,可知 CN 型羰基铁粉的粒径分布情况概要如下:

CN 型羰基铁粉的粒径跨度为 1.30~16.43 μm,中位径为 5.46 μm;体积平均径为 5.96 μm,面积平均径为 4.81 μm,长度平均径为 3.85 μm,比表面积为 0.40 m²/g,遮光率为 10.19%,跨度为 1.28,拟合残差为 0.79%.

表 16.2 和图 16.2 分别给出了 CN 型羰基铁粉的粒径分布统计情况和粒径分布曲线. 可以看出,羰基铁粉的粒径并不是单一的,也不是几个粒径值,而是在较大范围内连续分布.

表 16.2　CN 型羰基铁粉的粒径分布统计情况

粒径百分位	D3	D6	D10	D16	D25	D50	D75	D84	D90	D100
粒径/μm	2.17	2.54	2.89	3.31	3.89	5.46	7.60	8.78	9.88	16.43
粒径/μm	1.25	1.67	2.22	2.95	3.93	5.23	6.96	9.26	12.32	16.43
累积含量/%	0.00	0.64	3.33	10.86	25.77	46.57	68.82	86.90	97.35	99.98

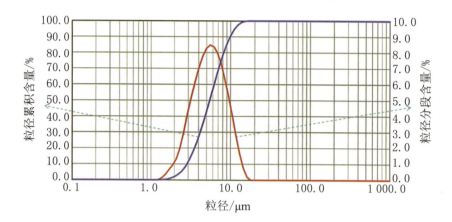

图 16.2　CN 型羰基铁粉的粒径分布曲线

粒径分布统计分析表明,羰基铁粉符合对数正态分布规律,可以用如下对数正态分布函数来表征粒径分布:

$$P(d) = \frac{1}{d\sigma\sqrt{2\pi}} \exp\left(-\frac{(\ln d - \mu)^2}{2\sigma^2}\right) \tag{16.1}$$

其中 $P(d)$ 是粒径的概率分布密度函数,d 是粒径,如图 16.3 所示,$\mu=1.96$ 和 $\sigma=0.50$ 分别是 $\ln d$ 的平均值和标准差. 可以看出,CN 型羰基铁粉的粒径可以用对数正态分布函数很好地进行拟合,尽管拟合曲线在颗粒粒径比较大 ($d>12.0$ μm) 时存在一定的误差.

至此,CN 型羰基铁粉的粒径分布函数就确定了下来,其他类型的磁敏材料的粒径分布函数也可以用类似的方法得到.

对于 CN 型羰基铁粉在外磁场作用下的磁化性能,我们用 SQUID-VSM 磁学测量系统 (美国量子设计有限公司生产),分别测试了 CN 型羰基铁粉在 300 和 400 K 温度下的磁滞回线. 图 16.4 给出了 CN 型羰基铁粉的磁滞回线测试结果. 可以看到,CN 型羰基铁粉的磁化呈现出软磁性,即羰基铁粉在外磁场作用下会迅速磁化,而撤去外磁场后,羰基铁粉也会快速退磁到极低的剩磁状态或恢复到无磁状态,这将为羰基铁粉在磁流变材料中的应用奠定了基础. 羰基铁粉之所以为软磁性材料,是由其材料自身的磁特性及粒径的大小决定的. 一般认为,当磁敏颗粒的粒径为几十纳米时,颗粒呈单磁畴状态, 即颗粒本身已经达到自发磁化饱和状态, 磁化强度和磁矩大小是确定的, 而磁矩方向会受外磁场的影响. 对于 CN 型羰基铁粉, 其颗粒粒径在 5 μm 左右, 颗粒体积约为单磁畴体积的 10^6 倍, 所以颗粒整体处于多磁畴状态, 每一个磁畴都有一个小磁矩. 在无外磁场作用下, 颗粒内部的多磁畴取向是杂乱随机的, 从而导致整体磁矩接近于零, 因此颗粒整体并不显现出磁性. 而当颗粒处于外磁场中时, 颗粒内部的磁畴会受外磁场的影响而使得磁畴的磁矩方向趋向于外磁场的方向, 从而颗粒内部磁畴的磁矩从统计意义上来说就具有一定的宏观取向性, 导致颗粒在外磁场作用下会磁化并产生整体磁矩. 随着外磁场逐渐增强, 颗粒内部的小磁矩取向更加趋于外磁场方向, 使得颗粒整体的磁矩随着外磁场的增强而增强, 最终在外磁场足够强的情况下达到饱和磁化状态. 但撤去外磁场后, 颗粒内部多磁畴的磁矩取向会因为分子热运动的作用而迅速被打乱, 从而恢复为整体无磁状态. 从图 16.4 也可以看到, 在温度较高 (400 K) 时, 颗粒的磁化强度要低于颗粒在温度较低 (300 K) 时的磁化强度. 这是因为在温度较高的情况下, 颗粒内部的分子热运动比较剧烈, 干扰了颗粒内部小磁矩沿外磁场方向的取向能力. 当温度足够高时, 大于磁敏颗粒材料的居里温度后, 分子热运动的动能将大于外磁场对颗粒材料磁化的作用势能, 颗粒内部磁矩将处于动态随机分布状态, 而不会被外磁场磁化.[8]

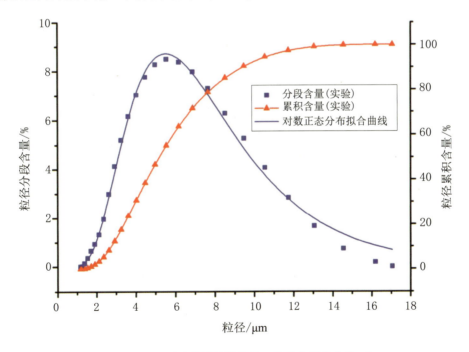

图 16.3 CN 型羰基铁粉的粒径正态分布拟合曲线 (I)

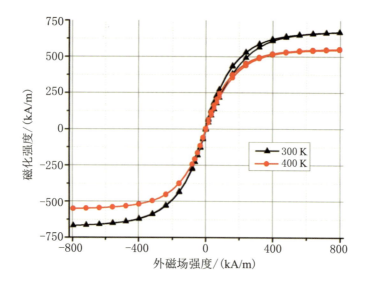

图 16.4　CN 型羰基铁粉的粒径正态分布拟合曲线 (Ⅱ)

图 16.5 给出了 CN 型羰基铁粉的初始磁化性能曲线. 经过分析, 可以用如下公式对该羰基铁粉的初始磁化曲线进行拟合：

$$M = M_s \left(1 - e^{-\chi H_{\text{ext}}}\right) \tag{16.2}$$

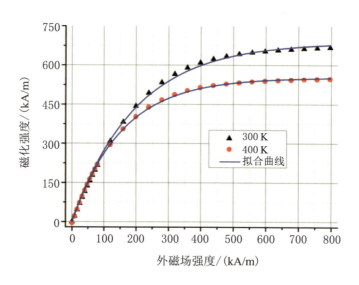

图 16.5　CN 型羰基铁粉的粒径正态分布拟合曲线 (Ⅲ)

其中 M 和 M_s 分别是铁粉颗粒的磁化强度和饱和磁化强度，H_{ext} 是外磁场强度，χ 是自适应磁化系数. 在环境温度为 300 K 时，$M_s = 6.9 \times 10^5$ A/m，$\chi = 5.06 \times 10^{-6}$ m/A.

在环境温度为 400 K 时,$M_s = 5.54 \times 10^5$ A/m,$\chi = 6.42 \times 10^{-6}$ m/A. 可以看到拟合曲线与实验数据吻合较好.

至此,我们建立了 CN 型羰基铁粉的磁化曲线描述模型,其他种类的磁敏颗粒也可按照类似的方法建立相应的磁化曲线模型.

16.1.2 基体的力学模型

这里所讨论的磁流变塑性体的基体为聚氨酯 (Polyurethane, PU),它是指主链中含有氨基甲酸酯特征单元的一类高分子聚合物. 要合成聚氨酯,至少需要两种物质作为反应剂:一种是含有异氰酸酯官能团的化合物,另一种是含有活性氢原子的化合物. 然后按照如图 16.6 所示的反应式进行化学反应.

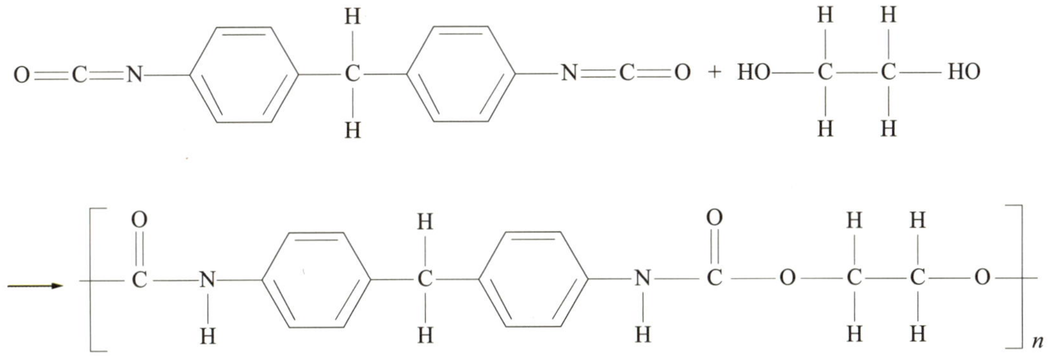

图 16.6 聚氨酯合成反应式

图 16.6 中的 "—N=C=O" 与 "HO—" 反应生成 "—NH—(C=O)—O—" 氨基甲酸酯的链节单元. 参加反应的化合物的物理和化学性质会对聚合反应效率以及化合反应生产的聚氨酯的物理性质产生影响. 此外,为了控制和改善反应工艺和聚合物的性能,通常会添加辅助剂,如催化剂、交联剂、发泡剂、表面活性剂、光稳定剂、阻燃剂以及填料等. 聚氨酯基体按本节开头的流程即可制得. 通过控制不结晶的软段和结晶的硬段之间的比例,可以调节聚氨酯多样化的力学性能. Wilson 等研究并发展了聚氨酯和硅凝胶基磁流变新材料,发现可以通过控制反应剂和稀释剂的相对浓度来定量地控制所制得的磁流变材料的流变学性质. 由此,我们可以研究磁流变材料的各种性质.

图 16.7 是聚氨酯基体力学行为分析模型,给出了基本弹簧单元和黏壶单元串联组

成的 Maxwell 黏弹性模型 (图 16.7(a))、弹簧单元和黏壶单元并联组成的 Kelvin 黏弹性模型 (图 16.7(b))，以及多单元组合的四参数 Maxwell-Kelvin 黏弹性模型 (图 16.7(c))。这些分析模型可以用来描述大多数材料的黏弹性力学行为。对于 Maxwell 黏弹性模型，在端部应力为 $\sigma(t)$，总应变为 $\varepsilon(t)$ 时，满足如下力学关系式：

$$\dot{\varepsilon} = \frac{\dot{\sigma}}{E} + \frac{\sigma}{\eta} \tag{16.3}$$

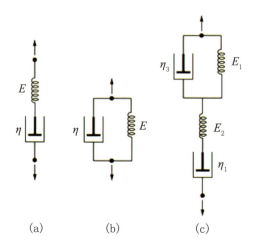

图 16.7　聚氨酯基体力学行为分析模型

此即 Maxwell 材料的微分本构方程，是建立在位移叠加基础之上的，其中 $\dot{\varepsilon}$ 为总应变随时间的变化率，$\dot{\sigma}$ 为应力变化率，E 为弹簧单元的弹性模量，η 为黏壶单元的黏度参数。对于 Kelvin 黏弹性模型，有

$$\sigma = E\varepsilon + \eta\dot{\varepsilon} \tag{16.4}$$

上式建立在应力叠加基础之上。对于 Maxwell-Kelvin 黏弹性模型，有

$$\begin{cases} \sigma = \eta_1\dot{\varepsilon}_1 = E_2\varepsilon_2 = E_3\varepsilon_3 + \eta_3\dot{\varepsilon}_3 \\ \varepsilon = \varepsilon_1 + \varepsilon_2 + \varepsilon_3 \end{cases} \tag{16.5}$$

上式即 Maxwell-Kelvin 黏弹性模型的黏弹性应力–应变本构关系。

16.1.3　磁流变塑性体的屈服流动行为

磁流变塑性体为磁敏颗粒掺杂到非磁敏橡皮泥状基体中所复合成的颗粒增强型复合材料，所以磁流变塑性体的力学性质既取决于颗粒的力学性质，又取决于基体的力学性质,还依赖于颗粒与基体的相互作用. 相对于纯基体的力学性质而言,向基体中加入磁敏羰基铁粉颗粒后,所得到的复合磁流变塑性体的力学性质会有所变化. 这种变化一方面类似于向溶液中分散加入颗粒悬浮体后,其黏度所产生的变化,当颗粒分散体系的浓度较稀时,可以用爱因斯坦浓度关系式来描述由于颗粒的加入对溶液整体黏度变化的影响. 另一方面,磁敏颗粒的加入直接改变了复合材料体系相对于纯基体而言的磁学性能,尤其是在外磁场作用下的流变性能. 图 16.8 给出了羰基铁粉质量分数 70% 的聚氨酯基磁流变塑性体样品 (MRP-70) 在室温 (25 ℃) 下的剪切流变曲线,可知其剪切应力-应变率关系可以由 Bingham 模型来表征:

$$\tau = \tau_0 + \eta \dot{\gamma} \tag{16.6}$$

其中 τ 为剪切应力,τ_0 为剪切屈服应力,η 为动力学黏度,$\dot{\gamma}$ 为剪切率. 在剪切率范围 $0.0 \sim 5.0 \text{ s}^{-1}$ 内,整体而言,可得 $\tau_0 = 4.16 \text{ kPa}, \eta = 10.7 \text{ kPa}$. 实验数据显示,在剪切速率比较小时整体 Bingham 模型会存在一定的误差. 在剪切速率连续慢速增加的剪切测试中,其剪切应力相比于突然施加恒定剪切速率的剪切载荷时要小很多,这说明磁流变塑性体的剪切力学行为或性能是与加载过程密切相关的. 也就是说,在当前载荷作用下,磁流变塑性体表现出的力学行为不仅与当前载荷有关,而且与载荷达到当前载荷水平前的加载过程有关,说明磁流变塑性体的力学行为具有明显的时间历程效应.

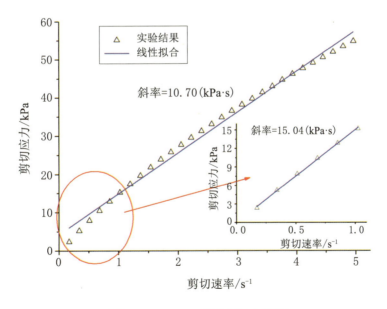

图 16.8　MRP-70 的剪切流变曲线

16.2 磁敏颗粒运动方程的建立

在对组成磁流变塑性体的颗粒和基体的物理模型有了认识之后,我们接下来将分析磁流变塑性体在外磁场作用下力学响应的微观结构动力学基础,首先分析磁流变塑性体在外磁场作用下,其内部颗粒与颗粒的相互作用,也就是对磁敏颗粒进行受力分析. 在明确颗粒受力后,需要考虑颗粒与基体的相互作用,进一步分析颗粒在基体中运动时的受力情况. 之后,根据颗粒间的相互作用力和基体对颗粒的作用力,就可以建立磁敏颗粒的运动方程. 最后应用颗粒动力学方法,预测磁流变塑性体在外磁场作用下,其内部磁敏颗粒聚集结构的形成和演化过程,进而为分析磁流变塑性体宏观力学性能与其微观颗粒聚集结构的关系奠定基础.

16.2.1 磁敏颗粒在外磁场中的磁化

当一个直径为 d_i 的颗粒 i 放置于均匀外磁场 $\boldsymbol{H}$ 中的 $\boldsymbol{r}_i$ 处时,它将被磁化并获得磁矩:

$$\boldsymbol{m}_i = \boldsymbol{M} V_i = \boldsymbol{M}_s \left(1 - \mathrm{e}^{-\chi H}\right) V_i \tag{16.7}$$

其中 $\boldsymbol{m}_i$ 是颗粒磁化的磁矩,$\boldsymbol{M}$ 为颗粒的磁化强度,$\boldsymbol{M}_s$ 是颗粒的饱和磁化强度,这三个矢量的方向与外磁场 $\boldsymbol{H}$ 的方向相同;V_i 是颗粒的体积,H 是外磁场的强度大小,χ 是颗粒材料在磁化时的自适应磁化系数. 磁化后的颗粒 i 会在其周围空间产生诱导磁场:

$$\boldsymbol{H}_i = -\frac{\boldsymbol{m}_i}{4\pi r_{ii}^3} + \frac{3\left(\boldsymbol{m}_i \cdot \boldsymbol{r}_{ii}\right) \boldsymbol{r}_{ii}}{4\pi r_{ii}^5} \tag{16.8}$$

其中 $\boldsymbol{r}_{ii}$ 是空间任意位置点相对于颗粒 i 中心位置 $\boldsymbol{r}_i$ 的空间位置向量,r_{ii} 是 $\boldsymbol{r}_{ii}$ 的大小.

先不考虑颗粒间在磁化过程中的相互影响,当另一个颗粒 j 放置在该均匀外磁场 $\boldsymbol{H}$ 中的 $\boldsymbol{r}_j$ 处时,同理,它将被磁化并在其周围空间产生诱导磁场:

$$\boldsymbol{H}_j = -\frac{\boldsymbol{m}_j}{4\pi r_{jj}^3} + \frac{3\left(\boldsymbol{m}_j \cdot \boldsymbol{r}_{jj}\right) \boldsymbol{r}_{jj}}{4\pi r_{jj}^5} \tag{16.9}$$

其中 m_j 为颗粒 j 的磁矩,r_{jj} 是空间任意位置点相对于颗粒 j 中心位置 r_j 的空间位置矢量,r_{jj} 是 r_{jj} 的大小. 接下来,考虑颗粒 j 磁化后产生的磁场对颗粒 i 的影响. 令颗粒 j 到颗粒 i 的空间位置矢量为 $r_{ij} = r_i - r_j$,则由于颗粒 j 磁化后产生的空间诱导磁场在颗粒 i 处的磁场矢量为

$$H_{ij} = -\frac{m_j}{4\pi r_{ij}^3} + \frac{3(m_j \cdot r_{ij})r_{ij}}{4\pi r_{ij}^5} \tag{16.10}$$

当向均匀外磁场中先后置入 N 个磁敏颗粒时,这 N 个颗粒独立磁化后所产生的诱导磁场在颗粒 i 处的磁场矢量叠加为

$$\sum_{j=1,j\neq i}^{N} H_{ij} = \sum_{j=1,j\neq i}^{N} \left(-\frac{m_j}{4\pi r_{ij}^3} + \frac{3(m_j \cdot r_{ij})r_{ij}}{4\pi r_{ij}^5} \right) \tag{16.11}$$

所以颗粒体系在外磁场中磁化时,颗粒 i 受到的外磁场总和为

$$H_i = H + \sum_{j=1,j\neq i}^{N} H_{ij} = H + \sum_{j=1,j\neq i}^{N} \left(-\frac{m_j}{4\pi r_{ij}^3} + \frac{3(m_j \cdot r_{ij})r_{ij}}{4\pi r_{ij}^5} \right) \tag{16.12}$$

从而颗粒 i 的磁矩可进一步更新为

$$m_i = M \cdot V_i = M_s \left(1 - \exp\left(-\chi \left| H + \sum_{j=1,j\neq i}^{N} H_{ij} \right| \right) \right) \cdot V_i \tag{16.13}$$

磁矩方向同

$$\widehat{m}_i = \widehat{M} = \frac{H + \displaystyle\sum_{j=1,j\neq i}^{N} H_{ij}}{\left| H + \displaystyle\sum_{j=1,j\neq i}^{N} H_{ij} \right|} \tag{16.14}$$

这里 $\widehat{m}_i$ 为颗粒 i 的磁矩的单位矢量.

上述颗粒 i 的磁化过程只是体现了颗粒体系在均匀外磁场作用下磁化过程中针对某一个颗粒磁化的一步迭代计算,采用了暂态线性叠加方法,即认为在某一个瞬时,除了所针对的这个颗粒外,其他颗粒的磁矩是不变的. 真实情况下颗粒体系达到磁化稳定状态需要的时间是很快的,但要从计算上趋近于真实情况,需要无穷多步上述磁化步骤的颗粒扫描性循环迭代计算. 而这样的计算从实际应用来看显然是不能够完成的,所以一般只是迭代 10 多次即认为颗粒体系达到了磁化稳定状态. 并且为了计算时间的有效性,当颗粒的数量较多时,必须减少迭代次数.

16.2.2 颗粒与颗粒间的磁相互作用力

磁敏颗粒与颗粒之间的磁相互作用力是导致磁敏颗粒聚集形成结构的最主要驱动力，因此要首先分析颗粒间的磁相互作用力. 从上一小节可知，磁敏颗粒体系在外磁场作用下达到稳定磁化后，可以近似把每一个颗粒看作一个具有磁矩的点磁偶极子. 这是最基础的磁敏颗粒分析模型，也是目前广泛采用的分析模型，可以满足一般规律性的定性计算要求. 本小节将在点磁偶极子模型的基础上，进一步讨论对现有点磁偶极子模型的修正，但同时也要使修正后的分析模型在进行大量颗粒体系计算时具有实际可操作性和计算时间的有效性 (即在实际计算过程中计算机运算时间不宜过长).

对于磁化稳定后磁矩分别为 $\boldsymbol{m}_i$ 和 $\boldsymbol{m}_j$、相对位置矢量为 $\boldsymbol{r}_{ij}$ 的颗粒 i 和颗粒 j，它们之间的磁相互作用力可用典型的点磁偶极子模型来描述：

$$\boldsymbol{F}_{ij}^{\text{dipole}} = \frac{15\mu_0}{4\pi r_{ij}^7 \mu_1}(\boldsymbol{m}_i \cdot \boldsymbol{r}_{ij})(\boldsymbol{m}_j \cdot \boldsymbol{r}_{ij})\boldsymbol{r}_{ij} \\ - \frac{3\mu_0}{4\pi r_{ij}^5 \mu_1}((\boldsymbol{m}_i \cdot \boldsymbol{m}_j)\boldsymbol{r}_{ij} + (\boldsymbol{m}_j \cdot \boldsymbol{r}_{ij})\boldsymbol{m}_i + (\boldsymbol{m}_i \cdot \boldsymbol{r}_{ij})\boldsymbol{m}_j) \quad (16.15)$$

其中 μ_1 和 μ_0 分别为颗粒和基体的磁导率. 上式即普遍使用的最简单的点磁偶极子之间的相互作用力模型，但此模型只适用于颗粒间距远大于粒径的情况，而在用此模型进行近距磁性颗粒间的相互作用时存在较大误差.

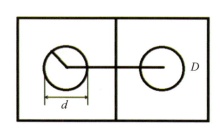

图 16.9 磁敏颗粒均匀分散的简单模型

在常规的磁流变材料中，如磁流变液、磁流变弹性体以及磁流变塑性体等，一般磁敏羰基铁粉颗粒的体积分数 ϕ 在 5.0%～35.0% 范围内. 用图 16.9 所示的简单模型可以大致估算磁流变材料内颗粒间距 D 与粒径 d 间的关系：

$$\frac{\pi d^3/6}{D^3} = \phi, \quad 即 \quad \frac{D}{d} = \sqrt[3]{\frac{\pi}{6\phi}} \quad (16.16)$$

由此可以知道，当颗粒体积分数较小 ($<5.0\%$) 时，可以认为在颗粒均匀分散的情况下颗粒间距是远大于粒径的. 但当颗粒体积分数较大 ($>15.0\%$) 时，颗粒间距不再远大于粒径，如果继续用点磁偶极子模型进行计算，所得计算结果将会有较大误差. 例如，当

ϕ=30.0% 时, $D/d \approx 1.204$, 即颗粒间距与粒径相差不大, 所以必须对磁偶极子模型进行修正.

下面来讨论如何修正近距磁性颗粒间相互作用的力学模型. 为简化计算分析, 从两个磁性颗粒间的磁相互作用势能出发进行分析. 对于磁化稳定后磁矩分别为 $\boldsymbol{m}_i$ 和 $\boldsymbol{m}_j$、相对位置矢量为 $\boldsymbol{r}_{ij}$ 的颗粒 i 和颗粒 j, 如果将它们看作磁偶极子, 则它们之间的磁相互作用势能为

$$U_{ij}^m = \frac{\mu_0}{4\pi}\left(\frac{\boldsymbol{m}_i \cdot \boldsymbol{m}_j}{r_{ij}^3} - \frac{3}{r_{ij}^5}(\boldsymbol{m}_i \cdot \boldsymbol{r}_{ij})(\boldsymbol{m}_j \cdot \boldsymbol{r}_{ij})\right) \tag{16.17}$$

一般情况下, 当颗粒间距远大于粒径时, 可以认为上述磁偶极子模型是适用的. 针对近距磁敏颗粒的相互作用, 如图 16.10 所示, 将单个颗粒看作由若干个磁化强度为 M、体积为 $\mathrm{d}v$ 的小单元构成, 而把每个小体积元看作一个小的磁偶极子. 由于两个颗粒上小单元的间距可以认为远大于小单元的尺寸, 所以可将均匀磁化下有限体积元的磁相互作用模型等效为点磁偶极子相互作用模型, 然后积分计算两个颗粒的相互作用势能, 则有

$$U_{12}^m = \frac{\mu_0}{4\pi}\left(\frac{\boldsymbol{m}_1 \cdot \boldsymbol{m}_2}{r_{12}^3} - \frac{3}{r_{12}^5}(\boldsymbol{m}_1 \cdot \boldsymbol{r}_{12})(\boldsymbol{m}_2 \cdot \boldsymbol{r}_{12})\right) \tag{16.18}$$

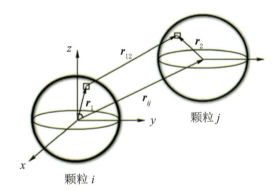

图 16.10 近距磁敏颗粒磁相互作用模型

再将小单元磁相互作用势能在颗粒 i 和颗粒 j 上积分, 得到

$$U_{ij}^m = \int_i \int_j U_{12}^m \mathrm{d}v_2 \mathrm{d}v_1 \tag{16.19}$$

具体的表达式为

$$U_{ij}^m = \int_0^{R_i} \int_0^\pi \int_0^{2\pi} \widehat{U}_{1j}^m r_1^2 \sin\phi_1 \mathrm{d}\theta_1 \mathrm{d}\phi_1 \mathrm{d}r_1 \tag{16.20}$$

其中

$$\widehat{U}_{ij}^m = \int_0^{R_j}\int_0^\pi\int_0^{2\pi}\frac{\mu_0}{4\pi}\left(\frac{\boldsymbol{m}_1 \cdot \boldsymbol{m}_2}{r_{12}^3} - \frac{3}{r_{12}^5}(\boldsymbol{m}_1 \cdot \boldsymbol{r}_{12})(\boldsymbol{m}_2 \cdot \boldsymbol{r}_{12})\right) r_2^2 \sin\phi_2 \mathrm{d}\theta_2 \mathrm{d}\phi_2 \mathrm{d}r_2$$

$$\begin{aligned}\boldsymbol{r}_{12} &= \boldsymbol{r}_{ij} - \boldsymbol{r}_1 + \boldsymbol{r}_2 \\ &= (r_{ij}\sin\phi\cos\theta - r_1\sin\phi_1\cos\theta_1 + r_2\sin\phi_2\cos\theta_2)\cdot\hat{\boldsymbol{x}} \\ &\quad + (r_{ij}\sin\phi\sin\theta - r_1\sin\phi_1\sin\theta_1 + r_2\sin\phi_2\sin\theta_2)\cdot\hat{\boldsymbol{y}} \\ &\quad + (r_{ij}\cos\phi - r_1\cos\phi_1 + r_2\cos\phi_2)\cdot\hat{\boldsymbol{z}} \end{aligned} \tag{16.21}$$

由上述的表达式无法得到 U_{ij}^m 的解析表达，只能用数值方法进行求解对比，并采用 Microsoft Visual C++ 编制相应的计算程序．

图 16.11 展示了粒径 $d=10\ \mu\text{m}$，磁化强度 $M=50\ \text{kA/m}$，颗粒间距为 D，颗粒首尾相向时，磁偶极子势能随 D/d 的变化情况．可以看出，磁偶极子势能随着颗粒间距的增大 (从初始的接触状态到间距为颗粒粒径的 8 倍)，其绝对值迅速减小，间距 D 超过 8 倍颗粒直径后，颗粒间的相互作用可以忽略 (一般的偶极子模型模拟时取截断半径为 7~8 倍粒径)．

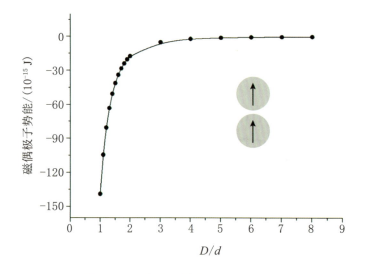

图 16.11 磁偶极子势能随 D/d 的变化

图 16.12 给出了近距颗粒积分计算所得的磁势能随 D/d 变化的情况及其积分计算所得的磁势能与按照偶极子模型计算所得的势能的对比误差．从所得的数据来看，通过积分计算所得的磁势能随着颗粒间距的增加而增加 (磁势能绝对值逐渐减小并快速趋于零)，说明间距增大后，颗粒间的磁势能会减小，颗粒间距大于粒径的 8 倍后，颗粒间的磁相互作用可以忽略．同时也可以看出，通过积分所得的磁性颗粒近距相互作用势能与磁偶极子作用势能误差很小 ($<0.5\%$)，且随间距增大快速减小．这说明积分所得磁势能和偶极子模型所得的磁势能具有高度一致性，也就是说，两种模型可以看作等效的．这与我们强调的，在采用磁偶极子模型计算颗粒间的相互作用时，要求颗粒间距远大于颗粒

自身尺寸相矛盾. 与磁敏颗粒在外磁场作用下磁化后的相互作用类似, 对铁磁性铬钢球在均匀外磁场中磁化后的相互作用力, Tan 和 Jones 设计了精巧的实验进行了测试, 他们测试了颗粒从接触状态到不同间距时的相互作用力. 测试结果表明, 当颗粒链的方向与外磁场方向平行时, 颗粒间的磁吸引力会增强. 研究中他们也将实验结果与计算结果进行了对比, 可知线性多极子展开能用于计算磁性颗粒间的相互作用力. 此外, Keaveny 和 Maxey 理论分析了磁流变液中顺磁颗粒间的相互作用, 他们比较了当前常用于计算顺磁颗粒间磁相互作用的方法, 引入了新的修正有限偶极子模型. 该模型把顺磁性颗粒看作一个电流密度的分布体, 并指出点磁偶极子模型在计算远距颗粒间的磁相互作用力时具有很好的精度, 但在计算近距颗粒间的磁相互作用时高阶多极子影响需要被考虑进来, 同时他们给出了在处理多体颗粒问题时将上述效应考虑进去的方法. 也就是说, 在考虑磁敏颗粒间的近距相互作用时, 必须考虑到高阶多极子的影响, 这在只用偶极子模型时并未考虑到, 从而导致了前述分析计算结果出现矛盾.

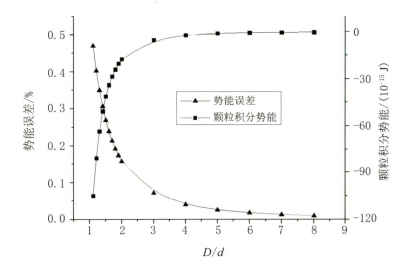

图 16.12　近距颗粒积分势能及其与偶极子模型势能对比误差

鉴于此, 为了进一步研究磁敏颗粒间的近距相互作用, 这里提出了一个简单易用的半经验公式, 用于计算近距磁敏颗粒间的磁相互作用力. 该公式主要在已普遍使用的磁偶极子模型的基础上添加了修正函数项, 用以提高磁偶极子模型计算磁性颗粒近距作用力的精确度. 该修正方法可通过有限参数调整实现计算精度显著提高. 图 16.13 给出了求解静磁场问题的一般求解方法和步骤: 首先根据磁场控制方程和边界条件, 求出所考虑空间的磁场分布解; 然后根据所求得的磁场分布解, 组成 Maxwell 应力张量; 最后将所得到的 Maxwell 应力张量沿物体表面法向进行积分求解, 即可得到物体在磁场中所受到

的磁作用力. 这些步骤是求解静磁场问题的基本步骤,也是一般步骤,但在处理实际的问题时,很多时候却是非常困难的.[9]

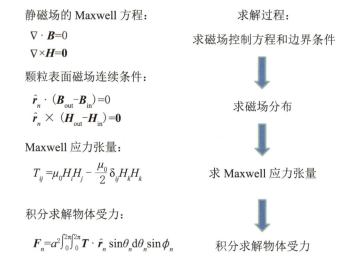

图 16.13 求解静磁场问题的一般方法和步骤

图 16.14 给出了近距、顺磁颗粒在外磁场作用下磁化后的两体相互作用模型. 此处,先将文献中关于磁敏颗粒两体相互作用的问题分析过程简要叙述如下:

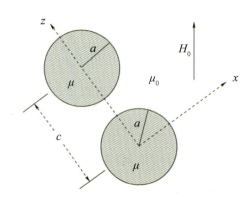

图 16.14 近距、顺磁颗粒两体相互作用模型

首先针对图 16.14 给出的分析模型,可以得到磁场的势函数:

$$\Phi_{\text{in}}^{(n)} = \sum_{l=0}^{\infty} \sum_{m=0}^{1} \alpha_{lm}^{(n)} r_n^1 P_l^m (\cos\theta_n) \cos m\phi$$
$$\Phi_{\text{out}} = -H_\perp x - H_\parallel z + \sum_{n=1}^{2} \sum_{l=0}^{\infty} \sum_{m=0}^{1} \beta_{lm}^{(n)} \frac{P_l^m(\cos\theta_n)}{r_n^{l+1}} \cos m\phi \qquad (16.22)$$

其中 $\Phi_{\text{in}}^{(n)}$ 为颗粒内部磁场的势函数分布，Φ_{out} 为颗粒外部空间磁场的势函数分布，(r_n, n, ϕ) 为以颗粒 n 为中心的球坐标参考系，相应的 Legendre 函数定义为

$$\mathrm{P}_l^m(\cos\theta) = (-1)^m \left(1 - \cos^2\theta\right)^{m/2} \frac{\mathrm{d}^m}{\mathrm{d}(\cos\theta)^m} P_l(\cos\theta) \tag{16.23}$$

经过一系列变换后可以解出外磁场分布函数如下：

$$H_r = \sum_{l=0}^{L}\sum_{m=0}^{1}\Bigg((l+1)\beta_{lm}^{(1)}\frac{\mathrm{P}_1^m(\cos\theta_1)}{r_1^{J+2}}$$
$$-\beta_{lm}^{(2)}\sum_{s=m}^{L}(-1)^{s+m}\binom{l+s}{s+m}s\frac{r_1^{s-1}}{d^{l+s+1}}\mathrm{P}_s^m(\cos\theta_1)\Bigg)\cos m\phi$$

$$H_\theta = -\sum_{l=0}^{L}\sum_{m=0}^{1}\Bigg(\frac{\beta_{lm}^{(1)}}{r_1^{l+2}}\frac{\mathrm{dP}_l^m(\cos\theta_1)}{\mathrm{d}\theta_1}$$
$$+\beta_{lm}^{(2)}\sum_{s=m}^{L}(-1)^{s+m}\binom{l+s}{s+m}\frac{r_1^{s-1}}{c^{l+s+1}}\frac{\mathrm{dP}_s^m(\cos\theta_1)}{\mathrm{d}\theta_1}\Bigg)\cos m\phi$$

$$H_\phi = \sum_{l=0}^{L}\Bigg(\frac{\beta_{l1}^{(1)}}{r_1^{l+2}\sin\theta_1}\mathrm{P}_l^1(\cos\theta_1)$$
$$+\beta_{11}^{(2)}\sum_{s=1}^{L}(-1)^{s+1}\binom{l+s}{s+1}\frac{r_1^{s-1}}{c^{l+s+1}\sin\theta_1}\mathrm{P}_s^1(\cos\theta_1)\Bigg)\sin\phi \tag{16.24}$$

根据上述所得结果，我们在进行数值计算时，采取：$L=30$(即做 30 次循环计算)；$l=0,1,2,\cdots,L$；$m=0,1$(Legendre 函数的求导次数)；$s=m, m+1, m+2, \cdots, L$. 然后按照所得的磁场分布来构建 Maxwell 应力张量：

$$T_{ij} = \mu_0 H_i H_j - \frac{\mu_0}{2}\delta_{ij}H_k H_k \tag{16.25}$$

再根据所构建的应力张量在颗粒表面的积分来计算颗粒的受力情况：

$$F_x = \int_{r_n=a} T_{xr}\mathrm{d}S, \quad F_y = 0, \quad F_z = \int_{r_n=a} T_{zr}\mathrm{d}S \tag{16.26}$$

上述过程，即使只针对两颗粒的相互作用也是一个很复杂的过程，而当颗粒体系中颗粒的数量增多时，几乎不可能得到有效的颗粒体系内磁场分布的解，所以要把上述分析结果用在颗粒体系中时必须进行简化，得到简单易用的计算公式．最简单的计算公式就是将上述分析结果与常规的点磁偶极子分析结果进行对比，在点磁偶极子模型的基础上添加函数项进行修正．为此，比较了上述两体问题分析所得的积分作用力与常规点磁偶极子作用力，并计算了不同颗粒构型下作用力之间的差．

首先,如图 16.15 中小图所示,当两个粒径相等的颗粒相互接触,且其中心连线与外磁场方向的夹角为 θ 时,将通过积分方法得到的颗粒受力和通过偶极子模型计算得到的颗粒受力的磁力差定义为

$$F_{\text{误差}} = \frac{F_{\text{积分}} - F_{\text{偶极子}}}{F_{\text{偶极子}}} \times 100\% \tag{16.27}$$

图 16.15 给出了两种方法所得到的颗粒间磁相互作用力的误差与夹角 θ 的关系,拟合公式为

$$F_{\text{误差}} = \left(\frac{60.17}{1 + e^{(\theta - 34.55)/12.52}} - 22.79 \right) \frac{1}{100} \times 100\% \tag{16.28}$$

其中的常数为曲线拟合常数,其物理意义暂不明确. 实验数据表明, 当夹角 $\theta \approx 39°$ 时, 磁力差基本为零;当夹角 $\theta=0°$ 时,即颗粒首尾相接并沿外磁场方向排列时,磁力差约为 33%,也就是说,通常使用的磁偶极子模型低估了首尾相接颗粒间的磁相互作用力;当夹角 $\theta=90°$ 时,即颗粒并列接触且中心连线与外磁场方向垂直时,磁力差约为 -23%,也就是说,在这种横向并列情况下通常使用的磁偶极子模型高估了颗粒间的磁相互作用力.

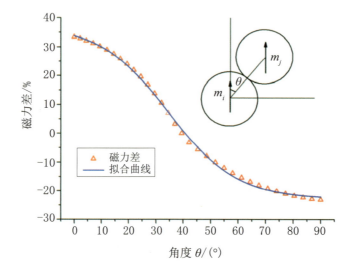

图 16.15 颗粒接触时积分所得作用力与点磁偶极子作用力的差

进一步,如图 16.16 所示,我们考察磁性颗粒在不同夹角 θ 下, 颗粒间磁相互作用力差与颗粒间距之间的关系. 图中 d_{ij} 为两个颗粒的平均直径,也就是两颗粒半径之和,横坐标的数值即为颗粒平均直径 d_{ij} 的倍数. 可以看到,随着颗粒间距的增加,颗粒间的磁作用力差会逐渐减小并趋于零,说明随着颗粒间距的增加,积分所得的颗粒间磁相互作用力与偶极子模型所得的磁相互作用力渐近等效. 当颗粒间距为颗粒半径之和的 1.5 倍时, 磁作用力差都收敛为零, 而渐近变化过程中磁作用力差随颗粒间距呈二次衰减的趋

势. 由此, 我们给出颗粒间距二次衰减收敛系数

$$\left(3 - \frac{2r_{ij}}{d_{ij}}\right)^2 \tag{16.29}$$

其中 r_{ij} 为颗粒间距. 当 $r_{ij} = d_{ij}$ 时, 即颗粒接触时, 收敛系数为 1, 磁作用力差取决于颗粒相对位置的夹角. 而当 $r_{ij} = 1.5d_{ij}$ 时, 收敛系数为 0, 磁作用力差与颗粒间的相对位置没有关系, 即偶极子模型是适用的.

综合式 (16.28) 和式 (16.29), 我们提出用以描述磁性颗粒近距磁相互作用力的半经验公式

$$F_{ij}^m = \begin{cases} c_m \cdot F_{ij}^{\text{dipole}}, & d_{ij} \leqslant r_{ij} \leqslant 1.5d_{ij} \\ F_{ij}^{\text{dipole}}, & r_{ij} > 1.5d_{ij} \end{cases} \tag{16.30}$$

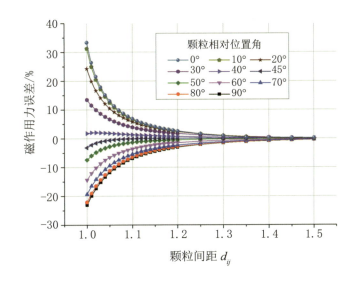

图 16.16　颗粒在不同间距和不同构型下的磁作用力差

其中修正系数

$$c_m = 1 + \left(3 - \frac{2r_{ij}}{d_{ij}}\right)^2 \left(\frac{60.17}{1 + e^{(\theta - 34.55)/12.52}} - 22.79\right) \frac{1}{100} \tag{16.31}$$

偶极子模型作用力

$$F_{ij}^{\text{dipole}} = \frac{15\mu_0}{4\pi r_{ij}^7 \mu_1} (m_i \cdot r_{ij})(m_j \cdot r_{ij}) r_{ij}$$
$$- \frac{3\mu_0}{4\pi r_{ij}^5 \mu_1} ((m_i \cdot m_j) r_{ij} + (m_j \cdot r_{ij}) m_i + (m_i \cdot r_{ij}) m_j) \tag{16.32}$$

式 (16.30) 是较为简单实用的, 一方面可以获得磁敏颗粒间磁相互作用力更高的计算精度 (图 16.17), 另一方面只是在原有的公式上增加了修正系数, 这样便于对已有的计算程序代码修改, 可以减少工作量.

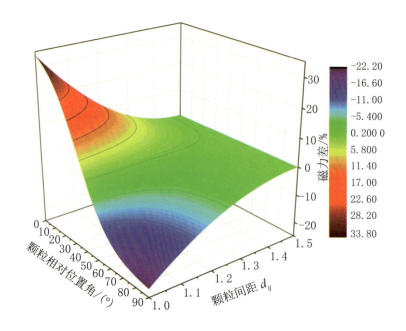

图 16.17　两颗粒体系在不同构型下的磁力差云图

16.2.3　颗粒与颗粒间的其他相互作用力

磁敏颗粒与颗粒间的磁相互作用力是最主要的,但除了颗粒间的磁相互作用力外,也要考虑颗粒与颗粒之间的其他相互作用力,如当颗粒与颗粒相互接触挤压时产生的体积排斥作用力、微小颗粒间的 van der Waals 相互作用力,这些力共同构成了颗粒体系中颗粒间的相互作用的关系.

在实际的颗粒体系中,颗粒的体积是占有部分空间的,所以颗粒之间由于颗粒体积的存在而不会发生重叠的情况. 那么如何在计算中考虑颗粒的体积效应呢? 在建模分析的研究中,在考虑颗粒体积效应时,都会引入一个颗粒间体积排斥作用力,用以防止颗粒发生重叠. 常用的体积排斥力模型有硬球模型和弹性球模型:硬球模型认为当颗粒间距小于颗粒半径之和时 (即当颗粒发生重叠时),会立即产生一个沿颗粒中心连线的向外排斥力,而当颗粒间距大于颗粒半径之和时 (即颗粒未接触时),设定排斥力为零;弹性球模型认为在颗粒间距与颗粒半径之和接近时 (即颗粒刚接触的状态附近时),即施加一定的排斥力,这个排斥力的大小与间距的大小成一定的非线性关系. 我们引入 Melle 等所使

用的排斥力模型来计算磁流变塑性体内颗粒间的排斥力:

$$F_{ij}^{\text{ev}} = A\frac{3\mu_0 \boldsymbol{m}_i \cdot \boldsymbol{m}_j}{4\pi d_{ij}^4} \exp\left(-\xi\left(r_{ij}/d_{ij} - 1\right)\right) \cdot \hat{\boldsymbol{r}}_{ij} \quad (16.33)$$

其中 μ_0 为基体的磁导率,$\boldsymbol{m}_i$ 和 $\boldsymbol{m}_j$ 分别为颗粒 i 和颗粒 j 的磁矩,d_{ij} 为颗粒 i 和颗粒 j 的平均直径,r_{ij} 为颗粒的间距,$\hat{\boldsymbol{r}}_{ij}$ 为颗粒相对位置矢量的单位矢量,A 和 ξ 分别为调整参数. 当 $A=2$ 时,若颗粒接触,颗粒间的磁相互作用力和排斥力可达到平衡. 当 $\xi=30$ 时,若 $r_{ij} = 1.1d_{ij}$,排斥力为颗粒磁作用力的 1/20,也就是说,颗粒间距大于颗粒平均直径的 1.1 倍后,排斥力几乎可以忽略. 而当 $r_{ij} = 0.9d_{ij}$ 时,颗粒间的排斥力将达到颗粒间磁作用力的 20 倍,这个排斥力足以使颗粒不会重叠,在计算中当颗粒间距小于颗粒平均直径的 9/10 时,将把排斥力设定为磁作用力的 20 倍,这样可以避免颗粒体系的不稳定发散.

此外,对于微小的磁敏颗粒,它们之间存在微弱的 van der Waals 力,该力可以表达为

$$F_{ij}^{\text{vdW}} = \begin{cases} \dfrac{A}{24}\dfrac{d_{ij}}{(r_{ij}-d_{ij})^2}\hat{r}, & r_{ij} - d_{ij} > h_{\min} \\ \dfrac{A}{24}\dfrac{d_{ij}}{h_{\min}^2}\hat{r}, & r_{ij} - d_{ij} \leqslant h_{\min} \end{cases} \quad (16.34)$$

其中 $A = 5\times 10^{-19}$ 为 Hamaker 常数,$h_{\min} = 0.001d_{ij}$. 到此为止,体系内颗粒与颗粒间的相互作用模型就建立起来了.

MRP-70 的剪切应力与应变率的关系可以用 Bingham 模型来表征. 当颗粒在体系内运动时,它将受到因周围基体的阻碍而产生的阻力. 李彩虹等人从实验测试的角度测定了 Bingham 流体中的阻力系数 C_d,实验测试表明,在低 Reynolds 数下,有

$$C_d = \frac{F_i^d}{2\pi\rho d_i^2 v^2} \approx \frac{19}{Re_B}$$
$$Re_B = \frac{\rho d_i v}{\eta\left(1 + \tau_0 d_i/\eta v\right)} \quad (16.35)$$

其中 ρ 为颗粒的密度,d_i 为粒径,τ_0 为基体屈服应力,η 为基体等效动力学黏度,v 为颗粒相对于基体的速度,Re_B 为 Bingham 流体的广义雷诺数,F_i^d 为颗粒在基体中运动时所受的基体黏性阻尼力. 进一步,可推导得到颗粒所受的基体黏性阻力:

$$F_i^d = -\frac{19}{8}\pi\left(\tau_0 d_i^2 \hat{\boldsymbol{v}} + d_i \eta \boldsymbol{v}\right) \quad (16.36)$$

其中 $\hat{\boldsymbol{v}}$ 为颗粒相对于基体的速度 v 的单位矢量. 颗粒自身的重力和在基体中的浮力的合力可表示为

$$F_i^{\text{gb}} = \frac{\pi d_i^3}{6}\left(\rho\mid -\rho_m\right)\boldsymbol{g} \quad (16.37)$$

其中 ρ_m 为基体的密度, g 是重力加速度. 如果设定基体的屈服应力 $\tau_0 = 100$ Pa, 代入其他参数值后, 可得到

$$\frac{|\boldsymbol{F}_i^{\text{gb}}|}{|\boldsymbol{F}_i^{\text{d}}|} = O(10^{-2}) \ll 1.0, \quad \frac{|\boldsymbol{F}_{ij}^{\text{m}}|}{|\boldsymbol{F}_i^{\text{d}}|} = O(10^2) \gg 1.0 \tag{16.38}$$

由式 (16.38) 可以看出, 在无外磁场作用的情况下, 磁流变塑性体内的磁敏颗粒重力和浮力的合力远小于基体的约束作用力, 因而颗粒由于基体的约束而不能够自由移动. 但在一定强度的外磁场作用下, 如式 (16.38) 中的第二式, 颗粒间的磁相互作用力可以远大于基体的约束作用力, 使得颗粒可以克服基体的约束而聚集形成一定结构, 且颗粒的聚集结构可以继续随外磁场的变化而变化.

由于 CN 型羰基铁粉是一种软磁性颗粒材料, 颗粒在外磁场作用下磁化的方向会跟随外磁场的方向, 所以颗粒在外磁场作用下所受的磁力矩非常小, 以至于外磁场引起的颗粒旋转运动可以忽略不计. 同时, 参考 Mohebi 等在讨论磁流变液中颗粒运动时的处理方式, 即磁敏颗粒的热运动动能在外磁场作用下是远小于颗粒间的磁相互作用势能的. 并且考虑到磁流变塑性体基体的黏度远大于磁流变液的, 所以可忽略磁流变塑性体内颗粒运动时的惯性效应和随机 Brown 运动.

16.2.4 磁敏颗粒的运动方程

基于前述对颗粒间的相互作用和颗粒与基体间的相互作用分析, 可以知道颗粒的受力情况并建立颗粒的运动方程如下:

$$\begin{cases} \dfrac{\mathrm{d}\boldsymbol{r}_i}{\mathrm{d}t} = \dfrac{1}{\zeta_t}\left(\displaystyle\sum_{j\neq i}^{N}(\boldsymbol{F}_{ij}^{\text{m}} + \boldsymbol{F}_{ij}^{\text{ev}} + \boldsymbol{F}_{ij}^{\text{vdW}}) + \boldsymbol{F}_i^{\text{gb}} - \dfrac{19}{8}\pi\tau_0 d_i^2 \hat{\boldsymbol{v}}\right), & \left|\sum \boldsymbol{F}_i\right| > \dfrac{19}{8}\pi\tau_0 d_i^2 \\ \dfrac{\mathrm{d}\boldsymbol{r}_i}{\mathrm{d}t} = \boldsymbol{0}, & \left|\sum \boldsymbol{F}_i\right| \leqslant \dfrac{19}{8}\pi\tau_0 d_i^2 \end{cases} \tag{16.39}$$

其中 $\zeta_t = 19\pi d_i \eta/8$ 是颗粒平动阻力系数, $\sum F_i$ 表示颗粒所受的除基体阻力外的所有力, 方程 (16.39) 可以通过有限差分数值方法进行计算求解. 对于所考虑的体积单元 (L_x, L_y, L_z), 采用周期性边界条件. 由于没有考虑颗粒运动的惯性效应, 即没有颗粒运动加速度的高阶项, 所以可以采用简单的 Euler 公式对上述运动方程进行求解, 即有

$$r_i(t_0 + \Delta t) = r_i(t_0) + \left.\frac{\mathrm{d}r_i}{\mathrm{d}t}\right|_{t=t_0} \cdot \Delta t \tag{16.40}$$

上式为最简单的一维有限差分公式. 其中时间步长 Δt 的选取对计算时的时间效率和计算精度有较大影响, 所以在计算模拟的过程中, 时间步长的选取既要考虑到节约计算时间, 又要保证计算结果的精度. 根据颗粒动力学方法, 结合颗粒的运动方程, 可以按照如下关系式大致确定计算中的时间步长:

$$\Delta t \approx \frac{d_i \zeta_t}{\left|\sum \boldsymbol{F}_i\right|} \tag{16.41}$$

代入适当的参数, 可以估计得到 $\Delta t \approx 10^{-3}$ s. 在实际的模拟计算过程中, 对于差分时间步长, 根据磁流变塑性体颗粒的体积分数不同, 可以参考颗粒体系的磁势能发展变化, 调节选取时间步长 $\Delta t = 10^{-4} \sim 5.0 \times 10^{-3}$ s. 而总体的计算时间步数可选择 $10^5 \sim 10^6$ 作为积分步. 图 16.18 给出了数值计算流程.

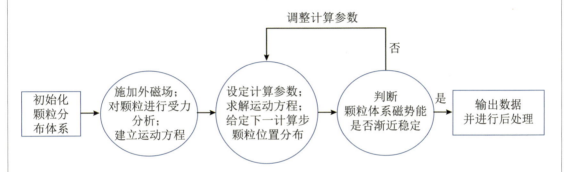

图 16.18　数值计算流程

为了表征颗粒体系微观结构的状态, 我们分别给出了依赖于颗粒聚集微观结构的体系磁势能 U^{m} 和应力张量 σ:

$$U^{\mathrm{m}} = \sum_i (-\mu_0 \boldsymbol{m}_i \cdot \boldsymbol{H}) + \sum_i \sum_{j \neq i} \frac{\mu_0}{4\pi r_{ij}^3} (\boldsymbol{m}_i \cdot \boldsymbol{m}_j - 3(\boldsymbol{m}_i \cdot \hat{\boldsymbol{r}})(\boldsymbol{m}_j \cdot \hat{\boldsymbol{r}})) \tag{16.42}$$

$$\sigma = \frac{1}{V} \sum_i \sum_{j \neq i} \boldsymbol{r}_{ij} \boldsymbol{F}_{ij}^{\mathrm{m}} \tag{16.43}$$

其中 V 是颗粒体系单元的体积, $\boldsymbol{r}_{ij}$ 和 $\boldsymbol{F}_{ij}^{\mathrm{m}}$ 分别是颗粒的相对位置矢量和磁相互作用力. 磁势能 U^{m} 包含两个部分: 一部分是颗粒在外磁场中的势能 (方程 (16.42) 右边第一项), 另外一部分是颗粒间的相互作用势能 (方程 (16.42) 右边第二项). 颗粒间的磁相互作用势能依赖于体系内磁化颗粒的分布情况, 所以它的变化能直接反映体系内颗粒聚集形成的微观结构的变化. 方程 (16.43) 中的应力张量, 也依赖于颗粒间的相对位置分布和相互作用力, 它能够表征体系的状态, 同时也可以通过实验测试进行对比验证. 应力状态的变化过程可以间接反映磁流变塑性体内部颗粒聚集形成的微结构的变化过程.

16.3 磁流变塑性体在恒定外磁场作用下的微观结构演化

基于上一节对磁流变塑性体微观结构建模的分析,我们可以考察磁流变塑性体在外磁场作用下的微观结构演化过程. 要考察磁流变塑性体的磁致微观结构演化,最基本也是首先要考察的,便是恒定外磁场对磁流变塑性体微观颗粒聚集结构的影响. 这里将首先对模拟过程中所考虑的磁流变塑性体单元的参数进行介绍,然后分别对二维情况和三维情况研究磁流变塑性体在恒定外磁场作用下的微观结构演化过程. 伴随着磁流变塑性体微观结构的形成和演化过程,我们也考察了颗粒体系整体的磁势能变化情况和磁致应力状态变化情况.[8]

16.3.1 颗粒体系参数说明

在对磁流变塑性体磁致微观结构演化过程进行模拟计算时,由于计算能力的限制,要基于微观分析结构来直接计算宏观尺寸 (mm 量级) 下磁流变塑性体的磁致结构几乎是不可能的,所以大多数情况下只能以比较小的微观尺度 (μm 量级) 下的磁流变塑性体材料单元为分析对象,然后施加周期性边界条件来向宏观尺度下的材料模型进行扩展. 计算中所考虑单元的具体参数见表 16.3,单元内磁敏颗粒的粒径分布及空间分布见图 16.19.

表 16.3 磁流变塑性体计算模拟中主要的参数

参　数	参　数　值	参　数	参　数　值
体系边长	100 μm	基体密度	0.986 g/cm^3
粒径中值	5.46 μm	MRP 屈服应力	4.16 kPa
粒径变化对数标准差	0.5	MRP 动力黏度	10.70 kPa
颗粒体积分数	5.0%~35.0%	计算时间步大小	10^{-3} s
颗粒材料密度	7.200 g/cm^3	总计算时间步数	10^5
饱和磁化强度	690 kA/m	外磁场强度	<800 kA/m

在计算模拟中,如图 16.19(a) 所示,所考察颗粒体系的粒径服从对数正态分布,粒径中值 $D_{50}=5.46$ μm,粒径变化对数标准差为 0.5. 粒径分布范围为 2.0 ~14.5 μm,排除了粒径较小和较大的值,这是为了当颗粒体积分数一定时,一方面可提高计算效率,另一方面可避免体系内大颗粒造成的奇异性. 容纳颗粒体系的立方体单元边长为 100 μm (约为粒径中值的 18 倍). 羰基铁粉颗粒体积分数为 5.0%~35.0%. 如图 16.19(b) 所示,颗粒分布的初始状态为随机分布状态. 但在实际计算模拟中,颗粒初始随机分布状态的设定很容易产生颗粒相互重叠的现象. 为了避免颗粒相互重叠对计算造成的影响,在每一次施加外磁场进行计算前,均预留了一段计算时间,用以排除颗粒的重叠.

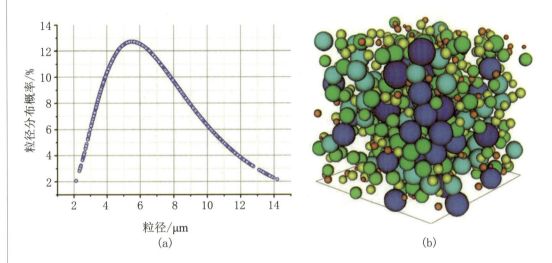

图 16.19　计算模拟中颗粒体系的粒径分布概率和颗粒分布

16.3.2　二维情况下的磁致微观结构演化

针对二维情况下磁流变塑性体在外磁场作用下的磁致微观结构变化,我们模拟了羰基铁粉体积分数 24.2% 的聚氨酯基磁流变塑性体 (MRP-70) 在磁场强度为 800 kA/m 的外磁场作用下的微观结构演化过程. 在二维情况计算过程中,我们考虑的体积单元边长为 $L_x = 10$ μm,$L_y = 200$ μm,$L_z = 200$ μm,颗粒分布在 $L_x = 5$ μm 的中间平面上 (L_x 方向垂直于纸面向外),在 L_y 和 L_z 方向施加周期性边界条件. 图 16.20 给出了模拟计算中颗粒初始的随机分布状态.

图 16.20(a) 为计算机根据设定的粒径正态分布概率密度函数生成的颗粒随机初始

分布状态,可以明显看到,由于随机分布的不确定性,颗粒间很容易出现重叠的现象,而颗粒在真实情况下是不会发生重叠的. 如果颗粒的重叠问题不解决,则会直接影响到进一步计算的可行性且会使计算结果出现奇异性误差. 为了解决颗粒重叠问题,我们先给定颗粒之间的排斥力,并通过一定的前期预处理过程,即施加颗粒间的体积排斥力并进行一定的时间步数计算,使颗粒间的重叠得到避免,这个计算过程并没有外磁场的作用. 颗粒体系经过前期预处理过程后,其随机分布状态如图 16.20(b) 所示,可以看到,颗粒间的重叠基本上已经被消除了,呈现出大小颗粒随机掺杂分布而互不重叠的状态. 在得到颗粒初始非重叠随机分布状态后,我们便可以对颗粒体系施加外磁场,考察颗粒体系在外磁场作用下磁敏颗粒聚集结构的形成和演化过程. 在此,施加的外磁场方向为图 16.20 中的纵向. 需要指出的是,对于每一个算例,其初始状态都是随机给定的,存在唯一性.

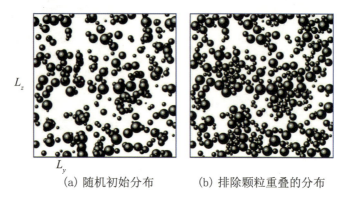

(a) 随机初始分布　　　　　(b) 排除颗粒重叠的分布

图 16.20　计算中颗粒的随机初始分布和排除颗粒重叠的分布

在二维情况下,磁流变塑性体在外磁场作用下的磁致微观颗粒聚集结构随时间的演化过程如图 16.21 所示. 磁敏颗粒体系在初始时刻 (0 s),呈现出不同粒径大小的颗粒相互掺杂的随机分布状态,随后突然施加沿纵向磁场强度为 800 kA/m 的外磁场. 经过 2 s 时间后,颗粒体系在外磁场作用下,局部区域形成了短链结构,短链结构的方向有沿外磁场方向的趋势. 这些短链结构主要是磁敏颗粒与其附近的颗粒由于颗粒间的磁相互作用力而快速聚集形成的,且可以看到,粒径较大的颗粒附近聚集的短链结构较为明显. 在外磁场继续作用下,到第 10 s 时,颗粒体系内的磁敏颗粒基本聚集到了沿外磁场方向的短链结构中,但仍有极少数颗粒孤立存在. 随后颗粒聚集形成的短链结构与其余颗粒不断作用,其长度不断增加并逐渐形成了颗粒聚集的长链结构 (20 s). 从颗粒初始的随机分布状态到颗粒聚集形成长链结构的过程中,颗粒聚集结构的变化是比较明显的,这期间颗粒聚集的演化过程也是比较剧烈的. 随着颗粒聚集形成长链结构,链与链之间的相互作用逐渐增强,出现了链与链间的相互聚集,并形成团簇状和长簇状结构 (100 s),且颗粒聚集的簇状结构还会逐渐增大并变得更加稳定 (200 s). 但颗粒聚集从长链结构到簇状结构的过程是相对比较缓慢的.

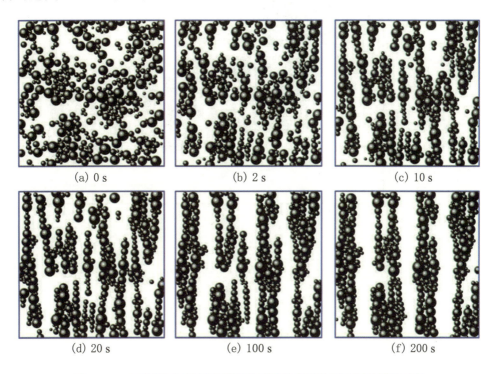

图 16.21　二维情况下磁流变塑性体磁致微观结构随时间的演化过程

图 16.22 给出了磁流变塑性体在外磁场作用下内部磁敏颗粒体系的磁势能密度随外磁场加载时间的变化情况. 可以看到,在对磁流变塑性体施加外磁场后的短时间内,内部颗粒体系的磁势能会出现急剧变化,并大幅度突然减小,但减小的速率也在快速降低. 整体来看,颗粒体系的磁势能最开始急剧减小,随后逐渐减小,然后缓慢减小并逐渐趋于最小值,整个过程满足一般物理过程的能量最小化原理. 将磁势能变化曲线与颗粒体系磁致微观结构相联系即可看出,在初始时刻,颗粒体系的磁势能是最高的 (绝对值最小),说明在外磁场作用下,颗粒体系的初始随机分布状态是非常不稳定的. 施加外磁场后,随着微观磁敏颗粒聚集结构的急速变化,颗粒体系的磁势能急剧降低,且在 40 s 时长链结构形成后,磁势能开始缓慢地减小. 到后面形成稳定的簇状结构后,磁势能基本不再有较大变化. 整体而言,磁势能急剧变化的过程反映了体系内磁敏颗粒聚集结构的急剧变化,所以通过磁敏颗粒体系的磁势能变化情况,可以定性地了解颗粒体系聚集结构形成和演化的情况.

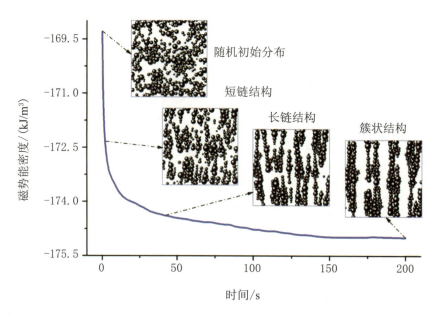

图 16.22 磁敏颗粒体系的磁势能密度随时间的变化及其对应的微观结构

进一步,我们考察了不同颗粒体积分数的磁敏颗粒体系在外磁场作用下的磁致微观结构,如图 16.23 所示,颗粒体积分数 ϕ 分别为 5%,10%,15%,20%,25% 和 30%,颗粒体系在外磁场作用下形成了接近稳定状态的结构.可以看到,当颗粒体积分数较小,如 $\phi=5\%$ 时,由于体系内颗粒数较少,颗粒主要聚集形成较短的链状结构.同时体系内也有少量的孤立颗粒分散,这是由于颗粒体系中整体的颗粒间磁相互作用力相对较小.当颗粒体积分数增大到 $\phi=10\%$ 时,颗粒体系内主要为颗粒聚集形成的短链结构和长链结构.当颗粒体积分数 $\phi=15\%$ 时,根据周期性边界条件判定,体系内颗粒主要聚集成长链结构.而当颗粒体积分数达到 20% 时,颗粒链与颗粒链之间的相互作用逐渐增强,导致颗粒链相互聚集并形成一定程度的簇状结构.随着颗粒体积分数继续增大,簇状结构更加明显.当颗粒体积分数达到 30% 时,颗粒主要聚集成链簇状结构,这样的颗粒聚集结构在外磁场作用下的磁势能是较小的,相对来说,这样的结构就比较稳定.简而言之,磁敏颗粒体系的颗粒体积分数越大,其在外磁场作用下形成的链簇状结构越明显,磁势能越低,结构越稳定.

此外,针对常规模拟中设定的粒径均一分布时的磁致微观结构也进行了对比模拟,图 16.24 给出了不同大小颗粒均匀分布体系的磁致微观结构.图中两组颗粒体系的体积分数都为 24.2%,但粒径分别为 10 和 7 μm.可以看出,当颗粒均一时,颗粒聚集形成的链状结构和簇状结构更加明晰.也可以进一步看出,颗粒链与颗粒链相互靠拢聚集时是相互错位并列的,即类似于锯齿形并列的.而在颗粒链与颗粒链并行的情况下,颗粒链间是相互排斥的.

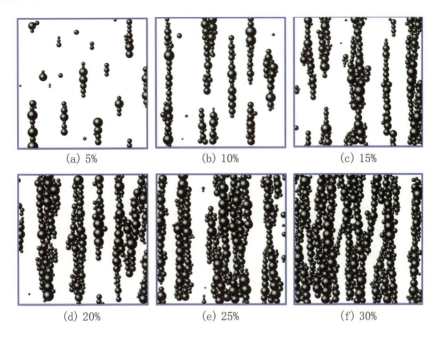

图 16.23　不同体积分数的磁敏颗粒体系在外磁场作用下形成的磁致微观结构

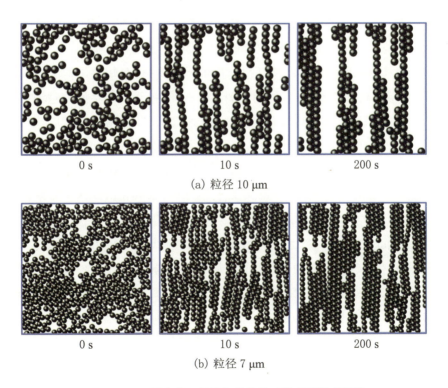

图 16.24　不同大小颗粒均匀分布体系的磁致微观结构

16.3.3　三维情况下的磁致微观结构演化

为了研究磁流变塑性体在恒定外磁场作用下磁致三维微观结构的形成和变化,我们首先考察将 MRP-70 放置在 $H=391.0$ kA/m 外磁场中的情况. 考虑磁流变塑性体中的一个边长 $L=100$ μm (大约是粒径中位值的 18 倍) 的立方体元胞,采用周期性边界条件来建立该元胞与其周围元胞的联系. 颗粒间的磁相互作用截断半径设定为 7 倍颗粒粒径中位值,此截断半径用来计算颗粒间的磁相互作用力时已足够保证精度要求.

MRP-70 在外磁场作用下的三维磁致微观颗粒聚集结构的形成和演化过程如图 16.25 所示. 在初始时刻,即在 0 s 时刻,磁流变塑性体内的磁敏颗粒呈均匀随机分布状态,不同粒径大小的颗粒相互掺杂,且互不重叠. 不管从哪个方向来看 (包括轴侧方向、俯视方向以及其他任意方向),元胞内的颗粒都几乎充满整个元胞体积,说明颗粒体系是均匀分布的. 在 0 s 时刻,对颗粒体系施加沿 z 轴方向的磁场强度 $H=391.0$ kA/m 的外磁场,到第 5 s 时刻,元胞体系内出现了沿外磁场方向的颗粒聚集短链结构,但还有很多颗粒分布呈现出一定的随机性. 同时,从俯视图可以看到,颗粒体系沿外磁场方向出现了少量的空隙,反映出颗粒体系正在向外磁场方向聚集形成一定结构. 此时刻所形成的短链结构,都是由颗粒与其临近颗粒就近相互吸引而形成的. 到第 10 s 时,颗粒聚集的短链结构已经足够明显,短链结构几乎充满了元胞体积,且短链结构的方向更趋向于外磁场的方向. 从该时刻颗粒体系的俯视图可以看到,该颗粒体系沿外磁场方向的空隙正在变大,变得更明显了,而沿其他方向看时并未出现明显的空隙. 这说明颗粒聚集结构的确是沿外磁场方向的. 随着外磁场施加时间的持续,到第 20 s 时刻,由于颗粒与颗粒、颗粒与短链结构、短链结构与短链结构的相互作用,元胞体系内颗粒聚集形成的链状结构的长度增加了. 体系内的颗粒主要聚集成长链结构,这些长链结构主要来自于短链结构的合并,包括短链结构的相互靠拢聚集和沿链方向的搭接等. 但颗粒聚集形成的长链结构还在随着时间变化,链与链之间的相互作用在逐渐增强. 到 50 s 时刻,体系内颗粒聚集主要形成了沿外磁场方向的簇状结构. 从链状结构到簇状结构,颗粒聚集结构的强度和稳定性在逐步增强和提高. 随着时间的推进,颗粒聚集的簇状结构也在逐渐增强,到了 100 s 时刻左右,颗粒聚集形成的簇状结构基本上达到了稳定状态,该时刻也是颗粒聚集结构强度最大的时刻. 从俯视图可以看到,似乎仍然还有部分微小颗粒是离散分布的,如在第 50 s 和 100 s 时刻的右上侧,有少量颗粒是孤立的. 但实际上并不是这样的,这是由于单元体系的周期性边界条件造成的显示结果.

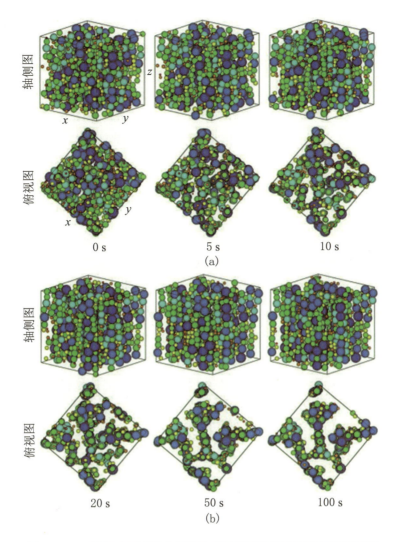

图 16.25 三维情况下磁流变塑性体磁致微观结构随时间的演化过程

由于磁敏颗粒在外磁场作用下磁化后变成了类似磁偶极子的小球体,磁矩方向趋于外磁场的方向,所以在外磁场方向上颗粒是相互吸引的,而在垂直于外磁场方向并排时是相互排斥的,这就导致单元体系内的磁敏颗粒沿外磁场方向聚集,同时沿垂直于外磁场的方向分离,所以就形成了沿外磁场方向的链簇状结构和空隙. 总体而言,磁流变塑性体在外磁场作用下,其内部颗粒聚集结构会经历随机分布状态、短链结构状态、长链结构状态、簇状结构状态等. 伴随着微观颗粒聚集结构的形成和演化,磁流变塑性体的宏观物理性质或力学性质也会有相应的变化.

MRP-70 在不同外磁场作用下的磁势能密度随外磁场加载时间的变化如图 16.26 所示. 施加的外磁场强度分别为 193.9, 391.0 和 740.1 kA/m, 磁敏颗粒体系在外磁场中的磁势能密度有初始的瞬态值,分别为 -25.3、-70.7 和 -151.1 kJ/m³,这些磁势能来自于当磁敏颗粒处在外磁场中时本身就具有的磁势能. 为了更清楚地比较颗粒体系在不同外磁场作用下磁势能密度相对于初始状态时的变化,图 16.26 中的磁势能密度变化曲线是进行了平移处理后的. 也就是说,例如,对于红线描述的"H=391.0 kA/m,-70.7 kJ/m³",其表示的是在强度为 391.0 kA/m 的外磁场作用下,颗粒体系具有初始的磁势能密度 -70.7 kJ/m³,其后的变化曲线所示的磁势能值是相对于初始值的变化值. 可以看到,对磁流变塑性体施加外磁场后,其内部颗粒体系的磁势能在施加外磁场的开始阶段发生了急剧变化,在前 5 s 内表现出急速减小的趋势. 由于颗粒间磁相互作用力大小与颗粒间磁势能变化的梯度成正比,在施加磁场的初始阶段,磁势能密度急剧减小,说明单元体系内颗粒间的磁相互作用力比较大,随之便会导致颗粒聚集而发生快速演化. 之后减小趋势有所放缓,但仍较明显地减小,直到 20 s 左右,磁势能密度减小的趋势变得缓慢,一直到 100 s 时极缓慢地减小. 外磁场强度越大,微观颗粒体系磁势能密度就越低,且施加磁场的开始阶段磁势能变化越剧烈,磁势能减小的速度越快,减小的幅值越大. 对比磁势能和微观颗粒聚集结构随时间的变化,可以看出,颗粒聚集结构变化过程与颗粒体系的磁势能变化过程是密切关联的. 磁势能发生急剧变化的前 20 s 内,也是颗粒聚集结构发生急剧变化的阶段,颗粒聚集结构由初始的杂乱随机分布状态,急剧聚集形成长链结构. 接着颗粒聚集结构缓慢向簇状结构演变,而同时磁势能几乎也在缓慢地减小. 总体而言,磁流变塑性体内微观颗粒体系的磁势能变化过程可以定性地反映颗粒聚集结构的形成和演化过程.

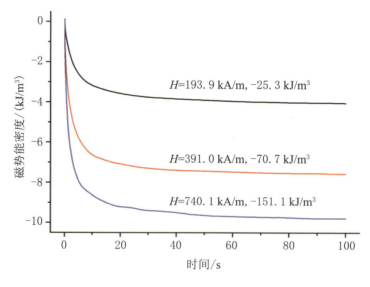

图 16.26 不同外磁场作用下颗粒体系的磁势能密度随时间的变化

图 16.27 给出了 MRP-70 在强度分别为 193.9，391.0 和 740.1 kA/m 的外磁场作用下沿竖直方向的磁致法向应力的变化情况. 可以看出，外磁场强度越大，实验测试得到的磁致法向应力越大，根据颗粒动力学方法计算得到的颗粒体系的磁致法向应力也越大. 颗粒体系应力张量沿竖直法向的分量在施加外磁场的开始阶段会首先跳跃式瞬间增大，然后继续急速增大，但增速逐渐减缓. 到 20 s 时，磁致法向应力整体上趋于稳定的最大值. 此外，磁致法向应力在外磁场强度为 740.1 kA/m 时能够达到 60.2 kPa，这显示出磁流变塑性体的磁致应力具有非常好的磁场调控能力. 进一步可以看到，基于微观颗粒聚集形成的结构计算所得到的法向应力变化趋势及大小与相应实验测试所得到的磁致法向应力变化趋势及大小，从整体上来说具有较高的吻合度，这表明我们的计算模拟过程及结果是合理可靠的. 同时也可以看到，在施加外磁场后的开始阶段，计算结果和实验测试结果仍然有不可忽视的误差，这说明目前所建立的磁流变塑性体微观结构分析模型还不能完全反映磁流变塑性体材料在外磁场作用下真实的力磁耦合过程中的真实材料模型，更为精确的分析模型仍有待研究. 对比颗粒聚集微观结构的形成和演化过程，可以看到体系磁致法向应力急速变化的阶段，也是颗粒聚集微结构急速变化的阶段，说明磁流变塑性体的宏观磁致力学状态直接依赖于其微观的磁致颗粒聚集结构.[9]

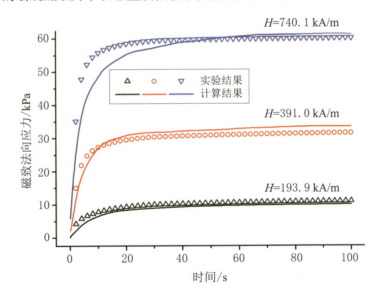

图 16.27　不同外磁场作用下颗粒体系的磁致法向应力随时间的变化

此外，针对不同颗粒体积分数的磁流变塑性体，模拟了颗粒体积分数分别为 5.0%，15.0%，24.2% 和 35.0% 的磁流变塑性体在强度为 740.0 kA/m 的外磁场作用下，其磁致微观结构及相应的颗粒体系磁势能和应力随时间的变化过程. 图 16.28 给出了不同体积分数颗粒含量的磁流变塑性体在外磁场作用下，其内部磁致颗粒聚集的微观结构. 可以看到,当颗粒体积分数较小时,如 $\phi=5.0\%$ 时,在所考虑的单元体内,颗粒主要聚集成链状结构,且短链结构与长链结构共同存在于单元内. 在二维情况下,我们只得到了颗粒聚集的短链结构,这是由于二维情况下所考虑的颗粒数较少. 颗粒体积分数增大到 15.0% 后,可以看到,在所考虑的单元体积内,颗粒主要聚集成长链结构和一定程度的簇状结构. 而当颗粒体积分数较大,如 24.2% 和 35.0% 时,由于颗粒与链、链与链之间的相互作用更加强烈,颗粒聚集形成了更加紧凑的簇状结构.

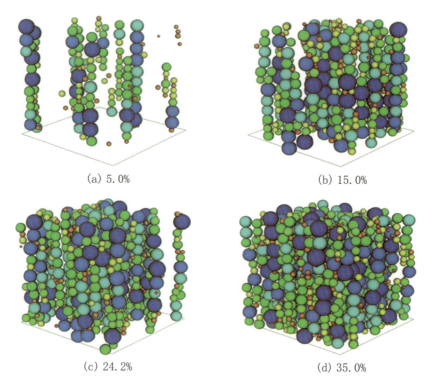

(a) 5.0%　　(b) 15.0%

(c) 24.2%　　(d) 35.0%

图 16.28　不同体积分数的颗粒体系磁致微观结构对比

伴随着颗粒聚集结构的形成和演化过程,颗粒体系的磁势能和应力状态变化过程如图 16.29 所示. 可以看到颗粒体积分数越大,颗粒体系在外磁场作用下的磁势能密度就越低,颗粒体系的磁致法向应力就越大. 当体积分数为 5.0%,15.0%,24.2% 和 35.0% 时,相应的颗粒体系磁势能密度在外磁场下的瞬态初始值分别为 -31.3、-93.9、-151.1 和 -219.7 kJ/m^3,随后磁势能快速降低,并逐渐趋于各自的最小稳定值. 同时,法向应力在施加外磁场后的 20 s 内,急速增大,然后逐渐趋于各自的稳定值,稳定后的法向应力能分别达到 16.5,40.4,60.2 和 70.5 kPa. 总体而言,颗粒体积分数越大的磁流变塑性体,其微观颗粒聚集结构越稳定,磁致法向应力越大,内部颗粒聚集结构的磁势能密度越低.

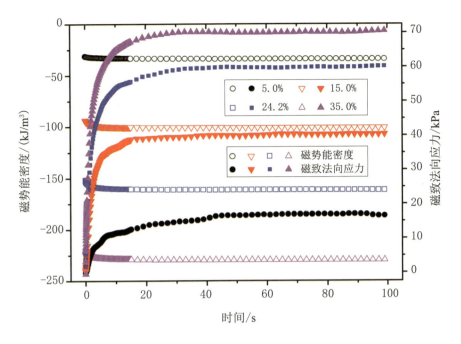

图 16.29 不同体积分数的颗粒体系的磁势能密度和磁致法向应力变化对比

16.4 磁流变塑性体在非稳定外磁场作用下的微观结构演化

在前一节中,可以看到磁流变塑性体在施加外磁场后,其内部磁致微观结构在前 10 s 内会出现剧烈变化,并在大约 50 s 后趋于稳定. 一方面,如果施加外磁场后每 10 s 就改变一下外磁场的方向,那么会导致怎样的微观结构变化呢? 另一方面,我们知道,磁流变塑性体的微观颗粒聚集结构是可以通过外加磁场进行调控的,而调控磁流变塑性体的微观结构也就调控了其宏观的物理性质或力学性质. 那么如果想要获得磁流变塑性体特定的内部微观结构,如何利用外磁场来进行调控呢? 为了回答这两个问题,接下来我们将讨论磁流变塑性体在非稳定外磁场作用下的磁致微观结构变化,一方面关注磁流变塑性体在面内旋转外磁场作用下的微观结构变化,另一方面关注空间变化外磁场对磁流变塑性体微观结构的调控机制.

16.4.1　面内旋转外磁场作用下的微观结构演化

此处所说的面内旋转外磁场,是指磁场强度大小不变,但方向在同一平面内旋转的外磁场. 描述该旋转外磁场,可以用如下公式:

$$\begin{cases} \boldsymbol{H}_x = \sin(2\pi t_n/120) H\hat{\boldsymbol{x}} \\ \boldsymbol{H}_y = 0\hat{\boldsymbol{y}} \\ \boldsymbol{H}_z = \cos(2\pi t_n/120) H\hat{\boldsymbol{z}} \end{cases} \tag{16.44}$$

其中 $t_n = t_{n-1} + \Delta t$ ($n = 1,2,3,\cdots,12$),且 $t_0 = 0$ s,$\Delta t = 10$ s,$\hat{\boldsymbol{x}}$,$\hat{\boldsymbol{y}}$ 和 $\hat{\boldsymbol{z}}$ 分别为沿 x,y 和 z 轴 (图 16.25) 的单位矢量,H_x,H_y 和 H_z 分别为外磁场沿 x,y 和 z 轴的分量. 上述定义的外磁场,即是磁场强度为 H、磁场方向在 zx 平面内沿顺时针方向旋转的外磁场.

图 16.30 给出了 MRP-70 在磁场强度 H=391.0 kA/m 的面内旋转外磁场作用下微观颗粒聚集结构的演化过程. 观测结果显示,在初始 10 s 内,单元体内快速形成了沿外磁场方向的颗粒聚集短链结构. 随后在 zx 平面内沿顺时针方向突然旋转外磁场方向 30° 并保持 10 s,随后的旋转以此类推. 前期形成的短链会一步一步地随着外磁场旋转,同时形成长链结构. 在第 20 s 时,在开始沿竖直方向的短链结构演变成了长链并和外磁场一起,与 z 轴方向成 30° 夹角. 随后,继续每隔 10 s 旋转外磁场方向 30°,颗粒体系聚集的微观结构也会随外磁场的变化而变化. 同时通过俯视图可以看到,颗粒聚集结构在 50 s 时开始出现分离现象,而在 60 s 时形成了分离开的两部分,并且随着时间的推进,颗粒聚集结构的分层现象越来越明显. 到 70 s 时,已经形成了更加明确的片层状分层结构,由于此时外磁场的方向是沿竖直向下的,也可以清楚地看到,片层结构内部仍然有明显的沿外磁场方向的颗粒链状结构. 在旋转外磁场持续作用下,到 130 s 时颗粒聚集结构逐渐形成了平行于外磁场旋转平面的片层状结构. 尽管从整体来看,颗粒聚集形成片层状结构,但从局部来看,颗粒间聚集形成的颗粒链结构仍然比较明显,且链与链之间是紧密靠近的,大小颗粒间相互掺杂,链与链之间交错并列.

在外磁场作用下,流场导致的层状结构在实验中已经观察到,并且在变化外磁场中基于磁偶极子模型的磁敏颗粒间的相互作用也被分析研究过. 此处,我们是第一次从计算模拟的角度给出了旋转外磁场调控的层状结构的模拟结果. 通过旋转外磁场能够获得片层状结构的方式,在实际的材料预结构制备过程中是非常重要和有意义的.

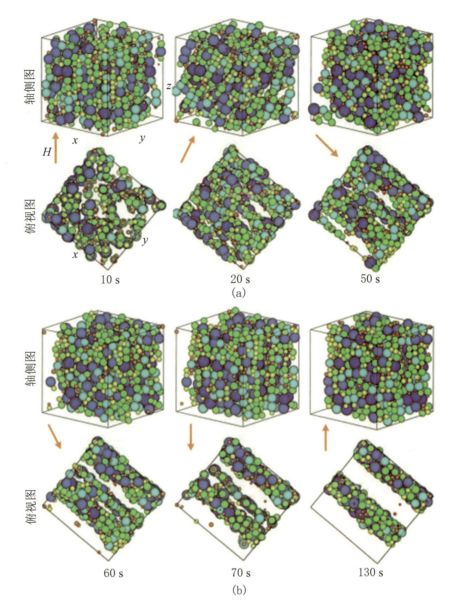

图 16.30 MRP-70 在面内旋转外磁场作用下的微观结构演化

与磁致微观结构的变化过程相对应,磁流变塑性体在面内旋转外磁场作用下,其内部颗粒体系的磁势能密度和磁致法向应力状态变化过程分别如图 16.31 和图 16.32 所示. 总体而言,磁流变塑性体在旋转外磁场作用下,其内部颗粒体系的磁势能密度和磁致法向应力的变化是比较剧烈的. 由于外磁场每隔 10 s 便会旋转方向 30°,而 10 s 的时间还不足以使磁流变塑性体微观颗粒聚集结构在该段时间内达到阶段内的稳定状态,从而导致磁势能密度和磁致法向应力随时间出现比较剧烈的变化. 同时,颗粒体系的磁势能密度和磁致法向应力随着外磁场在一周期内的旋转出现了多周期性的变化趋势,且它们之间的周期并不一致,这是一个非常有意思的现象.对比旋转磁场作用下,磁流变塑性体微观颗粒聚集结构的变化过程,对于立方体单元体系,我们发现,每当外磁场方向旋转到垂直于立方体的某一表面时,颗粒体系的磁势能密度都是较高的.而当外磁场方向与立方体成一倾角时(即磁场方向倾向于立方体表面对角线方向时),颗粒体系的磁势能密度是较低的.这说明颗粒体系的磁势能密度与所选取的单元体积形状和外磁场方向的相对位置是有关的.此处出现了一个不太好理解的问题,因为如果我们选取的颗粒体系为球形单元,则应该不会出现上述的单元体积和外磁场方向相对位置的相关性,这个问题有待进一步研究.

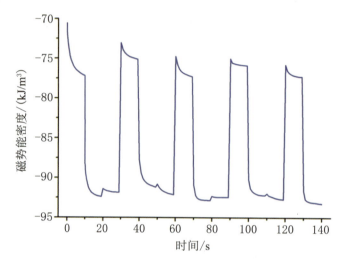

图 16.31　磁流变塑性体在面内旋转外磁场作用下磁势能密度的变化

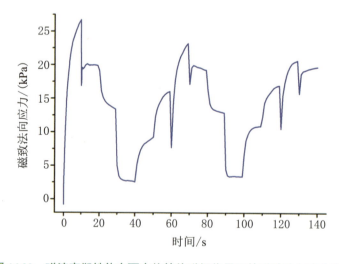

图 16.32　磁流变塑性体在面内旋转外磁场作用下的磁致法向应力变化

此外，磁致法向应力也在外磁场旋转的一个周期内出现了多个周期变化的现象. 结合磁场方向和磁致法向应力的取向，我们很好理解这样的周期性变化现象，即：当外磁场的方向趋于平行或者反平行于法向应力的方向时，单元体系内的颗粒聚集结构中颗粒间相互作用力在竖直方向上的分量是比较大的，这使得该状态下体系磁致法向应力较大；而当外磁场方向趋于垂直于法向应力方向时，颗粒间磁相互作用力在法向方向的分量就比较小，这导致该状态下的法向应力比较小. 法向应力的周期性变化是由所取轴的方向(法向应力方向)和外磁场方向所决定的，与所取单元体系的形状并没有相关性.

上述讨论表明，磁流变塑性体的微观颗粒聚集结构可以通过外磁场进行调控，但是当外磁场变化太快时，其微结构变化机制并不容易理解. 为了更清楚地理解磁流变塑性体微观颗粒聚集结构的磁场调控机制，我们设定了长周期旋转变化的外磁场，来考察塑性体微观结构由一个稳定状态到另一个稳定状态的演化过程. 下式可以描述该长周期旋转外磁场：

$$\begin{cases} \boldsymbol{H}_x = \sin\left(2\pi t_n/800\right) H \hat{\boldsymbol{x}} \\ \boldsymbol{H}_y = 0\hat{\boldsymbol{y}} \\ \boldsymbol{H}_z = \cos\left(2\pi t_n/800\right) H \hat{\boldsymbol{z}} \end{cases} \quad (16.45)$$

其中 $t_n = t_{n-1} + \Delta t$ $(n = 1, 2, 3, \cdots, 8)$，且

$$t_0 = 0 \text{ s}, \quad \Delta t = 100 \text{ s}$$

该旋转磁场在 zx 平面内旋转，每隔 100 s 时间顺时针旋转 45°. 从上一节的计算结果我们可以知道，在每一个 100 s 时间段内，磁流变塑性体内的颗粒聚集结构基本上能够达到稳定状态.

图 16.33 给出了 MRP-70 在磁场强度为 391.0 kA/m 的长周期旋转外磁场作用下，其磁致颗粒聚集微观结构从一个稳定状态到另一个稳定状态的演化过程. 在第一个 100 s 内，颗粒体系聚集形成了沿外磁场方向稳定的簇状结构. 随后沿顺时针方向改变外磁场方向 45° 并保持下一个 100 s 时间，可以看到簇状结构逐渐趋向于外磁场方向，到第 200 s 时，颗粒聚集链簇结构取向与外磁场方向一致，呈 45° 倾斜. 继续在 zx 面内旋转外磁场 45°，即外磁场旋转到 x 轴方向并保持 100 s. 到 300 s 时，可以看到颗粒体系逐渐聚集为两个部分，形成了两个平行于外磁场旋转平面的厚层状结构，此时的层状结构并不紧凑. 从局部来看，层状结构中的颗粒仍为链状结构，且取向与外磁场方向一致，平行于 x 轴. 继续旋转外磁场方向，可以看到，到 400 s 时，层状结构将变得紧凑起来，且颗粒层状结构内颗粒链取向仍与外磁场方向保持一致. 到 500 s 时，层状结构变得更加紧凑. 经过外磁场一个周期的旋转，磁致片层状结构基本稳定了，而层状结构内的颗粒也紧密结合在一起了.

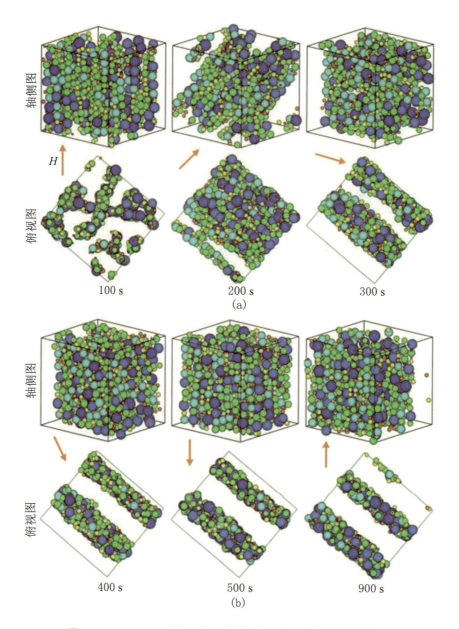

图 16.33　MRP-70 在长周期旋转外磁场作用下的微观结构变化

与磁流变塑性体在长周期旋转外磁场作用下的结构变化过程同步,在不同外磁场作用下,单元体系内磁敏颗粒聚集结构的磁势能密度随时间的变化过程如图 16.34 所示. 首先可以看到,外磁场强度对颗粒体系的磁势能密度有较大影响,外磁场强度越强,颗粒体系的磁势能密度越低. 磁势能密度在外磁场 $H=193.9, 391.0$ 和 740.1 kA/m 时分别具有初始值 $-25.3, -68.7$ 和 -145.1 kJ/m³. 对外磁场 $H=391.0$ kA/m 的情况,可以看到,在第一个 100 s 内,颗粒体系的磁势能密度从初始值急剧下降,然后逐渐趋于某一稳定值,这与图 16.26 中的结果一致. 随后在第 100 s 时,突然旋转外磁场方向,可以看到,颗粒体系的磁势能密度会瞬间跳跃性地增大到某一值,但之后会迅速减小,并再次逐渐趋于稳定值. 然后继续突然旋转外磁场,磁势能密度会周期性地增大再减小. 对于每一个旋转步骤,体系磁势能密度都遵循能量最小化原理. 整体上来看,每当突然旋转外磁场方向时,颗粒体系的磁势能都会突然增大,然后在保持外磁场的 100 s 时间段内逐渐减小. 体系磁势能随着外磁场的旋转而表现出周期性的改变,此现象与元胞内颗粒体系和外磁场的相对状态有关.[10]

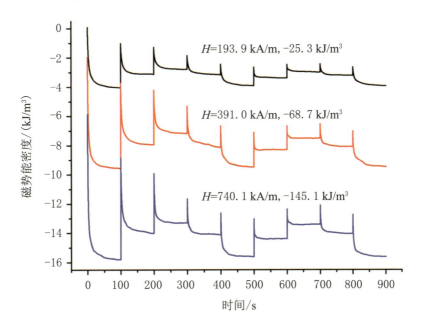

图 16.34 磁流变塑性体在长周期旋转外磁场作用下内部颗粒体系磁势能密度的变化

对外磁场 $H=391.0$ kA/m 的情况,MRP-70 在长周期旋转外磁场作用下磁致法向应力的变化过程如图 16.35 所示. 可以看到,在第一个 100 s 时间段内,磁致法向应力在施加外磁场后急速增大,并快速趋于稳定值,这与图 16.27 中所得到的结果一致. 随后旋转外磁场,可以看到,磁致法向应力瞬间大幅度降低,然后在下一个 100 s 时间段内小幅度增加. 但外磁场方向旋转到与 x 轴平行时,磁致法向应力减小到最小值,并在外磁场保持恒定的阶段内,磁致法向应力几乎没有变化. 然后外磁场方向逐渐旋转到 z 轴方向,可以看到,z 轴方向上的磁致法向应力也会急剧增大. 随着外磁场的旋转,其方向与 z 轴方向出现周期性变化,导致磁致法向应力也会出现周期性的变化. 同时也可以看到,在每一个磁致法向应力出现突然变化的时刻,也是外磁场突然旋转的时刻,而此时,颗粒聚集结构也将会发生剧烈的变化.

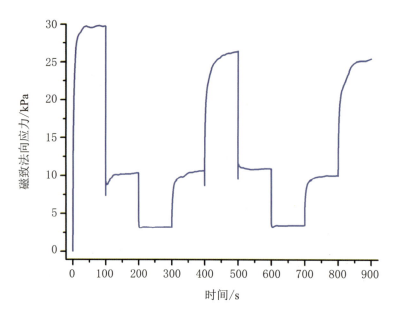

图 16.35　磁流变塑性体在长周期旋转磁场作用下磁致法向应力的变化

不同体积分数的磁流变塑性体在磁场强度 $H=740.1$ kA/m 的旋转外磁场作用后的微观颗粒聚集结构如图 16.36 所示，可以看到，不同颗粒体积分数的磁流变塑性体均形成了平行于外磁场旋转平面的层状结构. 对于体积分数较小的情况，如 5.0%，由于颗粒少而得到单层结构，且共面的颗粒也呈现出相互分离的状态. 体积分数增大到 15.0% 后，就形成了紧凑的层状结构. 随着体积分数继续增大，颗粒层状结构变得越来越紧凑，其厚度也随之增加，同时其间距也变得越来越小. 与微结构演变相对应，图 16.37 给出了不同体积分数的磁流变塑性体在外磁场 $H=740.1$ kA/m 的旋转作用下体系磁势能密度的变化过程，直观看来颗粒体积分数越大，体系磁势能密度越低，但在外磁场旋转周期内的波动幅值越大. 对于一个确定体积分数的体系，磁势能密度的变化过程与图 16.34 中描述的过程类似，此处就不再赘述.

通过上述的讨论，我们已经知道，磁流变塑性体在旋转外磁场作用下，其内部磁敏颗粒会逐渐聚集形成平行于磁场旋转平面的片层状结构. 那么为什么会形成这样的结构呢？是如何形成的呢？接下来我们将讨论这个现象的机制.

为便于分析磁敏颗粒间的磁相互作用，我们考虑如图 16.38 所示的二维情况下磁敏颗粒间的磁相互作用力与其相对位置的关系. 由于颗粒材料是软磁性的羰基铁粉，先不考虑颗粒磁化后进一步的相互磁化影响，我们假设颗粒磁化后的磁矩方向都与外磁场方向相同，且颗粒间相对位置矢量 r 与外磁场 H 的方向夹角为 θ. 根据对称性，我们只考虑 θ 在 $(\theta,\pi/2)$ 范围内的变化. $\boldsymbol{F}_{ji}^{m}$ 表示颗粒 i 对颗粒 j 的磁作用力，参考坐标为 $(e_1,$

e_2). 则有

$$\begin{cases} \boldsymbol{H} = H\boldsymbol{e}_1, \quad \boldsymbol{r} = \boldsymbol{r}_{ij} = r_{ij}\hat{\boldsymbol{r}} = r_{ij}(\cos\theta \cdot \boldsymbol{e}_1 + \sin\theta \cdot \boldsymbol{e}_2) \\ \boldsymbol{m}_i = m_i\boldsymbol{e}_1, \quad \boldsymbol{m}_j = m_j\boldsymbol{e}_1 \end{cases} \tag{16.46}$$

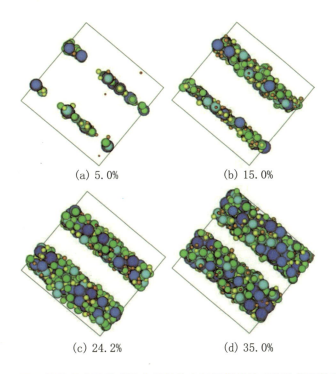

图 16.36 不同颗粒体积分数的磁流变塑性体在长周期旋转磁场作用下的微观结构

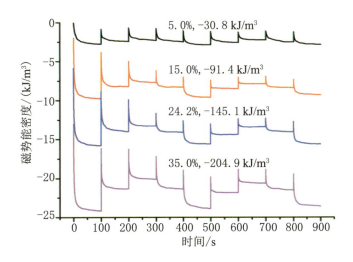

图 16.37 不同颗粒体积分数的磁流变塑性体在长周期旋转磁场作用下磁势能密度的变化

以及

$$\begin{aligned}\boldsymbol{F}_{ji}^{\mathrm{m}}=&-\boldsymbol{F}_{ij}^{\mathrm{m}}\\=&c_m\left(r_{ij},\theta\right)\frac{15\mu_0}{4\pi r_{ij}^7\mu_1}\left(\boldsymbol{m}_i\cdot\boldsymbol{r}_{ij}\right)\left(\boldsymbol{m}_j\cdot\boldsymbol{r}_{ij}\right)\boldsymbol{r}_{ij}\\&-c_m\left(r_{ij},\theta\right)\frac{3\mu_0}{4\pi r_{ij}^5\mu_1}\left(\left(\boldsymbol{m}_i\cdot\boldsymbol{m}_j\right)\boldsymbol{r}_{ij}+\left(\boldsymbol{m}_j\cdot\boldsymbol{r}_{ij}\right)\boldsymbol{m}_i+\left(\boldsymbol{m}_i\cdot\boldsymbol{r}_{ij}\right)\boldsymbol{m}_j\right)\end{aligned} \quad (16.47)$$

所以

$$\boldsymbol{F}_{ji}^{\mathrm{m}}=c_m\frac{3\mu_0 m_i m_j}{4\pi r_{ij}^4\mu_1}\left(\left(3\cos\theta-5\cos^3\theta\right)\boldsymbol{e}_1+\left(\sin\theta-5\cos^2\theta\sin\theta\right)\boldsymbol{e}_2\right) \quad (16.48)$$

进一步可得到

$$\begin{cases}\boldsymbol{F}_{ji}^{\mathrm{m}}=-c_m\dfrac{3\mu_0 m_i m_j}{2\pi r_{ij}^4\mu_1}\boldsymbol{e}_1, & \theta=0\\[6pt]\boldsymbol{F}_{ji}^{\mathrm{m}}=c_m\dfrac{3\mu_0 m_i m_j}{4\pi r_{ij}^4\mu_1}\boldsymbol{e}_2, & \theta=\dfrac{\pi}{2}\end{cases} \quad (16.49)$$

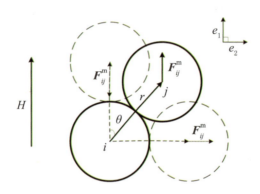

图 16.38　磁敏颗粒间的磁相互作用力与其相对位置的关系

由上式可知,当 $\theta=0$ 时,颗粒 j 是被颗粒 i 吸引的,导致这两个颗粒会沿外磁场方向呈链状聚集 (在旋转外磁场作用的三维情况下将会趋向于共面性聚集);当 $\theta=\pi/2$ 时,颗粒 j 是被颗粒 i 排斥的,导致这两个颗粒在垂直于外磁场的方向上分离 (在旋转外磁场作用的三维情况下将会沿磁场旋转方向分离). 由于颗粒间相互作用力是随它们相对位置的变化而连续变化的,因此在 $(0,\pi/2)$ 内必然有一个临界夹角,使得颗粒间从吸引状态转变为排斥状态. 我们很容易找到这样一个临界条件下的临界夹角,即颗粒间的磁相互作用力沿 e_2 方向的分量为零,即为上述临界条件. 从而有

$$\boldsymbol{F}_{ji}^{e_2}=c_m\frac{3\mu_0 m_i m_j}{4\pi r_{ij}^4\mu_1}\left(\sin\theta-5\cos^2\theta\sin\theta\right)\boldsymbol{e}_2=\boldsymbol{0} \quad (16.50)$$

其中 $F_{ji}^{e_2}$ 为 F_{ji}^{m} 在沿 e_2 方向上的分量. 所以有

$$\sin\theta - 5\cos^2\theta\sin\theta = 0 \tag{16.51}$$

求解上面的方程, 可以得到

$$\cos\theta = \sqrt{5}/5 \implies \theta = \arccos(\sqrt{5}/5) \approx 63.43° \tag{16.52}$$

根据上述分析结果, 我们可以知道, 当颗粒间位置向量与磁场方向向量的夹角 $\theta <$ 63.43° 时, 颗粒在垂直于外磁场方向上是相互吸引的, 而当颗粒间位置向量与磁场方向向量的夹角 $\theta >$ 63.43° 时, 颗粒在垂直于外磁场方向上是相互排斥的. 对于旋转外磁场作用下的三维情况, 我们可以认识到, 当磁敏颗粒间的夹角 θ 满足 $|\cos\theta| > \sqrt{5}/5$ 时, 磁敏颗粒将沿外磁场旋转的方向共面聚集, 形成片层状结构; 而当 $|\cos\theta| < \sqrt{5}/5$ 时, 磁敏颗粒将沿外磁场旋转的方向相互排斥而分离. 对于颗粒体系而言, 颗粒间满足前述两个条件的夹角都存在, 这就导致了在旋转外磁场作用下分离的片层状颗粒聚集结构的形成.

16.4.2 空间变化外磁场作用下的微观结构演化

为了研究磁流变塑性体在空间变化外磁场作用下微结构的演变, 以 MRP-70 为研究对象, 考察其在磁场强度 H=740.1 kA/m 的空间变化外磁场作用下, 磁流变塑性体内部微观颗粒聚集结构随外磁场变化的情况. 我们设置了多组外磁场不同方向的变化过程, 其中两个典型的过程如图 16.39 所示, 每一组变化过程分为五个步骤. 图中的 (x), (y) 和 (z) 表示该步骤外磁场的方向分别取 x, y 和 z 轴向, xy 平面由四边形所示, z 轴垂直于 xy 平面. 对于图 16.39 的第一组变化过程, 按照该过程中外磁场方向取向的改变过程, 用 "$zxyxz$" 来表示该过程, 类似地用 "$zyxyx$" 来表示图 16.39 的第二组变化过程. 为系统表征不同步骤的颗粒结构, 视图选取了适当的观察角度.

在图 16.39 的第一组 "$zxyxz$" 加载过程中, 按照加载过程的顺序可以看到, 在第一个 100 s 内, 外磁场方向取 z 轴方向, 颗粒体系聚集形成了沿竖直 z 轴方向的链簇状结构. 随后使外磁场方向沿 x 轴, 保持 100 s 后, 可以看到颗粒体系聚集形成了两个不紧凑的厚层状结构, 并且平行于外磁场的旋转平面 (zx 平面). 继续改变磁场方向, 使其沿 y 轴, 并保持 100 s. 可以看到, 又得到了颗粒聚集簇状结构, 只是这时簇状结构的取向为 y 轴方向，但簇状结构与第一个 100 s 加载阶段的簇状结构有一定的差异. 接着再改变外磁场方向，使其沿 x 轴方向，则得到了平行于 xy 平面的厚层状结构，而且层状结构之间还有些连接颗粒，整体来看，表现为 Z 形微观颗粒聚集结构. 最后把外磁场方向回归于 z 轴方向，出现了平行于 zx 平面的不紧凑的层状结构. 在"$zxyxz$"加载过程中，磁流变塑性体微观颗粒聚集结构由第一个阶段沿竖直方向无序的簇状结构，经历一系列的空间结构变化，到最后形成了两个平行于 zx 平面的片层状结构.

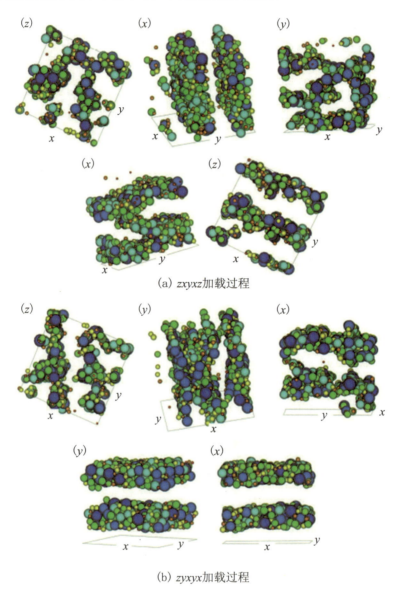

图 16.39 磁流变塑性体在空间变化外磁场作用下的微观结构

在第二组"$zyxyx$"加载过程中,在第一个 100 s 时间内,颗粒体系也是聚集形成沿 z 轴方向的簇状结构. 随后外磁场改至沿 y 轴方向,并且在之后的变化过程中,外磁场只在 xy 平面内交替改变方向,整个过程可以看作外磁场在 xy 平面内旋转. 可以看到,当外磁场方向从 z 轴方向改变到 y 轴方向后,颗粒体系首先会聚集形成沿 y 轴方向的链状结构,同时颗粒聚集结构也会出现沿 zy 平面的层状结构. 之后随着磁场方向在 xy 平面内转变,使得单元体系内的磁敏颗粒逐渐聚集成平行于 xy 平面的层状结构,且层状结构越来越致密. 上述两个加载过程主要不同之处在最后一步,但是所得到的结构却有较大差异.

图 16.40 给出了上述两个过程微结构依赖的颗粒体系磁势能密度的变化. 对于过程"$zxyxz$",磁势能密度在初始点和后面外磁场方向改变的转折点都突然获得一个瞬态值,随后磁势能密度值都陡然降低并逐渐趋于一个相应的稳定值. 磁势能密度变化的曲线能够反映单元体系内部磁致微观颗粒聚集结构的变化. 对比图 16.39 中的微观颗粒聚集结构,可以看出,在转折点磁势能密度获得的瞬态值越大,且连续两个子步骤的磁势能密度稳定值相差越大,磁致微结构的差异就越大. 过程"$zxyxz$"和"$zyxyx$"在前四个阶段内的磁势能密度变化趋势几乎一样,说明单元体系中 x 轴和 y 轴具有一定的等价性质. 两个加载过程在最后一个阶段内的磁势能密度有较大差异,这与外磁场突然改变的方向有关,反映内部微观结构有较大差异,这与图 16.39 中的结构差异相吻合.

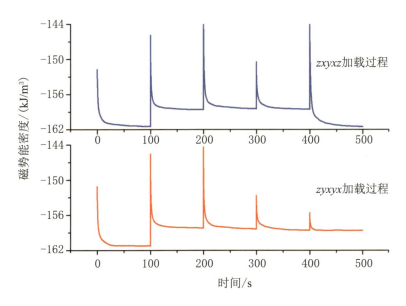

图 16.40 空间变化外磁场作用下颗粒体系磁势能密度的变化

图 16.41 给出了依赖于微结构的平均应力状态的变化情况. 此处的平均应力定义为

$$[\sigma] = \frac{1}{3}\left(\sigma_{xx} + \sigma_{yy} + \sigma_{zz}\right) \tag{16.53}$$

其中 σ_{xx}, σ_{yy} 和 σ_{zz} 分别为单元体系的应力张量 $\boldsymbol{\sigma}$ 沿 x, y 和 z 轴的分量. 上式右边的 $I_1 = \sigma_{xx} + \sigma_{yy} + \sigma_{zz}$ 是应力张量的第一不变量, 能够从整体上来表征所考察元胞的体积应力强度. 我们可以定性地认识到平均应力变化越大, 体系内微结构差异也越大. 图 16.41 中第一个 100 s 阶段内, 平均应力几乎等于法向应力 σ_{zz} 的 1/3. 可以看到, 平均轴应力强度 I_1 在开始阶段迅速增大, 反映了体系内微结构有剧烈的变化 (从初始的随机均匀分布状态到链状结构分布状态). 随后平均轴应力趋于稳定, 反映了微结构也逐渐趋于稳定. 当突然旋转外磁场的方向时, 平均轴应力瞬间下降, 这是由于前一个阶段中拉紧的链状或簇状结构不仅突然松弛, 而且向相反的方向收缩. 如果外磁场方向被突然改变到垂直于之前磁场旋转平面的方向上, 应力强度将会出现一个大的变化, 这些过程与微结构和磁势能密度的改变是同步的. 对比图 16.40 和图 16.41, 可以看出磁势能密度和应力状态是相互同步关联的, 因为它们都同时反映了磁流变塑性体在空间变化外磁场的作用下, 其内磁致微观颗粒聚集结构的变化过程.

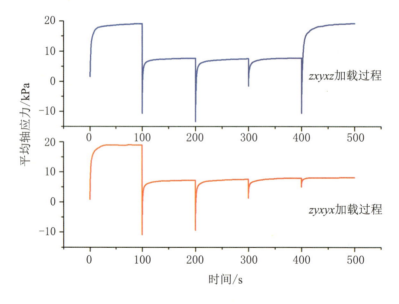

图 16.41 空间变化外磁场作用下颗粒体系平均轴应力的变化

16.5 磁流变塑性体在外磁场和剪切加载共同作用下的微观结构

磁流变塑性体的力学行为依赖于其微观结构,而磁流变塑性体的微观结构会受到外磁场的强烈影响,这使得磁流变塑性体对外磁场具有显著的响应特性. 前面讨论了磁流变塑性体在外磁场的作用下内部微观颗粒聚集结构的形成和演化过程,并且说明了磁流变塑性体内部的微观颗粒体系在外磁场作用下的磁势能和应力状态是直接依赖于微观颗粒体系聚集结构的. 上述讨论内容和结果都说明了磁流变塑性体在外磁场作用下,力学行为具有显著的力磁耦合特性. 对于磁敏智能材料,其在剪切加载作用下的力学性能是其基本的力学性能之一,且在实际应用中,磁流变材料工作在剪切加载条件下的情况非常普遍. 因此,在本节中,我们将从计算模拟的角度出发,讨论磁流变塑性体在外磁场和剪切力学加载共同作用下,内部微观颗粒体系聚集结构的变化,以及与微观结构密切相关的颗粒体系磁势能和剪切力学性质间的关系. 模拟中考虑颗粒体积分数 25% 的磁流变塑性体在经历预结构过程后,在不同外磁场和不同剪切应变条件下的微观结构.[11]

磁流变塑性体在外磁场和剪切应变加载共同作用下的微观结构如图 16.42 所示. 图 16.42(b) 为颗粒体系在 740.1 kA/m 外磁场的作用下加载 100 s 后预结构得到的. 可以看到,颗粒体系聚集成明显的链状结构,此时并未施加剪切应变. 随后,对颗粒体系施加逐渐增大的剪切应变,直到剪切应变施加到 20%,此时颗粒体系分布如图 16.42(c) 所示. 颗粒体系聚集形成的链状结构在剪切应变的作用下会逐渐沿剪切方向倾斜,颗粒体系由于剪切应变加载而出现的颗粒位移是以颗粒体系的底端为参考的,颗粒体系顶端和中间部分在剪切方向上应用周期性边界条件调整颗粒运动. 对预结构后的颗粒体系施加反方向的剪切应变到 −20% 时,颗粒体系聚集结构如图 16.42(a) 所示. 颗粒聚集结构的变化与正向剪切加载时类似,也向剪切应变方向屈服,颗粒链向反方向倾斜,但颗粒体系在正反剪切加载下的微观结构并不是严格对称的.

图 16.43 给出了磁流变塑性体在外磁场和剪切加载下,内部颗粒体系的磁势能密度随外磁场强度和剪切应变的变化关系. 可以看到,对于给定的剪切应变条件,外磁场越强,颗粒体系的磁势能密度越低,说明颗粒体系聚集形成的结构越稳定. 而对于给定的外磁场强度,颗粒体系在剪切应变越大的情况下磁势能密度越高,也就是说,颗粒体系在剪

切应变越低的情况下磁势能密度越低,颗粒聚集结构越稳定.整体来看,颗粒体系的磁势能密度在剪切应变加载下在剪应变方向上呈现出对称性.

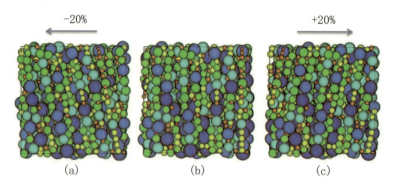

图 16.42　磁流变塑性体在外磁场和剪切加载作用下的微观颗粒聚集结构变化

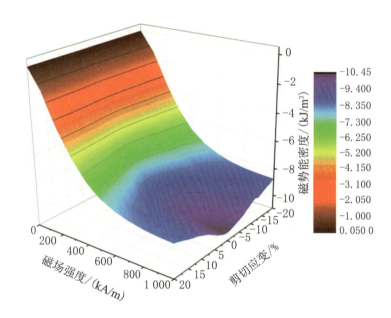

图 16.43　颗粒体系磁势能与剪切应变和外磁场强度的关系

图 16.44 给出了磁流变塑性体在外磁场和剪切加载下,内部颗粒体系的剪切应力随外磁场强度和剪切应变的变化关系.可以看到,当外磁场强度为 0 kA/m 时,颗粒体系的剪切应力基本为零,而且在剪切应变给定的情况下,剪切应力会随着外磁场强度的增大出现饱和.而在给定的外磁场条件下,剪切应力与剪切应变在小剪切幅值 (<20%) 范围内呈线性关系.整体而言,随着外磁场强度的增大和剪切应变幅值的增大,剪切应力也会增大.

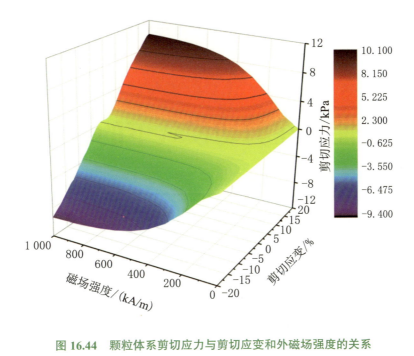

图 16.44　颗粒体系剪切应力与剪切应变和外磁场强度的关系

第17章

磁流变塑性体在剪切模式下的磁流变性能

独特的磁控微结构演化性能使磁流变塑性体具备很大的应用潜力和重要的学术价值. 作为一种新型的磁敏智能材料,对其磁流变性能的表征是研究磁流变机制的重要途径,也是衡量其应用价值的标准.

为了深入了解磁流变塑性体磁致微结构演化机制,本章对其在剪切模式下的磁流变性能 (包括动态力学性能和蠕变回复行为) 进行了系统的表征,并研究了磁场、溶剂、颗粒含量、颗粒分布和温度等对宏观力学性能的影响. 同时,结合磁性颗粒在磁场作用下的微结构演化图及不同样品的磁化性能曲线对新型磁敏智能软材料的磁流变机制进行了讨论. 初步的实验结果表明,磁流变塑性体除了具有比传统的磁流变弹性体更好的磁流变性能外,还表现出多种独特的性能 (如自愈性、自组织性、弱磁场下高磁敏性、磁控阻尼性能及温度增强效应等),具有十分重要的应用价值.

17.1 磁流变塑性体在剪切应力作用下的实验表征系统构建

根据系统辨识理论, 未知的物理系统可抽象为具有输入和输出端口的黑箱模型. 如果从输入端给黑箱一个扰动信号, 就会从输出端得到对应的响应信号, 通过研究扰动信号和响应信号之间的关系可得到关于该物理系统的一些性质, 而描述扰动信号和响应信号之间关系的函数称为传输函数 (图 17.1). 如果该物理系统是稳定的且扰动信号和响应信号之间存在线性的因果关系, 则传输函数就包含了关于系统内部结构的信息. 对于一个稳定的物理系统, 一般其扰动和响应信号之间的关系可以表示为

$$R = H(s)^P \tag{17.1}$$

式中 R 和 P 分别是响应信号与扰动信号的 Laplace 变换, $H(s)$ 表示传输函数. 其中响应信号可以是电信号、光信号、机械振动信号和应力应变信号等, 类型也可以包括周期、阶梯、脉冲波、三角波、正弦波等. 因此这种研究未知物理系统的思想, 根据其研究对象和激励信号的类型不同, 在材料科学、电化学、机械振动和自动控制领域都有着广泛的应用.

图 17.1 传递函数 (频率响应函数) 理论原理图
频率响应函数是传递函数的特例.

一般来讲, 想要得到包含物理系统内部结构信息的有效传递函数需要三个基本条件, 即因果性、稳定性以及扰动与响应之间的线性条件. 特别地, 当扰动信号为正弦函数且响应信号与扰动信号呈线性关系时, 传递函数也称为频率响应函数 (图 17.1). 当研究对象为黏弹性材料, 扰动信号为正弦应变信号时, 我们在线性黏弹性区间内就可以得到包含材料本身特征的频率响应函数信息 (黏弹性理论中称为材料动态力学性能).

如果将材料看成一个由不同电学元件构成的电化学系统，我们还可以用电化学阻抗谱 (Electrochemical Impedance Spectroscopy) 的方法来研究材料的内部结构特征，即对材料施加一个正弦电压信号以得到线性的响应电流，进而得到材料的频率响应函数，我们将携带材料内部结构信息的频率响应函数称为阻抗谱. 另外根据黏弹性理论，除了材料的动态力学性能外，材料在准静态条件下的应力应变关系和蠕变回复行为也是评估黏弹性材料力学性能的重要方面，而对这两种材料力学行为的研究也可以被归纳为广义的传递函数理论. 当施加在材料上的扰动信号为随时间缓慢线性增加的应变 (准静态加载条件) 时，可以得到对应的应力响应，进而计算得到反映材料特性的模量信息. 同样，当扰动信号变成阶梯应力信号 (此处主要指施加于材料上的应力信号突然从零变成某一常值，而并不考虑从零变化到该常值的过程) 时，我们可以记录对应的应变响应，这就是材料力学中蠕变的概念. 当应力信号从该常值突然变成零后应力随时间的变化关系则称为回复行为. 相应地，如果扰动信号是阶梯应变，则响应应力随时间的变化称为应力松弛现象. 本节中我们主要研究磁流变塑性体在剪切模式下的动态力学性能和蠕变回复行为 (这两种不同的力学行为都可以归于流变学性能的范畴).

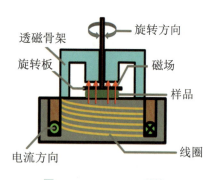

图 17.2 MRD 180 附件

磁流变塑性体在剪切模式下的磁流变性能采用安东帕公司生产的商用平行平板流变仪 (型号：Physica MCR 301) 进行测试. 样品的流变性能主要通过型号为 MRD 180 的附件测试，如图 17.2 所示：样品被置于两个平板之间，应变信号 (即扰动信号) 通过用非导磁材料制成的上平板 (型号：PP20/MRD, SN10036) 施加到样品上，同时其响应信号 (扭矩) 也由连接在上平板上的扭矩传感器采集. 此外，MRD 180 还可提供连续可调的稳定磁场. 磁场由内置于下平板所在基座中的线圈产生，其大小通过与线圈相连接的电源单元 PS-DC/MRD 控制. 图 17.3 是厂家提供的不同电流下对应的磁感应强度 (离散点) 以及对应的拟合曲线. 根据拟合结果可以得到 0~5 A 范围内任意电流时平板间的磁感应强度. 当内置线圈中的电流从 0 A 变化到 4 A 时，流变仪平板之间的磁场变化范围为 0~930 mT. 另外，测试样品附近的温度还可以通过水浴法实现程序控制，以便研究温度对样品流变性能的影响. 测试的磁流变塑性体样品被制备成直径为 20 mm、厚度为 1 mm 的圆盘状. 如无特别说明，所有测试均在室温条件下进行.

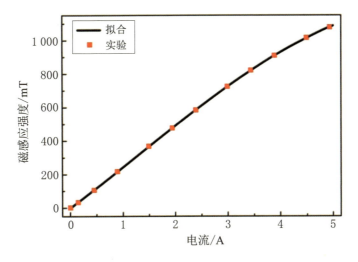

图 17.3　MRD 180 内部磁感应强度和电流之间的对应关系

17.2　线性黏弹性区间内的磁流变性能表征

在确定了磁流变塑性体的线性黏弹性区间后,就可以对磁流变塑性体的动态力学性能及其磁场相关性进行系统的表征,并对相关的实验结果进行分析,从而更加深入地理解磁流变机制,为磁流变材料的性能优化和应用打下基础.如无特别说明,这里所有的动态力学性能测试的应变幅值和激励频率均分别设置为 0.2% 和 5 Hz.根据相关分析,该测试条件可以保证磁流变塑性体具有线性黏弹性,而其微结构也可以认为不受激励应变的影响.

17.2.1　微结构演化的时间相关性

为了研究磁流变塑性体的预结构过程对动态力学性能的影响,首先用环境扫描电镜(型号:XT30 ESEM-MP) 分别观察了 MRP-70 在预结构前和预结构后的微结构.电镜的加速电压设置为 20 kV.磁流变塑性体内部的磁性颗粒会在仪器发射的运动电子产生的诱导磁场作用下使样品发生变形,从而破坏材料的微结构. 因此在观察前将样品置于液氮中直到被冻成类似于冰块的碎块,在冷却前选取具有合适断面的碎块进行观察.

图 17.4 是磁流变塑性体在施加磁场前和施加磁场后的 SEM 图. 与用光学显微镜观察的结果相比, SEM 图中的微结构代表了样品内部真实的颗粒状态 (液氮将样品冻碎, 从而将断面上的颗粒完全暴露出来). 对于刚制备完成而未施加磁场的样品, 可以看到磁性颗粒均匀分散在基体中 (图 17.4(a)), 因此处于该状态的样品称为各向同性磁流变塑性体. 如果将各向同性磁流变塑性体置于 800 mT 磁场环境中 10 min (因为该过程和磁流变弹性体的预结构过程完全相同, 所以我们也将该处理过程称为预结构), 则磁性颗粒在磁场作用下将沿着磁场方向聚集成链状 (或柱状) 的结构 (图 17.4(b)). 这种内部具有链状 (或柱状) 颗粒结构的样品称为各向异性磁流变塑性体. 其实严格来讲,此处定义的各向异性磁流变塑性体是横观各向同性材料, 因为在垂直于磁场的断面上颗粒的分布是随机的. 因此, 我们认为磁场对磁流变塑性体内磁性颗粒分布有十分重要的影响. 更进一步, 由磁场引起的颗粒分布的改变 (或者称为微结构演化) 将会对磁流变塑性体的宏观物理性能 (特别是动态力学性能) 产生显著影响.[12]

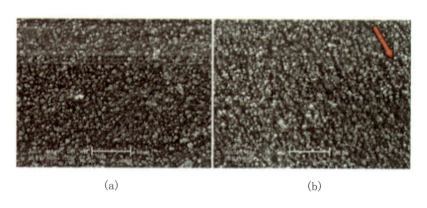

(a)   (b)

图 17.4　未施加磁场和经过预结构处理的 MRP-70 的 SEM 图

比例尺长度表示 50 μm.

线性黏弹性区间内各向同性的磁流变塑性体在 800 mT 磁场作用下储能模量 G' 和损耗因子 $\tan\delta$ 随时间的变化情况如图 17.5 所示. G' 在前 5 min 内随时间的增加先急剧增加后趋于稳定. 同时, $\tan\delta$ 在前 5 min 内也发生剧烈变化. 图 17.4 中的 SEM 图分别对应图 17.5 中时间为 0 和 600 s 处 MRP-70 的微结构. 之前的讨论认为样品的微结构变化对磁流变塑性体的动态力学性能的影响很大, 而此处给出了直接的证据. 因此可以认为图 17.5 所示的动态力学性能随时间的演化实际上也反映了磁流变塑性体的预结构过程. 相应地, 磁流变塑性体在施加磁场 5 min 后趋于稳定, 表明在该测试条件下磁流变塑性体的微结构也是稳定的. 于是, 我们认为在 800 mT 磁场作用下磁流变塑性体形成稳定微结构只需要 5 min.

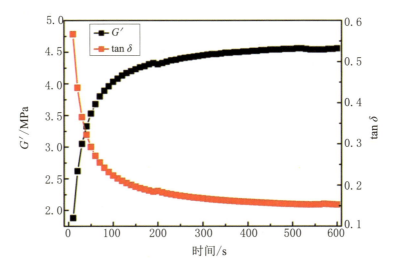

图 17.5 各向同性磁流变塑性体的储能模量和损耗因子随时间的变化关系

为了进一步验证 5 min 处理后的磁流变塑性体微结构的稳定性, 我们改变了预结构的时间, 并对样品在相同测试条件下进行了磁场扫描. 从图 17.6 可以看出, 磁流变塑性体的动态力学性能几乎不受选取的预结构时间的影响 (G' 和 $\tan\delta$ 在初始的测试点, 即图 17.6 中磁场为 0 mT 的测试点, 几乎相同), 说明更长的预结构时间不会改变样品的微结构, 由三种处理方法得到的样品微结构几乎是一样的. 而经过不同预结构时间处理后的磁流变塑性体随磁场的变化曲线几乎相同 (需要说明的是, 预结构磁场的方向和测试过程中所施加磁场的方向是一致的), 也说明了样品在预结构过后的微结构非常稳定, 几乎不受外磁场的影响. 因此, 将预结构时间设置为 10 min 足以形成稳定链状 (或柱状) 分布的各向异性磁流变塑性体.

17.2.2 磁场对动态力学性能的影响

不同颗粒含量的各向异性磁流变塑性体的储能模量 G' 随磁场的变化如图 17.7 所示. 以 ani-MRP-80 为例, G' 随磁场的增加先增加后趋于稳定. 从图 17.7 可以看出, 颗粒含量对磁流变塑性体的 G' 也有重要的影响: 颗粒含量越高, 磁流变塑性体的 G' 越大, 这与磁流变弹性体是类似的. 例如, ani-MRP-80 的最大 G' 为 7.77 MPa, 而 ani-MRP-70

的最大 G' 为 5.25 MPa. 此外,我们还发现基体的 G' 几乎不随磁场发生改变,因此我们认为磁流变塑性体的磁致储能模量 (ΔG,主要指磁流变塑性体的储能模量 G' 和零场储能模量 G'_0 的差值) 主要来自颗粒之间的磁相互作用力.

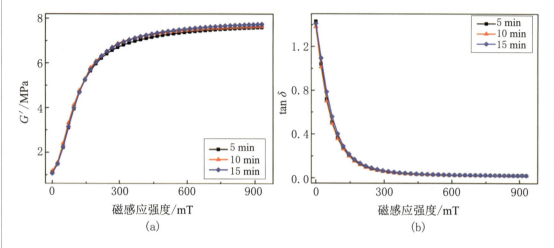

图 17.6　磁流变塑性体的储能模量和损耗因子随磁感应强度的变化

磁感应强度为 800 mT.

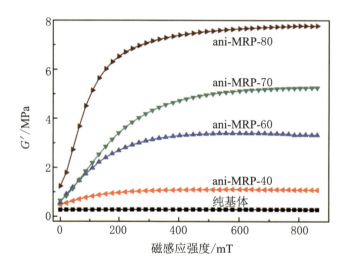

图 17.7　不同颗粒含量的磁流变塑性体的储能模量 G' 随磁感应强度的变化

从不同颗粒含量的磁流变塑性体的磁化曲线可以发现,磁化曲线与磁致储能模量 $\Delta G'$ 和磁场的关系曲线 (图 17.8) 非常相似. 这种相似性并非偶然,可以用经典的磁偶极子模型定性地解释. 在外磁场作用下各向异性的磁流变塑性体内的磁性颗粒被磁化,沿着磁场方向产生磁偶极矩,磁偶极矩与磁化强度 M 之间呈线性关系. 而磁场力在均匀磁场作用下是磁化强度的线性函数,因此颗粒所受的磁场力也是磁偶极矩的线性函数.

此外, 在特定磁场下, 颗粒含量越高, 样品的磁化强度也越大, 所受磁场力也越大. 由于 $\Delta G'$ 和磁场力之间也呈线性关系, 因此与磁化曲线类似的磁依赖关系也反映在 $\Delta G'$ 上 (图 17.8). 然而, 这种定性的解释只能从趋势上对这种磁致现象进行讨论, 更加精确的模型还要考虑到颗粒与基体界面之间的相互作用. 另外, 当颗粒的间距足够小时, 经典的磁偶极子理论也不再适用, 需要建立更加精确的磁性颗粒相互作用模型.

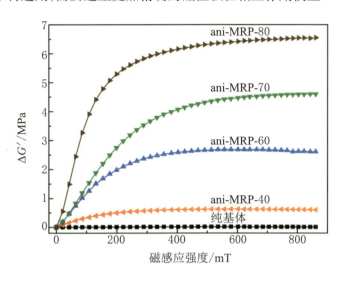

图 17.8 不同颗粒含量的磁流变塑性体的磁致储能模量随磁感应强度的变化

还可以发现磁流变塑性体的零场储能模量 G'_0 随着颗粒含量的增加而增加, 这说明颗粒含量的增加也会提高磁流变塑性体本身的模量. 表 17.1 列出了不同颗粒含量的磁流变塑性体的 G'_0, $\Delta G'$ 以及相对磁流变效应 (广义的磁流变效应是指磁场对磁流变材料流变性能的影响, 此处特指磁场对磁流变塑性体储能模量的影响; 而相对磁流变效应则定义为磁流变塑性体的最大磁致储能模量和零场储能模量的比值 ($\Delta G'/G'_0$)). 这些参数随颗粒含量的变化趋势和从图 17.7、图 17.8 观察到的结果是一致的. 此外, 从表 17.1 还发现 $\Delta G'$ 随颗粒含量的相对增加量并非一直比 G'_0 大, 于是相对磁流变效应也并非随着颗粒含量增加而一直增加. 例如, 如果颗粒质量从 70% 增加到 80%, 各向异性的磁流变塑性体的相对磁流变效应并未增加, 反而从 708% 减小到 532%.

理想的磁流变材料应该同时具备较高的相对磁流变效应和磁致储能模量. 根据之前的报道, 虽然硅橡胶基的磁流变弹性体的相对磁流变效应达到了 775%, 但是导致较高相对磁流变效应的原因主要是较低的 G'_0 (0.32 MPa), 而其 $\Delta G'$ (2.48 MPa) 并不大. 对于天然橡胶基的磁流变弹性体, $\Delta G'$ 达到了 3.6 MPa, 而相对磁流变效应为 133%. 聚氨酯基的磁流变塑性体 (ani-MRP-80) 的相对磁流变效应和 $\Delta G'$ 可分别达到 532% 和

6.54 MPa，均高于磁流变弹性体的相应动态力学性能值. 同之前制备的聚氨酯基的磁流变弹性体相比，这种新型的磁流变材料也表现出更大的 $\Delta G'$ 和相对磁流变效应. 此外，文献中报道的大部分磁流变弹性体的储能模量在弱磁场下随磁场的变化并不明显，在磁场超过一定值 (大约 200 mT) 后才会表现出高磁敏性. 而磁流变塑性体的 $\Delta G'$ 在弱磁场下就表现出高磁敏性 (当磁场从 0 mT 开始增加时储能模量就急剧增加)，当磁场增加到 400 mT 左右时 G' 基本达到饱和.

表 17.1 不同颗粒含量的磁流变塑性体的 G', $\Delta G'$ 和相对磁流变效应

颗粒质量分数/%	G_0'/MPa	$\Delta G'$/MPa	相对磁流变效应
40	0.465	0.63	136%
60	0.570	2.68	470%
70	0.650	4.60	708%
80	1.230	6.54	532%

磁流变塑性体的基体是一种塑性的聚氨酯，比作为磁流变弹性体基体的天然橡胶或聚氨酯橡胶要软得多，因此磁流变塑性体的零场模量也比磁流变弹性体的小. 对于各向同性的磁流变塑性体，颗粒在基体中均匀分散，并且在磁场作用下可以很容易移动. 随着磁场施加时间的增加，磁性颗粒最终形成沿着磁场方向的链状 (或柱状) 结构. 这些颗粒链贯穿于整个样品，该结构不同于在磁流变弹性体中形成的有限长度的颗粒链. 在特定的剪应变作用下，更长的颗粒链和更强的磁场会产生更大的颗粒间磁相互作用，进而得到更大的 G'. 这种情况下，由于更大的 $\Delta G'$，各向异性的磁流变塑性体表现出更强的磁流变效应. 进一步，由于各向异性的磁流变塑性体的基体太软而不能承受剪切载荷，因此颗粒间磁相互作用是抵抗剪切变形的主要因素. 因为磁相互作用对磁场有高度依赖性，所以磁流变塑性体的 G' 在弱磁场下有很高的磁敏性. 然而，当较弱的磁场施加到磁流变弹性体样品上时，剪切载荷主要由弹性基体承担. 而基体的力学性能不受磁场的影响，因此在磁场扫描的初始阶段 (即磁场较弱时) 磁流变弹性体的 G' 随磁场增加得比较缓慢. 随着磁场的进一步增加，颗粒间磁相互作用对 G' 的贡献逐渐增大，于是 G' 也逐渐随着磁场的增加而显著增加. 上述分析阐明了磁流变弹性体在较弱磁场条件下磁敏性较低的内在机制.

从图 17.9 可以发现，不同颗粒含量的磁流变塑性体的损耗模量的磁场依赖性并不相同：MRP-40 的损耗模量随磁场的增加先逐渐增加后趋于稳定；MRP-60 的损耗模量随磁场的增加先逐渐增加后缓慢减小，最后趋于稳定；MRP-70 和 MRP-80 的损耗模量先随磁场的增加逐渐增加后逐渐减小，颗粒含量越高，损耗模量增加和减小的趋势就越

明显. 根据之前的分析,损耗模量与一个振荡周期内样品的能量耗散量 (即应力-应变曲线的面积) 相关,该实验结果表明磁流变塑性体在动态力学性能测试中的耗散能受磁场调控,且颗粒含量越高其耗散能的磁场调控性就越强. 这种能量耗散的磁场调控性对磁流变塑性体来说也是一个非常有趣的特征. 然而,目前尚不清楚为何不同颗粒含量的样品表现出不同的磁场依赖以及为何在颗粒含量高于 60% 时样品会出现能量耗散峰值. 为了解释这些有趣的实验结果,还需要进行深入的理论分析.

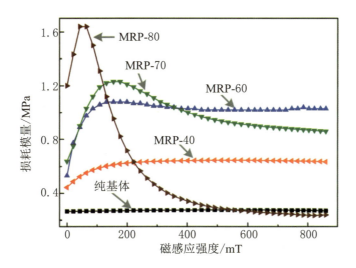

图 17.9 不同颗粒含量的磁流变塑性体的损耗模量随磁感应强度的变化

磁流变塑性体的损耗因子 $\tan\delta$ 的磁场依赖关系如图 17.10 所示. 可以发现,磁场较弱时 $\tan\delta$ 随着磁感应强度的增加急剧减小,随着磁感应强度的进一步增加 $\tan\delta$ 趋于稳定. 而颗粒含量较高的磁流变塑性体的 $\tan\delta$ 随着磁感应强度的增加比颗粒含量较低的磁流变塑性体表现出更加急剧的下降趋势. 这种阻尼的磁场相关性并未在其他磁变材料中发现,是磁流变塑性体所特有的. 从图 17.10 还可以发现,基体的 $\tan\delta$ 并不随磁感应强度的变化而改变. 因此,我们认为磁流变塑性体中 $\tan\delta$ 的磁依赖性也来自于与颗粒之间的磁相互作用. 据报道,磁流变弹性体的 $\tan\delta$ 随磁感应强度的变化不大,并且随着颗粒含量的增加而增加,而这里磁流变塑性体的 $\tan\delta$ 随着磁感应强度的增加表现出下降的趋势:以 ani-MRP-80 为例,当磁场从 0 mT 增加到 300 mT 时 $\tan\delta$ 的值从 0.97 减小到 0.03. 对一些实际应用来说,人们希望 $\tan\delta$ 尽可能低,并且其大小可以很容易地受磁场调控. 在这种情况下,磁流变塑性体的阻尼特性比磁流变弹性体更加理想.

这类颗粒复合材料的阻尼主要来自于组分 (颗粒和基体) 自身的阻尼以及组分之间由于界面滑移造成的能量耗散. 同基体相比,颗粒的阻尼可以忽略,而基体的阻尼主要来自于聚氨酯分子中软段的运动. 预结构后磁流变塑性体内的磁性颗粒已经沿着磁场方向形成稳定的链状结构，即使此时对其施加沿着颗粒链方向的磁场，颗粒也很难发生移动，因此由颗粒和基体之间界面滑移造成的能量耗散在各向异性的磁流变塑性体中也可以忽略. 随着外磁场的增加颗粒间的磁相互作用也相应增加，这将阻碍聚氨酯分子中软段的运动，于是由于软段的运动被限制，来自于基体的阻尼也会减小. 当磁场增加到某一特定值 (300 mT 左右) 时，由于颗粒的磁化达到饱和，颗粒间磁相互作用也不再随磁场发生变化，意味着颗粒链对聚氨酯分子中软段的抑制作用也达到最大，因此阻尼也趋向于稳定值 (表现为 $\tan\delta$ 不再随磁场发生变化). 在特定磁场作用下颗粒间的磁相互作用随着颗粒数的增加而增加，而较强的磁相互作用会导致聚氨酯分子中软段的抑制作用也变强，于是产生了较小的 $\tan\delta$. 这就解释了磁场作用下 $\tan\delta$ 与颗粒含量的关系.[11]

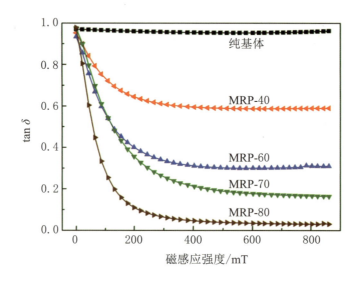

图 17.10　不同颗粒含量的磁流变塑性体的损耗因子随磁感应强度的变化

17.2.3　颗粒分布对动态力学性能的影响

在外磁场施加在磁流变塑性体之后，磁性颗粒的分布发生了很大的变化. 为了全面了解磁流变塑性体的微结构演化机制，我们还系统地研究了颗粒分布对其动态力学性能的影响. 这里以不同初始颗粒分布的 MRP-80 为例进行磁场扫描测试. 将刚制备完成的 MRP-80 分成完全相同的两份，一份在测试前于 800 mT 磁场下放置 10 min (即预结构)，另一份直接进行测试. 两种不同方法预处理后的样品就是我们之前定义的各向同性和各向异性的磁流变塑性体.

各向同性和各向异性磁流变塑性体的储能模量 G' 与磁感应强度的关系如图 17.11(a) 所示. 我们发现在特定的磁场作用下各向同性的磁流变塑性体的 G' 比各向异性的磁流变塑性体的 G' 要小. 值得注意的是, 各向同性的磁流变塑性体的磁致储能模量 $\Delta G'$ 要大于各向异性的磁流变塑性体的 $\Delta G'$, 这就导致了各向同性磁流变塑性体更大的相对磁流变效应 (表 17.2).

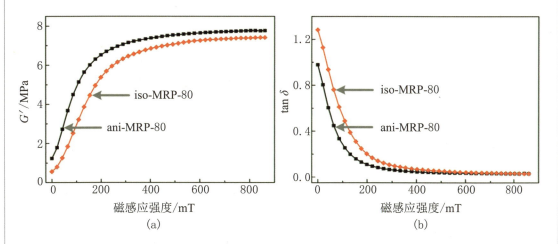

图 17.11 不同方法预处理后的磁流变塑性体的储能模量和损耗因子随磁感应强度的变化

表 17.2 不同颗粒分布的磁流变塑性体的主要动态力学性能参数

颗粒分布	G_0'/MPa	$\Delta G'$/MPa	相对磁流变效应	最小损耗因子
各向异性	1.23	6.54	532%	0.03
各向同性	0.56	6.86	1225%	0.03

图 17.11(b) 是不同颗粒分布的磁流变塑性体的损耗因子 $\tan\delta$ 的磁场扫描结果. 当磁感应强度小于 400 mT 时, 各向同性磁流变塑性体的 $\tan\delta$ 要小于各向异性的磁流变塑性体. 当超过 400 mT 时, 两者的 $\tan\delta$ 与磁场的关系曲线几乎完全重合. 这种结果的原因可以解释如下: 首先, 当外磁场施加到各向同性磁流变塑性体时, 其内部磁性颗粒会重新排列, 因此由颗粒和基体之间的界面滑移造成的能量损耗应该被考虑到各向同性样品的阻尼中; 其次, 在较弱磁场作用下各向同性磁流变塑性体颗粒间的磁相互作用要小于各向异性磁流变塑性体, 因此各向同性磁流变塑性体中颗粒对聚氨酯分子中软段的限制作用要弱于各向异性的磁流变塑性体, 于是造成基体产生更大的阻尼. 当磁感应强度超过 400 mT 时, 两种不同颗粒分布的磁流变塑性体内颗粒对聚氨酯分子中软段的限制

作用变得一致. 此外, 各向同性磁流变塑性体中的颗粒在足够强磁场作用下将不再运动, 因此来自颗粒和基体间的界面滑移造成的能量损耗也可以被忽略. 于是两种磁流变塑性体的 $\tan\delta$ 将在磁感应强度超过 400 mT 后趋于一致.

为了了解颗粒分布如何对磁流变塑性体的动态力学性能产生影响, 我们又进行一系列的对比测试. 图 17.12 (图 17.11 中的一部分) 是在磁场范围为 350~800 mT 时磁流变塑性体的 G' 的磁场依赖关系, 可以看出较强磁场作用下 G' 仍然随磁场的增大逐渐增加. 对比测试中, 当磁场增加到 450 mT 时扫描测试停止而样品在该磁场 (450 mT) 作用下保持 10 min, 然后磁场扫描测试继续 (磁场从 450 mT 开始继续增加至 800 mT), 则可以很清楚地发现 G' 在 450 mT 磁场作用下有一个明显的跳变 (图 17.12(b)); 而扫描中途未停止过的样品的 G' 则一直随磁场的增加连续变化 (图 17.12(a)); 如果在中途停止时施加的磁场增加到 800 mT, 则 G' 会跳变至更高的值 (图 17.12(c)). 这清楚地说明预结构处理 (本质上是颗粒分布) 会对磁流变塑性体的动态力学性能产生很大的影响. 值得注意的是, 磁场扫描过程中 (450 mT 测试点) 施加 800 mT 磁场处理后的磁流变塑性体的 G' 和开始就经过预处理而扫描中途并未停止过的磁流变塑性体的 G' (图 17.11(a) 中各向异性样品磁场扫描部分和图 17.12(d)) 在 450~800 mT 磁场区间内表现出类似的行为.

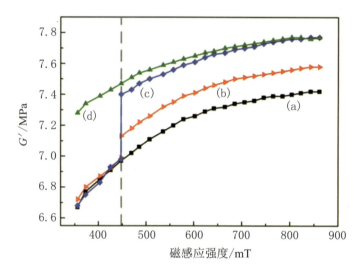

图 17.12 不同方法预处理后磁流变塑性体的储能模量随磁感应强度的变化

(a) 没有经过预结构和其他方法预处理; (b) 当磁场扫描增加到 450 mT 时保持该磁场 10 min, 然后继续扫描; (c) 当磁场扫描增加到 450 mT 时施加 800 mT 磁场 10 min, 然后继续扫描; (d) 磁场扫描之前施加 800 mT 磁场 10 min 且扫描过程不中断测试.

对于各向同性的磁流变塑性体,其内部的磁性颗粒将会沿着外磁场方向重新排列形成链状(或柱状)结构. 如果磁场强度不够大或者施加时间不够长,则很难形成完整或者粗壮的颗粒链,这种情况下的样品称为低各向异性的磁流变塑性体. 在相同磁场作用下,低各向异性的磁流变塑性体内的颗粒间磁相互作用要小于完全预结构的磁流变塑性体,但是要高于各向同性的磁流变塑性体. 因此,低各向异性的磁流变塑性体的 G' 介于各向同性和各向异性磁流变塑性体之间. 虽然磁感应强度的大小和施加时间对磁流变塑性体内磁性颗粒分布有很大的影响,但从图 17.6 的测试结果来看,当对各向同性磁流变塑性体施加 800 mT 的磁场 10 min 后可以形成具有稳定的链状(或柱状)取向结构的各向异性磁流变塑性体.

17.2.4 温度对动态力学性能的影响

这里将讨论温度对各向异性的磁流变塑性体动态力学性能的影响. 在不同温度下磁流变塑性体的储能模量和损耗模量随磁场的变化分别如图 17.13(a) 和 (b) 所示. 从图 17.13(a) 可以看出在特定磁场作用下 G' 随着温度的升高而降低,温度高于 40 °C 后,磁流变塑性体的温度效应并不明显,这意味着在较高的温度下磁流变塑性体的流变性能是稳定的. 但是温度超过 103.2 °C 后,聚氨酯基体开始分解,因此在 40~100 °C 的温度范围内我们认为磁流变塑性体是稳定的. 正如我们所知,聚氨酯是一类温度敏感的黏弹性材料,增加温度会使聚氨酯基体变软,从而减小磁流变塑性体的零场储能模量. 磁致储能模量是由磁性颗粒之间的磁相互作用造成的,而温度对磁相互作用几乎没有影响. 因此随着温度升高,$\Delta G'$ 几乎不发生变化.

我们还提取了不同温度下磁流变塑性体的零场储能模量,并计算了其相对磁流变效应 (图 17.14),可以看出超过 30 °C 后磁流变塑性体的零场储能模量随温度升高急剧减小,而相对磁流变效应则急剧增加. 当温度为 80 °C 时磁流变塑性体的相对磁流变效应竟超过了 4 500%,但这种超大的相对磁流变效应主要来自于较低的零场储能模量,而其磁致储能模量并未随温度升高发生较大的变化. 与之前讨论过的某些相对磁流变效应较大的硅橡胶基的磁流变弹性体类似,一味追求较大的相对磁流变效应而不关注其磁致效应并没有意义. 因此这种由温度效应引起的相对磁流变效应升高的现象并不表示磁流变塑性体的磁流变性能得到了极大的提升. 从图 17.13(b) 可以发现,在较弱的磁场作用下,磁流变塑性体的 $\tan\delta$ 随着温度的升高而增加;如果磁场超过 400 mT,则不同温度下

$\tan\delta$ 和磁感应强度的关系曲线趋于重合. 高温会导致聚氨酯分子中软段运动得更加剧烈, 从而会产生更大的阻尼. 而随着磁感应强度的增加, 软段的运动会逐渐被颗粒间的磁相互作用限制住. 这种限制作用并不受温度影响, 只与磁场相关. 当磁感应强度增加到 400 mT 时, 软段的运动几乎完全被限制住, 于是导致 $\tan\delta$ 均趋于一个极小的值 (0.03). 强磁场作用下阻尼性能完全不受温度影响的特性在磁流变塑性体中首次被发现, 对于这种现象的进一步研究有助于更加深入了解磁流变塑性体中力磁耦合作用机制.[13]

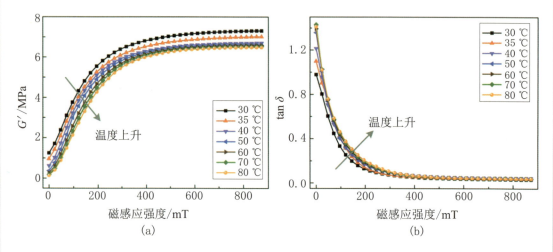

图 17.13　不同温度下磁流变塑性体的储能模量和损耗因子随磁场强度的变化

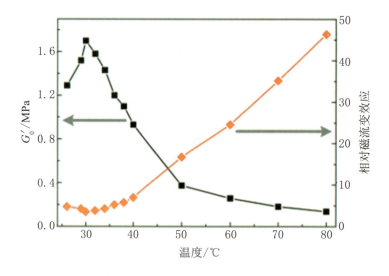

图 17.14　不同温度下磁流变塑性体的零场储能模量和相对磁流变效应

17.2.5 溶剂对动态力学性能的影响

类固态和类液态磁流变塑性体的磁流变性能的巨大差异主要来自于两方面:高分子凝胶本身的黏度(或模量)和磁性颗粒与基体之间的相互作用. 如果我们制备了一系列不同黏度的磁流变塑性体(使得在无磁场条件下的物理状态从类液态逐渐变化到类固态),就可以定量表征它们的磁流变性能,进而对于某种特定应用就可以很容易地选择具有合适磁流变性能的磁流变塑性体. 同时,通过比较不同类型的磁流变塑性体在相同磁场条件下的响应,还可以进一步研究其力磁耦合机制.

向高分子基体中添加不挥发溶剂可以很容易地改变它们的黏度. 我们分析了一系列添加不同含量溶剂的磁流变塑性体在振荡剪切模式下的动态力学性能. 以实验结果为基础,讨论了溶剂如何对磁流变塑性体动态力学性能产生影响以及磁流变塑性体的力磁耦合机制.

1. 线性黏弹性区间的确定

为了了解溶剂对磁流变塑性体流变性能的影响,首先研究了不同的磁流变塑性体在振荡剪切模式下的动态力学性能. 线性黏弹性区间对黏弹性材料非常重要. 在线性黏弹性区间内,动态力学性能参数 (G', G'' 和 $\tan\delta$) 都有明确的物理含义,并且由外部激励信号引起的黏弹性材料的微结构破坏可以忽略. 换句话说,如果激励应变幅值设置在线性黏弹性区间内,则由应变引起的微结构破坏的可能性就可以被排除(该假设将会在后面的分析中用到),这对于深入理解微结构破坏与动态力学性能之间的关系非常有帮助. 从应变幅值扫描结果可以很容易确定材料的线性黏弹性区间. 一般认为线性黏弹性材料的动态力学性能独立于应变幅值. 若动态力学性能随着应变幅值的增加急剧变化,则说明产生了应变导致的非线性. 颗粒填充高聚物材料的动态力学性能的应变相关行为称为 Payne 效应,并且已经被广泛地研究. 图 17.15 是磁场作用下包含不同含量溶剂的磁流变塑性体的储能模量的应变幅值相关性. 可以看出,虽然包含不同含量溶剂的磁流变塑性体的 G' 的数值差别很大,但是溶剂对磁流变塑性体的线性黏弹性区间几乎没有影响. 之前的实验结果表明磁流变塑性体的线性黏弹性区间也不受磁场的影响,因此包含不同含量溶剂的磁流变塑性体的线性黏弹性区间可以认为是 0%~0.1%. 根据以上分析,在动态力学性能测试过程中为了确保磁流变塑性体的微结构不被激励应变破坏,之后对磁流变塑性体动态力学性能的测试中将应变幅值设置为 0.1%.

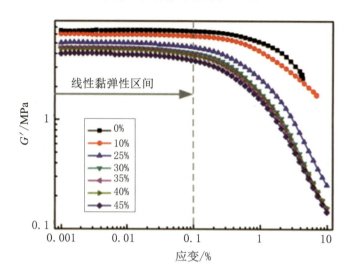

图 17.15　磁流变塑性体在振荡剪切模式下储能模量对应变幅值的响应
每种样品在测试之前均在 930 mT 的磁场下预处理 5 min, 该磁场在测试过程中始终不变.

磁流变塑性体在无磁场条件下的物理状态由向基体中添加的溶剂量决定. 不添加溶剂和添加 10% 溶剂的磁流变塑性体呈类固态, 而添加溶剂含量超过 25% 的磁流变胶则表现为类液态 (添加溶剂含量在 10%~25% 范围内的磁流变塑性体是一种具有黏性特征的胶状物质, 很难被区分为液态或固态). 实际上, 磁流变塑性体中的聚氨酯是一种没有发生充分交联反应的类似于橡皮泥的中间产物. 因此, 类固态的磁流变塑性体可以被改变成任意形状, 而当外力撤去后这些形状可以继续保持. 类固态磁流变塑性体的磁场响应行为和类液态的磁流变塑性体差别很大, 这从图 17.15~图 17.17 可以很明显地看出来.

2. 动态力学性能对阶梯磁场的暂态响应

磁流变液和磁流变弹性体在阶梯磁场作用下的暂态响应已经分别被 Ulicny 等和 Mitsumata 等研究过. 我们测试了不同的磁流变塑性体对阶梯磁场的响应, 以此为基础可以进一步推测在外磁场作用下磁流变塑性体的微结构演化过程. 从图 17.16(a) 可以看出, 添加较少含量溶剂的磁流变塑性体的 G' 更大. 特别地, 无磁场时不添加溶剂的磁流变塑性体的 G' 比添加 45% 溶剂的磁流变塑性体的 G' 高 3 个数量级, 这表明溶剂可以极大地改变磁流变塑性体的动态力学性能.

由图 17.16(a) 可以发现, 被外磁场处理过的磁流变塑性体的 G' (时间区间为

600~900 s) 大于未经磁场处理过的 G' (时间区间为 0~300 s). 根据之前的分析, 相同的磁流变塑性体的 G' 的差别不能简单归因于由激励应变引起的微结构破坏, 因此我们推断铁粉颗粒可以在外磁场作用下重新排列, 而颗粒的移动会改变磁流变胶的动态力学性能. 之前已经证明, 如果暴露在稳定的外磁场的时间足够长, 类固态磁流变塑性体中随机分散的铁粉颗粒会沿着磁场方向聚集形成稳定的链状 (或柱状) 结构. 图 17.16(a) 也暗示了类液态磁流变塑性体的微结构可以被外磁场改变, 并且该微结构可以保持一定的时间 (撤去磁场后磁流变塑性体的 G' 至少保持 300 s 不变). 该特征与磁流变液 (磁流变液呈现出很好的再分散性) 不同, 因为只要基体的黏度足够大, 颗粒就可以很好地悬浮在聚氨酯网络结构中. 稳定的链状微结构可以使磁流变塑性体保持优异的磁流变性能, 这对于要求材料保持高磁敏性能的应用场合非常重要.

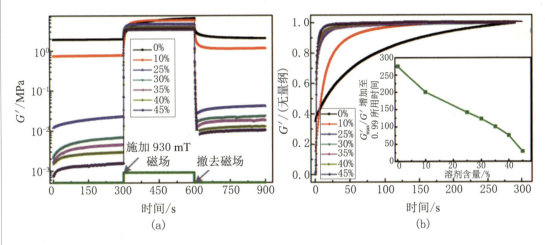

图 17.16 添加不同含量溶剂的磁流变塑性体在振荡剪切模式下储能模量对阶梯磁场的响应以及无量纲化的储能模量对 930 mT 磁场的暂态响应

(a) 开始 300 s 不施加磁场, 300 s 时突然施加 930 mT 的磁场, 600 s 时突然撤去磁场;

(b) 小图中是不同含量溶剂的磁流变塑性体的无量纲化的储能模量增加到 0.99 时所用的时间随溶剂含量的变化.

通过分析储能模量对外磁场的时间响应, 可以进一步分析磁流变塑性体中的铁粉颗粒在阶梯磁场作用下的运动. 图 17.16(b) 是不同含量溶剂的磁流变塑性体在 930 mT 磁场作用下无量纲化的储能模量 (G'/G'_{max}, 其中 G'_{max} 是图 17.16(a) 中的磁流变塑性体在 300~600 s 时间区间内最大的 G'), 实际上是图 17.16(a) 中 300~600 s 时间范围内数据的另外一种表现形式. 从无量纲化的储能模量可以很容易地比较添加不同含量的溶剂的磁流变塑性体在阶梯磁场作用下磁流变性能达到稳定状态的时间. 从图 17.16 可以看出, 储能模量的演化与添加的溶剂含量高度相关. 此外, 铁颗粒从随机分布状态变化到稳定链状结构的时间也可以从图中得到. 图 17.16(b) 的小图纵坐标是添加不同含量溶剂的磁流变塑性体的无量纲化的储能模量达到 0.99 的时间, 这可以认为是颗粒在磁场作用下形成稳定链状结构的时间. 需要指出的是, 在无量纲化的储能模量超过 0.99 后会在 0.99~1 范围内随时间波动. 该现象实际上反映了在稳态磁场下颗粒链由振荡剪切应变的作用不断被破坏和重组的过程. 在颗粒链被应变部分破坏后, 颗粒会在磁场作用下重新形成完整的链状结构. 然而, 振荡剪切应变对储能模量的影响可以忽略 (由应变引起的储能模量的变化幅度小于 0.1%), 因此无量纲化的储能模量超过 0.99 后就可以认为稳定的链状结构已经形成. 此外, 从图 17.16(b) 还可以看出, 在相同的磁场作用下颗粒在添加更大溶剂含量的磁流变塑性体中移动起来更加容易. 这是因为颗粒在拥有较低黏度的基体中遇到的阻力更小. An 等人比较了三种不同基体的磁流变材料在相同磁场作用下的暂态响应过程, 得到了类似的结论. 特别地, 在添加较大溶剂含量的磁流变塑性体中颗粒从随机分布到形成稳定链状结构的时间与磁流变液非常接近, 表明溶剂可以有效地改变颗粒在磁场作用下的运动速度. 由于具有较好的稳定性和在稳态磁场下较快的响应时间, 这类添加溶剂的磁流变塑性体在某些应用领域替代磁流变液成为可能.

3. 动态力学性能的磁场扫描

不同的磁流变塑性体在连续增加的磁场作用下的储能模量和损耗因子分别如图 17.17(a) 和 (b) 所示. 正如我们预期的那样, 在不同磁场作用下溶剂对磁流变塑性体的动态力学性能确实有很大的影响. 一方面, 类固态胶 (溶剂含量低于 10%) 和类液态胶 (溶剂含量高于 25%) 的动态力学性能在数值上的差异非常大, 如表 17.3 所示. 例如, 溶剂含量为 10% 的磁流变塑性体的初始储能模量 (G_0', 无磁场时的储能模量) 比溶剂含量为 25% 的磁流变塑性体大 28 倍, 而溶剂含量为 25% 的磁流变塑性体的初始损耗因子 ($\tan \delta_0$, 无磁场时的损耗因子) 比溶剂含量 10% 的磁流变塑性体高 3.68 倍. 这些结果直接证明了溶剂的添加极大地改变了磁流变塑性体的动态力学性能. 另一方面, 类固态胶和类液态胶的磁场相关动态力学性能随溶剂的变化规律并不相同. 类固态胶的磁致储能模量 ($\Delta G'$, 930 mT 磁场作用下的储能模量和 G_0' 之间的差值) 和 $\tan \delta_0$ 随着溶剂含量的增加而增加, 而在类液态胶中这两个参数随溶剂含量的增加而减小 (表 17.3), 这说明不同物理状态下磁流变塑性体遵循不同的磁流变机制.

当无磁场时, 磁流变塑性体的动态力学性能主要由基体 (颗粒含量都相同) 决定, 因此不难理解 G_0' 随着溶剂含量的增加而减小. 较高的溶剂含量会使基体变软, 于是测试到较小的 G_0'. 磁流变塑性体的阻尼来自于聚氨酯分子软段的运动以及颗粒和基体之间的滑移造成的能量损耗. 对类固态胶来说, 界面滑移很难发生, 因此聚氨酯分子软段的运动是阻尼的主要来源. 溶剂的加入会使得软段的运动更加容易, 因此溶剂含量 10% 的磁流变塑性体的 $\tan\delta_0$ 要大于没有添加溶剂的磁流变塑性体. 在类液态磁流变塑性体中, 软段不会被阻碍, 从而可以自由移动. 此外, 颗粒和基体之间的滑移也应该被考虑到. 在这种情况下, 溶剂起到了润滑剂的作用, 因此添加较多溶剂的基体和颗粒之间的摩擦也较小. 也就是说, 溶剂含量更高的类液态胶将表现出更小的 $\tan\delta_0$. 类液态胶的阻尼由两部分组成, 而来自于软段运动的阻尼部分也要高于类固态胶, 于是类液态胶的 $\tan\delta_0$ 要远大于类固态胶.

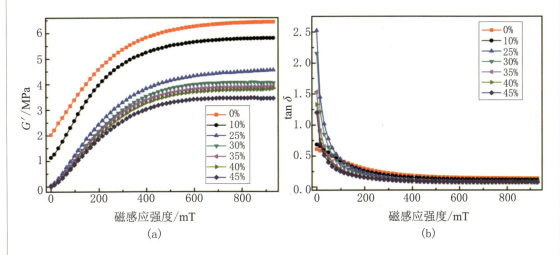

图 17.17 不同磁流变塑性体在稳态磁场作用下的储能模量和损耗因子

在测试之前每种样品均被 930 mT 的磁场预处理 5 min 以形成稳定的链状颗粒微结构.

表 17.3 添加不同含量溶剂的磁流变塑性体的主要磁流变性能参数

溶剂含量/%	0	10	25	30	35	40	45
G'_0/MPa	2.03	1.14	0.040 6	0.023 3	0.018 2	0.012 7	0.010 3
$\Delta G'$/MPa	4.41	4.67	4.06	4.03	3.89	3.83	3.44
$\tan\delta_0$	0.610 5	0.685 5	2.523	2.156	1.534	1.332	1.201
τ_{y0}/kPa	—	—	—	7.247	1.78	0.583	0.179
$\Delta\tau_y$/kPa	—	—	—	90.788	63.831	47.015	46.98

4. 剪切振荡模式下的磁偶极子模型

从 MRP-70 的微结构图 (图 17.4) 可以看出, 经过预结构处理后的样品沿着磁场方向呈链状分布, 且多为单链. 此外, 在拍摄 SEM 图时通过移动镜头发现, 这些单链几乎贯穿整个样品. 以此为基础, 我们采用经典的单链偶极子模型对磁流变塑性体材料的力磁耦合性能进行分析.

目前的偶极子模型主要以平板均匀剪切为背景, 平板均匀剪切模型的优点是剪切应变处处均匀, 只要分析某一微元即可得出整体的应力–应变关系, 因此建模简单. 然而, 用流变仪进行动态性能测试时, 样品受到扭转剪切, 在扭转剪切模式下, 样品的应力、应变分布不均匀, 与样品的半径直接相关, 且沿着样品厚度方向其应力、应变也不同, 所以为了得到整个样品的力学性能, 必须对样品进行积分计算, 将计算结果按照某种规定进行折算, 进而与实验结果进行比较.

按照以上假设建立的单链磁偶极子理论模型原理图如图 17.18 所示. 图 17.18(a) 为样品整体受剪切发生变形的情况, (b) 为 (a) 中的阴影部分 (该部分半径为大于零, 小于样品半径的任意值), 厚度为颗粒链中两个颗粒的间距.[14]

以选取的微元 (图 17.18(b)) 分析两个颗粒间力磁耦合作用关系, 每个颗粒可以作为偶极子处理, 且假设均匀极化. 按照偶极子理论, 在外磁场 $\boldsymbol{H}$ 作用下两个偶极子之间磁相互作用能可表示为

$$E_{12} = \frac{1}{4\pi\mu_0\mu_r} \frac{m^2(1-3\cos^2\theta)}{|r|^3} \tag{17.2}$$

其中 μ_0 为真空的磁导率, μ_r 为磁流变塑性体的相对磁导率, m 为颗粒的磁偶极矩, θ 为变形前和变形后两颗粒连线的夹角, r 为变形后两颗粒间距.

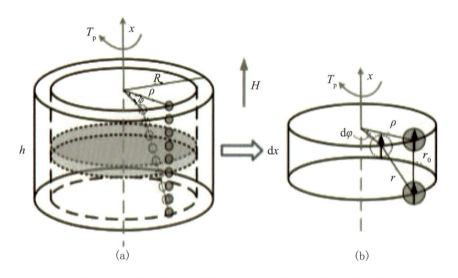

图 17.18　旋转剪切模式下磁流变塑性体的单链磁偶极子模型原理图

磁偶极矩 m 由下式决定:

$$\boldsymbol{m} = \frac{4}{3}\pi a^3 \mu_0 \mu_r \chi \boldsymbol{H} \tag{17.3}$$

其中 a 为颗粒半径,χ 为颗粒磁化率,H 为选取的颗粒处的磁场强度.

在单链模型中,采用和 Shen 等人相同的处理方法,选取的颗粒 i 处的磁场由外磁场 H_0 与除该颗粒之外该颗粒所处颗粒链中其他颗粒磁化产生的磁场 H_j 叠加形成的 (假设一条颗粒链中每两个颗粒间距均相同),表示如下:

$$H_i = H_0 + \sum_{\substack{j=1 \\ j \neq i}}^{n} H_j = H_0 + 2\sum_{j=1}^{n} \frac{m(3\cos^2\theta - 1)}{4\pi\mu_0 \mu_r (jr)^3} \tag{17.4}$$

则可求得选取的颗粒 i 的磁偶极矩表达式:

$$m_i = \frac{4}{3}\pi a^3 \mu_0 \mu_r \chi \left(H_0 + 2\sum_{j=1}^{n} \frac{m_j(3\cos^2\theta - 1)}{4\pi\mu_0 \mu_r (jr)^3} \right) \tag{17.5}$$

当颗粒链很长,即 n 很大时,可认为每个颗粒磁偶极矩均相同,即

$$m_i = m_j = m, \quad C = \sum_{j=1}^{n} \frac{1}{j^3} \tag{17.6}$$

当应变很小时,可认为 $r \approx r_0, \theta \approx 0$,则式 (17.5) 可化简为

$$m = \frac{4\pi a^3 \mu_0 \mu_r \chi H_0}{3 - 4C\chi (a/r_0)^3} \tag{17.7}$$

于是颗粒 i 的磁相互作用能可表示为

$$E_i = \sum_{j \neq i} E_{ij} = 2\sum_{j=1}^{n} E_{ij} = \frac{Cm^2(1 - 3\cos^2\theta)}{2\pi\mu_0 \mu_r r^3} \tag{17.8}$$

其中

$$\cos^2\theta = \frac{r_0^2}{r^2} \approx \frac{r_0^2}{r_0^2 + (\rho d\varphi)^2} \tag{17.9}$$

定义

$$\gamma_\rho = \frac{\rho d\varphi}{r_0} = \frac{\rho d\varphi}{dx} \tag{17.10}$$

磁相互作用能可另外表示为

$$E_i = \frac{Cm^2 \left(1 - \frac{3r_0^2}{r_0^2 + (\rho d\varphi)^2}\right)}{2\pi\mu_0 \mu_r \left(r_0^2 + (\rho d\varphi)^2\right)^{3/2}} = \frac{Cm^2(\gamma_\rho^2 - 2)}{2\pi\mu_0 \mu_r r_0^3 (\gamma_\rho^2 + 1)^{5/2}} \tag{17.11}$$

若颗粒占整个样品的体积分数为 ϕ,可以求得单位体积的颗粒个数为

$$n = \frac{3\phi}{4\pi a^3} \tag{17.12}$$

于是，在半径为 ρ 的球面附近单位体积能量密度可表示为

$$U = nE_i = \frac{3\phi C \boldsymbol{m}^2 \left(\gamma_\rho^2 - 2\right)}{8\pi^2 \mu_0 \mu_r a^3 r_0^3 \left(\gamma_\rho^2 + 1\right)^{5/2}} \tag{17.13}$$

将单位体积能量密度函数对应变求导，可求出半径 ρ 的球面附近的应力：

$$\tau_\rho = \frac{\partial U}{\partial \gamma_\rho} = \frac{9\phi C \boldsymbol{m}^2 \left(4 - \gamma_\rho^2\right)}{8\pi^2 \mu_0 \mu_r a^3 r_0^3 \left(1 + \gamma_\rho^2\right)^{7/2}} \gamma_\rho \approx \frac{9\phi C \boldsymbol{m}^2}{2\pi^2 \mu_0 \mu_r a^3 r_0^3} \gamma_\rho = G\left(H_0\right) \gamma_\rho \tag{17.14}$$

经过计算，当应变为 10% 时，该近似造成的误差为 3.75%，具有一定的精度. 对整个截面积分，求出整个截面对中心的力矩：

$$T = \int_A \rho \tau_\rho \mathrm{d}A = \int_A \rho G\left(H_0\right) \rho \frac{\mathrm{d}\varphi}{\mathrm{d}x} \mathrm{d}A = G\left(H_0\right) \frac{\mathrm{d}\varphi}{\mathrm{d}x} \int_0^{2\pi} \int_0^R \rho^3 \mathrm{d}\rho \mathrm{d}\theta = \frac{\pi R^4}{2} G\left(H_0\right) \frac{\mathrm{d}\varphi}{\mathrm{d}x} \tag{17.15}$$

通过流变仪测试整个截面的扭矩来计算在一定应变下材料的应力，而应变的定义也按照一定的规则进行折算. 计算公式为

$$\tau_{\mathrm{con}} = \frac{2T}{\pi R^3}, \quad \gamma_{\mathrm{con}} = \frac{R\varphi}{10h} \tag{17.16}$$

将力矩沿着厚度方向积分，可求得扭转面的扭转角

$$\varphi = \int_0^h \frac{2T}{\pi R^4 G\left(H_0\right)} \mathrm{d}x = \frac{2Th}{\pi R^4 G\left(H_0\right)} \tag{17.17}$$

将上式代入折算应变的定义式，可求出折算应力和折算应变之间的关系：

$$\tau_{\mathrm{con}} = 10 G\left(H_0\right) \gamma_{\mathrm{con}} = \frac{45\phi C \boldsymbol{m}^2}{\pi^2 \mu_0 \mu_r a^3 r_0^3} \gamma_{\mathrm{con}} = \Delta G \gamma_{\mathrm{con}} \tag{17.18}$$

式中 ΔG 可认为是在流变仪剪切振荡模式下的磁致模量. 由其具体表达式，可知磁致模量与磁场强度相关. 其他以经典偶极子理论为基础的模型也都认为，当颗粒类型和颗粒含量确定后磁场是影响磁敏材料磁致模量的唯一因素. 图 17.19 比较了旋转剪切模式下单链磁偶极子模型的计算结果和从实验中得到的磁流变塑性体的 $\Delta G'$，可以看出磁流变塑性体的 $\Delta G'$ 不仅和磁场相关，而且还会随着溶剂含量的变化而改变. $\Delta G'$ 的溶剂相关性是无法用经典的磁偶极子理论进行解释的. 溶剂的加入改变了基体的黏度，颗粒和基体之间的相互作用也会随之改变，这种相互作用的改变会对磁流变塑性体的磁致性能产生一定的影响. 因此磁流变塑性体的磁致效应不能简单地用磁偶极子模型来描述，还需要考虑到颗粒和基体之间复杂的力磁耦合作用.

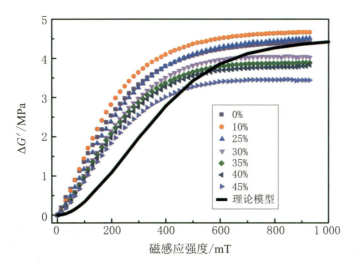

图 17.19 不同磁流变塑性体的 $\Delta G'$ 随磁感应强度的变化

5. 类液态磁流变塑性体的磁黏效应

当溶剂含量超过 25% 时,磁流变塑性体变为类液态的磁流变胶. 类液态的黏弹性材料除了通过振荡剪切模式进行表征外,还可以在旋转剪切模式下得到其剪切应力和应变率之间的关系,进而利用 Bingham 方程得到其屈服应力. 图 17.20 是不同磁场作用下磁流变塑性体 (此处溶剂含量为 30%,溶剂含量为 35%,40% 和 45% 的磁流变塑性体都表现出相似的趋势,它们在旋转剪切模式下的主要流变性能参数可以在表 17.3 中查阅) 的剪切应力和表观黏度对剪切速率的变化关系. 可以发现,磁流变塑性体的流动曲线和无磁场时基体的流动曲线差别很大. 没有磁性颗粒的基体是理想的 Newton 黏性流体. 有意思的是,颗粒分散到基体 (也就是磁流变塑性体) 中后,产生了明显的屈服应力. 特别地,屈服应力将随着磁场的增加而增加 (图 17.20(a)). 这种流动行为可以被 Bingham 方程很好地描述.

从图 17.21 可以看出磁场和溶剂含量确实是决定类液态胶动态剪切屈服应力 τ_y 的重要因素. τ_y 随着磁场的增加而增加,但随着溶剂含量的增加而减小. 初始剪切屈服应力 (τ_{y0},即无磁场时磁流变塑性体的动态剪切屈服应力) 和磁致剪切屈服应力 ($\Delta\tau_y$,在 930 mT 磁场作用下磁流变塑性体的 τ_y 与 τ_{y0} 的差值) 也随着溶剂含量的增加而减小 (表 17.3). 在旋转剪切模式下磁流变塑性体的剪切应力具有磁场增强效应是很容易理解的. 溶剂的添加不仅减小了基体的黏度,而且减小了颗粒和基体之间的摩擦力,这就会使得磁流变塑性体的剪切应力和动态屈服应力相应地减小. 由于相同的原因,当稳态剪切流动现象发生时添加越少量溶剂的磁流变塑性体的微结构也越难被破坏. 在相同磁场作用下, 有着更加有序微结构的磁流变塑性体将产生更大的磁场力, 因此仪器也会相应地测试到更大的磁致剪切屈服应力.

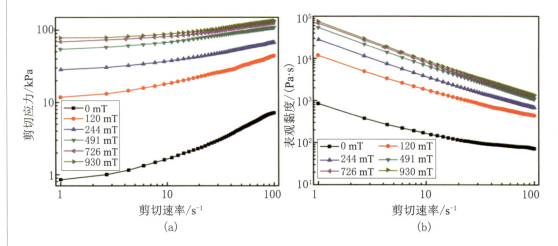

图 17.20　溶剂含量 30% 的磁流变塑性体在不同稳态磁场作用下剪切应力和表观黏度随剪切速率的变化关系

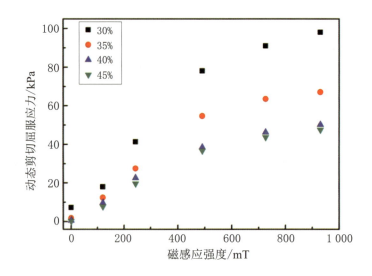

图 17.21　不同磁流变塑性体在不同磁场作用下动态剪切屈服应力的变化

磁流变塑性体的表观黏度可以直接用剪切应力除以剪切应变率得到. 在表观黏度对剪切应变率的双对数坐标系中, 可以明显观察到剪切变稀效应 (图 17.20(b)), 这是类液态高分子材料的一种典型非 Newton 流动特性. 该现象也说明类液态磁流变胶是一种假塑性流体. 此外, 还发现磁场可以极大地改变类液态磁流变塑性体的表观黏度, 该现象被定义为磁黏效应. 以溶剂含量为 30% 的磁流变塑性体为例, 当磁场从 0 mT 增加到 930 mT 时, 其表观黏度最大增加了 3 个数量级. 总之, 以聚氨酯为基体的类液态磁流变塑性体, 不但具有复杂的高分子流变特性, 而且这些特性可以很容易受到磁场和溶剂的调控. 这些特性使得这类磁流变塑性体在某些涉及智能控制的领域有着很大的应用潜力.[15]

17.3 非线性黏弹性行为

动态力学性能参数 (包括储能模量 G'、损耗模量 G'' 和损耗因子 $\tan\delta$) 是表征黏弹性材料性能的重要参数. 在线性黏弹性区间内, 黏弹性材料在正弦应变扰动信号下的响应应力也是正弦的. 超过了线性黏弹性区间后, 响应应力信号中出现了高阶谐波项, 说明此时响应应力和激励应变之间呈非线性关系, 我们将此时的应变幅值区间称为非线性黏弹性区间. 当从线性黏弹性区间转变为非线性黏弹性区间时, 材料的动态力学性能会发生巨大的变化, 而且由于非线性响应应力的产生, 动态力学性能的物理含义也不同于材料在线性黏弹性区间内的定义. 因此, 为了充分理解材料的流变行为和微结构机制, 人们对材料线性黏弹性区间进行了深入研究.

大振幅振荡剪切是用来确定线性黏弹性区间和非线性黏弹性区间最常用的方法. 在线性黏弹性区间, 材料的储能模量几乎不随应变幅值的变化而变化, 而超过线性黏弹性区间储能模量将随着应变幅值的增加而显著减小. 因此, 通过研究储能模量和应变幅值之间的关系就可以很容易得到材料的线性黏弹性区间. 分析一个振荡周期内的应力-应变滞回曲线 (也称为 Lissajous 曲线) 是另一种确定材料线性黏弹性区间的简单且有效的方法. 如果应变幅值落在材料的线性黏弹性区间, 则由一个振荡周期内应力和应变绘制成的滞回曲线是标准的椭圆, 否则由于应力信号中高阶谐波项的出现, 应力-应变滞回曲线将不再是椭圆形状. 此外, 准静态条件下材料的应力-应变曲线也可以用来判断材料的线性黏弹性区间.

磁流变材料 (包括磁流变液、磁流变弹性体和磁流变塑性体) 是一类流变性能受外磁场调控的典型的黏弹性材料. Li 等人和 Claracq 等人分别研究了磁流变液在大振幅振荡剪切和旋转剪切模式下的非线性黏弹性行为, 并进一步指出其非线性来自于微结构的改变. Li 等人还研究了旋转剪切模式下不同磁场作用时, 应变幅值和激励频率在一个振荡周期内磁流变弹性体的应力-应变滞回曲线和准静态条件下的应力-应变关系. Kaleta 研究组通过将磁流变液注入一种多孔介质中和将微米尺度的铁粉分散在一种热塑性基体中制备了两种不同的磁流变复合材料,测试了它们的应力-应变滞回曲线,并根据实验结果对这些曲线的物理含义进行了解释. 由于黏弹性独特的磁场相关性,磁流变材料的非线性黏弹性引起了人们的极大兴趣,这不仅因为其在各种载荷下的潜在应用,而且因为通过研究微结构演化和黏弹性之间的关系有助于深入理解磁流变机制.

近年来发展起来的类固态磁流变塑性体逐渐引起了人们的广泛关注. 与传统的磁流变液相比,颗粒沉降现象在类固态磁流变塑性体中得到了彻底解决. 与磁流变弹性体相比,磁性颗粒在这种类固态磁流变塑性体中可以在外磁场的作用下重新排列,而颗粒的重组过程会对材料的流变性能产生很大的影响,这对它们与磁场相关的力学性能研究十分有用. 一个被广泛接受的观点认为微结构对材料线性黏弹性区间影响很大,因此研究磁流变塑性体的非线性黏弹性对其磁流变效应形成机制的理解十分重要. 然而,到目前为止磁流变塑性体的非线性黏弹性行为还没有被系统地研究. 由于磁流变塑性体具有类固态磁流变塑性体的所有重要特征,因此其成为研究磁流变机制的理想材料. 本节中我们以颗粒含量 70% 的磁流变塑性体 MRP-70 作为研究对象,对其在剪切模式下的非线性黏弹性行为进行了系统研究,讨论了应变幅值、激励频率和磁场对其动态力学性能的影响;同时,采用了三种不同的方法确定了线性黏弹性区间,并分别解释了由应变幅值和激励频率造成的非线性产生的原因.

振荡剪切测试可以给出黏弹性材料弹性和能量耗散方面的信息,以此为基础可以进一步分析材料的微结构信息. 在振荡剪切测试中,正弦应变载荷通过旋转极板(即上平板)施加到样品上,而相应信号则由与上平板相连的扭矩传感器采集,并由 Rheoplus 商用软件处理. 动态力学性能参数(储能模量 G'、损耗模量 G'' 和损耗因子 $\tan\delta$)可以直接从 Rheoplus 软件中读取. 然而,从 Rheoplus 软件中却很难得到可能包含更多有用信息的一个振荡周期内的原始应力、应变信号. 因此,安东帕公司开发了一个名为 Rheoplus LAOS 的模块化插件. 通过该插件,我们可以得到每个动态力学性能测试周期内原始应力、应变信号(每个周期 257 个数据点),并对其进行初步分析. 以这些数据点为基础,就可以重新绘制出每个振荡周期内的应力-应变滞回曲线. 除了动态力学性能参数和能量耗散可以从应力-应变曲线中很容易地计算得到,通过直接观察应力-应变曲线的形状也很容易判断材料是否处于线性黏弹性区间. 目前,对于材料线性黏弹性区间的界定尚存在争议,而材料是否处于线性黏弹性区间对动态力学性能测试结果的有效性十分重要,因此分析材料在不同振荡周期内的应力-应变曲线就显得非常重要.

测试过程中发现,由于仪器精度的限制,部分实验结果和我们的设定值有一定的偏差. 例如, 在程序中将激励应变幅值设置为 0.20% 时, 测试结果中的应变幅值可能会达到 0.227%. 虽然该偏差无法避免, 但幸运的是该偏差对我们所要讨论的问题几乎没有影响. 实验结果和设置值之间的偏差可以从相关的数据图中的图例得到. 而我们在实验中也尽可能选取偏差较小的数据进行讨论.

17.3.1　应变幅值扫描和线性黏弹性区间的确定

我们首先测试了不同磁场条件下磁流变塑性体的储能模量 G'、损耗模量 G'' 和损耗因子 $\tan\delta$ 随应变幅值的变化关系. 从图 17.22 可以看出, 无磁场条件下磁流变塑性体的动态力学性能参数的应变幅值依赖性和有磁场时的情况差别很大. 无磁场时磁流变塑性体的储能模量随着应变幅值的增加轻微地减小. 对于施加外磁场的情况, 如果应变幅值小于 0.1%, 磁流变塑性体的储能模量几乎保持不变; 而应变幅值超过 0.1% 后, 磁流变塑性体的储能模量随着应变幅值的增加急剧减小. 在磁流变液和磁流变塑性体中也发现了类似的现象, 称之为 Payne 效应. Payne 效应可能是由于颗粒链在较大幅值的应变载荷下被破坏造成的. 在这种情况下, Claracq 等人定义了一个用来区分黏弹性材料微结构破坏转折点的临界应变幅值 r_C. 根据该定义, 如果应变幅值小于 r_C, 则材料是稳定的而且其微结构尚未被破坏, 因此从零到 r_C 的应变幅值区间被认为是线性黏弹性区间. 相应地, 应变幅值超过 r_C 的区间定义为非线性黏弹性区间. 因此, 磁流变塑性体在外磁场作用下应变幅值的线性黏弹性区间为 0%~0.1%, 而无磁场时在应变幅值低于 10% 的区间内没有发现磁流变塑性体表现出明显的非线性黏弹性 (即无明显的 Payne 效应).[16]

另一种确定材料线性黏弹性区间的方法是分析一个振荡周期内激励应变和响应应力之间的关系. 如果一个正弦应变载荷施加在材料上且应变幅值落在线性黏弹性区间内, 则响应应力也是一个有相同角频率但有一个相位差的正弦函数, 可以表示如下:

$$\gamma = \gamma_0 \sin\omega t$$
$$\tau = \tau_0 \sin(\omega t + \delta) = G\gamma + \eta\frac{\mathrm{d}\gamma}{\mathrm{d}t} = G\gamma_0\sin\omega t + \eta\gamma_0\cos\omega t \quad (17.19)$$

应力方程右端第一项代表弹性部分, 第二项代表黏性部分. 线性黏弹性材料的复模量定义为应力和应变的比值:

$$G^* = \frac{\tau}{\gamma} = G' + \mathrm{i}G'' \quad (17.20)$$

其中 G' 和 G'' 分别是我们之前提及的储能模量和损耗模量, 损耗因子则定义为两者的比值, 即

$$\tan\delta = \frac{G'}{G''} \tag{17.21}$$

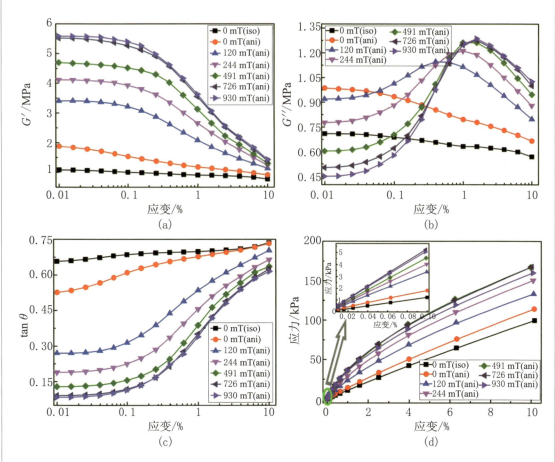

图 17.22 不同磁场作用下磁流变塑性体的储能模量、损耗模量和损耗因子与应变的关系以及应力-应变关系

振荡剪切模式下激励频率设置为 5 Hz.

如果材料进入非线性黏弹性区间,对应于正弦应变载荷的响应应力则表示为包含奇数项谐波的 Fourier 级数形式,表明黏弹性材料的非线性导致了高阶频率谐波项的出现:

$$\gamma = \gamma_0 \sin\omega t, \quad \tau = \sum_{3,5,\cdots}^{N} \tau_n \sin(n\omega t + \delta_n) \tag{17.22}$$

如果我们消去中间参数 t,则材料对正弦应变信号的响应可以表示为应力、应变之间的关系. 我们认为如果材料处于线性黏弹性区间,在正弦应变载荷激励下其应力-应变曲线呈椭圆形状,而由于出现高阶谐波畸变,材料在非线性黏弹性区间内的应力-应变曲线则为非椭圆形状. 进一步地,响应应力中各高阶项与第一阶谐波项之间的比值可以由

Fourier 变换流变学定量给出, 用以判断材料的非线性程度.

本节中, 我们测试了在施加不同幅值的正弦应变激励信号时磁流变塑性体的应力–应变曲线 (图 17.23). 从图 17.23(b), (d) 和 (f) 可以很明显地看出, 无磁场条件下当应变幅值从 0% 变化到 10% 时, 磁流变塑性体的应力–应变曲线都形成了完美的椭圆形状, 说明在无磁场条件下当应变幅值小于 10% 时, 磁流变塑性体都可以当作线性黏弹性材料处理. 该结论和用大振幅振荡剪切方法得到的结果是一致的. 然而当 491 mT 的磁场施加到样品上时, 只要应变幅值小于 1% 应力–应变曲线就会形成完美的椭圆 (意味着线性黏弹性区间为 0%~1%), 与通过大振幅振荡剪切方法得到的值 (0.1%) 相比要大很多 (图 17.23(a) 和 (c)). 在 0%~0.1% 的线性黏弹性区间内, 由于应变激励足够小, 材料的微结构尚未被破坏, 因此可以得到线性的应力响应. 根据之前的报道, 人们认为若微结构被破坏, 则材料立即出现非线性. 然而根据我们的实验结果, 虽然微结构破坏对材料的动态力学性能有很大的影响 (图 17.22(a)~(c)), 但是在微结构被破坏到一定程度内磁流变塑性体材料仍然可以继续保持线性黏弹性特征 (图 17.23(c)). 如果一个幅值大于 1.16% 的应变激励施加到样品上, 磁流变塑性体的应力–应变曲线形状将不再是椭圆 (图 17.23(e)). 这就表明磁流变塑性体表现出明显的非线性黏弹性行为, 而这种非线性是由于应变幅值足够大使得微结构被破坏到超过临界程度造成的. 值得说明的是, 以线性黏弹性理论为基础定义的动态力学性能参数在应变幅值超过 1% 时已经没有明确的物理意义了.

以图 17.23 中的应力–应变曲线为基础, 我们可以进一步计算得到材料的动态力学性能并与实验结果进行比较. 根据线性黏弹性理论, 对于椭圆形状的应力应变曲线 (图 17.23(a)~(d) 和 (f)), 应力–应变曲线几何形状和动态力学性能参数之间的关系如图 17.24 所示. 通过计算从原点到最大应变点之间的斜率可以得到储能模量 G'. 损耗模量 G'' 则与一个振荡周期内单位体积内的耗散能量相关. 为了得到耗散能量, 考虑将方程 (17.19) 中的应力、应变在一个完整振荡周期内积分:

$$\begin{aligned} W_\mathrm{d} &= \int_0^{2\pi/\omega} \tau \frac{\mathrm{d}\gamma}{\mathrm{d}t}\mathrm{d}t = \tau_0\gamma_0\omega \int_0^{2\pi/\omega} (\cos\omega t\sin\omega t\cos\delta + \cos^2\omega t\sin\delta)\,\mathrm{d}t \\ &= \pi\tau_0\gamma_0\sin\delta = \pi G''\gamma_0^2 \end{aligned} \tag{17.23}$$

其中单位体积内耗散能量 W_d (也称为耗散能量密度) 还可以通过计算一个振荡周期内应力–应变曲线围成的面积得到. 于是可以进一步计算得到 G''. 如果应力–应变曲线的形状不再是椭圆的, 则线性黏弹性模型就不再适合用来描述材料的流变行为. 对于经典的非线性黏弹性模型, 响应应力中的高阶谐波项没有明确的物理意义, 对深入理解材料复杂的非线性黏弹性行为也几乎没有帮助. 于是本节中针对图 17.23(e) 出现的磁流变塑性体的非线性黏弹性行为, 引入一个等效的方法来重新定义在非线性黏弹性情况下的动态力学性能参数. 与线性黏弹性情况类似,其中等效储能模量 G'_{equ} 定义为从原点到最大应变点之间的斜率,而等效损耗模量 G''_{equ} 根据方程计算得到. 需要强调的是,虽然从应力应变几何形状与动态力学性能参数之间的关系角度看两种情况的定义方式是类似的, 但用该方式定义的等效动态力学性能参数的物理含义与线性黏弹性情况下完全不同. 与经典的非线性黏弹性模型相比,该等效方法避免了对没有明确物理含义的高阶谐波项的讨论. 因此,这些等效动态力学性能参数 (G'_{equ} 与 G''_{equ}) 在大振幅振荡剪切模式下的磁流变塑性体刚度和能量耗散的表征有一定的应用价值.

图 17.25(a) 给出了磁流变塑性体在不同振荡周期内的耗散能量密度 W_{d}. 其中 W_{d} 是通过计算图 17.23 中应力–应变曲线的面积得到的. 很明显, W_{d} 随着应变幅值的增加而增加. 有意思的是,如果应变幅值低于 1%,在相同的测试条件下,无磁场时磁流变塑性体的 W_{d} 要大于有磁场的情况 (如图 17.25(a) 中的小图所示);而应变幅值超过 1% 后,有磁场时磁流变塑性体的 W_{d} 则要大于无磁场的情况 (图 17.25(a)). 我们认为,能量耗散主要来自颗粒和基体之间的界面滑移以及基体本身的阻尼 (与基体相比颗粒本身的阻尼可以忽略),而基体的阻尼主要由聚氨酯分子中软段的运动造成. 当应变幅值较小时,磁流变塑性体的微结构几乎未被破坏,因此颗粒和基体之间的界面滑移可以被忽略. 同时,颗粒之间的磁相互作用会阻碍聚氨酯分子中软段的运动,这就造成了在有磁场时磁流变塑性体中较少的能量耗散. 随着应变幅值的增加,颗粒链会沿着剪切应变方向倾斜得越来越明显. 而由外磁场造成的颗粒间的磁相互作用会驱动颗粒向它们的初始位置靠近. 于是,由颗粒运动造成的界面滑移将耗散大量能量. 在较大的幅值剪切应变的激励下,这些由外磁场造成的额外耗散的能量将使得有磁场时磁流变塑性体的 W_{d} 要大于无磁场的情况.

以图 17.23(a), (c) 和 (e) 中应力–应变曲线和图 17.25(a) 中耗散能量密度为基础计算得到的 G' 和 G'' 与应变幅值的关系如图 17.25(b) 所示. 可以看出计算结果 (图 17.25(b)) 与实验结果 (图 17.22(a) 和 (b)) 有相同的趋势,说明计算结果有一定程度的可信度. 在 0.1%~1% 的应变幅值区间内 G' 随着应变幅值增加而减小, G'' 则随着应变幅值的增加而增加,由此,我们认为动态力学性能确实对磁流变塑性体内微结构的破坏非常敏感. 但是根据之前的分析,对磁流变塑性体的线性黏弹性不能仅仅根据动态力学性能参数进行判断. 另外需要强调的是,实验结果和计算结果在数值上的差异是由不同的等效方法造成的. 众所周知,剪切应变在旋转剪切模式下并不是均匀的 (样品边缘处的应变最大而样品中心处应变为零). 流变仪中使用的是等效应变,但是由于并不清楚 Rheoplus 软件中关于该等效应变和动态力学性能参数的计算公式,我们很难讨论实验结果和计算结果在数值上差异的原因. 但是从相同的变化趋势我们可以推断两者与应

力-应变曲线都有紧密的联系 (换句话说, 实验结果和计算结果之间呈比例关系), 而这才是我们最关心的问题.[17]

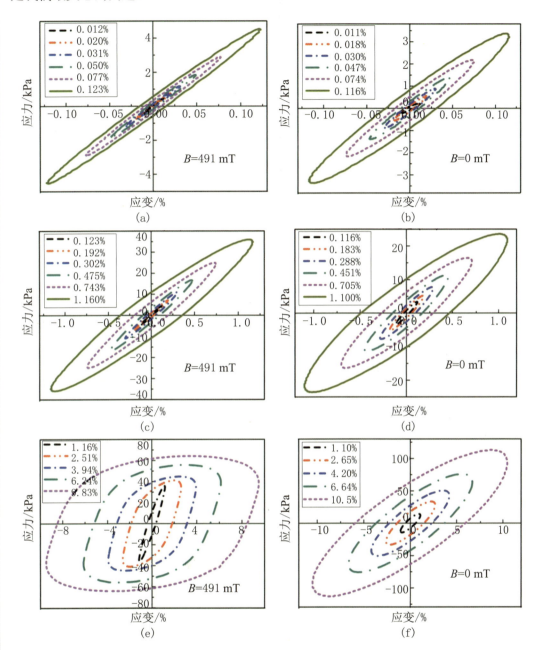

图 17.23　有磁场和无磁场条件下磁流变塑性体在不同振荡周期内的应力-应变曲线
(a), (c) 和 (e) 的应变幅值区间分别为 0%~0.1%, 0.1%~1% 和 1%~10%; (b), (d) 和 (f) 的应变幅值区间分别为 0~0.1%, 0.1%~1% 和 1%~10%. 图例后的数值代表每个振荡周期内最大应变幅值.

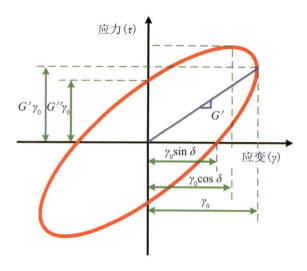

图 17.24 正弦应变激励下线性黏弹性材料的应力–应变曲线以及动态力学性能参数与曲线几何形状之间的关系

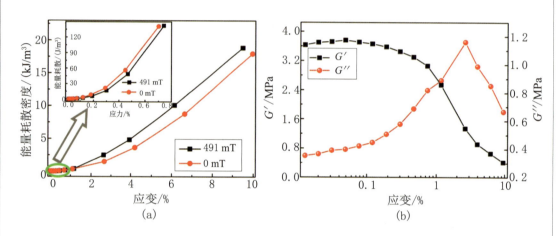

图 17.25 磁流变塑性体在不同振荡周期内的耗散能量密度以及在 491 mT 磁场作用下的动态力学性能参数
测试过程中激励频率设置为 5 Hz.

我们还研究了在准静态条件下磁流变塑性体对剪切应变的应力响应行为. 图 17.22(d) 是在准静态旋转剪切模式下磁流变塑性体的应力–应变曲线. 剪切模量可以定义为应力–应变曲线上某一特定点的切线. 在 0%~0.1% 应变区间内的应力–应变曲线如图 17.22(d) 内的小图所示, 可以发现在不同磁场作用下磁流变塑性体的剪切模量为常量 (因为该区间内应力和应变呈线性关系). 在 0%~10% 的应变区间内, 无磁场条件下磁流变塑性体的剪切模量始终保持常量, 而其剪切模量在施加磁场后会随着应变的增加而逐渐减小, 而模量的减小意味着非线性的产生. 从图 17.22(d) 还可以看出, 有磁场条件下磁流变塑性体的剪切模量在 0.1%～1% 应变区间内仍然可以认为保持不变. 综上所述, 在准静态旋转剪切模式下施加外磁场时, 只要应变不超过 1%, 磁流变塑性体就仍然保持线性的应力–应变关系, 这与在振荡剪切模式下得到的结论是一致的.

进一步, 我们从图 17.22 还可以发现各向同性和各向异性的磁流变塑性体在无磁场时表现出不同的流变行为 (主要是指流变性能在数值上的差异), 说明颗粒分布对磁流变塑性体的流变性能有很大的影响. 如图 17.22(a)～(c) 所示, 无磁场时各向异性的磁流变塑性体的 G' 和 G'' 要分别大于各向同性磁流变塑性体的 G' 和 G'', 而各向异性的磁流变塑性体的 $\tan\delta$ 要小于各向同性磁流变塑性体的 $\tan\delta$, 很显然该结果是由磁流变塑性体内部的不同颗粒分布造成的. 相比于颗粒随机分散在基体中的各向同性磁流变塑性体, 具有取向化结构的各向异性磁流变塑性体将对外部的激励力和聚氨酯分子中软段的运动表现出更大的阻碍作用, 这直接导致了较大的 G', G'' 和较小的 $\tan\delta$.

17.3.2 频率扫描和频率引起的非线性

除了应变幅值, 激励频率也是影响磁流变塑性体动态力学性能的一个重要因素. 当应变幅值设定为 0.1% 时, 我们对磁流变塑性体采用频率扫描模式, 扫描频率区间为 1～100 Hz. 不同磁场作用下, 磁流变塑性体的 G' 和 $\tan\delta$ 的频率依赖关系分别如图 17.26(a) 和 (b) 所示. 如图 17.26(a) 所示, G' 随频率增大而增大, 并且在频率为对数的坐标系中与频率呈线性关系. 同时, $\tan\delta$ 随着频率增加而逐渐减小. 与应变幅值扫描结果不同, 在动态力学性能的频率扫描结果中不能找到一个使磁流变塑性体的性能发生急剧变化的临界频率, 这表明, 在 1～100 Hz 的频率范围内很难判断是否产生了由频率引起的非线性.

在频率扫描模式下, 我们可以通过 Rheoplus LAOS 插件得到不同振荡周期内 (对应图 17.26 中的每个数据点) 的原始应力、应变数据. 磁流变塑性体在不同振荡周期内的应力–应变曲线如图 17.27 所示, 通过判断应力–应变曲线是否是椭圆可以很容易确定材料是否呈线性黏弹性. 从图 17.27 可以发现当激励频率为 1 和 4.642 Hz 时应力–应变曲线为完美的椭圆. 当激励频率增加到 21.54 Hz 时, 应力–应变曲线开始出现畸变. 随着激励频率进一步增加, 应力–应变曲线的形状变得越来越不规则, 最终演变为 100 Hz 频率下的非规则形态. 实际上, 当激励频率低于 20 Hz 时应力–应变曲线都是椭圆形, 而当激励频率范围为 21.54～100 Hz 时应力–应变曲线均会发生不同程度的畸变, 图 17.27 只是给出了几个代表性频率下的应力–应变曲线. 这种应力–应变曲线形状的改变揭示了激励频率也可以造成磁流变塑性体非线性的产生. 此外,从图 17.27 还可以发现,磁场对这种频率导致的非线性的产生没有影响.

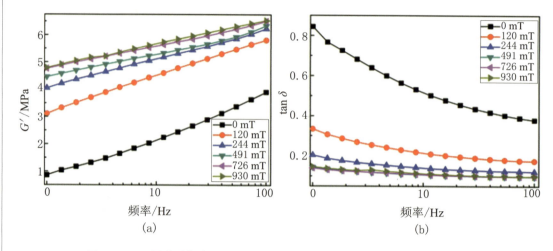

图 17.26　不同激励频率和磁场作用下磁流变塑性体的储能模量和损耗模量

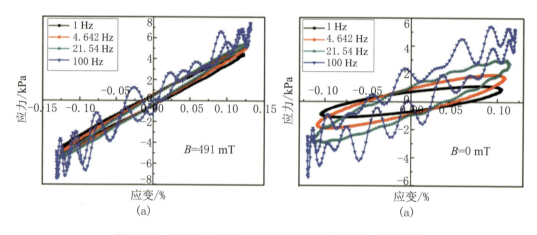

图 17.27　磁流变塑性体在不同振荡周期内的应力–应变曲线

频率从 1 Hz 到 100 Hz 的扫描过程中动态力学性能并未发生急剧的变化,说明即使在较大的激励频率下,磁流变塑性体的微结构也并未被破坏. 因此,产生频率导致非线性的原因和应变幅值导致非线性的原因并不相同. 为了分析频率非线性产生的原因,我们接下来从不同的角度进行讨论.

1. 流变仪的有效性

为了验证激励应变信号的有效性,我们分别考察了不同应变幅值下一个振荡周期内应变随时间的变化关系 (图 17.28) 以及不同激励频率下有磁场和无磁场条件时一个振荡周期内应变随时间的变化关系 (图 17.29). 可以看出, 所有情况下激励应变都是标准的正弦函数, 说明即使在很大的应变幅值或很高的频率下激励信号也都是有效的, 因此排除了畸变信号是由仪器失效造成的假设. 另外, 从图 17.29 还可以发现, 虽然施加磁场后应变幅值会比设置值偏大 (无磁场时应变幅值几乎无偏差), 但是应变信号仍然是标准的正弦信号. 在有磁场时应变幅值会产生一定偏差的原因目前尚不清楚 (我们猜想这种偏差来自仪器本身的设计原因), 但是这并不影响我们所要讨论的问题, 而我们所关注的激励信号的有效性问题 (即激励应变为正弦信号) 通过图 17.28 和图 17.29 已经得到明确的结论.

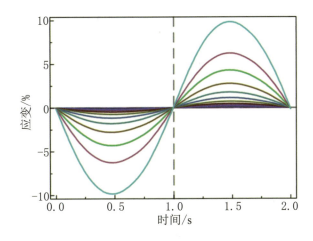

图 17.28 不同应变幅值下一个振荡周期内应变随时间的变化

激励频率为 0.5 Hz, 磁场大小为 491 mT.

2. 壁面滑移效应

壁面滑移现象是造成频率非线性的可能原因之一. 为了验证频率非线性是否是由于壁面滑移现象造成的, 我们从三个方面进行讨论. 首先, 磁流变塑性体本身是一种胶黏性很好的材料, 这使得测试时样品和平板之间可以结合得很好. 特别当施加外磁场时想要将样品和平板分离比无磁场条件下更加困难, 表明磁场可以使样品和平板之间结合更加紧密, 壁面滑移现象在有磁场时更难发生.

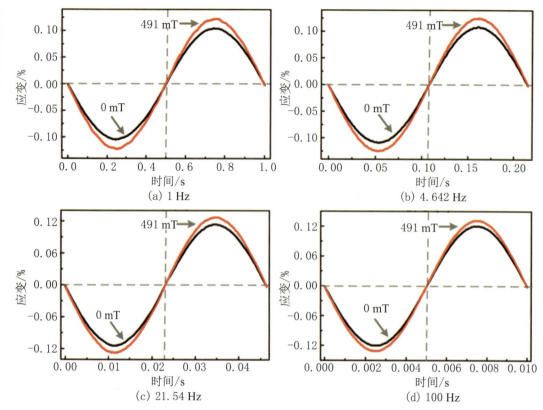

图 17.29 不同激励频率下有磁场和无磁场条件时一个振荡周期内应变随时间的变化
应变幅值设置为 0.1%.

其次,我们测试了激励频率为 100 Hz 时不同磁场作用下磁流变塑性体的储能模量 G' 与应变幅值之间的关系. 对比图 17.22(a) 和图 17.30 中 G' 随应变幅值的变化可以看出,当应变幅值低于 1% 时,两者表现出相同的变化趋势 (但是高频下的 G' 要大于低频下的 G',这与图 17.26 中的结果是一致的). 两者最大的区别是当应变幅值超过 1% 时,高频下的磁流变塑性体的 G' 在无磁场条件下随应变幅值的增加急剧减小 (图 17.30). 这种急剧减小的现象可能是由于样品和平板之间壁面滑移造成的 (施加外磁场的条件下 G' 随应变幅值的降低并不像无磁场条件下那么剧烈,我们认为这主要是由 Payne 效应造成的),也就是说,在大振幅和高频率条件下有可能出现壁面滑移现象. 壁面滑移发生时会在 G' 随应变的变化关系曲线中明显地表现出来,因此当应变幅值较小时可以看出 G' 几乎不随应变幅值变化,也就是说,壁面滑移现象在较小应变幅值时并不会发生. 从图 17.31 可以发现,虽然测试的应变幅值 (0.13%) 处于材料线性黏弹性区间内,动态力学性能参数在该区间也并未随应变幅值发生剧烈改变 (图 17.30),但是在这个较低的应变幅值下应力应变曲线还是发生了畸变. 对比低频下相同应变幅值区间内应力–应变曲线均为完美椭圆的测试结果 (图 17.23(c) 和 (d)), 我们再一次证实了这种应力–应变曲线的畸变来自于激励频率, 并且与外磁场无关.

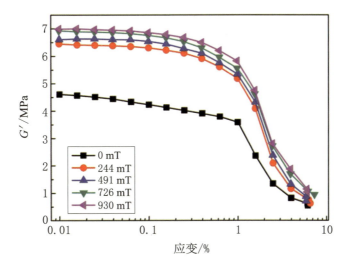

图 17.30　不同磁场下磁流变塑性体的储能模量随应变幅值的变化

激励频率为 100 Hz.

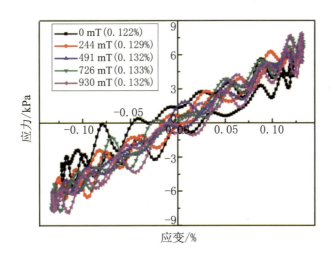

图 17.31　不同磁场条件下磁流变塑性体在不同振荡周期内的应力–应变曲线

激励频率为 100 Hz. 图例后的数值代表每个振荡周期内最大应变幅值.

最后, 据我们所知, 壁面滑移现象与基体和样品表面之间的动摩擦相关, 因此响应应力应该与平板和样品表面之间的相对滑移速度相关. 如果一个正弦应变施加到样品上, 则最大的应变率应该在应变为零的位置处产生. 大的应变率 (意味着大的相对滑移速度) 会引起大的动摩擦. 换句话说, 如果响应应力是由壁面滑移效应造成的, 则较大的响应应力将会出现在应变较小的位置. 此外, 应变率随着正弦应变平滑地变化, 暗示着壁面滑移造成的响应应力也会随着应变连续地变化. 然而,如图 17.27 所示,最大的应力出现在应变最大的位置,并且应力-应变曲线上出现了许多小的波峰,发生了较大的扭曲. 这些结果与我们讨论的由壁面滑移效应造成的结果完全不同. 综上所述,我们排除了由壁面滑移造成频率非线性的假设.[18]

3. 惯性效应

经过上面的讨论,我们认为频率非线性是由磁流变塑性体在高频时产生的惯性造成的. 为了具体说明惯性效应造成频率非线性的机制,我们绘制了流变仪测试部分的原理图. 图 17.32 表示一个激励扭矩信号施加到黏弹性材料后其响应信号被扭矩传感器接收到的振荡剪切测试的原理图. 此处认为磁流变塑性体样品独立于振荡剪切系统,将其单独作为考虑对象列出平衡方程:

$$M_{\text{ext}} - M_{\text{res}} = I\frac{\mathrm{d}^2\theta}{\mathrm{d}t^2} \tag{17.24}$$

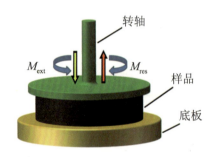

图 17.32 振荡剪切系统的测试原理图

其中 M_{ext} 是施加到磁流变塑性体上角频率为 ω 的外部扭矩信号,M_{res} 是包含磁流变塑性体材料性能信息的响应扭矩,I 为磁流变塑性体的惯性矩,$\theta_0 = e^{\mathrm{i}\omega t}$ 为与外部扭矩同相位的扭转角. 方程右端表示惯性项,将扭转角的表达式代入惯性项,可以得到

$$I\frac{\mathrm{d}^2\theta}{\mathrm{d}t^2} = -I\omega^2\theta_0 e^{\mathrm{i}\omega t} \tag{17.25}$$

可以看出,惯性项与角频率的平方成比例.

低频时,同外部扭矩相比惯性项可以被忽略,此时由惯性项引起的频率非线性可以忽略. 当激励频率增加到 21.54 Hz 时,惯性项就不得不考虑(因为其与角频率的平方成正比). 因此包含角频率平方的非线性项被引入平衡方程 (17.24),而该非线性项造成了图 17.27 中的应力-应变曲线的畸变. 所以频率非线性可以从磁流变塑性体在振荡剪切模式下的平衡方程中的惯性项得到很好的解释.

这种频率非线性从图 17.26 和图 17.30 很难发现,但是根据振荡剪切周期内的应力-应变曲线是否发生畸变却很容易判断出来. 很明显,如果将惯性项考虑到平衡方程中,包含材料性能的响应信息就很难从测试结果中分离出来,导致我们的测试结果失效. 为了避免频率非线性的产生,根据实验测试结果,在流变仪上采用振荡剪切模式测试磁流变塑性体的动态力学性能时激励频率应该小于 20 Hz.

17.3.3 特定频率和应变幅值下的磁场扫描

众所周知,磁场对磁流变材料的动态力学性能有很大的影响. 对于磁流变塑性体,如果应变幅值和激励频率设置为可以保证动态力学性能测试结果有效 (应变幅值在材料线性黏弹性区间且没有因为频率非线性造成的畸变) 的值,我们就可以很容易地分析磁流变塑性体的动态力学性能的磁场相关性. 图 17.33 给出了磁流变塑性体在不同振荡周期内的应力–应变曲线随磁场的变化关系, 其中应变幅值和激励频率分别设置为 0.2% 和 5 Hz. 可以看到应力–应变曲线的形状都是完美的椭圆, 而且未发生畸变, 说明在这种测试条件下磁流变塑性体不会产生非线性黏弹性和频率非线性. 磁场强度对磁流变塑性体的非线性黏弹性几乎没有任何影响, 这与图 17.22 中的结果是一致的. 从原点到应变最大点的斜率随着磁场的增加而增加, 意味着磁流变塑性体的储能模量 G' 受外磁场控制, 表现出典型的磁流变效应. 而在较强的磁场作用下原点到应变最大点的斜率并未显著增加 (例如, 726 mT 磁场作用下的应力–应变曲线和 930 mT 磁场作用下的应力–应变曲线几乎完全重合), 这说明磁流变塑性体是一种弱磁场作用下的高磁敏材料, 这种特性与磁流变塑性体中磁性颗粒的磁化性能相关.

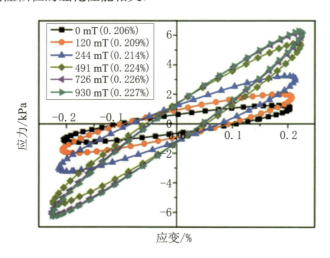

图 17.33 磁流变塑性体的应力–应变曲线随磁场的变化
图例后的值分别表示磁感应强度和真实的应变幅值.

此外,我们计算了图 17.33 中表示一个振荡周期内单位体积磁流变塑性体耗散能量

W_d 的应力–应变曲线的面积,以此为基础进一步计算出损耗模量 G''. 从图 17.34 可以看出, G' 随着磁场的增加先增加后趋于稳定,与之前的讨论一致. G'' 则先随磁场的增加而增加,然后随磁场的增加稍微下降,说明磁流变塑性体的耗散能密度对强磁场并不如弱磁场那样敏感. 一般来讲,达到较强的磁场并不容易,因此磁流变塑性体在弱磁场下的强磁敏性在实际应用中更有价值.

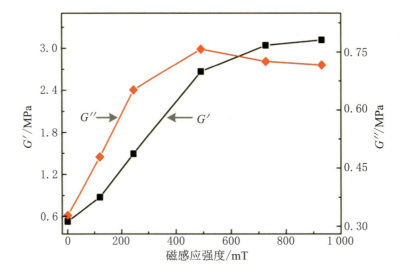

图 17.34 不同磁场作用下磁流变塑性体的储能模量和损耗模量

在整个动态力学性能测试过程中,我们将磁流变塑性体作为黏弹性材料处理,然而在动态力学性能中材料的塑性并未体现出来. 为此,我们将实验结果和一个简单理论假设进行对比,对在动态力学性能中并未出现塑性部分的原因进行讨论. 如图 17.35(b) 中的小图所示,首先假设加载过程中出现了理想的塑性变形 (该区间内不存在弹性变形,屈服应力不再随应变发生变化),而变形之前材料是线性的. 在塑性变形区间内材料的控制方程可以表示为

$$\gamma = \gamma_0 \sin \omega t, \quad \tau = \tau_y + \eta_0 \gamma_0 \omega \cos \omega t \tag{17.26}$$

同线性黏弹性模型方程 (17.19) 相比,弹性部分由塑性模型中的屈服应力 τ_y 所替代. 对于线性黏弹性材料,一个振荡周期内的应力–应变曲线为标准的椭圆 (图 17.35(a)). 如果考虑塑性变形,当超过临界塑性应变 γ_p (假设为 0.15%) 时,则需要描述材料的线性黏塑性行为 (进入塑性变形之前材料仍然是线性黏弹性的). 根据连续性条件,两个模型的参数在图 17.35(b) 中蓝色标记处匹配. 从图 17.35(b) 可以看出,如果引入塑性部分,应力应变曲线中会在两个模型交接处 (也就是塑性变形出现的地方) 出现四个明显的拐点,从而使得应力–应变曲线并不光滑. 根据以上分析,对于更加复杂的模型 (同时

出现弹性、塑性和黏性),我们认为只要有塑性部分引入,应力–应变曲线就不会是光滑的形状. 然而,从之前的实验结果来看 (图 17.23 和图 17.33),线性黏弹性区间内应力–应变曲线都是光滑的 (并未出现明显的拐点),因此我们认为在本节的动态力学性能测试结果中并未出现塑性部分,材料确实可以作为黏弹性材料处理. 至于为何塑性部分未在动态力学性能中体现,我们认为在选择的测试条件下材料尚未达到塑性屈服区间或者塑性是一种准静态特征,动态性能测试过程中载荷的施加速度太快,所以很难将其在动态性能中体现出来. 从图 17.36 可以看出,准静态循环加载条件下磁流变塑性体表现出明显的塑性屈服行为,其塑性屈服点低于 0.3%,而动态测试结果中当剪切应变高于 0.3% 时的应力–应变曲线仍然没有发现塑性行为,这说明后一种解释 (即认为塑性是一种准静态特征) 更加合理.

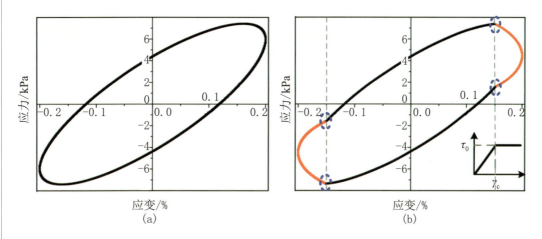

图 17.35 线性黏弹性材料和线性黏塑性材料在一个振荡周期内的应力–应变曲线

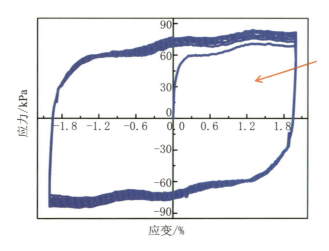

图 17.36 不施加磁场时磁流变塑性体在准静态循环加载条件下的应力–应变曲线

17.4 磁场相关的蠕变回复行为

蠕变,是指一个常应力施加到材料上后应变随时间的变化现象,是材料的一种时间相关的力学行为. 如果施加的应力突然被撤去,则应变随时间的变化称为回复行为. 一方面,黏弹性材料的微结构演化可以从其蠕变回复行为中进行推断,这对于理解材料流变性能背后的机制十分有帮助. 另一方面,近些年来对于材料蠕变模型的理论研究仍然吸引着人们的关注. 理论上讲,通过这些模型,材料对任意载荷的响应都可以被预测出来. 然而这些本构模型中的材料函数 (例如蠕变柔量和松弛模量等) 还需要通过实验方法得到. 进一步,蠕变回复行为对一些工程应用也很重要. 例如,蠕变柔量和回复比是评估在常应力载荷作用下结构元素的重要参数.

蠕变回复技术目前已经被广泛用于研究聚合物熔体、全氟磺酸、PMMA-纳米黏土复合材料、重组蛋白聚合物、稠化蜡状油、聚丙烯碳纳米管复合材料等新兴材料的变形机制. 结合蠕变数据和其他实验结果,可以更加深入地分析材料的力学性能. Riggleman 等用分子动力学仿真的方法研究了一种典型的聚合物玻璃在拉伸和压缩条件下的非线性蠕变响应行为,从而给出了一个时间相关的材料结构函数. Awasthi 和 Joshi 在不同温度下完成了一种软玻璃材料的蠕变和振荡实验. 他们根据温度相关的蠕变时间-老化时间叠加原理,利用在高温和较短老化时间下进行的短时间的蠕变测试结果,对低温和较长老化时间下的长时间蠕变行为进行了预测. 同样,对于软玻璃材料,通过修改有效的时间尺度,可以从不同应力下的时间-老化时间叠加结果得到时间-老化时间-应力叠加结果. 时间-老化时间-应力叠加原理的成立说明与在特定应力下的时间-老化时间叠加原理相比,该叠加原理具有更强大的预测能力. Hilles 和 Monroy 从蠕变柔量的实验结果中得到了 Langmuir 高分子薄膜的动态力学性能参数,以此为基础研究了 Langmuir 高分子薄膜的非线性动态力学性能.

虽然对于理解材料的变形机制非常有帮助,然而对磁流变材料的蠕变回复行为的研究还比较少. Li 等人发现磁流变液的响应应变与常应力水平高度相关. 磁流变液的蠕变行为非常复杂,不能用理想的单颗粒链模型解释. 于是他们提出了一个柱状结构假设来解释磁流变材料这种复杂的蠕变行为. See 等人也得到了类似的结论. 他们将不能用 Bingham 模型描述的复杂的蠕变行为归因于在外部应力作用下颗粒的不规则聚集引起的局部应力集中. 此外,Li 等人还从实验和理论模型两个角度研究了磁流变弹性体的蠕变回复行为. 他们的实验结果表明磁流变弹性体的蠕变回复行为和磁流变液相比有很大差别.

磁流变塑性体被认为是磁流变液和磁流变弹性体的中间状态, 最初被用来解决磁流变液的颗粒沉降问题. 向基体中添加合适的高聚物可以显著提升磁流变液的稳定性. 于是通过向液态基体中添加一定量的高聚物制备而成的类液态的磁流变塑性体被认为是磁流变液的理想替代品. 最近发展出来的新型高性能类固态磁流变胶彻底解决了磁流变液的颗粒沉降问题. 在施加外磁场后, 其内部的磁性颗粒会形成链状 (或柱状) 的结构; 而由于高黏度的高分子基体的存在, 在撤去磁场后这些结构可以继续保持. 颗粒的移动和重组会极大地改变类固态磁流变塑性体的宏观物理性能, 这对于研究其微结构演化机制非常重要. 这些独特的性能拓宽了磁流变材料的应用范围, 而对这种新型的类固态胶的深入研究显得十分必要. 类固态磁流变塑性体的蠕变回复行为对于深入理解磁流变材料的磁场相关的流变行为非常有帮助. 而据我们所知, 常应力作用下类固态磁流变塑性体的变形机制还没有被人们关注到.

这里我们系统地研究了剪切模式下的蠕变时间、常应力水平、磁场、颗粒分布、温度以及这些因素之间的耦合效应对磁流变塑性体的蠕变回复行为的影响, 对不同因素影响下造成的时间相关的力学行为的原因进行了讨论. 如无特殊说明, 所有的样品均指各向异性的磁流变塑性体.

17.4.1　实验技术及原理

磁流变塑性体的蠕变回复行为及其磁场相关性仍然用安东帕公司的平行平板流变仪 (型号: Physica MCR 301) 进行测试, 这里需要对样品蠕变测试程序中的设置进行说明. 蠕变测试方法在测试窗口中选择 "measuring point duration", 测试数据采集间隔选项设置为 "variable measuring point during log", 选择该数据采集间隔方法可以使数据采集按照对数间隔从初始点到最终点分布. 此处初始点间隔设置为 0.01 s, 而最终点间隔设置为 25 s. 数据采集时间根据数据点数量和数据采集间隔自动计算, 并在 "time unit" 菜单中显示. 这种数据采集间隔设置方法不仅可以记录蠕变初始阶段的细节, 而且在足够长的测试时间内采集数据点的数量不至于太大.

图 17.37 是线性黏弹性材料在常应力作用下典型的蠕变回复曲线. 一个常应力 τ_0 被突然施加在样品上, 达到设置的蠕变时间后该应力突然撤去直至测试结束 (整个过程

认为应力从零加载到设定值是瞬时的). 与此同时, 响应应变随时间的变化情况被记录下来, 而包含材料黏弹性的信息可以从蠕变回复曲线分析得到.

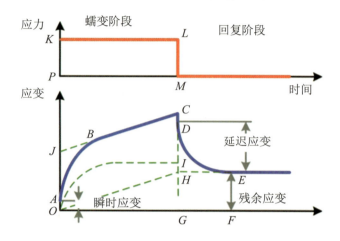

图 17.37　线性黏弹性材料在常应力作用下典型的蠕变回复曲线

OA 表示反映材料弹性特征的瞬时蠕变应变 γ_{in}. 实际上, 真正的瞬时应变无法从实验中得到, 因为仪器记录数据的时间远远大于应变产生的时间. 因此该项通常用仪器第一次记录的应变点或者根据应变曲线反向外推至 $t = 0$ 时的应变来替代. 根据 Whorlow 的建议, 有意义的最短测量时间应该等于波传播的时间. 我们选取的第一个数据点的记录时间为 0.01 s, 很明显该时间比波传播的时间要长. 由于实验技术的限制, 我们只能认为第一个数据点是瞬时应变, 但应该说明的是该实验数据比真实的瞬时应变要大, 对两者之间的偏差很难进行评估. 如果应力突然撤去也会产生一个瞬时回复应变 γ_e (即图 17.37 中的 CD). 该瞬时回复应变和瞬时蠕变应变通常是相等的 (即 $\gamma_e = \gamma_{in}$).

在施加应力后响应应变通常会随着时间先非线性地增加 (图 17.37 中的 AB), 然后进入线性区间 (图 17.37 中的 BC). 其中 AB 被认为是延迟弹性应变 γ_{de}, 并且可以完全回复; BC 则是蠕变应变中不可逆的部分, 被认为是由黏性流引起的, 对于线性黏弹性材料该部分应变将会随着时间线性增加. 在回复阶段, 延迟弹性应变将会随着时间的增加逐渐完全回复 (图 17.37 中的 DE), 而由黏性流引起的应变 (图 17.37 中的 BC) 将会完全被保留. 对于理想的线性黏弹性材料, 如果将曲线 ABC 分解成 OI 和 OH (OI 代表延迟弹性应变, OH 代表由黏性流引起的应变), 则残余应变 EF 就等于 GH, 这就意味着残余应变中不包含塑性部分. 然而, 对于大多数实际材料, 其时间相关的力学行为比图 17.37 中描述的要复杂得多. 特别对于黏弹塑性材料, 塑性部分将在蠕变阶段出现, 于是造成了复杂的非线性效应. 塑性引起的应变 γ_p 也是不可回复的, 也将会出现在残余应变中. 塑性引起的应变可以从残余应变中减去由黏性流引起的应变得到.

以实验结果为基础,蠕变回复曲线可以用 Burger 模型和 Weibull 分布函数分别拟合得到. 从这两个模型中得到的参数可以帮助我们确定蠕变应变中不同的应变组分,这对分析材料的变形机制非常有帮助. 经常被用来预测材料的蠕变行为的 Burger 模型主要由 Maxwell 和 Kelvin-Voigt 元素组成. 其中蠕变应变 γ_T 由瞬时弹性形变 γ_{in}、延迟弹性应变 γ_{de} 和残余应变 γ_{re} 组成,不同应变之间的关系可以表示为

$$\gamma_T = \gamma_{in} + \gamma_{de} + \gamma_{re} \tag{17.27}$$

$$\gamma_T(t) = \tau_0 \left(\frac{1}{G_M} + \frac{1}{\eta_M} \left(1 - e^{-G_K t / \eta_K} \right) + \frac{t}{\eta_M} \right) = J(t) \cdot \tau_0 \tag{17.28}$$

其中 t 和 τ_0 分别为加载时间和常应力水平,G_M,η_M,G_K 和 η_K 则分别表示 Maxwell 弹簧的模量、Maxwell 黏壶的黏度、Kelvin 弹簧的模量以及 Kelvin 黏壶的黏度. $J(t)$ 则定义为蠕变应变 γ_T 和常应力 τ_0 的比值,称为蠕变柔量. 蠕变柔量是表征材料蠕变行为的重要参数. Weibull 分布函数主要用来描述撤去常应力载荷后材料的回复行为. 回复应变 γ_R 的时间相关函数可表示为

$$\gamma_R(t) = \gamma_{er} \exp \left(- \left(\frac{t - t_0}{\eta_r} \right)^{\alpha_r} \right) + \gamma_{re} \tag{17.29}$$

其中 γ_{er} 是延迟弹性应变,主要由参数 η_r 和 α_r 决定. γ_{re} 表示回复阶段的残余应变,t_0 为回复时间. 两个现象模型中的相关参数由数据处理软件 OriginPro 8.0 中的非线性曲线拟合函数确定.

17.4.2 实验条件对蠕变回复行为的影响

蠕变回复实验条件主要包括常应力水平 (即应力大小) 和蠕变时间,不同的实验条件下材料的时间相关力学行为有很大差别,因此确定合适的实验条件是正确理解材料变形机制的基础. 我们研究了在不同蠕变时间和常应力水平下磁流变塑性体的蠕变回复行为,进而确定合适的实验条件.

我们首先进行了磁流变塑性体在一系列不同加载时间下蠕变回复测试(图17.38(a)). 可以看出在选取的五个加载时间下所得到的蠕变曲线几乎完全重合,表明实验的可重复性和可信度都很高. 蠕变曲线首先向下弯曲 (该区间定义为初始蠕变),然后随时间线性增加 (该区间定义为第二阶段蠕变). 代表变形加速直至蠕变破裂的第三阶段蠕变即使在最长的蠕变时间 (7 200 s) 也并未被观察到. 同延迟弹性应变 (可以从回复曲线得到) 和

残余应变 (即不可回复应变, 也可从回复曲线得到) 相比, 瞬时应变 (该应变要小于第一个数据点所示的应变值) 可以忽略不计. 图 17.38(a) 所示的曲线和磁流变液与磁流变弹性体的蠕变回复行为差别较大. 初始蠕变和第二阶段蠕变之间并没有明显的界限, 但是延迟弹性应变形成的时间明显远远长于磁流变液和磁流变弹性体, 而这是与磁流变塑性体中聚氨酯分子内软段的拉伸相关的. 相应地, 足够长时间后延迟弹性应变在回复阶段可以完全回复, 这将归因于在应力撤去后聚氨酯分子中软段的卷曲缠绕 (与拉伸相反). 此外, 延迟弹性应变在不同的蠕变时间内几乎完全相同 (图 17.38(b)). 从图 17.38(a) 还可以发现, 由黏性流引起的应变在残余应变中所占的比例很小 (平均为 5.4%), 因此可以推断残余应变主要由塑性应变组成. 塑性应变主要在初始蠕变阶段产生, 因为磁流变塑性体进入第二蠕变阶段后塑性应变的值几乎保持不变. 我们认为塑性应变主要来自于聚氨酯分子软段和磁性颗粒之间的滑移. 根据上面的分析, 以 1800 s 作为蠕变时间足以从蠕变回复曲线得到包含材料特性的关键信息. 如有必要, 可以利用 Burger 模型对更长时间的蠕变曲线进行预测.

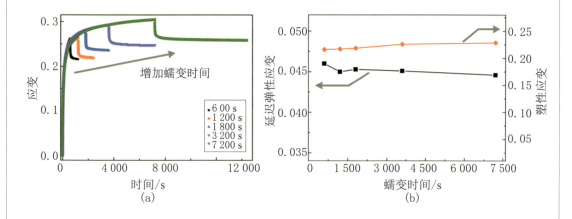

图 17.38 磁流变塑性体的蠕变回复曲线以及延迟弹性应变和塑性应变

施加 930 mT 磁场, 常应力为 20 kPa. 回复时间与蠕变时间完全相同 (之后的测试也完全相同).

常应力水平是影响黏弹性材料蠕变回复行为的另一重要因素. 对于一种磁敏智能材料, 磁场也会对磁流变塑性体的蠕变回复行为产生重要影响, 因此我们分别研究了在无磁场和有磁场条件下磁流变塑性体对不同常应力的应变响应行为 (图 17.39 和图 17.40). 我们主要集中讨论应力水平的影响, 并且分析有磁场和无磁场条件下磁流变塑性体对不同应力水平的响应应变之间的差异.

无磁场和有磁场条件下磁流变塑性体的蠕变回复行为差别很大. 当应力水平低于某一特定值时, 初始蠕变和第二阶段蠕变可以从图 17.40(a) 和 (b) 很明显地观察到, 而在无磁场条件下响应应变则始终与蠕变时间呈线性关系 (图 17.39(a) 和 (b)). 此外, 在相

同应力载荷作用 (2 000 Pa) 下,无磁场下的响应应变要远远大于有磁场作用下的响应应变 (图 17.39(a) 和图 17.40(a)). 然而,无论施加磁场与否,随着应力水平的增加磁流变塑性体的响应应变也相应地增加. 当应力增加到某一临界值时,就会出现第三阶段蠕变,意味着蠕变破裂出现. 随着时间的推移,响应应变继续急剧增加,说明平板与样品之间出现因分离造成的应变失效.[13]

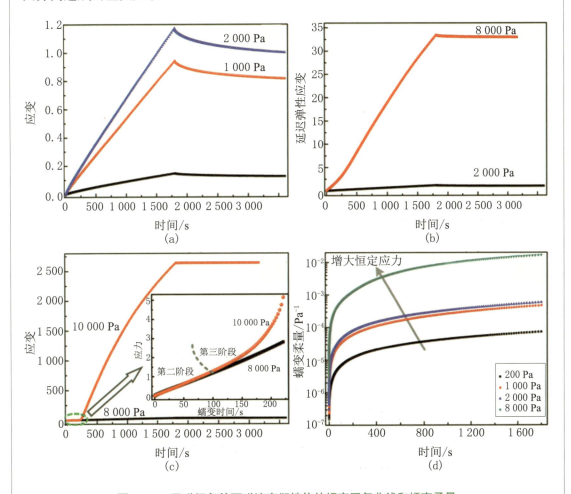

图 17.39　无磁场条件下磁流变塑性体的蠕变回复曲线和蠕变柔量

对线性黏弹性材料,在相同蠕变时间下的应力-应变曲线 (等时线) 是直线. 否则,材料是非线性的. 也就是说,对于非线性材料来说蠕变柔量是与应力水平相关的. 在蠕变破裂发生前,我们分别计算了无磁场和有磁场时磁流变塑性体在不同应力载荷下的蠕变柔量,如图 17.39(d) 和图 17.40(d) 所示. 可以发现,在相同的蠕变时间下蠕变柔量随着应力水平的增加而增加,说明磁流变塑性体在选择的应力范围内是一种复杂的非线性材料,而且这种非线性不受磁场的影响. 磁流变塑性体的这种非线性可能来自于聚氨酯分子中软段的运动以及颗粒和基体之间的力磁耦合效应. 对无磁场时的磁流变塑性体, 当应力水平增加到 10 kPa 时, 响应应变在初始 100 s 内与蠕变时间呈线性关系; 然后出现了应变加速现象 (图 17.39(c) 中的小图), 说明开始出现了蠕变破裂; 最后响应应变急剧增加, 意味着极板和样品分离, 测试结果失效. 作为对比, 在磁场 (930 mT) 作用下产生蠕变破裂的临界应力更大 (32 kPa), 而蠕变破裂出现的时间则更短 (64 s). 此外, 从图 17.40(c) 的小图中还可以观察到初始蠕变.

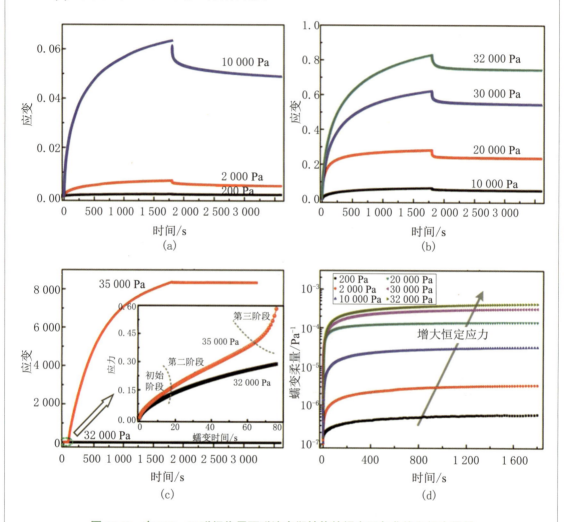

图 17.40 在 930 mT 磁场作用下磁流变塑性体的蠕变回复曲线和蠕变柔量

蠕变破裂的出现主要是由于磁流变塑性体微结构的破坏. 为了承受足够大的剪切应力, 将会发生一个大的变形过程. 聚氨酯分子中软段的拉伸效应和彼此之间的摩擦效应是磁流变塑性体主要的变形机制. 随着时间的推移, 拉伸效应将逐步消失, 因为越来越多的链段已经不能被进一步拉伸. 这种情况下变形将会加速, 从而增强摩擦效应 (摩擦效应与变形率相关),于是出现了蠕变破裂. 然而,如果变形率足够大,扭转力将会超过平板和样品表面之间的静态摩擦力,最终导致平板和样品出现分离. 在平板与样品表面分离后仪器记录的急剧增加的应变没有意义 (图 17.40(c)). 在施加外磁场后,颗粒之间的磁相互作用力将会对抵抗外部变形的阻力做出贡献,从而会显著提高发生蠕变破裂的临界应力. 同时,磁场会使材料变得更硬而颗粒间的磁相互作用会限制聚氨酯分子中软段的运动,会缩短蠕变破裂的时间 (图 17.40(c)). 蠕变破裂现象的产生意味着磁流变塑性体微结构发生了较大的破坏,这在磁流变塑性体的表征和某些应用中应尽量避免. 因此,根据我们的实验结果,最终选择常应力的值为 2 000 Pa.

17.4.3　磁场对蠕变回复行为的影响

磁场可控性是磁流变材料最重要、最具吸引力的特征. 图 17.41(a)~(c) 是磁流变塑性体在不同磁场作用下的蠕变回复行为. 在蠕变时间为 1 800 s 时蠕变应变随着磁场的增加急剧减小. 例如,无磁场时磁流变塑性体的蠕变应变是在 930 mT 磁场作用下的 176 倍,而该值还会随着蠕变时间的增加持续增加. 该结果从时间相关力学性能的角度说明磁场会使磁流变塑性体变硬. 以图 17.41(a)~(c) 为基础进一步计算了其蠕变柔量,并以对数坐标的形式绘制成图 17.41(d),这样磁场在很大范围内对磁流变塑性体蠕变行为的影响就可以在一幅图中表示出来.

除了对蠕变应变数值产生影响外,磁流变塑性体的物理状态也可以被磁场改变. 从图 17.41(a) 可以看出无磁场时蠕变应变与蠕变时间是成比例的,说明这种情况下第二阶段蠕变占主导地位,磁流变塑性体表现出类似黏性流体的流变行为. 然而,应力撤去后应变会部分地回复,这说明虽然蠕变阶段没有明显的初始蠕变,但还是产生了延迟弹性应变. 因此,虽然无磁场条件下蠕变应变随时间线性增加,但磁流变塑性体还是不能简单地被认为是黏性流体 (理想黏性流体在撤去应力后应变不会回复). 随着磁场的增加,一方面蠕变应变在相同的蠕变时间内急剧减小;另一方面蠕变曲线向下弯曲得越来越明显,包含延迟弹性应变的初始蠕变逐渐产生,而且延迟弹性应变在整个蠕变应变中所占的比例随着磁场的增加越来越大. 在相同的应力作用下,较大范围的磁场对蠕变行为的影响还可以用蠕变柔量来表示 (蠕变柔量与响应应变成比例). 如图 17.41 所示,在相同蠕变时间下,蠕变柔量随着磁场的增加而逐渐减小.

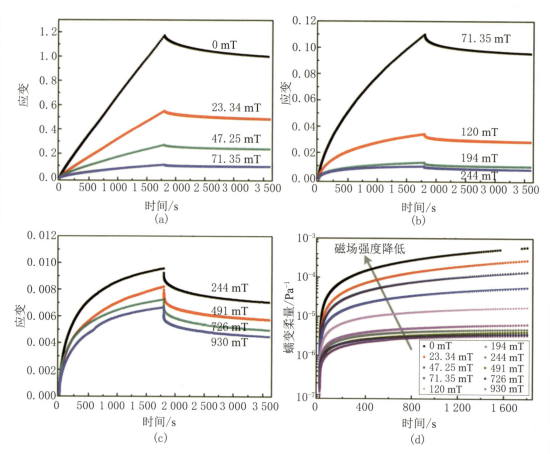

图 17.41 不同磁场作用下磁流变塑性体的蠕变回复曲线和蠕变柔量

常应力为 2 000 Pa.

根据之前的描述 (图 17.37),残余应变可以由回复曲线计算得到. 进一步,也可以得到延迟弹性应变以及弹性应变占整个蠕变应变的比例 (图 17.42). 延迟弹性应变随着磁场的增加先急剧减小,然后趋于稳定. 有趣的是,弹性应变占整个蠕变应变的比例与磁场的关系则呈相反的趋势. 这是因为总应变随着磁场强度下降的幅度比延迟弹性应变还要大. 例如,无磁场时总应变比 930 mT 磁场作用下的总应变大 176.1 倍,而对于延迟弹性应变来讲为 62.4. 无磁场时残余应变占总应变的 88.41%,说明残余应变在磁流变塑性体对常应力的响应应变中起主导作用. 上述结果进一步证明磁流变塑性体是一种类固态胶,在无磁场条件下的力学行为类似于橡皮泥.

如前所述,磁流变塑性体的蠕变行为主要基于基体中聚氨酯分子软段的运动. 软段的运动主要有两种方式:一种是拉伸运动,与延迟弹性应变相关;另一种是滑移,这将导致产生残余应变. 常应力撤去后,被拉伸的软段在足够长的时间后将相互缠绕,于是蠕变应变由于软段的缠绕将部分地回复. 对于磁流变塑性体, 无磁场时软段之间的滑移将是其对常应力的主要响应机制. 拉伸、滑移和缠绕现象会分别在蠕变和回复阶段产生, 最终导致响应应变随时间线性增加而卸载后会部分地回复. 当磁流变塑性体被置于外磁场时, 颗粒链将会变硬, 这将会限制软段的运动. 这种微观的限制作用在宏观力学行为中表现为蠕变应变随着磁场的增加而减小. 从图 17.41 我们可以推断, 这种磁场引起的限制作用在磁场增加的初始阶段非常明显, 而随着磁场力的饱和该限制作用也逐渐削弱. 此外, 随着磁场强度的增加, 磁场对软段之间滑移的限制作用要强于对软段拉伸和卷曲缠绕的限制作用, 这就使得磁流变塑性体的物理状态从黏塑性到弹塑性转变 (如图 17.42 所示, 延迟弹性应变占总应变的比例从无磁场时的 11.6% 增加到在 930 mT 磁场时的 32.7%).

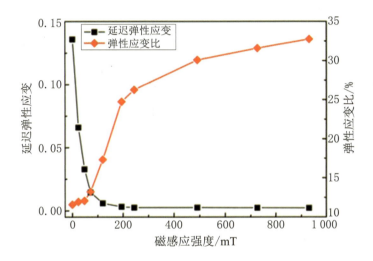

图 17.42 磁流变塑性体的延迟弹性应变和弹性应变占整个蠕变应变的比例

延迟弹性应变和总应变根据不同磁场作用下的回复曲线 (图 17.39(a)~(c)) 和 Weibull 分布函数计算得到. 此处的应变是指当蠕变测试结束时 (即蠕变时间为 1800 s 时) 的应变.

17.4.4 颗粒分布对蠕变回复行为的影响

磁性颗粒在磁流变塑性体中可以在磁场作用下重新排列, 而磁场撤去后磁性颗粒的分布可以继续保持. 因此, 如果颗粒分布发生改变, 材料的力学性能也可能随之发生改变, 这是这种类固态磁流变塑性体吸引人的特性之一. 我们将比较不同颗粒分布 (各向同性和各向异性) 的磁流变塑性体分别在无磁场 (图 17.43(a)) 和有磁场 (图 17.43(b)) 条件下的蠕变回复行为, 并讨论颗粒分布对磁流变塑性体的时间相关力学性能的影响.

无磁场时, 各向同性和各向异性的磁流变塑性体均表现出类似黏性流体的蠕变行为, 而在撤去应力后蠕变应变都会部分地回复. 不同的是, 各向同性的磁流变塑性体的蠕变应变 ($\gamma_T = 2.7379$) 和延迟弹性应变 ($\gamma_{de} = 0.259$) 均大于各向异性的磁流变塑性体 (分别为 1.1728 和 0.172, 此处所指的应变均指蠕变测试结束时, 即蠕变时间为 1 800 s 时的应变, 如图 17.43(a) 所示), 这说明具有链状取向颗粒结构的各向异性磁流变塑性体内部对聚氨酯分子软段的限制作用要强于颗粒随机分布的各向同性磁流变塑性体.

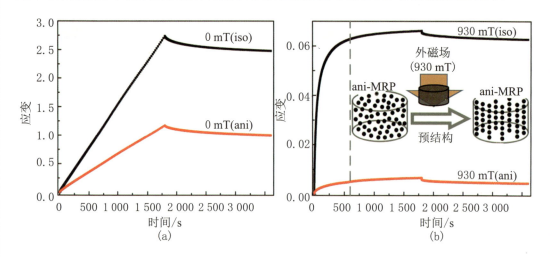

图 17.43 不同颗粒分布状态的磁流变塑性体在无磁场和有磁场条件下的蠕变回复曲线
测试选取的常应力为 2 000 Pa.

图 17.43(b) 给出了各向同性和各向异性磁流变塑性体在施加了 930 mT 磁场时对常应力的响应应变曲线. 由于磁致限制作用, 有磁场时磁流变塑性体的响应应变要远远小于无磁场时的响应应变. 由于同样的原因, 各向同性磁流变塑性体在初始阶段的蠕变行为和各向异性磁流变塑性体相比有很大差别. 从图 17.43(b) 可以看出, 各向同性磁流变塑性体的蠕变应变在蠕变开始阶段随时间急剧增加, 当响应时间超过 600 s 时, 两种不同类型的磁流变塑性体的蠕变回复行为几乎完全一样. 在蠕变发生的初始阶段, 各向同性磁流变塑性体内颗粒随机分散在基体中 (如图 17.43(b) 中左边小图所示). 当其暴露在磁场中时, 颗粒将会沿着外磁场的方向逐渐形成稳定的链状 (或柱状) 的微结构. 这种最终形成稳定取向颗粒结构的样品实际上就是我们所指的各向异性磁流变塑性体. 我们不难理解在磁场作用下不同颗粒分布的磁流变塑性体对基体的限制作用是不同的. 具有取向颗粒分布的各向异性磁流变塑性体会对基体产生更大的限制作用, 于是在相同应力

作用下会产生更小的应变响应. 实际上, 前 600 s 的蠕变曲线是磁流变塑性体预结构过程的宏观力学体现. 预结构过程中各向同性磁流变塑性体的微结构是不稳定的, 与有着稳定链状结构的各向异性磁流变塑性体相比, 对基体的限制作用要小很多, 表现为响应应变要大很多. 600 s 后, 各向同性磁流变塑性体的预结构过程已经结束, 从而完全成为各向异性的磁流变塑性体 (如图 17.43(b) 中右边小图所示). 这也是我们选择 10 min 作为预结构时间的依据之一.[19]

17.4.5 温度对蠕变回复行为的影响

磁流变塑性体的蠕变行为的温度相关性如图 17.44 所示. 从图 17.44(b) 可以看出, 在相同的蠕变时间下蠕变应变随着温度的增加逐渐减小, 说明磁流变塑性体在有磁场条件下随温度的升高会变硬. 该结果与在磁流变液和磁流变弹性体中观察到的现象完全不同: 磁流变液中发现了温度弱化效应, 在磁流变弹性体中也观察到类似的现象. 作为对比, 我们还测试了磁流变塑性体在无磁场下的蠕变行为对温度的依赖关系 (图 17.44(a)), 测试结果发现在这种情况下的蠕变回复行为对温度的依赖关系与有磁场条件下的完全相反.

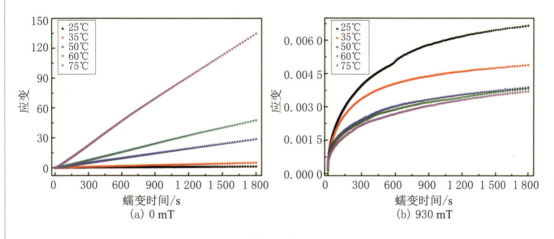

图 17.44 不同温度下磁流变塑性体分别在无磁场和有磁场条件下的蠕变曲线

测试选取的常应力为 2 000 Pa.

以这些实验结果为基础, 我们推断有磁场时磁流变塑性体的模量随温度升高而增加的现象产生的原因, 主要是颗粒之间的磁相互作用以及基体和颗粒链之间的力磁耦合效应. 我们定义了一个时间相关参数 $G(t)$ 来描述磁流变塑性体在蠕变阶段抵抗变形的能力. 常应力、蠕变应变和 $G(t)$ 之间的关系可以表示为

$$\tau_0 = G(t)\sqrt{\gamma_T(t)} \tag{17.30}$$

实际上, $G(t)$ 是蠕变柔量 $J(t)$ 的倒数, 因此可以将其命名为蠕变模量. 假设 $G(t)$ 由三部分组成, 可以表示为

$$G(t) = G_{\text{magnetic}} + G_{\text{matrix}}(t) + G_{\text{coupling}}(t) \tag{17.31}$$

其中 G_{magnetic} 为由颗粒之间磁相互作用引起的模量, $G_{\text{matrix}}(t)$ 为由基体部分引起的模量, 而 $G_{\text{coupling}}(t)$ 则为由基体和颗粒链之间的耦合效应引起的模量. 值得一提的是, G_{magnetic} 不随施加的磁场发生变化, 但与温度相关. $G_{\text{coupling}}(t)$ 是一个负值, 用来描述基体对颗粒链的限制作用, 也就是说, $G_{\text{coupling}}(t)$ 将削弱颗粒间的磁相互作用对常应力的阻碍作用. 随着温度的升高, 基体将变软, 即 $G_{\text{matrix}}(t)$ 会随温度升高逐渐减小. 同时, 逐渐变软的基体对颗粒链的限制作用也会削弱, 导致 $G_{\text{coupling}}(t)$ 逐渐增加 (因为 $G_{\text{coupling}}(t)$ 是负值, 此处的增加表示其绝对值是减小的). 而由于来自基体的限制作用的削弱, 颗粒沿着磁场方向的取向排列过程也会变得更加容易. 因此, 随着温度的升高, 磁流变塑性体的各向异性程度也越来越高. 换句话说, 温度的升高会导致 G_{magnetic} 增加. 相比较而言, $G_{\text{coupling}}(t)$ 和 G_{magnetic} 的增加量要大于 $G_{\text{matrix}}(t)$ 的减少量, 于是导致 $G(t)$ 随温度升高而增加. 为了保持常应力不变, 在 $G(t)$ 随温度升高而增加时, 蠕变应变将需要随着温度升高而减小. 对于图 17.42(a) 中无磁场条件下的测试结果, 与磁场相关的模量将消失, 于是 $G(t) = G_{\text{matrix}}(t)$. 因为 $G_{\text{matrix}}(t)$ 随着温度的升高而减小, 于是蠕变应变将会随着温度的升高而增加.

17.5 磁流变塑性体剪切模式下的法向力学行为

磁流变塑性体是由铁粉等磁性颗粒与低聚合度的高分子基体组成的. 在磁场作用下内部颗粒形成一定的结构, 因而磁流变塑性体可以看作具有弹性的颗粒微结构与黏弹性基体的组合. 高分子基体的性能不受磁场影响, 磁流变塑性体的磁致力学性能改变主要与颗粒微结构的演化有关. 因而研究磁场作用下内部颗粒微结构的演化对研究磁流变塑性体力学性能有着重要意义.

对于黏弹性材料,通常测试其在正弦剪切应变下的剪切应力,用其储能模量与损耗因子来表征材料的弹性与黏性. 而对于磁流变材料,磁场作用下颗粒会沿磁感线方向移动,产生一个伸展的趋势. 在剪切过程中,当磁场方向垂直于剪切方向时,会在垂直于剪切的方向产生一个应力,称之为法向应力. 法向应力的存在,会对磁流变材料的隔振及精密加工产生影响. 磁流变塑性体力学性能的测试方法主要有两种模式:纯剪切模式与等体积挤压模式. 关于磁流变材料法向力学行为的测试主要为等体积挤压模式,而很少有人关注样品在大应变剪切振荡过程中的法向应力. 通过研究振幅剪切过程中的法向应力可以获得关于颗粒微结构的更多信息,进一步分析磁场对磁流变塑性体力学性能的影响. 同时,在关于磁流变材料的颗粒微结构计算工作中,通常用一个等效的排斥力来代替颗粒间的挤压排斥力,因而计算输出结果仅为磁偶极子力,在动态计算过程中会产生较大误差. 法向应力的实验研究有助于修正排斥力公式,提高计算精度. 我们首先通过实验测试了磁流变塑性体在不同剪切模式下的法向应力,同时运用颗粒尺度的分子动力学方法计算得出不同应变时颗粒结构与磁致法向应力,并与实验结果对照分析.

17.5.1 剪切过程中法向应力测试

在磁场作用下,磁流变塑性体中铁粉颗粒会因相互吸引产生一个抵抗剪切的力. 同时,这些铁粉颗粒也会沿着磁感线方向运动以降低磁势能,这将会产生一个抵抗平板的力,即法向应力. 在磁场作用下,磁流变塑性体中的法向应力很大,甚至与剪切应力达到同一个量级,因而用流变仪测试了振荡剪切过程中的法向应力. 图 17.45 显示了不同振荡频率及应变下的法向应力. 在频率扫描过程中,随着频率增大,法向应力略微减小,最后趋于平缓. 在较低频率下法向应力减小,是由于低频振荡时颗粒结构会发生重新微调,使得法向应力有微小的波动. 当频率大于 1 Hz 时,法向应力基本不变,说明振荡频率对法向应力大小基本没有影响. 在应变扫描过程中,很明显,随着应变幅值的增大,法向应力的变化可以分为三个阶段:第一阶段,当应变小于 0.1% 时,法向应力基本不变,同时磁流变塑性体的线性黏弹性区间上限也是 0.1%,说明在此区间内,磁流变塑性体内部颗粒结构基本上没有变化,因而法向应力也不会改变. 随着应变继续增大,法向应力随应变增大而增大,直到应变为 8% 左右时达到最大值,这个阶段为第二阶段. 随着应变进一步增大,法向应力迅速减小,颗粒间距增大,颗粒结构被破坏,因而法向应力会减小. 但是在第二阶段法向应力反而随应变增大而增大. 在不同的应变区间法向应力随应力变化表现出不同的规律,而这一变化的原因尚不明确,因而需要更加具体的法向应力变化信息.

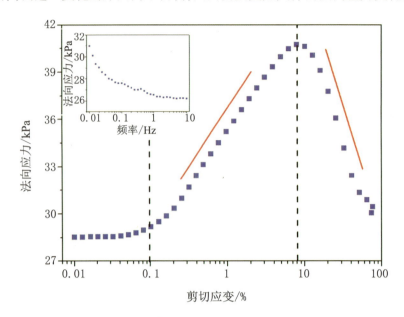

图 17.45 不同振荡频率与应变下用流变仪测试得到的法向应力
应变扫描过程中频率设置为 1 Hz,频率扫描过程中应变设置为 0.1%.

在实验过程中,发现流变仪显示的数据随时间快速变化,但是由于采集时间的限制,流变仪输出的结果为采集时间内的平均值,而实验设置的采集时间为 1 s. 为了获得振荡过程中更加详细的法向应力数据,将一个高频数据采集卡连接到流变仪上以获得流变仪上传感器的原始数据,校准后可以得到更加详细的法向应力数据. 图 17.46 给出了不同振荡频率时应变扫描过程中法向应力随时间变化的曲线. 应变随时间按指数增大,速度从 1% 增加到 100%. 可以看出,真实法向应力的变化要比平均法向应力复杂得多,尤其是当应变大于 10% 时,真实法向应力剧烈振荡. 在整个过程中,法向应力同剪切一样周期性振荡. 当应变小于 10% 时 (前 20 s),法向应力的振荡周期与应变周期一致. 随着应变幅值的增加,法向应力的振荡幅度也增大. 当应变大于 10% 时,法向应力的振荡出现一个扰动,且扰动随着应变增大而增大,最终与最初的振荡幅值一致,使得法向应力的振荡频率翻倍. 同时,在大应变振荡下法向应力振荡幅值迅速增大. 振荡过程中的波峰随应变增大而增大,波谷反而随应变增大而减小. 振荡过程中的最大法向应力甚至能够达到平均应力的 2 倍. 当应变超过 50% 时,变化趋于稳定. 不同频率下法向应力的变化趋势基本一致. 当频率为 5 Hz 时,每当应变幅值增大时,法向应力都有一个稳定过程,说明法向应力会随时间发生变化. 在一个振荡周期中,应变增大时颗粒间距增大,从而会使法向应力减小. 但是仍有两个主要问题暂时难以解释:一是随应变增大,法向应力的频率会在某一应变处翻倍;二是随应变幅值增大,最大法向应力也随之增大. 为此,进一步测试了磁流变塑性体在恒定幅值剪切与阶跃应变剪切模型下的法向应力.[20]

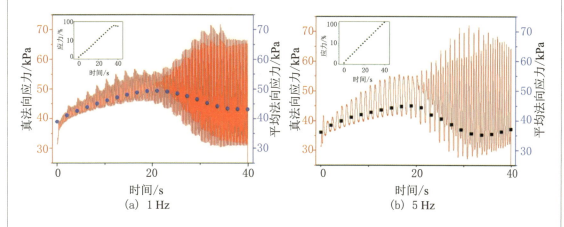

图 17.46 不同振荡频率下应变扫描过程中的法向应力

由采集卡采集的法向应力被记为真法向应力,而流变仪测量的结果记为平均法向应力.

图 17.46 中的结果显示法向应力的振荡频率在应变为 10% 左右时开始翻倍. 需要指出的是,之后出现的法向应力均为采集卡所测试结果. 如图 17.47 所示,随着时间的增加,法向应力曲线的形状发生变化. 在前 20 s 内,法向应力的振荡频率与应变频率一致. 区别是随着时间的增加,法向应力的变化幅值减小,即最大法向应力减小而最小法向应力增大. 从第 20 s 开始,法向应力开始出现波动,且扰动幅度逐渐增大.

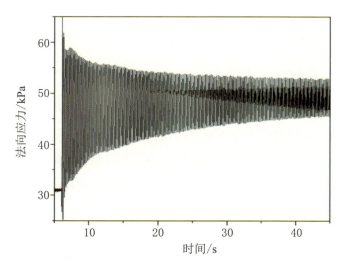

图 17.47 恒定应变下法向应力随时间的变化曲线

剪切振荡幅值为 10%,频率为 5 Hz.

图 17.48 给出了不同时间段内剪切应变与法向应力随时间的变化曲线. 在第 41 s

时,扰动幅值已经与原波形大小相同,因而法向应力的振荡频率翻倍. 图 17.48 中的不同时间段的 Lissajous 图形变化也显示了振荡频率的变化. 磁流变塑性体的法向应力大小主要与其内部颗粒结构有关. Lissajous 曲线的巨大变化说明,当应变达到 10% 时内部颗粒结构已经开始发生变化,但是具体变化情况还未知.

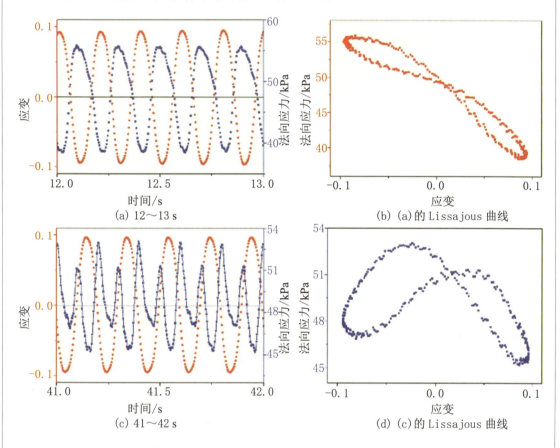

图 17.48 不同时间段内剪切应变与法向应力随时间的变化曲线及对应的 Lissajous 曲线

在剪切过程中,有些材料会在垂直于剪切方向上发生伸展或者收缩,这个现象称为 Poynting 效应. 在不同材料中,剪切导致的法向应力可能是正值,也可能是负值. 同时,掺杂颗粒也会影响剪切导致的应力大小. 因此,对于磁流变塑性体,剪切导致的法向应力难以预测,只能通过实验的方法进行测试.

图 17.49(a) 给出了各向同性的磁流变塑性体与预结构的磁流变塑性体在无磁场条件下法向应力与应变的关系. 结果显示,由于各向同性的磁流变塑性体内部颗粒均匀分布,剪切导致的法向应力始终在零附近波动,基本可以忽略. 但是,对于预结构处理后的磁流变塑性体,法向应力随应变增大而增大,直到应变达到 10% 左右. 之后法向应力的增长趋势减缓,然后开始迅速减小. 之所以应变大于 10% 之后法向应力开始减小,是因

为磁流变塑性体内部颗粒微结构遭到破坏,随着应变进一步增大,颗粒微结构在垂直于剪切方向上与各向同性的磁流变塑性体相同,使得法向应力减小到零. 此处的临界应变值与图 17.47 中的类似,进一步说明了应变达到 10% 时内部结构开始被破坏. 剪切导致的法向应力来源于剪切过程中颗粒间的相互挤压. 初步的实验结果显示,在磁流变塑性体中存在 Poynting 效应且剪切导致的法向应力随应变增大而增大. 但是随着应变的进一步增大,磁流变塑性体内部颗粒结构发生破坏,使得在大应变下的测试结果不准确. 为了获得大应变下剪切导致法向应力的结果,测试了磁流变塑性体在阶跃应变下的法向应力响应,见图 17.49(b)~(d).

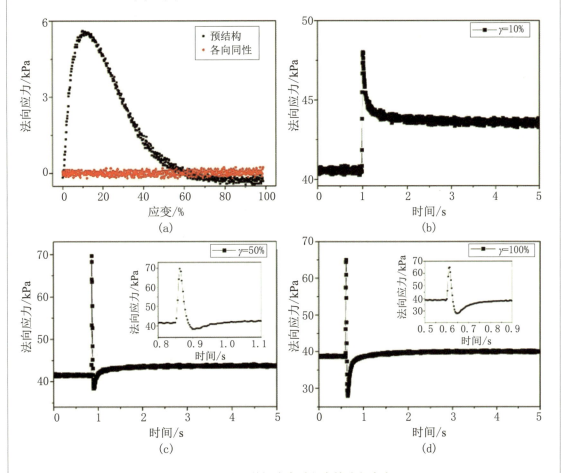

图 17.49　阶跃剪切应变过程中的法向应力

为了尽可能维持磁流变塑性体在大应变下的颗粒微结构,并与之前实验结果对比,实验测试时施加一个 800 mT 磁场. 实验结果发现,在应变增大的瞬间,法向应力瞬间增大,然后迅速减小并逐渐稳定在某一值. 当应变为 10% 时,法向应力从 41 kPa 增加到 48 kPa,增加了约 7 kPa. 之后颗粒结构发生破坏与重组,法向应力减小并稳定在 44 kPa.

没有回到初始值,是因为应变为 10% 时内部颗粒结构只是开始发生破坏,但没有完全被破坏. 当应变为 50% 时,法向应力的瞬间增长量为 28 kPa,最大应力达到 70 kPa,与图 17.46 中对应应变下的最大法向应力相一致,说明如果颗粒结构没有被破坏,剪切导致的法向应力将会随着应变增大而增大,其临界应变远不止 10%. 同时,法向应力在瞬间的增长之后稳定值与初始值最终大致相同,说明在此应变下内部结构已经发生完全重组,与重新预结构的过程类似. 进一步增大应变,最大法向应力不再增大,说明 Poynting 效应达到饱和.

综上,可以看出在大应变剪切振荡过程中不能忽略 Poynting 效应的影响. 同时 Poynting 效应还跟颗粒微结构有关. 因此,在整个剪切振荡过程中,由于 Poynting 效应,法向应力的最大值随应变增大而增大,而最小值随应变增大而减小,这是因为应变增大时颗粒间距增大,磁致法向应力减小. 至此,我们可以归纳得到振荡过程中的法向应力变化主要由两个因素导致:一是剪切过程中颗粒微结构变化导致磁致法向应力变化;二是在各向异性磁流变塑性体中存在 Poynting 效应. 同时,这两个因素都跟颗粒微结构相关. 因此,我们接下来通过计算方法模拟剪切过程中颗粒微结构的演化过程.

17.5.2 磁流变塑性体法向应力与剪切应变的 Lissajous 曲线

实验测试结果证明,剪切过程中最大法向应力随应变增大是由 Poynting 效应导致的. 同时,通过计算模拟方法计算了振荡剪切过程中颗粒微结构的变化及磁致法向应力与剪切应变的关系. 至此,综合以上结果可以推导出剪切过程中法向应力随应变变化的关系. 如图 17.50 所示,当剪切应变为正弦曲线 $\gamma = 100\%\sin\omega t$ 时,颗粒微结构的应变可以大致表示为 $\gamma_s = \gamma_0\sin(\omega t + \varphi)$,$\varphi$ 为相位差且 $\gamma_0 <100\%$. 对应的法向应力与剪切应变的 Lissajous 曲线呈左右对称分布的蝴蝶状. 曲线围成的面积与相位差有关. 由于曲线左右对称,法向应力随应变的变化大致可以分为三个阶段. 如图 17.50(b) 所示,在第一个阶段,颗粒微结构的应变随剪切应变增大而增大,导致磁致法向应力减小. 当应变达到最大值时,法向应力稍微有所回升,这是因为剪切速率降低而颗粒结构发生重组. 虽然颗粒微结构应变增大,但是颗粒间距减小使得磁致法向应力增大. 在这个阶段,由于颗粒微结构应变较大,颗粒间距增大,因而 Poynting 效应不明显. 在第二个阶段,随着剪切应变减小,颗粒微结构应变迅速减小并反向增大. 磁致法向应力随颗粒应变及颗粒间距减小而增大. 当颗粒应变小于 10% 时,磁致法向应力变化不明显,但是实验测试的总

体法向应力继续增大,这是因为颗粒应变反向增大时 Poynting 效应中剪切导致的法向应力增大,进一步使总体法向应力增大. 此时法向应力达到最大值,对应的结构应变为 10% 左右. 在第三个阶段,随着剪切应变继续增大,颗粒微结构发生破坏,Poynting 效应失效. 颗粒间距及夹角增大使得磁致法向应力减小,进而总体的法向应力减小. 在整个过程中,由于 Poynting 效应导致的法向应力与颗粒结构相关,因而很难定量表征不同应变下剪切导致的法向应力. 实际上,Poynting 效应产生的原因是剪切过程中颗粒间相互挤压产生排斥力. 而计算过程中挤压排斥力用一个经验公式代替,其物理意义是防止颗粒发生重叠而使计算收敛. 因而只能计算磁致法向应力. 而实验结果与计算结果的差别正说明排斥力不能忽略. 当颗粒结构应变大于 10% 时,颗粒间距增大,颗粒接触力减小,Poynting 效应也不再明显. 振荡过程中颗粒微结构不断地发生破坏与重组,使总体法向应力的描述难以实现. 但是,Lissajous 图形围成的面积主要与颗粒结构应变与剪切应变间的相位差有关. 这样我们就研究了剪切应变与剪切频率对相位差的影响.

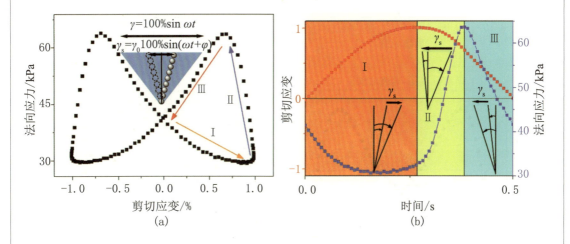

图 17.50 法向应力随应变的变化曲线

(a) 法向应力与剪切应变的 Lissajous 曲线. (b) 法向应力与剪切应变随时间变化过程中颗粒微结构应变的变化情况.

实验测试了不同剪切应变及剪切频率下的法向应力,所有样品测试前都经过至少 60 s 的剪切振荡过程以保证数据稳定. 从图 17.51 可以看出,随着应变增加,Lissajous 曲线形状有明显变化. 随着应变增大,法向应力的变化区间增大. 而当应变大于 50% 时,法向应力的变化区间不再增加,但是曲线围成的面积继续增大. Lissajous 曲线围成的面积大小与法向应力和剪切应变间的相位差有关. 面积越大,相位差越大. 因此法向应力与剪切应变间的相位差随着应变的增加而增大. 当剪切应变增大时,颗粒微结构的应变幅值也增大,作用在颗粒链上的磁力矩增大使得相位差增大. 同时,剪切频率也能影响相位差. 对比图 17.51(b) 与 17.51(d),可以发现频率增加,相位差反而减小. 颗粒微结构的重组需要一定时间,增加剪切频率相当于减小颗粒微结构重组的时间,使颗粒结构应变与剪切应变间相位差减小,进而法向应力与剪切应变间相位差减小. 进一步可以得出颗粒结构应变与剪切应变间的相位差随着应变幅值增大而增大,随频率增大而减小. 至此,我们得到了应变幅值与频率对颗粒微结构的影响,有利于材料黏弹性性能分析.

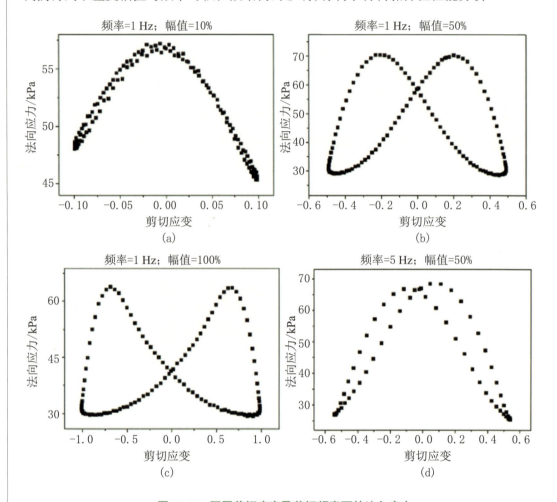

图 17.51　不同剪切应变及剪切频率下的法向应力

(a)~(d) 法向应力与剪切应变的 Lissajous 曲线;(e)~(h) 对应的法向应力与剪切应变随时间的变化曲线.

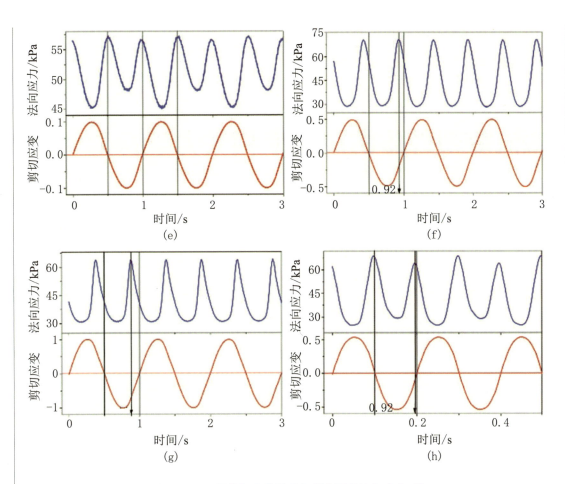

图 17.51　不同剪切应变及剪切频率下的法向应力 (续)

第 18 章

磁流变塑性体的应变率相关力学行为

18.1 磁流变塑性体在准静态载荷下的磁流变性能

磁流变材料是一类流变性能可以被磁场调控的磁敏智能材料. 作为磁流变材料的重要分支,迄今为止,磁流变液从物理机制和应用方面都被深入地研究过. Olabi 和 Grunwald 将磁流变液的流动模式分为直接剪切模式、阀模式和挤压流动模式. 大多数以磁流变液为基础的装置是以这三种流动模式或者它们的组合进行设计的. 虽然挤压流动模式下磁流变液的屈服应力比在直接剪切模式或阀模式下的屈服应力要高一个数量级,但是关于以挤压流动模式设计的装置的报道却要显著少于其他两类操作模式为基础的应用的报道. 磁场引起的颗粒聚集现象和颗粒之间的磁相互作用被认为是造成磁流变效应的主要原因. 而流动模式将会影响磁致微结构的形成,进而影响磁流变性能. 因此,近年来越来越多的研究者开始关注磁流变液在挤压流动模式下的流变性能和相关的磁流变机制,为其潜在的应用前景而努力.

电流变液的挤压流动行为最先和最广泛地被研究. 电流变液的表征技术和挤压流动机制也可以在同样属于场响应智能材料的磁流变液的挤压流动行为研究中作为参考. Tang 等发现沿着磁场方向施加一个压缩载荷可以极大地增加磁流变液的静态屈服应力, 他们将该现象定义为由压缩引起的挤压增强效应. Zhang 等不但从实验上进一步研究了挤压增强效应, 还提出了理论模型对相关实验结果进行了解释. Mazlan 等得到了不同磁场、初始间距和压缩速率下磁流变液的压缩应力–应变曲线, 他们将压缩曲线分成三个区间, 并且讨论了不同挤压条件下的曲线形状. 前面提到的实验结果都是在等面积压缩条件下得到的. 在这种情况下, 平板间颗粒浓度和样品体积都会在挤压过程中发生改变. 特别在施加磁场的情况下, 颗粒会在平板间聚集而基体则会被挤压出平板. 这称为密封效应, 将会对磁流变材料挤压机制的深入理解造成影响. McIntyre 和 Filisko 指出等体积压缩可以避免上述问题. De Vicente 等研究了磁流变液在等体积压缩下的挤压流动行为, 并将不同的挤压流动模型和颗粒水平的动态仿真结果与实验结果进行了比较, 理论和实验结果都证实了挤压增强效应与颗粒重组密切相关. 进一步, 他们还研究了在等体积压缩模式下磁场、基体黏度和颗粒含量对磁流变液流变性能的影响. Guo 等也报道了类似的实验研究.

与压缩行为相比, 拉伸行为是理解磁流变液结构演化机制的另外一个重要方面. 然而除了 Mazlan 等和 Wang 等的报道外, 对磁流变液拉伸行为的研究几乎很少被提及. 比较他们的实验结果, 发现磁流变液的拉伸行为和压缩行为有较大的区别, 说明不同的挤压模式下磁流变液可能存在不同的结构演化机制. 此外, 关于磁流变液振荡挤压模式下的流变行为研究尚未有专门的报道. 但磁流变液在挤压流动模式下的工作原理被初步尝试用在阻尼器和车载底座中. 相比工作在直接剪切模式下的装置, 工作在挤压流动模式下的装置表现出更加优异的性能.

然而, 传统磁流变液本身的沉降问题以及在应用装置中的渗漏问题成为它们广泛应用的瓶颈. 于是除了设法克服这些缺点, 人们还做了大量工作去寻找磁流变液的替代品. 其中一种类固态的磁性胶最近引起了人们的极大兴趣. 在这类磁性胶中不存在颗粒沉降问题, 磁性颗粒会沿着磁场方向形成链状 (或柱状) 结构, 并且其微结构可以在磁场撤去后继续保持. 这些优点使得类固态磁性胶在某些应用中成为传统磁流变液的理想替代品. 之前的研究表明, 由于高分子基体的存在, 类固态磁性胶表现出很多与磁流变液不同的有趣特性. 然而, 目前对类固态磁性胶的磁流变机制的理解还不够深入, 而且对这类材料的力学性能的表征也不够全面. 作为我们前面提到的重要的表征方法, 类固态磁性胶在挤压流动模式下的流变性能对于深入理解它们的磁流变机制非常重要. 但是, 目前还没有关于这方面比较全面的文献报道.

本节主要从实验的角度研究了磁流变塑性体在准静态加载下的各种行为,包括压缩和拉伸行为,分别比较了磁场、颗粒分布和颗粒含量对这三种挤压流动模式的影响. 我们主要关注磁流变塑性体独特的挤压流动行为以及在三种挤压流动模式下其流变性能的差异. 同时以实验结果为基础,讨论了磁流变塑性体在不同挤压流动模式下的挤压机制.

18.1.1 磁流变塑性体的拉伸流变行为

磁流变塑性体的挤压流动性能主要在 Instron 材料动静态力学性能测试机 (型号 Electropuls^{TM} E3000) 上进行测试. 压缩、拉伸和振荡挤压测试在该仪器上可以很容易实现. 仪器的动态载荷承载范围是 ±3 000 N,静态载荷承载范围是 ±2 500 N,是磁流变塑性体挤压流动性能测试的理想载荷区间. 图 18.1(a) 是测试系统的实物图,激励信号 (位移) 通过预设程序从 Instron 上端抓手处施加到样品上,而响应信号 (力) 则由与 Instron 下端抓手相连接的传感器收集. 上、下抓手分别夹紧一对由 Helmholtz 线圈 (3 200 圈) 缠绕着的圆柱状纯铁. 磁场是由与电流源相连接的通电的 Helmholtz 线圈产生的,磁场强度则由通过线圈的电流强度来控制. 铁芯除了作为挤压过程中与测试样品直接接触的 "平行平板" 外,还可以极大地增强两个铁芯之间的磁场强度. 铁芯与样品接触的面被处理得非常光滑,并且两个铁芯的接触面相互平行,接触面的直径为 50 mm.[21]

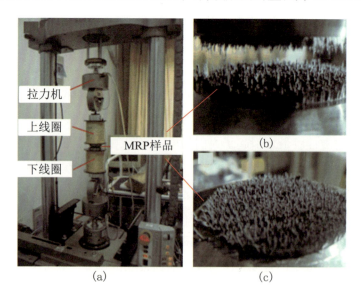

图 18.1 测试系统的实物图以及在磁场作用下样品拉伸测试结束后的轴测图和样品的细节

平行平板之间的磁感应强度由特斯拉计 (型号: HT20; 测量区间为 0~2 T 时, 测量精度为 1 mT; 上海亨通磁电科技有限公司生产) 进行测试. 如图 18.2 所示, 在特定的平板间距下, 磁感应强度会随着线圈电流强度的增加而增加. 另外, 还发现在线圈电流固定后, 磁感应强度随着平板间距 (此处间距范围为 1~22 mm) 的增加而减小, 并且两者之间近似呈线性关系. 我们用线性函数拟合了实验结果, 于是平板间距范围为 1~22 mm 时的磁感应强度均可以得到. 此外, 当平板间距和线圈电流都固定时, 我们还测试了平板之间每个位置处的磁感应强度. 测试结果发现, 这种情况下平板之间的磁场分布是均匀的.

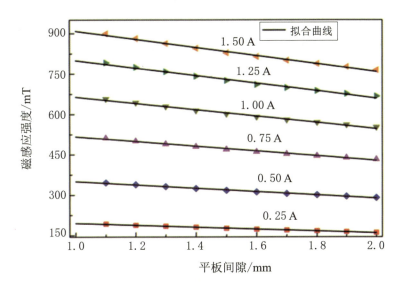

图 18.2　不同线圈电流强度和间距下平板间的磁感应强度

图 18.3 是用 ANSYS 软件计算得到的相同磁场发生装置产生的磁场强度分布, 其中相同的颜色代表相同的磁场强度. 很容易发现, 平板之间代表磁场强度的颜色是均匀的 (都呈红色), 表明当线圈电流和平板间距固定时, 平板之间的磁场分布是均匀的.

即使没有样品置于平板之间, 当磁场存在时平板之间也仍然会产生一个磁吸引力 F_a. 由于空气和磁流变塑性体样品不同的磁导率, 在添加磁流变塑性体样品后, 平板间的磁吸引力会发生改变. F_v 表示由磁流变塑性体的添加导致的 F_a 的变化量. 此外, 平板之间存在磁流变塑性体时, 平板还会受到一个磁致法向力 F_n 的作用. 上面提及的作用力 (包括 F_a, F_v 和 F_n) 与磁流变塑性体的压缩力 F_c 一起, 会同时被 Instron 上安装的力传感器采集 (Instron 采集的合力为 F_t). 于是将其他力 (F_a, F_v 和 F_n) 从合力 F_t 中扣除就可以得到 F_c, 即

$$F_c = F_t - F_a + (F_v + F_n) \tag{18.1}$$

其中 F_t 和 F_a 可以分别在添加和不添加磁流变塑性体样品的情况下通过执行相同的加载过程得到. 图 18.4 就是不添加磁流变塑性体样品时,在不同磁感应强度和间距下平板间的磁相互作用力.

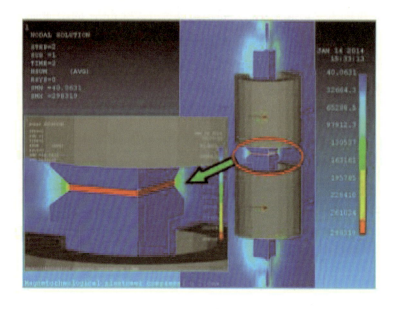

图 18.3　线圈电流强度为 0.75 A 时磁场发生装置产生的磁场强度分布图

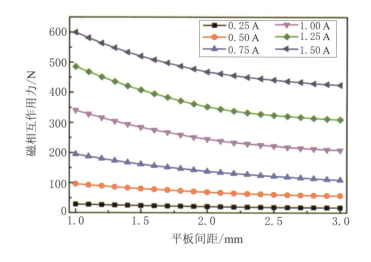

图 18.4　不添加磁流变塑性体样品时在不同磁感应强度和间距下平板间的磁相互作用力

F_v 和 F_n 利用当前的实验方法很难直接测试得到,但是它们的合力 (即 $F_v + F_n$) 可以通过从 F_a 中减去 F_r 计算得到:

$$F_v + F_n = F_a - F_r \tag{18.2}$$

其中 F_r 是指在添加磁流变塑性体样品的情况下, 固定间距及磁场强度时测试得到的合力 (因为没有压缩载荷施加在样品上, 所以在固定平板间距时测试得到的合力不包含压缩力). 于是根据方程 (18.1), $F_\mathrm{v}+F_\mathrm{n}$ 就可以作为修正项计算得到真实的压缩力 F_c. 另外, 在拉伸模式和振荡挤压模式下样品受到的力也可以通过类似的方法得到.

图 18.5 是平板间距为 2 mm 时, 在一系列阶梯磁场作用下平板所受到合力的暂态响应. 第一阶段实际上是各向异性磁流变塑性体的预结构过程, 该阶段结束后磁流变塑性体内部的颗粒会形成稳定的链状 (或柱状) 结构, 然后电流 (即磁场) 被切换到另外一个值 (第二阶段). 由于磁场发生变化, 平板之间的相互作用力也发生了变化. 这种相互作用力的瞬时变化会产生一个很大的冲量, 进而对平板间的磁流变塑性体样品产生挤压作用, 于是在第二阶段开始时可以观察到一个脉冲力. 由于磁流变塑性体的缓冲作用, 这些脉冲力很快消失, 而合力也逐渐趋于稳定. 该结果也表明磁流变塑性体非常有希望在缓冲器、振动隔振器等中作为磁场可控的智能阻尼材料.

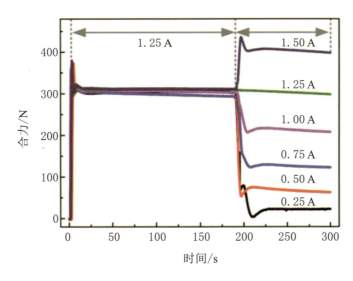

图 18.5 添加 MRP-70 时在一系列阶梯磁场作用下平板所受到合力的暂态响应
在开始的 180 s 内先施加 1.25 A 的电流, 在 120 s 时将电流突然切换到另一个值 (分别为 0.25, 0.50, 0.75, 1.00, 1.25 和 1.50 A) 并保持不变. 测试过程中平板间距保持为 2 mm.

通过测量不同磁场和间距下的 F_r (图 18.6(a)), 就可以得到在相同加载条件下响应的修正项. 如图 18.6(b) 所示, 修正项和平板间距之间近似呈线性关系, 于是在任意间距下的修正项都可以通过线性拟合函数得到, 将其代入方程 (18.1) 就可以进一步得出磁流变塑性体的真实的压缩力. 不同颗粒含量的磁流变塑性体在不同间距下的合力及响应的修正项也可以用同样的方式得到. 图 18.7 给出了当线圈电流为 0.75 A 时不同颗粒含量的磁流变塑性体在不同间距下的合力及相应的修正项.

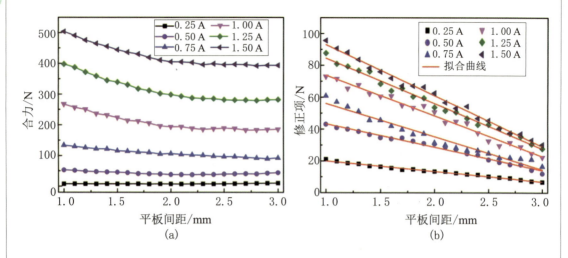

图 18.6 添加 MRP-70 时在不同磁感应强度和平板间距下平板受到的合力和相应的修正项

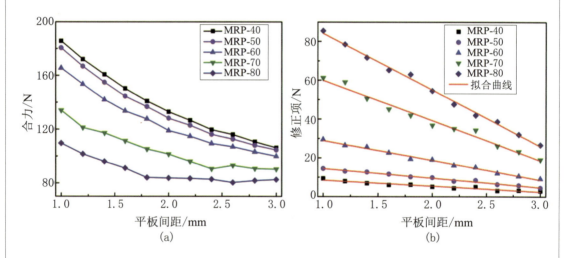

图 18.7 添加不同颗粒含量的样品时在不同间距下平板受到的合力和相应的修正项

在得到磁流变塑性体不同模式下受到的挤压力后,我们还定义了平均法向应力:

$$\sigma = \frac{F}{S} = \frac{F(h_0 \pm h_t)}{V} \tag{18.3}$$

样品和平板的接触面积 S ($S = \pi r^2$, r 是接触面积的半径) 通过磁流变塑性体的体积 V 除以当前的平板间距 h 计算得到. 平板间距 h 是初始间距 h_0 与上平板在压缩过程中向下移动的距离 h_t 的差值 (即 $h = h_0 - h_t$). 如果上平板沿着相反的方向移动 (即拉伸过程),则 $h = h_0 + h_t$. 测试过程中体积 $V = 1.964$ mL,这可以使得在平板间距减小

到 1 mm 时磁流变塑性体样品正好可以铺满整个平板表面. 另外, 挤压应变可以表示为

$$\varepsilon = \frac{h_t}{h_0} \tag{18.4}$$

测试过程中温度始终保持为环境温度.

18.1.2 磁流变塑性体在磁场作用下的压缩力学行为

图 18.8 是不同颗粒含量的磁流变塑性体在不同磁场作用下的磁致法向应力. 该结果由平行平板流变仪 (型号: Physica MCR 301; 安东帕公司生产) 测试得到. 法向应力来源于磁流变塑性体的磁致伸缩效应. 当外磁场施加在磁流变塑性体上时, 样品会产生一个沿着磁场方向变形的趋势. 然而由于磁流变塑性体被限制在平板之间, 所以平板就会受到来自磁流变塑性体的挤压力 (也就是法向应力). 法向应力会随着磁感应强度和颗粒含量的增加而增加, 说明磁场和颗粒含量会对磁致伸缩效应产生显著的影响. 颗粒水平的分子动力学计算结果说明, 颗粒之间的磁相互作用力与磁流变塑性体的磁致法向应力密切相关. 另外, 颗粒之间的磁相互作用力还可以通过围绕某一颗粒的封闭区间对 Maxwell 应力进行积分得到. 换句话说, 也可以认为 Maxwell 应力是磁流变塑性体的磁致法向应力的来源. 法向应力是磁流变塑性体的一种重要的磁致流变性能, 但是与其挤压流动行为并不相关. 因此, 当只考虑磁流变塑性体挤压流动行为时, 应该从合力中去掉磁致法向应力.

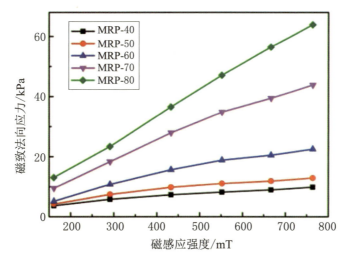

图 18.8 不同颗粒含量的磁流变塑性体样品在不同磁感应强度下的磁致法向应力

De Vicente 等对非弹性屈服流体的挤压流动理论做了比较全面的总结. 他们以挤压流动方程为基础分析了等体积磁流变液的挤压流动行为. 挤压流动方程为

$$F = \frac{2\tau_y V^{3/2}}{3\sqrt{\pi} h^{5/2}} \tag{18.5}$$

其中 τ_y 是磁流变液的剪切屈服应力, V 和 h 分别为磁流变液的体积和平板间距. 如果挤压流动方程可以合理地描述磁流变液的挤压流动行为, 则需满足无滑移假设和低塑性数的条件. 塑性数 S_p 定义为

$$S_p = \frac{\eta_p v r}{h^2 \tau_y} \tag{18.6}$$

其中 η_p 和 v 分别为 Bingham 塑性黏度和压缩速率. 接下来, 我们将讨论挤压流动方程是否适合描述磁流变塑性体的挤压流动行为. 如图 18.1(b) 和 (c) 所示, 当磁流变塑性体在中间被拉断时, 样品仍然和平板紧紧地粘在一起. 因此有理由相信在讨论磁流变塑性体的挤压流动行为时无滑移假设是合理的. 对于另外一个条件, 根据我们相关实验结果对磁流变塑性体的 S_p 进行保守估计如下:

$$S_p = \frac{\eta_p v R}{h^2 \tau_y} < 1 \tag{18.7}$$

该结果表明在磁流变塑性体的压缩变形过程中剪切屈服应力起到决定性作用. 接下来, 将会对磁流变塑性体的压缩行为的可能影响因素 (包括磁场、压缩速率、初始压缩间距、初始颗粒分布和颗粒含量) 分别进行讨论.

如图 18.9(a) 所示, 平板间的相互作用力随着磁场和压缩应变的增加而增加. 值得注意的是, 磁感应强度会随着压缩应变的增加而变化, 因此图例后的值表示当压缩应变为零时的磁感应强度. 从磁流变塑性体的压缩力曲线 (图 18.9(b)) 可以发现三个显著的变形区间: 在弹性变形区间 (区间 1) 和塑性流动区间 (区间 3) 之间还存在一个明显的应力松弛区间 (区间 2). 弹性变形区间和塑性流动区间也存在于磁流变液的压缩曲线中.[22]

图 18.10(a)~(c) 分别表示磁流变塑性体在压缩过程中颗粒的微结构演化过程, 以此为基础可以对磁流变塑性体的压缩机制进行定性分析. 弹性变形区间 (对应于图 18.10(a) 到 (b) 的过程) 非常窄 (1.98~2 mm), 因此可以认为在该区间内颗粒链状结构还没有被压缩应变显著地破坏. 于是颗粒链的弹性变形和聚氨酯基体的挤压变形是区间 1 的主要变形机制. 在弹性变形区间, 相邻颗粒的间距将逐渐减小, 导致填充在颗粒链中的聚氨酯基体被挤出. 因此在上平板的挤压作用下, 磁流变塑性体内部的颗粒链会越来越密实, 而密实的颗粒链结构将会增强磁流变塑性体抵抗外界变形的能力, 这就是所谓的挤压增强效应. 随着平板间距进一步减小, 颗粒链最终被破坏, 并且来自聚氨酯基

体的松弛现象也逐渐明显地表现出来 (图 18.10(b) 到 (c) 的过程). 颗粒链的破坏 (此处主要是指颗粒链在压缩载荷下弯曲而造成颗粒链从中间断裂) 和基体的松弛都会对磁流变塑性体抵抗外界变形的能力产生影响. 因此与弹性变形区间相比, 磁流变塑性体的压缩力在应力松弛区间增加得非常缓慢. 该区间是磁流变塑性体特有的区间, 主要是由高分子基体的存在引起的.

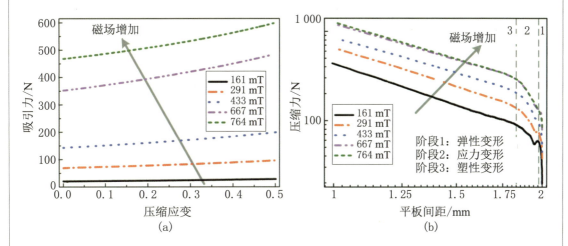

图 18.9 不添加样品时不同磁场和压缩应变下平板间的相互作用力以及双对数坐标中不同磁场作用下 MRP-70 的压缩力与平板间距之间的关系

平板初始间距为 2 mm, 压缩速率为 0.5 mm/min. 图例中磁感应强度是指在平板初始间距为 2 mm 时的值.

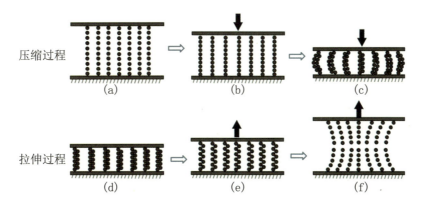

图 18.10 有磁场条件下磁流变塑性体在压缩和拉伸过程中颗粒的微结构演化过程

黑色实心箭头代表载荷施加方向 (或上平板移动方向).

然而，颗粒在被破坏的同时还会在外磁场的作用下进行重组，当颗粒链的破坏和重组过程最终达到动态平衡时，压缩力和平板间距之间也会保持特定的关系 (图 18.10(c))，也就是我们提到的塑性变形区间. 如图 18.9(b) 所示，在双对数坐标系中，压缩力和平板间距在塑性流动区间内表现出线性关系. 根据之前的讨论，我们认为非弹性材料的挤压流动方程可以用来描述磁流变塑性体的挤压流动行为. 然而由于实验条件和材料性能的改变，在磁流变液中实验结果与理论模型之间还存在一定偏差. 为了进一步分析磁流变塑性体的挤压流动行为，我们以经典的挤压流动方程为基础重新写出压缩力和平板间距之间更加普遍的关系式：

$$F = kh^n \tag{18.8}$$

其中 k 是和磁流变塑性体材料性能相关的常数，n 表示在双对数坐标系中塑性流动区间内挤压流动曲线的斜率. 用方程 (18.8) 对磁流变塑性体在塑性流动区间内的实验结果进行拟合，并与挤压流动方程进行比较，就可以求出实验结果与理论模型之间的偏差，并可以进一步分析造成这种偏差的原因. 此外，我们认为磁流变塑性体在应力松弛区间和塑性流动区间的分界点处发生屈服，于是在分界点处根据方程 (18.3) 可以计算得到压缩屈服应力 σ_c.

磁场将通过控制颗粒之间的磁相互作用来改变磁流变塑性体抵抗压缩变形的能力. 因此在相同的平板间距处，压缩力随着磁感应强度的增加而增加，在挤压流动区间内拟合参数 k 和 n 也随着磁感应强度的增加而增加 (表 18.1). 比较式 (18.5) 和式 (18.8)，我们认为 k 的增加说明磁流变塑性体的剪切屈服应力也随之增加. 而不同磁场作用下 n 的数值和理论值 ($n = -2.5$) 非常接近，表明在有磁场条件下磁流变塑性体趋于用挤压流动方程描述的理想非弹性材料. 从表 18.1 还可以发现，塑性流动行为发生时压缩屈服应力 σ_c 也随着磁场的增加而逐渐增加. 当磁感应强度从 161 mT 增加到 764 mT 时 σ_c 增加了 2.23 倍，表现出典型的磁流变效应. 这种磁流变塑性体的磁敏压缩特性还表现出饱和现象 (即磁感应强度超过 667 mT 后 σ_c 几乎保持不变)，这与羰基铁粉颗粒的磁化饱和性能密切相关，并且在剪切模式下也发现了类似的现象.

平板间的相互作用力随着压缩速率的增加略有增加 (图 18.11(a)). 压缩力和压缩速率之间也表现出类似的趋势，但是压缩速率对压缩力的影响更加显著 (图 18.11(b)). 有趣的是，磁流变液和电流变液中压缩力和压缩速率之间呈现出相反的关系. McIntyre 和 Filisko 指出具有高黏度基体的电流变液在被压缩后滤过 (filtration) 现象 (即载液和颗粒的分离现象) 不会发生，来自于载液的黏性力对电流变液在抵抗压缩变形的过程中贡献很大. 同时，在相同磁场作用下颗粒链对抵抗外界变形的贡献只与平板间距相关，也就是说，来自于颗粒链的压缩力不受压缩速率的影响. 因此，聚氨酯基体可能在磁流变塑性体的速率增强效应中起到了决定性的作用. 较大的压缩速率将导致基体产生更大的排斥黏性力, 并完全贡献给总的压缩力. 从表 18.1 还注意到, 随着压缩速率的增加, k 和 σ_c 也会增加, 表明与磁致效应相比基体对屈服应力的贡献也非常重要. 此外, 还应该提及的是聚氨酯基体的松弛现象与时间相关, 所以应力松弛区间范围随着压缩速率的变化而改变. 我们还发现塑性流动区间内压缩流动曲线的斜率并不受应力松弛现象和压缩速率的影响 (图 18.11(b)). 于是我们认为塑性流动区间开始的位置并不改变 (塑性流动区间只与上平板移动的距离相关), 而在较大压缩速率时应力松弛区间和塑性流动区间有部分重合.

表 18.1 不同压缩条件下磁流变塑性体在塑性流动区间内的拟合参数

颗粒分布	$W/\%$	B/mT	$v/(\mathrm{mm/min})$	h_0/mm	k	n	σ_c/kPa
各向同性	70	0	0.5	2.0	284.25	-4.32	19.06
各向异性	70	0	0.5	2.0	372.24	-3.87	38.08
各向异性	70	161	0.5	2.0	432.12	-2.62	84.10
各向异性	70	291	0.5	2.0	659.55	-2.48	130.02
各向异性	70	433	0.5	2.0	856.29	-2.34	190.29
各向异性	70	667	0.5	2.0	1210.51	-2.27	269.80
各向异性	70	764	0.5	2.0	1269.64	-2.27	271.43
各向异性	70	433	0.1	2.0	726.42	-2.25	159.59
各向异性	70	433	1.0	2.0	992.29	-2.39	217.95
各向异性	70	433	1.5	2.0	1148.63	-2.42	251.23
各向异性	70	433	2.0	2.0	1198.75	-2.54	230.83
各向异性	70	433	0.5	2.5	864.39	-2.32	144.57
各向异性	70	433	0.5	3.0	888.73	-2.31	105.01
各向异性	40	433	0.5	2.0	225.56	-2.51	51.77
各向异性	50	433	0.5	2.0	298.75	-2.46	59.74
各向异性	60	433	0.5	2.0	405.29	-2.38	90.21
各向异性	80	433	0.5	2.0	1282.33	-2.13	305.42

为了进一步研究磁流变塑性体在更宽范围内的压缩力与平板间距之间的关系, 我们还进行了不同初始间距下磁流变塑性体的压缩性能测试. 正如我们所预期的, 平板间的相互吸引力随着平板间距的增加单调地减小 (图 18.12(a)). 图 18.12(a) 中三条曲线几乎完全重合, 可以认为由平板吸引力引起的实验误差可以忽略. 而磁流变塑性体在塑性流动区间内的挤压流动曲线也几乎完全重合 (由表 18.1 还可以发现不同初始间距下的 n 几乎完全相同), 证明磁流变塑性体的塑性流动行为由上平板的移动距离决定, 并不受初

始平板间距的影响 (图 18.12(b)). 三种挤压条件下相同的 k 值说明剪切屈服应力也不受初始平板间距的影响. 然而, 压缩屈服应力随着初始平板间距的增加表现出明显的下降趋势 (表 18.1). Ruiz-Lopez 等讨论了剪切屈服应力和压缩屈服应力在挤压流动模式下的关系. 我们给出其等效表达式来定性分析相关的实验现象:

$$\sigma_c = \frac{2\tau_y V^{3/2}}{3\pi^{3/2}(h_0 - h_c)^{5/2} r_c^2} = \frac{2\tau_y V^{1/2}}{3\pi^{1/2}(h_0 - h_c)^{3/2}} \tag{18.9}$$

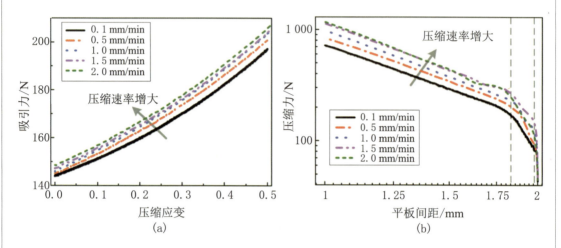

图 18.11 不添加样品时不同压缩速率和压缩应变下平板间的相互作用力和双对数坐标中不同压缩速率下 MRP-70 的压缩力与平板间距之间的关系

平板初始间距为 2 mm, 相应的磁感应强度为 433 mT.

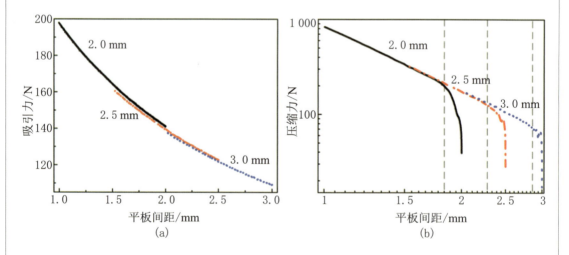

图 18.12 不添加样品时不同间距下平板间的相互作用力和双对数坐标中 MRP-70 的压缩力与平板间距之间的关系

压缩速率为 0.5 mm/min, 平板初始间距为 2 mm 时相应的磁感应强度为 433 mT.

该表达式中 h_c 和 r_c 分别为塑性流动发生时上平板的移动距离和此时样品与平板接触面的半径. 如我们之前讨论的, τ_y, h_c 和 V 在图 18.12 (b) 的压缩条件下是常量. 根据方程 (18.9), σ_c 将随着 h_0 的增加而减小. 此外, 由于磁场随着初始平板间距 h_0 的增加而衰减, 磁致效应对 σ_c 的贡献也会随着初始平板间距的增加而减小.

在无磁场条件下, 磁流变液中的颗粒随机分散在载液中, 链状 (或柱状) 的取向微结构只有在施加一定的磁场后才会形成. 然而两种不同的颗粒分布状态 (各向同性和各向异性) 在无磁场条件下都可以存在于磁流变塑性体中. 不施加磁场时, 磁流变液的压缩力小于 0.1 N, 可以忽略不计. 但是在无磁场条件下, 磁流变塑性体的压缩力与有磁场条件下的压缩力是可以比较的. 进一步发现, 颗粒分布状态会对磁流变塑性体的压缩力产生显著影响, 如图 18.13 所示. 所有这些差异都源于聚氨酯基体的存在. 聚氨酯基体可以使链状 (或柱状) 微结构在磁场撤去后继续保持, 而这种取向结构对材料抵抗变形能力的贡献更大. 与施加不同磁场时压缩的情况相比, 我们发现从无磁场条件下各向同性到各向异性颗粒分布的样品, 再到不断增加的磁场条件下的各向异性样品, k, n 和 σ_c 都呈现出逐渐增加的趋势 (表 18.1). 于是可以认为各向异性结构可以提高磁流变塑性体抵抗挤压变形的能力, 而磁场可以进一步增加各向异性结构 (主要是指颗粒链) 的强度.

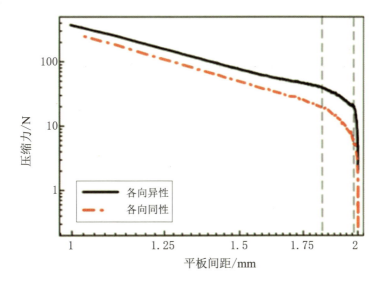

图 18.13 双对数坐标中无磁场时不同颗粒分布的 MRP-70 的压缩力与平板间距之间的关系

平板初始间距为 2 mm, 压缩速率为 0.5 mm/min.

颗粒含量是磁流变塑性体挤压流动行为的重要影响因素. 如图 18.14 所示, 磁流变塑性体的压缩力随着颗粒含量的增加而增加, 与磁流变液中两者的关系一致. 在相同的磁场作用下, 颗粒含量高的磁流变塑性体会形成更粗和更多的颗粒链, 这将会增加磁流变塑性体的磁致模量,进而提高材料抵抗挤压变形的能力. 如我们所预期的那样,压缩屈服应力也随着颗粒含量的增加而增加. 特别对于 MRP-80,其 σ_c 在 445 mT 的磁场作用下达到了 305.42 kPa,比 MRP-70 的 σ_c 大 1.6 倍. MRP-70 的 σ_c 在 291 mT 的磁场作用下为 130.02 kPa,比 Guo 等报道的类似条件下磁流变液的 σ_c (颗粒体积分数为 30% 的磁流变液在 280 mT 的磁场作用下的 σ_c 为 50 kPa) 大 1.6 倍,这说明聚氨酯基体会有效地提高这类磁敏材料的压缩屈服应力,这在一些工程应用中非常重要.

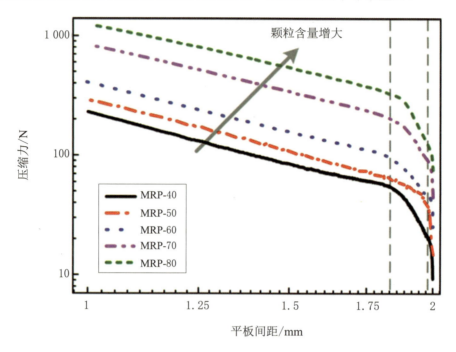

图 18.14 双对数坐标中无磁场时不同颗粒含量的磁流变塑性体的压缩力与平板间距之间的关系

平板初始间距为 2 mm,对应的磁感应强度为 433 mT,压缩速率为 0.5 mm/min.

最后,我们发现 n 和理论值 ($n = -2.5$) 非常接近,并且颗粒含量的影响可以从 k 的变化中很清楚地反映出来,这和在不同磁场作用下的情况非常类似. Ruiz-Lopez 等提出了一种将理论模型与磁流变液在不同实验条件下的压缩曲线相互比较的归一化方法. 于是我们也在同一幅图中绘制了不同颗粒含量和不同磁场作用下的磁流变塑性体无量纲化的压缩力 (在固定平板间距下压缩力和 k 的比值) 与压缩应变的关系并与理论模型 (实际上是 $n = -2.5$ 时的方程 (18.8)) 结果进行比较. 从图 18.15 可以发现无量纲化的压缩力与理论结果吻合得非常好,这也直接说明磁场和颗粒含量对磁流变塑性体的挤压流动行为的影响主要表现在 k 的变化上,而 n 与理论值的偏差在一定程度上是可以忽略的.

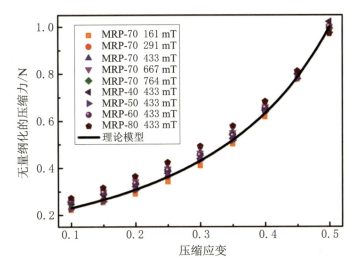

图 18.15 不同颗粒含量的磁流变塑性体在不同磁场作用下无量纲化压缩力和压缩应变的关系

18.2 磁流变塑性体在振荡载荷下的磁流变性能

18.2.1 磁流变塑性体的振荡挤压流变行为

上面讨论的压缩和拉伸行为反映了磁流变塑性体的准静态力学性能. 动态力学行为也是评价磁流变塑性体力学性能的重要方面. 振荡剪切测试是研究磁流变塑性体流变性能最常用的动态力学表征方法, 但是磁流变塑性体的振荡挤压行为却很少有人关注, 虽然这对理解磁流变机制非常有帮助. 接下来, 我们将从实验的角度研究等体积的磁流变塑性体的振荡挤压行为, 同时对相关的影响因素 (振荡幅值、磁场、颗粒分布和颗粒含量) 也会逐一进行讨论. 对于振荡挤压测试, 当位移为正值时定义为拉伸过程, 而位移为负值则表明样品处于压缩状态.

当无磁场时, 平板间即使不添加样品也可以观察到滞回曲线 (图 18.16(a)), 表明平板的相对运动伴随着能量耗散. 然而与磁流变塑性体的滞回曲线相比 (图 18.16(b)), 这种由平板相对运动产生的能量耗散是可以忽略的, 这从图 18.17(a) 中的滞回曲线也能够更加明显地比较出来. 平板间的相互作用力随着平板间距的增加而逐渐减小, 这与准静态时的情形是一致的.

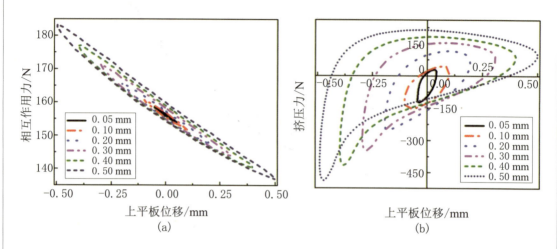

图 18.16 不添加样品时不同振荡幅值下平板间的相互作用力和上平板位移的关系曲线以及不同振荡幅值下 MRP-70 的挤压力与上平板位移之间的关系曲线

平板初始间距为 2 mm,相应的磁感应强度为 433 mT,振荡频率为 1 Hz.

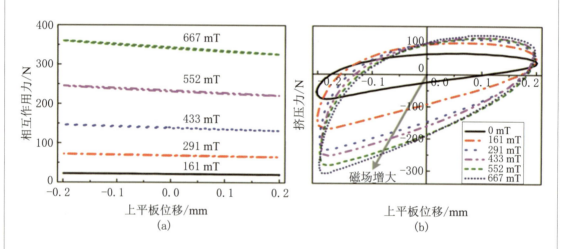

图 18.17 不添加样品时不同磁场作用下平板间相互作用力和上平板位移的关系曲线以及不同磁场作用下 MRP-70 的挤压力与上平板位移之间的关系曲线

平板初始间距为 2 mm,振荡幅值为 0.2 mm,振荡频率为 1 Hz.

此外,图 18.16(a) 中滞回曲线的形状几乎完全对称,而图 18.16(b) 中的力-位移曲线并不对称. 磁流变塑性体在振荡剪切测试下的滞回曲线也是对称的,而在振荡挤压测试下滞回曲线的不对称反映了其压缩和拉伸行为的差异. 为了进一步分析磁流变塑性体的振荡挤压行为,我们比较了不同滞回曲线中的最大拉伸力 $F_{T\text{-max}}$ 和最大压缩力 $F_{C\text{-max}}$. 耗散能量密度 E_d 可以通过计算单位体积的磁流变塑性体的滞回曲线的面积得到,可以

用来表征材料的阻尼性能. 此外, 等效黏性阻尼系数 c_e 也是一个与材料阻尼相关的表征参数, 其定义为

$$c_\mathrm{e} = \frac{W_\mathrm{c}}{\pi \omega A^2} \tag{18.10}$$

其中 W_c 是一个振荡循环内的耗散能量, ω 和 A 分别为角频率和挤压振荡幅值. 这些从实验结果中得到的参数可以用来表征磁流变塑性体的振荡挤压行为.

从表 18.2 可以发现 $F_\text{T-max}$, $F_\text{C-max}$ 和 E_d 均随着挤压振荡幅值的增加而急剧增加, 但是 c_e 呈现出相反的趋势. 在相同的振荡频率条件下, 较大的振荡幅值意味着较大的加载速率, 应变率效应将会增加磁流变塑性体抵抗外界变形的能力. 在压缩过程中, 平板和磁流变塑性体的接触面积和磁场强度都会随着间距的减小而增加, 这将会提高磁流变塑性体抵抗压缩变形的能力. 而在拉伸过程中, 这两个因素则会因为平板间距的增加而削弱磁流变塑性体抵抗拉伸变形的能力. 上述分析定性地解释了 $F_\text{T-max}$ 和 $F_\text{C-max}$ 的振荡幅值相关性及力–位移曲线的不对称性. 耗散能量 W_c 与振荡循环周期内的力和位移直接相关, 所以很容易理解 E_d 的振荡幅值相关性. 方程 (18.10) 右端分母在振荡频率固定时与振荡幅值的平方成正比, 这意味着随着振荡幅值的增加, 方程 (18.10) 右端的分母比分子增加得更快.

表 18.2 不同振荡挤压条件下磁流变塑性体的相关性能参数

颗粒分布	W/%	B/mT	A/mm	$F_\text{T-max}$/N	$F_\text{C-max}$/N	E_d/(kJ/m^3)	c_e/(10^5 kg/s)
各向同性	70	0	0.2	66.74	77.39	15.25	0.38
各向异性	70	0	0.2	70.67	79.10	16.01	0.4
各向异性	70	161	0.2	99.07	170.55	31.31	0.78
各向异性	70	291	0.2	109.11	234.65	39.97	0.99
各向异性	70	433	0.2	113.05	254.26	41.47	1.03
各向异性	70	552	0.2	115.49	283.27	45.29	1.12
各向异性	70	667	0.2	122.57	309.69	45.59	1.14
各向异性	70	433	0.05	28.58	124.25	3.89	1.55
各向异性	70	433	0.1	45.17	152.78	12.71	1.26
各向异性	70	433	0.3	153.37	348.10	76.63	0.85
各向异性	70	433	0.4	181.72	415.22	110.39	0.69
各向异性	70	433	0.5	213.49	486.78	146.27	0.58
各向异性	40	433	0.3	55.27	75.93	15.81	0.17
各向异性	50	433	0.3	112.42	166.19	49.67	0.55
各向异性	60	433	0.3	142.46	296.87	60.86	0.67
各向异性	80	433	0.3	184.91	424.89	100.69	1.11

外磁场可以改变颗粒间的磁相互作用力，进而控制磁流变塑性体的振荡挤压行为(图 18.17(b))，因此可以从表 18.2 看到相关的性能参数随着磁场的变化而改变. 弱磁场作用下磁致效应比强磁场作用下要明显地强. 因为强磁场条件并不容易达到，所以磁流变塑性体在弱磁场作用下的磁致效应在实际应用中更加有价值. 此外，值得一提的是，磁流变塑性体在一个振荡周期内的耗散能量 W_c 和 c_e 随着磁场的增加而增加 (表 18.2). 增加的耗散能量是因为强磁场作用下较大的阻尼力，而 c_e 随着磁场的变化则反映了磁流变塑性体的阻尼性能的磁致增强效应.

与准静态加载的情况相比，初始颗粒分布对磁流变塑性体的振荡挤压行为几乎没有影响 (如图 18.18 所示，不同初始颗粒分布的磁流变塑性体的滞回曲线几乎完全重合). 在无磁场条件下，由于在振荡挤压过程中没有磁场力作用驱使颗粒重组形成链状结构，各向异性磁流变塑性体内部的颗粒链在几十个振荡循环后几乎完全被破坏 (图中所选的是第 60 个振荡循环曲线)，最终各向异性磁流变塑性体内部的颗粒将趋向于类似各向同性磁流变塑性体内部颗粒的均匀分散状态. 均匀的颗粒分散使得两种样品的性能也趋于一致，因此观察到两者相同的振荡挤压行为. 从该结果我们还可以推断出，即使在有磁场条件下结构化效应对磁流变塑性体的振荡挤压行为影响也不会太大，这是因为振荡挤压过程进行得非常快，以至于颗粒在磁场作用下没有足够时间形成链状 (或柱状) 的微结构 (颗粒成链时间需要几分钟，而一个振荡周期最多是 1 s，远远短于成链时间).

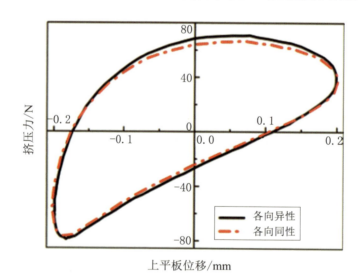

图 18.18 不同初始颗粒分布的 MRP-70 在无磁场时挤压力与上平板位移的关系曲线
平板初始间距为 2 mm，振荡幅值为 0.2 mm，振荡频率为 1 Hz.

图 18.19 是不同颗粒含量的磁流变塑性体在振荡挤压模式下的挤压力和上极板位

移的关系曲线. 与准静态情况类似,磁流变塑性体的振荡挤压行为受颗粒含量的影响很大. 在相同磁场作用下,颗粒含量较高的磁流变塑性体由于较大的磁相互作用,其整体的抗压 (或抗拉) 强度会增强,这就意味着 $F_{\text{T-max}}$ 和 $F_{\text{C-max}}$ 也会相应地增加. 同时,颗粒和基体之间的摩擦力也会随着颗粒含量的增加而急剧增大,于是导致了 E_d 的增加. c_e 的增加说明磁流变塑性体的阻尼性能对颗粒含量也非常敏感. 最后,我们认为各向异性的结构将会提高磁流变塑性体抗挤压的能力,而磁场和颗粒含量会提高链状颗粒结构的强度,从而进一步提高材料抵抗变形的能力.

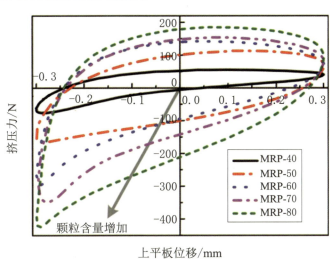

图 18.19 不同颗粒含量的磁流变塑性体的挤压力与上平板位移的关系曲线
平板初始间距为 2 mm,磁感应强度为 433 mT,振荡幅值为 0.3 mm,振荡频率为 1 Hz.

迄今为止,许多关于磁流变塑性体力学性能研究的相关工作,例如压缩性能、剪切性能、蠕变和回复性能研究工作已经开展. 最近,一些研究人员还开发了一种基于磁流变塑性体的磁流变缓冲器,其表现出磁流变塑性体优异的磁控阻尼性能. 众所周知,磁流变塑性体磁力耦合性能的测试和机制研究对其在实际应用中起着至关重要的作用. 然而,目前对磁流变塑性体力学性能的研究还不全面,仅对磁流变塑性体在准静态和低应变率下的力学性能进行了研究. 在实际减振防护应用中,磁流变塑性体材料常常受到爆炸、碰撞等高速冲击,因此,对磁流变塑性体在高应变率下的动态力学性能的测试和机制研究是十分必要的.

在下面的研究工作中,首先研究了不同剪切频率下磁流变塑性体的流变性能,然后运用改进的分离式 Hopkinson 压杆装置测试了高应变率下磁流变塑性体的动态应力–应变曲线,探究了铁粉含量和磁场强度对磁流变塑性体动态力学性能的影响. 为了进一步观察磁流变塑性体在高速冲击下的形态变化,使用高速摄影机拍摄了样品在不同应变率下的形变图像. 此外, 还提出了在不同应变率和不同磁感应强度下磁流变塑性体的微观结构演化过程, 深入了解了磁流变塑性体材料在高应变率下的磁力耦合工作机制.

18.2.2 磁流变塑性体在振荡剪切模式下的磁流变性能

磁流变塑性体的流变性能通过流变仪进行测试. 由图 18.20 可知, 剪切频率从 1 Hz 扫描到 100 Hz 时, PU 基体的储能模量从 9×10^2 Pa 显著增至 7×10^5 Pa, 提高了 3 个数量级. 当频率设定为 1, 10, 100 Hz 时, 储能模量分别保持在 $9\times 10^2, 5\times 10^4, 7\times 10^5$ Pa. 当剪切频率增加时, 基体的储能模量也增加, 表现出典型的剪切变硬性能. 这里, 聚氨基甲酸酯聚合物分子链随着剪切频率的增加缠绕得更加紧密, 与之相对应地产生了剪切硬化效应.

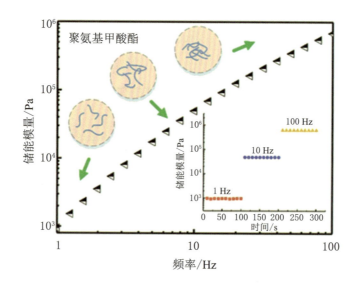

图 18.20 PU 基体的储能模量随剪切频率扫描的变化

如图 18.21 所示, 与 PU 基体相似, 当剪切频率从 1 Hz 增加到 100 Hz 时, 磁流变塑性体的储能模量也增加了约 3 个数量级, 表现出剪切变硬性能. 这里, 磁流变塑性体的初始储能模量随羰基铁粉含量增加而增加, 这源自于颗粒增强效应. 尽管最终储能模量也增加, 但由于含高质量分数羰基铁粉的磁流变塑性体的初始储能模量较大, 其剪切变硬效应减小. 例如, 随着剪切频率从 1 Hz 上升到 100 Hz, MRP-20 的储能模量从 2 kPa 增加到 630 kPa, 增加了 300 多倍, 但 MRP-80 的储能模量从 0.3 MPa 增加到 2.9 MPa,

仅增加约 8.7 倍 (图 18.21(a)). 如图 18.21(b) 所示, 外磁场大小影响剪切变硬行为. 在磁场作用下, 磁流变塑性体中的颗粒形成链结构, 比均匀分散的羰基铁粉颗粒具有更大的增强效果. 因此, 在磁场作用下磁流变塑性体的储能模量比无磁场时磁流变塑性体的储能模量大. 但是在磁场作用下, 含高质量分数羰基铁粉颗粒的磁流变塑性体具有弱的剪切硬化效应. 例如, 当剪切频率从 1 Hz 提高到 100 Hz 时, MRP-80 的储能模量从 3.1 MPa 增加到 3.2 MPa (仅增加约 3.2%). 这是因为经过预结构形成的颗粒链增强了磁流变塑性体的初始储能模量, 且在剪切变形期间致密的羰基铁粉颗粒链阻止了 PU 分子链移动.

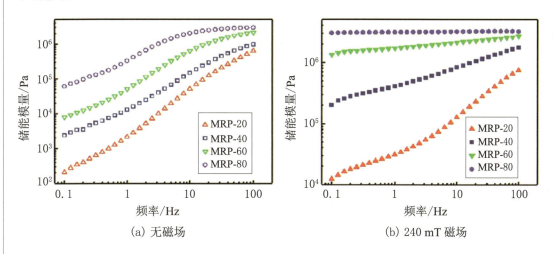

(a) 无磁场　　　　　　　　　　(b) 240 mT 磁场

图 18.21　具有不同羰基铁粉含量的磁流变塑性体的剪切频率扫描测试

为了进一步研究磁流变塑性体的磁增强力学性能, 测量了在不同磁感应强度下具有不同羰基铁粉含量的磁流变塑性体的储能模量. 如图 18.22 所示, 当磁感应强度增大时, 磁流变塑性体的储能模量也随之增加. 在低剪切频率 (1 Hz) 下, 随着磁感应强度从 0 mT 增加到 480 mT, MRP-60 的储能模量从 0.05 MPa 增加到 1.9 MPa (图 18.22(a)), 相对磁流变效应高达 3 800%. 除了磁感应强度之外, 储能模量也高度依赖于羰基铁粉含量. 当羰基铁粉含量从 20% 增加到 80% 时, 磁流变塑性体的储能模量在无磁场作用时从 0.004 MPa 增加到 0.29 MPa, 在磁场强度为 480 mT 时, 储能模量从 0.04 MPa 增加到 3.02 MPa. 图 18.22(b) 展示了磁流变塑性体在高剪切频率 (100 Hz) 下依赖于磁场的流变性能. 显然, 高剪切频率下不同羰基铁粉含量的磁流变塑性体的储能模量均高于低剪切频率下同等羰基铁粉含量的磁流变塑性体的储能模量. 然而, 由于初始储能模量的增加, 在高剪切频率下磁流变塑性体的相对磁流变效应有所降低.

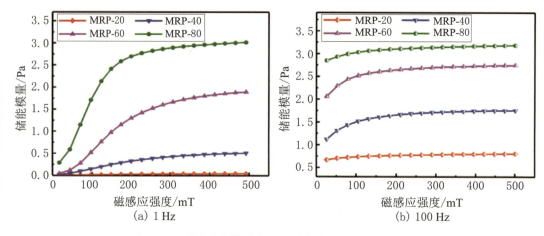

图 18.22　磁流变塑性体在不同磁感应强度下的储能模量

18.3　磁流变塑性体在高应变率冲击下的磁流变性能

制备磁流变塑性体的原料包括聚丙二醇 (PPG-1000, 中国石油化工集团有限公司生产)、甲苯二异氰酸酯 (B80% 2,4-TDI, B20% 2,6-TDI, 东京化成工业株式会社生产)、一缩二乙二醇 (DEG, 国药集团化学试剂有限公司生产)、羰基铁粉 (CN 型, 巴斯夫公司生产).

首先, 将 TDI 和 PPG 在 80 ℃ 下以 3:1 的摩尔比加入烧瓶, 并搅拌 2 h. 然后, 将 DEG 加入反应物并将温度降至 60 ℃. 30 min 后, 合成自制的 PU 基体, 整个反应在连续搅拌下进行. 在基体冷却之前, 通过剧烈搅拌将不同质量的羰基铁粉加入基体, 直到它们充分混合. 接着, 获得具有不同羰基铁粉含量的磁流变塑性体. 为简单起见, 含有 20%, 40%, 60%, 80% 羰基铁粉的样品分别命名为 MRP-20, MRP-40, MRP-60, MRP-80. 用于测试的 MRP-20, MRP-40, MRP-60, MRP-80 的照片如图 18.23 所示. 它们呈现类塑性体流变特性, 可以塑造成任意形状.

图 18.24 (a), (c), (e) 和 (g) 分别为无磁场时 MRP-20, MRP-40, MRP-60 和 MRP-80 的 SEM 图, 羰基铁粉 (含量分别为 20%, 40%, 60% 和 80%) 均匀分散在基体中. 当施加外磁场时, 羰基铁粉颗粒沿着磁场方向 (蓝色箭头) 形成链状微观结构. 这种磁流变塑性体中羰基铁粉颗粒链状结构的形成过程称为预结构 (图 18.24 (b), (d), (f) 和 (h)). 显然, 羰基铁粉的质量分数越高, 颗粒和链状结构越密集.

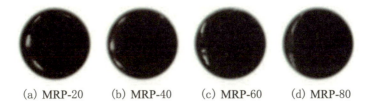

(a) MRP-20 (b) MRP-40 (c) MRP-60 (d) MRP-80

图 18.23　磁流变塑性体样品的照片

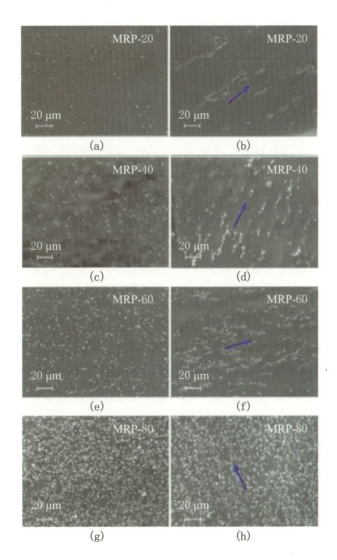

图 18.24　磁流变塑性体的 SEM 图

18.3.1　分离式霍普金森压杆实验平台

磁流变塑性体 ($\phi 20$ mm $\times$ 1 mm) 在不同剪切速率下的流变性能通过装备有磁控附件 MRD180 的商业流变仪 (Physica MCR 301,安东帕公司生产) 进行测试. 在这个实验中,剪切频率从 1 Hz 增加到 100 Hz,应变保持在 0.1%. 在测试磁响应特性时,MRD180 提供了从 0 mT 到 480 mT 的磁感应强度. 测试在 25 ℃ 下进行.

分离式 Hopkinson 压杆在测试材料的动态力学性能方面发挥了重要作用,它的应变率范围通常为 $10^2 \sim 10^4$ s^{-1}. 分离式 Hopkinson 压杆技术已被用于测量多种材料的动态应力–应变曲线,如金属泡沫、纤维、高聚物和复合材料. 作为一种特殊的颗粒增强复合材料,磁流变材料的动态力学性能受到外磁场的影响. 因此,研发了配备电磁铁的改进的分离式 Hopkinson 压杆装置,并研究了磁流变塑性体的动态压缩性能. 据报道,磁性剪切增稠凝胶的屈服行为也可以通过上述的分离式 Hopkinson 压杆来研究. 这里,为了进一步了解磁流变塑性体在冲击吸收过程中详细的工作机制,需要使用改进的分离式 Hopkinson 压杆来研究高应变率下磁流变塑性体的动态力学性能.[23]

用于动态压缩测试的改进的分离式 Hopkinson 压杆如图 18.25 所示. 该设备由两部分组成:一部分是传统的分离式 Hopkinson 压杆装置,主要包括子弹 ($\phi 14.5$ mm $\times$ 200 mm)、入射杆 ($\phi 14.5$ mm $\times$ 1 000 mm)、透射杆 ($\phi 14.5$ mm $\times$ 800 mm)、吸收杆 ($\phi 14.5$ mm $\times$ 600 mm) 和缓冲器,子弹和杆由铝制成. 为了减少入射波的弥散并改变脉冲的形状,在入射杆和子弹的接触面放置了脉冲整形器. 另一部分是包含铁芯和电磁线圈的电磁配件. 随着电流从 0 A 增加到 2 A,磁感应强度相应地从 0 mT 增加到 480 mT. 样品放置在磁通量密度几乎均匀的磁装置的中心.

根据一维弹性波传播理论,动应力、动应变和应变率可以分别表示为

$$\sigma_s = \frac{E_b A_b}{A_s} \varepsilon_t \tag{18.11}$$

$$\varepsilon_s = \frac{2C_b}{l_s} \int_0^t (\varepsilon_i - \varepsilon_t) \, d\tau \tag{18.12}$$

$$\dot{\varepsilon}_s = \frac{2C_b}{l_s} (\varepsilon_i - \varepsilon_t) \tag{18.13}$$

其中 ε_i 和 ε_t 分别为入射脉冲和透射脉冲, A_b 和 A_s 分别为杆和样品的横截面积, E_b 为杆的弹性模量, C_b 为杆中弹性波的传播速度, l_s 是样品的长度.

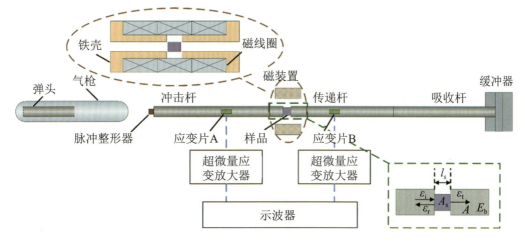

图 18.25　用于动态压缩测试的改进的分离式 Hopkinson 压杆系统示意图

18.3.2　磁流变塑性体在磁场作用下的动态力学行为

图 18.26 给出了应变率为 $3\,500\,\text{s}^{-1}$ 时 MRP-60 的动态压缩应力–应变曲线. 压缩应力应变曲线分为四个部分: 弹性变形区、塑性初始变形区、塑性不稳定变形区和卸载区. 弹性、塑性变形区的分界点对应于两条切线的交点. 在弹性变形区, 磁流变塑性体的应力随应变线性增加. 随后, 随着应变的增大, 应力呈非线性增长, 且增长速率减小, 这段区域称为塑性初始变形区. 当应力增加趋势减缓时, 样品达到塑性不稳定变形区, 然后进入卸载区. 在样品内部, 由于羰基铁粉的掺杂导致局部应力集中, 因此样品在塑性变形区表现出塑性不稳定.

使用改进的分离式 Hopkinson 压杆系统测量了不同应变率下磁流变塑性体的动态压缩性能. 图 18.27(a) 给出了 MRP-60 在不同应变率下的应力–应变曲线, 发现磁流变塑性体的压缩应力高度依赖于应变率, 随着应变率从 $1\,580\,\text{s}^{-1}$ 增加到 $7\,900\,\text{s}^{-1}$, 应力从 31 MPa 增加到 66 MPa, 表现出样品的应变率敏感性和冲击硬化效应.

在动态压缩实验中, 保持应力平衡对高聚物材料动态力学性能的研究至关重要. 根据波传播理论, 入射脉冲 ε_i、反射脉冲 ε_r 和透射脉冲 ε_t 遵循如下关系: $\varepsilon_i + \varepsilon_r = \varepsilon_t$. 如图 18.27(b) 所示, ε_r 的理论值与通过应变仪收集的反射波信号一致. 样品在分离式 Hopkinson 压杆系统的动态压缩测试中达到应力平衡. 此外, 我们还研究了高应变率下磁流变塑性体的可重复性. 第一次测试后, 取出样品并将其重塑, 放置于测试区进行第二次测试,应变率约为 $5800\ \text{s}^{-1}$. 图 18.27(c) 和 (d) 分别给出了材料在冲击测试中的脉冲形状和相应的应力–应变曲线. 通过两次重复实验获得的波形和应力–应变曲线非常相似,证明了磁流变塑性体材料具有优秀的抗冲击性能,在实际应用中可重复使用.

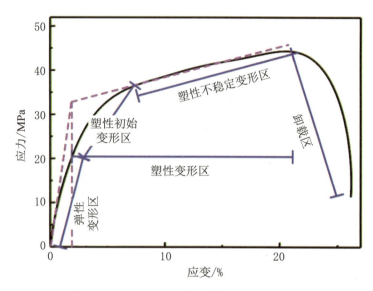

图 18.26 MRP-60 的动态压缩应力–应变曲线

为了进一步分析磁流变塑性体在动态压缩下的变形情况,采用高速摄影机拍摄磁流变塑性体的变形. MRP-60 的厚度为 2 mm,放置在入射杆和透射杆之间. 如图 18.28 所示,样品在较低的应变率下发生轻微变形. 当应变率达到 $7900\ \text{s}^{-1}$ 时,在试样中观察到大的径向变形. 由于基体的高黏度和良好的界面特性,在高速摄影中没有观察到明显的裂缝. 然而,在基体内部可能存在许多未形成裂缝的微小裂纹. 这些微小的裂纹形成了一个塑性区域,提高了抗冲击韧性.

图 18.29(a) 给出了在不同应变率冲击过程中,羰基铁粉含量对磁流变塑性体的动态压缩应力应变曲线的影响. 在此,羰基铁粉含量从 20% 变化至 40%,60% 和 80%,应变率分别为 1500,3500 和 $6500\ \text{s}^{-1}$. 随着羰基铁粉含量和应变率的增加,样品的应力增加. 如图 18.29(b) 所示,羰基铁粉含量从 20% 增加到 80%,当应变率为 $1500\ \text{s}^{-1}$ 时,应变为 10% 的磁流变塑性体的应力从 13 MPa 上升到 56 MPa;当应变率为 $3500\ \text{s}^{-1}$ 时,应力从 23 MPa 增加到 69 MPa;在应变率为 $6500\ \text{s}^{-1}$ 时,应力从 26 MPa 增长到 75 MPa. 羰基铁粉含量越高,颗粒增强效果越强,从而进一步增强了磁流变塑性体的动态力学性能. 另外,在较高的应变率下,PU 分子链与羰基铁粉颗粒链紧密地缠绕在一起,从而提高了样品的最大应力. 图 18.29(c) 和 (d) 给出了应变率随时间的变化. 实验发现,样品的应变率在 30 μs 左右时迅速上升,然后趋于稳定,直到卸载.

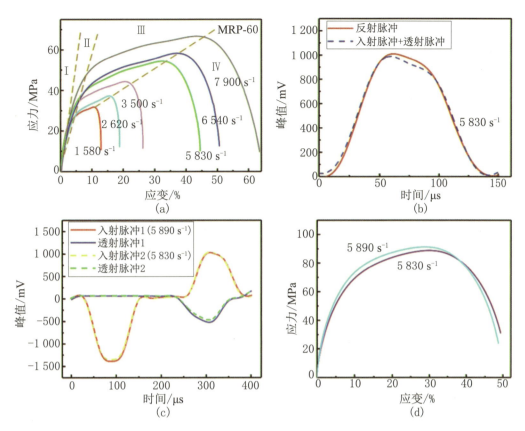

图 18.27 MRP-60 在不同应变率下的动态压缩应力–应变曲线、应力平衡分析、典型的脉冲形状以及初始样品和重塑样品的应力–应变曲线

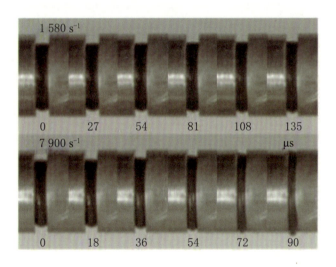

图 18.28 高速摄影机记录的 MRP-60 的动态压缩过程

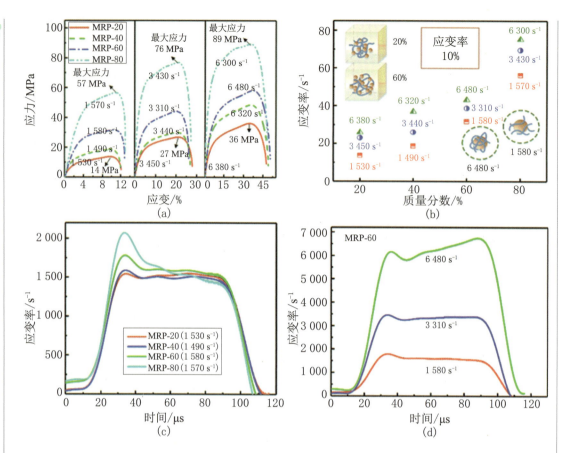

图 18.29 不同应变率下磁流变塑性体的应力–应变曲线、10% 应变下磁流变塑性体的应力以及具有不同羰基铁粉含量和应变率的磁流变塑性体的应变率随时间的演变

具有不同羰基铁粉含量的磁流变塑性体的动态压缩测试在 240 mT 磁场作用下进行. 应变率约为 2 200 和 5 500 s^{-1}. 由图 18.30(a) 可清楚地看出应力随着羰基铁粉含量的增加而增加. 在 2 200 s^{-1} 时的应变率和同一个应变 (10%) 下, 当羰基铁粉含量从 20% 增加到 80% 时, 应力从 13 MPa 增加到 68 MPa. 当应变率达到约 5 500 s^{-1} 时, 应力从 20 MPa 增加到 73 MPa (图 18.30(b)). 在施加外磁场时, 羰基铁粉沿磁场方向形成密集的链状结构, 这进一步增强了材料的力学性能.

为了进一步研究磁场对磁流变塑性体动态压缩应力的影响, 我们测试了 MRP-60 在不同磁场强度下的应力–应变曲线. 图 18.31(a) 和 (b) 分别给出了应变率约为 2 200 和 6 500 s^{-1} 时 MRP-60 的应力–应变曲线. 随着应变率和磁感应强度的增加, 磁流变塑性体的动态压缩应力增大. 图 18.31(c) 给出了 MRP-60 的最大应力和最大应力增长率. 由于分离式 Hopkinson 压杆装置中子弹的长度有限, 加载脉冲的持续时间是固定且有限的, 所以样品不能以当前加载速率加载到断裂.

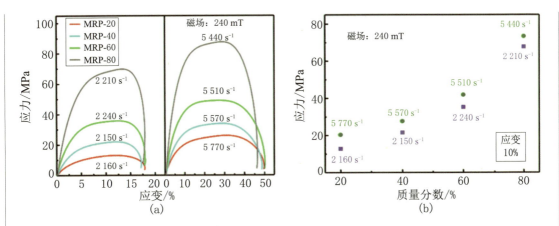

图 18.30 磁流变塑性体在磁场作用下的动态压缩应力–应变曲线和 10% 应变下的应力值

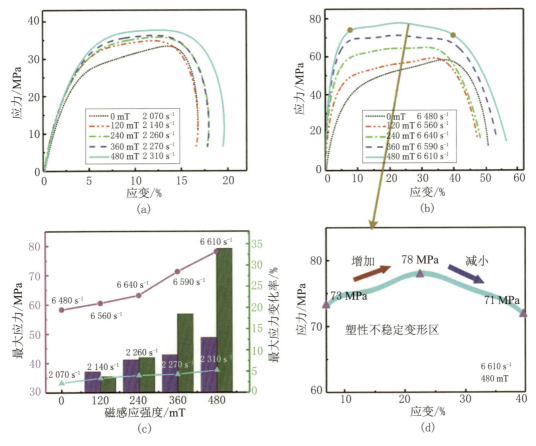

图 18.31 MRP-60 在不同磁场作用下的动态压缩应力–应变曲线、最大应力和最大应力增长率以及塑性不稳定变形区

磁感应强度从 0 mT 增加到 480 mT，在应变率约为 2 200 和 6 500 s^{-1} 时，最大应力分别增加了 4.3 和 19.8 MPa. 在较弱磁场 (120 mT) 作用下，最大应力的增加率在应变率为 2 140 s^{-1} 时为 5%，在应变率为 6 560 s^{-1} 时为 4%，表明其相对磁致变硬性能下降. 相反，在较强磁场作用下，应变率较大时的最大应力增长率大于应变率较低时的最大应力增长率. 例如，磁感应强度达到 480 mT，最大应力的增加率在 6 610 s^{-1} 应变率下为 34%，而在 2 310 s^{-1} 应变率下仅为 13%. 随着磁场强度的增加，链状结构更加显著，这增强了磁流变塑性体的相对磁致变硬性能. 此外，由于高聚物分子链在大应变率下的缠结，PU 基体力学性能增强，这也导致了应力增加 (图 18.20). 在较小应变率的情况下，高聚物分子链被拉伸以至基体变得柔软，因此羰基铁粉颗粒能够自由移动. 相反，在高应变率下，基体的分子链与羰基铁粉颗粒紧密缠绕，所以颗粒的运动受到较大的阻力. 鉴于此，羰基铁粉颗粒在较小的应变率下易形成链，宏观上样品的应力增加率增大. 对于较大的应变率情况，只有当磁场力足够大以使羰基铁粉颗粒克服基体分子链缠绕时，样品的应力增加速率才会增大. 图 18.31(d) 给出了在 6 610 s^{-1} 的应变率和 480 mT 的磁场作用下，MRP-60 的动态压缩应力–应变曲线的塑性不稳定变形区. 应力首先从 73 MPa 增加到 78 MPa，然后下降到 71 MPa. 在塑性不稳定变形区域，应力下降 2 MPa. 研究发现只有磁流变塑性体处于较强的磁场和较大的应变率时，塑性不稳定变形区的应力才会降低.

为了更加深入地了解磁流变塑性体的动态力学性能，对 MRP-60 在不同磁场和应变率条件下塑性不稳定阶段的应力变化进行了对比和分析. 图 18.32 展示出了在较大应变率 (大约 6 500 s^{-1}) 和磁场从 120 mT 变化到 480 mT 时样品在塑性不稳定变形区的应力变化. 当磁场较弱 (120 和 240 mT) 时，应力持续增加. 随着磁场的增加，应力先增大后减小. 磁场强度越大，应力减小的趋势就越明显. 在较强的磁场中，铁粉颗粒链状结构更加紧密和粗壮，因此应力更大. 当受到高应变率冲击时，样品发生大的变形，导致链状结构被破坏，因此应力下降. 然而，在较弱的磁场中，链状结构比较松散. 样品的轻微变形可以促进铁粉颗粒聚集而使应力增加. 图 18.32(b) 展示出了在不同应变率和强磁场 (480 mT) 下样品的塑性不稳定变形区. 随着应变率的增加，试样变形量增大. 在较小的应变率下，小的变形不会破坏链状结构，因此样品的应力不会降低. 对于大的变形，链状结构被破坏，因而样品的应力减小.

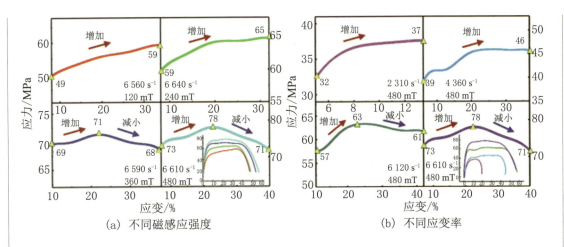

(a) 不同磁感应强度　　　　　　　(b) 不同应变率

图 18.32　样品在塑性不稳定变形区的应力变化

18.3.3　微观结构演化及力学性能机理

图 18.33 给出了磁流变塑性体在动态压缩实验中可能的微观结构演变,橙色的球表示羰基铁粉颗粒,蓝线表示 PU 分子链. 在较小的应变率下,基体的硬化效应不显著 (图 18.33),羰基铁粉颗粒容易在磁场中形成链 (图 18.33 (a));随着磁感应强度的增加,羰基铁粉颗粒间距减小,链状结构变得紧密 (图 18.33(b)). 换句话说,磁场可以提高磁流变塑性体的动态力学性能 (图 18.31 (a)).

在较高的应变率下,羰基铁粉颗粒被 PU 分子链紧紧缠绕在一起,在低磁感应强度下难以聚集成紧密的链状微结构 (图 18.33 (c)). 因此,在弱磁场 (如 120 mT,图 18.31 (c)) 下,应变率较高时样品的最大应力增长率小于应变率较低时样品的最大应力增长率. 当磁感应强度增加时,羰基铁粉颗粒克服了基体的约束,然后聚集形成沿磁场方向的链 (图 18.33 (d)). 这就是为什么在较高磁感应强度 (如 240~480 mT,图 18.31(c)) 下,样品的最大应力增长率得到提升.

另外,样品在较小的应变率下应变很小. 轻微的压缩变形可使羰基铁粉颗粒更加紧密 (图 18.33 (a)). 然而,在较大的应变率下,磁流变塑性体的变形很大. 在高磁感应强度下形成的链状微结构由于大应变而被破坏 (图 18.33 (d)),降低了材料的力学性能. 因此,在强磁场和大应变率下,磁流变塑性体在塑性不稳定变形区的应力出现了下降趋势 (图 18.33 (d)).

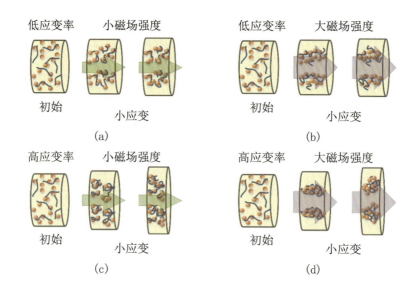

图 18.33　MRP-60 在动态压缩过程中的微观结构演变

第 19 章

磁流变塑性体的多物理场耦合

19.1 磁流变塑性体的磁致变形和磁致应力

磁流变材料的显著特点是其对外磁场具有比较敏感的响应,同时其本身的性能也受外磁场的影响. 能最直观地反映磁流变材料对外磁场敏感响应的就是,其自身的性状或形貌受到外磁场影响而发生的较大变化. 材料性状或形貌的变化,必然与材料内部应力状态及其变化直接相关,但在实际的实验过程中,要同时测定材料本身的性状变化和材料内部的应力状态几乎是不可能的. 所以本章主要从两方面来研究磁流变材料对外磁场的响应,一方面研究在外磁场作用下磁流变材料自身性状或形貌的变化,另一方面研究磁流变材料在静态约束情况下材料磁致应力的变化. 通过这两方面的研究,建立起对磁流变材料磁场响应特性的直观认识.

磁流变塑性体既可偏向应用于其屈服流动性的阻尼器件,又可以偏向应用于承载的结构器件. 对磁流变塑性体的研究,既要关心其磁致变形所具有的阻尼效应,又要关心其

图 19.1 磁场发生器装置

具有的磁致强应力效应. 这里研究磁流变塑性体的磁致变形效应. 为了测试磁流变塑性体在均匀外磁场作用下的磁致变形, 我们将磁流变塑性体初始设置为不同的性状, 然后将其放入北京赛迪机电新技术开发公司生产的磁场发生器中, 观察其形貌变化. 图 19.1 为磁场发生器装置, 该磁场发生器能够提供磁感应强度最大为 2.5 T 的均匀磁场, 实验中测试样品放置于强电流线圈的中心位置.

首先, 如图 19.2(a) 所示, 将羰基铁粉质量分数 70% 的聚氨酯基磁流变塑性体设置为球形, 然后用载玻片托着放入磁场发生器. 然后接通磁场发生器电源, 打开电流调节开关, 调整电流从初始的 0.0 A 快速增大到 15.0 A(即施加外磁场的磁感应强度从 0 mT 快速变到 735 mT), 观察此过程中磁流变塑性体的磁致形貌变化. 如图 19.2(b) 所示, 可以看到, 磁流变塑性体的形貌变成了梭形. 其间, 在外磁场作用下, 磁流变塑性体形貌由初始的球形, 逐渐沿外磁场方向生长变为尖梭形, 再逐渐变长, 直至接触到上磁极. 磁致变形还在继续, 但由于上磁极的约束, 磁流变塑性体的形貌变成两端平整、中间向外凸出的梭形, 整个过程大约经历 30 s 的时间. 如果在磁流变塑性体接触到上磁极后, 关掉上磁极的线圈电流, 但保留下磁极的通电电流, 则可以发现磁流变塑性体会逐渐缩回到下磁极上. 上述磁流变塑性体在外磁场作用下连接和断开上下磁极的现象, 具有一定的时间延迟, 这使磁流变塑性体能用在需要防止因电流瞬间接通或断开造成冲击的仪器上.

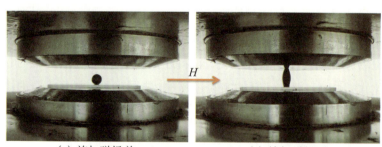

(a) 施加磁场前　　　　　(b) 施加磁场后

图 19.2　球形磁流变塑性体的磁致变形

进一步, 将磁流变塑性体初始设置为扁圆片形状, 如图 19.3(a) 所示, 然后将其放入磁场发生器中, 观察它的磁致变形. 图 19.3(d) 为扁圆片磁流变塑性体样品的放大图, 可以看到,磁流变塑性体是半接触地放置于器皿上的. 随后快速调整磁场的磁感应强度从 0 mT 到 735 mT, 施加的外磁场垂直穿过样品的圆面 (图 19.3(b)). 可以看到,磁流变塑性体样品在磁场作用下会沿磁场方向逐渐膨胀突起,最后形成图 19.3(c) 中的形貌. 图 19.3(e) 为图 19.3(c) 中磁流变塑性体样品的放大图,可以看出,样品在经历外磁场作用后,形成了林立的突起结构. 而形成的突起结构的顶部有一定空隙,这是因为磁流变塑性体材料本身来说是常规情况下的不可压缩材料, 在内部颗粒聚集运动形成结构的同时, 基体也会做相应的附着运动. 在存在约束的情况下,磁流变塑性体的这种磁致膨胀效应会导致磁流变塑性体对约束界面具有力的作用,这使得磁流变塑性体在磁控主动力激励器件方面具有重要的应用前景.

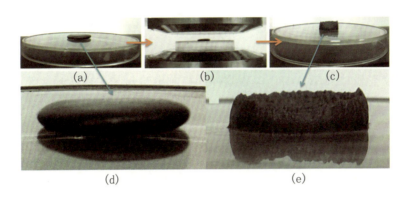

图 19.3 扁圆片磁流变塑性体在均匀外磁场作用下的形貌变化

磁流变材料在外磁场作用下会出现性状或形貌的变化,这些现象均离不开材料由于外磁场作用而引起的内部应力的产生,也就是磁流变材料内磁致应力的产生. 磁流变材料内的磁致应力是驱动磁流变材料在外磁场作用下性状或形貌变化的动力,那么,如何来测定磁流变材料内的磁致应力呢? 从实验力学的角度来看,材料的形貌及变化可通过光学观测及相关技术来测定,而材料的力学状态,可以用力学传感技术及相应的标定仪器来测定. 但从当前的技术水平来看,要同时测定材料的形貌变化和材料内部的应力状态是非常困难的,或者说几乎不可能. 要测定磁流变材料内的磁致应力,只能通过测定磁流变材料在外磁场作用下所受的约束反作用力,推测出磁流变材料内部的磁致应力状态.

为了测试磁流变材料的磁致应力,选用了奥地利安东帕公司生产的 Physica MCR 301 商用流变仪来测试. 测试系统选配了 MRD 180 电磁附件,为测试样品区域产生磁场. 测试系统的结构可见图 19.4, 测试样品放置在测试转子和固定底座中间, 间距为 1 mm, 半径为 10 mm, 底座下面的电磁体用于提供和控制磁场强度大小. 导磁盖用于增强样品

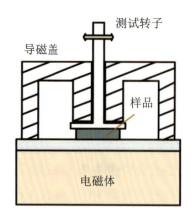

图 19.4　磁致应力状态测试系统结构

区磁场的均匀度和强度,可用于测试磁流变材料在均匀磁场作用下的力学性能. 如果去掉导磁盖,会使样品区产生非均匀的单端磁场,可用于测试磁流变材料在非均匀单端磁场下的力学性能. 固定转子,即可使测试样品受到沿转子轴向的固定约束(即垂直向上的约束),后文将此垂直向上的方向定义为测试法向,测出的力定义为样品的法向力,然后转为样品的法向应力. 转子上端连接的是流变仪的空气弹簧及相关的力和力矩传感器,用于检测转子受到的作用力和力矩,进而反推出所测样品的磁致应力状态.

在流变仪空载时,MRD 180 电磁附件的控制电流与其在样品测试区产生均匀磁场的磁感应强度和磁场强度的关系可见图 19.5,图中的 I, B, H 数据给出了在某些确定电流值时对应的外磁场大小. 从图中可以看到,尽管当电流较大 (4.0~5.0 A) 时,外磁场强度与控制电流有一定的非线性关系,但整体来说,测试区的外磁场强度基本上与控制电流的大小呈比例增大的关系. 在实际测试中,控制电流一般取 0.0~4.0 A,外磁场磁感应强度从 0 mT 变化到 930 mT. 而 4.0 A 电流对应的 930 mT 外磁场一般已足够让测试的磁流变材料样品达到饱和磁化状态.

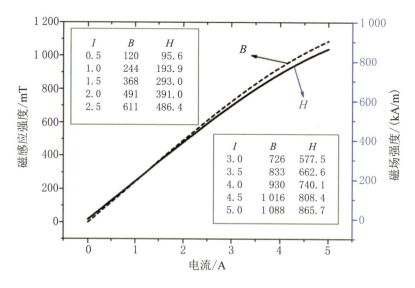

图 19.5　流变仪控制电流与其产生磁场的关系

为了测定磁流变塑性体在均匀外磁场作用下的磁致法向应力,按照图 19.4 的测试方式,将磁流变塑性体样品放于流变仪中进行测试. 测试中准备了四组聚氨酯基磁流变塑性体样品,其中磁敏羰基铁粉 (CN 型号,巴斯夫公司生产) 的质量分数依次为 40%,50%,60% 和 70%,分别记作 MRP-40,MRP-50,MRP-60 和 MRP-70,颗粒体积分数依次分别为 8.4%,12.0%,17.0% 和 24.2%. 下面所有的实验测试均在室温 25 ℃ 下进行.

首先来考察磁流变塑性体在逐渐增大的外磁场作用下的磁致法向应力变化情况. 图 19.6 给出了磁流变塑性体在缓慢线性增大的外磁场作用下的磁致法向应力变化. 在每一组测试过程中,施加的磁场强度从初始的 0.0 kA/m 在 60 min 的时间内线性缓慢地增加到 293.0 kA/m (流变仪 MRD 180 附件控制电流从 0.0 A 线性缓慢地增加到 1.5 A). 之所以如此缓慢地逐渐增大外磁场,主要是想让磁流变塑性体在每一个外磁场强度下有充足的时间来进行内部微观结构的调整. 同时考虑到大电流长时间作用会使仪器产生热量且不易及时散热,设定最后电流为 1.5 A. 这样既可以获得中等强度的外磁场,又不至于使实验仪器的温度有大的变化.

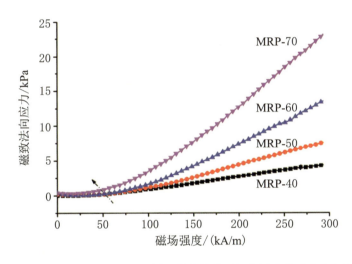

图 19.6 磁流变塑性体在线性缓慢增大的外磁场作用下的磁致法向应力

由图 19.6 可以看到,磁流变塑性体在约束情况下的磁致法向应力是随着施加外磁场强度的增大而逐渐增大的,但磁致法向应力并不是随磁场强度的线性增大而线性地增大的. 随着外磁场强度从 0.0 kA/m 增加到 293.0 kA/m (368 mT),MRP-70 的磁致法向应力可从初始的接近 0.0 kPa 逐渐增大到接近 22.5 kPa,也就是说,MRP-70 的磁致法向应力可以在较大范围内进行调节. 当外磁场强度小于 50 kA/m (图 19.6 中虚线箭头所示) 时,磁流变塑性体的磁致法向应力随外磁场的增大并没有明显的增大,几乎不变,或者说只有极小的增大. 这是由于磁流变塑性体内的磁敏颗粒磁化后首先是沿外磁场方向相互吸引的,而当外磁场强度比较小时,邻近颗粒间的相互吸引作用强于颗粒间沿磁场方向上的相互挤压作用. 外磁场强度大于 50 kA/m 后,可以看到,磁致法向应力是随着外磁场强度的增大而近似线性地增大的. 这是由于随外磁场强度的增大,磁流变塑性体内颗粒间相互吸引而导致沿外磁场方向挤压作用也得到增强. 对比颗粒含量可以看出,磁流变塑性体内磁敏颗粒的含量越高,对外磁场越敏感,且磁致应力越大. 由于磁敏颗粒的密度 (CN 型号羰基铁粉的真密度为 7.2 g/cm^3) 和基体的密度 (聚氨酯基体的密度为 0.986 g/cm^3) 有较大差异,所以随着磁敏颗粒质量分数线性增大,磁敏颗粒的体积分数是非线性增加的,导致磁致应力也随着磁敏颗粒体积分数非线性地增加.

进一步,我们将磁流变塑性体放入流变仪,然后突然施加强度为 662.6 kA/m 的外磁场,观察磁流变塑性体的磁致法向应力变化. 图 19.7 给出了不同颗粒含量的磁流变塑性体在突然施加外磁场作用下的磁致法向应力变化情况. 以 MRP-70 为例,可以看到,在初始无外磁场情况 (0~20 s 内) 下,由于磁流变塑性体自身的松弛,其初始应力几乎为零. 在 20 s 时刻,突然施加强度为 662.6 kA/m (833 mT) 的外磁场,磁致法向应力会瞬间增大,紧接着再逐渐增大并在 75 s 后趋于稳定,磁致法向应力达到了 55.4 kPa. 在施加外磁场的瞬间,磁致法向应力的瞬间增大来源于磁流变塑性体材料本身的磁致弹性响应,也就在这个瞬间,材料内的磁敏颗粒被外磁场磁化,但颗粒与基体的相对构型并没有变化. 而后的磁致法向应力逐渐增大过程,反映了磁化后的颗粒在外磁场作用下产生了磁相互作用力,且磁相互作用力克服了基体对颗粒的约束力,从而导致颗粒运动并聚集形成一定的微观结构. 在 20~75 s 的时间内,磁流变塑性体的磁致法向应力产生了极大变化,其内部磁敏颗粒运动和聚集经历了非常复杂的磁力耦合运动过程. 在 75 s 后,磁致法向应力基本上随时间保持稳定,反映了磁流变塑性体内部微观结构基本上达到了稳定状态. 对比羰基铁粉含量可以看出,磁流变塑性体内的铁粉含量对磁致法向应力具有显著影响,含量越高的磁流变塑性体,其磁致法向应力就越大,但磁致法向应力的大小并不与铁粉含量呈比例增加的关系.

当颗粒含量比较高,且外磁场达到一定强度时,会发现磁致法向应力不可预测地出现瞬间掉落的现象. 基于对磁流变塑性体材料的经验性认识,我们认为这种现象是由于磁流变塑性体内部磁致微观颗粒聚集结构失稳造成的. 具体来说,如图 19.7 中的小图所示,在初始情况下,磁流变塑性体内部的磁敏颗粒是随机均匀分布的 (图 19.7 ①). 突然施加外磁场后,磁敏颗粒会就近快速聚集形成较短的颗粒链结构. 而这些短的颗粒链会在外磁场作用下继续合并,并形成长链结构 (图 19.7 ②). 但这些长链结构并不稳定,链中颗粒间的接触界面在不停地变化,导致颗粒链随时可能出现相对滑移. 而这样的滑移效应又很容易引起附近颗粒链结构中并不稳定的接触面遭到破坏,导致类似于蝴蝶效应的连锁反应,从而导致宏观磁致法向应力瞬间掉落. 但应力的瞬间掉落幅值并不太大,且磁致法向应力掉落后又会逐渐增大,恢复甚至超过原掉落点应力的大小. 在磁流变塑性体材料微观结构上,如图 19.7 ③ 所示,材料内部的颗粒聚集结构经应力掉落和恢复后重构得更加稳定,强度更高. 最后,颗粒聚集形成了稳定的簇状结构,磁流变塑性体的磁致法向应力就保持稳定且不再掉落了.

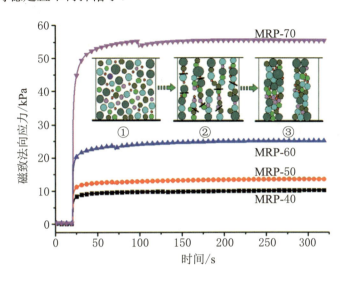

图 19.7 磁流变塑性体在突然施加外磁场作用下的磁致法向应力变化

从图 19.6 可以看出,外磁场强度大小对磁流变塑性体的磁致法向应力具有显著影响,为了测试外磁场强度对磁流变塑性体磁致法向应力的影响,将 MRP-70 作为测试样品,利用流变仪来进行磁致应力测试. 图 19.8 给出了 MRP-70 在瞬间加载不同外磁场后的磁致法向应力变化情况. 在每一组针对某一强度外磁场的测试中,进行了连续的两次加卸载过程,即"加载—卸载—加载—卸载"过程. 具体来说,就是 0~10 s 为初始状态记录,10~370 s (6 min) 为磁场加载阶段,370~490 s (2 min) 为卸载阶段,490~850 s (6 min) 为再次加载阶段,850~970 s (2 min) 为再次卸载阶段. 从第一个加载阶段 (10~370 s) 可以看出,磁致法向应力随外磁场的增大而增大,对于外磁场为 930 mT 的情况,磁致法向应力稳定后能够达到 60.2 kPa. 但外磁场大于 368 mT 后,会出现不可预测的磁致法向应力掉落现象,而在外磁场小于 368 mT 时,并未出现磁致法向应力掉落现象,所以外磁场在 368 mT 左右存在一个临界值,作为磁致法向应力掉落现象的分水岭. 另外可以观察到,外磁场越强,磁致法向应力会越快地达到最大值,如外磁场为 930 mT 时,磁致法向应力大概在 75 s 时达到最大值,而当外磁场为 120 mT 时,磁致法向应力大概要在 150 s 时才能达到最大值. 在第一个卸载阶段 (370~490 s),外磁场在 370 s

突然撤掉后，磁致法向应力会瞬间大幅度减小，但不会瞬间达到无应力状态。这是因为撤掉外磁场后，材料内部颗粒间的磁相互作用力瞬间消失。但由于聚氨酯高分子聚合物基体在前一阶段中存在的内应力并不会因为外磁场的撤去而突然释放，而是会有一定的松弛过程，所以宏观整体法向应力会有一个渐近松弛过程。

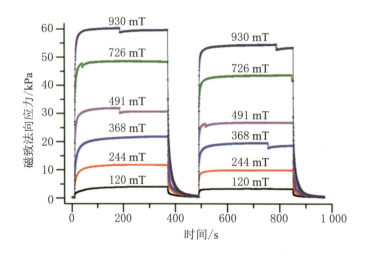

图 19.8　MRP-70 在不同强度外磁场作用下的磁致法向应力变化

从图 19.8 还可以看到，MRP-70 在第二个磁场加载阶段磁致法向应力所能达到的最大值低于第一阶段磁致法向应力最大值。从第一个卸载阶段 (370~490 s) 可以看出，聚氨酯高聚物基体的状态是会影响磁流变塑性体宏观的磁致法向应力大小的。在第一个加载阶段，施加外磁场到初始各向同性的磁流变塑性体上，内部磁敏颗粒会克服基体约束而运动。这导致颗粒与基体相互作用，且由于颗粒的运动把基体向沿磁场方向挤压，这部分挤压效应对整体的法向应力是有贡献的。而在第二个加载阶段，初始时刻的磁流变塑性体是已经预结构了的，即内部颗粒存在一定的微观结构。当再施加外磁场时，预结构的颗粒结构将会迅速绷紧，但聚氨酯基体受到的挤压效应却变弱，进而导致宏观的磁致法向应力没有第一阶段的磁致法向应力大。同时可以看到，颗粒间磁相互作用力对宏观应力的贡献是主要的，远远大于基体对磁致应力的影响。用上述原因也可以解释为什么第二次加载时磁致法向应力达到饱和最大值时所需要的时间比第一阶段磁致法向应力达到最大值时所需要的时间短。此外，还可以看到在第二次磁场加载阶段还会出现磁致应力的掉落现象，这可能是由于第一个磁场加载阶段形成的结构还不稳定，也可能是由于前一阶段的预结构在松弛阶段受到了小幅破坏。

为了进一步考察磁流变塑性体磁致法向应力的掉落现象，实验观测了 MRP-70 样品在不同强度外磁场长时间作用情况下的磁致法向应力变化。如图 19.9 所示，外磁场在

30 s 时瞬间加载,并保持 60 min,然后卸载 3 min. 和图 19.8 中的现象类似,磁致法向应力在突然施加外磁场的瞬间会瞬时增大,然后逐渐增大到最大值. 可以看出,磁致法向应力掉落现象只发生在外磁场具有一定强度的情况下,这是由于磁流变塑性体内颗粒聚集形成一定结构需要时间,而外磁场较强时,颗粒聚集过程中出现不稳定的概率较大. 结合图 19.7 可知,磁致法向应力掉落现象与外磁场强度和磁流变塑性体中铁粉颗粒含量有关,磁致法向应力的掉落是由于磁致微观结构的不稳定造成的,具有不可预测性. 但是相对于磁致应力的总体值来说,掉落幅值并不大,而且应力掉落后会随即开始恢复. 恢复后的磁致应力大小会大于应力掉落前的大小,并且更趋于稳定,最后保持稳定值而不会再出现掉落现象.

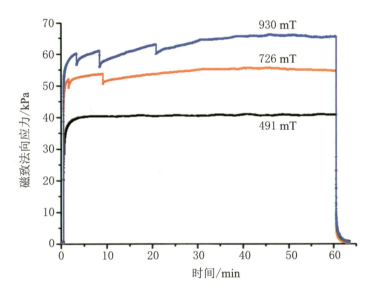

图 19.9　MRP-70 在外磁场长时间作用下的磁致法向应力变化

此外,为了做进一步的实验对比,将铁粉质量分数 70% 的磁流变液放于流变仪上,观测其磁致法向应力变化情况. 如图 19.10 所示,给出了磁流变液在施加不同外磁场后的磁致法向应力变化. 可以看到,磁流变液的磁致法向应力在突然施加外磁场时会瞬间增大,没有磁流变塑性体中的应力缓慢增大的过程. 当外磁场磁感应强度小于或等于 491 mT 时,瞬间增大的磁致法向应力几乎一直保持稳定值,未发生应力掉落现象. 而外磁场强度大于 611 mT 后,也会出现类似于磁流变塑性体磁致法向应力突然掉落的现象,且应力掉落后也会随即开始恢复并增大到比掉落前更大的值. 同时也会发现,磁流变液的磁致法向应力在施加外磁场的瞬间具有冲击效应,即磁致法向应力突然增大,但随即会有小幅的回落,突然施加的外磁场越强,回落现象就越明显.

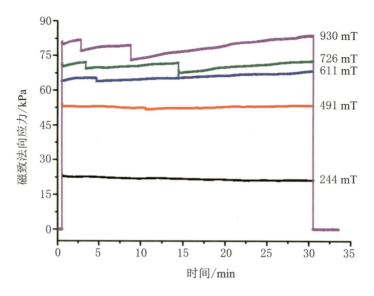

图 19.10 磁流变液在瞬间加载不同强度的外磁场后的磁致法向应力变化

磁流变智能材料在很多情况下会不可避免地工作在非均匀外磁场作用的条件下,比如在一些磁控抛光应用中,需要磁流变材料工作于单极的非均匀外磁场中,并且需要调节外磁场的强度来调控抛光时抛光材料与被抛光物件间的接触作用力的强度.为了考察磁流变材料在单极非均匀外磁场作用下的磁致应力情况,我们将 MRP-70 作为测试样品,放置于流变仪中进行测试.此处用流变仪施加外磁场时,如图 19.11 中的小图所示,实验测试中并没有加盖导磁盖,目的是产生非均匀的单极外磁场,此处的"单极"是指电磁体的一端,而不是磁学物理上的磁单极子所形成的磁单极.由于没有导磁盖后测试样品区的外磁场并不均匀,所以表示实验测试结果时用控制外磁场产生的电流来作为施加的实验条件,而不是以非均匀区的磁场强度来作为实验参数.此外,由于所得到的磁致法向应力是根据法向力来计算获得的,所以得到的样品的磁致法向应力也是指样品的平均法向应力.

图 19.11 给出了 MRP-70 在非均匀单极外磁场作用下的磁致法向应力变化情况,控制外磁场强度的电流从初始的 0.0 A 在 300 s 时间内线性地增大到 4.0 A,两条曲线代表两次重复的测试结果.首先可以看出,MRP-70 在非均匀单极外磁场作用下的磁致法向应力在几千帕大小.对比图 19.6 可以知道,MRP-70 在非均匀单极外磁场作用下的磁致法向应力比在均匀外磁场作用下的磁致应力差了一个数量级的大小.这主要是由于没有导磁盖而导致样品区的外磁场强度本身会减小,且具有较大的非均匀性,而这种非均匀性导致磁流变塑性体内的磁敏颗粒会向高强度的磁极端聚集.另外,可以明显看出,磁致法向应力随着控制电流的增大呈现比较剧烈的非线性变化.当控制外磁场的电流比较小

(即 0.0~1.0 A) 时,磁致法向应力是随着控制电流的增大而减小的. 在控制电流为 1.0 A 时,磁致法向应力减小的趋势受到抑制并开始逐渐随电流的增大而增大,增大的趋势一直保持到电流增大到 4.0 A. 此处可以做如下推测:在控制电流从 0.0 A 逐渐增大到 1.0 A 的过程中,磁流变塑性体内部磁敏颗粒相互吸引且往磁极聚集的作用要强于颗粒间沿法向方向相互挤压的作用;而在电流为 1.0 A 左右时,两种作用取得了一定程度上的平衡;随后,即控制电流大于 1.0 A 后,颗粒间沿法向方向的挤压作用逐渐比颗粒向磁极聚集的作用强. 上述整个过程,导致磁致法向应力随电流的增大而出现先减小后增大的非线性变化.[24]

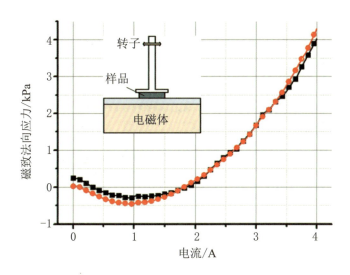

图 19.11　MRP-70 在非均匀单极外磁场作用下的磁致法向应力变化

从图 19.11 可知,磁流变塑性体在非均匀单极外磁场作用下,磁致法向应力随着控制电流的增大出现了临界性的转折现象 (电流 1.0 A 左右为转折点). 为了进一步研究这种转折现象,我们做了如下实验:将 MRP-70 置于不同强度的非均匀单极外磁场下,测试其在瞬间加载外磁场条件下的磁致法向应力变化. 图 19.12 给出了实验测试结果,图中时间轴上所示的初始 20 s 为记录样品的初始状态,从 15 s 时突然施加恒定电流,所得到的非均匀单极外磁场也是恒定的,加载 5 min 后,于第 315 s 时撤掉外磁场,使样品处于卸载松弛状态. 可以看到,当控制电流小于 1.0 A 时,突然施加的外磁场对磁流变塑性体初始磁致法向应力状态几乎没什么改变,而随着加载时间的增加,磁致法向应力会一直慢慢地降低,但应力减小的速率也会减小. 当控制电流为 1.0 A 时,加载后的磁致法向应力相比于初始时的磁致法向应力变化不大,且随加载时间的增加变化也不大. 但控制电流大于 1.0 A 后,突然施加外磁场会使磁流变塑性体的磁致法向应力瞬间增大,施加的外磁场越强,磁致法向应力瞬间增大的幅值就越大,且随着加载时间的增加还会继续增大,直到变得饱和稳定的值. 从上述磁致法向应力变化的整体来说,也出现了渐近加载外磁场中的临界转折现象. 另外,也可以看到,加载外磁场较强后,磁致法向应力在增大过程中也出现了瞬间的掉落现象. 对比图 19.11,以控制电流为 4.0 A 为参考,可以看出突然加载外磁场导致的磁致法向应力要比缓慢加载时的磁致法向应力大,这说明磁致法向应力的最终大小与加载过程是相关的.

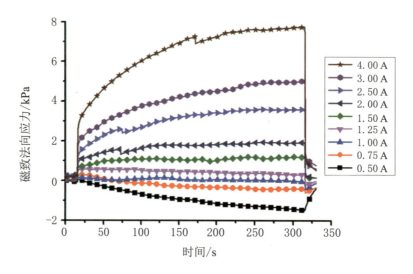

图 19.12　MRP-70 在瞬间加载不同外磁场后的磁致法向应力变化

为了进一步理解磁流变塑性体在非均匀单极外磁场作用下磁致应力随外磁场增大而出现的转折现象,我们用磁流变液做了对比实验. 图 19.13 给出了磁流变液在非均匀单极外磁场作用下的磁致法向应力变化. 对磁流变液瞬间施加较大的外磁场 (图 19.13 中红色曲线,突然施加控制电流 $I=3.0$ A),其磁致法向应力会瞬时增大. 随后保持外磁场大小 (即电流保持为 3.0 A),发现磁致法向应力基本保持不变,但仍然会出现不可预测的瞬间掉落现象,但应力掉落后,并没有恢复增大,而是继续保持掉落后的值. 关掉电流源后,磁致法向应力几乎同时消失. 对磁流变液施加渐近增大的外磁场 (图 19.13 中蓝色曲线,施加的控制电流从初始的 0.0 A 在 300 s 内线性地增大到 3.0 A),可以发现,磁流变液在非均匀单极外磁场作用下的磁致法向应力随着外磁场的增大出现先减小后增大的折线形变化. 从 20 s 开始,施加的外磁场随着控制电流从初始的 0.0 A 开始逐渐增大,但磁致法向应力并没有增大,反而是逐渐减小. 当控制电流增加到 2.0 A 左右时,磁致法向应力减小的趋势得到抑制,转而开始随外磁场的增大而快速增大,并且在控制电流增大到 3.0 A 时,磁致法向应力已经达到了稳恒加载时磁致法向应力的水平. 从整体来看,磁流变液在非均匀单极外磁场作用下的磁致法向应力随着外磁场的增大呈现出折线形变化,在第一个折线阶段磁致法向应力逐渐减小,在第二个折线阶段磁致法向应力逐渐增大. 磁流变液在单极外磁场作用下磁致法向应力的测试,说明了之前磁流变塑性体在单极外磁场作用下磁致法向力变化的转折现象是合理存在的,且这些转折现象与磁流变材料内部的磁致微观结构具有密切的联系.

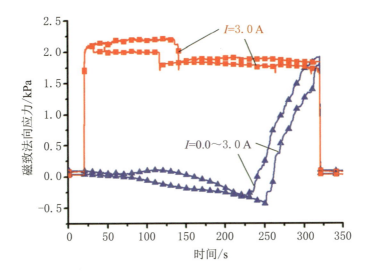

图 19.13　磁流变液在非均匀单极外磁场作用下的磁致法向应力变化

19.2　碳材料增强型磁流变塑性体的磁-力-电耦合性能研究

磁流变材料的力学性能很大程度上与基体、添加剂、粒子以及粒子与基体之间的界面相关. 鉴于磁流变塑性体的物理和化学特性,添加剂在改善磁流变效应方面起到关键作用. 据报道,有机黏土有利于提高磁流变材料的力学性能. 例如,在磁流变弹性体的基体中添加碳化硅,可以提高其储能模量和耐久性. 有机黏土和片状颗粒可以改善磁流变液的分散性和稳定性. 但是,研究添加剂对磁流变塑性体性能影响的工作很少.

碳材料由于其优异的力学和电学性能,经常用作复合填料. 在水泥砂浆、碳化硅、金属、橡胶和其他的基体中掺杂一维碳纳米管(CNT)和碳纤维(CF)形成的多功能复合材料具有高剪切强度、高弯曲强度和耐久性等特征. 此外, CNT 有优异的导电性, 其复合材料被广泛地用于电极、传感器和超级电容器. 尽管 CF 的导电性不是很好, 但是将 CF 均匀地分散到聚合物基体中可以提高材料的力学性能. 将 CF 和其他导电填充物, 诸如石墨、炭黑和银纳米线一同掺杂在基体中, 既可以提高材料的力学性能, 又能改善其导电性. 更重要的是, CF 和 CNT 混合加入基体也会表现出这样的一种协同增强效应.[25]

磁-力-电耦合的多功能磁流变材料在阻尼器、传感器等诸多领域受到了关注. 一维碳材料被用来制备各种磁流变复合材料, 以提高其力学性能和导电性. Li 等人发现少量的 CNT 可以提高传统磁流变弹性体的剪切储能模量. 通过在铁粉外包裹聚甲基丙烯酸甲酯和 CNT, 可以明显地提高磁流变液的流变性能. 而且, 研究人员发现在 CNT 泡沫中注入磁流变液并施加磁场, 可以提高泡沫的抗压能力. 近来, Jiang 等人开发了一种聚二甲基硅氧烷混合 CNT 和铁磁颗粒的多功能磁流变弹性体应变/磁场传感器. 在 MRG 中分散被 CNT 包裹的镍粉, 可以提高 MRG 的储能模量和阻尼性能. 由于磁流变塑性体的重要性, 对掺杂碳材料的磁流变塑性体的研发在学术研究和实际应用方面都具有重要价值. 例如, 在磁流变塑性体中掺杂石墨片可以制造一种磁控开关. 不幸的是, 一维碳材料对磁流变塑性体性能的影响的系统研究还没有被报道.

在本节研究中, 通过溶液共混法将 CF 和 CNT 分散在磁流变塑性体中来制备掺杂一维碳材料的磁流变塑性体 (CMRP), 并研究不同含量 CF 和 CNT 的磁流变塑性体的力学性能和导电性. 实验发现以一定比例将 CF 和 CNT 混合掺入磁流变塑性体可以提高材料的磁致力学性能与电学性能. 此外, 讨论了磁场对电阻的影响以及 CMRP 的微观结构演化机制. 最后, 对剪切振荡模式下样品的电阻与应变、振荡频率、振荡周期之间的关系进行了详细的分析. 由于该材料具有优异的磁控电学和力学性能, 其将在未来的实际应用中发挥重要作用.

19.2.1　CMRP 的制备工艺

原材料包括聚丙二醇、甲苯二异氰酸酯、二甘醇、羰基铁粉、碳纳米管 (河南新乡市和略利达导电源材料有限公司生产)、碳纤维 (沧州中丽新材料科技有限公司生产)、十二烷基苯磺酸钠 (SDBS, 国药集团化学试剂有限公司生产)、丙酮和乙醇 (国药集团化学试剂有限公司生产).

首先制备 PU 基体, 然后通过溶液共混法分散 CF 和 CNT. 将碳材料 (CF 或 CNT)

和表面活性剂 SDBS 按照质量比 5:1 的比例均匀分散在 200 mL 体积比为 1:1 的乙醇和丙酮溶液中,搅拌 2 h. 将定量的 PU 加入溶液并超声 24 h. 之后,将羰基铁粉颗粒加入反应物,搅拌均匀. 最后,将产物放入干燥箱除去剩余的乙醇和丙酮. 通过改变 CF 和 CNT 的含量,制备了 10 种 CMRP 样品,其成分如表 19.1 所示. 为了便于描述,只含 CF 的 CMRP 记作 CF-CMRP,只含 CNT 的 CMRP 记作 CNT-CMRP,含有 CF 和 CNT 混合物的 CMRP 记作 CF/CNT-CMRP.

表 19.1 含碳材料的磁流变塑性体的成分

样品编号	1	2	3	4	5	6	7	8	9	10
聚氨酯质量/g	10	10	10	10	10	10	10	10	10	10
碳纤维质量分数/%	0	0	0	0	8	15	7.5	7	14.5	14
碳纳米管质量分数/%	0	4	6	8	0	0	0.5	1	0.5	1

19.2.2 CMRP 的力学性能测试

在我们的实验中,样品的力学和电学性能通过装配磁控附件 MRD 180 的商业流变仪 (Physica MCR 301,安东帕公司生产)(图 19.14(b))、Modulab 材料测试系统 (MTS, Solartron Analytical, AMETEK 先进测量科技公司生产)、数据存储与分析系统 (图 19.14(a)) 来进行测试. 样品厚度为 1 mm,直径为 20 mm,测试电压为 4 V. 当测试力学性能时,除去流变仪上的导电层和绝缘层.

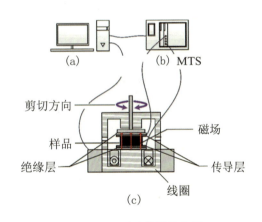

图 19.14 测试装置示意图

当无磁场时,PU 基体中均匀地分布着 CI, CNT 和 CF. 当施加一个磁场时,CI (图 19.15(a)) 沿磁场方向形成颗粒链 (预结构)(图 19.15(b)). 由于基体的约束,CI 颗粒链在撤去磁场后能够继续保持. 图 19.15(d) 和 (c) 是 CNT/CF-CMRP 有、无预结构的 SEM 图. 明显地,基体中发现了许多长度约为 100 μm 的微棒. 尽管铁粉趋向于磁场方向排布,但是由于 CF 微棒的尺寸较大,不能沿磁场方向移动. 在基体中随机分布的 CF 与

CI 颗粒形成复杂的三维结构. 这里, CNT 的尺寸与 CF 相比非常小 (图 19.15(e) 和 (f)), 因此含量很少的情况下, 无法在 SEM 图中观察到.

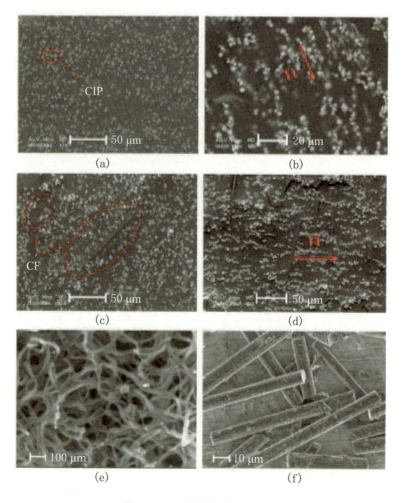

图 19.15　不同样品的 SEM 图

(a) MRP 和 (c) CF/CNT-CMRP 没有预结构; (b) MRP 和 (d) CF/CNT-CMRP 经预结构. 红色箭头表示磁场的方向. (e) 和 (f) 分别是 CNT 和 CF 的 SEM 图.

CF-CMRP 和 CNT-CMRP 的力学性能通过流变仪来测试. 图 19.16(a) 显示了掺杂不同含量 CF 的 CMRP 的剪切储能模量的磁场相关性. 显然, 当磁感应强度从 0 mT 增加到 900 mT 时, 8%CF-CMRP 的储能模量增加了 2.1 MPa. 相对磁流变效应可以达到 5 000%. 当 CF 质量分数为 15% 时, 储能模量增加了 2.3 MPa, 相对磁流变效应高达 6 500%. 很明显, CF 能够增强 CMRP 的力学性能和磁流变效应. 然而, CNT 则呈现出了截然相反的效应. 如图 19.16(b) 所示, 随着 CNT 含量增加, CNT-CMRP 的初始模量急剧增加, 但是饱和模量降低, 因此磁流变效应大大降低. 例如, 4%CNT-CMRP 的零场模量为 0.37 MPa, 饱和模量为 1.84 MPa, 相对磁流变效应为 390%(图 19.16(b)). 若 CNT 的质量分数增加到 8%, 则零场模量增加到 1.38 MPa, 饱和模量降低到 1.77 MPa, 相对磁流变效应只有 28%.

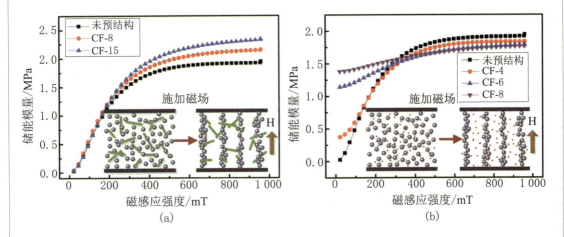

图 19.16 不同磁感应强度下 CMRP 的储能模量

紫色小球代表 CI 颗粒, 绿色的线代表 CF, 红色的点代表 CNT.
CF-x 表示 CF 的质量分数为 x%(下同).

在本节研究中, 由于 CNT 的密度低、尺寸小, 在基体内形成了密集的网络结构, 从而阻碍了铁粉的运动. 当施加磁场时, 由于铁粉颗粒之间距离较大, 磁偶极子之间相互作用较弱, 因此储能模量的增量较小. 而 CF 的尺寸远大于 CNT 的尺寸, 所以形成的网络结构比较稀疏. 这些 CF 微棒对铁粉的摩擦力比较小. 此外, 在磁场作用下, CF 和铁粉颗粒链之间会存在许多物理交联点. 这些复杂的结构既增加了 CF-CMRP 的储能模量, 也提高了磁流变效应. 基于以上结果, 可以得出 CNT 对铁粉颗粒链的形成有一定的阻碍作用, 大质量分数的 CNT 会对样品的力学性能产生负面影响. 对比来看, 合适比例的 CF 有利于改善样品的力学性能和磁流变效应.

19.2.3 CMRP 的电学性能测试

因为 CF 和 CNT 具有优异的电学性能, 将其添加到磁流变塑性体中可以提高复合材料的导电性. 图 19.17(a) 和 (b) 给出了 CF 和 CNT 含量对电阻的影响. 在测试之前, 先施加一个 900 mT 磁场并保持 5 min, 以确保样品中的铁粉形成颗粒链结构. 加入

CF 和 CNT 后,样品的电阻分别降低. 15%CF-CMRP 的初始电阻比磁流变塑性体的初始电阻减小了 2 个数量级. 而且,8%CNT-CMRP 的初始电阻比磁流变塑性体的初始电阻减小了 5 个数量级. 因此,添加 CNT 比 CF 更有效地改善样品的导电性,这是因为 CNT 在磁流变塑性体中形成了致密的导电网络.

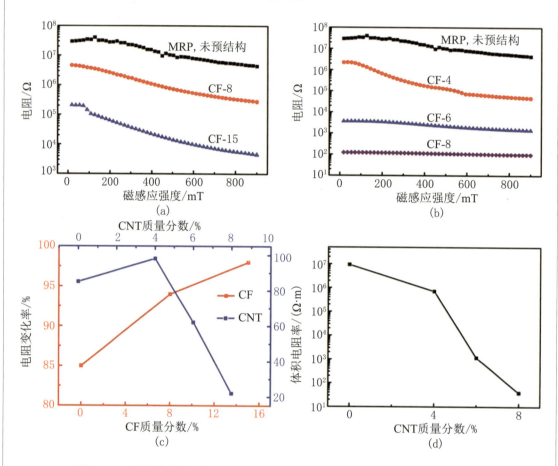

图 19.17　不同磁感应强度下 MRP 和 CMRP 的电阻、电阻变化率或体积电阻率

值得注意的是,CMRP 的电阻能够随着磁场的增加而降低. 在 900 mT 磁场作用下,8%CF-CMRP 的电阻降低到 2.76×10^5 Ω,8%CNT-CMRP 的电阻降低到 97 Ω,这比掺杂同等质量 CF 的 CMRP 的电阻减小了 4 个数量级. 8%CF-CMRP 的相对电阻率(电阻变化值与初始电阻值之比)为 94%,但是 8%CNT-CMRP 的相对电阻率仅为 22%(图 19.17(c)). 这进一步证明了 CNT 有良好的导电性,但是会阻碍铁粉的移动,影响颗粒链的形成,因此 CNT-CMRP 具有较小的磁流变效应. 这里,研究了 CNT 浓度对体积电阻率的影响. 从图 19.17(d) 观察得出,体积电阻率随 CNT 浓度的增加而降低. 4%CNT-CMRP 和 8%CNT-CMRP 的体积电阻率分别为 705 000 和 38.7 Ω·m,表明了

其渗流阈值在 4%~8% 范围.

基于以上结果,可以通过掺杂 CF 和 CNT 的混合物来获得一个理想的磁控导电 CMRP. 因此寻找最合适的 CF 和 CNT 比例以使得 CF/CNT-CMRP 既具有优异的力学性能又具有良好的导电性,是一项有十分有意义的工作. 这里,保持 CF 和 CNT 的总质量分数为常数,研究 CNT 比例对它的影响. 如图 19.18 所示,CF/CNT-CMRP 的饱和储能模量随着碳材料含量的增加而增加. 在 900 mT 磁场作用下,含 8%(质量分数) 碳材料的 CF/CNT-CMRP 的储能模量比磁流变塑性体的储能模量高 0.2 MPa(图 19.18(a)). 当碳材料含量为 15% 时,储能模量的增加量超过 0.72 MPa(图 19.18(c)). 类似地,相对磁流变效应随着 CNT 含量的增加而降低. 如图 19.18(e) 所示,7%CF/1%CNT-CMRP 的相对磁流变效应为 430%,是 7.5%CF/0.5%CNT-CMRP 的相对磁流变效应的 1/5,是磁流变塑性体的相对磁流变效应的 1/10. 此外,14%CF/1%CNT-CMRP 的相对磁流变效应为 130%,是 14.5%CF/0.5%CNT-CMRP 的相对磁流变效应的 1/8,是磁流变塑性体的相对磁流变效应的 1/50.

另外,CF/CNT-CMRP 的电阻随着 CNT 含量的增加急剧降低. 在无磁场的情况下,7.5%CF/0.5%CNT-CMRP 的电阻比磁流变塑性体的电阻减小了 1 个数量级,7%CF/1%CNT-CMRP 的电阻比其减小了 4 个数量级. 当施加一个磁场时,CF/CNT-CMRP 的电阻有不同程度的降低. 磁场从 0 mT 增加到 900 mT,14.5%CF/0.5%CNT-CMRP 的电阻从 8.80×10^4 Ω 减小到 5.43×10^2 Ω,14%CF/1%CNT-CMRP 的电阻从 250 Ω 减小到 91 Ω. 这个结果说明了 CF/CNT-CMRP 具有优异的导电性能. 图 19.18(f) 表明了磁场对 CF/CNT-CMRP 的影响. 7.5%CF/0.5%CNT-CMRP 和 14.5%CF/0.5%CNT-CMRP 的相对电阻率为 99%,比其他情况的相对电阻率高 (8%CF-CMRP,7%CF/1%CNT-CMRP,15%CF-CMRP,14%CF/1%CNT-CMRP). 这就是说,适量的 CNT 可以提高 CMRP 的相对电阻率,但是 CNT 含量过多或过少都会使样品对磁场不敏感. 总体来说,7.5%CF/0.5%CNT-CMRP 具有最好的力学和电学性能. 更重要的是,7.5%CF/0.5%CNT-CMRP 的导电性更容易受磁场调控.

除导电填充物的含量外,应变对 CMRP 的电阻也具有一定的影响. 以 7.5%CF/0.5%CNT-CMRP 为例,在没有磁场的情况下,当应变从 0 增加到 30% 时,电阻增加了 1.5 MΩ(图 19.19). 与此相反,在 900 mT 磁场作用下,电阻先轻微地增加后降低了 400 Ω. 正如我们所知,剪切应变会破坏 CMRP 中的颗粒链结构. 当无磁场时,由 CF 和 CNT 组成的导电网络会被破坏,因此导电性降低. 施加磁场后,电阻在起初增加是因为突然施加的剪切应变破坏了预结构形成的颗粒链. 随着测试时间的增加,散乱的铁粉颗粒会沿着磁场紧密排列,重新形成颗粒链. 在这种情况下,移动的铁粉会驱使 CF 和

CNT 与铁粉颗粒链连接在一起,形成更好的导电网络,因此材料的导电性增强.

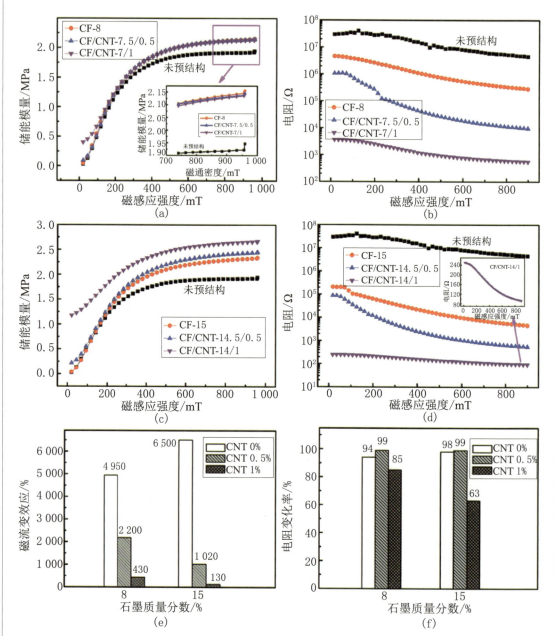

图 19.18　不同磁感应强度下 CMRP 的储能模量、磁流变效应和电阻变化率

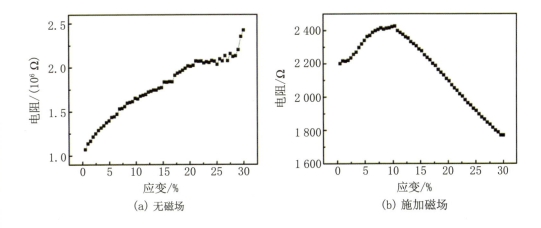

图 19.19　7.5%CF/0.5%CNT-CMRP 的电阻变化

样品直径为 20 mm,厚度为 1 mm. 应变从 0 线性增加到 30%,测试时间为 60 s.

为了进一步研究电阻和 CMRP 内部结构之间的关系,在不同振荡剪切模式下对 7.5%CF/0.5%CNT-CMRP 的电阻和储能模量进行了测试. 剪切振幅分别为 0.1%,1%,5%,10%. 每个振荡剪切过程都伴随着磁场的交替施加和撤去. 图 19.20 中,在无磁场的情况下,振荡幅值为 10%,电阻从 1.44×10^3 Ω 增加到 8.34×10^6 Ω,储能模量从 5.65×10^4 Pa 减小到 5.31×10^3 Pa. 施加磁场后,电阻从 8.34×10^6 Ω 减小到 1×10^3 Ω,储能模量从 5.31×10^3 Pa 增加到 1.63×10^4 Pa. 这进一步证实了羰基铁粉颗粒链在应变激励下被破坏,又在磁场作用下重新形成. 研究还发现振荡幅值越大,电阻的变化范围越大.

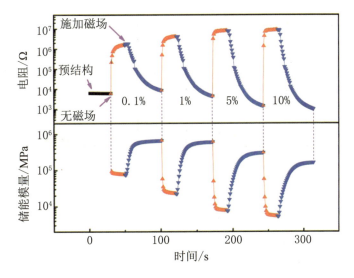

图 19.20　7.5%CF/0.5%CNT-CMRP 在振荡剪切过程中的电阻变化

红色曲线是无磁场下的测试结果,蓝色曲线是磁场从 0 mT 增加到 900 mT 的测试结果.

下面研究了在一个振荡周期内,频率对应变和电阻的影响,实验在 900 mT 磁场作用下进行. 如图 19.21(a) 所示,振荡幅值为 1%,振荡频率分别为 0.1, 0.2, 0.4 Hz. 应变随时间呈正弦变化,周期分别为 10, 5, 2.5 s. 有趣的是,电阻也随时间呈正弦变化 (图 19.21(b)). 除此之外,电阻的变化周期分别为 5, 2.5, 1.25 s,是应变变化周期的一半. 图 19.21(c) 是在 0.1%, 1%, 5%, 10% 的应变下的实时电阻值,振荡频率为 0.1 Hz. 显而易见,随着振荡幅值的增加,电阻的变化范围也扩大. 如图 19.21(d) 所示,振幅为 0.1%,电阻的变化只有 2 Ω. 若振幅增加到 10%,则电阻的变化范围为 270 Ω. 这说明了电阻随应变而变化,且应变变化范围越大,电阻变化范围也越大.

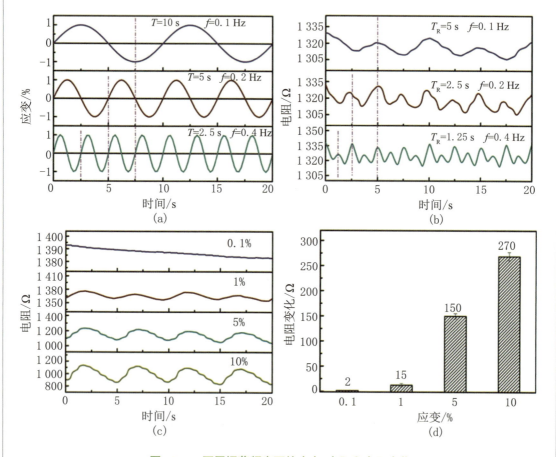

图 19.21 不同振荡频率下的应变、电阻和电阻变化

图 19.22 给出了在振荡剪切模式下 CMRP 的电阻和储能模量的微观结构演化过程. 预结构形成的铁粉颗粒链在振荡剪切过程中发生倾斜. 随着振荡幅值的增大,铁粉颗粒链被破坏,这导致了电阻的增加和储能模量的降低. 此时施加一个磁场,铁粉颗粒与周围的颗粒重新组成新的颗粒链,且彼此之间更加紧密. 所以电阻急剧降低,储能模量相应地

增加. 由于剪切振荡和磁场的作用, CF 和 CNT 与铁粉之间可以形成更好的导电网络.

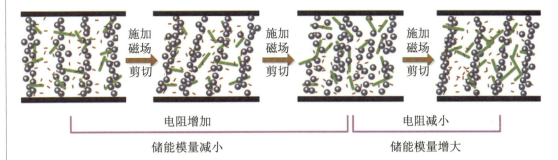

图 19.22 在振荡剪切下 CMRP 的微观结构演化示意图
紫色球代表铁粉颗粒, 绿色线代表 CF, 红色线代表 CNT.

图 19.23 给出了在磁场交替施加和撤去的情况下 CMRP 电阻的回复性和可重复性. 在测试之前, 样品在 900 mT 磁场中放置 5 min. 磁场交替施加和撤去, 每个阶段持续 30 s. 施加磁场时, 电阻可以快速地减小到 2×10^3 Ω. 撤去磁场后, 电阻迅速地上升到 6×10^4 Ω. 显而易见, 在每个磁场交替过程中, 样品电阻的峰值几乎相同. 这表明样品的电阻有很好的回复性, 材料可以被重复利用.

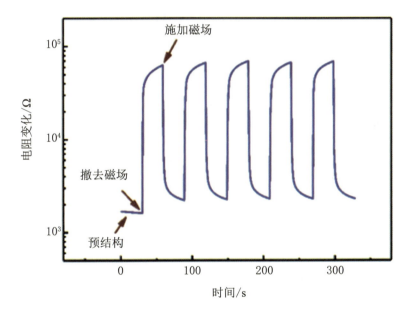

图 19.23 样品在交替施加和撤去磁场时的电阻变化

19.3 液态金属掺杂磁流变塑性体 (LMMRP) 的磁–热–力–电耦合性能研究

在科技飞速发展的今天,柔性传感器在智能电子、人机交互和生物医学等领域发挥着重要作用. 迄今为止,研究人员致力于开发新材料并优化其传感性能. 受自然生物的启发,将多种外部刺激 (例如压力、应变、光和温度) 转换为电信号,以模仿生物皮肤的知觉,并满足复杂的工作环境需求的柔性传感器受到了广泛的关注. 特别地,一种能够将不同刺激响应集成到单个设备中的多功能传感器以其便利性和适应性吸引了许多研究人员的兴趣. 近来,诸如压力/温度传感器、磁/应变传感器和磁/压力传感器之类的双模式传感器已经取得了令人瞩目的成就. 但是,由于材料和制造工艺的限制,三模式传感器的研发仍然是一个巨大的挑战.

柔性传感器的基底材料大多为柔性聚合物,例如 PDMS、水凝胶和 Ecoflex,它们可具有很好的高拉伸性、可恢复性和稳定性. 近年来,已经生产出将磁性粒子分散于这些弹性基体中而具有磁感应特性的柔性电子产品. 柔性磁传感器可以实现非接触式操作,避免人体在危险的工作环境中受到伤害. 另外,具有磁阻效应的磁传感器为智能电子开辟了新领域,包括人体健康监测、智能控制和运动识别. 已经有许多研究报道将掺杂磁性颗粒的 PDMS 用作人造电子设备的基底材料,例如磁感应设备和磁监测装置. 不幸的是,磁性颗粒通常会被固定在固化后的弹性基体中,从而降低了传感器对磁场的灵敏度.[26]

在磁场作用下,磁流变塑性体内部的磁性粒子沿磁场方向排列成链,改善了材料的磁流变效应和电学性能. 此外,PU 基体的黏度随温度的升高而降低,影响了磁性颗粒的聚集和微观结构的形成,因此磁流变塑性体还具有特殊的温度敏感性. 特别地,外部机械刺激 (例如剪切、压缩) 会破坏预构建的颗粒链并降低材料的力学性能,这种行为使磁流变塑性体在力传感方面具有很大的应用潜能. 综上所述,磁流变塑性体是一种能够对磁、温度和外力耦合响应的新型多功能传感材料.

另外,负责传输电信号的导电填充材料也会对柔性传感器的性能产生较大的影响. 传统的导电填料包括碳纳米管、银纳米线和石墨烯等微/纳米材料. 通常,含这些填料的复合材料密度低、抗氧化且机械性能良好. 然而,这些复合材料的电导率对机械变形的敏感性较低. 据报道,液态金属 (Liquid Metal, LM) 是一种可变形且电导率高的新型导电填料. 它以微液滴的形式存在于聚合物基质中, 并随着材料的变形而流动, 从而保持了材料出色的导电性能. 此外, 液态金属还可以提高复合材料的力学性能. 目前, 一些基于液态金属的柔性电子设备, 包括柔性电极、温度传感器和电子电路已被研制出来.

因此, 我们研制了一种液态金属掺杂的磁流变塑性体 (LMMRP), 其由低交联度的 PU、液态金属微液滴和羰基铁粉颗粒组成. 在磁场作用下, 羰基铁粉颗粒以链结构存在, 并与液态金属微液滴结合形成导电路径, 使材料能够从绝缘体变为导体. 磁场、温度和机械刺激会影响基质中羰基铁粉颗粒和液态金属液滴的排列, 从而影响材料的力电性能. 由于制备过程简易、响应快速和应用广泛, LMMRP 已成为柔性传感器和电子设备的候选基材之一. 本节详细探讨了 LMMRP 在不同磁场、温度和外力下的电学特性, 系统地分析了材料磁–热–力–电耦合机制, 并通过粒子动力学方法模拟了不同磁场和温度下颗粒的微观结构演化, 最后介绍了 LMMRP 在智能控制、环境监测和运动识别中的应用.

19.3.1 样品的制备及力学性能测试

合成 PU(基体) 的原材料包括聚丙二醇、甲苯二异氰酸酯和二甘醇. 平均直径为 7 μm 的羰基铁粉颗粒购自巴斯夫公司. 液态金属由 75% 的 Ga 和 25% 的 In 组成, 购自东莞市勇承五金机械制造有限公司. PDMS 和固化剂 (Sylgard 184) 购自美国道康宁公司.

首先, 按照前文所述方法合成自制的 PU 基体. 然后, 使用 1 mol/L NaOH 去除液态金属表面的氧化物层. 将经过 NaOH 处理的液态金属添加到热的 PU(加热温度为 60 °C) 中, 并充分搅拌直至液态金属均匀分散在基质中, 以得到掺杂液态金属的聚氨酯 (LMPU).

LMPU 的形态通过扫描电子显微镜 (Gemini 500, 卡尔·蔡司公司生产) 成像. LMPU 的流变特性通过商用流变仪 (Physica MCR 301, 安东帕公司生产) 进行测试. 使用 Modulab 材料测试系统 (Solartron Analytical, AMETEK 先进测量技术公司生产) 来测量和分析 LMPU 的电学性能 (直流电压为 4.0 V). 所有数码照片均由数码相机 (尼康 D1700) 拍摄.

图 19.24(a) 给出了 LMPU 的制造过程和微观结构. 如 SEM 图和示意图所示, 液态金属 (体积分数为 20%) 在混合过程中被破碎成 100 nm~2 μm 的微液滴, 并均匀地分布在 PU 基体中. 图 19.24(b) 和 (c) 展示了 LMPU 的可塑性和无磁性. 它可以被塑造成

十字形,并且在接近永磁铁时不会变形.进一步地测试了磁场作用下 LMPU 的电阻,实验发现 LMPU 的电阻几乎保持为恒定值,不随磁场变化 (图 19.25(d)).

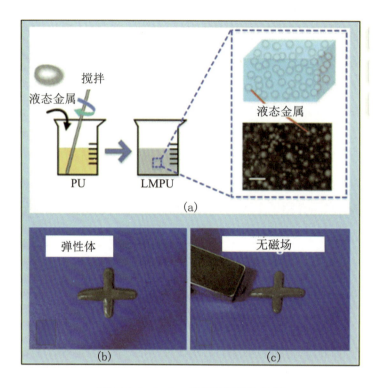

图 19.24　LMPU 的制备过程和特性

(a) LMPU 的制备过程示意图 (比例尺:5 μm);(b) 十字形的 LMPU;(c) 永磁铁下十字形的 LMPU.

下面对不同应变下 LMPU 的流变性能进行了测试. 在振荡剪切模式下,当应变超过 10% 时,LMPU 的储能模量急剧下降 (图 19.25(a)). 为了研究 LMPU 的导电性,测试了含不同体积分数的液态金属样品的电阻 (图 19.25(b)). 当液态金属的体积分数从 8.6% 增加到 20% 时,样品的电阻从 6.4×10^{10} Ω 减小到 1.6×10^{10} Ω,仍然保持绝缘状态. 在液态金属体积分数为 20%~24% 时,电阻值从 10^{10} Ω 下降到 10^8 Ω. 一旦体积分数增加到 25%,电阻值就急剧下降 8 个数量级. 继续增加液态金属的体积分数,电阻始终保持在 1.6 Ω. 显然,从 20% 开始,填料含量对样品的电阻有很大的影响. 与传统的电子传感器不同,在 LMPU 中添加磁性颗粒羰基铁粉后制备而成的 LMMRP 的响应灵敏度很大程度上取决于磁场. 为了确保 LMMRP 对磁场的高灵敏度,选择液态金属的体积分数为 20%. 进一步,测试了不同液态金属含量的 LMPU 的黏度 (图 19.25(c)). LMPU 的黏度随着液态金属的体积分数的增加而增加,而当液态金属体积分数达到 25% 时,样品的黏度突然减小. 随着液态金属体积分数从 8.6% 增加到 24%,液态金属微液滴之间更加紧密,一些液滴相互连接形成较大的液滴. 然而,由于液态金属液滴之间存在着绝缘的 PU 基体,因而无法相互连通形成导电路径,故 LMPU 的电阻没有显著降低. 当体积分数超过 25% 时,液态金属液滴聚集成一条线 (图 19.26),与电极连通形成一条导电路径,因此样品的电阻突然降至 1.6 Ω,成为导体. 此时,大量汇聚的液态金属液滴增强了 LMPU 的流动性,但降低了样品的黏度.

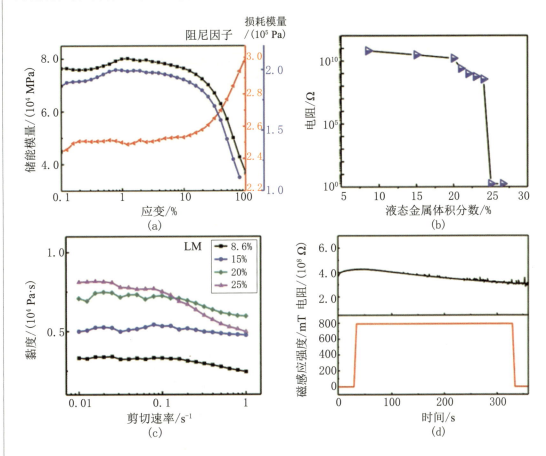

图 19.25　LMPU 的流变性能测试结果

(a) LMPU(20% LM) 在不同应变下的储能模量;(b) 不同含量液态金属的 LMPU 的电阻;(c) 剪切模式下 LMPU 的黏度曲线;(d) LMPU 的电阻和感应强密度随时间的变化.

将羰基铁粉颗粒和经过 NaOH 处理的液态金属添加到热的 PU(加热温度为 60 ℃) 中,并充分搅拌直至羰基铁粉颗粒和液态金属均匀分散在基质中,从而制成 LMMRP 样品. LMMRP 传感器的制备过程如下:首先通过模具填充法制备具有圆孔 (直径为 20 mm,深度为 1 mm) 的 PDMS 基底 (30 mm×30 mm×2 mm);然后将两个铜箔紧紧地贴在 LMMRP 材料的顶部和底部,并将其放置在孔中;同时,将铜线与铜箔连接用以传输电信号；最后，将 PDMS 覆盖在传感器上层进行密封.

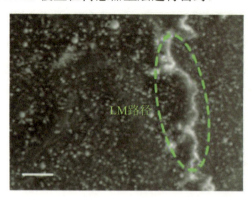

图 19.26　含体积分数为 25% 液态金属的 LMPU 的 SEM 图

图 19.27(a) 给出了 LMMRP 的制备过程和微观结构. 小图给出了 LMMRP(20% LM, 20% CI) 的能量色散 X 射线光谱 (EDS) 元素图. 羰基铁粉颗粒 (2~10 μm, Fe 元素, 蓝色区域) 和液态金属微液滴 (100~2 μm; Ga 元素, 粉色区域; In 元素, 黄色区域) 充分混合并均匀地分布在 PU 基体中. 图 19.27(b) 和 (c) 展示了 LMMRP 的可塑性和磁敏特性. 当永磁铁靠近时, 圆柱形的 LMMRP 被吸引而发生倾斜和变形.

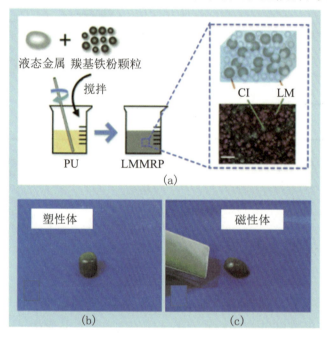

图 19.27　LMMRP 的制备过程和微观结构

(a) LMMRP 的制备过程示意图 (比例尺：5 μm); (b) 圆柱形 LMMRP;
(c) 永磁铁下的圆柱形 LMMRP.

为了研究 LMMRP 的磁敏特性,首先测试了羰基铁粉颗粒和 LMMRP (20% LM, 20% CI) 的磁化曲线. 从图 19.28(a) 可以看出羰基铁粉和 LMMRP 的剩磁和矫顽力非常小,因此它们具有理想和出色的磁响应性能. 当磁场增加时,LMMRP 的储能模量随之增加,磁流变效应可以达到 300%. 分散在基质中的羰基铁粉颗粒在磁场作用下定向分布成链,这不仅增强了材料的力学性能,而且通过与液态金属微液滴结合形成导电路径,提高了样品的电导率.

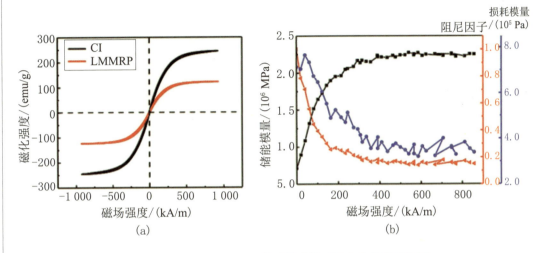

图 19.28　CI 和 LMMRP 的磁化曲线以及在变化的磁场下
LMMRP 的储能模量、损耗模量、阻尼因子

图 19.29(a) 给出了在 800 mT 磁场作用下 LMMRP (20% LM, 20% CI) 的电阻和储能模量. 图 19.29(b) 为实验过程中样品的微观结构演变示意图. 在初始状态,羰基铁粉和液态金属微液滴均匀地分布在 LMMRP 中. 绝缘的 PU 聚合物存在于羰基铁粉和液态金属微液滴之间,破坏了导电路径,导致样品处于绝缘状态. 当施加磁场时,羰基铁粉颗粒定向排列分布形成链结构,增加了样品的储能模量. 同时,液态金属微液滴也随着羰基铁粉颗粒运动,并填充在羰基铁粉颗粒之间以形成导电路径,降低了样品的电阻. 当颗粒形成稳定的结构时,LMMRP 的储能模量和电阻变化也趋于平缓. 撤去磁场后,羰基铁粉颗粒之间的磁偶极子力消失,羰基铁粉颗粒趋于回到初始状态. 低交联度的 PU 聚合物会快速填充到羰基铁粉颗粒和液态金属微液滴之间,破坏了导电路径并导致样品的电阻上升. 但是,由于 PU 基体具有塑性特性,羰基铁粉颗粒无法返回到初始位置,因此,撤去磁场后,样品的储能模量大于初始值,并且电阻小于初始电阻.[26]

图 19.30 给出了具有不同羰基铁粉和液态金属含量的 LMMRP 的磁化曲线和黏度. 显然,随着羰基铁粉含量的增加,LMMRP 的饱和磁化强度增加,表现出良好的磁敏特

性. 当羰基铁粉的体积分数保持恒定在 25% 时, 液态金属含量的增加意味着羰基铁粉的质量分数略有下降, 因此单位质量样品的饱和磁化强度略有下降 (图 19.30(c)). 由于羰基铁粉和液态金属对复合材料的力学性能具有增强作用, 因此 LMMRP 的黏度随颗粒含量的增加而增加.

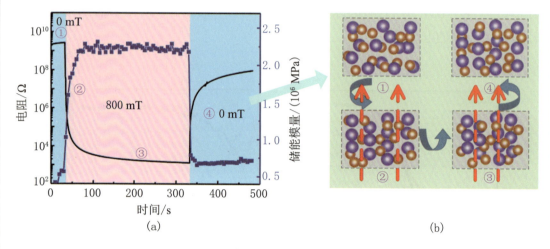

图 19.29　LMMRP 的电阻和储能模量以及在 800 mT 磁场作用下的微观结构示意图
紫色小球代表羰基铁粉颗粒, 橙色小球代表 LM 微液滴.

为了了解羰基铁粉颗粒的磁响应特性和样品的微观结构, 通过能量色散 X 射线光谱 (EDS) 绘制了羰基铁粉和液态金属的特征元素, 并分析了羰基铁粉和液态金属的分布 (图 19.31). 图 19.31(a)~(d) 给出了各向同性的 LMMRP (20% LM, 20% CI) 中羰基铁粉颗粒和液态金属微液滴的分布. 液态金属以微小液滴的形式分布在羰基铁粉颗粒的缝隙之间. 在 121 mT 磁场作用下, 羰基铁粉颗粒聚集成平行于磁场方向的链状结构 (绿色箭头, 图 19.31 (e) 和 (f)). 填充在羰基铁粉颗粒周围的液态金属微液滴的位置也随着羰基铁粉颗粒的移动而发生变化 (图 19.31(g) 和 (h)). 重要的是, 磁致微观结构的演变将对样品的力学和电学性质产生重大的影响.

19.3.2　电学性能测试

为了进一步研究 LMMRP 的电磁特性, 测试了样品在磁场作用下的电学性能. 图 19.32 给出了由电性能测试系统 (Modulab MTS)、带有电磁设备的商用流变仪 (Physica MCR 301) 以及预编程的控制和数据存储系统组成的实验设备. 将直径为 20 mm、厚度为 1 mm 的 LMMRP 置于转子和流变仪的底座之间,并用绝缘胶将铜箔电极覆盖在底座和转子上. 流变仪可以控制两个电极的距离,并记录样品受到的法向力. 配备的电磁铁提供 0~800 mT 的均匀磁场. Modulab MTS 通过输出直流电压来测量样品的电阻和电流. 测试得到的力学和电学数据将保存在数据存储系统中.

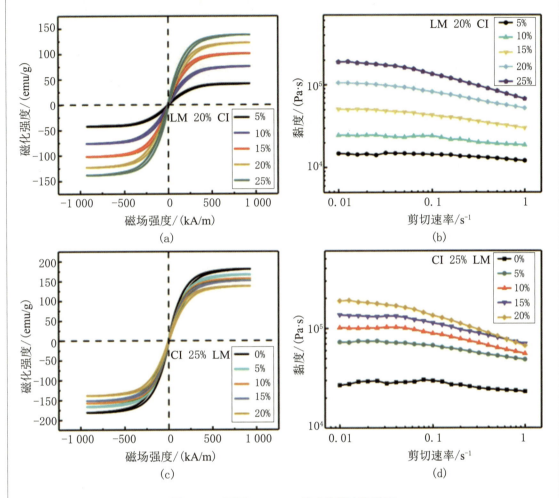

图 19.30　不同 LMMRP 的磁化强度和黏度

图 19.33 展示了磁感应强度、法向力和电阻对时间响应的曲线. 周期性磁场分别设定为 90,180,360,540 和 720 mT. 相应地,法向力峰值从 1.5 N 周期性增加到 18.8 N,电阻峰值从 87 403 Ω 周期性减小到 497 Ω. 在磁场作用下,羰基铁粉颗粒之间存在着磁偶极子力,它们相互吸引形成颗粒链. 随着磁场和磁感应力增加,羰基铁粉颗粒紧密聚集在一起,从而导致样品的法向力和导电性增加. 另外,由于液态金属具有良好的流动性,液态金属微液滴在羰基铁粉颗粒的带动下一起沿磁场方向移动. 在此过程中,一些液态金

属微液滴相互聚集形成大液滴,并填充在羰基铁粉颗粒周围,从而提高了样品的导电性.

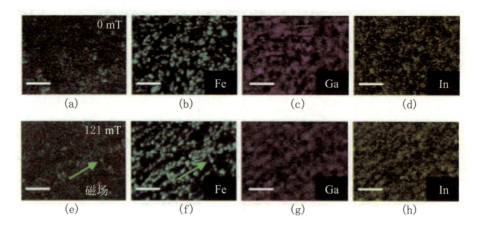

图 19.31　LMMRP 的 SEM 图

比例尺为 25 μm.

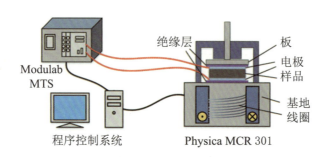

图 19.32　磁电性能测试系统示意图

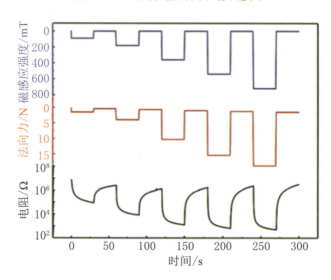

图 19.33　磁感应强度、法向力和电阻的实时响应曲线

图 19.34(a) 和 (b) 给出了羰基铁粉和液态金属含量对样品电导率的影响. 显然, 当羰基铁粉含量从 5% 增加到 25% 或液态金属含量从 5% 增加到 20% 时, 电流峰值都增加 6 个数量级. 羰基铁粉含量的增加使颗粒链的数量增多, 链状结构更加紧密和粗壮. 相应地, 导电路径的数量增加, 并提高了导电路径的导电性. 液态金属含量的增加一方面改善了基体的导电性, 另一方面填补了羰基铁粉颗粒的间隙, 提高了导电路径的导电性. 但是羰基铁粉颗粒的填充提高了 LMMRP 的刚度, 降低了材料的柔软性和舒适性. 为了确保 LMMRP 的磁敏性和可穿戴性, 若无特殊说明, 均采用含 20% LM 和 20% CI 的 LMMRP 作为测试样品.

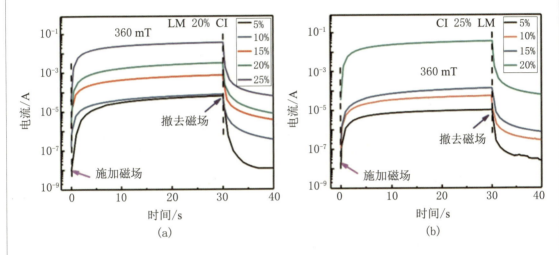

图 19.34 在 360 mT 磁场作用下 LMMRP 的电学响应

在不同磁感应强度下, LMMRP (20% LM, 20% CI) 的相对电阻变化量 $\Delta R/R$ ($\Delta R = R' - R$, R' 为实时电阻, R 为初始电阻) 如图 19.35 所示. 磁场灵敏度系数 (GF_m) 是相对电阻变化的绝对值与磁感应强度变化的比率, 用于表征磁响应灵敏度. 在 36~90 mT 和 180~540 mT 的两个磁感应强度范围内, 灵敏度系数分别为 863% 和 8% T^{-1}. 在第一个 (小磁场) 区域中, $\Delta R/R$ 从 -44% 变为 -87%, 反映出了 LMMRP 的磁敏特性随着磁场强度的增加而提高; 在第二个 (大磁场) 区域中, $\Delta R/R$ 的绝对值达到 95% 以上, 表明了样品在大磁场作用下形成了较为稳定的导电结构, 且对磁场的响应显著.

图 19.36(a) 和 (b) 显示了在连续循环磁场作用下样品稳定且可重复的电学响应, 这意味着 LMMRP 在磁传感领域具有良好的应用前景. 图 19.36(a) 的纵坐标为归一化电流 I'/I, 其中 I' 代表实时电流, I 代表初始电流. 在实验过程中, 法向力的变化值随磁场的增加而增加 (图 19.36(c)), 这反映出了羰基铁粉颗粒间的磁偶极子力增强.

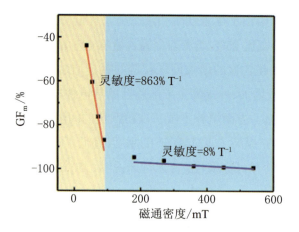

图 19.35 在不同磁场作用下 LMMRP 的 GF_m

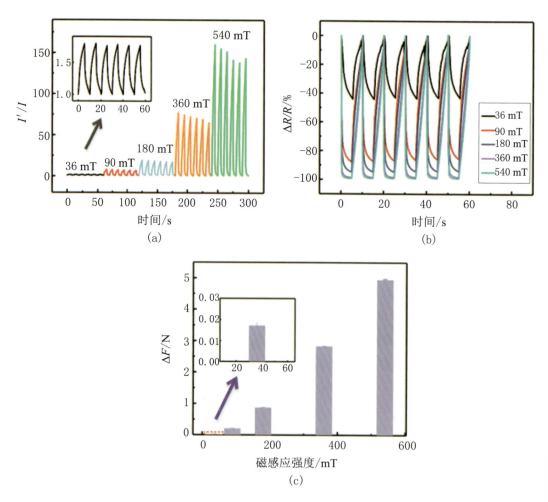

图 19.36 LMMRP 在不同磁场循环测试下的电学响应和法向力变化

研究发现，LMMRP 的电学性能对温度也有不同的响应. 图 19.37(a) 给出了在 36 mT 循环磁场和不同温度下，LMMRP(20% LM, 20% CI) 的实时相对电阻变化情况. 随着温度从 25 ℃ 变化到 70 ℃，$\Delta R/R$ 的峰值从 −43% 变为 −77%. 从红色虚线区域可以看出，温度越高 $\Delta R/R$ 变化越快 (由 $\Delta R/R$ 时间曲线的斜率表示). PU 基体是一种软质聚合物，由于高温下分子链解缠绕，其黏度会随着温度的升高而降低 (图 19.38). 基体的黏性对羰基铁粉颗粒链的形成具有很大的影响. 在低黏度的基体中，羰基铁粉颗粒可以快速形成紧密粗壮的链状结构，并与液态金属结合成为导电路径. 宏观性能表现为样品法向力变化的增加 (图 19.37(b)) 和电导率的提高 (图 19.37(a) 和 (c)).

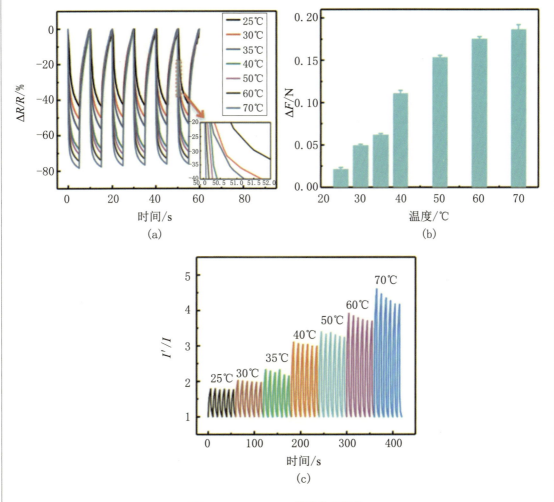

图 19.37　LMMRP 的热传感性能

图 19.38 给出了样品的温度灵敏度系数 (GF$_t$),其定义为相对电阻变化的绝对值与温度变化值之比. 通过线性拟合,GF$_t$ 在 25~40 ℃ 范围内约为 1.56% ℃$^{-1}$,在 40~70 ℃ 范围内约为 0.33% ℃$^{-1}$. 在两个区域中黏度也呈现出与灵敏度系数一致的变化趋势,这进一步证明了黏度对样品磁致微观结构和电导率具有重要的影响.

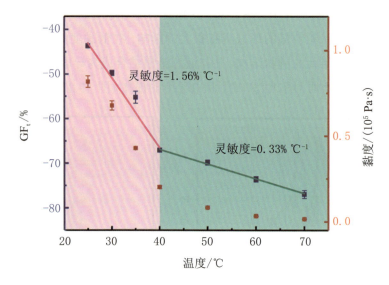

图 19.38　在各种温度下 LMMRP 的 GF$_t$、黏度变化

高温下 LMMR (20%LM,20%CI) 对不同的周期性磁场的电学响应如图 19.39(a) 和 (b) 所示. 当磁场设定为 180 和 360 mT 时,相对电阻变化 $\Delta R/R$ 的峰值分别为 -99.5% 和 -99.97%,并且归一化电流 I'/I 可以改变 2~3 个数量级. 高温下出色且可重复的电学响应意味着样品的磁控制和磁感应性能也可以应用于复杂的环境. 图 19.39(c) 是样品在 25 和 60 ℃ 下的法向力变化值的对比,值得注意的是,法向力的变化值随磁感应强度的增加而增加,在 60 ℃ 条件下样品的法向力变化值高于 25 ℃ 时的法向力变化值.

另外,我们研究了在 40 ℃ 下不同羰基铁粉含量的 LMMRP 的电阻和法向力变化 (图 19.40(a) 和 (b)). 在磁场作用下,随着羰基铁粉含量的增加,羰基铁粉颗粒链状导电路径变得更紧密和粗壮,从而导致样品的电阻较小且法向力的变化值较大.

除对磁场和温度敏感外,LMMRP 还可以通过电信号的变化反馈力的行为. LMMRP 放置在两个铜箔电极之间,并用 PDMS 封装. PDMS 外壳提高了样品的可恢复性,并防止样品在压缩测试期间发生泄漏 (图 19.41). 流变仪能够精确地控制并记录压缩力信号和位移信号. 此外,流变仪底部的电磁装置在力传感实验中提供了 35 mT 的均匀磁场.

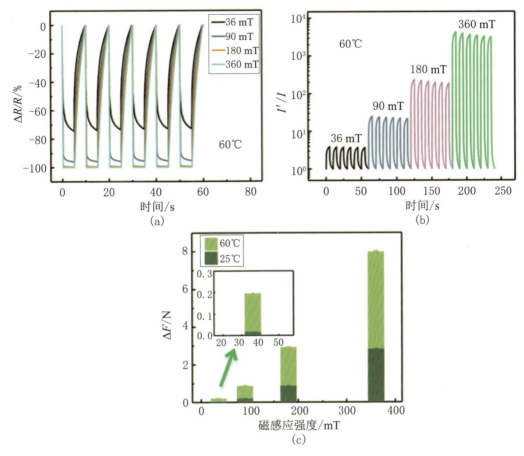

图 19.39 LMMRP 在不同周期磁场中的传感性能及法向力变化

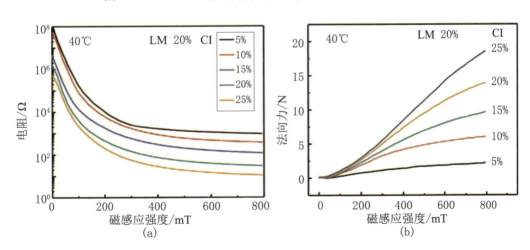

图 19.40 在不同磁场作用下不同羰基铁粉含量的 LMMRP 的电阻和法向力

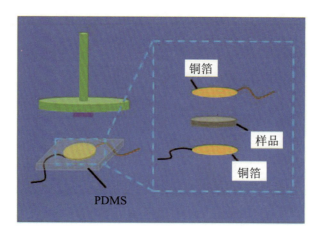

图 19.41　力传感实验装置示意图

LMMRP(20% LM, 20% CI) 的相对电阻变化 $\Delta R/R$ 随着外力的增加而线性增加, 灵敏度系数 GF_f(相对电阻变化的绝对值与力变化的比) 为 17.7% N^{-1}(图 19.42). 如图 19.43(a) 所示, 样品的归一化电阻 R'/R (R' 是实时电阻, R 是初始电阻) 在连续作用力下的响应信号是稳定且可重复的. 此外, 电阻、力和位移的一致性如图 19.43(b) 所示. 进一步, 我们研究了样品的磁–力–电耦合机制. 自组装的链状导电路径被施加的外力破坏, 导致样品的电阻上升. 一旦消除外力, 羰基铁粉颗粒在磁场作用下就重新构造成颗粒链, 因此样品的电阻减小. 图 19.43(c) 显示了外力施加的频率对样品的电学性能没有明显的影响. 循环加载测试证明了 LMMRP 的可恢复性、可靠性和稳定性, 因此 LMMRP 传感器在连续动态检测中将具有实际应用 (图 19.43(d)).

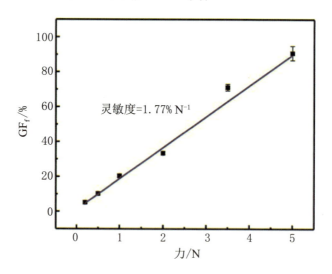

图 19.42　LMMRP 传感器在不同法向力下的 GF_f

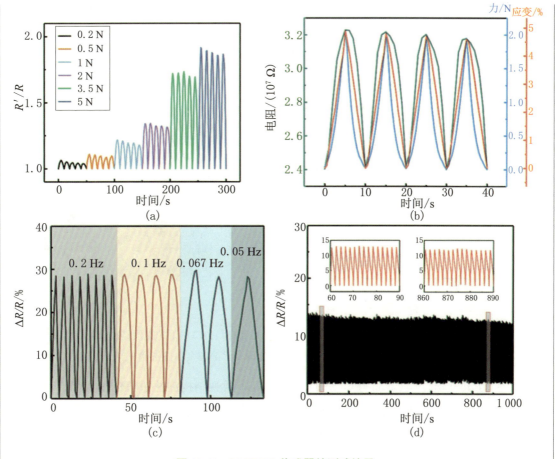

图 19.43 LMMRP 传感器的测试结果

19.3.3 LMMRP 的微观结构模拟及机制解释

在不同磁场、温度和力作用下 LMMRP 的微观结构如图 19.44 所示. 在磁场作用下, 均匀分散在 PU 基体中的羰基铁粉颗粒和液态金属微液滴沿磁场方向 (蓝色箭头) 聚集成链, 形成导电路径. 当施加外力时, LMMRP 被压缩, 羰基铁粉颗粒链断裂. 导电路径被破坏, 导致样品的电阻急剧上升. 但是, 一旦撤去外力, 羰基铁粉颗粒在磁场作用下则重新建立了链结构, 并与液态金属微液滴结合形成新的导电路径. 此外, 包裹在 LMMRP 表面的弹性 PDMS 外壳使样品能够回复到初始状态, 因此 LMMRP 在力传感应用中具有良好的稳定性和可靠性. 考虑到聚合物有黏度–温度敏感特性, 下面分析了基于 PU 聚合物的 LMMRP 的温度传感机制. 随着温度升高,分子之间的距离增加内摩擦减小. 在外力作用下,分子链缠结点解开,因此聚合物的黏度降低. 在低黏度 PU 基体中,羰基铁粉颗粒和液态金属微液滴更容易且更快速地形成链. 由于黏性阻力小,磁化的羰基铁粉颗粒链相互吸引,形成较粗壮的簇状结构,这大大提高了 LMMRP 的电导率.[27]

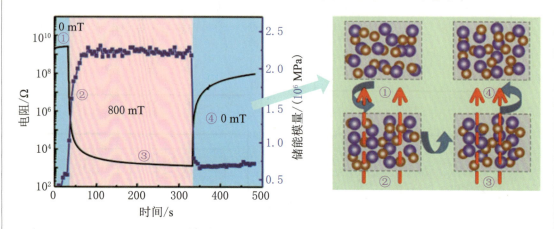

图 19.44 LMMRP 的初始状态及其在不同磁场、温度和力作用下的微观结构演化示意图
紫色球表示羰基铁粉颗粒,橙色球表示液态金属微液滴.

图 19.45 是通过粒子动力学方法对 LMMRP 微观结构演化过程的模拟图. 这里为了简化计算,将 PU 和液态金属微液滴视为一个复合基体,并测试了其在不同温度下的黏度 (图 19.46). 在计算过程中,考虑了羰基铁粉颗粒之间的作用力以及羰基铁粉颗粒与基体之间的作用力. 羰基铁粉颗粒 i 在均匀磁场 $\boldsymbol{H}$ 中的磁矩矢量 $\boldsymbol{m}_i$ 可以通过以下指数公式确定:

$$\boldsymbol{m}_i = MV_i \frac{\boldsymbol{H}}{H} = M_s \left(1 - e^{-\chi H}\right) V_i \frac{\boldsymbol{H}}{H} \tag{19.1}$$

其中 M 是羰基铁粉颗粒的磁化强度,$V_i = \pi d_i^3/6$ 和 d_i 分别是羰基铁粉颗粒 i 的体积和直径,$\chi = 4.91 \times 10^{-6}$ m/A 是常量. 被磁化的颗粒 i 产生的磁场 $\boldsymbol{H}_i$ 为

$$\boldsymbol{H}_i = -\frac{1}{4\pi r^3} \left(\boldsymbol{m}_i - 3\left(\boldsymbol{m}_i \cdot \hat{\boldsymbol{r}}\right) \hat{\boldsymbol{r}}\right) \tag{19.2}$$

这里 r 是从羰基铁粉颗粒 i 到位置点的位置矢量,$r = |\boldsymbol{r}|$,$\hat{\boldsymbol{r}} = \boldsymbol{r}/r$. 若将另一个羰基铁粉颗粒置于磁场 $\boldsymbol{H}_i$ 中,它就被颗粒 i 磁化. 根据叠加方法,羰基铁粉颗粒的磁矩为

$$\boldsymbol{m}_i = M_s \left(1 - e^{-\chi H_l}\right) V_i \frac{\boldsymbol{H}_l}{H_l}, \quad \boldsymbol{H}_l = \boldsymbol{H} + \sum_{j \neq i} \boldsymbol{H}_j \tag{19.3}$$

颗粒 i 与颗粒 j 间的磁偶极子力为

$$F_{ij}^m = \frac{3\mu_0}{4\pi r_{ij}^4} c_m \left(\left(-\boldsymbol{m}_i \cdot \boldsymbol{m}_j + 5\boldsymbol{m}_i \cdot \boldsymbol{t}\boldsymbol{m}_j \cdot \boldsymbol{t}\right) \boldsymbol{t} - \left(\boldsymbol{m}_i \cdot \boldsymbol{t}\right) \boldsymbol{m}_j - \left(\boldsymbol{m}_j \cdot \boldsymbol{t}\right) \boldsymbol{m}_i\right) \tag{19.4}$$

这里 r_{ij} 是两个粒子之间的距离. 基质的磁导率 $\mu_0 = 4\pi \times 10^{-7}$ H/m, t 是从颗粒 i 指向颗粒 j 的单位矢量, c_m 是点偶极子模型的修正因子,

$$c_m = \begin{cases} 1 + \left(3 - \dfrac{2r_{ij}}{d_{ij}}\right)^2 \left(\dfrac{0.6017}{1 + \exp\left(\dfrac{(|\theta| - 34.55)}{12.52}\right)} - 0.2279\right), & r \leqslant 1.5d_{ij} \\ 1, & r > 1.5d_{ij} \end{cases} \tag{19.5}$$

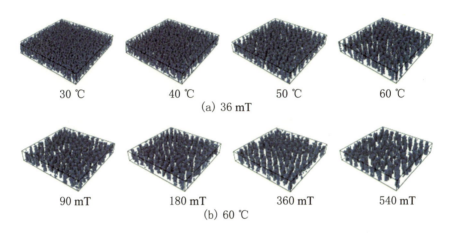

图 19.45　通过粒子动力学方法模拟在不同温度和磁场作用下羰基铁粉颗粒的分布

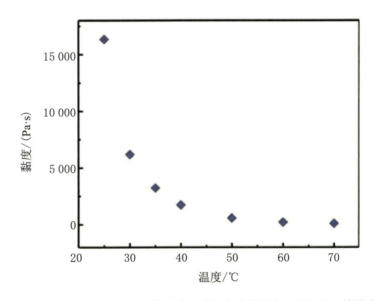

图 19.46　由 PU 和液态金属微液滴制成的复合基体在不同温度下的黏度

这里 θ 是 t 和 H 之间的夹角, $d_{ij} = (d_i + d_j)/2$. 两个羰基铁粉颗粒之间的 van der

Waals 力为

$$F_{ij}^{\text{vdW}} = \frac{8A}{3} L_{ij} d_i d_j \left(\frac{1}{4L_{ij}^2 - (d_i + d_j)^2} - \frac{1}{4L_{ij}^2 - (d_i - d_j)^2} \right)^2 t \qquad (19.6)$$

其中 $A = 5 \times 10^{-19}$ 是羰基铁粉颗粒的 Hamaker 常数，$L_{ij} = \max\{r_{ij}, d_{ij} + h_{\min}\}$，$h_{\min} = 0.001 d_{ij}$.

为了表征颗粒之间的挤压和碰撞并防止颗粒重叠，引入排斥力

$$F_{ij}^{\text{r}} = -\left(\xi \frac{3\mu_0 m_{si} m_{sj}}{4\pi d_{ij}^4} + F_{ij}^{\text{vdW}} \right) 10^{-10(r_{ij}/d_{ij} - 1)} t \qquad (19.7)$$

这里 m_{si} 和 m_{sj} 是目标颗粒的饱和磁化强度. 当两个羰基铁粉颗粒沿着磁场首尾相连时，抵消磁偶极子力和 van der Waals 力，$\xi = 2$.

颗粒与基体的相互作用包括阻力和浮力. 在此，Brown 运动被忽略. 由 PU 和液态金属微液滴混合的基体视为 Newton 流体. 当 $Re = 0$ 时，阻力 F_i^{d} 为

$$F_i^{\text{d}} = 3\pi \eta d_i v \qquad (19.8)$$

其中 η 是基体的黏度，v 是羰基铁粉颗粒相对于基体的速度. 此外，颗粒的重力和浮力是

$$F_i^{\text{gb}} = \frac{\pi d_i^3}{6} (\rho - \rho_0) g \qquad (19.9)$$

这里 ρ 和 ρ_0 分别是羰基铁粉颗粒和基体的密度.

由于羰基铁粉颗粒是软磁材料，磁矩很小，颗粒旋转可以忽略. 另外，没有考虑颗粒的惯性和加速度. 基于上述力，建立运动方程如下：

$$\sum_{j \neq i} \left(F_{ij}^{\text{m}} + F_{ij}^{\text{vdW}} + F_{ij}^{\text{r}} \right) + F_i^{\text{d}} + F_i^{\text{gb}} = 0 \qquad (19.10)$$

磁致应力张量 σ 和磁势能密度 U_{m} 分别表示为

$$\sigma = \frac{1}{V} \sum_i \sum_{j > i} r_{ij} F_{ij} \qquad (19.11)$$

$$U_{\text{m}} = \mu_0 \sum_i \left(-m_i \cdot H + \sum_{j > i} \frac{1}{4\pi r_{ij}^3} (m_i \cdot m_j - 3 m_i \cdot t m_j \cdot t) \right) \qquad (19.12)$$

这里 V 是计算单元的体积，r_{ij} 和 F_{ij} 分别是两个羰基铁粉颗粒之间的位置矢量和相互作用力.

如图 19.45 所示，羰基铁粉颗粒在 36 mT 磁场作用下定向分布. 随着温度和磁场的增加，羰基铁粉颗粒链聚集成较粗壮的簇状结构. 仿真结果与实验结果吻合较好，可以充

分地解释 LMMRP 的传感响应机制. 此外, 图 19.47 展示了每个羰基铁粉颗粒在不同温度和不同磁场下的平均磁势能. 结果表明, 羰基铁粉颗粒的磁势能随温度和磁场的增加而增加, 与羰基铁粉颗粒的演化结果相匹配. 液态金属微液滴填充在羰基铁粉颗粒链之间, 形成了对样品电学性能有增强效果的导电路径. 通过模拟羰基铁粉颗粒的分布能够充分地了解 LMMRP 在温度和外力作用下的电磁响应机制.

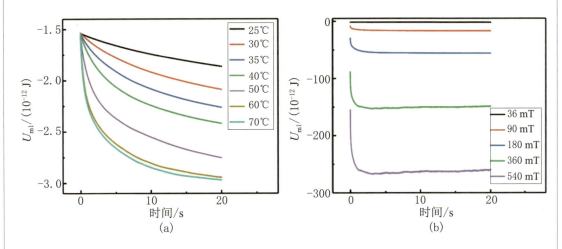

图 19.47 每个羰基铁粉颗粒在不同的温度和不同磁场作用下的平均磁势能

19.3.4 LMMRP 的应用

具有独特磁响应特性的 LMMRP 在非接触式控制系统中具有潜在的应用. 图 19.48 (a)~(c) 给出了在永磁铁的驱动下装配有 LMMRP 的"汽车"的行驶过程, 可以清楚地看到, LMMRP 放置在"汽车"底板的内侧, 并被隔板下方的永磁铁磁化. 因此, "汽车"能够跟随永磁铁移动, 表现出了 LMMRP 磁控制的特性. 这种无接触控制行为有效避免了人们在工作环境中与危险物品直接接触, 从而保护了人们的健康, 并促进了机械化操作的发展. 特别地, 由于磁场的调节, LMMRP 的电阻可以变化几个数量级. 因此, 基于 LMMRP 的传感器可以用作智能磁控开关 (图 19.48(d)~(f)). 将 PDMS 包裹的 LMMRP 固定在手指上并连接到电路中. 当手指靠近磁铁时, LMMRP 传感器的电阻减小, 灯泡点亮. 若手指离开磁铁, 则电阻增加, 灯泡熄灭. 磁场灵敏度和电阻可控性使 LMMRP 在智能电子设备中有出色的表现.

LMMRP 在不同温度下的电学性能差异有利于传感器检测和环境温度识别. 图

19.49(a) 是 LMMRP 传感器检测水温的示意图, 图 19.49(b) 是该装置的实物图照片. 该传感器由电极、LMMRP、导线和 PDMS 组成 (图 19.49(c)), 其制造方法在实验部分进行了描述. 永磁铁放在传感器的底部以提供 52 mT 的磁场. 从图 19.49(d) 可以看出, 当传感器置于常温水中时, 小灯泡始终保持关闭状态. 有趣的是, 一旦将传感器放入 52 ℃ 的水中, 小灯泡就会点亮, 将传感器从水中取出后, 小灯泡熄灭. 这是由于在热水中, LMMRP 的基质黏度降低. 在较弱的磁场作用下, 羰基铁粉颗粒也可以聚集为密集的簇状结构, 与液态金属微液滴结合后, 可形成导电路径. 因此 LMMRP 的电阻急剧下降, 导致电路中的电流增加, 小灯泡点亮. 特别地, 由于其对温度敏感的磁阻特性, LMMRP 在温度报警设备和监控系统中具有广阔的应用前景.

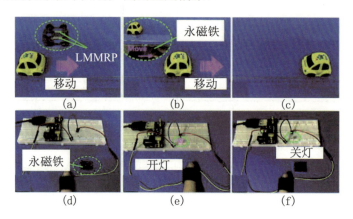

图 19.48 LMMRP 在磁驱动装置和磁控开关中的应用

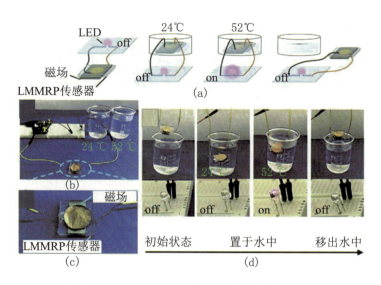

图 19.49 LMMRP 传感器的温度识别功能展示

如图 19.50 所示, LMMRP 传感器可以对手指的按压和敲击行为做出显著的响应,这意味着其对行为监测具有出色的灵敏度. 此外, 将传感器粘贴在鞋底可以反馈人们走路的信号. 出色的力感测性能使 LMMRP 在智能电子设备和人体健康监测中发挥着重要作用.

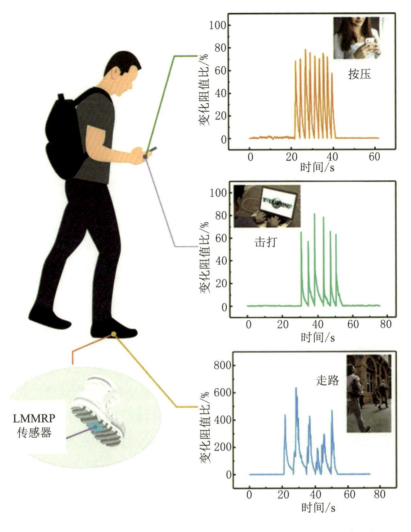

图 19.50　通过手指按压、敲击和走路行为来描述 LMMRP 传感器对力的感知

第 20 章

磁流变塑性体器件及其应用

磁流变塑性体的设计目标是探求材料内部微结构与宏观力学性能之间的联系,进一步优化并设计具有不同性能的满足多种应用需求的材料.前面章节已经探究了不同优化方案对磁流变塑性体内部颗粒的影响及其宏观性能的改善,本章将基于磁流变塑性体的磁流变效应,探索其在智能化柔性传感、3D 打印驱动、减震等领域的应用.

20.1 自供电磁流变塑性体的传感性能研究

压力传感器是对机械刺激产生电信号响应的装置.压容、压阻和压电是常用的信号传输方法.特别地,柔性压力传感器凭借其柔软、重量轻与人体交互性良好等特点已经成为个人健康监测、人体运动检测、电子皮肤和智能机器人等领域的热门话题.最近,许多高灵敏度、快速响应、可穿戴的柔性压力传感器被研发出来. 例如, 由弹性体薄膜和 CNT 复合成的柔性压阻式传感器可以识别 0.2 Pa 的微小压力, 由还原氧化石墨烯和聚苯胺包裹的海绵制备的柔性压力传感器可以在 96 ms 内对外部刺激做出响应. 这些柔性压力传感器通常用于可穿戴设备, 可以对人体运动进行快速监测.

为了实现柔性压力传感器的可移动性, 自供电传感系统是十分必要的, 因为它们不需要外部电源. 如今自供电传感装置, 如摩擦电传感器、压电传感器和超级电容器正在迅速发展. 当施加机械刺激时, 摩擦电材料和压电材料能够在表面产生感应电荷. 它们柔软且灵敏度高, 因此被广泛用于柔性压力传感器中. 最近报道了许多由超级电容器构成的自供电传感装置. 在外力作用下, 电容器的板间距会随样品变形而改变, 致使电容变化. 由于小而轻, 超级电容器在自供电传感领域引起了广泛的关注. 此外, 众所周知, 电池是一种自供电装置. 以前的大多数报告聚焦于可拉伸柔性电池以满足柔性电子的需求, 如银锌电池、锌锰电池和锂电池. 这些可拉伸柔性电池通常作为可穿戴电子设备的能量存储装置. 然而, 能够对外部刺激做出电学响应的柔性电池鲜有报道.

为了模仿人体皮肤和四肢的触觉, 柔性传感器被期望具备检测多种刺激 (压力、温度、应变和湿度) 的功能. 在电子皮肤和智能电子领域, 对将不同刺激响应整合到单个设备中的双模式传感器的需求正在不断增长, 例如一种可同时检测触觉压力和手指皮肤温度的柔性双模式传感器阵列. 磁场感应是一种无污染、非接触、响应快速、可调节的感应方式, 广泛应用于无损检测、远程控制和实时监测. 最近, Fu 通过将磁性颗粒添加到导电聚合物中开发了磁/应变双模式传感器. 值得关注的是, 这种双模式传感器同时具有接触识别和非接触识别的功能. 此外, 一些含有磁性粒子和石墨烯的仿生结构, 如纤毛, 也表现出对压力和磁场高灵敏度的双模式响应. 显然, 这种仿生双模式传感器在智能医疗和健康监测方面将有巨大的应用前景. 然而, 磁性颗粒受到固化的弹性基体的约束, 不能自由移动, 对磁传感灵敏度产生了负面影响.

磁流变塑性体是一种由低交联密度 PU 和磁性羰基铁粉颗粒组成的磁控软材料. 在磁场作用下, 磁性羰基铁粉颗粒可以很容易地移动并形成链, 这极大地促进了材料的力学和电学性能提高. 由于具有高灵活性、力敏感性和磁场可控的导电性, 磁流变塑性体被期望用于具有自供电特性的高性能双模式传感器.

因此, 我们开发了一种基于磁流变塑性体的柔性自供电磁/压力双模传感器. 该传感器具有柔软、磁敏感以及自供电等优点, 由电极 (磁流变塑性体、石墨、NaCl 和 $CuSO_4$)、隔板和基板 (PET 膜) 制成. 它能够对压力和磁场快速响应, 因此可以识别人体动作和实现无接触感应. 通过粒子动力学方法模拟了电极内部羰基铁粉颗粒的微观结构演化过程, 我们探讨了传感器在压力和磁场作用下的工作机制. 此外, 我们还开发了一款基于柔性双模式磁/压力传感器阵列的智能磁感应书写板,进一步展现了磁流变塑性体在非接触式电子领域的应用.

20.1.1 样品的制备及测试系统

合成 PU(MRP 基质) 的原料包括聚丙二醇、甲苯二异氰酸酯、二甘醇. 铜粉、$CuSO_4$ 用于阴极材料制备,羰基铁粉 (CN 型,巴斯夫公司生产) 、NaCl 用于阳极材料制备. 将石墨 (苏州碳丰石墨烯科技有限公司生产) 添加到电极中以改善基体导电性. 十二烷基苯磺酸钠和丙酮分别用作活性剂和分散溶剂. 另外,传感器中的隔膜 (聚丙烯膜)、PDMS 膜和 PET 膜分别购自 Celgard 公司、杭州包尔得新材料科技有限公司和上海元灏办公设备有限公司.

首先合成磁流变塑性体的基体 PU,然后将合成的 PU 充分溶解在丙酮中,得到澄清溶液. 将 NaCl 溶液 (2 mol/L),50% CI 颗粒和适量的石墨加入 PU 溶液,超声处理 24 h,形成浆液. 最后,将混合物在 50 ℃ 下干燥,除去过量的水和丙酮,制成橡皮泥状的阳极材料 (磁流变塑性体电极). 阴极材料 ($CuSO_4$/PU 电极) 按照相同的方法混合 1 mol/L $CuSO_4$ 溶液、铜粉、石墨和 PU 溶液来制备.

羰基铁粉颗粒、铜粉和石墨的 SEM 图如图 20.1(a)~(c) 所示. 它们的平均尺寸分别为 7,4 μm 和 800 nm. 图 20.1(d)~(f) 为有无磁场时电极材料的微观形态. 羰基铁粉和铜粉颗粒分别均匀地分布在磁流变塑性体电极和 $CuSO_4$/PU 电极中. 当施加磁场时,羰基铁粉颗粒沿磁场方向聚集成链结构 (图 20.1(e)).

由于磁流变效应,当磁场强度增加时,磁流变塑性体的储能模量也增加 (图 20.2). 此外,基于磁流变塑性体的电极材料的储能模量也随之增加. 在施加外磁场的情况下,磁流变塑性体电极材料中的羰基铁粉颗粒以链形式存在. 随着磁场强度的增加,羰基铁粉颗粒链相互聚集形成簇状结构,使磁流变塑性体电极材料的储能模量增加. 相反,$CuSO_4$/PU 电极材料在磁场作用下表现出稳定的流变性质. 两种电极中的石墨均匀地附着在 PU 聚合物网络上,这不仅增强了电极内部的电子传输能力,还提高了材料的力学性能. 由于颗粒 (石墨) 的强化效应,磁流变塑性体电极材料的初始储能模量高于磁流变塑性体.

如图 20.3(a) 和 (b) 所示,磁流变塑性体电极材料具有良好的可塑性,可以塑造成不同的形状. 此外,当使用一个永磁铁靠近材料的一端时,材料会被吸引而离开纸面,表现出磁流变塑性体电极的磁敏感特性.

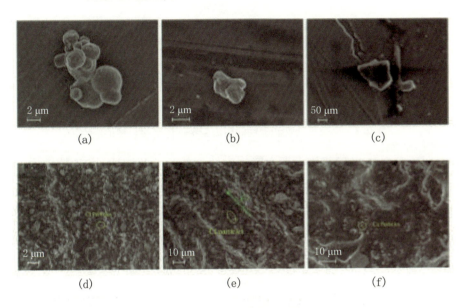

图 20.1 电极材料的 SEM 图

(a) CI 颗粒;(b) Cu 颗粒;(c) 石墨;(d) 无磁场下的 MRP 电极材料;(e) 磁场下的 MRP 电极材料 (绿色箭头为磁场方向);(f) CuSO4/PU 电极材料.

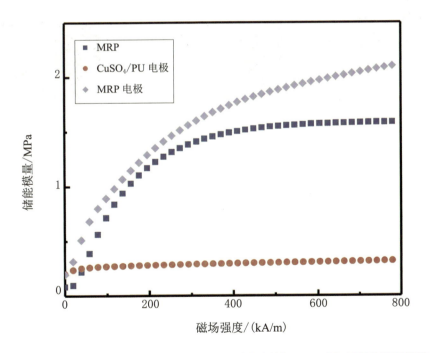

图 20.2 不同磁场强度下 MRP、CuSO4/PU 电极材料、MRP 电极材料的储能模量

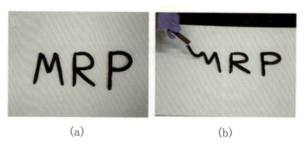

图 20.3 具有可塑性和磁性的磁流变塑性体电极材料的演示

有趣的是，两种电极材料均由低交联密度的 PU 聚合物组成，塑性特性使电极材料具有良好的自愈性能 (图 20.4). 如图 20.4(a) 所示，左侧是磁流变塑性体电极材料，右侧是 $CuSO_4$/PU 电极材料. 当阳极和阴极电极材料紧密连接时，电压为 0.379 V. 阳极材料或阴极材料被切开，电压减小至零 (图 20.4(b) 和 (d)). 重新连接切割的电极材料，电压可以分别恢复到 0.378 V 和 0.386 V (图 20.4(c) 和 (e)).

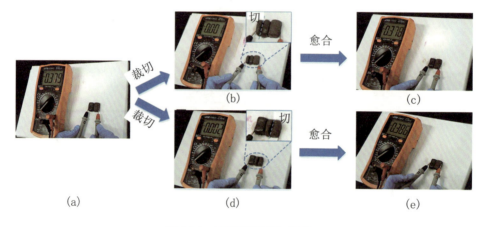

图 20.4 电极材料的自愈性

柔性双模式磁/压力传感器由 PET 薄膜、铜箔电极、磁流变塑性体电极、PDMS 膜、$CuSO_4$/PU 电极和隔膜组成 (图 20.5(a)). 将铜箔和铜线黏附到 PET 薄膜上形成导电电极. 为了封装磁流变塑性体电极和 $CuSO_4$/PU 电极，将 2 cm ×2 cm 的 PDMS 框架紧密地附着到铜箔上. 将磁流变塑性体电极材料和 $CuSO_4$/PU 电极材料填充在凹槽中，并在两电极之间加入隔膜，形成柔性自供电双模式磁/压力传感器. 隔膜可以防止因磁流变塑性体电极与 $CuSO_4$/PU 电极直接接触引起的短路，同时不影响电极材料中电解质离子自由通过. 图 20.5(c) 和 (d) 展示了传感器横截面的微观形态和示意图，可以清楚地观察到该传感器的多层结构. 该双模式传感器厚度仅为 1.2 mm，柔软且适合人体穿戴.

通过扫描电子显微镜 (Gemini 500，卡尔·蔡司公司生产) 对磁流变塑性体电极材料和 CuSO$_4$/PU 电极材料的形态进行成像. 所有光学图像均由数码相机 (尼康 D1700) 拍摄. 磁流变塑性体和电极材料在剪切振荡模式下的流变性质通过配备有磁控附件 MRD 180 的商业流变仪 (Physica MCR 301, 安东帕公司生产) 测量. 使用电子万能试验机 (RGM 6005T, REGER 公司生产) 测量传感器在不同压力和压缩速率下的力传感性能. 通过数字万用表 (Keithley 2000) 收集电压信号. 通过动态机械分析仪 (TA Electro Force 3200 Series) 实现 5 Hz 频率的传感器的弯曲测试. 在磁传感测试中, 通过使用 DC 电源 (ITECH IT6724) 调节电磁线圈中的电流来改变电磁铁中磁感应强度的变化.

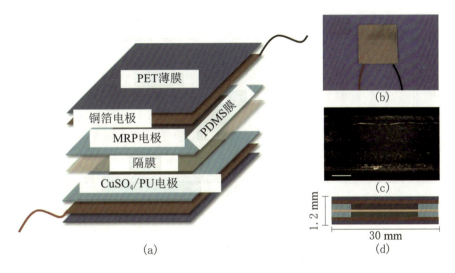

图 20.5 双模式传感器的示意图和实物照片以及其横截面的微观形态和示意图

20.1.2 压电传感测试

通过电子万能试验机 (RGM 6005T, REGER 公司生产)、数字放大器和数据存储装置 (图 20.6) 测试双模式传感器的压电性能. 传感器的初始电压为 0.606 V, 在 6.4 kPa 压力下, 电压可以增加到 0.614 V 左右, 且在重复加载下电压保持稳定变化值 (图 20.7(a)). 在测试过程中, 同步记录了电压变化值、荷载值和位移值. 如图 20.7(b) 所示, 电压增加值、压力和位移的变化是一致的. 进一步, 测试了传感器在不同压力和压缩率下的电压变化值 (图 20.7(c) 和 (d)). 实验结果表明, 电压变化值会随着压力的增加而显著且稳定地增加.

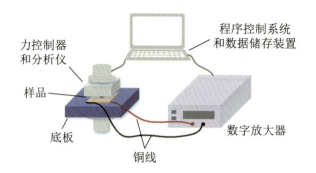

图 20.6 压力传感测试装置示意图

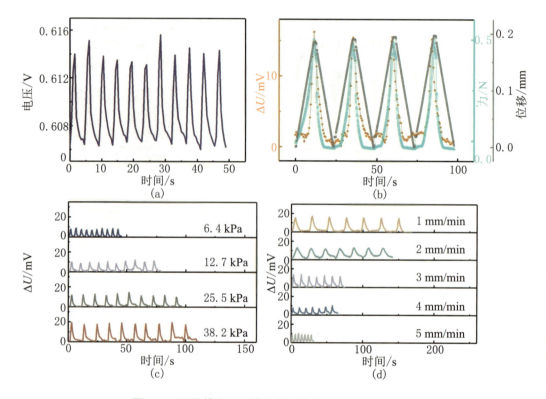

图 20.7 压缩模式下双模式传感器的压力传感测试结果

此外,我们还采集了不同压力下的电压值. 如图 20.8 所示,随着压力从 1.3 kPa 增加到 38.2 kPa, 电压的增加呈现出两个趋势. 小压力下电压变化与压力的数值比 β_1 (1.3~6.4 kPa, β_1=1.33) 高于大压力下电压变化与压力的数值比 β_2 (6.4~38.2 kPa, β_2=0.32). 电压变化和压力满足以下公式(ΔU 表示电压的增加值,P 表示压力):

$$\Delta U/\text{mV} = \begin{cases} 1.33P/\text{kPa} + 0.50, & 0\ \text{kPa} < P \leqslant 6.4\ \text{kPa} \\ 0.32P/\text{kPa} + 7.08, & 6.4\ \text{kPa} < P \leqslant 38.2\ \text{kPa} \end{cases} \tag{20.1}$$

图 20.9 说明了传感器在压力下的工作机制. 传感器的电压变化基于阳极电极材料和阴极电极材料之间的电化学反应. 蓝色球体和粉红色椭球体分别代表羰基铁粉颗粒和铜粉颗粒. 黄色、橙色、浅绿色和深绿色圆点代表 Na^+、Cl^-、Cu^{2+} 和 SO_4^{2-}. 在电极中发生 Fe(羰基铁粉颗粒) 和 $CuSO_4$ 的置换反应. 在电极材料电解质中的离子电化学活性是影响传感器电压变化的关键因素. 在压力下, 羰基铁粉颗粒和铜粉颗粒发生移动, 改变了传感器电极材料中的微观结构. 粒子的扰动增强了电极材料电解质中离子电化学活性并导致样品电压的增加.[28]

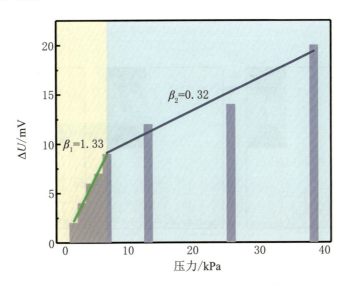

图 20.8　压力为 1.3~38.2 kPa 时传感器的电压变化

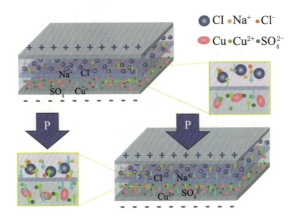

图 20.9　压力下双模式传感器的微观变化示意图
蓝色和绿色小箭头表示离子转移过程.

为了进一步研究传感器的性能, 使用 ElectroForce 3200 测试了传感器的弯曲性能.

传感器的两端都被夹紧,其中一端固定,另一端以 5 Hz 的频率向下移动. 实验中的电压数据通过数字万用表进行采集. 分别在 27°, 39°, 61°, 81°, 102°, 113° 的弯曲角度下进行循环弯曲实验 (图 20.10(a)~(f)). 弯曲角度从 27° 增加到 113°, 电压可以从 7 mV 增加到 30 mV. 传感器信号在几个弯曲循环中是稳定且可重复的. 图 20.11 表示电压变化与角度呈线性关系,斜率 $\gamma = 0.24$ 时电压增量为

$$\Delta U = 0.24\theta + 2.15 \tag{20.2}$$

其中 θ 是弯曲角度 (rad). 该传感器能够对不同的弯曲角度做出不同的电学响应,信号稳定且可靠性良好.

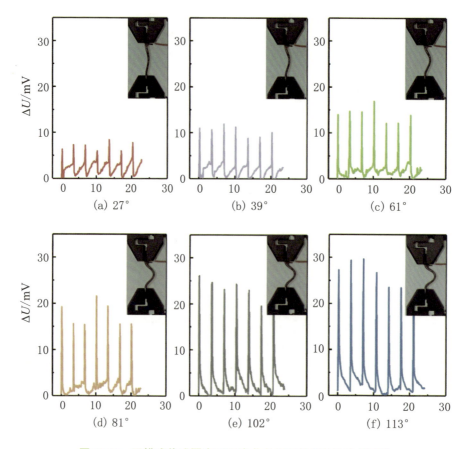

图 20.10　双模式传感器在不同弯曲角度下的照片和电压变化

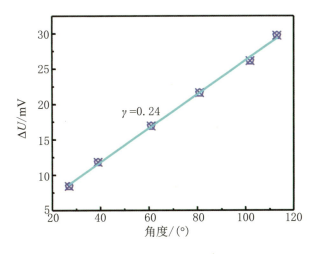

图 20.11 不同弯曲角度下传感器的电压变化

有趣的是,由于磁流变塑性体电极中存在羰基铁粉颗粒,该传感器还表现出独特的磁响应特性. 磁传感测试装置如图 20.12 所示,它由电磁铁、直流电源、数字放大器、程序控制系统和数据存储装置组成. 通过调节电磁线圈的电流来改变磁场强度. 图 20.13(a) 显示了传感器连续和稳定的电压响应,磁场强度范围为 54~206 mT,电压的变化值随着磁场的增加而逐渐增加. 电压对磁场的响应是实时的,没有滞后现象 (图 20.13(b)),表现出了传感器良好的传感性能. 如图 20.13(c) 所示,当磁场强度从 12 mT 连续增加到 252 mT 时,电压增量也从 0.5 mV 连续增加到 28 mV. 为了证明传感器的稳定性和可重复性,还进行了循环磁感应实验. 长时间进行大电流测试将导致电磁铁发热,从而影响磁场强度,故磁感应循环实验在 83 mT 磁场作用下进行. 在 500 次循环的磁场作用下,电压的增量几乎保持恒定,这意味着传感器在实际应用中是可靠的 (图 20.13(d)).

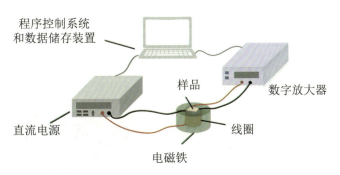

图 20.12 磁传感测试装置

图 20.14(a) 展示出了电压增量和磁感应强度之间的关系,这里 α 定义为两者的比率. 以 106 mT 为界,电压增量对磁感应强度表现出了 0.05 和 0.16 两个敏感系数. 电压

的增量可以计算如下：

$$\Delta U/\text{mV} = \begin{cases} 0.05B/\text{mT} - 0.33, & 0\text{ mT} < B \ll 106\text{ mT} \\ 0.16B/\text{mT} - 13.48, & 106\text{ mT} < B \ll 252\text{ mT} \end{cases} \quad (20.3)$$

其中 ΔU 是电压的增加值，B 表示磁感应强度．羰基铁粉颗粒和磁流变塑性体电极材料的磁化曲线如图 20.14(b) 所示．质量分数 50% 羰基铁粉颗粒的磁流变塑性体电极的饱和磁化强度几乎是羰基铁粉颗粒的饱和磁化强度的一半，这反映出磁流变塑性体电极内的羰基铁粉颗粒的磁性基本上没有发生变化．

图 20.15 是双模式传感器在磁场作用下的微观结构变化示意图，可以直观地观察到当施加磁场时，由于基质交联度低，均匀分布在磁流变塑性体电极上的羰基铁粉颗粒易聚集成链．沿着磁场方向的羰基铁粉颗粒链状结构与石墨一起形成了导电网络，这促进了电极材料中的电子在电化学反应中的传输．此外，羰基铁粉颗粒之间的磁感应力使得电极材料和电平板之间的连接更加紧密，且羰基铁粉颗粒的移动扰动了电极材料，使电解质离子电化学活性大大增加．因此，传感器的电压变化量随磁场的增加而增加．

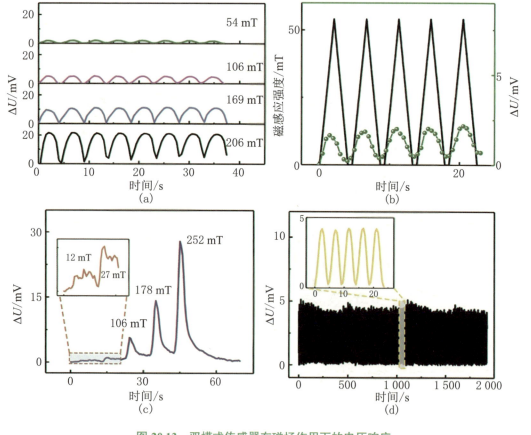

图 20.13 双模式传感器在磁场作用下的电压响应

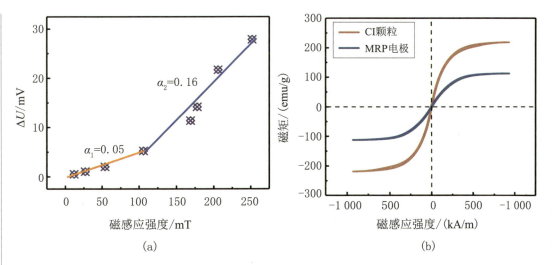

图 20.14 双模式传感器在不同磁感应强度下的电压变化以及羰基铁粉颗粒和磁流变弹性体电极材料的磁化曲线

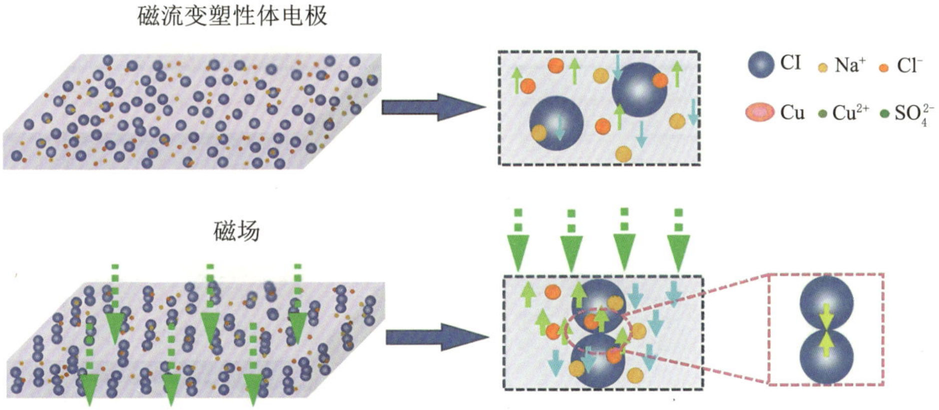

图 20.15 在磁场作用下双模式传感器的微观结构变化示意图

20.1.3 微观结构演化机制

为了探索传感器的磁传感机制，运用粒子动力学方法模拟了不同磁场下羰基铁粉颗粒的重组．这里将基体近似为 Bingham 塑性模型．当 $Re=0$ 时，羰基铁粉颗粒开始在 Bingham 流体中移动，满足条件

$$\sum F \geqslant 3.5\tau_y \pi d_i^2 \tag{20.4}$$

其中 τ_y 是基体的屈服应力，d_i 为颗粒的直径，$\sum F$ 是合力. 忽略 Brown 运动, 粒子和基体的相互作用力包括阻力和浮力. 当驱动力大于相互作用力时，阻力系数为

$$\frac{F_i^{\mathrm{d}}}{3\pi\eta \mathrm{d}_i v} = 1 + 2.93 B_n^{0.83} \tag{20.5}$$

其中 η 是基体的黏度，F_i^{d} 是阻力，v 是粒子相对于基体的速度. $B_n = \tau_y d_i/(\eta v)$ 是 Bingham 数.

如图 20.16 所示，羰基铁粉颗粒之间的磁致应力随磁感应强度增加. 当磁感应强度大于 100 mT 时，正应力迅速增加到最大值并保持恒定. 特别地，我们模拟了在不同磁通密度下羰基铁粉颗粒的链状结构的变化 (图 20.17). 随着磁感应强度的增加，羰基铁粉颗粒逐渐形成清晰的链状结构. 此外，在较大的磁感应强度 (106, 169, 178, 206, 252 mT) 下，簇状结构变得更加明显. 由于羰基铁粉颗粒在较强的磁场作用下快速移动以形成更明显的链状或簇状结构，因此电极材料的电解质中的离子电化学活性得到了提高，并且电压变化值增大.

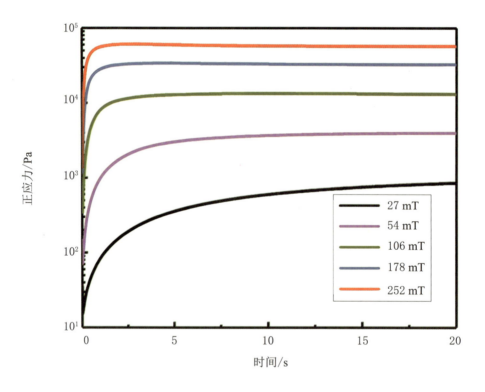

图 20.16 磁流变塑性体电极材料在不同磁场作用下的正应力

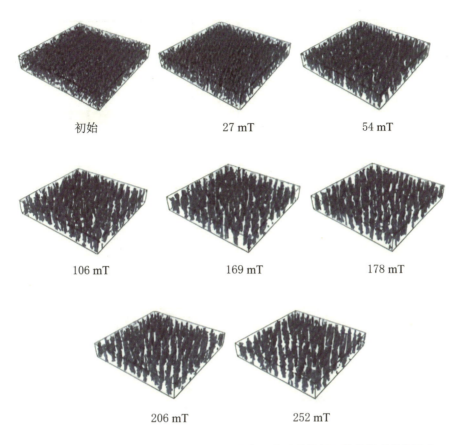

图 20.17　在不同磁场作用下磁流变塑性体电极内羰基铁粉颗粒的微观结构演变

20.1.4　双模式磁/压力传感器

由于该传感器具有较高的灵敏度,它可以快速检测轻微的人体动作和物体运动. 图 20.18(a) 和 (b) 给出了在连续轻拍和点击下传感器的电压信号. 显然,传感器可以对外部刺激做出响应,连续且准确地捕获运动行为. 更重要的是,在撤去压力后,由轻微的压力引起的电极上的干扰可以快速恢复. 因此,传感器在压力检测中具有很大的应用潜力. 此外,通过将传感器装置嵌入"道路",可以检测仅有 17 g 重的"汽车"的行程 (图 20.18(c)). 在"道路"中嵌入多个传感器,可以分别反馈出"青蛙"跳跃产生的电压信号 (图 20.18(d)). 通过测量不同信号之间的时间差和"道路"的长度来估算出"青蛙"的前进速度.[29]

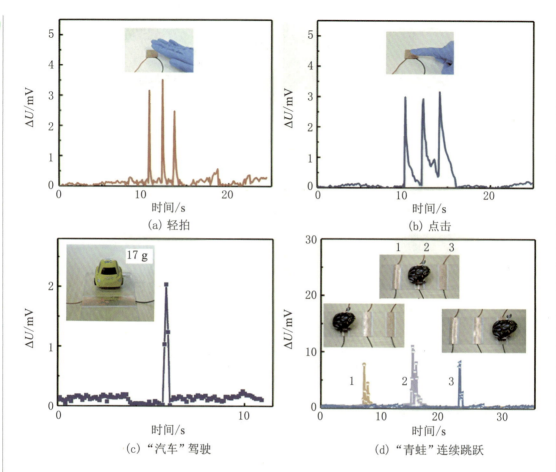

图 20.18 双模式磁/压力传感器对人体和物体的动态行为监测

此外,基于柔软且可弯曲的灵敏特性,传感器可以用作可穿戴设备以监控关节动作. 如图 20.19(a)~(e) 所示,传感器固定在手指上,电压随着关节的运动而变化. 如图 20.19(f)~(j) 所示,一旦手指抓住烧杯,电压就开始增加,然后保持稳定. 随着烧杯尺寸减小,手指上的传感器的电压上升. 当抓握较小的烧杯时,手指的弯曲角度较大,因此获得较大的电压信号. 力加载和传感器响应之间能够保持良好的一致性. 由于优异的灵敏度和灵活性,该传感器可以应用于精确地监测人体关节运动.

磁敏特性使得该传感器还可以作为智能显示设备. 这里,将多个双模式传感器单元阵列组合以综合描述磁感应信息,制造过程如图 20.20 所示. 在 PDMS 膜上按 5×5 阵列开 2 mm × 2 mm 大小的方形孔,通过等离子清洗键合技术使 PDMS 膜和 PET 电极膜结合在一起. 在与孔相对应的位置上粘贴铜箔和导线作为电极. 在方形孔中填入磁流变塑性体电极材料,阵列传感器的阳极部分就制备完成.[30] 以同样方法制造出阴极部分,将两部分合在一起,中间加聚丙烯隔离膜以防止短路,从而制成整个智能设备.

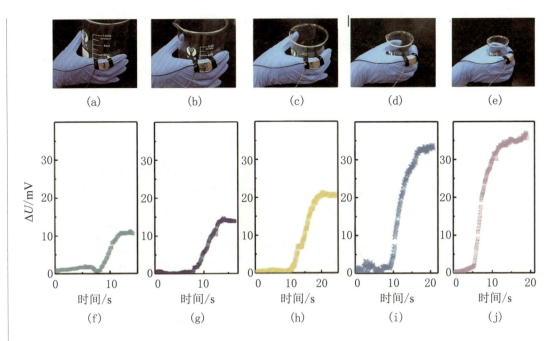

图 20.19 双模式磁/压力传感器对人体关节活动的实时监测
(a)~(e) 佩戴双模式传感器的手指抓握不同尺寸的烧杯;(f)~(j) 对应的电压变化.

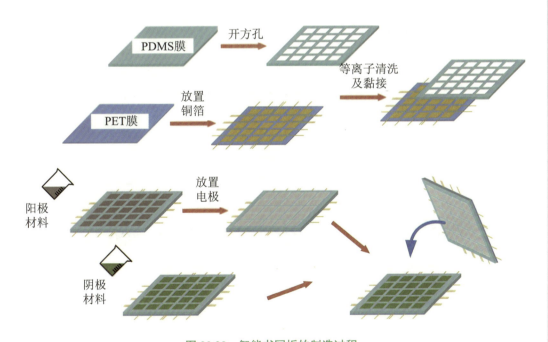

图 20.20 智能书写板的制造过程

如图 20.21(a) 所示, 智能书写板由一个传感器阵列板 (图 20.21(c)) 和一支磁性笔 (图 20.21(b)) 组成. 当可以产生局部磁场的磁性笔移动到传感器阵列板的某个单元时,该单元的电压增加,而其他未触及的单元的电压保持恒定.因此,当用笔在板上书写时,可以通过收集单元电压变化的信号来识别磁性笔划过的痕迹.图20.21(d)展示出了在120 mT 磁性笔下写"U""S"和在84 mT 磁性笔下写"T""C"的情况.图中"U"和"S"显示为深色,"T"和"C"显示为浅色,这是因为磁场较大,传感单元的电压变化值较大.鉴于此,该传感器预期能在电子设备中广泛应用.

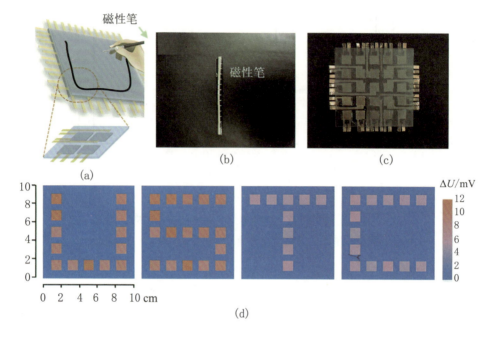

图 20.21　由双模式传感器阵列制成的智能书写板、磁性笔、双模式传感器阵列实物图和电压变化曲线

20.2　磁流变塑性体的 3D 打印技术及其应用

20.2.1　线材挤出式磁流变塑性体 3D 打印

受自然生物的启发,具有刺激响应性、适应性和可设计性的软驱动器引起了广泛关注.与刚性驱动器相比,软驱动器具有结构简单、静音操作、柔韧性好、生物相容性好等优点.在该领域,基于刺激响应材料的智能驱动器非常受欢迎,它可以在不同的外部刺激下

快速、温和地产生各种机械变形. 基于各种驱动原理的刺激响应材料已广泛应用于软驱动器, 包括光、电、热、磁、气动、化学刺激等. 在这些驱动原理中, 磁驱动是最具吸引力的驱动方法之一, 因为磁场可以轻松无害地穿透大多数生物材料, 并提供一种快速有效的驱动方法, 其在磁共振成像和磁热疗中也已被证明对人类安全. 由磁性粒子和柔性聚合物基体组成的 MSE, 由于具有控制简单、响应快速和远程非接触驱动等优点, 已被广泛应用于不同领域. 其中, 软磁材料利用低剩磁和低矫顽力的羰基铁粉颗粒来实现结构变形对磁场的高响应. 在施加磁场时, 由于磁性颗粒与磁场之间的磁相互作用力, 结构可以获得较大的宏观变形. 撤去外磁场后, 可重构的 MSE 由于其固有的弹性和可逆特性可以恢复到原始状态. 最近, 已经开发了许多基于磁流变塑性体的柔性智能驱动器, 并且它们在磁性剪纸图案的形状转换和磁致动升降器、手风琴、阀门、泵和混合器的远程驱动方面表现出高性能.

由于结构复杂, 传统的成型方法在制造磁驱动器方面受到限制. 3D 打印技术作为一种增材制造方法, 已被应用于各个领域. 对于新一代磁驱动器而言, 由于 3D 打印结构的多样性, 基于各种基体材料的不同打印策略的开发至关重要. 近年来, 随着打印材料的发展, 许多基于 3D 打印技术的具有新颖设计理念的磁驱动器被开发出来, 包括数字光处理 (DLP)、直接墨水书写 (DIW) 和熔融沉积建模 (FDM). 3D 打印磁驱动器可分为基于均匀分散的软磁颗粒的结构和基于各向异性磁化分布的结构. 后者是通过图案化磁性颗粒或磁化基体中的硬磁颗粒实现的. 这些驱动器将在磁场作用下承受力或扭矩的作用, 从而导致形状变化. 此外, 3D 打印方法的多样性可以促进磁驱动器的发展. 其中与 DLP 相比, FDM 具有工作原理简单、无颗粒沉降、材料适应性广、成本低等优点. 此外, 在 DIW 打印过程中, 由于墨水的初始模量较低, 打印 3D 结构时, 驱动器可能会在重力作用下坍塌变形. 而且, 以前打印的磁驱动器大多是 2D 和 2.5D 结构, 很少有结构复杂的软磁驱动器. 因此, 开发简单 3D 打印具有磁形状操纵的软驱动器技术仍然是一个挑战. 然而, 在 FDM 方法中, 由于打印线材与油墨相比具有较大的模量, 并且材料在打印过程中迅速冷却, 因此可以直接打印 3D 结构. 所以基于柔性磁流变塑性体的 FDM 打印是一种有效可行的解决方案, 在这种情况下兼具橡胶和热塑性特性的热塑性橡胶 (TPR) 材料是一种理想的基体材料.

本节采用熔丝沉积成型方法 3D 打印磁流变塑性体驱动器. 首先通过熔融共混热塑性橡胶材料和羰基铁粉来制备新型的磁流变塑性体打印线材; 然后通过拉伸和弯曲实验研究了打印路径、层厚对打印试样力学和变形性能的影响; 接着分析了基于悬臂梁模型的磁致变形行为, 以阐述驱动机制. 最后, 通过实验和有限元仿真研究了磁场对抓手型、蝴蝶型和花型仿生驱动器的磁致变形性能的影响. 该研究有助于推动具有可编程结构的仿生驱动器的发展,验证了 3D 打印磁流变塑性体在软机器人等领域的应用潜力.

用作柔性基体材料的热塑性橡胶(肖氏硬度为 70 A)颗粒购自韩华道达尔能源化工(上海)有限公司. 磁性填料、羰基铁粉颗粒(平均直径为 7 μm)购自巴斯夫公司. 在制备之前,热塑性橡胶颗粒和羰基铁粉在 50 ℃ 下干燥 10 h. 磁性线材的制备和仿生磁流变塑性体驱动器的打印过程如图 20.22 所示. 如图 20.22(a) 所示,热塑性橡胶颗粒首先在密炼机中被加热到 70 ℃ 以软化颗粒表面,然后将相同质量的羰基铁粉颗缓慢加入与热塑性橡胶颗粒进行预混合,在充分搅拌后得到复合颗粒. 再使用双螺杆挤出机制备羰基铁粉颗质量分数 50% 的磁性线材 (图 20.22(b)). 先将上述复合颗粒倒入进料斗,然后通过下方的螺杆推进输送至挤出机加热段,在双螺杆挤出机中于 190 ℃ 下充分熔融共混以使羰基铁粉颗均匀分散,最后熔融混合物出模后,过水冷却成型. 通过使用合适的进料速度、螺杆速度和拉丝速度,可以得到所需直径为 1.7~1.8 mm 的磁性线材,其可以被顺利送入 3D 打印机. 最后,使用 FDM 3D 打印机打印仿生磁流变塑性体驱动器.

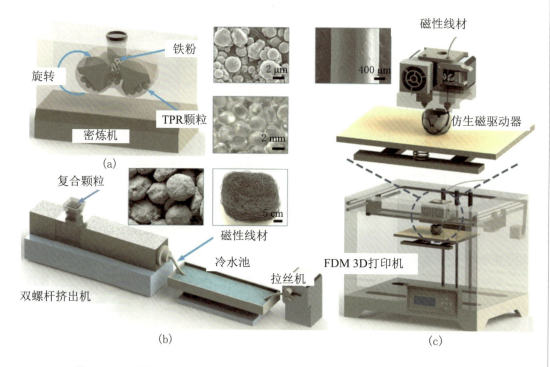

图 20.22　磁性线材的制备过程和仿生磁流变塑性体驱动器的打印过程示意图

本节通过扫描电子显微镜(GeminiSEM 500,卡尔·蔡司公司生产)观察磁性线材和打印薄膜的微观形貌. 使用磁滞回线测量系统(HyMDC Metis, Leuven 公司生产)表征磁性线材的磁性能. 通过动态力学分析仪(ElectroForce 3200, TA 仪器公司生产)获得磁性线材和打印薄膜的拉伸性能,拉伸速率设置为 0.1 mm/s. 此外,由钕铁硼永磁体、商用电磁铁和直流程控电源产生的磁场由特斯拉计 (HT20,上海亨通磁电科技有限公司生产) 测量. FDM 3D 打印时使用商用 3D 打印机 (Creator Pro,浙江闪铸三维科技有限公司生产) 完成的.

采用有限元法计算 MSE 驱动器的仿生驱动变形特性. 仿真使用 COMSOL Multiphysics 5.4 软件进行, 几何模型首先由 SolidWorks 2016 建模并直接导入 COMSOL. 几何模型包括固体域和空气域, 每个域由相应的材料属性定义. MSE 驱动器上的磁作用力是从力计算界面导入的, 固定支撑被施加到 MSE 驱动器的相应约束位置. 在小应变和大旋转的变形情况下, 非线性求解器设置选项是打开的. 在适当进行网格划分和求解后, 可以得到仿生 MSE 驱动器的变形特性模拟.

TPR/CIP 复合材料具有良好的热塑性和高柔韧性, 是制造直径 1.7~1.8 mm 的磁性线材的理想原材料. 在打印过程中, 通过调整和优化打印参数可以获得较高的打印精度, 喷嘴直径为 0.8 mm, 打印速度、层高和填充密度分别设置为 10 mm/s、0.2 mm 和 100%. 此外, 喷嘴温度和底板温度设置为 210 和 70 °C. 各层填充图案的打印方向为 0° 或 90°. 如图 20.23(a) 所示, 纯热塑性橡胶线材的材质干净且均匀. 在热塑性橡胶材料掺杂黑色的羰基铁粉后, 磁性线材呈黑色. 图 20.23(b) 是磁性线材横截面的 SEM 图, 表明羰基铁粉均匀分布在热塑性橡胶内, 且羰基铁粉与热塑性橡胶基体之间的表面结合能力非常强. 这里, 打印线材可通过 3D 打印技术用于打印各种结构. 如图 20.23(c) 所示, 通过上述方法很容易获得磁性打印薄膜, 并且通过改变打印方向展现出具有不同丝方向的薄膜结构. 此外, 还研究了打印薄膜表面的 SEM 图. 显然, 它在单层内几乎一致, 表明该方法具有良好的可打印性. 而且, 打印丝之间的黏附力较强, 可以赋予打印结构良好的力学性能.

如图 20.24(a) 所示, 磁滞回线显示羰基铁粉、磁性线材和纯热塑性橡胶线材的饱和磁化强度分别约为 245、123 和 0 emu/g. 此外, 磁性线材的剩余磁化强度和矫顽力几乎为零, 这使得它的磁性能很容易发生变化. 磁性线材的循环拉伸应力–应变曲线如图 20.24(b) 所示. 在每个循环加载阶段, 施加拉伸位移分别达到 30%、60% 和 90% 的应变, 然后在下一个循环加载开始前将位移恢复到初始位置. 正如预期的一样, 应力–应变曲线取决于之前加载的最大载荷. 实验结果表明, 所制备的磁性线材表现出典型的 Mullins 效应, 即在每个加载阶段, 如果载荷小于前一次最大加载载荷, 则拉伸应力将远低于前一次加载过程的应力, 并且表现出非线性弹性行为. 当载荷增加超过前的最大载荷时, 应力–应变曲线将恢复到线弹性曲线.

为了研究打印方向 (0° 和 90°) 和层数 (1~3 层) 对打印薄膜机械性能的影响, 打印了不同方向和不同厚度 (0.34、0.54 和 0.74 mm) 的两种薄膜: 0° 薄膜和 90° 薄膜. 薄膜的长度和宽度分别为 50 和 10 mm. 对于 0° 薄膜, 其打印方向与宽度方向相同 (图 20.25(a)). 而对于 90° 薄膜, 其打印方向与长度方向相同 (图 20.25(a)). 所有薄膜样品的拉伸方向均沿长度方向进行测试. 图 20.25(b) 给出了具有不同打印方向和层数的打印薄膜的拉伸应力–应变曲线的比较结果. 初始的 3% 应变区域用于计算拉伸模量, 因为其应力–应变曲线是线性的. 结果表明, 对于相同层数的薄膜, 0° 薄膜的拉伸模量 (1~3 层薄膜的模量分别为 17.3, 21.3 和 23.7 MPa) 总是小于 90° 薄膜 (1~3 层薄膜的模量分别为 27.7, 32.8 和 34.1 MPa). 这是因为在每一层中, 0° 薄膜具有更多的打印丝黏附. 打印丝之间较大的接触面积增加了空隙和不完善黏附的可能性, 这将会导致较小的拉伸模量. 此外, 保持相同的打印方向, 拉伸模量随着打印层数的增加而增加. 造成这种现象的原因可能是在打印下一层时, 前一层中的一些材料会被喷嘴加热熔化, 减少了一些空隙和缺陷. 最后, 与磁性线材 (36 MPa, 图 20.25(b)) 相比, 由于打印过程中的空隙和不完善的黏附, 所有打印薄膜的强度都有相应的下降.

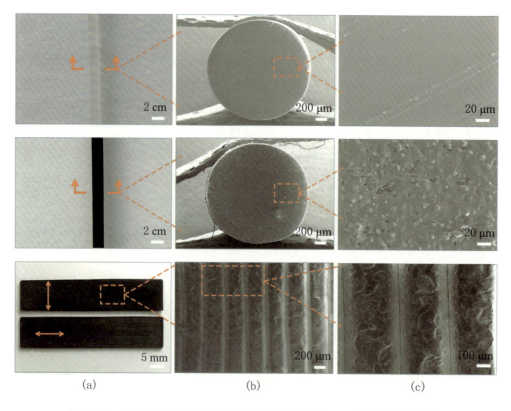

图 20.23　纯热塑性橡胶线材和磁性线材的实物图、SEM 图及其放大图像

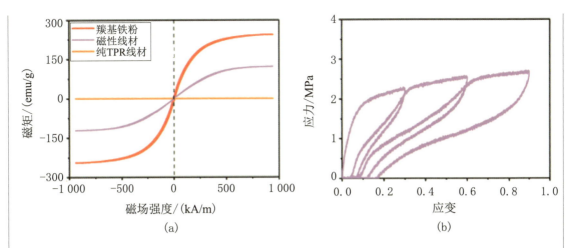

图 20.24 羰基铁粉、磁性线材和纯 TPR 线材的磁化曲线以及磁性线材的拉伸应力–应变曲线

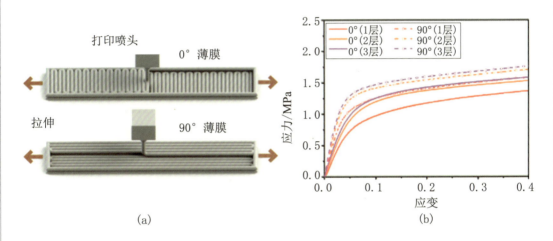

图 20.25 打印方向示意图以及 0° 和 90° 薄膜的拉伸应力–应变曲线

为了研究不同打印方向和打印层数薄膜的弯曲变形行为,进行了悬臂梁弯曲实验. 图 20.26(a) 为悬臂梁测试系统的示意图. 试样的结构和尺寸与之前的拉伸试样相同. 通过移动 NdFeB 磁铁 (N52, 50 mm×50 mm×30 mm) 的高度来控制悬臂梁周围的磁场强度,并由与悬臂梁相同高度的特斯拉计探头实时监测磁场大小. 同时用摄像机记录梁的弯曲变形,并通过分析软件计算其变形大小. 为方便起见,悬臂梁的长度记为 L,挠度定义为悬臂梁自由端的垂直位移.

图 20.26(b)~(d) 给出了悬臂梁的弯曲变形与施加磁场之间的关系曲线. 其中,弯曲变形过程可分为三个阶段:在第一个阶段,弯曲挠度随着磁场增加而缓慢增加. 当对悬臂梁施加磁场时,会沿着悬臂梁的厚度方向产生磁力,且随着磁场增加而增大. 在第二个阶段,随着磁场进一步增大,悬臂梁的弯曲偏转急剧增加. 这是因为当磁铁靠近时,梁周围

的磁场显示出非线性增加. 因此, 磁相互作用力会相应增加, 非线性磁力分布引起较大变形. 在最后阶段, 弯曲偏转的平衡状态将获得接近薄膜长度的最大挠曲变形, 此时悬臂梁的弯曲角度接近 90°. 此外, 与拉伸实验 (图 20.26(b)) 一致, 对于相同测试长度和层数的悬臂梁, 0° 薄膜总是比 90° 薄膜更容易产生大的偏转变形. 图 20.26 还表明, 在相同的层数下, 较长的梁在相同的磁场作用下可以产生更大的变形. 由于抗弯刚度低, 厚度相对较薄的梁也比厚梁更容易发生弯曲偏转变形. 总之, 打印方向、打印厚度和长度都会影响悬臂梁在磁场作用下的偏转变形. 因此, 通过不同的参数组合, 可以设计不同磁场作用下的打印磁驱动器的变形大小.

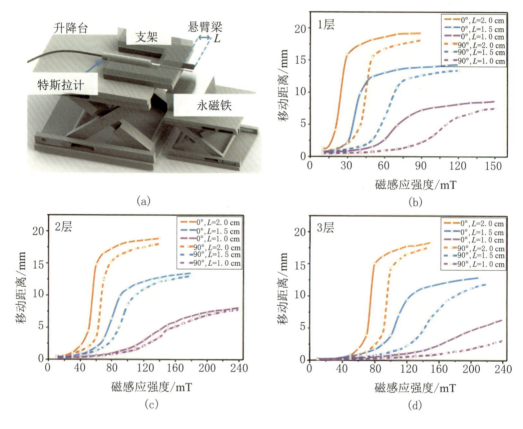

图 20.26 悬臂梁测试系统以及 0°, 90° 薄膜弯曲变形与磁感应强度的关系

为了更好地理解变形机制, 采用将打印薄膜简化为悬臂梁的理论模型来说明其在磁场作用下的磁响应行为 (图 20.27). 对于可在外磁场作用下磁化的各向同性 TPR/CIP 复合材料, 磁化强度 M 与磁场 H 的关系为 $M = (\mu_r - 1)H$, 其中 μ_r 为相对磁导率. 由于复合材料的磁性能仅由羰基铁粉的含量决定, 相对磁导率可由 $\mu_r = 1 + \dfrac{3\phi(4+\phi)}{4(1-\phi)}$ 计算, ϕ 为磁性颗粒的体积分数. 磁感应强度 B 可由 $B = \mu_0(H + M)$ 得到, 其中 μ_0 为真空磁

导率. 然后, 复合材料的磁化强度可以表示为 $M=(\mu_r-1)H=\frac{(\mu_r-1)}{\mu_0\mu_r}B$. 此外, 施加在梁上的磁力可以由 $f_m=M\cdot\nabla B$ 获得. 因此, 结合上述方程, 当悬臂梁的长度、宽度和厚度分别为 l, m 和 n 时, 沿梁长度方向的磁场载荷 q 为

$$q = f_m mn = \frac{mn(\mu_r-1)}{\mu_0\mu_r}B\partial B \tag{20.6}$$

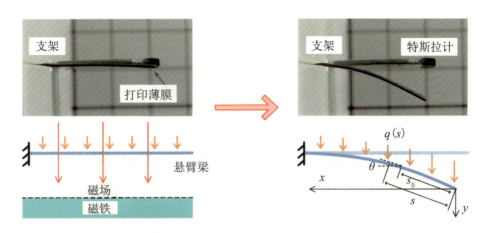

图 20.27 打印薄膜的磁致变形及其示意图

变形后, 梁的形状如图 20.27 所示, 其中载荷方向与初始状态一致, 竖直向下. 这里, (x, y) 和 (s, θ) 分别表示直角坐标和曲线坐标. 由于自由端的原点相同, 几何关系可以表示为 $dx = \cos\theta ds$ 和 $dy = \sin\theta ds$. 通常, 假定梁的长度保持不变. 因此, 梁的挠度微分方程可写为

$$EI\frac{d\theta}{ds} = -\int_0^s q(s_0)\left(\int_{s_0}^s \cos\theta(s_1)ds_1\right)ds_0 \tag{20.7}$$

其中 EI 是梁的弯曲刚度. 根据微积分理论, 再次对方程两端求导, 得

$$EI\theta'' + \cos\theta \int_0^s q(s_1)ds_1 = 0 \tag{20.8}$$

其中边界条件为 $\theta(l)=0$ 和 $\theta'(0)=0$. 方程 (20.8) 是典型的非线性常微分方程边值问题, 通常采用打靶法的数值积分求解. 得到 θ 关于 s 的方程后, 梁上任意一点的坐标可通过 $x(s)=\int_n^s \cos\theta ds$ 和 $y(s)=\int_n^s \sin\theta ds$ 求得. 这里, 首先根据初始条件获得载荷 q. 然而, 非均匀磁场中的载荷会随着梁的变形而变化, 这称为磁弹性耦合. 为了解决耦合问题, 需要采用迭代算法来反复迭代求解方程 (20.6)~(20.7). 其求解过程在数学上是复杂、困难的, 而有限元法则非常适合此类问题的求解. 因此, 本节将利用有限元模拟来获得复杂结构在各种磁场作用下的磁致变形. 因此, 决定磁响应行为的物理原理非常简单: 驱动器结

构在外磁场作用下受磁力驱动和控制,最终形状由磁力和弹性相互作用力平衡决定.撤去磁场后,驱动器结构将恢复到初始形状,这是由变形应变能驱动的.

图 20.28 展示了各种 3D 打印结构的形状,包括多边形、多面体、三维几何结构、类尺蠖状结构、类齿轮状结构、类鼓状结构和类蜂窝状结构.打印结构的表面精细、光滑且连续,表明 TPR/CIP 磁线材适用于 FDM 技术的 3D 结构打印.二维和三维复杂结构均已成功构建,展现了 FDM 3D 打印技术的多功能性.基于上述结果,可以得出结论:磁线材良好的打印适应性确保了其可用于打印复杂结构的磁流变塑性体驱动器.

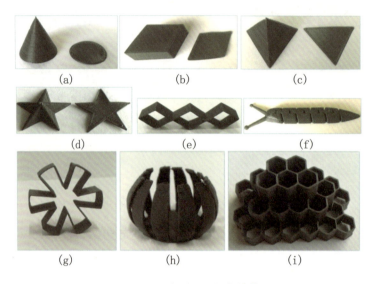

图 20.28　各种 3D 打印结构

(a) 圆锥和圆形;(b) 棱柱和菱形;(c) 四面体和三角形;(d) 三维五角星和平面五角星;(e) 连续棱柱状结构;(f) 类尺蠖状结构;(g) 类齿轮状结构;(h) 类鼓状结构;(i) 类蜂窝状结构.

受章鱼触手捕食行为的启发,设计并打印了一种类触手状的 MSE 驱动器,以展示真实触手的运动特性.四臂触手状 MSE 驱动器的结构设计和磁场加载方式如图 20.29(a) 所示.首先将驱动器的顶端固定在支架上,然后穿过驱动器放置钕铁硼磁铁(N35,10 mm×10 mm×50 mm) 以提供外磁场.通过上下垂直移动 NdFeB 磁铁,可以获得不同的磁场强度以提供磁驱动力.使用相机记录了 MSE 驱动器运动过程的数字图像和视频.此处,挠度定义为臂末端的水平位移.驱动变形的挠度实验值和模拟值如图 20.29(b) 所示.

图 20.30 简要展示了类触手状 MSE 驱动器的抓取和释放运动过程.在磁铁向下运动的过程中,触手会在磁场作用下向磁铁一侧弯曲,最终随着磁场强度的增加而达到闭合状态.通过向上移动磁铁,触手在材料固有弹性的作用下恢复到原来的形状.该结果

表明,基于磁性线材打印的 MSE 驱动器具有热塑性橡胶基体的柔韧性,可以通过磁力远程控制其变形. 显然,可以通过增加打印层数来提高结构的强度,但与此同时需要更强的磁场来驱动较厚的层结构发生磁致变形. 类触手状 MSE 驱动器的运动过程如图 20.30 所示,通过磁驱动可以连续、快速、可逆地控制抓握和释放运动. 此外,采用有限元方法分析了驱动器的运动过程. 臂末端的挠度变形仿真结果与实验结果具有相似的变化趋势 (图 20.30),表明仿真模型可以定性地预测 MSE 驱动器的仿生驱动变形. 换句话说,基于 MSE 驱动器的快速、可逆变形可以实现可重构的抓取动作. FDM 3D 打印技术在仿生磁驱动器制造中的成功应用,为集成结构驱动器的打印成型提供了参考借鉴.

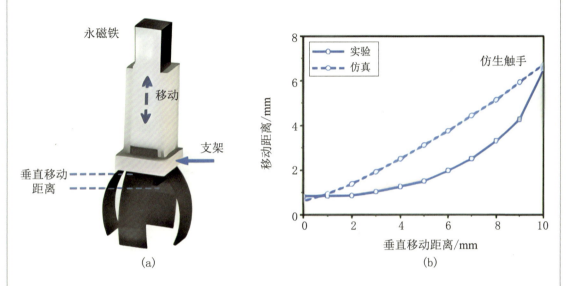

图 20.29 类触手状 MSE 驱动器以及驱动变形的挠度实验值和模拟值

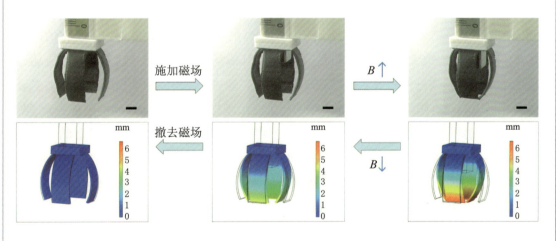

图 20.30 类触手状 MSE 驱动器的仿生驱动变形和有限元模拟 (比例尺:5 mm)

受蝴蝶飞行的启发,设计并打印了相应的类蝴蝶状的 MSE 驱动器,以模仿蝴蝶的真实运动. 如图 20.31(a) 所示,类蝴蝶状 MSE 驱动器的中心部位固定在支架上,电磁铁直接放置在支架下方以提供周期性磁场. 通过均匀增大和减小电流,可以获得相应的磁相互作用力以作为磁激励. 驱动器中心部位的磁场由特斯拉计 (0~4 A, 对应 0~130 mT) 测量. 使用相机记录了类蝴蝶状 MSE 驱动器在磁场作用下快速拍打的数字图像和视频. 此处,挠度定义为翅膀末端的垂直位移. 驱动变形的挠度实验值和模拟值如图 20.31(b) 所示.

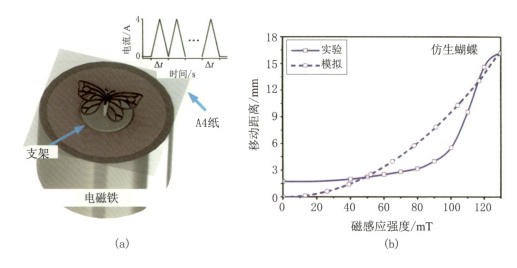

图 20.31 类蝴蝶状 MSE 驱动器以及驱动变形的挠度实验值和模拟值

图 20.32 简要展示了类蝴蝶状 MSE 驱动器的翅膀在磁场作用下的扑动过程. 在磁场从 0 mT 增加到 130 mT 的过程中,驱动器翅膀的末端从最高位置移动到最低位置,弯曲成真正蝴蝶的 "飞行" 姿势. 撤去磁场后, MSE 驱动器在固有弹性的作用下恢复到原来的形状. 结果表明,类蝴蝶状 MSE 驱动器的结构演变可以立即跟随变化的外磁场. 扑动速度取决于磁场的变化速度. 通过在循环磁场作用下的可逆磁驱动变形成功地模仿了用于飞行或悬停的重复拍打动作. 此外,类蝴蝶状 MSE 驱动器的仿生驱动变形过程也可以通过有限元分析. 翅膀末端的挠度变形模拟值和测量值之间的趋势一致 (图 20.31(b)),表明有限元分析模型可以为具有复杂结构的 3D 打印 MSE 驱动器的变形过程提供一定参考. 综上所述,基于快速成型和结构可设计性的优势,3D 打印仿生 MSE 驱动器在软机器人领域具有广阔的应用前景.

此外,设计并打印了具有不同花瓣长度的类花状 MSE 驱动器,以展示花朵的连续形状变换过程. 如图 20.33(a) 所示,类花状 MSE 驱动器直接放置在电磁铁的铁芯上方,并在施加磁场后变形. 为了评估类花状 MSE 驱动器的磁响应行为,使用相机记录了其仿生驱动变形过程. 这里, 挠度被定义为花瓣最高点的水平位移. 图 20.33(b) 给出了驱动变形的挠度实验结果和模拟结果之间的比较. 显然, 模拟值和实验值的变化趋势是一致的, 表明建立的有限元模型能够描述仿生驱动变形行为. 这里, 由于计算收敛性的限制, 模型不能很好地拟合失稳变形后的大旋转变形. 因此, 基于非线性求解的有限元模型对于解释花瓣的弯曲变形和预测低旋转角度下的挠度是有效的, 这对智能仿生 MSE 驱动器的结构设计很有帮助.

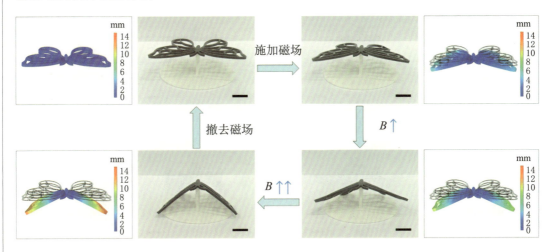

图 20.32 类蝴蝶状 MSE 驱动器的仿生驱动变形和有限元模拟 (比例尺: 10 mm)

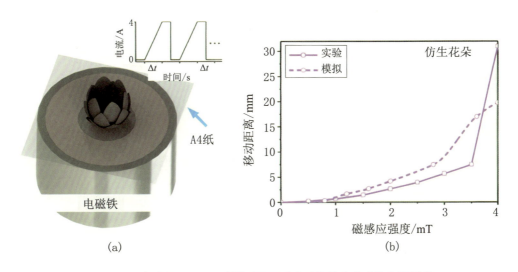

图 20.33 类花状 MSE 驱动器以及驱动变形的挠度实验值和模拟值

图 20.34 简要给出了类花状 MSE 驱动器的连续开花过程. 在弱磁场作用下, 所有的花瓣先开始向外偏转, 以平衡磁相互作用力. 在这个阶段, 由于材料较大的模量, 花瓣变形缓慢并保持笔直. 随着磁场强度的增加, 内层的花瓣发生失稳变形, 但此时它们被外

层的花瓣挡住. 当磁场强度进一步增大时,外层的花瓣也开始发生失稳变形,最终整朵花以最终变形的形状锁在电磁铁的表面上. 撤去磁场后,所有的花瓣快速恢复到原来的形状,这是由于材料固有弹性的作用. 上述结果表明,花瓣的偏转弯曲行为取决于驱动器结构和外磁场强度. 与悬臂梁实验一致,花瓣长度对变形特性有关键作用. 较长的花瓣对磁场更敏感. 此外,驱动器的弯曲和恢复可以通过改变磁场强度来控制. 在磁相互作用力和弹性力的耦合下,类花状 MSE 驱动器可以定向打开花瓣.

图 20.34　类花状 MSE 驱动器的仿生驱动变形和有限元模拟 (比例尺: 10 mm)

显然,3D 打印的仿生 MSE 驱动器可以同时结合 3D 打印优势 (快速成型和方便的结构设计) 和 MSE 材料的优势 (高柔性、远程非接触控制和快速磁响应特性),在软体机器人、仿生驱动和生物医学等领域具有广泛的应用前景.

20.2.2　超低模量磁流变塑性体的泵送应用

如前所述,FDM 对于具有复杂结构的磁驱动器来说是最具吸引力的打印方法之一,已成功应用于仿生驱动器的打印,如类花状驱动器等. 然而,受限于商用打印机的线材送料结构,低模量线材在通过传动齿轮送入挤出头时会发生屈曲失稳或打滑现象. 因此,以往的研究主要集中在打印高模量的磁性材料上. 而将螺杆挤出技术引入打印机的加热组件,可以有效解决软材料打印过程中的连续进料问题. 通过使用旋转螺杆,熔体可以很容易地从进料斗输送到喷嘴. 此外,几种具有螺杆挤出系统的原型打印机已经在制药和食品工程领域进行了尝试探索. 因此, 基于螺杆挤出装置的新型 3D 打印策略的开发有望克服以前研究中 FDM 只能打印高模量磁性材料的问题.

本节探索研究一种螺杆挤出 3D 打印策略来制备超柔性磁流变塑性体驱动器. 首先通过熔融共混挤出和液氮研磨技术制备 CIP/TPR 打印粉末; 然后通过拉伸和弯曲实验研究不同打印路径的薄膜的力学性能的影响; 接着通过实验和仿真研究软管和管道结构的磁致变形行为, 仿真结果与实验结果吻合较好; 最后, 通过概念实验进一步论证吸盘驱动器的黏附原理和泵驱动器的泵送机制. 这种新颖的 3D 打印策略为超柔性 MSE 驱动器在软机器人和仿生学领域的发展提供了新机遇.

用作磁性填料的羰基铁颗粒 (平均直径为 7 μm) 购自巴斯夫公司. 柔性基体材料、热塑性橡胶 (肖氏硬度为 50 A) 颗粒购自韩华道达尔能源化工 (上海) 有限公司. 加工之前, 热塑性橡胶颗粒和羰基铁粉在 50 °C 下干燥过夜.

打印粉末是通过熔融共混挤出和液氮研磨技术制造的. 首先, 通过在 60 °C 的密炼机中以 1:1 的比例混合羰基铁粉和热塑性橡胶颗粒来制造磁性复合颗粒 (图 20.35(a)). 然后, 使用双螺杆挤出机制备羰基铁粉质量分数 50% 的磁性线材 (图 20.35(b)), 其中羰基铁粉通过熔融共混挤出均匀分散在热塑性橡胶基体中. 在 180 °C 的挤出温度下, 磁性复合颗粒从进料斗向下输送到挤出喷嘴. 用拉丝机将熔融混合物从模具中拉出并用水冷却以制造磁性线材. 接下来, 使用剪刀将所得的磁性线材剪裁成厘米级长度的短线材 (图 20.35(c)). 随后, 使用开炼机将被液氮冷冻成脆性的短线材压成小块, 重复冷冻、破碎步骤直至线材基本成为粉末 (图 20.35(d)). 再通过 30 目筛网得到长度小于 0.6 mm 的细粉末, 在室温下干燥过夜. 最后, 使用基于螺杆挤出技术的自制 FDM 3D 打印机来打印超柔性 MSE 驱动器 (图 20.35(e)). 它的工作原理如下: 首先将打印的粉末加到进料腔, 之后通过螺杆旋转提供推力, 使得粉末向喷嘴热区挤压, 最后形成熔融状态从喷嘴挤出, 然后将其沉积到打印平台上.

螺杆挤出头主要由驱动电机、挤压螺杆、料斗结构、加热组件和冷却系统组成. 电机轴通过刚性联轴器以及隔热套筒与螺杆连接. 此处, 挤出螺杆采用标准钢制自攻螺丝改加工 (型号: M5×80), 便于小型化打印头、方便更换螺杆零件以及降低成本. 螺杆导程为 2.5 mm, 有利于提高熔融物挤出的控制精度, 与此同时, 需要更细的颗粒 (直径小于 0.6 mm), 更适用于桌面小型 3D 打印机或落地式中型 3D 打印机. 将螺杆前端磨出宽槽, 用来对熔融材料进行排气, 防止喷嘴出丝后带有气泡而导致打印失败或者表面粗糙. 此外, 联轴器上的搅拌结构和漏斗形料斗的组合可用于实现粉末的连续进料. 最后, 打印机结构可拆卸, 便于维护和更换打印材料. 打印机控制器采用的是开源的 Marlin 固件, 可以方便地设置固件参数以便更好发挥打印机的性能和增强适应性. Simplify 3D 软件,因具有友好的操作界面和丰富的参数设置功能可以更容易对模型进行切片. 将螺杆挤出头集成在三维运动控制系统中可以实现复杂平面图案与空间结构的打印. 同时, 基于多个螺杆挤出头可以方便地打印具有不同拉伸模量的 MSE, 更好地调控其力学性能以适应不同的应用要求. 单螺杆挤出头打印机和双螺杆挤出头打印机装置如图 20.36 所示.

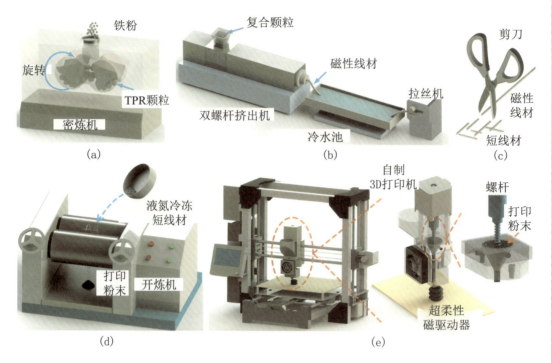

图 20.35　打印粉末的制备过程以及超柔性磁流变塑性体驱动器打印过程的示意图

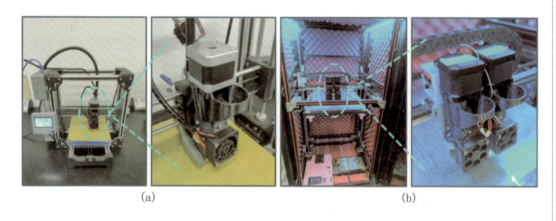

图 20.36　单螺杆挤出头和双螺杆挤出头的打印机装置

本节通过使用扫描电子显微镜 (GeminiSEM 500) 表征打印粉末和打印薄膜的微观形貌. 通过使用磁滞回线仪 (HyMDC Metis) 测量材料的磁滞回线. 单轴拉伸、弯曲和压缩测试由动态机械分析仪 (ElectroForce 3200) 和商用流变仪 (Physica MCR 301) 进行. 磁场由特斯拉计 (HT20) 进行测量.

通过商业软件 COMSOL Multiphysics 5.5 分析超柔性 MSE 驱动器的磁致变形和泵送性能. 使用 SolidWorks 2016 进行几何建模, 包括空气、固体和流体域, 并直接导入 COMSOL Multiphysics 软件. 超柔性 MSE 驱动器的有限元分析涉及多个物理场, 因此建立了基于磁场模块、固体力学模块和层流模块的有限元分析模型. 有限元分析包括三个步骤: 计算磁场分布; 分析前一磁场作用下的磁致变形; 研究固体域对流体域泵送性能的影响. 驱动器上的磁力从磁场模块中的力计算接口导入, 通过 Maxwell 表面应力张量积分计算得到. 之后, 在固体力学模块中, 将驱动器底部设置为固定约束. 边界载荷 (磁力) 被施加在驱动器的表面. 在层流模块中, 边界条件设置为恒定出口压力. 此外, 材料的杨氏模量、相对磁导率和密度作为材料属性输入. 最后, 经过适当的网格划分和求解后, 就可以得到仿真结果.

作为所需的打印材料, 首先通过熔融挤出制备磁性线材. 其数字图像和 SEM 图如图 20.37(a) 所示. 由于基体中存在羰基铁粉, 磁性线材外观呈黑色. 显微照片表明, 熔融挤出后磁性填料均匀分散在基体中, 羰基铁粉与热塑性橡胶基体的表面结合能力非常强. 随后, 通过液氮研磨技术制备打印粉末 (图 20.37(b)). 显微照片显示, 经粉碎后的粉末形状不规则, 经过 30 目的筛网过筛后粉末的最大长度小于 0.6 mm. 然后, 打印具有 0° 和 90° 不同打印方向的薄膜 (图 20.37(c)). 打印出的薄膜表面形态光滑, 打印丝的最大宽度约为 0.6 mm. 显然, 单层中相邻的丝紧密黏合在一起, 基本没有任何空隙. 此外, 长方形框架也是通过逐层沉积打印的 (图 20.37(d)). 显微照片显示了沿高度方向的层间丝之间的边界, 其表面质量和几何精度优于单层内的打印丝. 此外, 经过多次熔融共混挤出后, 羰基铁粉和热塑性橡胶基体的结合始终良好. 总之, 打印丝之间的强附着力将赋予打印样件良好的机械性能.

对磁性线材进行拉伸实验以研究其机械性能 (图 20.38(a)). 图 20.38(b) 是磁性线材在不同拉伸应变 (30%, 60% 和 90%) 下的应力-应变曲线. 由于磁性颗粒的增强作用, 与纯热塑性橡胶线材相比, 磁性线材的弹性模量和强度有所增加. 此外, 加载和卸载曲线取决于之前遇到的最大加载, 这表现出典型的 Mullins 效应. 图 20.38(c) 是羰基铁粉、磁性线材和纯热塑性橡胶线材的磁化曲线, 饱和磁化强度分别约为 245, 123 和 0 emu/g, 这归因于基体内羰基铁粉的不同质量分数. 而其剩余磁化强度和矫顽力几乎为零, 表明磁性线材具有良好的软磁性质.

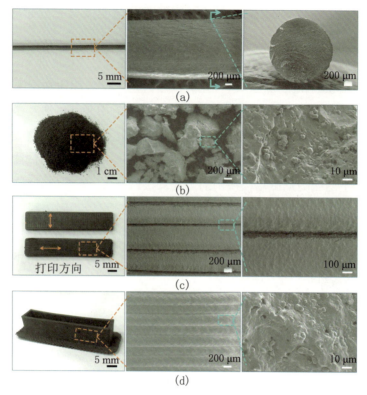

图 20.37　磁性线材、打印粉末、打印薄膜的单层丝和打印框架的层间丝的实物图和 SEM 图

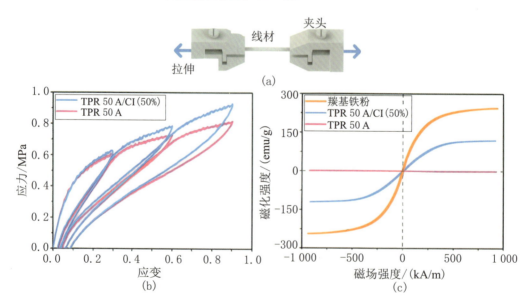

图 20.38　磁性线材拉伸实验示意图及其拉伸应力–应变曲线以及磁性线材和纯热塑性橡胶线材的磁化曲线

下面进行了连续拉伸测试以研究 0° 和 90° 不同打印方向所打印薄膜的机械性能 (图 20.39(a)). 对于 0° 和 90° 薄膜, 打印方向分别平行于宽度和长度方向. 图 20.39(b) 和 (c) 显示了 40% 拉伸应变下 100 次循环的拉伸应力–应变曲线. 显然, 塑性变形行为发生在第一次加载循环中. 经过多次加载循环后, 应力–应变曲线的变化逐渐变小. 在第一次加载阶段, 0° 和 90° 薄膜的线性弹性区域 ($\varepsilon < 5\%$) 的拉伸模量分别约为 1.9, 2.3 MPa. 经过 100 次循环拉伸实验后, 稳定的弹性模量分别为 1.4, 1.6 MPa, 表明在发生轻微塑性变形后线材具有良好的弹性行为. 能量耗散可以用滞回曲线的面积来表示. 多次加载后拉伸实验的滞回曲线几乎重叠, 表明能量耗散小, 结构稳定性强, 弹性性能好. 这归因于 TPR 基体材料固有的弹性. 此外, 机械性能取决于打印方向. 0° 薄膜的拉伸模量略低于 90° 薄膜. 如果这归因于打印丝之间具有较大接触面积, 其空隙和不完美黏附的可能性也更大.

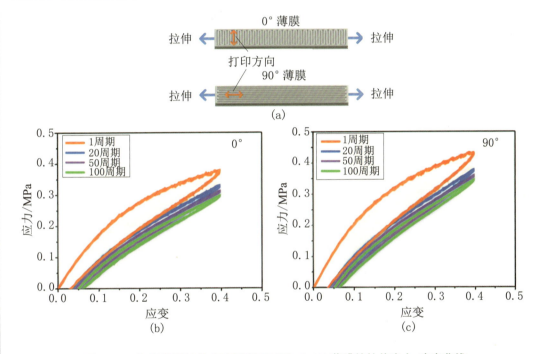

图 20.39 打印薄膜拉伸实验示意图以及 0°, 90° 薄膜的拉伸应力–应变曲线

此外, 还进行了弯曲实验以研究薄膜变形的稳定性 (图 20.40(a)). 由于测试仪器的限制, 通过调整夹具之间的距离, 以 1 mm 的位移步长对薄膜施加各种法向力. 图 20.40(b) 和 (c) 显示了以 0° 和 90° 薄膜 (30 mm×10 mm×1.25 mm) 的弯曲角度作为法向力的函数曲线. 在第一加载阶段, 弯曲角度略有增加, 但法向力急剧增加. 这是因为只有当法向力大于结构的承载能力时才会发生弯曲失稳. 结果表明, 0° 薄膜的临界屈曲

力略低. 与上述拉伸实验一致,因为 0° 薄膜的模量略小. 随后,当载荷进一步增加时,弯曲角度急剧增大. 虽然弯曲角度与法向力正相关,但弯曲失稳后结构承载能力明显下降. 曲线的斜率是薄膜弯曲性能的直观表征,表明 0° 和 90° 薄膜的弯曲性能相当. 总之,由于打印丝之间的良好黏附性,两种打印方向的薄膜都具有良好的弹性,可以为结构提供良好的机械性能.

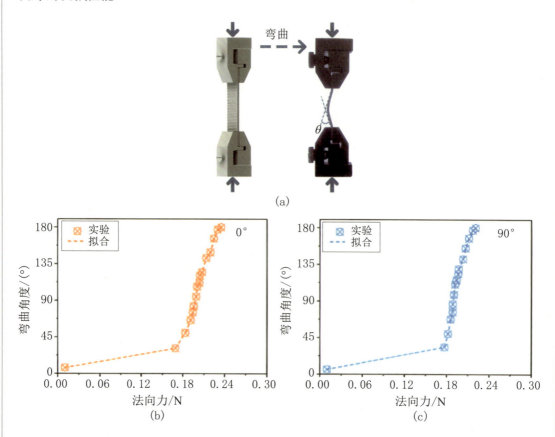

图 20.40 打印薄膜弯曲实验示意图以及 0°, 90° 薄膜的弯曲角度与法向力之间的关系

磁致变形能力是超柔性 MSE 驱动器最重要的特性. 为了研究软管结构的收缩能力,测试了其在各种结构参数和磁场作用下的收缩变形情况. 在磁场作用下软管结构的典型收缩变形过程如图 20.41(a) 所示. 可以通过测量结构的高度变化来计算收缩率. 定义为 $\phi = \Delta h/h$,其中 h 和 Δh 分别为初始高度和高度变化值. 通过调整 NdFeB 磁体 (30 mm×30 mm) 和软管之间的距离,可以将各种磁场施加到软管结构上. 此外,使用特斯拉计在软管结构底部的中心测量施加的磁场,当磁铁靠近时磁场显示出非线性增长 (图 20.41(b)).

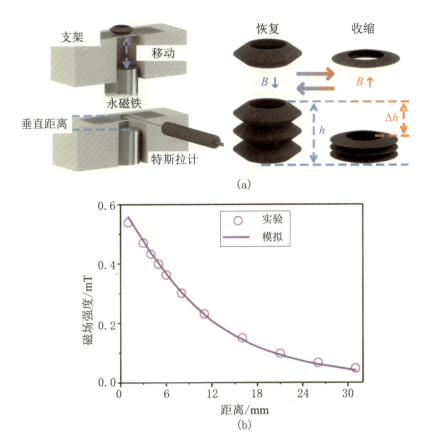

图 20.41　软管结构测试系统示意图以及磁场和软管到 NdFeB 磁铁之间距离的关系

软管结构的收缩能力取决于结构参数和磁场. 长度与高度的比 (长高比) 可用于表示软管单元的折叠程度. 显然, 保持相同的磁场, 增加长高比会产生更大的收缩率 (图 20.42(a)). 当折叠程度从 1/3 增加到 5/3 时, 软管单元收缩率从 0.01 增加到 0.6. 此外, 还进一步比较了不同层厚的软管单元的收缩率. 当打印层数从 1 增加到 4 (厚度从 0.8 mm 增加到 3.2 mm) 时, 收缩率从 0.66 下降到 0.07 (图 20.42(b)). 刚度的提高归因于折叠程度的降低和打印层厚的增加, 这削弱了磁场对变形的影响.

此外, 我们还研究了磁场对收缩能力的影响. 首先采用静态加载来评估软管单元的压缩性能 (图 20.42(c)). 软管单元放置在流变仪平台上, 力传感器用于测量一系列不同加载位移下的法向力. 在较小的法向力范围内, 收缩率随法向力线性增加. 当法向力达到 0.4 mN 时, 结构单元变得不稳定并失去承载能力, 收缩率从 0.25 急剧增加到 0.55. 然后, 在进一步增加法向力时, 由于结构被压实, 收缩率保持不变. 图 20.42(d) 给出了软管单元在不同磁场作用下的收缩情况. 与上述压缩实验一致, 曲线可分为三个阶段. 在弱磁场作用下收缩率略有增加. 当磁场强度足够大时, 作用在软管单元上的磁力随着磁弹性耦合变形的增加而显著增加.非线性增加的磁相互作用力导致结构不断压缩,直到结构几乎重叠.

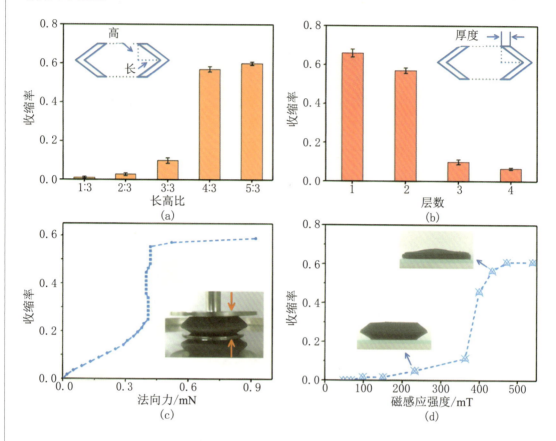

图 20.42　长高比、层厚、法向力和磁场对软管单位收缩率的影响

然而,软管结构与软管单元的磁致变形有些不同.在静态加载实验中,软管结构收缩率与法向力保持正相关关系,直到结构被压实,表现出稳定的等效压缩刚度(图 20.43(a)).此外,由于磁性颗粒和磁场之间的相互作用,软管结构可以在磁场作用下快速收缩.在初始阶段,软管结构保持笔直状态.当施加的磁场为 302 mT 时,结构的底部单元首先被吸引并收缩.这归因于磁体周围磁场的非线性增加,导致磁相互作用力急剧增加.然后,随着磁场强度进一步增大,整个软管结构不断地逐层收缩,直至完全收缩.在收缩过程中,在 433,539 mT 磁场作用下,结构的稳定收缩率分别为 0.39 和 0.61 (图 20.43(b)).当磁场撤去时,由于材料的固有弹性,整个结构将恢复到其原始状态.此外,变形 100 次循环后,收缩率的降低可以忽略不计 (图 20.43(c)),显示出材料良好的重复变形性能.

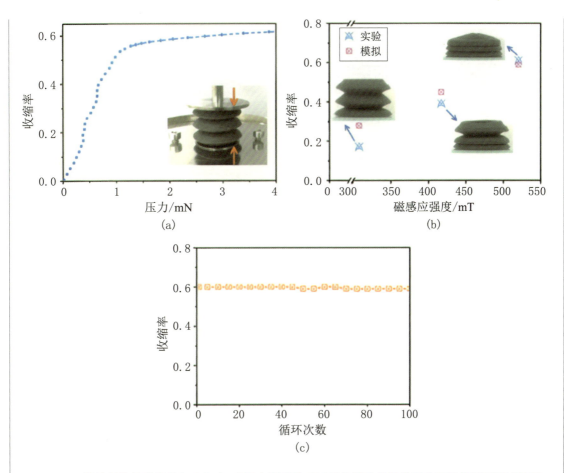

图 20.43 软管结构的收缩率与法向力、磁场之间的关系以及软管结构的收缩变形性能循环测试结果

此外,通过有限元方法分析研究了磁场引起软管结构的变形过程. 在施加磁场时,软管结构由于磁相互作用力而收缩. 图 20.44 显示了软管结构在不同磁场作用下的位移分布. 显然,较强磁场作用下模拟结果与实验结果非常接近,表明有限元模型可以预测结构的变形. 然而,在弱磁场情况下存在一些差异,这是由于有限元模型无法准确模拟失稳过程造成的. 总之,上述结果表明软管结构具有快速、稳定和准确的形状变换响应.

由于 3D 打印技术的优势,可以轻松构建具有不同结构的超柔性 MSE 驱动器. 因此,还研究了管道结构在各种结构参数和磁场作用下的磁致变形能力. 在磁场作用下管道结构的典型变形情况如图 20.45(a) 所示. 收缩率定义为 $\phi = (S - S')/S$,其中 S 和 S' 分别是原始面积和最终面积. 通过调整 NdFeB 磁体 (50 mm×50 mm×3 mm) 与结构之间的距离,可以在管道结构底部中心获得不同的磁场强度 (图 20.45(b)),这也表明了磁场强度随着管道结构和 NdFeB 磁铁距离的缩短呈非线性增长.

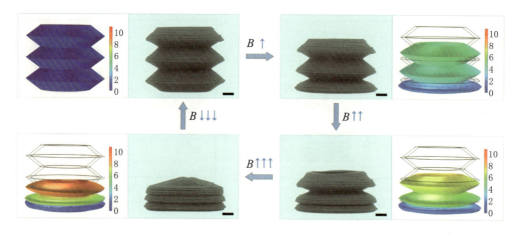

图 20.44 软管结构的磁致变形及有限元模拟 (比例尺:2 mm)

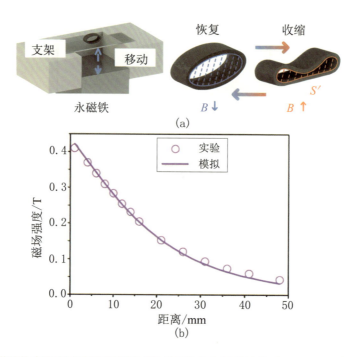

图 20.45 管道结构变形测试系统示意图以及磁场强度和管道结构到 NdFeB 磁铁之间距离的关系

为了研究结构参数对管道结构磁致变形性能的影响,在相同的磁场作用下测试了不同长高比的管道结构的收缩率 (图 20.46(a)). 显然, 长高比小的管道表现出轻微的收缩变形. 随着长高比从 3:3 增加到 6:3, 收缩率从 0.02 增加到 0.09. 这是因为长高比大的结构在相同磁场作用下可承受更大的弯矩. 当长高比为 7:3 时, 收缩率急剧上升至 0.63. 这是因为当磁场强度足够大时, 结构会发生失稳变形. 然后, 进一步比较了不同层厚的管道结构的收缩率. 当打印层数从 1 增加到 3 (厚度从 0.8 mm 增加到 2.4 mm) 时, 收缩率从 0.63 下降到 0.16 (图 20.46(b)). 与厚壁管道相比,薄壁管道的变形更大. 较弱的变形归因于结构的抗弯刚度随着层厚的增加而增加.

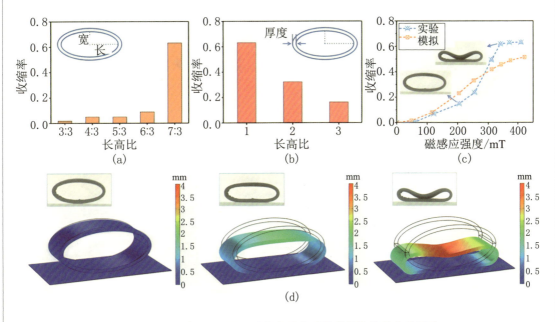

图 20.46 长高比、层厚和磁感应强度对管道结构收缩率的影响
以及软管结构的磁致变形和有限元模拟

本节还研究了磁场对管道结构收缩变形的影响. 图 20.46(c) 展示了管道在不同磁场作用下的收缩过程. 曲线可以分为三个部分: 当外磁场强度小于 60 mT 时,结构变形可以忽略不计; 随着磁场强度的增加,收缩率开始显著增加, 显然, 当磁场强度从 205 mT 增加到 304 mT 时,收缩率从 0.15 急剧增加到 0.62; 之后, 随着磁场强度进一步增加到 410 mT, 收缩率保持不变. 这是因为作用在结构上的磁力随着收缩变形而增加, 当磁力足够大时, 管道结构上壁发生失稳变形. 上壁离磁铁越近, 磁场越强. 因此, 收缩率增加得越来越快, 直到上壁接触下壁. 此外, 通过有限元分析模拟了管道的磁致变形响应行为. 图 20.46(d) 给出了具有代表性的收缩变形模拟, 与上述实验相对应. 显然, 管道的收缩变形随着磁场强度的增加而增加. 模拟结果与实验数据具有相似的变化趋势, 表明有限元模型可以在一定程度上描述变形.

受章鱼触手吸盘的启发, 可以通过密封软管结构的一端来构造吸盘驱动器. 图 20.47 是通过集成打印成型的吸盘驱动器的设计原理示意图, 它由上膜和下软管组成, 并且上膜用胶水固定在支架上. 这种独特的结构可以实现吸附和释放功能, 其中结构的变形由外磁场主动控制. 材料的柔韧性确保与物体的光滑表面紧密接触以形成密封. 具体来说, 在接触之前, 施加磁场以产生收缩变形, 从而减小空腔体积并储存弹性能. 在这种状态下，腔内的压力与大气压相同 (即 $P_{\text{cavity}} = P_{\text{atm}}$). 然后，在驱动器与目标表面接触后撤去磁场. 由于弹性变形能，结构趋于恢复原始形状，腔内压力将下降. 此外，还通过提升驱动器来增加腔体的体积，从而降低了腔内压力. 由于腔内压力和大气压力之间的负压差 ($P_{\text{cavity}} < P_{\text{atm}}$)，它会导致产生高吸附力. 当再次向驱动器施加磁场时，由于收缩变形，负压差减小甚至减小到零，导致产生低吸附力 ($P_{\text{cavity}} = P_{\text{atm}}$). 在这种状态下，驱动器将释放目标物体.

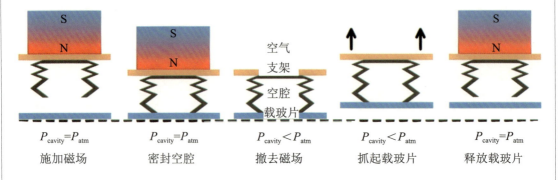

图 20.47　吸盘驱动器的设计原理示意图

由于吸盘驱动器和载玻片之间的密封性差，随着时间的推移，空气将泄漏到空腔中，该结构会恢复到其初始形状，从而导致载玻片脱落. 为揭示其磁致变形释放原理，选择短时间操作实验，保证腔内负压基本不变. 图 20.48 给出了吸盘驱动器的操作过程，以证明其可用性. 首先，可收缩变形的吸盘驱动器向下移动以与载玻片接触 (图 20.48(a)). 然后，轻轻按压驱动器以确保驱动器和载玻片之间密封 (图 20.48(b)). 当磁场被撤去时，收缩的驱动器由于固有弹性趋于恢复到初始形状，从而在腔内和大气之间产生负压差 (图 20.48(c) 和 (d)). 随后，通过压力差的作用，载玻片被驱动器成功提起 (图 20.48(e)). 当再次施加磁场以提供相同的磁相互作用力时，驱动器收缩到与之前相同的形状，从而产生小吸附力. 最后，载玻片被成功释放 (图 20.48(f)). 以上证明了吸盘驱动器的潜在吸附和释放能力. 随后，还进行了吸附和释放乒乓球的演示实验 (图 20.49)，这表明驱动器也可用于吸附具有光滑表面的弯曲结构. 此外，驱动器的结构强度足以举起质量为 24.5 g 的载玻片. 然而，由于密封性差，吸附持续时间随着质量的增加而急剧下降，最大承重时间小于 1 s. 这些概念演示实验为智能抓取器的设计和操作提供了有前景的策略，并促进了 3D 打印超柔性 MSE 驱动器在软机器人中的潜在应用.

通过打印不同截面尺寸的管道结构，可以将管道延伸成心脏泵结构. 泵的原型设计灵感来自心脏结构 (图 20.50). 基本概念包括用于液体泵送的 3D 打印泵室、用于防止回流的商用止回阀和连接管道. 各部分连接处涂有热熔黏合剂以防止测试过程中发生液体泄漏. 为了提高驱动和泵送效率, 时变磁场由电磁体产生. 当施加磁场时, 心脏泵的顶端因磁力发生变形而收缩, 其底部则因结构与电磁体之间的挤压而收缩. 在这种情况下, 顶部的变形小于底部的变形. 不对称变形会同时产生不同的正压力, 从而打开出口止回阀, 并将泵中的液体泵送至止回阀. 在演示实验中, 将混合了红色和蓝色染料的水分别添加到上腔室和下腔室中. 在循环加载磁场作用下, 入口处的液体被迅速转移到出口. 泵送速率可以通过泵送时间和量筒内液体的体积变化来计算.

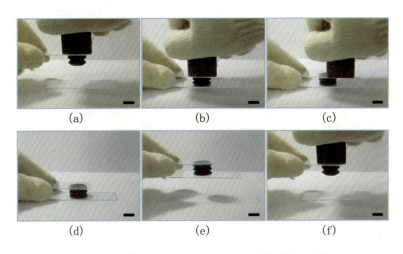

图 20.48　吸盘驱动器的演示实验:吸附和释放载玻片 (比例尺:10 mm)

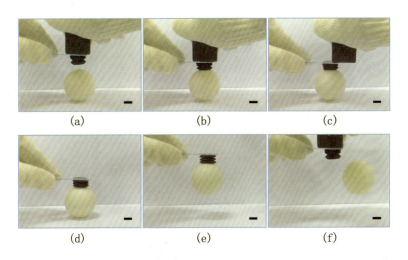

图 20.49　吸盘驱动器的演示实验:吸附和释放乒乓球 (比例尺:10 mm)

最后研究了加载磁场大小和加载周期对泵送速率的影响. 在 4, 5 和 6 A 电流下, 分别在泵底部中心获得 443, 525 和 582 mT 的磁场. 电磁铁采用周期为 2, 3, 4, 5 s 的电流, 通电时间为周期的一半, 频率分别为 0.5, 0.33, 0.25, 0.2 Hz. 显然, 泵送速率随着磁场

强度的增加而增加 (图 20.51(a)).

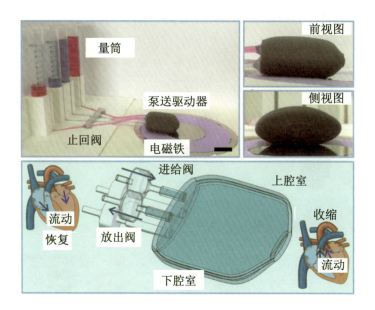

图 20.50 心脏泵驱动器的设计原理示意图和实物图 (比例尺:2 cm)

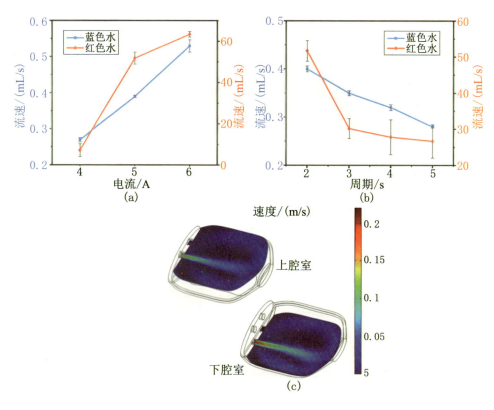

图 20.51 泵送速率与电流大小和加载周期的关系以及横截面流速分布的模拟结果

当电流以 2 s 的周期从 4 A 变为 6 A 时,下腔室的泵送速率从 0.27 mL/s 增加到 0.53 mL/s,上腔室的泵送速率从 7.14 μL/s 增加到 63.4 μL/s. 此外,在施加 525 mT 的磁场后,随着频率的增加,下腔室的泵送速率从 0.28 mL/s 增加到 0.4 mL/s,上腔室的泵送速率从 26.7 μL/s 增加到 51.7 μL/s(图 20.51(b)). 因此,泵送速率由加载磁场强度和加载频率决定. 此外,为了可视化泵中的流体流动,建立了有限元模型. 求解多物理场耦合后,可得到 5 A 电流下上、下腔室横截面的流体速度分布 (图 20.51(c)). 正如预期的那样,出口区域附近的流速最大. 与泵送实验结果相似,下腔室中的流体速度大于上腔室中的流体速度. 因此,可以借助仿真模型定性地描述心脏泵驱动器泵送流体的直观概念.

20.3 磁流变塑性体缓冲器

磁流变塑性体的设计目标是探求材料内部微结构与宏观力学性能之间的联系,进一步优化、设计具有不同性能的满足多种应用需求的材料. 前面章节已经研究了不同优化方案对磁流变塑性体内部颗粒的影响及宏观性能的改善,本节将进行磁流变塑性体的应用研究,针对磁流变塑性体的性能特征设计了一种磁流变缓冲器[31].

传统缓冲器通过耗散冲击能量以降低结构损伤,广泛应用于在铁路及地震工程等领域. 这些缓冲器大多为被动式缓冲器,缓冲过程中的力–位移曲线随结构的固定而固定. 而用磁流变塑性体做缓冲介质的磁流变缓冲器,由于磁流变塑性体黏度、法向应力等可由外磁场进行调控,因而磁流变缓冲器的缓冲力可针对不同冲击速度,冲击载荷由磁场进行调控以达到最优效果. 通常,磁流变缓冲器的缓冲介质为磁流变液,磁流变塑性体的初始黏度及饱和磁场强度要高于磁流变液,因而如何设计缓冲器结构避免冲击过程中的脉冲力要更加复杂,同时要提高磁场的控制效果,电磁铁设计进一步提高了缓冲器的设计难度. 本节首先测试了磁流变塑性体在剪切、压缩下的黏度和法向应力等力学性能,在此基础上设计加工了一种新型缓冲器,并通过有限元分析模拟计算了缓冲器内部的磁场分布,测试了磁流变缓冲器在不同压缩速率下的响应及电流的调控效果. 最后在落锤试验机上测试了不同冲击载荷及冲击速度下磁流变塑性体缓冲器的缓冲效果.

20.3.1 磁流变塑性体缓冲器样机设计

根据磁流变塑性体黏度随剪切率变化的关系,设计了新型磁流变缓冲器,其结构见图 20.52. 主要部件包括两个活塞杆、一个活塞、一个隔离内衬、一个励磁线圈、两个封盖及一个外壳. 磁流变塑性体填充在隔离内衬与封盖形成的空隙内,励磁线圈缠绕在隔离内衬上. 考虑到冲击瞬间速度比较大,对应的剪切率高,将会产生一个很大的剪切应力,从而对要保护的器件造成损坏. 因此为减小冲击瞬间产生的脉冲力,设计的活塞侧边是一个斜面,且平行于隔离内衬的内表面.

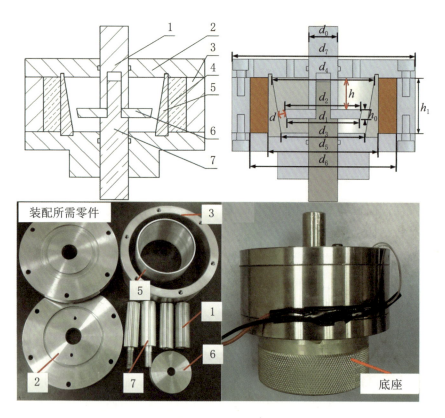

图 20.52 磁流变缓冲器结构示意图、设计尺寸图与实物图
1. 上活塞杆;2. 封盖;3. 外壳;4. 励磁线圈;5. 隔离内衬;6. 活塞;7. 下活塞杆.

随着活塞的下压,活塞与内衬的间距 d 逐渐减小. 最大和最小间距分别是 7 mm 和 2 mm. 间距与活塞位移的关系是 $d = 7 \text{ mm} - h/5$. 因此在冲击接触的瞬间,虽然速度最大,但是活塞间距也最大,能有效减小冲击瞬间的作用力. 随着活塞向下移动,活塞下方的磁流变塑性体被挤压，通过活塞间隙流到活塞上方．阻尼力是活塞侧面上的剪切力与活塞下表面所受法向力的和，因此磁流变塑性体在剪切模式与挤压模式下的力学性能都对磁流变塑性体缓冲器表现有重要影响．同时，通过磁流变塑性体在挤压过程中的力学行为测试可以看出，活塞在初始位置时，活塞下方的样品厚度较大，但产生的抵抗压缩的力并不大．随着活塞向下移动，当间距与活塞直径比达到 0.5 时，产生的法向应力会急剧增大，防止由于冲击载荷过大而发生活塞与下封盖之间的硬性碰撞．当给励磁线圈施加直流电流时，缓冲器外壳、封盖、上下杆以及活塞和它们之间的间隙会形成一个磁通线回路．其中封盖、上杆及外壳由 10 号钢制成，有着很大的相对磁导率，而下杆由不锈钢制成，相对磁导率很小．因此活塞间隙处的磁场强度会随着活塞下压而增大，能够进一步帮助减小缓冲过程中的脉冲力．针对不同速度质量的冲击可以通过改变电流来尽量增大缓冲行程，提高整个缓冲行程的利用率．

20.3.2　磁流变塑性体缓冲器内部磁场分析

由于磁流变塑性体的力学性能极大地依赖于磁场分布，因此我们用 ANSYS 软件计算了磁流变塑性体缓冲器内部磁场分布．为了尽量提高磁流变塑性体在有效工作区域内的磁感应强度，上活塞杆、封盖、活塞与外壳由低碳钢制成，其 B-H 曲线见图 20.53(a)．磁流变塑性体的 B-H 曲线通过磁滞回线仪测量得到，见图 20.53(b)．活塞下杆由不锈钢加工而成，隔离内衬材料为铝合金，励磁线圈用 0.5 mm 粗铜线缠绕，其相对磁导率均设为 1，计算中线圈匝数为 1 100，电流为 2 A．图 20.54 给出了磁流变缓冲器内部磁感应强度分布情况．

随着活塞位置的变化，磁感线的回路也会发生变化，因此计算了活塞在不同位移下磁流变塑性体缓冲器内部的磁感应强度分布情况，见图 20.55 和图 20.56．随着活塞下压，活塞间隙与活塞下方的磁感应强度增大，意味着当活塞下降速度不变时，阻尼力会提高．这有利于缓冲冲击载荷．随着活塞下降，活塞间隙处的磁感应强度从 120 mT 增加到 860 mT．通常，冲击过程中刚刚接触的瞬间冲击速度很大，因此剪切率很高时阻尼力相应增大．为了减小脉冲力，新设计的磁流变塑性体缓冲器的活塞间距会随着活塞下压而减小．因此冲击接触的瞬间剪切率不大，而是随着活塞下降而逐渐增大．之后，随着冲击速度减小，活塞间隙也减小，但是阻尼力并不会迅速减小．此时，如果给线圈接通电流，随着活塞下降，间隙处的磁场也增大，导致磁流变塑性体黏度增加，进一步帮助调整缓过程. 因此,这种设计可以帮助调节冲击过程中的能量吸收,充分利用整个缓冲行程.

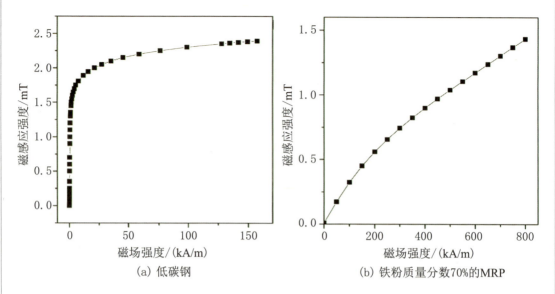

图 20.53　不同材料的 B-H 曲线

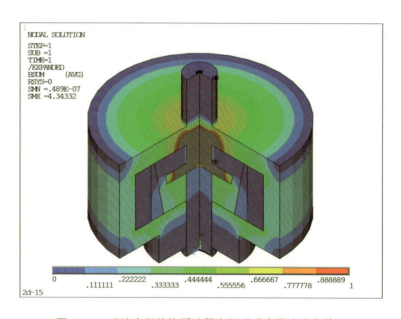

图 20.54　磁流变塑性体缓冲器内部磁感应强度分布情况

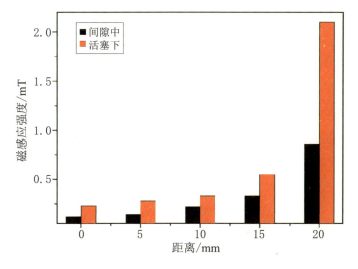

图 20.55 活塞在不同位移下活塞间隙中与活塞下方磁感应强度

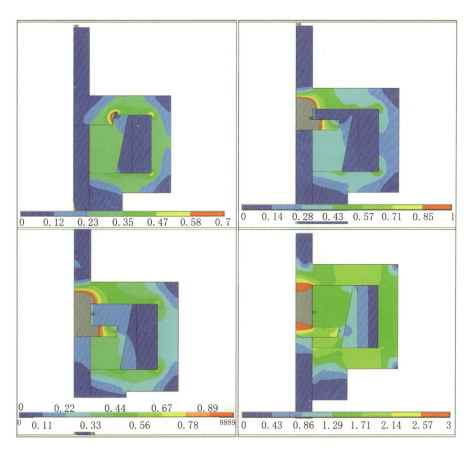

图 20.56 活塞在不同位移下磁流变塑性体缓冲器内部磁感应强度分布
活塞位置分别为 0,5,10,20 mm.

20.3.3 磁流变塑性体缓冲器的压缩性能与抗冲击性能测试

首先在电子万能试验机上测试了磁流变塑性体缓冲器在低速压缩过程中的力学行为. 考虑到励磁线圈通电时的发热问题,实际缠绕的线圈厚度为 9 mm,预留了 1 mm 的通风间隙. 同时,设计了一个底座固定在缓冲器下封盖上以利于其在之后实验中的固定.

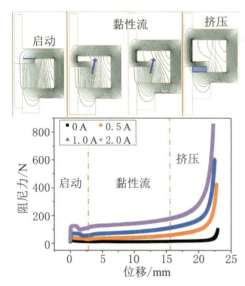

图 20.57 磁流变塑性体缓冲器阻尼力与内部磁感线分布随活塞位移的变化曲线

图 20.57 给出了活塞在不同位移下磁流变缓冲器内部的磁感应强度分布情况及活塞上的阻尼力. 从图 20.57 可以看出,随着活塞的下移,阻尼过程大致可以分为三个阶段. 当位移小于 3 mm 时,由于磁流变塑性体的屈服应力及器件中存在的摩擦力,压缩力迅速增大,这个过程称为启动过程. 之后,压缩力随活塞位移增大而缓慢增大. 这个阶段中的阻尼力主要是活塞间隙处磁流变塑性体与活塞壁之间的黏性阻力. 随着活塞匀速下降,间隙减小,则阻尼力匀速增大. 当通入电流时,磁流变塑性体黏度增大. 计算结果显示间隙处磁场方向垂直于活塞侧面. 随着活塞下降,磁场增大,进一步提高了阻尼力. 因此在第二阶段,不同通电电流下磁流变塑性体阻尼器的输出力不仅在数值上增大,其增加速率也增大. 随着位移继续增大,活塞下方的磁流变塑性体被挤压,阻尼力迅速增大. 同时,活塞下方的磁场也垂直于活塞下表面,有利于产生一个大的磁致法向应力. 迅速增大的力能够防止活塞与下盖接触.

对磁流变塑性体缓冲器在不同电流及不同压缩速率下的输出力也进行了测试 (图 20.58). 当通入一个方波电流时,磁流变塑性体缓冲器输出的力从 10 N 迅速增大到 80 N,关闭电源,输出力迅速恢复到 10 N. 同时,还测试了磁流变塑性体缓冲器在不同压缩速率下的输出力,发现压缩速率提高后整个过程中的输出力都有较大提升,但是第一阶段的输出力提升比较明显,使得冲击过程中容易产生较大的脉冲力. 提高压缩速率,各组成构件中的摩擦力增加,结构阻尼增大,使得起始阶段压缩力增加显著. 此外,电流也对输出力有很大的调控空间,电流为 2 A 时,压缩力从 17 N 增加到 171 N,同一压缩速率下提高电流时能够提高 9 倍的压缩力. 结合电流调控过程中响应速度快的特点, 调节压缩过程中电流能够进一步调节缓冲力大小, 使输出的缓冲力更加平滑.

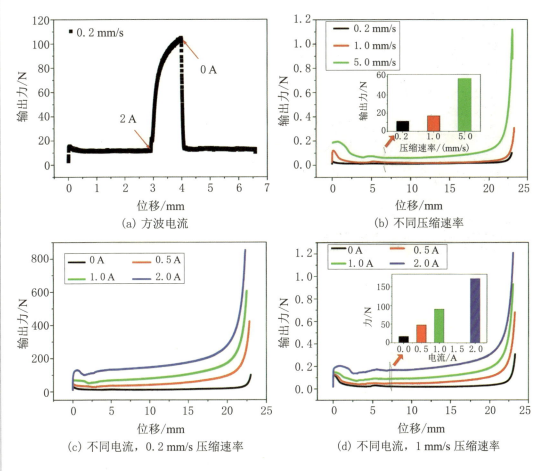

图 20.58　不同压缩速率及电流下磁流变塑性体缓冲器的输出力

磁流变塑性体缓冲器的缓冲性能通过落锤试验机测试. 如图 20.59 所示, 磁流变缓冲器被固定在落锤测试系统的基座上, 其中电流通过直流电流源控制. 在测试过程中, 加速度传感器固定在落锤上测试加速度信号, 信号通过一个信号放大器连接到示波器上. 锤头上的力可以通过 Newton 第二定律计算. 在冲击过程中, 锤头所受力等于活塞杆所受力. 对加速度信号积分可以得到速度, 这里假设冲击过程中锤头与活塞杆速度相同. 进一步对加速度信号积分可以得到活塞位移. 冲击过程中的力–位移曲线见图 20.60, 冲击接触的瞬间加速度迅速增大, 然后有一个减小并反弹的过程. 落锤与活塞杆刚接触的瞬间, 速度最大, 由于样品有屈服应力, 因此在位移 5 mm 处, 阻尼力达到最大. 但是之后没有迅速减小, 而是随时间缓慢减小. 直到位移达到 16 mm, 阻尼力迅速减小. 因此,此磁流变塑性体缓冲器的整个行程得到了充分利用,减小了脉冲力. 整个过程与低速压缩过程类似,对应地也分为三个阶段. 由于落锤与轨道间存在摩擦,因此初始速度要小于自由落体速度. 速度在 13 ms 内从 3.4 m/s 减小到 0 m/s,间距变化只有 17 mm. 并且,我们可以得出黏性阻力

$$F = s\tau = ks\dot{\gamma} \tag{20.9}$$

式中 s 为活塞侧边面积,$\dot{\gamma}$ 为剪切率. 在黏性流动区域,速度从 2.8 m/s 减小到 0.8 m/s,但是力只从 6 kN 减小到 4 kN. 这是因为活塞间隙的减小减缓了剪切率减小的速度. 在最后 2 mm,活塞接近封盖速度迅速减小,对应于第三阶段. 整个过程中能量吸收速率比较平滑,满足设计需求.

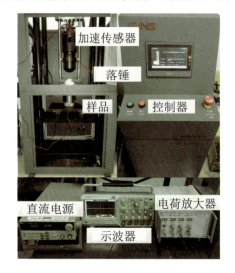

图 20.59　落锤试验机

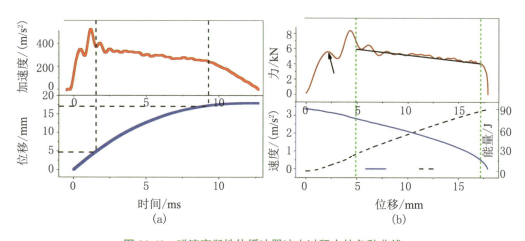

图 20.60　磁流变塑性体缓冲器冲击过程中的各种曲线

(a) 力、位移随时间的变化曲线;(b) 力、速度随位移的变化曲线. 落锤质量为 16 kg,高度为 80 cm.

为进一步测试磁流变塑性体缓冲器的缓冲性能,用不同质量的落锤从不同高度冲击磁流变塑性体缓冲器,测试结果见图 20.61. 不同冲击载荷下力的变化趋势基本一致. 随着落锤高度增加,冲击初速度增大,从而最大阻尼力增大. 但是最大阻尼力的增加比例并不明显,高度增加 3 倍,最大阻尼力增大量不到 1 倍,这是因为更多能量在第二阶段被消耗掉. 对于不同质量但是高度相同的落锤,由于速度相同,因此冲击力曲线的前半部分基本重合. 但是大质量落锤的冲击能量更高,而前半部分吸收的能量相同,因此之

后部分的输出力随质量增加而增大. 这种设计能够缓冲冲击且最大力不随质量增大而增加,有利于实际应用. 新设计的磁流变塑性体缓冲器的磁场对阻尼力的调节也与其他阻尼器不同. 改变线圈中电流并不能明显改变最大阻尼力,但是可以调节整个能量吸收过程,控制缓冲过程中阻尼力大小,使力在整个缓冲行程内比较平稳. 这是因为新设计的阻尼器内部磁场在活塞位移较小时磁感应强度并不大,以避免磁场提高磁流变塑性体屈服应力增大缓冲过程中的初始冲击力. 随着活塞位移的增大,磁场的增强效果逐渐提升,以提高缓冲器后半程的利用率,在冲击速度较小时也能产生较大阻尼力,使磁流变塑性体缓冲器在应对不同冲击载荷时通过增加缓冲距离来减小最大输出力,更好地隔离冲击. 图 20.61(c) 给出了不同电流下的能量吸收情况. 通过施加 2 A 电流,能量吸收率从 4.13 J/mm 增加到 5.07 J/mm,能量吸收率增加了 22.8%. 同时研究了不同位移下的能量吸收过程,发现曲线基本为直线,说明整个行程中的能量吸收过程比较均匀.

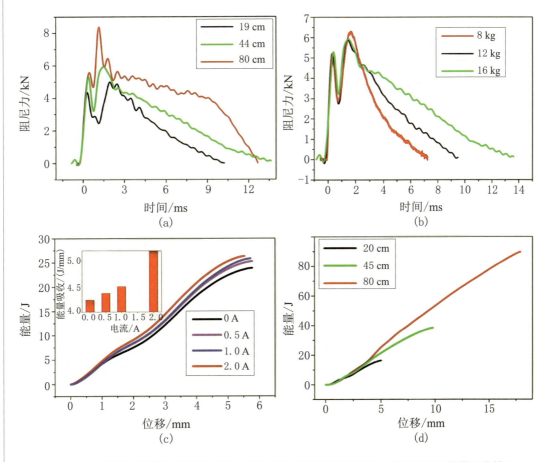

图 20.61 不同落锤质量、落锤高度及电流下磁流变塑性体缓冲器中的阻尼力和能量吸收情况
(a),(d) 落锤质量为 8 kg,下落高度不同;(b) 落锤质量不同;(c) 电流不同.

第 21 章

总结与展望

　　智能材料是一类模仿天然生物材料的复合材料,能够对内部或外界激励(力、热、电、光、声、磁、化等)做出响应,并实时地改变自身的一种或多种性能参数来适应变化的环境. 日本和美国的科学家分别于 20 世纪 80 年代末提出了智能材料的概念,此后关于智能材料的报道越来越多,其应用范围也越来越广,目前已发展成为材料科学中一个重要的研究方向. 由于单一的均质材料很难同时具备多种功能,故一般将分别具备感知、驱动和控制功能的材料根据需要按照某种特定方式组装在一起,使之成为集多种智能特性于一身的新型复杂材料体系. 智能材料具有包含多种组分的多级结构层次,而每种组分都具有不同的特性及微结构,不同的组分之间还存在着耦合效应,这使得智能材料可以对激励信号做出非常复杂的响应. 智能材料本身具备一套能量传递和存储机制,一般通过物质和能量的传输动态调节对外界的适应能力,进而实现其类似于生物材料活性的功能. 智能材料有多种分类方式,按照来源可以分为无机非金属系智能材料、金属系智能材料和高分子系智能材料. 按照功能分类,智能材料一般包括压电材料、光导纤维、形状记忆材料、智能高分子材料、磁(电)致伸缩材料、磁(电)流变材料等. 实际的材料体系可能同时具备多种功能，可以分为不同的智能材料类型. 磁流变材料 (也称为磁敏智能软材料) 是一类多功能复合材料，通过将微米级或纳米级的软磁性颗粒分散在不同种类的载体中制备而成. 由于其流变性能可以随外磁场连续、快速、可逆地变化，磁流变材料在建筑、振动控制和汽车工业等领域得到了广泛的应用，并引起了越来越多的关注. 根据磁流变材料在无外磁场条件下的物理状态和基体的种类，目前可将其大致分为磁流变液、磁流变弹性体和磁流变塑性体等. 不同种类的磁流变材料是在不同的历史时期针对不同的实际应用或解决不同的物理问题发展起来的，彼此在性能上互补，很难完全替代对方. 下面将对不同种类的磁流变材料进行简单介绍，讨论为研究这类材料的磁流变机制进行的实验和理论方面的工作，最后从应用需求的角度对这类材料的未来发展方向进行展望.

磁流变液是最早发展起来的一类磁流变材料，一般是由微米级的铁磁性颗粒、非磁性液体以及一些添加剂混合制备而成的颗粒悬浮材料体系. 施加磁场后，磁流变液会迅速地 (几微秒的时间内) 从类似于 Newton 流体的液态转变成类固态. 材料内部的磁性颗粒也会在磁场力驱动下从无磁场时的随机分布向有磁场时的有序排列转变，且微结构的排列情况与外磁场的强度有关，即更强的磁场会使磁流变液微结构的有序化程度更高，最终会形成沿着磁场方向的稳定的链状 (或柱状) 结构. 磁流变液的这些优异特性使得它们在要求主动振动控制或扭矩传递的力学系统中有着十分重要的应用价值，然而其目前仍然存在一些需要攻克和改善的问题:

(1) 磁性颗粒的沉降问题. 由于不同种类的磁性颗粒与载液之间均存在较大的密度差，因此磁流变液中的磁性颗粒沉降问题始终无法得到较好的解决. 研究者们从颗粒包裹、表面改性等方面对磁流变液的抗沉降特性进行了改善和优化，但到目前为止，磁流变液中的磁性颗粒沉降问题依然是阻碍磁流变液发展的关键，因此需要继续寻找新的方法对磁流变液的沉降问题进行优化.

(2) 磁流变液在多场作用下的响应机制研究. 虽然目前磁流变液在单一磁场下的作用机制和模型已相对完善，但其在多场作用下磁−力−电耦合响应问题的研究仍处于探索阶段，目前的导电模型也无法较好地对磁流变液在多场作用下的导电机制进行揭示，因此需要对磁流变液磁−力−电耦合问题进行更加深入的研究，并开发相应的应用.

(3) 磁流变液阻尼器在实际中应用不广泛. 目前，关于磁流变液阻尼器的研究已经很多，研究者对不同种类阻尼器的动态力学性能也进行了较多的测试和分析，但是由于其在使用过程中存在漏液、颗粒氧化、出力值不高等问题，基于磁流变液的阻尼器在实际中应用并不十分广泛. 因此需要加强磁流变液阻尼器在实际应用中的研究，争取早日将这些实验成果转化为可用于解决工程问题的产品.

磁流变弹性体继承了磁流变液的磁敏特性,但是其工作原理和应用范围与磁流变液相比都有了很大的差异. 磁流变弹性体的磁性颗粒在制备完成后就被固化在基体中,施加磁场后颗粒无法自由移动,无法发生磁流变液的"相变"现象,因此其力学性能也无法像磁流变液那样随着磁场的改变发生巨大的变化. 磁流变弹性体主要在屈服前阶段通过磁场改变其阻尼和模量来实现智能控制;而在屈服后阶段磁场可控的黏度和屈服应力是磁流变液的主要应用机制. 由于磁流变弹性体的磁性颗粒可以被"固化"在基体中,可以在橡胶基体硫化过程中通过施加外磁场使颗粒在磁场作用下沿着磁场方向形成有序排列的链状(或柱状)微结构,硫化完成后这种取向化的颗粒微结构也可以被保留在基体中,进而制备出各向异性的磁流变弹性体(即磁流变弹性体的预结构过程),然而磁流变弹性体目前仍存在一些问题需要解决,并需要进一步发展:

(1) 磁流变弹性体微观结构演化的观测. 在利用 SR-CT 技术表征磁流变弹性体的微观结构时,为满足较高的分辨率,样品尺寸需要切得尽可能小,使得样品全部位于 CCD 视野中. 这对于样品的精细切割,以及保证切割过程中不破坏结构提出了考验. 另外,对磁流变弹性体在旋转过程中如何施加磁场和力同样是个挑战,需要装置能够随样品一起运动但不遮挡 X 射线. 这对于研究磁流变弹性体在不同加载条件下的微观机构演变具有重要意义.

(2) 导电磁流变弹性体的磁-力-电特性理论模型的建立. 目前关于磁流变弹性体的磁-力-电特性理论模型是基于传感简化模型、力学磁学仿真模拟和实验数据的经验模型,不能够完全适用于其他结构的导电磁流变弹性体研究,具有很大的局限性. 针对磁-力-电特性的本构模型的建立仍需要努力,本构模型的建立有利于柔性磁流变弹性体传感器的开发和应用场合的拓展.

磁流变塑性体是一种低交联度的聚合物材料,其连续相是一种介于液体和弹性体之间的高分子凝胶体系,因此即使在无外磁场的条件下磁流变塑性体也具有典型的黏弹性特征. 虽然这种特征使其同时具备了磁流变液和磁流变弹性体的优点(颗粒可移动性和取向颗粒结构的"固化"性能),但是目前仍然存在一些问题需要进一步对其进行研究:

(1) 新型磁流变塑性体复合材料的探索. 磁流变塑性体在柔性电子和传感装置领域具有巨大的应用前景,且涉及电阻和电压两种电学响应信号. 因此,开发出导电性优、力学性能佳、磁控灵敏度高的新型磁流变塑性体复合材料及相关应用能够使磁流变塑性体在智能电子和传感领域发挥更重要的作用.

(2) 磁流变塑性体磁-力-电耦合特性本构模型的建立. 目前关于磁流变塑性体的磁-力-电耦合机制的解释和现有的模型尚处于初级阶段,在磁流变塑性体复杂的材料配比和应用条件中难以实现精确模拟和机制解释. 磁流变塑性体复合材料的磁-力-电耦合性能的本构模型的建立是一项非常重要且有意义的工作,能够为材料的实际应用提供理论支持. 除了上述几类最常见的磁流变材料,研究者们还报道了一些特殊的磁流变材料,这些磁流变材料都是从提高性能和稳定性的角度出发而设计出来的,比如磁流变泡沫材料. 磁流变泡沫材料一般是指将磁流变液注入多孔泡沫基体中制备而成的类固态复合材料,通过磁场控制磁流变液的流变性能,从而达到改变整个材料模量等性能的目的. 由于特殊多孔结构的存在,磁流变泡沫具有重量轻、磁流变效应可调和吸音性能良好等诸多优点.

磁流变材料作为一种性能可调控的功能材料越来越多地引起了人们的广泛关注,目前已开展了大量的相关机制和应用的研究工作. 针对不同的实际应用发展起来的不同种类的磁流变材料也日益成熟,显示出其巨大的应用潜力. 然而,传统磁流变材料的固有缺陷成为限制其大规模应用的瓶颈. 为此,从材料制备的角度,一方面应该针固有缺陷对传统磁流变材料进行改进,另一方面要发展新的满足实际工程应用需求的磁流变材料体系,或者在保证磁场可调控性能的基础上制备多功能复合型智能材料 (如磁流变抗冲击防护材料、磁流变导电复合材料、磁流变温控相变材料等). 从机制研究角度,磁流变材料涉及了力–磁–热–电多场耦合行为,想要精确描述其对外界激励的响应行为很困难. 这主要表现在以下方面: 分散相分别在磁场作用前后的准确分布情况和个体的形状尺寸差异的描述,磁流变弹性体高分子基体本身的本构模型的建立,磁性分散相和基体之间相互作用模型,微观和宏观多尺度模型的统一,等等. 考虑到真实情况的复杂性,目前一般针对特殊问题进行一定的简化,忽略次要因素,建立能够大致反映其某方面机制的简化模型,或者利用数值计算方法来研究这类材料的磁致微结构演化过程. 尽可能考虑更多影响因素,能够同时描述多种激励响应行为的复杂模型的建立将是未来一个重要研究方向. 相信随着对磁流变机制的认识不断深入和材料性能的不断提升,磁流变材料在工业领域一定会实现更大范围的应用.

参考文献

[1] ZHAO W Q, PANG H M, GONG X L. Novel magnetorheological plastomer filled with NdFeB particles: preparation, characterization, and magnetic-mechanic coupling properties[J]. Industrial & Engineering Chemistry Research, 2017, 56(31): 8857-8863.

[2] 乔秀颖, 卢秀首, 龚兴龙, 等. SEEPS 基热塑性磁流变弹性体复合材料的制备、结构与性能 [J]. 磁性材料及器件, 2013(5): 1-5.

[3] QIAO X Y, LU X S, GONG X L, et al. Effect of carbonyl iron concentration and processing conditions on the structure and properties of the thermoplastic magnetorheological elastomer composites based on poly(styrene-b-ethylene-co-butylene-b-styrene) (SEBS)[J]. Polymer Testing, 2015, 47: 51-58.

[4] WANG S, JIANG W Q, JIANG W F, et al. Multifunctional polymer composite with excellent shear stiffening performance and magnetorheological effect[J]. Journal of Materials Chemistry C, 2014, 2(34): 7133-7140.

[5] BING W, GONG X L, JIANG W Q, et al. Study on the properties of magnetorheological gel based on polyurethane[J]. Journal of Applied Polymer Science, 2010, 118(5): 2765-2771.

[6] WU J K, GONG X L, FAN Y C, et al. Improving the magnetorheological properties of polyurethane magnetorheological elastomer through plasticization[J]. Journal of Applied Polymer Science, 2011, 123(4): 2476-2484.

[7] WU J K, GONG X L, FAN Y C, et al. Physically crosslinked poly(vinyl alcohol) hydrogels with magnetic field controlled modulus[J]. Soft Matter, 2011, 7(13): 6205-6212.

[8] FENG J B, XUAN S H, LIU T X, et al. The prestress-dependent mechanical response of magnetorheological elastomers[J]. Smart Materials and Structures, 2015, 24(8): 085032.

[9] PEI L, XUAN S H, WU J, et al. Experiments and simulations on the magnetorheology of magnetic fluid based on Fe_3O_4 hollow chains[J]. Langmuir, 2019, 35(37): 12158-12167.

[10] PANG H M, XU Z B, SHEN L J, et al. The dynamic compressive properties of magnetorheo-

logical plastomers: enhanced magnetic-induced stresses by non-magnetic particles[J]. Journal of Materials Science & Technology, 2021, 102: 195-203.

[11] XU Y G, LIU T X, WAN Q, et al. The energy dissipation behaviors of magneto-sensitive polymer gel under cyclic shear loading[J]. Materials Letters, 2015, 158: 406-408.

[12] XU Y G, GONG X L, LIU T X, et al. Magneto-induced microstructure characterization of magnetorheological plastomers using impedance spectroscopy[J]. Soft Matter, 2013, 9(32): 7701-7709.

[13] XU J Q, WANG P F, PANG H M, et al. The dynamic mechanical properties of magnetorheological plastomers under high strain rate[J]. Composites Science and Technology, 2018, 159: 50-58.

[14] RUAN X H, WANG Y, XUAN S H, et al. Magnetic field dependent electric conductivity of the magnetorheological fluids: the influence of oscillatory shear[J]. Smart Material and Structures, 2017, 26(3): 035067.

[15] FANG S, GONG X L, ZHANG X Z, et al. Mechanical analysis and measurement of magnetorheological elastomers[J]. Journal of University of Science and Technology of China, 2004(4): 75-82.

[16] WANG Y, XUAN S H, DONG B, et al. Stimuli dependent impedance of conductive magnetorheological elastomers[J]. Smart Materials and Structures, 2016, 25(2): 025003.

[17] GUO C Y, GONG X L, XUAN S H, et al. An experimental investigation on the normal force behavior of magnetorheological suspensions[J]. Korea-Australia Rheology Journal, 2012, 24(3): 171-180.

[18] LIAO G J, GONG X L, XUAN S H. Influence of shear deformation on the normal force of magnetorheological elastomer[J]. Materials Letters, 2013, 106: 270-272.

[19] DANG H, GONG X L, ZHANG P Q. A physical model of isotropic magnetorheological elastomer[J]. Journal of University of Science and Technology of China, 2006(4): 398-401.

[20] WANG Y, XUAN S H, GE L, et al. Conductive magnetorheological elastomer: fatigue dependent impedance-mechanic coupling properties[J]. Smart Materials and Structures, 2017, 26: 015004.

[21] WEN Q Q, WANG Y, GONG X L, et al. The magnetic field dependent dynamic properties of magnetorheological elastomers based on hard magnetic particles[J]. Smart Materials and Structures, 2017, 26: 075012.

[22] PEI L, PANG H M, CHEN K H, et al. Simulation of the optimal diameter and wall thickness of hollow Fe_3O_4 microspheres in magnetorheological fluids[J]. Soft Matter, 2018(14): 5080-5091.

[23] GONG X L, PENG C, XUAN S H, et al. A pendulum-like tuned vibration absorber and its application to a multi-mode system[J]. Journal of Mechanical Science & Technology, 2012, 26(11): 3411-3422.

[24] FENG J B, XUAN S H, LV Z Q, et al. Magnetic-field-induced deformation analysis of magnetoactive elastomer film by means of DIC, LDV, and FEM[J]. Industrial & Engineering Chemistry Research, 2018, 57(9): 3246-3254.

[25] WANG Y P, WANG S, XU C H, et al. Dynamic behavior of magnetically responsive shear-stiffening gel under high strain rate[J]. Composites Science and Technology, 2016, 127: 169-176.

[26] WANG Y L, HU Y, CHEN L, et al. Effects of rubber/magnetic particle interactions on the performance of magnetorheological elastomers[J]. Polymer Testing, 2006, 25(2): 262-267.

[27] ZHANG W, GONG X L, XUAN S H, et al. Temperature-dependent mechanical properties and model of magnetorheological elastomers[J]. Industrial & Engineering Chemistry Research, 2011, 50(11): 6704-6712.

[28] LU X S, QIAO X Y, WATANABE H, et al. Mechanical and structural investigation of isotropic and anisotropic thermoplastic magnetorheological elastomer composites based on poly(styrene-b-ethylene-co-butylene-b-styrene) (SEBS)[J]. Rheologica Acta, 2011, 51(1): 37-50.

[29] XU J Q, XUAN S H, PANG H M, et al. The strengthening effect of 1D carbon materials on magnetorheological plastomers: mechanical properties and conductivity[J]. Smart Materials and Structures, 2017, 26(3): 035044.

[30] LIU T X, GONG X L, XU Y G, et al. Simulation of magneto-induced rearrangeable microstructures of magnetorheological plastomers[J]. Soft Matter, 2013, 9(42): 10069-10080.

[31] SUN C L, PANG H M, XUAN S H, et al. Glass microspheres strengthened magnetorheological plastomers for sound insulation[J]. Materials Letters, 2019, 256: 126611-126611.

后　记

时光如磁流变材料般,在压力与磁场中悄然塑形.当书稿画上最后一个标点,那些伏案疾书的日夜、实验室的争论与欢笑、数据迷雾中的顿悟时刻,都凝结成字里行间的智慧颗粒.谨以拙笔,致谢每一份让此书成真的力量.

致并肩探索的同学们(排名不分先后):

刘冰、连芯玉、赵春宇、王冠、吴建鹏、桑敏、汪伯潮、娄聪聪、周建宇、曹旭峰、张静怡、孙玉玺、何小康、高银端、李颜、王康、蔡钰、王宏瑶、刘泉、夏雨欣、薛祎颢、杨椿健、袁圆、肖载弘、李正焕、蒋浩嘉、张连浩、姚远、龚涵磊、赵世宇、韩光辉、伊纪霞、贾亦祺、杨舟、管擎天以及智能材料与振动控制实验室的所有成员.特别感谢伍小平院士和冷劲松院士为本书作序;感谢伍小平院士和陆夕云院士对作者的鼓励与指导,并推荐本书成功申请到国家出版基金.

最后,以一首小诗结束本书,与君共勉.

磁流变体的独白
——致创造者与记录者

我们曾是悬浮液中的铁粒子,
于牛顿流体中寂静地沉淀;
直到磁场穿透壁垒,
教会无序者列队成电流的诗篇.
当校准每一奥斯特的温柔,
让屈服与流动辩证相见.
当压力攀至帕斯卡的峰巅,
我们以结构重组塑形成链.
编辑将混沌裁成书卷,

逗号如磁畴退至临界边缘;
此刻书页漫过金属潮汐,
每个公式怀抱相变的萤.
合上书时,目光在封面上蜿蜒,
未命名的新相悄然呈现.
当世界再以剪切应力相邀,
我们将在你掌心奔涌成智能的泉.

2025 年春于庐州